U0179831

中国潮间带螃蟹生态图鉴

CHINESE INTERTIDAL BRACHYURAN CRABS ILLUSTRATED

张小蜂 徐一扬 著

重庆大学出版社

图书在版编目(CIP)数据

中国潮间带螃蟹生态图鉴 / 张小蜂，徐一扬著. --重庆：重庆大学出版社，2023.10
（好奇心书系.图鉴系列）
ISBN 978-7-5689-3771-9

Ⅰ.①中… Ⅱ.①张… ②徐… Ⅲ. ①潮间带—蟹类—中国—图集 Ⅳ.①Q959.223-64

中国国家版本馆CIP数据核字(2023)第175990号

中国潮间带螃蟹生态图鉴

ZHONGGUO CHAOJIANDAI PANGXIE SHENGTAI TUJIAN

张小蜂 徐一扬 著
策划编辑：梁 涛
策 划：鹿角文化工作室
责任编辑：文 鹏 版式设计：周 娟 刘 玲
责任校对：谢 芳 责任印刷：赵 晟

*

重庆大学出版社出版发行
出版人：陈晓阳
社址：重庆市沙坪坝区大学城西路21号
邮编：401331
电话：(023) 88617190 88617185（中小学）
传真：(023) 88617186 88617166
网址：http://www.cqup.com.cn
邮箱：fxk@cqup.com.cn（营销中心）
全国新华书店经销
重庆亘鑫印务有限公司印刷

*

开本：889mm ×1194mm 1/16 印张：40.5 字数：1176千
2023年10月第1版 2023年10月第1次印刷
印数：1—4 000
ISBN 978-7-5689-3771-9 定价：398.00元

蒋维 推荐序

小蜂第一次说要写本图鉴时，我是非常怀疑的，一是野外搜集素材异常辛苦，再者缺乏单位和资金支持就更难了，姑且观之吧。没成想三年后，拿到我面前的初稿已是厚厚一本，而且文字系统有序，照片生动精美。果真是有志者事竟成，我自已倒成了蜀鄙之僧，实在是惭愧。惭愧之余更是高兴，本书能让读者看到蟹类的多样，感受海滨的原生态环境，探索生命的有趣之处，岂不是一桩美事!

蟹类是演化非常成功的甲壳动物，全球有 7 500 余种，其中约 1 500 种为淡水蟹，物种数约占了十足目的一半，它们还有着极为可观的形态和生态多样性，分布范围遍布各个大洋以及淡水水系，从 6 000 多米的深渊一直到海拔 2 000 多米的山区都可以发现它们的踪迹。但与其他的甲壳类物种相比，蟹类的演化历史又很短。根据现有的化石记录推算，蟹类诞生于 1 亿 8 千万年前的侏罗纪早期，大约 1 亿年前（白垩纪中期）才开始多样化，在距今 5 千万年的始新世蟹类经历爆发性增长，是甲壳动物中最晚出现的类群，其演化速度非常惊人。蟹类早期的演化仍是个谜团，但是化石证据表明具有现代特征的蟹类在 1 亿 5 千万年前（侏罗纪末期）就已出现。可以想象一下，当螃蟹的祖先第一次爬到潮间带，探出一双小眼睛时，看到的很可能是岸边一群巨大如山的怪兽——恐龙！那时的蟹类弱小、数量稀少且处于生态位边缘，整天在海里东躲西藏，要想爬上陆地更得面对严酷的环境和恐怖的掠食者，怎么看都是地狱难度。可世事难料，白垩纪大灭绝之后，渺小不起眼的蟹类日渐昌盛，开始“横行天下”，同时也见证了昔日霸主恐龙帝国的土崩瓦解，实在令人唏嘘不已。

蟹类的演化历史相对较短，但在人类认识并开发自然的过程中很早就已出现。我国先秦时期的《周易·说卦》将蟹归为离卦之一，与龟、鳖等卦象并列，用于卜筮等活动；而拥有典型海洋文明印记的古希腊人，将螃蟹的形象提升到星空之中，即黄道十二宫之一的巨蟹座。世界各地将螃蟹作为食物的记载不胜枚举，对沿海或沿江河而居的人们来说，螃蟹是很常见的生物。历史上螃蟹还曾导致国家灭亡，《国语·越语下》就曾记载春秋时期的吴国遭遇蟹灾，“稻蟹不遗种”，造成了严重的粮食危机（这里的“蟹”很可能是中华绒螯蟹，即大闸蟹），这也是之后越王勾践起兵攻吴的直接原因之一。最终越国吞灭吴国，成为春秋时代最后一霸，因蟹成灾而亡国的故事大概仅此一例。而在现代社会，面对人类的频繁捕捞和巨大胃口，螃蟹虽有坚甲利螯，数量再多也无法避免其栖息地严重缩减，有的物种还有灭绝的危险甚至已经灭绝。本书关注的潮间带是海洋生物与人类活动高度重叠的区域，环境复杂，生物多样，具有重要的经济价值，但是就像过度开发的海景房和原生态环境不可兼得，人与自然的矛盾又该如何调和？人类在地球上不可能无限扩张，必须学会给自己划出一道红线，学会和这个星球上的其他生物共享生态环境，否则将会被大自然这位老师狠狠敲脑袋，指着那些灭绝生物的化石对我们说：勿谓言之不预也！

对我来说，海洋生物多样性既是富饶的象征，也会带给人愉悦的精神享受，空旷贫瘠的海滩无疑是乏味和令人悲伤的，相反，谁不喜欢在鱼虾蟹贝活蹦乱跳的大海里嬉戏？

祝愿大家都成为真正富有的人。

中国科学院海洋研究所副研究员

2022年10月27日于山东青岛

张劲硕 推荐序

首先，我要热烈祝贺我的好友，张君旭兄、徐君一扬兄之学术性强而又适合大众阅读的专业著作行世！

说起螃蟹，几乎无人不知、无人不晓。螃蟹，在较高阶元之分类层级上，几乎是老百姓不会识别错误的动物类群；似乎我们很难见到有人连螃蟹都不认识。但是，众人可大体识得“螃蟹”，但稍微具体到更细致的类群，比如什么科、什么属，抑或什么种，能够鉴定清楚者寥寥无几。

您在吃螃蟹的时候，或者在海滩上钓螃蟹、戏弄螃蟹的时候，再譬如去海洋馆参观，见到水缸里的螃蟹的时候，您是否想到或者试图想知道它们的具体名称呢？

在我看来，今天美好的、完美的“博物生活”，应该是每个人既可以知道如何烹饪螃蟹、吃螃蟹，也应当了解您吃的螃蟹，科学家是如何分类的，它是什么种，乃至较为熟悉地了解它们的习性和行为，内脏各部分在哪里，叫什么名字，能吃还是不能吃……这是一种更为高阶的生活方式。我们倡导大家一起来“博物生活”，或者正如北京大学哲学系教授、著名博物学家、博物学复兴文化学者刘华杰先生所倡导的“博物自在”！

我家祖孙三代生长在北京，我的曾祖父则出生在老家山东省烟台市福山县（今福山区）。一个生活在沿海的家族，到了京城，离海而远居，生活习惯大为改变；再加之，小时候家庭并不富裕，吃螃蟹简直是极为奢侈的事情。我虽然记不得何年何月第一次吃螃蟹，但是老家来人带来的海蟹，我仍有印象，尽管可能并不十分新鲜了。

我父亲也是一位特别喜欢动物的人，他跟我讲过很多关于螃蟹的神话传说、历史故事、科学知识，例如《山海经》中的食蟹第一人，唐诗宋词中描写的各种螃蟹，以及“海蟹”与“河蟹”之区别。尽管如今我大多记不清细节了，但可以说，给予我“博物生活”启蒙之第一人便是父亲。

虽然少不了父母给我的科普，但我始终对螃蟹、虾之类的甲壳类动物兴趣不大。了解我的人都知道，我研究蝙蝠，而且以前最喜欢各类鸟兽，对其他类群的动物、植物均所知甚少。但是，在中小学时期，我非常喜欢北京自然博物馆（今为国家自然博物馆）主办之《大自然》

杂志，其上经常见到该馆著名甲壳动物学家杨思谅研究员（1941—2014）的大作。杨先生常撰写关于螃蟹的科普文章，或者策划相关展览。我印象最深刻的是 20 世纪 80 年代末在该馆看到的关于螃蟹等海洋动物的展览，那个体型硕大的巨螯蟹呈现在观众面前，令我记忆深刻。

1998 年，我来到中国科学院动物研究所，开始结识动物研究所的诸位科学家，其中有另一位螃蟹专家让我记忆犹新。她就是戴爱云先生（1930—2005），戴先生的丈夫是中国科学院院士、著名固体地球物理学家曾融生先生（1924—2019）。戴先生个头儿不高，给人以很瘦弱的感觉，但却研究了一辈子在无脊椎动物类群中个头较大、身体坚硬的甲壳类动物。我印象里，杨思谅先生应该是戴先生的弟子，但是后生可畏，杨先生的学术地位越来越高，他们共同完成了学术巨著《中国海洋蟹类》。杨思谅先生也经常来所里，戴先生还请他出任博士生论文答辩委员会主席，可见杨先生的学术地位之高！

再往上讲，戴爱云先生的导师是我国甲壳动物学奠基人、我们动物研究所研究员沈嘉瑞先生（1902—1975）。早年沈先生毕业于东南大学生物系，1928 年作为创所研究人员，来到北平静生生物调查所（今日之中国科学院动物研究所、植物研究所之前身）工作。而该系和该所之创始人为我国近现代科学思想启蒙者、生物学奠基人秉志先生（1886—1965）。

那么，往下的学术传承呢？似乎中断了？杨思谅先生因为在自然博物馆工作，本身没有招收研究生的条件，所以没有完全独立培养的学生。

但是，却有一人，似乎可以算某种程度或意义上继承了杨先生的学术衣钵，成为大约第五代"螃蟹专家"，他就是本书第一作者——张旭先生！

我与张君旭兄相见于2012年国家动物博物馆举办的一次科普讲座，旅居美国的著名古生物学家苗德岁先生莅临我馆讲述达尔文与进化论，其间张旭兄在场，并积极提问。而在彼时之前，我们已通过微博等网络方式相识。

他后来因为在中国科学院动物研究所朱朝东研究员、张彦周副研究员的研究组里从事小蜂分类，故在江湖，人称"张小蜂"；所以说起"张小蜂"这一网名比其真实姓名更为出名。

张旭兄也是"老北京"，自幼在城南宣武一带的胡同里长大，酷爱饲养各种动物，尤其对蛇类等两栖爬行动物情有独钟，更是深得著名两栖爬行动物学家赵尔宓院士（1930—2016）的赏识，二十出头儿的他便与赵先生捕蛇捉蛙，令我羡慕不已！

不过，热爱动物的北京孩子有个"通病"，就是学习不灵、考试不过——我其实也如斯——一腔的激情与酷爱，却因为各类考试门槛，而使张旭未能如愿地去学习动物学、生物学。但是，不忘初心，终得善果。在我认识张旭兄伊始，他便先成为动物研究所的项目聘用人员，从事小蜂分类研究工作；之后，他更是对螃蟹分类兴趣浓厚，逐渐自学，开始阅读大量原始文献，包括沈嘉瑞、戴爱云、杨思谅等先生之著说。

数年前，我参与了北京自然博物馆的科学脱口秀节目——博士有话说，张旭则成为了我的最佳拍档之一，他还饰演过脖子上挂满大闸蟹的沙和尚！就这样，他与自然博物馆结下了不解之缘，不仅有机会检视博物馆和动物研究所的标本，更重要的是他所做的工作，是在继承前辈科学家未竟之事业！

更为难能可贵的是，国内外动物分类学研究不断式微，分类学家逐渐成为"濒危物种"，甚至很多动物类群的研究者几乎"灭绝"！如此惨境之下，张旭老师仍然以一己之力在探索虾蟹世界，试图不断发现人类从未认识的新物种、新类群！

最为值得赞颂的是，张旭老师与他的合作伙伴，通过长期不懈的野外调查、标本采集、拍摄记录、爬梳厘定、旁征博引，完成了这部在甲壳动物学领域堪称新时代的皇皇巨著——《中国潮间带螃蟹生态图鉴》。我们有理由相信，本书的出版将会对我国的螃蟹分类学研究，以及甲壳动物学的普及、传播和科学教育产生深远之影响！

我见到书后参考文献近200篇，这其中闪耀着前辈科学家的名字，我们不该遗忘沈嘉瑞、戴爱云、刘瑞玉、杨思谅、宋玉枝、陈惠莲等诸位科学家对我国甲壳动物研究的贡献，也应该感谢包括张旭兄在内的、硕果仅存的几位年轻分类学家对动物学事业的继承与发扬！

最后，我还想说，亲爱的读者们、自然博物爱好者们，乃至喜欢吃螃蟹的朋友们，将吃螃蟹与认识螃蟹、研究螃蟹完美地结合在一起，这将是我们这一代人可以开启的一个博物生活的新时代！

是为序。

博士、研究馆员

中国科学院动物研究所·国家动物博物馆副馆长（主持工作）

2023 年 8 月 6 日于动博

张小蜂 写在前面

不知道生于内陆的朋友是不是从小与我有着同样的梦想——有朝一日亲自去看一看大海，去看看那个被描绘为“踩在金黄色的沙滩上，倚在椰子树旁欣赏海天一色”的场景。好在，北京并不是一座离海太远的城市，生活在北京的朋友一定都去过北戴河吧？我第一次站在海边欣赏大海，便是北戴河。可是北戴河跟我梦想中的那个“大海”差得太远了：拍打在沙滩上的海水是浑浊的黄褐色，也没有高大的椰子树。另外，单是“北戴河”这个名字就困扰了我很长一段时间，为什么大海要起个河的名字。

长大以后，我才知道北戴河所处的渤海湾是一个具有数十条河流汇入的内海，因为泥沙含量高，所以海水没有那么清澈，而椰子树是热带植物，在北方的海边是不会长有椰子树的。小时候的我最期待暑假，并不是说暑假便可以去北戴河，那时的交通并不如现在这样方便快捷，每年能够去一次北戴河已实属难得。如果昆虫对我来说是身边的自然的话，那么螃蟹对我来说就是远方的自然。暑假对我真正的意义是去粘知了、抓蜻蜓。不过，我仍然记得沙滩上奔跑的小螃蟹，背着小贝壳窜来窜去的寄居蟹，还有各种叫不出名字的小鱼小虾。它们与触手可得的昆虫一样，吸引着对自然有着浓厚兴趣的我。既然不能总去海边玩，那是不是可以把大海搬到家中呢？我抱着这样幼稚的想法，尝试把从菜市场买回来的梭子蟹或皮皮虾养在小盆里，但它们最终还是无奈被搬上餐桌，因为那时的我并不知道用自来水勾兑几勺食用盐是不可能养活它们的。与螃蟹有关的记忆，到此戛然而止。

直到 2014 年的夏天，我和一群朋友去了海南三亚。在海边，我见到了比北戴河丰富得多的海洋生物，绚丽多姿的鱼，奇形怪状的螃蟹，就连寄居蟹的样子都与我在北戴河见到的不一样，其中令我印象最深的是一只有着红彤彤大眼睛的螃蟹，几乎颠覆了我对螃蟹的认知。也正是这只奇怪的螃蟹，让我重新拾起那颗对远方自然的好奇心。不同于年幼时的想法，我换了个方式，试图将这远方的自然变得像身边的自然一样，唾手可得。自那以后，我每年都至少要去 2 ~ 3 次海南，不为别的，就是为了寻找海边各种奇怪的螃蟹、寄居蟹。随着时间的推移，见过的螃蟹种类也越来越多，单纯的外形与颜色已经不能满足我的好奇心，我想更深入地了解螃蟹。

想要了解螃蟹，就要先从如何去知道它们的名字开始，这便要从分类学入手。我曾经跟随中国科学院动物研究所的张彦周老师学习跳小蜂（一种寄生蜂）的分类。与昆虫一样，每个类群都有自己的一套分类体系，我深知从零基础开始学习分类学是一件非常耗费时间与考验耐心的事情。作为甲壳动物门外汉的我，想要鉴定一只螃蟹到底叫什么名字并不是一件容易事。我在网络上尽可能地搜集资料，同时购买了大量跟甲壳动物分类有关的书籍，尝试着班门弄斧。

早期跟螃蟹有关的书籍大都以手绘图为主，如沈嘉瑞与戴爱云的《中国动物图谱　甲壳动物　第二册》，以及沈嘉瑞与刘瑞玉的《我国的虾蟹》—— 这本书可以称得上是新中国第一本关于虾蟹的科普书。1986年，由戴爱云、杨思谅、宋玉枝与陈国孝编著的《中国海洋蟹类》是我国第一本较为全面地对海洋蟹类进行系统性整理的著作。在这之后，《中国动物志》先后共出版了2部与海洋蟹类有关的著作，分别是《中国动物志　无脊椎动物　第三十卷　节肢动物门　甲壳动物亚门 短尾次目　海洋低等蟹类》《中国动物志　无脊椎动物　第四十九卷　甲壳动物亚门　十足目　梭子蟹科》，一些地方志，如《浙江动物志》《河北动物志》等也对地区性的海洋蟹类做过系统性的总结，但这些专业书籍大都以文字描述为主，搭配手绘线图，有的即便配了照片，也都是一些长期浸泡、已经完全看不出原本颜色或花纹的标本。同一个物种的生活状态与标本往往呈现出完全不一样的外观，如果没有老师的带领，普通爱好者不经过几年的学习是很难通过标本图甚至文字描述去对比鉴定螃蟹的。直到2018年，重庆大学出版社出版了一本关于海滨生物的野外识别手册，即由刘文亮与严莹主编的《常见海滨动物野外识别手册》，这是一本覆盖类群相当全的海滨动物野外图鉴。只不过，螃蟹所占篇幅极为有限，仅有63种，尚不能完全满足针对螃蟹的野外识别需要。

台湾地区也出版了不少与螃蟹相关的书籍或图鉴。早期的包括《招潮蟹》（施习德，1994）、《台湾红树林自然导游》（郭智勇，1995）、《台湾海岸湿地的螃蟹》（王嘉祥、刘烘昌，1996）、《台湾海边常见的螃蟹》（王嘉祥、刘烘昌，1996）、《台湾产梭子蟹类彩色图鉴》（黄荣富、游祥平，1997）、《高美湿地生态之美》（黄朝洲，1998）、《台湾赏蟹情报》（李荣祥，2001）、《澎湖的蟹类》（冼宜乐、郑明修，2005）等，较新的则有《铁甲武士：东沙岛海滨蟹类》（施习德，2012）、《半岛陆蟹：恒春半岛陆蟹导览》（李政璋、邱郁文，2013）、《半岛陆蟹 2.0》（李政璋、邱郁文，2019）、《月牙剑客：东沙岛海滨蟹类》（施习德，2020）等这些书籍涵盖了台湾岛及周边海域常见螃蟹，但对于识别整个中国沿海的螃蟹仍显不足。

我想："如果有一本较为全面地识别中国潮间带螃蟹的彩色图鉴就好了！"这不但可以弥补目前市面上螃蟹图鉴的不足，也能激起更多人对于螃蟹的好奇心。

有了想法就要马上行动。我着手整理硬盘中拍摄过的螃蟹照片，所有的照片加在一起，种类还不到 90 种。资料上记载的我国海洋蟹类超过 1200 种，其中至少四分之一（直到书稿付梓时，我才意识到潮间带能够寻找到的螃蟹种类远不止四分之一！）可以在潮间带发现，我手上的 90 种照片完全不符合我所认为的"全面识别"。按照 2020 年刚与出版社签订出版计划时的设想，我计划用一年的时间将种类提升至 150 种左右，虽然种类仍不算多，但至少已经足够做一本小册子了。

去海边拍螃蟹看似是一件十分有趣的事，实际上非常枯燥且煎熬。大多数人在海边都扎堆地去沙滩玩耍，而我要选择去螃蟹多样性更高的河口、泥滩、红树林，这种地方的环境通常极为恶劣，单是蚊虫的骚扰就足以让人望而却步，而我不得不沉住气在这样恶劣的环境中耐心地蹲守于螃蟹洞口"守洞待蟹"，当一只漂亮的招潮蟹从洞中钻出，旁若无人地挥舞大螯表现出最自然的行为时，我感觉这一切都是值得的。当然，我也体验过在被太阳烤得炙热的沙滩上追寻沙蟹，却一无所获，连沙蟹都知道晚上出来活动不但凉快还能躲避白天靠视线捕猎的天敌。相比之下，在礁石海浪之间探索水面下的世界或许是比较舒服的事了，可是仍然无法避免被礁石上的牡蛎或藤壶划伤，又或是被水母、毒鲉等有毒生物刺蜇引发剧痛，这个时候我又开始羡慕螃蟹，它们坚硬的甲壳可以让它们轻松面对这一切。回想起这几年的野外拍摄经历，其中的酸甜苦辣仍然历历在目。是的，那个端着相机趴在红树林的臭泥巴上一动不动的、被路人围观嘲笑的人，正是我。

不知不觉 2 年已过，整理出来的种类超过当时设想的一倍还多，看来螃蟹比我想象中要好拍得多。于是，在图鉴排版过程中，我不断地要求加入新的种类。当时我手上还有一本正在翻译的书，作者盛口满在书中提到自己年幼时也有想要做一本"全生物图鉴"的愿望。我是不是也可以做一本"全螃蟹大图鉴"？盛口满的愿望虽然没有实现，但他对于自然探索那份执着的热情，与想要传达给他人的动力在《赶海•解剖•逛菜场》这本书里展现得淋漓尽致。于是，我停止了这种太过天马行空、无论如何也不可能实现的想法，把工作重点从不断追求拍摄新的种类上转移到文字编写上来。

最终，当初设想的小册子变成一本厚厚的大部头，收录了我所拍摄过的螃蟹种类的

90%。我希望本图鉴能够让更多人认识到螃蟹种类的多样性，它们有着奇怪的外形、多彩的颜色，还有有趣的名字，螃蟹真的并非只有“能好怎”。期待大家能够带上本图鉴，一起加入到赏蟹、拍蟹活动中来。也许会有人问我，剩下的那 10% 怎么办？没关系，我的拍蟹之旅也不会按下终止键，我会用我的镜头，继续记录螃蟹的多样性，待我再凑到 90% 时，那距离我那本“全螃蟹大图鉴”岂不又进了一步（笑）。

大多数潮间带的螃蟹个头都很小，很难受到大众的关注，但它们是构成潮间带生态系统非常重要的一环。一方面，这些小型蟹类可以将环境中一些非常微小的有机物、动植物残骸等清理干净；另一方面，它们又作为许多鸟类、鱼类及其他大型无脊椎动物的食物，对维持潮间带生态系统的平衡起到了承上启下的重要作用。可以说，本图鉴中的绝大多数种类与“经济价值”毫不相关，但它们又是展现生物多样性最鲜活的例证。近年来随着赶海活动的兴起，越来越多的人到海边捡拾各种各样的小鱼、小虾、小蟹，它们之中绝大多数并不具备食用价值。在这里，我推荐大家在享受赶海乐趣的同时，多以观察探索为主，减少不必要的捕捉，即便是可以食用的种类，也尽量遵循捉大不捉小，捉公不捉母（尤其是抱卵的）的原则，对最终收获的渔获物尽其用，没有食用价值的在观察过后将它们原地放生。只有秉持着这份原则，我们才能可持续地享受到赶海带给我们的乐趣。

由于本图鉴所涉种类繁多，加之作者学识能力有限，书中如有错误或不足之处，还望各位读者不吝斧正，赐教者皆为吾师。

张小蜂

2021 年 12 月 2 日 初稿 于海南三亚

2023 年 6 月 11 日 二稿 于北京菜市口

徐一扬\ 补充几句

2020年底，我突然收到了张小蜂的邀请，他问我愿不愿意和他一起写一本关于海洋类螃蟹的图鉴。听起来，这是一件有趣的事情。

那段时间我刚刚毕业，还没有去公司上班，只能待在家中做一些线上工作。说到螃蟹，我不敢说有多么精通，但至少还算熟悉。所以，我认为我应该能够胜任这份工作，几乎没做思考便应允下来。

小的时候，我就对各种小动物很感兴趣，家里摞着各种动物图鉴。我还利用出门旅游的机会，抓（那时实在无法用采集二字来形容）回家中，对照着把它们的样子画在纸上。上大学后，我突然对螃蟹有了兴趣。别人喜欢螃蟹大多因为爱吃螃蟹，而我喜欢螃蟹，更多是对其本身的喜爱，我想搞清楚它们叫什么名字，生活在什么地方。于是，我开始有计划地收集淡水蟹标本，深入地研究它们。慢慢地我了解到，我国居然是世界上淡水蟹种类最丰富的国家，没有之一，而且时不时就有新物种被发现。值得炫耀的是，我还参与发表了2个淡水蟹新物种：惠东异掌溪蟹（*Heterochelamon huidongense*）和大别江淮溪蟹（*Jianghuaimon dabiense*）。

有了前期对淡水蟹的分类知识的基础，再去触类旁通地学习海洋蟹类应该不是一件难事，这也是当初我几乎没做思考便应允张小蜂的原因。我俩明显分工，他负责概述部分的主体内容，以及他最熟悉的胸孔亚派，而我则负责剩下的种类描述，一小部分概述的补充，以及绘图工作。

可说起来简单，做起来却是困难重重。和淡水蟹相比，海洋蟹不仅种类丰富，外形和生活习性更是多种多样。我首先要面对的便是大量资料的收集与整理工作，这个过程相当枯燥且乏味。其次，文字的撰写也没有那么简单。虽然有《中国海洋蟹类》及《中国动物志》等资料可供参考，但为了更加准确的描述，我要一字一句地核对原始描述，并将其最重要的内容精简提炼出来。张小蜂在全国各地拍螃蟹，时不时就丢来几个新拍到的种类让我增加描述内容，要不是编辑主动给他一脚刹车，种类的增加或许还在继续。好不容易交稿了，却又发现很多种类的分类发生了多次变化，例如钝齿短桨蟹，在我刚写稿子时，还被划入长桨蟹属，待排版校对时又被划回短桨蟹属，如此反复地修改分类地位，给排版、校对都带来相当多的工作量。当我收到书稿核对时，我自己都不太敢相信，从最开始的几个标题性的框架，变成了现在 600 多页厚厚的一本书。现在回想起来，这 3 年的时间恍然如梦。

需要说明的是，本图鉴中的部分种类，与过往资料中所记载的中文名略有不同。我们综合了《拉汉无脊椎动物名称（试用本）》《中国海洋蟹类》《新拉汉无脊椎动物名称》《中国海洋生物名录》《中国动物志》中同一个物种的不同称呼，并选择了我们认为最恰当的名字。对于个别种类的中文名我们直接做了修改，如牧氏毛粒蟹（原称马氏毛粒蟹）、高野近方蟹（原称竹野近方蟹）等。我们深知中文名的稳定对于学术、生产生活上的交流使用非常重要，但适时地调整中文名，以更符合其原义的表达也同样重要。这种调整在其他类群中也同样存在，因此中文名的修改并非完全不可接受。当然，为了读者了解修改中文名的理由，在相对应的词源中给出了我们认为的合理解释。

在写作过程中，我要感谢身边的诸位伙伴和同事，你们的热心帮助是我前进的动力。感谢好友黄俊豪、刘致志、陈奕铭、徐晨毓、于璐铭、马泽豪、陈景轩、陈浩骏、赵宸枫和郭星乐等人协助我采集标本，提供了很多有价值的信息，并与我分享了诸多的文献资料。感谢厦门集美大学施宜佳副教授和中国科学院海洋研究所蒋维副研究员的支持，你们耐心地指导我，并提出许多宝贵建议。感谢李慧森、康翔宇、吴润宏等好友帮忙收集了许多不常见的蟹类标本。感谢我曾任职的湖北博得生态中心对我写作的支持。当然，最后还要感谢张小蜂，让我有机会成为本书的共同作者，以及感谢他在工作中对我的理解与包容。

我希望本图鉴的出版，能够为中国海洋蟹类的科普贡献出一份微薄之力，也希望它能让更多人认识螃蟹、喜欢螃蟹。

由于作者对海洋蟹类的了解只是冰山一角，学识有限，所作成品或有错漏，希望各界读者们能对本图鉴批评指导，谢谢大家。

2022 年 1 月 10 日 初稿 于湖北武汉

2023 年 6 月 13 日 二稿 于湖北武汉

目 录
CONTENTS

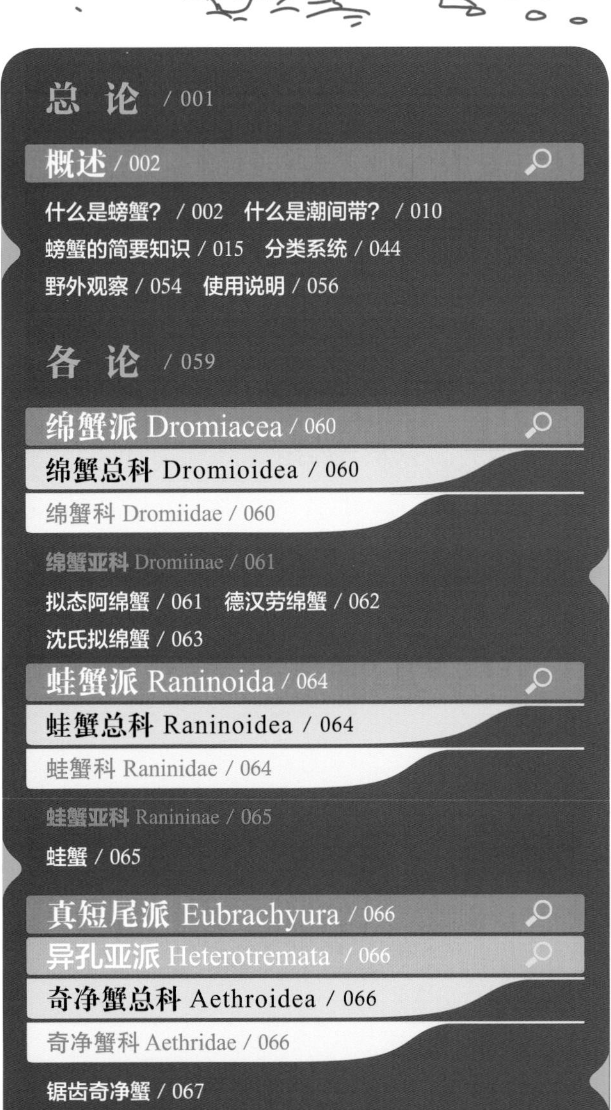

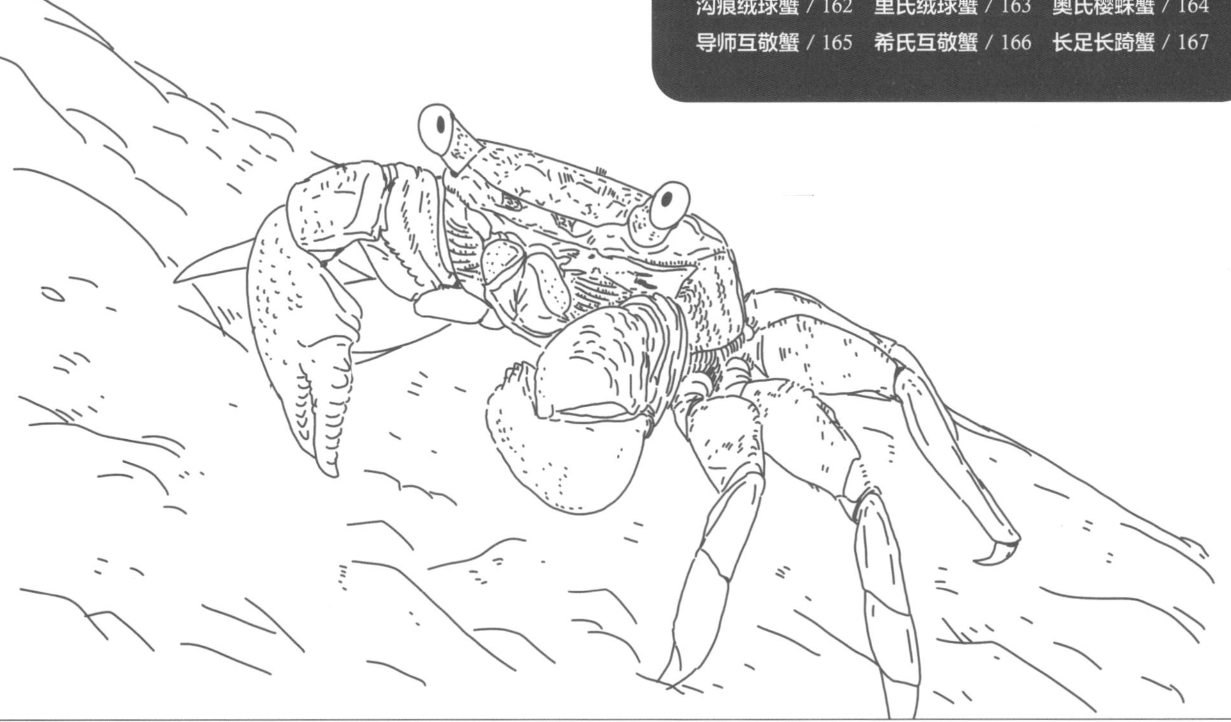

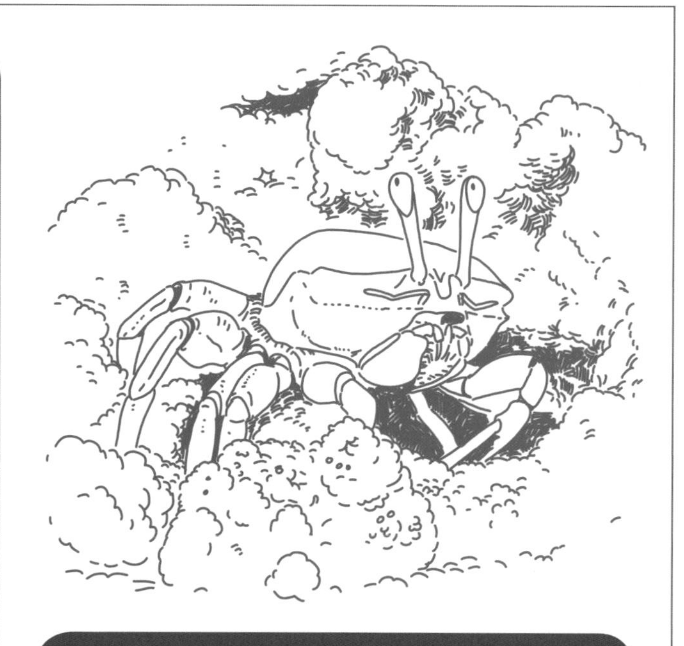

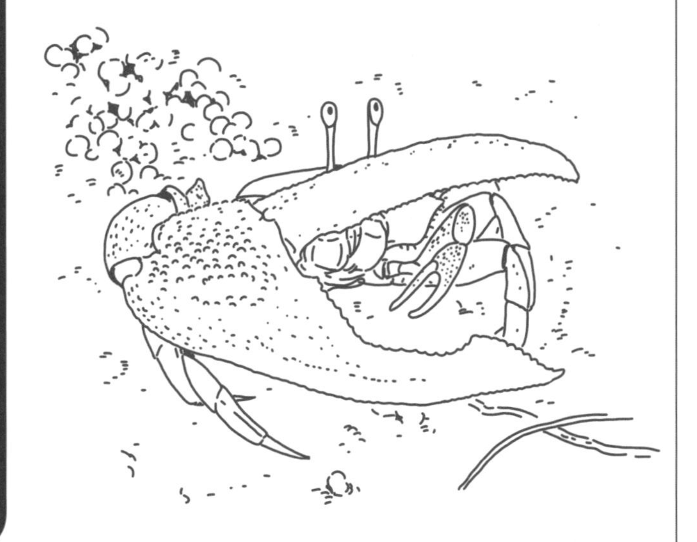

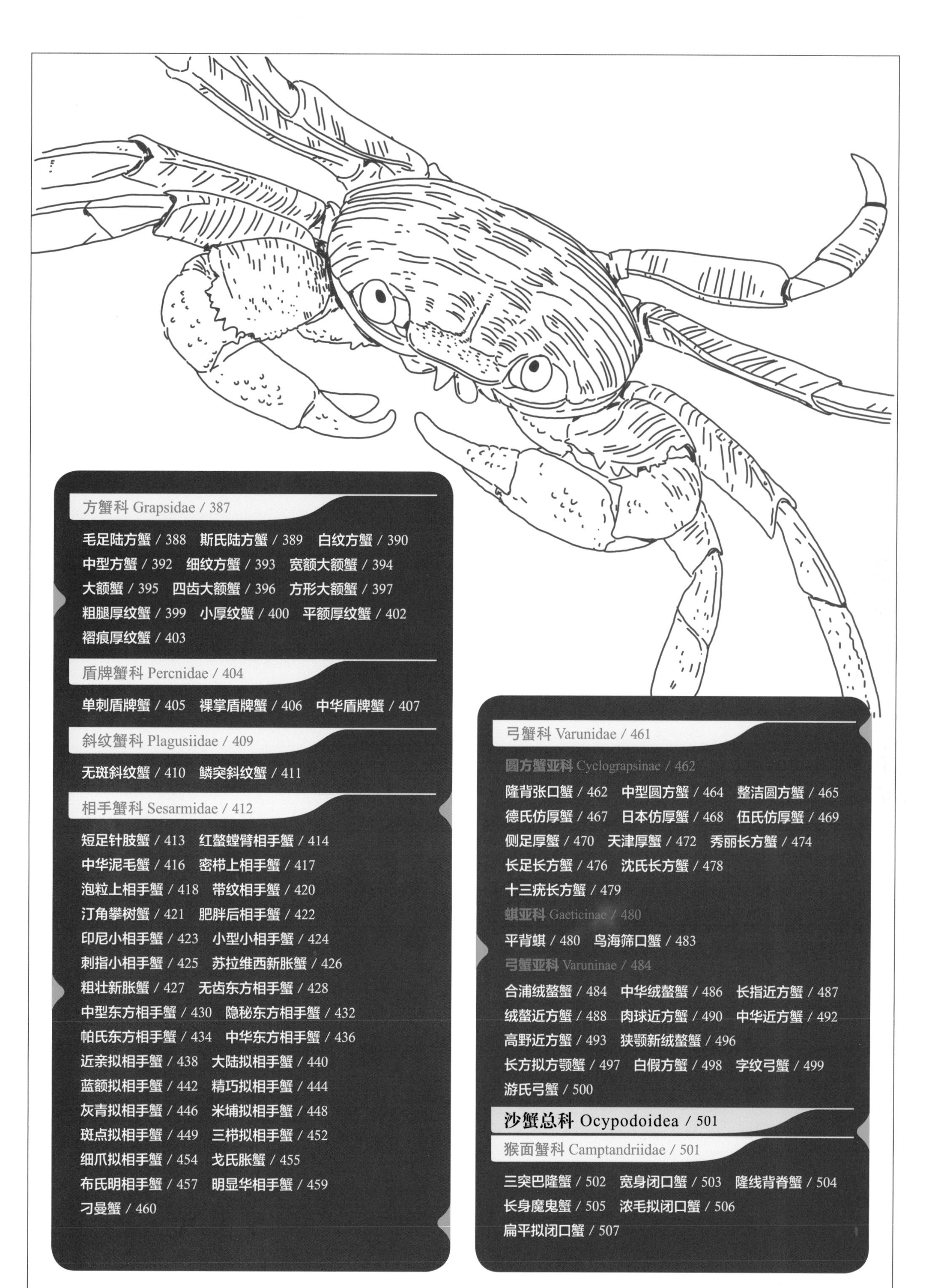

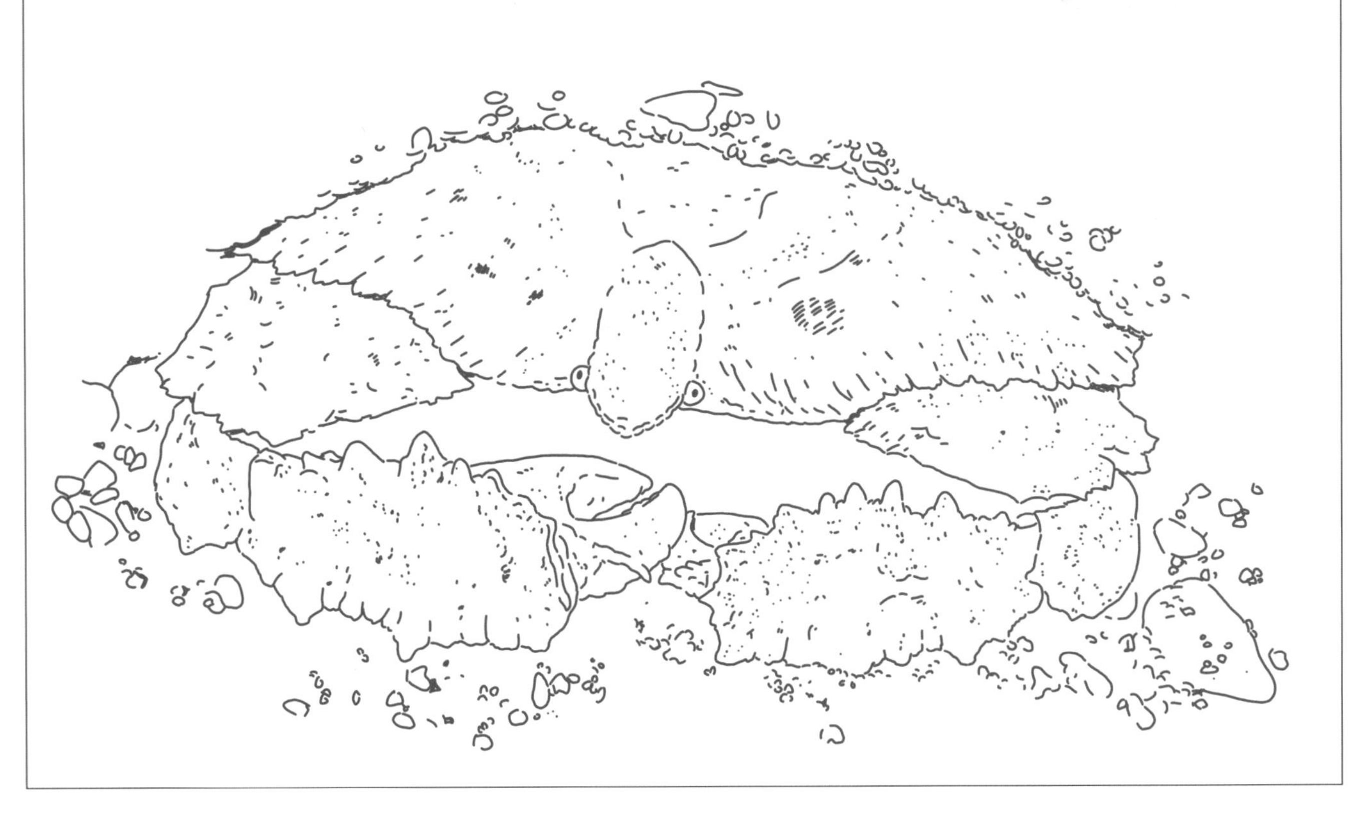

★ 总 论 ★

Part I

概 述

作为餐桌上常见的水产品之一，螃蟹在我们的生活中较为常见。但是，我们对于螃蟹的认识可能也仅限于大闸蟹、梭子蟹或面包蟹等这些耳熟能详的名字，以及“能好怎”，关于“它们生活在哪里，与什么动物的关系更近，甚至世界上到底有多少种螃蟹”这种问题，绝大多数的人都很难回答上来。其实，螃蟹的世界远比我们想象中更加丰富多彩。话不多说，请带着好奇心，一起走进螃蟹的世界吧!

什么是螃蟹?

螃蟹出现在地球上的时间并不算太久远，基于一些基因片段和化石的测算，最早的螃蟹（真短尾类）直到近 1.85 亿年前才出现在地球上。当时的地球正处于早侏罗纪，非鸟恐龙开始兴盛，同时出现的化石记录有疾走原蟹（*Eocarcinus praecursor*），这种奇特的甲壳动物介于螯虾、短尾类（即真正的螃蟹）和异尾类（如寄居蟹）等的中间。早期的研究认为疾走原蟹是现生螃蟹的祖先，但最近的一些研究指出，它可能并不属于现生螃蟹的祖先，反而是与现生螃蟹分道扬镳的一个早期分支，最终湮没在历史长河里。而克氏原面蟹（*Eoprosopon klugi*）则被认为是现生螃蟹的直系祖先。侏罗纪伴随着大陆板块的分裂和海水上涨而终结，螃蟹家族随之进一步分化繁盛，遍布四海。现如今，恐龙时代早已远去，而螃蟹家族则繁盛至今，作为甲壳动物家族中演化等级最高的成员，螃蟹凭借着强大的适应能力，一方面继续守护着自己的起源地——海洋，另一方面则向淡水甚至陆地进军，形成了现生超过 7 000 种、形态各异的庞大家族。

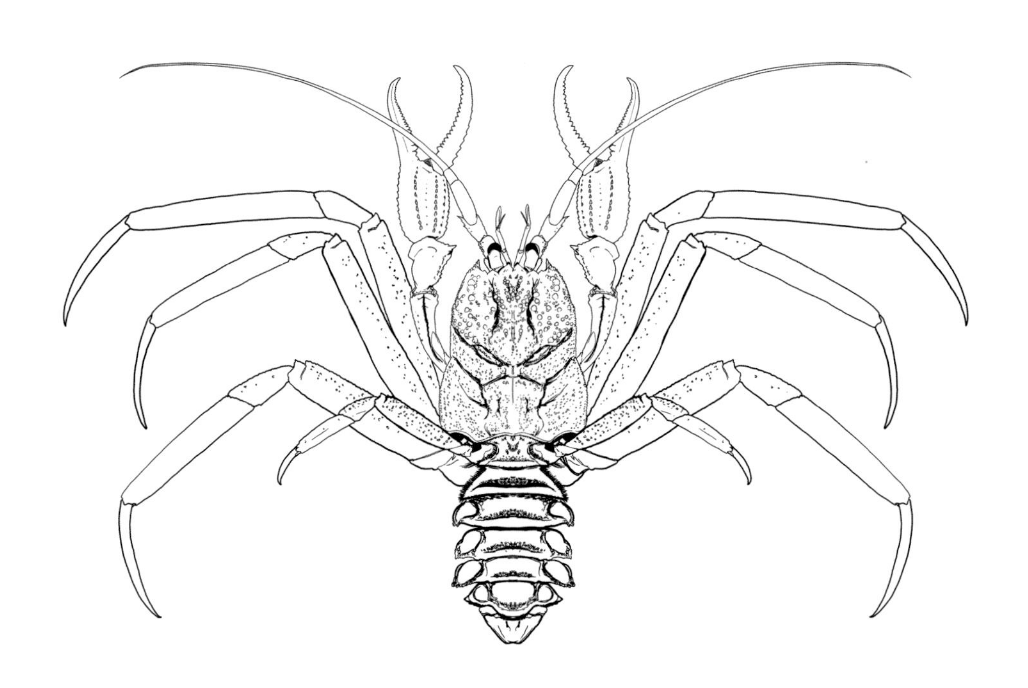

克氏原面蟹（*Eoprosopon klugi*）（仿 Huang et al., 2014）

螃蟹的主要特征包括 1 个坚硬甲壳，即头胸甲，以及 1 对显著的螯足和 4 对用于爬行的步足。在分类学上，螃蟹属于甲壳动物亚门 — 软甲纲 — 十足目 — 短尾下目，因此分类学家通常将它们称为短尾类或短尾蟹类，这一名称源于希腊语 *brachy*，意为短的，形容它们的腹部很短小，平时折叠于身体腹面，并不像虾类那样长而发达。

从上图可以看出，与螃蟹同属于十足目的甲壳动物有很多。十足目一词，由希腊语 *deca*（十）与 *pod*（脚）直译而来，顾名思义，这个目的特点就是通常有十条腿。十足目几乎包含了我们生活中最为常见的甲壳动物，其下共划分 2 个亚目，枝鳃亚目与腹胚亚目。

枝鳃亚目内的成员比较简单，包括我们常吃的对虾（对虾总科）及毛虾（虾皮）（樱虾总科）等，枝鳃一词源于它们拥有枝状的鳃。枝鳃亚目的成员产卵时会直接将卵产于水中，刚刚孵化的幼体具甲壳动物所特有的无节幼体（nauplius）。另外，这个亚目的成员腹部都非常发达，具备良好的游泳能力。

对虾的枝状鳃

日本对虾（*Penaeus japonicus*）发达的腹部

腹胚亚目内的成员就丰富多了。形态上，既有像虾类那样腹部发达的类群，也有螃蟹这样腹部极为退化的类群，它们的共同特点包括鳃呈叶状或丝状，产卵时，雌性会将卵黏附于自己腹肢上，因此也称抱卵亚目。刚刚孵化的幼体为原溞状幼体（protozoea larva）或溞状幼体（zoea）。

腹胚亚目中的成员也有很大一部分是餐桌上常见的海鲜，如龙虾、小龙虾等，它们与螃蟹在外形上相差甚远，很难有人会把它们混为一谈。不过，异尾下目中的很多成员无论从名字还是外形上，都容易让人们误以为它们也是螃蟹。那么，该如何区分它们呢？

叶齿鼓虾（*Alpheus lobidens*）拥有发达的腹部

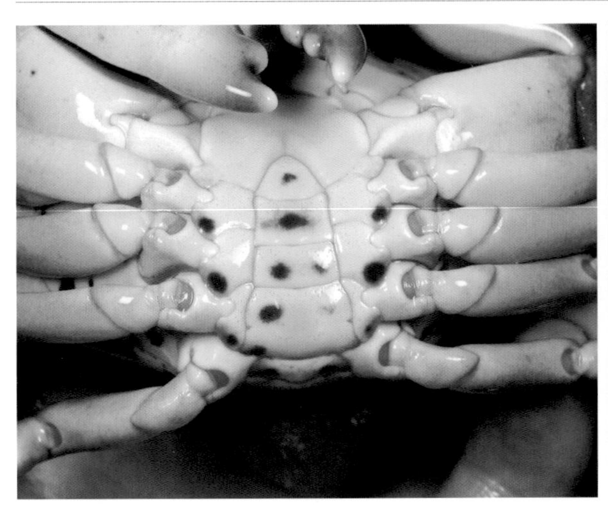

蟹类的腹部退化，平时折叠于身体腹面

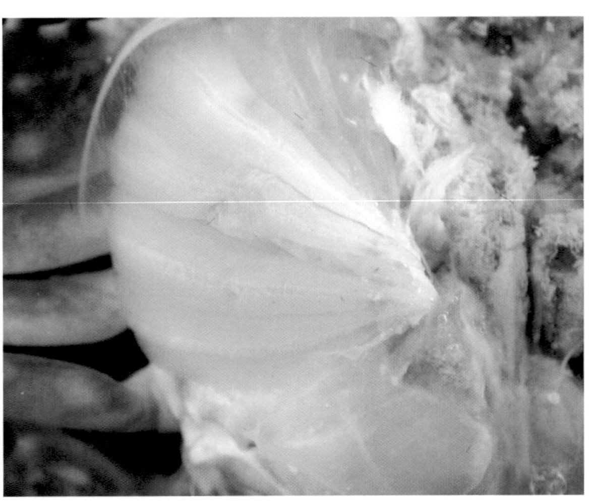

蟹类的叶状鳃

在潮间带，常见的异尾下目主要有铠甲虾、寄居蟹、蝉蟹及瓷蟹4大类。其中铠甲虾虽然外形上接近蟹类，但光听它的名字就知道它们肯定不是蟹。而且，虽然铠甲虾的腹部平时也卷曲于身体腹面，但它们的腹部相当发达，遇到危险时可以像虾一样摆动腹部，迅速向后逃走。

其次是寄居蟹。大多数寄居蟹生活在螺壳中，它们的腹部软软的，特化成螺尾状。虽然名字带蟹字，但它们独特的生活方式与显著的身体结构，也不难将它们与螃蟹相区别。在潮间带常见的包括寄居蟹科、活额寄居蟹科、陆寄居蟹科等。

东方铠甲虾（*Galathea* cf. *orientalis*）（铠甲虾科 Galatheidae）

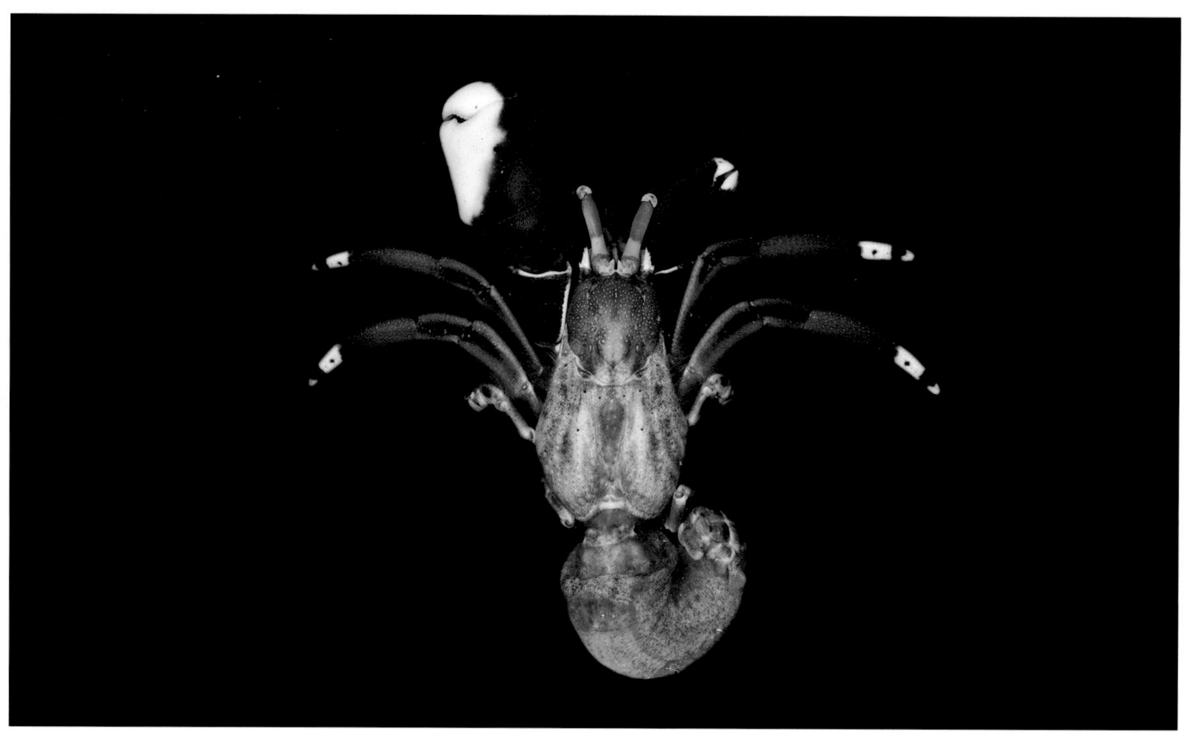

光螯硬壳寄居蟹（*Calcinus laevimanus*）非对称的腹部

柔毛寄居蟹（*Pagurus lanuginosus*）（寄居蟹科 Paguridae）

长螯活额寄居蟹（*Diogenes avarus*）（活额寄居蟹科 Diogenidae）

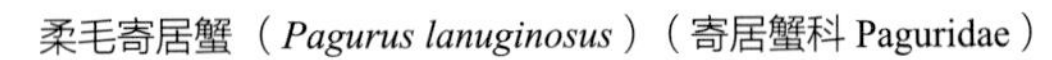

灰白陆寄居蟹（*Coenobita rugosus*）（陆寄居蟹科 Coenobitidae）

环指硬壳寄居蟹（*Calcinus elegans*）（活额寄居蟹科 Diogenidae）

然后是蝉蟹类，它们多生活在沙质潮间带，大多数时间都隐藏在沙子下面，平时难得露面。它们与寄居蟹一样，虽然名字中带有蟹字，但外形上不难与螃蟹相区分。虽然螃蟹中的盔蟹科部分种类与蝉蟹在外形或习性上都很相近，但蝉蟹类的末对步足（即第 5 胸足）退化，像小棍子一样，而盔蟹的末对步足是正常的。常见的蝉蟹类包括眉足蟹科、蝉蟹科、管须蟹科等。

侧指蝉蟹（*Hippa adactyla*）（蝉蟹科 Hippidae）

隐匿管须蟹（*Albunea occulta*）（管须蟹科 Albuneidae）

哈氏岩瓷蟹（*Petrolisthes haswelli*）（瓷蟹科 Porcellanidae）

瓷蟹和石蟹无论从名字还是外形上，是最容易与螃蟹相混淆的，但只要数一数它们的步足，就会发现它们都只有3对用于爬行的步足，瓷蟹类的末对步足与蝉蟹一样，虽然暴露在外面，但退化成了小棍状，不仔细观察几乎不容易发现，而石蟹类的末对步足直接伸进了甲壳中，成为清理鳃部的工具。潮间带容易见到的类群包括瓷蟹科和软腹蟹科。

锯足软腹蟹（*Hapalogaster dentata*）（软腹蟹科 Hapalogastridae）

掌握了以上几个要点，便不会再把这些在潮间带同样常见的似蟹非蟹的甲壳动物错认为螃蟹了。虽然螃蟹一词听着极为亲切，但从现在开始，我们将用蟹类代替螃蟹一词。早在《唐韵》中便有对螃字的解释："螃，步光切，音旁。螃蟹，本只名蟹，俗加螃字。"由此可知，螃蟹一词只是对这类动物的俗称。如前文所述，虽然分类学家将它们统称为短尾类或短尾蟹类，但本书中的主要内容就是短尾类，所以我们用蟹类作为统称，便于大家理解。

什么是潮间带？

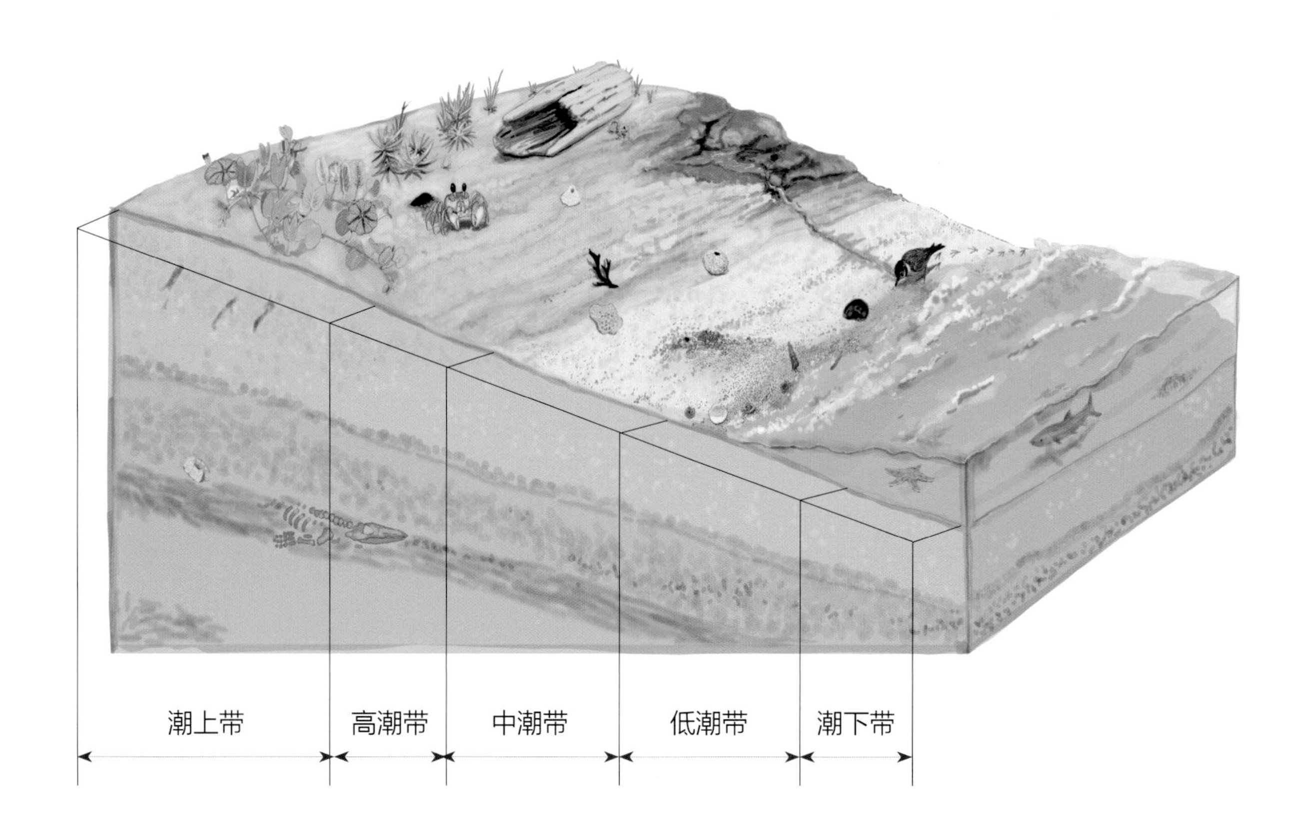

潮间带是大海与陆地彼此不断抗衡的区域，每天的潮起潮落让这部分区域时而隐身于水面之下，时而暴露在空气中。我国有着长达 1.8 万千米的大陆海岸线及 1.4 万千米的岛屿海岸线，在这总长度超过 3.2 万千米的海岸线上，孕育着沙滩、河口、沼泽滩涂、红树林、岩礁、珊瑚礁甚至喀斯特等不同地貌环境的潮间带。潮间带不仅仅是人类接触大海最近的地方，也是众多海洋生物栖息的乐园。这里阳光充足，营养物质丰富，还有复杂而多变的地貌环境，给许多生物提供了赖以生存的栖息场所。

潮间带（intertidal zone）是指高潮带与低潮带之间的区域，也就是海水涨潮到最高位（高潮线）和退潮时退至最低位（低潮线）之间，会暴露于空气中的海岸部分。高潮带以上，长期暴露于水面之上的区域被称为潮上带（supralittoral zone），其中受海浪影响，浪花可以飞溅到的区域又被称为飞溅带（splash zone）。与此相反，在平均低潮线以下，至大陆架边缘永远不会暴露出来的区域为潮下带（sublittoral zone）或亚潮带（subtidal zone）。潮下带所涵盖的区域比较广，通常是指最低潮线至 200 米以浅的大陆架浅水区域。由于光照充足、氧气丰富，受水流作用影响频繁，营养物质丰富，因此潮间带及潮下带是包括蟹类在内的许多生物最适宜的栖息场所。

因潮汐作用的影响，潮间带又可被划分为三个区域：高潮带（high tide zone），位于潮间带的最上部，其上线为大潮高潮线，下线是小潮高潮线，这个区域被海水淹没的时间很短，只有在大潮时才会被海水淹没；中潮带（middle tide zone），占潮间带的大部分，上线为小潮高潮线，下线是小潮低潮线，是典型的潮间带地区；低潮带（low tide zone），上线为小潮低潮线，下线是大潮低潮线，这里大部分时间浸泡在水面之下，只有在大潮落潮的短时间内露出水面。

涨潮时，潮间带被水淹没；退潮时，潮间带露出水面。因此，潮间带最大的特点便是环境多变。为了适应潮间带温度、湿度及盐度等多变的特点，包括蟹类在内的潮间带生物往往具备三个特性，即两栖性、节律性和分带性，这些特性让它们得以在这片多变的环境中生存下来。两栖性具体表现为广温性、广盐性、耐干旱性和耐缺氧性等。因为潮间带水体并不稳定，这里的水温、盐度及干湿度全天都在变化，潮间带生物必须拥有或长久或短暂能够离开水体一段时间存活的能力，以及耐低氧、适应盐度和温度的剧烈变化的能力。然而在极端情况下，仍然会有一部分无法适应剧烈变化的生物被困在退潮后的潮池中死亡——太阳的暴晒造成潮池中的水蒸发过快，盐度及温度在短时间内变得过高，甚至在潮池水体过少的情况下被晒干。

潮池

长时间脱离水体死亡的鱼类

平额石扇蟹（*Epixanthus frontalis*）只在高潮带才有分布

节律性往往表现在许多生物的活动周期因潮汐而产生明显变化，有的种类在满潮后出来活动，例如梭子蟹；有些则只有在退潮后才出来活动，例如招潮蟹；也有一些种类无论高潮低潮都会出现活动，例如方蟹，但它们的活动区域又比较依赖潮水的位置，它们既不喜欢长时间泡在水中，又不能离水面太远，这便是分带性。分带性是因不同生物适应的干湿条件不同而在潮间带不同高低位置产生的异位分布现象，前面讲到的方蟹的活动位置会随潮水的涨退发生变化，而梭子蟹大多只分布于中潮带至低潮带这部分在绝大多数时间内都被淹没于水面之下的区域，地蟹科成员因为极度适应陆地生活，因此在不受潮汐活动影响的潮上带生活。

潮间带可按底部基质不同划分为两大类：硬基质（如岩礁、珊瑚礁等）及软基质（如沙滩、泥滩等）。这些不同的基质中的蟹类种类会有很大差别，如沙粒直径相对较大的沙滩只有沙蟹或股窗蟹，而细沙或泥沙混合的地方则可能会有毛带蟹。大眼蟹多数偏爱纯泥质的滩涂，而弓蟹、方蟹则喜欢具大块岩石或碎石等底质的硬基质环境。在此基础上，还会有一些生境相互混合的情况，如硬基质的岩礁、珊瑚礁给海藻等提供了附着点，为蜘蛛蟹所喜爱的生活环境。同样，软基质的泥滩又给红树林提供了生长空间，为相手蟹这类以红树凋落物为生的类群所偏爱。

了解不同的潮间带区域及底质类型，有助于提前预判这里可能会生存着哪些蟹类。当然，潮间带只是影响蟹类分布的环境因素之一，我们不可能在黄渤海的沙滩上找到角眼沙蟹这样的热带种类，也不可能在海南岛找到日本仿厚蟹这样的温带物种。

沙滩 / 福建平潭

泥质滩涂 / 福建宁德

泥沙质滩涂 / 福建厦门

红树林（砾石底）/ 海南文昌

红树林（泥沙底）/ 海南文昌

红树林（珊瑚礁碎石）/ 海南三亚

岩礁 / 福建平潭

砾石滩 / 山东青岛

珊瑚礁 / 海南三亚

盐沼地 / 山东青岛

海藻床 / 广东徐闻

螃蟹的简要知识

不得不承认的是，许多螃蟹可以通过简单的外形及颜色进行识别，但仍然有许多种类的外形极为相似，或因颜色花纹多变，我们很容易将多种误认为同一种或将同一种当做不同种，这就需要通过一些细致的特征进行识别，其中不免会涉及一些专业术语。因此，我们在这里简单地介绍一下蟹类的身体构造及专有名词，方便读者更进一步地了解蟹类，这对于种类鉴定会有很大帮助。

（1）基本结构

与其他节肢动物一样，蟹类的身体也是由一节一节的体节及体节上成对的附肢所组成。蟹类的身体一共由 21 个体节组成，其中头部 6 节、胸部 8 节、腹部 7 节。不过，在漫长的演化过程中，蟹类的头部及胸部体节已经完全愈合为一整体，称为头胸甲。头胸甲也就是我们平时所见到的螃蟹那最显著的大甲壳，这个甲壳将它身体的绝大部分包裹住，不仅可以抵御天敌的攻击，也能阻止体内水分的流失。头胸甲的形状会因种类不同产生丰富多样的变化，有的宽，有的短，有的厚，有的扁，还有各种多边的形状，这是表现蟹类多样性最直观的方式。

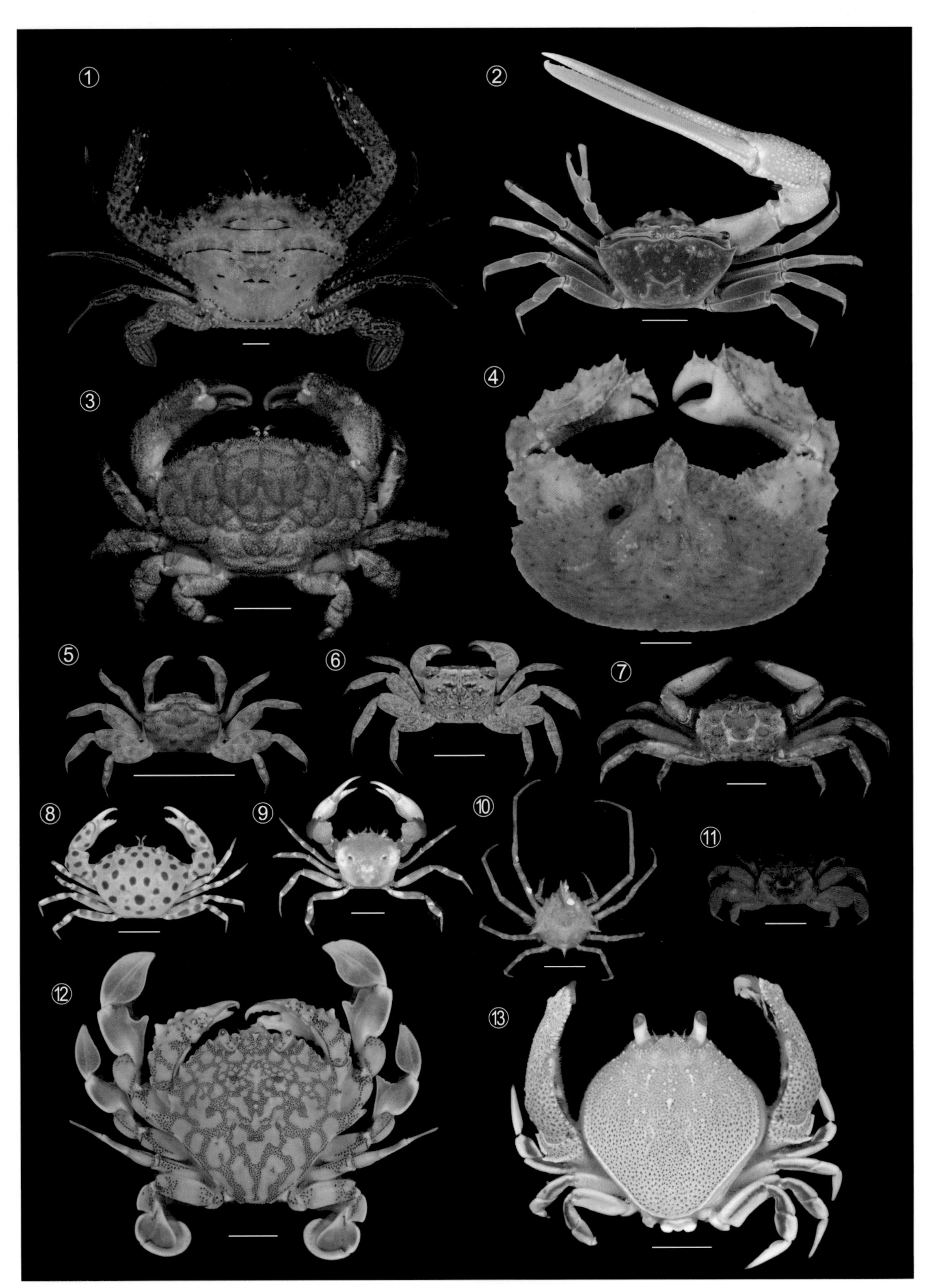

① 善泳蟳（*Charybdis natator*）
② 拟屠氏管招潮（*Tubuca paradussumieri*）
③ 毛糙仿银杏蟹（*Actaeodes hirsutissimus*）
④ 环状隐足蟹（*Cryptopodia fornicata*）
⑤ 锯脚泥蟹（*Ilyoplax dentimerosa*）
⑥ 三栉拟相手蟹（*Parasesarma tripectinis*）
⑦ 明秀大眼蟹（*Macrophthalmus definitus*）
⑧ 红斑斗蟹（*Liagore rubromaculata*）
⑨ 隆线强蟹（*Eucrate crenata*）
⑩ 里氏绒球蟹（*Doclea rissoni*）
⑪ 扁平拟闭口蟹（*Paracleistostoma depressum*）
⑫ 迈氏月神蟹（*Ashtoret miersii*）
⑬ 颗粒圆壳蟹（*Cycloes granulosa*）（标尺：10 mm）

① 中华菱蟹（*Parthenope sinensis*）
② 显著琼娜蟹（*Jonas distinctus*）
③ 希氏互敬蟹（*Hyastenus hilgendorfi*）
④ 十三疣长方蟹（*Metaplax tredecim*）
⑤ 圆球股窗蟹（*Scopimera globosa*）
⑥ 筒状飞轮蟹（*Ixa cylindrus*）
⑦ 长足短角蟹（*Harrovia longipes*）
⑧ 幽暗梯形蟹（*Trapezia septata*）
⑨ 化玉蟹（*Seulocia* sp.）
⑩ 东方精武蟹（*Parapanope orientalis*）
⑪ 中型股窗蟹（*Scopimera intermedia*）
⑫ 伪装仿关公蟹（*Dorippoides facchino*）
⑬ 四齿大额蟹（*Metopograpsus quadridentatus*）（标尺：10 mm）

① 带掌花瓣蟹（*Liomera cinctimanus*）
② 带纹相手蟹（*Fasciarma fasciatum*）
③ 沈氏拟绵蟹（*Paradromia sheni*）
④ 侧足厚蟹（*Helice latimera*）
⑤ 日本铠蟹（*Banareia japonica*）
⑥ 短小拟五角蟹（*Paranursia abbreviata*）
⑦ 扁足折额蟹（*Micippa platipes*）
⑧ 多域光背蟹 （*Lissocarcinus polybioides*）
⑨ 短指和尚蟹（*Mictyris brevidactylus*）
⑩ 篦额尖额蟹（*Rhynchoplax messor*）
⑪ 凹足普氏蟹（*Psaumis cavipes*）
⑫ 粗甲裂额蟹 （*Schizophrys aspera*）
⑬ 白纹方蟹（*Grapsus albolineatus*）（标尺：10 mm）

五花八门的头胸甲形状不单是博人眼球，更是分类上的重要依据。总体来说，它们的形状可以简单地归纳为矩形、长方形、正方形、横方形、三角形、梯形、扇形、梨形、圆形、近圆形、六边形、横六边形、五边形、横卵形、长卵形、横长卵形等。

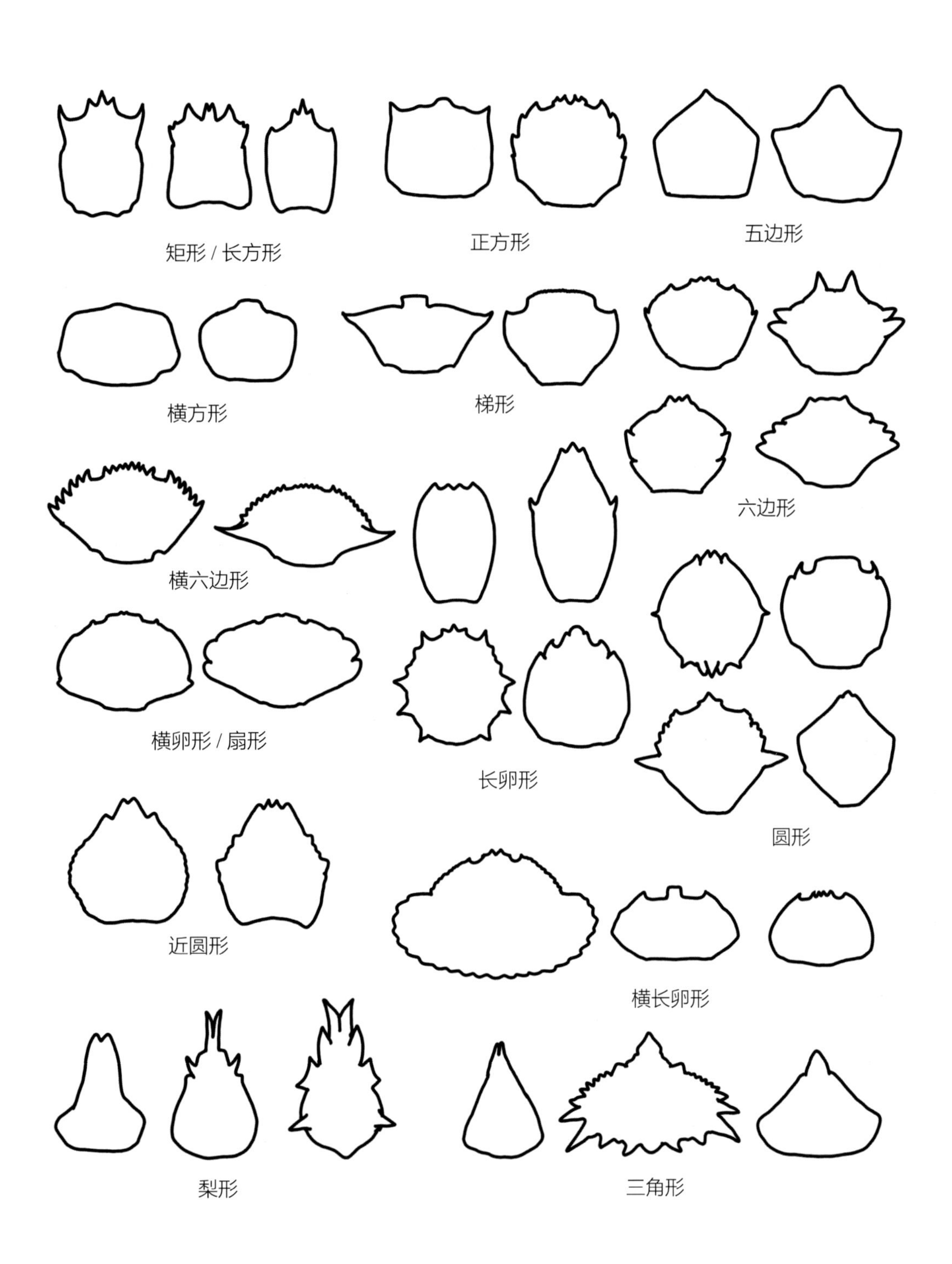

蟹类头胸甲的多样性（仿 Davie et al., 2015）

无论头胸甲是以上哪种形状，在背面观情况下，沿头胸甲的外缘都可以观察到 5 对胸足。这 5 对胸足由 1 对用来捕食、防御的螯足和 4 对用来爬行的步足组成。当然，也有一些蟹类因头胸甲外缘扩张，将螯足或步足全部遮盖而无法看到，如隐足蟹等。还有一个特例：六足蟹科（Hexapodidae）因第 8 胸节退化，它们的步足只有 3 对，再加上第 1 对螯足，可谓是真正的“蟹六跪而二螯”。因此，“螃蟹有 8 条腿”这个“常识”并不完全正确。

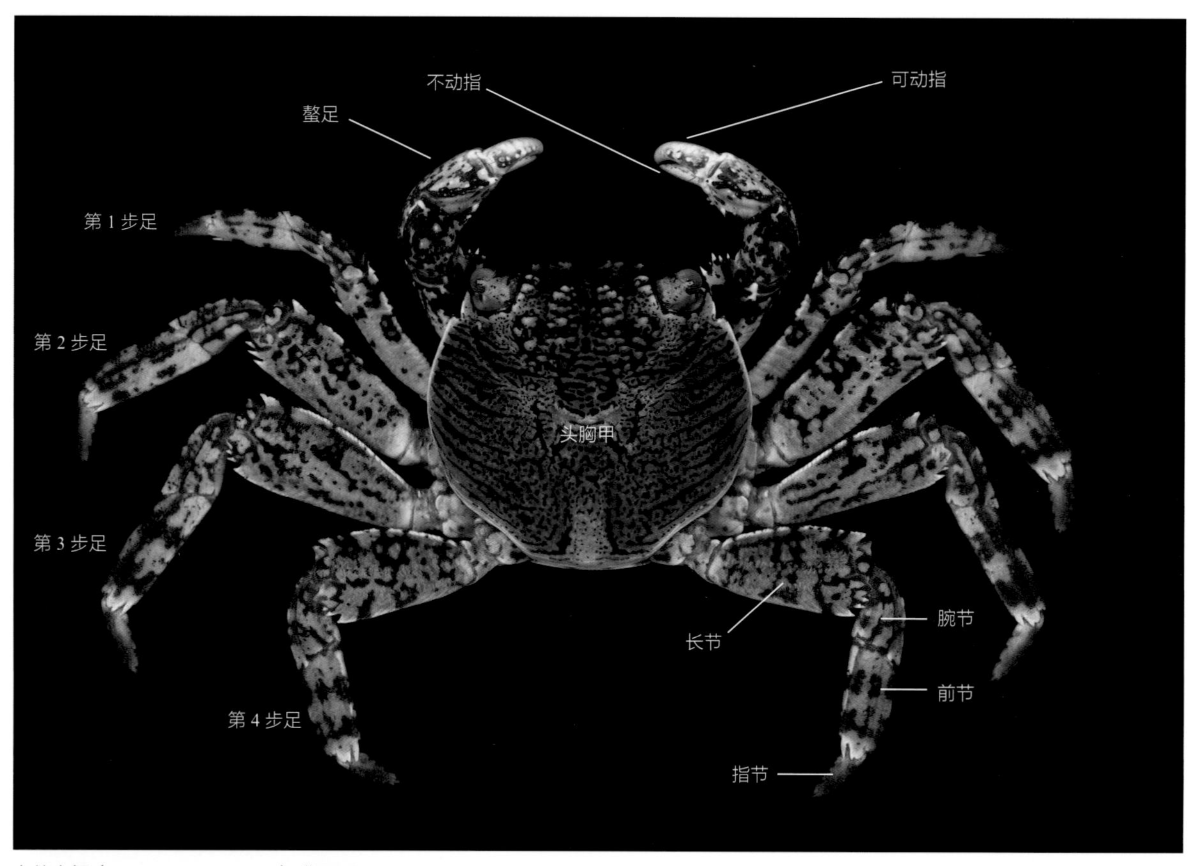

白纹方蟹（*Grapsus albolineatus*）背面观

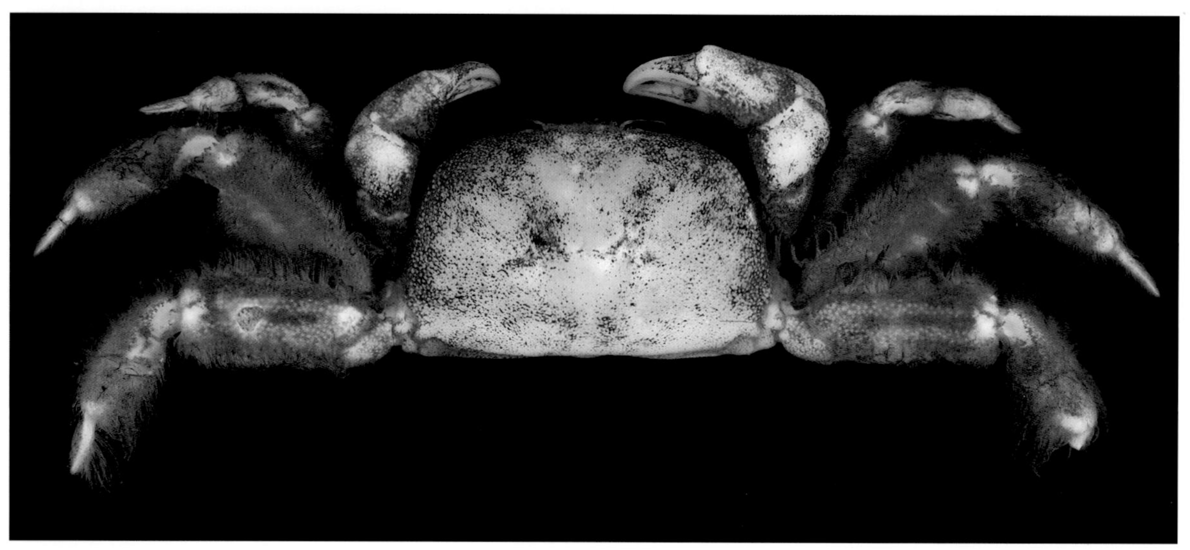

陈氏玛丽六足蟹（*Mariaplax chenae*）

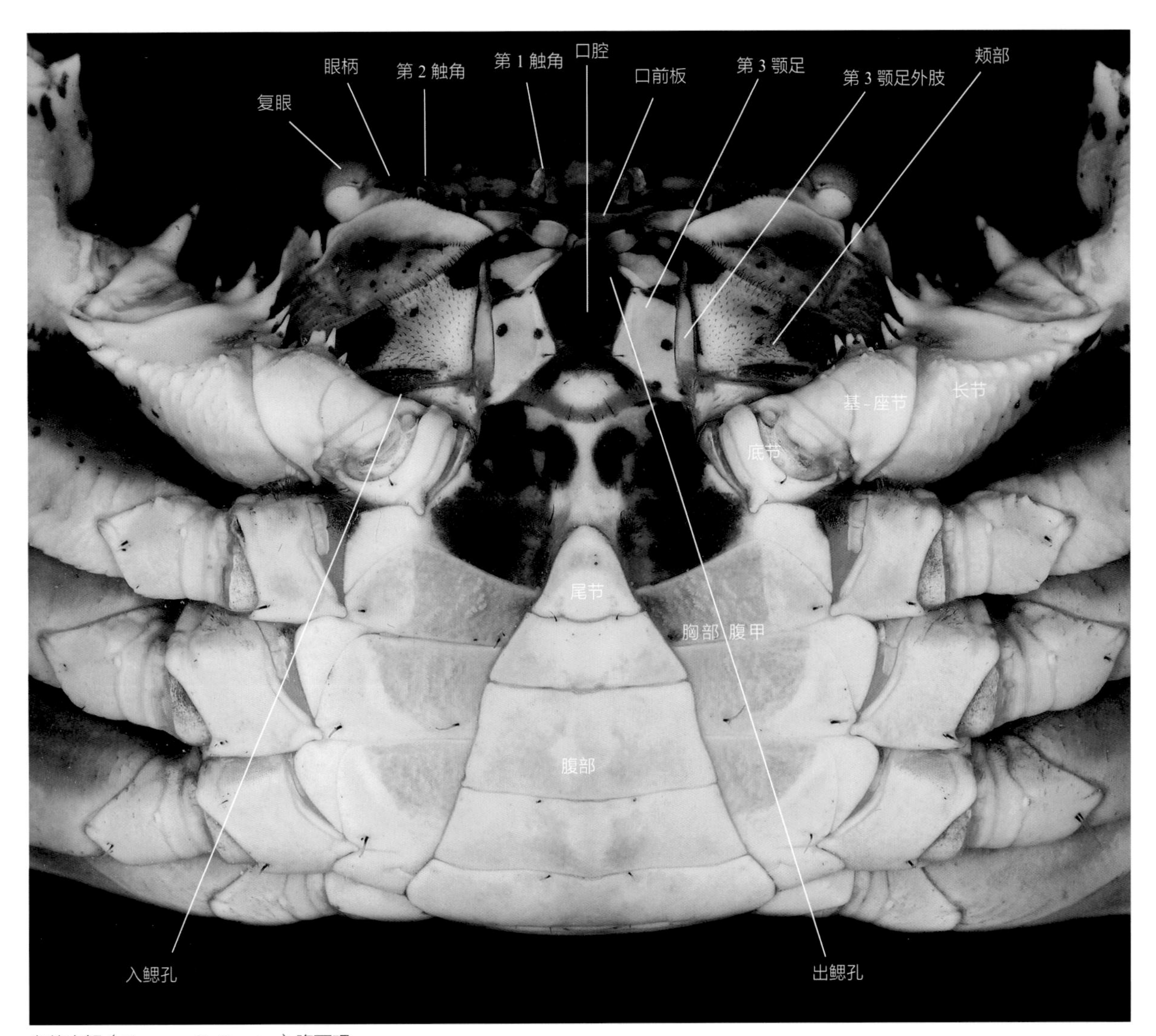

白纹方蟹（*Grapsus albolineatus*）腹面观

虽然头胸甲完全看不出任何分节的体节，但如果将蟹类的身体翻过来，便可以看到头胸甲腹面上未完全愈合的体节。头胸甲的前部与口前板（epistome）愈合，其侧面折向腹面，并与体壁之间形成鳃室（branchial chamber）。鳃室的边缘与步足之间留有缝隙，水流从此进入鳃室，称为入鳃孔（Milne Edwards openings）。大多数蟹类的入鳃孔位于螯足基部，但玉蟹科的入鳃孔位于第 3 颚足基部，而关公蟹科的入鳃孔在颊区有单独的开孔位置。出鳃孔（efferent branchial openings）多位于口器附肢基部两侧，将蟹类放到一个小水坑中，便可以观察到水流从口腔内部流出，馒头蟹甚至可以清晰地观察到喷出的水柱。

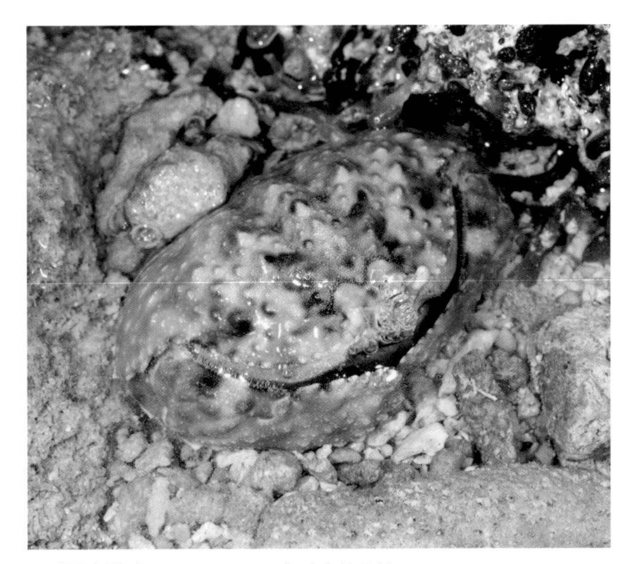
肝叶馒头蟹（*Calappa hepatica*）喷出的水柱

头胸甲表面看起来毫无特征可寻，但用手仔细触摸，可以发现它的表面并非完全光滑，或多或少存在一些凸起、凹陷或颗粒等。为了方便描述头胸甲上的这些特征，根据其所对应内脏的位置，可分为额区（frontal region）、眼眶区（orbital region）、胃区（gastric region）、心区（cardiac region）、肠区（intestinal region）、肝区（hepatic region）及鳃区（branchial region）等，其中的部分区域又可以再细分，如前胃区（epigastric region）、中胃区 (mesogastric region)、后胃区（metagastric region）及侧胃区（propogastric region）、尾胃区（urogastric region）、前鳃区（epibranchial region）、中鳃区（mesobranchial region），后鳃区（metabranchial region）等，尤其是扇蟹科物种，其头胸甲上的分区较为密集，这些分区是划分科、属及种的重要依据。头胸甲上不同区域所形成的凹陷称为沟，包括位于额区上的额沟（frontal groove），肝 - 胃区与鳃区之间的颈沟（cervical groove），前侧缘末具向内斜向引入的鳃沟（branchial groove），胃区及心区之间的"H"形沟等。除了分区及沟外，表面的颗粒或者刺、齿等亦是分类上重要的依据。

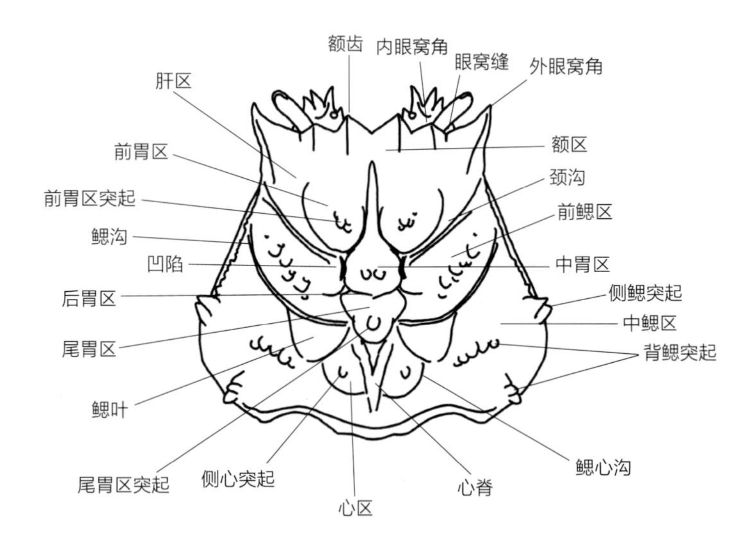

关公蟹头胸甲分区模式图
（仿 Davie et al., 2015）

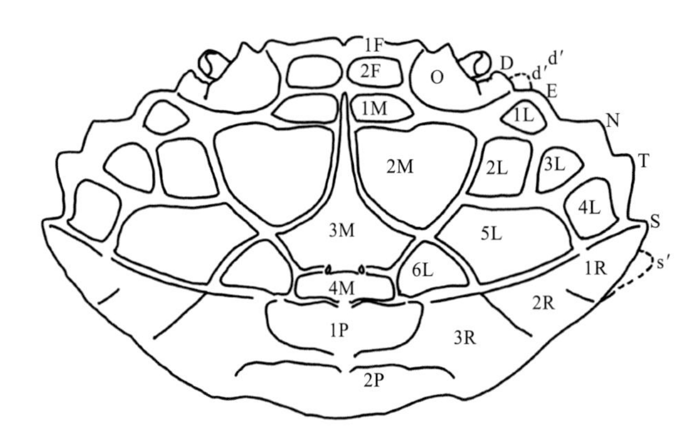

D—外眼窝角；d'—外眼窝角附属齿；E—侧缘第 1 齿；N—侧缘第 2 齿；T—侧缘第 3 齿；S—侧缘第 4 齿；s'—侧缘第 5 齿 / 第 4 齿附属齿；F—额区；L—前侧区（前鳃区）；M—中区（胃区）；O—眼窝区；P—后区（心 - 肠区）；R—后侧区（后鳃区）

扇蟹头胸甲分区模式图
（仿 Davie et al., 2015）

头胸甲的边缘可划分为前缘（anterior margin）、前侧缘（anterolateral margin）、后侧缘（posterolateral margin）、后缘（posterior margin），其中前缘又包含额缘（frontal margin）、眼窝缘（orbital margin）等。缘的长短，形态是呈直线还是凸起或内凹，以及上面的刺、齿的有无等也是分类上重要的依据。

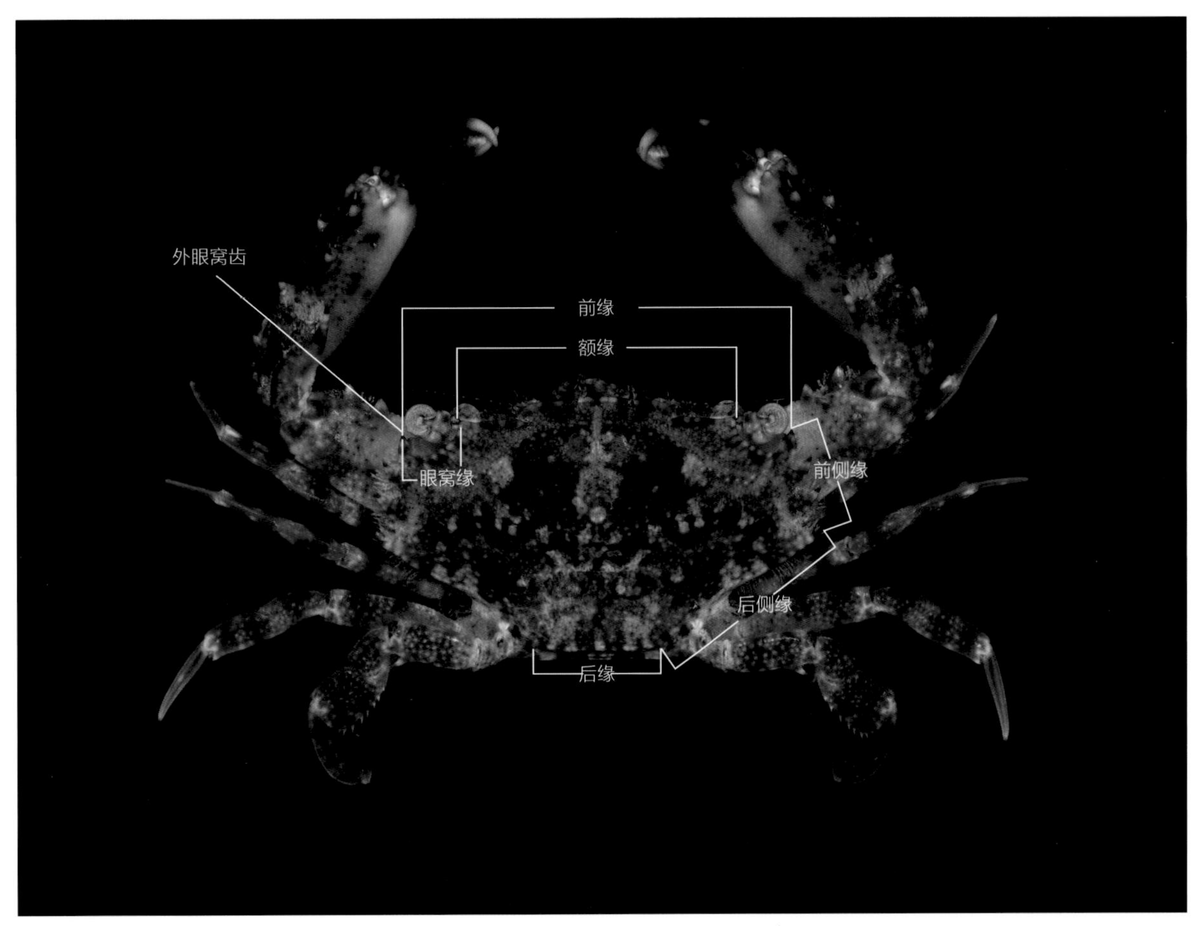

蟹类头胸甲边缘示意图

额缘通常分为平截、凸出或内凹，上面有时会分为多个齿或叶。眼窝缘可分为上（背）眼窝缘（dorsal or supraorbital margin）及下（腹）眼窝缘（ventral or suborbital margin）。眼窝外侧角称为外眼窝角（external orbital angle）或外眼窝齿。

前侧缘位于外眼窝角之后。有些种类，如玉蟹的前侧缘通常完整，不分齿，而其他大多数蟹类的前侧缘通常由深浅不一的凹刻划分成一至数枚齿或叶，在某些类群中最后一齿常常扩大成刺状，称为侧刺（lateral tooth or spine），如飞轮蟹、黎明蟹、梭子蟹等。与前侧缘紧密相接的即后侧缘，大多数蟹类的后侧缘完整，但也有些种类，如栗壳蟹的后侧缘上具齿，馒头蟹的后侧缘极为发达，向两侧及后部扩大形成楯状部。后缘位于头胸甲的后部，即末对步足之间的区域，其与后侧缘的连接方式有时也是分类上的重要依据，如梭子蟹。

头胸甲的腹面前部可分为下眼区（suborbital region）、下肝区（subhepatic region）、颊区（ptergostomian region）、口前板（epistme）和口腔（buccal cavity）。

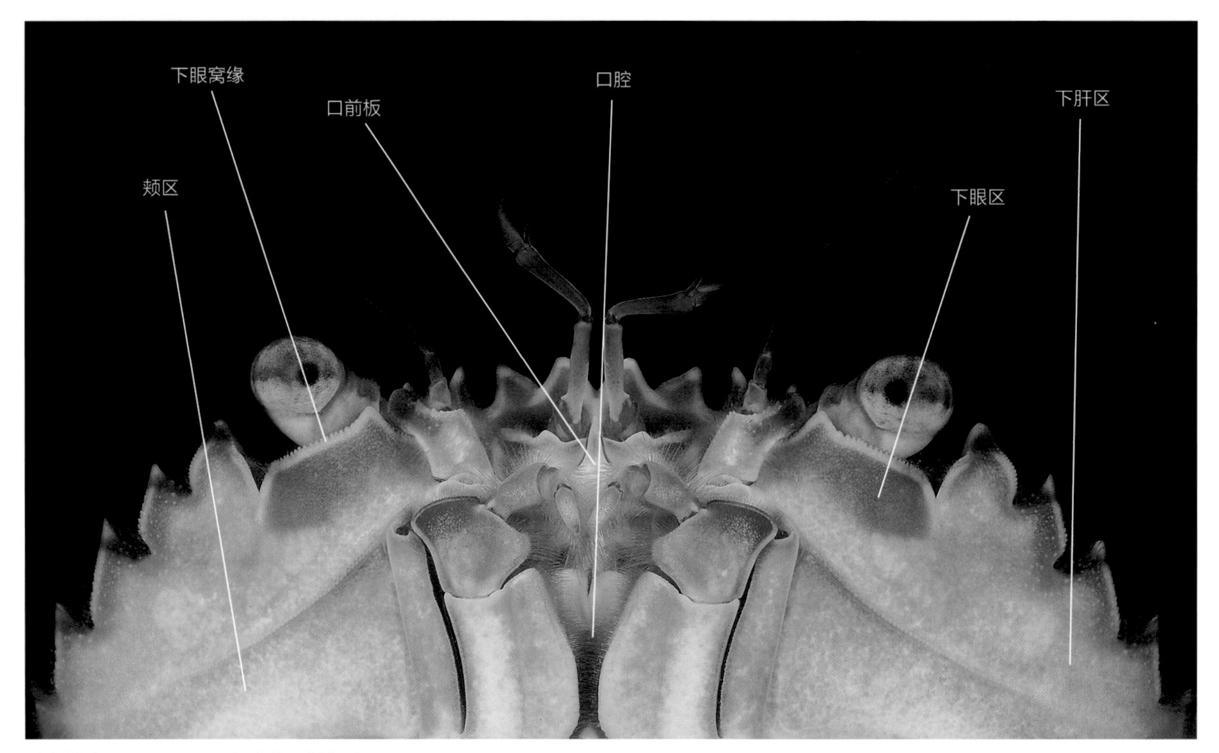

武士蟳（*Charybdis miles*）头胸甲前部腹面观

前面已经提过，虽然头胸甲背面已经无法分辨体节，但位于头胸甲腹面的胸部腹甲（简称为腹甲或胸甲）仍然保留着部分体节。腹甲共 8 节，通常第 2 ~ 4 节愈合，第 5 ~ 8 节分节显著。腹甲中部的凹陷形成腹甲沟（sternal groove），用于收纳腹部。

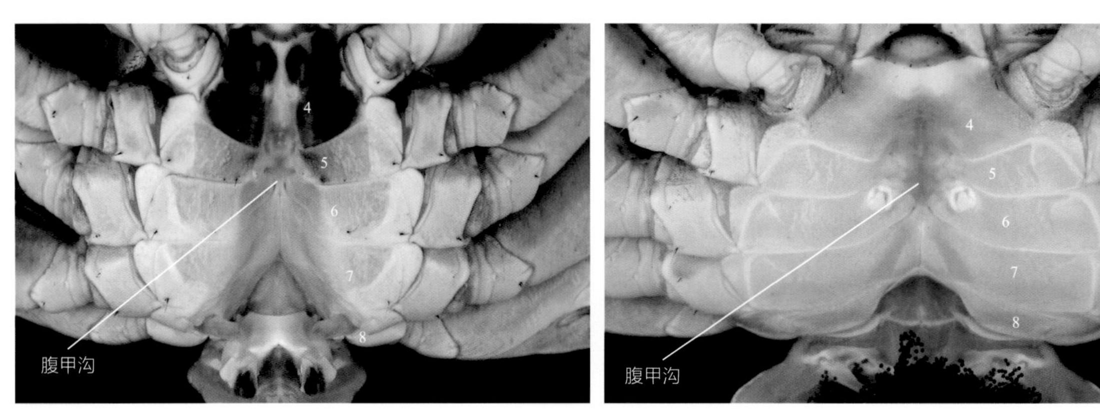

白纹方蟹（*Grapsus albolineatus*）雄性（左）与雌性（右）胸部腹甲示意图

蟹类的腹部短而扁平，肌肉退化，平时卷折贴合在腹甲腹面，并将腹甲沟完全遮盖。腹部通常分为 7 节，其中最末节又称为尾节。雄性腹部通常呈尖三角形，有些类群的第 3 ~ 5 节愈合，如扇蟹科，有些类群中的第 3 ~ 4 节愈合，如瓢蟹科。雌性腹部通常呈圆三角形，除少数类群（如玉蟹类）腹节有愈合现象外，各节均可自由活动。另外，绝大多数蟹类的尾肢已经退化，只有绵蟹科（Dromiidae）及贝绵蟹科（Dynomenidae）的第 6 腹节两侧还保留有 1 对尾肢（uropod plate）

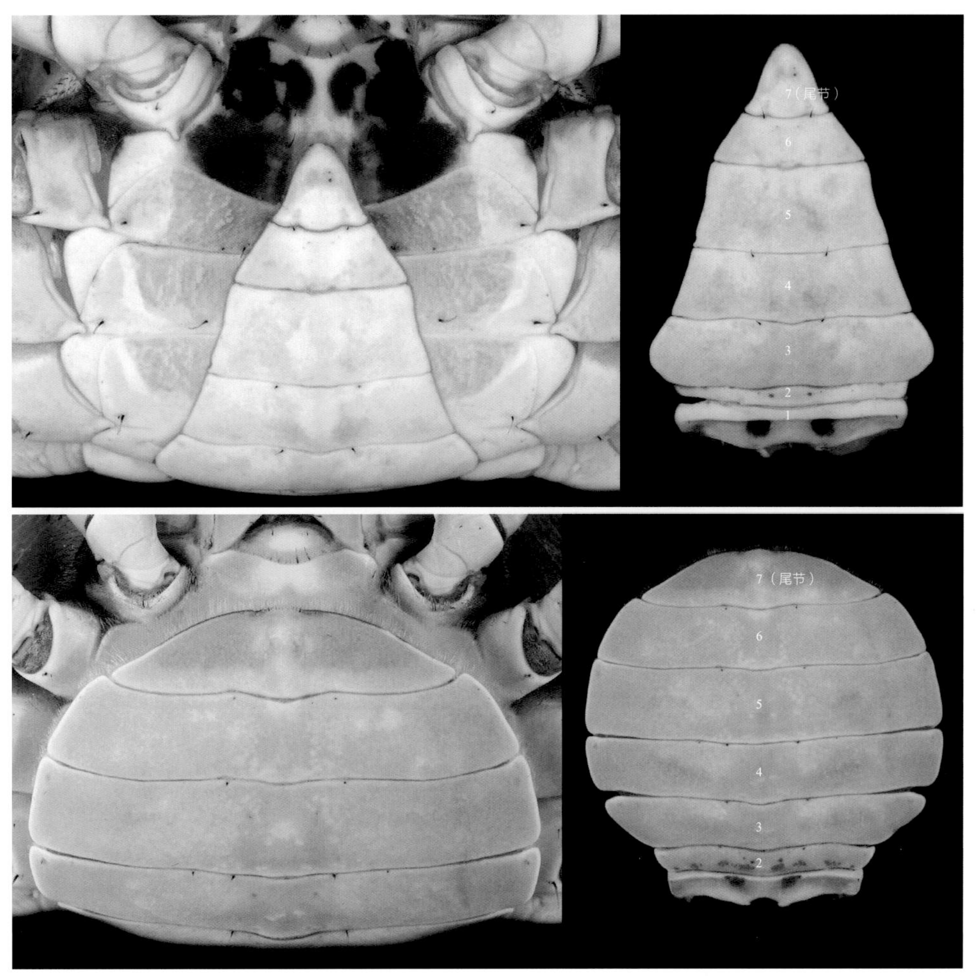

白纹方蟹（*Grapsus albolineatus*）腹部示意图（上雄下雌）

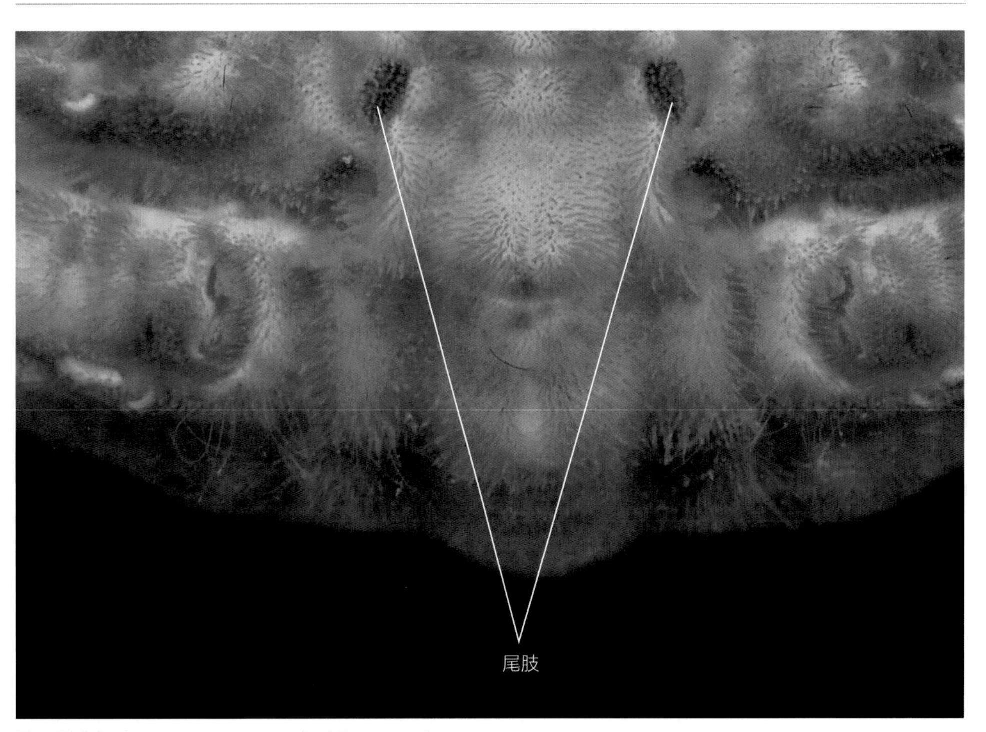

德汉劳绵蟹（*Lauridromia dehaani*）腹部，示尾肢

介绍完整体结构，我们再来了解一下体节上的附肢。蟹类的附肢由于功能不同，形态上有很大变化。所有附肢均由双肢型（biramous type）演变而来。除头部第 1 节不具备真正的附肢（复眼）外，其余所有体节均具有 1 对附肢。

首先是头部。头部的附肢包括第 1 触角（antennula）、第 2 触角（antenna）、大颚（mandible）、第 1 小颚（maxillula）及第 2 小颚（maxilla）。蟹类的第 2 触角细而短小，但有些种类（如盔蟹科）的第 2 触角极为发达。这几对附肢中，除第 1、第 2 触角外，其余附肢通常被第 3 颚足遮盖于口腔中，外部不可见。

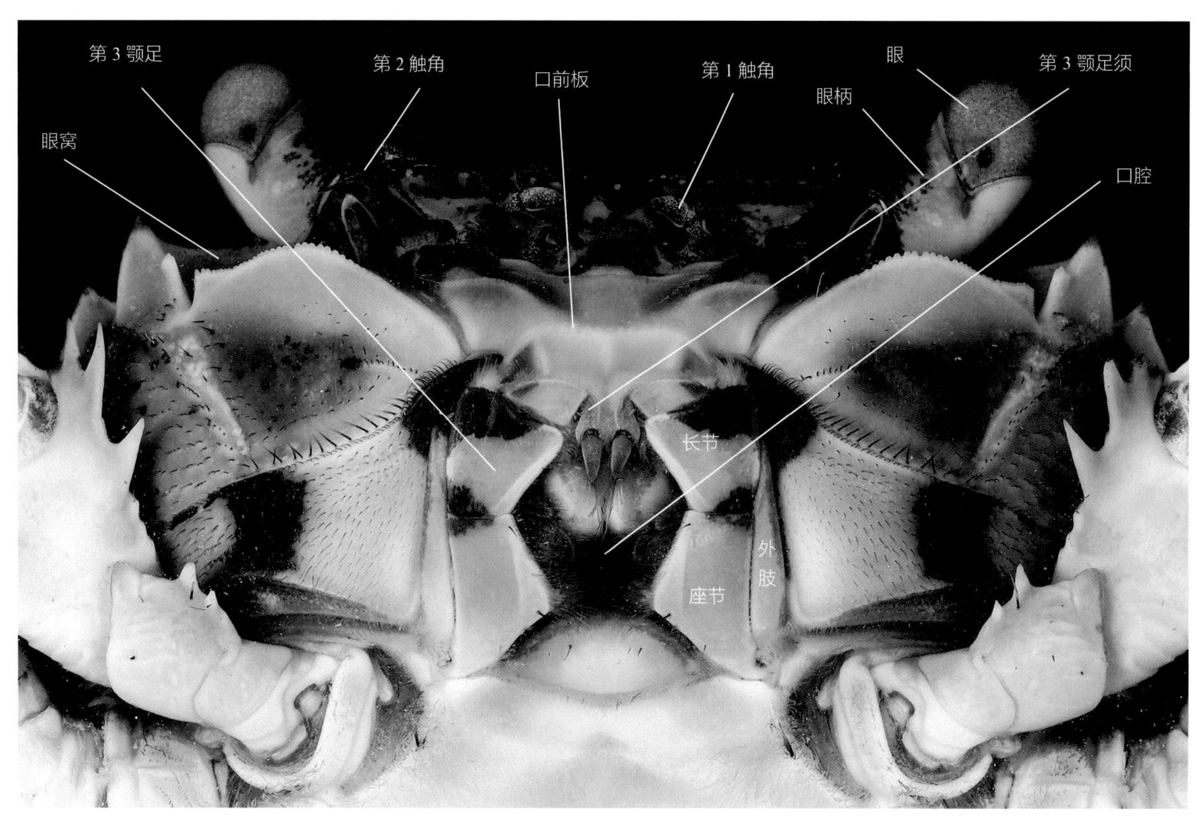

白纹方蟹（*Grapsus albolineatus*）颊部示意图

其次是胸部。胸部的附肢主要包括颚足（maxilliped）及胸足（periopod）。

颚足包括第 1 颚足（first maxilliped）、第 2 颚足（second maxilliped）和第 3 颚足（third maxilliped），其中前两对颚足与大颚、第 1 小颚及第 2 小颚一样被第 3 颚足遮盖，外部不可见。第 3 颚足就是蟹类遮盖于蟹类口部外面的两个片状的结构，它的形状、闭合状态是鉴定上的重要依据。

胸足包括 1 对螯足（cheliped）和 4 对步足（ambulatory leg）。所有的胸足都可以划分为 7 节，从近身体一侧向外依次为底节（coxa）、基节（basis）、座节（ischium）、长节（merus）、腕节（carpus）、前节（propodus）和指节（dactylus），其中基节与座节通常愈合，称为基 – 座节。

螯足由第 1 对胸足特化而来，实际和步足同源，其主要功能为捕食和防御天敌。螯足的掌节基半部膨大，被称为掌部（palm），末端延伸，形成不动指（immovable finger），指节与之对应，称为可动指（movable finger）。可动指与不动指可相互闭合或张开，指尖端部的形态、闭合后是否有缺口、及内缘的齿的有无及数量，均是分类上的重要依据。通常雄性的螯足显著大于雌性。不同种类的螯足存在对称、稍不对称或显著不对称现象。

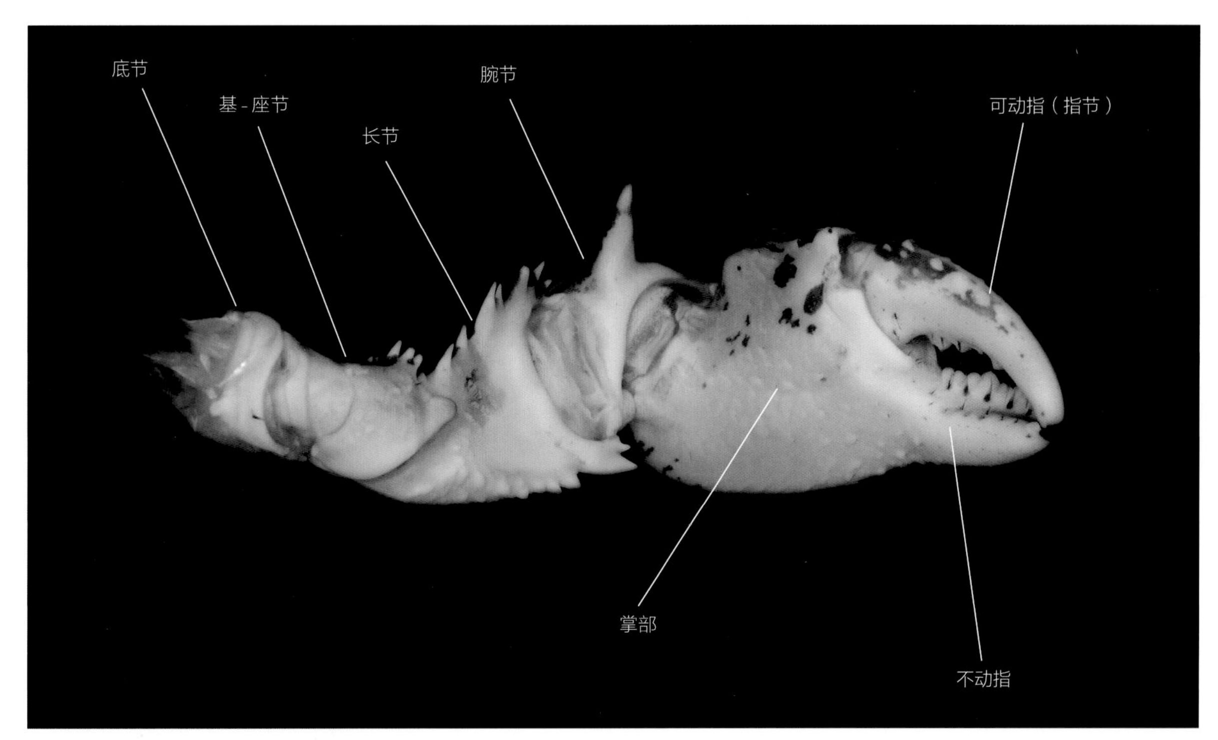

白纹方蟹（*Grapsus albolineatus*）螯足

步足主要用来行走，结构较为简单。不同种类的步足在外形上会有变化，如细长、短粗或扁平等，以适应不同的生活环境。

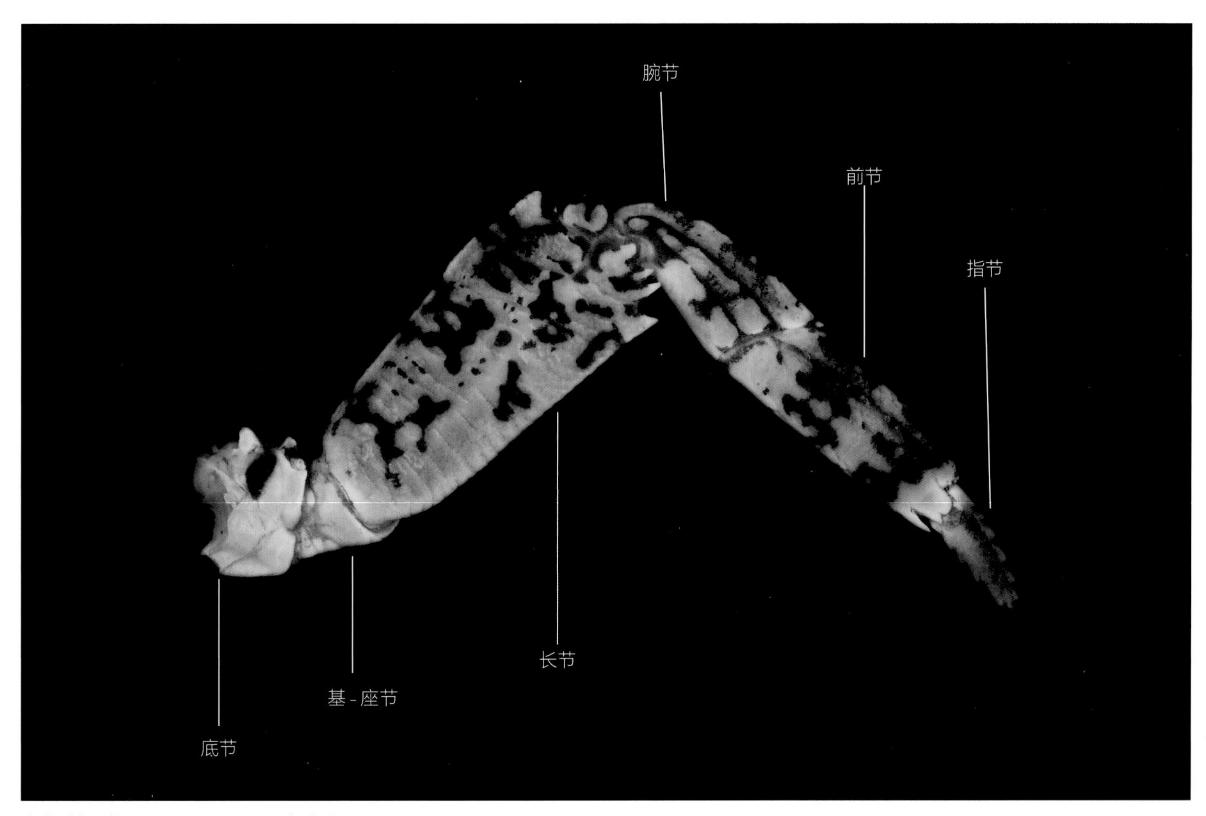

白纹方蟹（*Grapsus albolineatus*）步足

最后是腹部。蟹类腹部上的附肢多数已经退化，失去了游泳功能。雄性仅保留第 1 、第 2 对腹肢，并特化为交接器，所以也被称为生殖肢（gonopod），其中第 1 腹肢形态结构独特，在大多数类群中种间差异显著，且性状稳定，是重要的分类依据之一。雌性蟹类除绵蟹科保留有第 1 对腹肢外，其余种类均不具第 1 对腹肢，因而只有 4 对腹肢，为双肢型，主要用于抱卵。

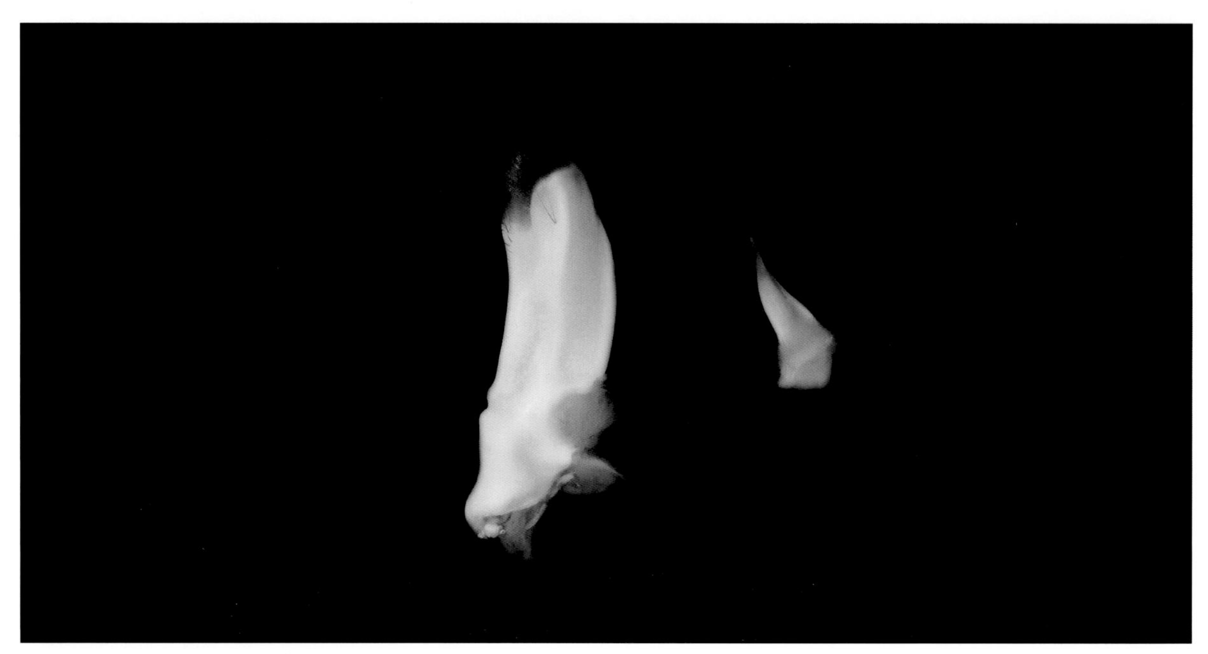

白纹方蟹（*Grapsus albolineatus*）雄性第 1、第 2 腹肢

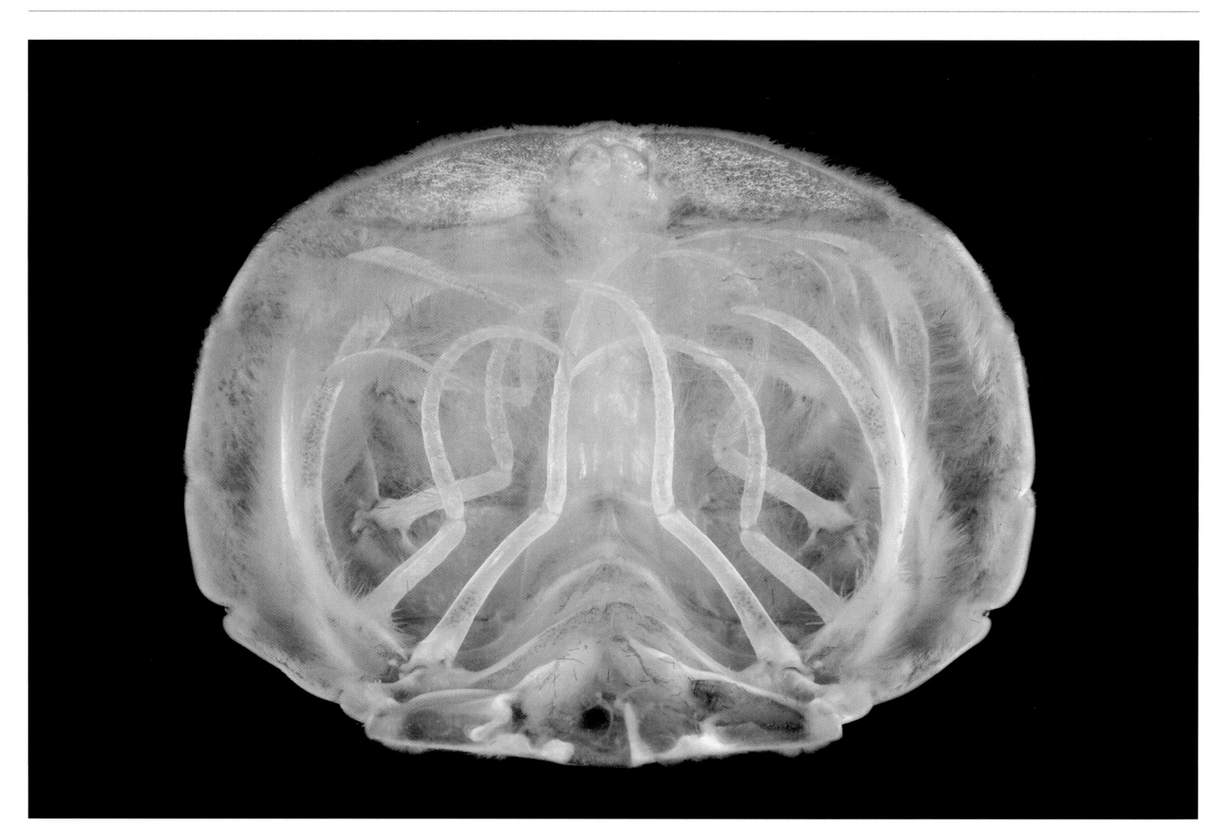

白纹方蟹（*Grapsus albolineatus*）雌性腹肢

（2）生活史

与其他节肢动物一样，蟹类也有卵→幼体→成体的变态发育过程。

蟹类的幼体由卵发育而来，通常有两种产卵方式：其一是真淡水蟹类及部分相手蟹（如陆相手蟹）的"大卵型"，它们能够产大颗粒卵，卵的直径达到3～4 mm，孵化出的幼体即为稚蟹，这种产"大卵型"的蟹类通常适应在内陆的小水体中生存；其二就是绝大多数海洋蟹类都采用的"小卵型"，它们产出直径≤1 mm的小颗粒卵，卵初孵化为溞状幼体，之后再经过大眼幼体→稚蟹→成体等→系列的变态发育过程，并经历一段或长或短的浮游期（一周到几个月），最终发育成稚蟹并开始底栖生活。这部分蟹类通常生活在开阔的水体中，包括河口、海洋等。

抱卵中的肉球皱蟹（*Leptodius sanguineus*）

溞状幼体形如其名，形态就像同属甲壳动物的水溞（枝角类），它们拥有发达的头胸部和腹部，眼柄不发达，步足和螯足尚未分化出来，额部通常有发达的刺。腹部缺少腹足，但有尾足，主要以浮游生物或海洋雪（marine snow）等为食；大眼幼体长得更像一只螃蟹的样子，头胸甲额端的刺消失，呈扁圆形或椭圆形，拥有发育较好的眼柄，并产生分化的胸足，腹部出现腹足并且能通过腹足较好地游泳，它们能够捕食稍大一些的浮游生物，甚至其他溞状幼体。大眼幼体会接近它们成体生活区域，如中华绒螯蟹和字纹弓蟹的大眼幼体会聚集在河口，中国沙蟹和拉氏仿地蟹在沙滩开始登陆，梭子蟹和扇蟹则直接降落在浅海底部。

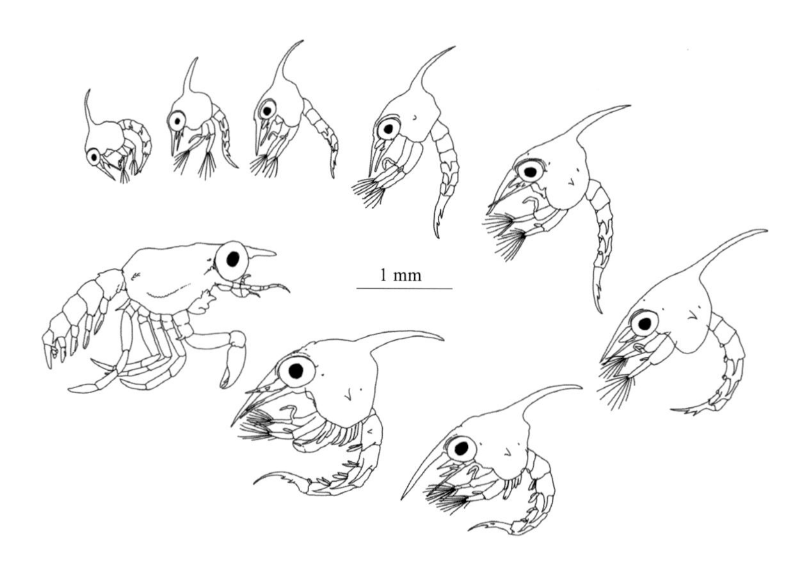

蟹类幼体生活史（仿 Costlow *et* Bookhout, 1959）

大眼幼体在抵达目的地后会迅速蜕皮变为稚蟹。稚蟹是正在向成体（性成熟）发育的早期阶段，这时候它们除了身体比较小，第二性征没有发育外，与成体的形态及生活方式已经没有太大区别了。

大多数成年的蟹类在其栖息地直接繁殖，也有一些蟹类需要做生殖洄游甚至长距离的迁徙。例如我们餐桌上常吃的大闸蟹，即中华绒螯蟹，小的时候生活在淡水的河流或湖泊中，在性成熟后需要返回到河口至浅海一带繁殖，新生的幼体则溯河而上回到淡水中生长。在澳大利亚的圣诞岛，著名的红蟹迁徙则来自圣诞仿地蟹（*Gecarcoidea natalis*），它们从平时生活的森林中集体来到海边，并将孵化的溞状幼体释放于海水中。一些蜘蛛蟹及梭子蟹科的物种也有短暂的生殖洄游，成体通常生活于较深水层，在繁殖期集体洄游至浅水，这里丰富的营养物质将有助于后代生长。

雄性和雌性交配前，通常会有一些求偶仪式。沙蟹总科的许多种类通过规律性挥舞螯足的方式向雌性发出求偶信息，如大眼蟹和招潮就会运用一整套的肢体语言来吸引雌性，雄性通常在螯足或者面部具特殊的颜色，借此引起雌性的注意。生活在水下的蟹类大多数并没有成套的求偶行为。繁殖期，

挥螯求偶中的雄性弧边管招潮（*Tubuca arcuata*）

交配中的弧边管招潮（*Tubuca arcuata*）

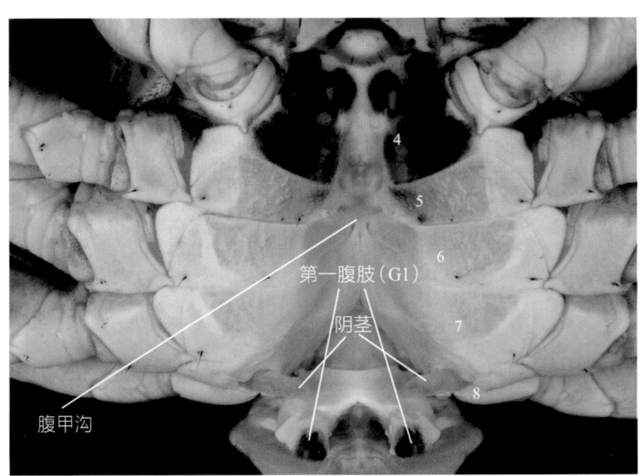

白纹方蟹（*Grapsus albolineatus*）的雄性交接器

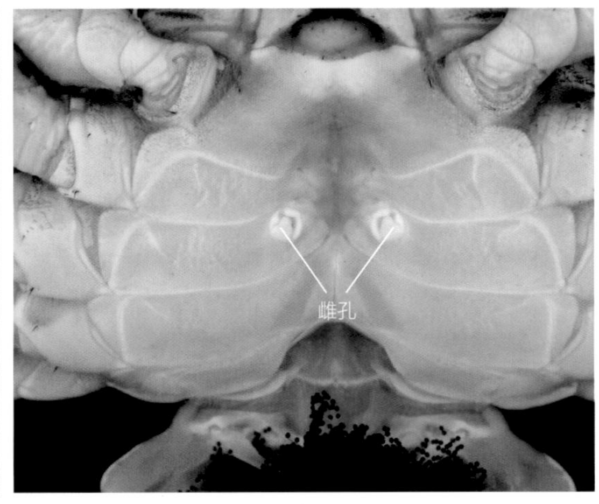

白纹方蟹（*Grapsus albolineatus*）的雌孔

受到成熟雌性的性信息素的吸引，雄性会主动寻找雌性。当一只雌蟹认可希望与其交配的雄蟹时，便会老老实实地被雄蟹抱住。并不是所有的蟹类在寻找到合适的交配对象后都可以直接交配，一些海洋蟹类雌性特化的雌孔（vulvae）构造，让其只有在软壳状态下才可以允许雄性交接器插入。因此，雄蟹通常需要以腹对腹的方式抱住雌蟹一段时间等待其蜕壳，并在雌蟹蜕壳后立即与之交配。为了防止雌蟹在软壳状态下被其他雄蟹继续交配或天敌攻击，通常会再守护雌蟹一段时间，待其外壳完全坚硬后才将它放走。

交配时雌蟹与雄蟹相互抱对，雄蟹"坐"进雌蟹打开的腹部上，用两对特化腹肢（即第 1 生殖肢，简称 G1；第 2 生殖肢，简称 G2）构成的交接器官插入雌蟹腹甲上的雌孔内（绵蟹等肢孔类产卵和受精孔相互分离）。雄蟹的生殖孔通常位于步足基部或腹甲上，通过一对阴茎将精荚输送到第 1 腹肢内，之后再由第 2 腹肢以注射器的方式推送至雌蟹的雌孔内，并贮藏于雌蟹的纳精囊（spermatheca）内。不久后，雌蟹会排卵，卵子在经过纳精囊开口时与精子结合成受精卵，并由雌孔排出。这些受精卵黏附于腹肢上，直至孵化。

海洋蟹类通常不会抚育后代。当卵即将孵化时，雌蟹会直接将卵抛洒在海水中。此时雌蟹会用步足将自己身体支起来，打开腹部，并不断地扇动腹部，黏附于附肢上的卵随即被水流带走。释放出的卵会马上孵化，变为溞状幼体并随水流扩散。但许多产“大卵型”的雌蟹（如淡水蟹）会继续守护稚蟹完成第一次蜕皮后才将它们放走。

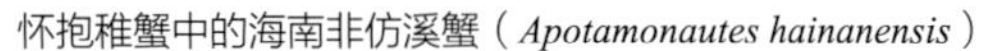

怀抱稚蟹中的海南非仿溪蟹（*Apotamonautes hainanensis*）

刚刚蜕完壳的绒螯近方蟹（*Hemigrapsus penicillatus*）

坚硬的外骨骼限制了身体的生长，因此蟹类要通过蜕皮的方式长大。蜕皮的频率通常受到环境因素影响，这包括温度、亮度及盐度等，也跟食物是否充足、营养能否跟上以及是否有断肢相关。食物充足，营养跟得上则生长得快，而附肢的缺失将导致蟹类受到天敌攻击的概率增加，这个时候蟹类会缩短蜕皮周期，以保证在尽可能短的时间内恢复断肢。对于甲壳动物来说，未成年个体通常有固定的蜕皮次数，在相似的环境条件下，成熟后的个体大小没有太大差异。幼年时期的蟹类蜕皮频率高，而成年后蜕皮次数将逐步下降。

（3）栖息地

绝大多数的蟹类过着自由的生活，它们没有固定的巢穴，哪里有食物便追随到哪里去，比如常见的梭子蟹、馒头蟹等。但当它们休息时，会将身体浅埋于泥沙下进行躲藏，避免被天敌发现。这些过着自由生活的蟹类通常生活于泥沙质的水底，这样的环境通常较为开阔，既没有大块的岩石供其躲藏，柔软的泥沙也不适合搭建洞穴，因此，选择这种随遇而“埋”的生活方式是最好不过了。不过，这种单纯的掩埋只能算得上“躲得过初一，躲不过十五”，一旦被天敌发现，要么靠速度取胜逃之夭夭，要么只能靠自己的双螯或坚硬的甲壳应战。

生活于岩礁、珊瑚礁区域的蟹类则因地制宜。比如方蟹、大额蟹、近方蟹等，为了躲避水下天敌的攻击，通常选择在近水面处活动。它们依靠速度快的优势，平时就会大胆地跑到礁石表面取食藻类，遇到天敌时则迅速躲藏于石缝间。虽然它们能够较好地利用缝隙来保护自己，但并不会占有某个固定的洞穴，并且个体对于洞穴也没有领地性，因此有时会有数只甚至数十只个体挤在一处空隙中，危险解除后它们便会四散开来继续各自觅食。

方蟹的身体通常较扁，因此可以被它们利用的藏身之所几乎无处不在。然而，对于一些头胸甲较为厚重、行动也相对迟缓的种类（如酋妇蟹、扇蟹）来说，一个合身的洞穴则成为了稀缺资源。这些蟹类通常只会选择与自己身体几乎等大的洞穴，一旦天敌来袭，它们深知自己根本无法靠速度取胜，那么干脆直接把自己死死地卡在洞穴中，任凭对方怎么拉扯，也休想把它从洞穴中揪出来。为了守护自己的洞穴，它们的活动范围也不会太大，通常不会离洞穴太远，这样即使是遇到天敌，也能及时回到洞穴中躲藏起来。

当然，也不是所有的蟹类都只是靠"天"栖居。沙蟹、相手蟹和弓蟹是天生的建筑大师，它们会利用沙地或泥地这种天然的建筑材料，为自己修建最合身的洞穴。洞穴的拥有者通常有强烈的领地意识，它们不允许其他个体擅自闯入自己的洞穴。虽然有时候为了躲避突然降临的危险，一些个体会慌

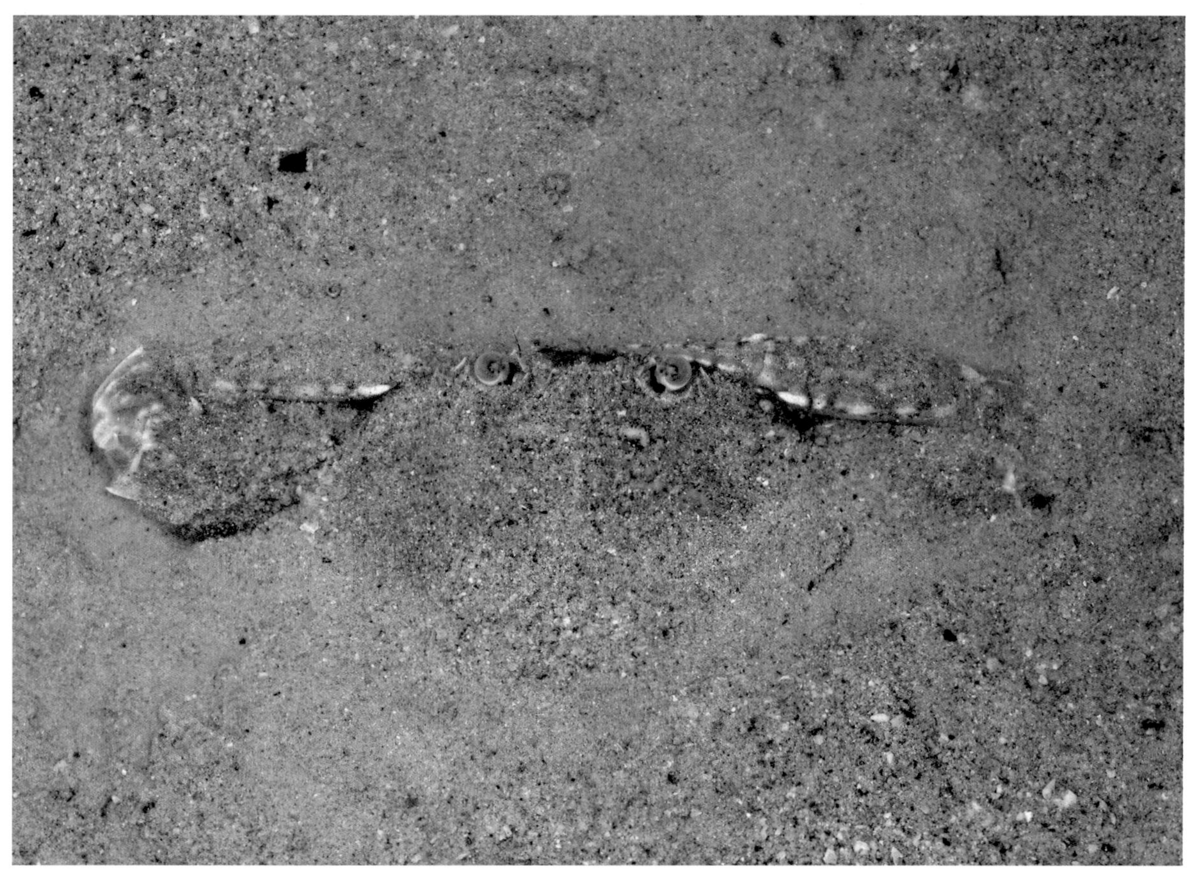

即便是作为凶猛的捕食者，汉氏单梭蟹（*Monomia haani*）也会将身体浅埋于泥沙之下保护自己

数只肉球近方蟹（*Hemigrapsus sanguineus*）躲藏于同一石缝中寻求庇护

守护在洞口的粗糙酋妇蟹（*Eriphia scabricula*）

一只弧边管招潮（*Tubuca arcuata*）正在维护自己的洞穴，将一团泥土搬出洞外

保合灰岩相手蟹（*Karstama boholano*）生活在海边的喀斯特洞穴中 / 刘烘昌

不择路地错入别人的洞穴躲藏，但过不了多久就会被主人驱赶出来。大多数的洞穴结构较为简单，但胜在有一定深度，因此可以躲避绝大多数捕食者，尤其是鸟类。一些沙蟹则会在主洞道上修建一条支道，用于迷惑捕食者，暴露于水面之上的洞口通常处于开放状态，并不会被遮挡或封闭。而一些生活于中潮带至低潮带的蟹类，如招潮蟹，则会在涨潮时用泥土将自己的洞口盖住，以防潮水涨上来后鱼类顺着洞口进来把自己“顺手牵羊”。

作为底栖动物中的一员，蟹类对于栖息地的底质类型有一定选择。虽然少数种类能够适应多样的底质环境，但更多的种类对于某一类型的底质有较强的依赖性。例如大眼蟹、长方蟹等，喜欢泥质较为细软的底质，而泥毛蟹偏好有一定黏度的泥土，沙蟹只在纯沙质的沙滩上生活，而灰岩相手蟹则只选择在海边的喀斯特洞穴中生活。

当然，植被也是许多蟹类极为依赖的因素之一。在我国华东沿海滩涂上生长着茂盛的碱蓬或芦苇丛，东方相手蟹、泥蟹及厚蟹的许多种类偏好这种被一定植被覆盖的滩涂，而栖息于东南亚的平滑肿须蟹（*Labuanium politum*）几乎完全依赖于水椰（*Nypa fruticans*），并以水椰的叶片作为主要食物。在我国南方的红树林中，许多相手蟹也完全依赖于红树植物生存，例如栖息于红树树洞中的布氏明相手

布氏明相手蟹（*Selatium brockii*）栖息于杯萼海桑（*Sonneratia alba*）树干上的空洞中

蟹（*Selatium brockii*）、攀爬于红树根上的攀树蟹（*Haberma* spp.）。也有一些蟹类偏好海岸林的原生植被，例如林投攀相手蟹（*Scandarma lintou*）极为依赖露兜树（*Pandanus odoratissimus*），而攀高圆须蟹（*Circulium scandens*）则栖息于莲叶桐（*Hernandia sonora*）、滨玉蕊（*Barringtonia asiatica*）或大叶树兰（*Aglaia elliptifolia*）的树洞积水中。还有一些蟹类生活在一些更为特殊的生境，如分布于龟山岛的乌龟怪方蟹（*Xenograpsus testudinatus*），它们生活在水下 100 ~ 200 m 的富硫热泉喷口周围，以被热泉中的有毒物质杀死的浮游生物的尸体形成的海洋雪为食。

但是，并不是所有蟹类都过着底栖生活。漂浮蟹，如同它的名字一样，过着漂浮的生活。不过，它可不是依靠自己在水中漂浮游泳，而是爬在海龟或海面的大型漂浮物上，并以附着在上面的藻类为食，甚至还会啃食海龟的死皮。这种独特的生活方式使我们几乎只有在随海浪冲上海滩的漂浮物中才可能目睹到它们。

当然，还有很多蟹类必须依赖其他物种生活。吃“花甲”的时候，有没有发现躲在里面的小螃蟹？这便是豆蟹。名如其“蟹”，豆蟹看起来就像一颗小豆子，身体软软的，腿也特别细弱，完全是一副弱不禁风的样子。雌性豆蟹终生生活于寄主壳内，通常是双壳类的外套膜内，靠偷食贝类滤食进来的食物颗粒生活，而雄性则居无定所，它们可以自由出入寄主的外套膜内寻找雌性。雌性的豆蟹体型显著大于雄性，所以吃贝壳时遇到的大多为雌性，有时也会发现成双成对的豆蟹，个头偏小、颜色更深的那只便是雄性。除了贝类，许多棘皮动物或刺胞动物也成为一些蟹类青睐的栖息场所，例如短角蟹（*Harrovia* spp.）生活在海齿花（*Comanthus* spp.）的枝条上，通常一棵海齿花上居住着 1 ~ 2 只短角蟹，它们用较短的步足牢牢地抓住海齿花的基部，并用长长的螯足摘取海齿花枝条上的小枝食用，尖指蟹（*Caphyra* spp.）通常躲藏在艾达软珊瑚（*Aldersladum* spp.）体表，它的身体肿胀，末对步足位于背面，通过踩踏、按压软珊瑚枝条，尖指蟹可以制造一小块“倒伏区”躲藏其中，平时就靠啃食软珊瑚为食。

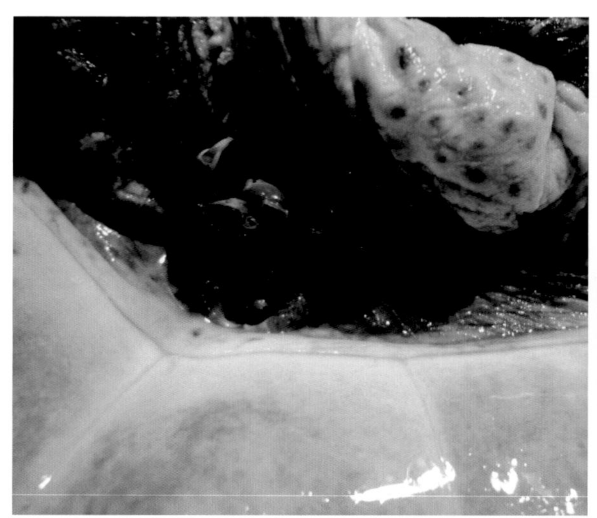

爬附于丽龟（*Lepidochelys olivacea*）尾部的漂浮蟹（*Planes* sp.）/ 刘攀

攀附于海百合枝条上的长足短角蟹（*Harrovia longipes*）/ 徐一唐

除了这些比较讨厌的“房客”外，也有一些愿意和“他人”互利互助的蟹类。梯形蟹常与杯型珊瑚共生，它们帮助珊瑚清理表面的污物，并用硕大的螯足驱赶啃食珊瑚的鱼类或长棘海星等天敌，作为回馈，杯型珊瑚会给梯形蟹们提供特殊的脂质黏液作为食物。

生活于疣状杯型珊瑚（*Pocillopora verrucosa*）枝丛间的幽暗梯形蟹（*Trapezia septata*）/ 徐一唐

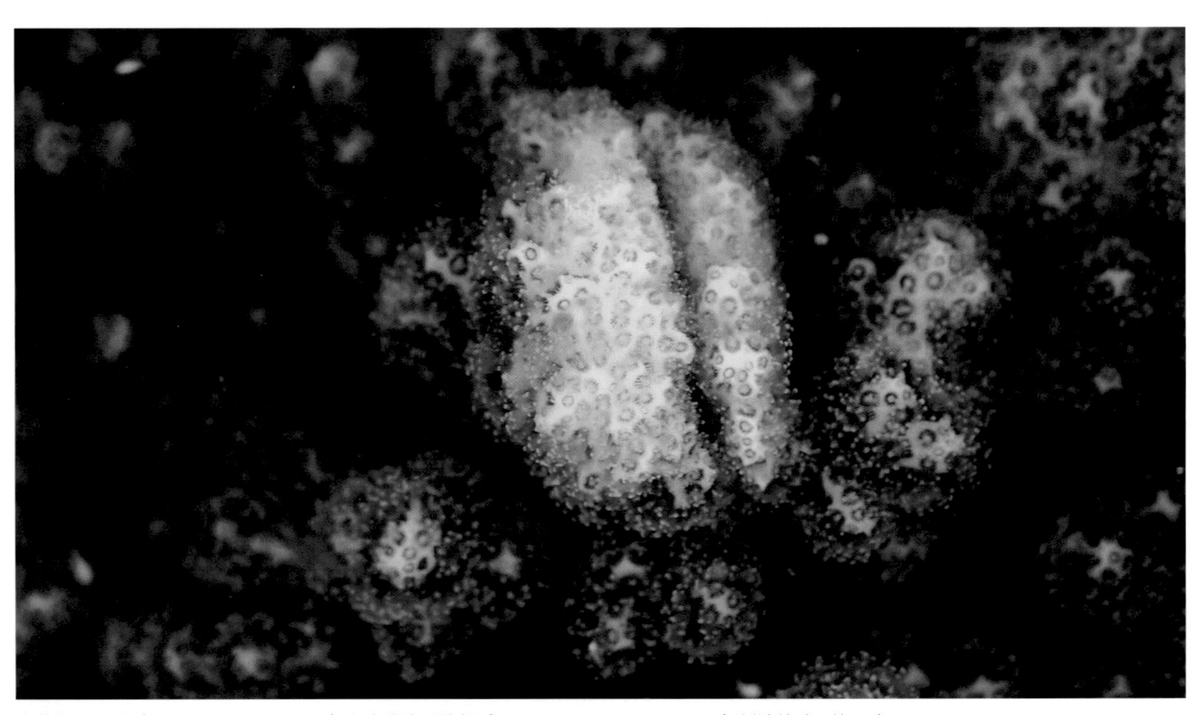

疣状杯型珊瑚（*Pocillopora verrucosa*）上由袋腹珊隐蟹（*Hapalocarcinus marsupialis*）制造的瘿 / 徐一唐

隐螯蟹科更是把珊瑚利用到了极致，以袋腹珊隐蟹（*Hapalocarcinus marsupialis*）为例，雌蟹在找到一根合适的珊瑚枝后便生活在上面，受其影响，珊瑚分枝开始形成类似虫瘿（gall）的结构。当瘿完全将雌蟹包裹住的时候，雌蟹就跟着发育成熟。瘿表面留着一排小孔，这些孔可以让水流通过，保证雌蟹可以继续呼吸和释放幼体。Kropp 在 1986 年记录了珊隐蟹的取食行为，珊隐蟹在瘿中持续地获得珊瑚分泌的黏液，黏液中含有几种氨基酸，是珊隐蟹主要的食物来源，黏液既可以黏附水中悬浮的小颗粒或包裹脱落的珊瑚软组织碎片，也会变质或被微生物“污染”，这样珊隐蟹们就可以“加餐”了。

（4）适应性

如前文所述，为了适应多变的环境，蟹类的外部形态多有一些特殊的适应性特征，有的是自卫，有的是关于保水和运动。总之，这一切都是为了更好地适应环境生存下去。

其中最重要的即保水。对于陆生及半陆生的蟹类，如何在缺少水体的环境中生存下去至关重要。

地蟹类拥有厚重的头胸甲，不仅可以防止体内水分流失，其膨胀的鳃部也可以增加鳃室的空间，容纳特殊的呼吸器官。随着从水中逐渐向陆地适应，蟹类鳃的数量及表面积趋于减小，但鳃上的呼吸板更加硬化，表面上具有更多突起，以保证鳃在脱离水体的情况下不会坍塌变形，影响呼吸。在一些仿地蟹属（*Gecarcoidea*）中，鳃间隔间有许多复杂的像花一样的结构，这些结构中充满了血淋巴，起到了增加呼吸表面积的作用。

许多沙蟹、招潮的身体结构为了适应陆地发生了一定的特化。首先是它们的头胸甲与胸足基部间的间隙小，密闭性强，只保留了离口部最近的螯足基部的入鳃孔，这样既保证了水从嘴里吐出来后可以顺利流回入鳃孔，又避免过大的入鳃孔让水从这里流出来。另外，步足基部还长有毛簇，这些毛簇直接与鳃室连接，方便它们将地面稀缺的水资源导流至鳃室用于呼吸。而毛带蟹科成员的步足长节上具有“股窗”结构，早在 19 世纪末，人们就已经注意到这个特殊结构。最初人们认为，这和蟋蟀、螽斯等鸣虫

凶狠圆轴蟹（*Cardisoma carnifex*）厚重的头胸甲

角眼沙蟹（*Ocypode ceratophthalmus*）步足基部的毛簇

中型股窗蟹（*Scopimera intermedia*）步足长节上的“鼓窗”（红色）

前足上的听器差不多，是听声音用的。直到 20 世纪 80 年代，人们才发现这些膜下布满血管。利用这个特殊的结构，它们可以直接在空气中交换气体。

厚蟹类和相手蟹类则是水资源回收利用高手，它们的颊区具很多带着细毛的网格状排水沟。在陆地上时，它们可以利用排水沟将从出鳃孔排出的水流引到颊区进行气体交换，之后再通过螯足基部的入鳃孔流回鳃腔，将有限的水资源循环利用。

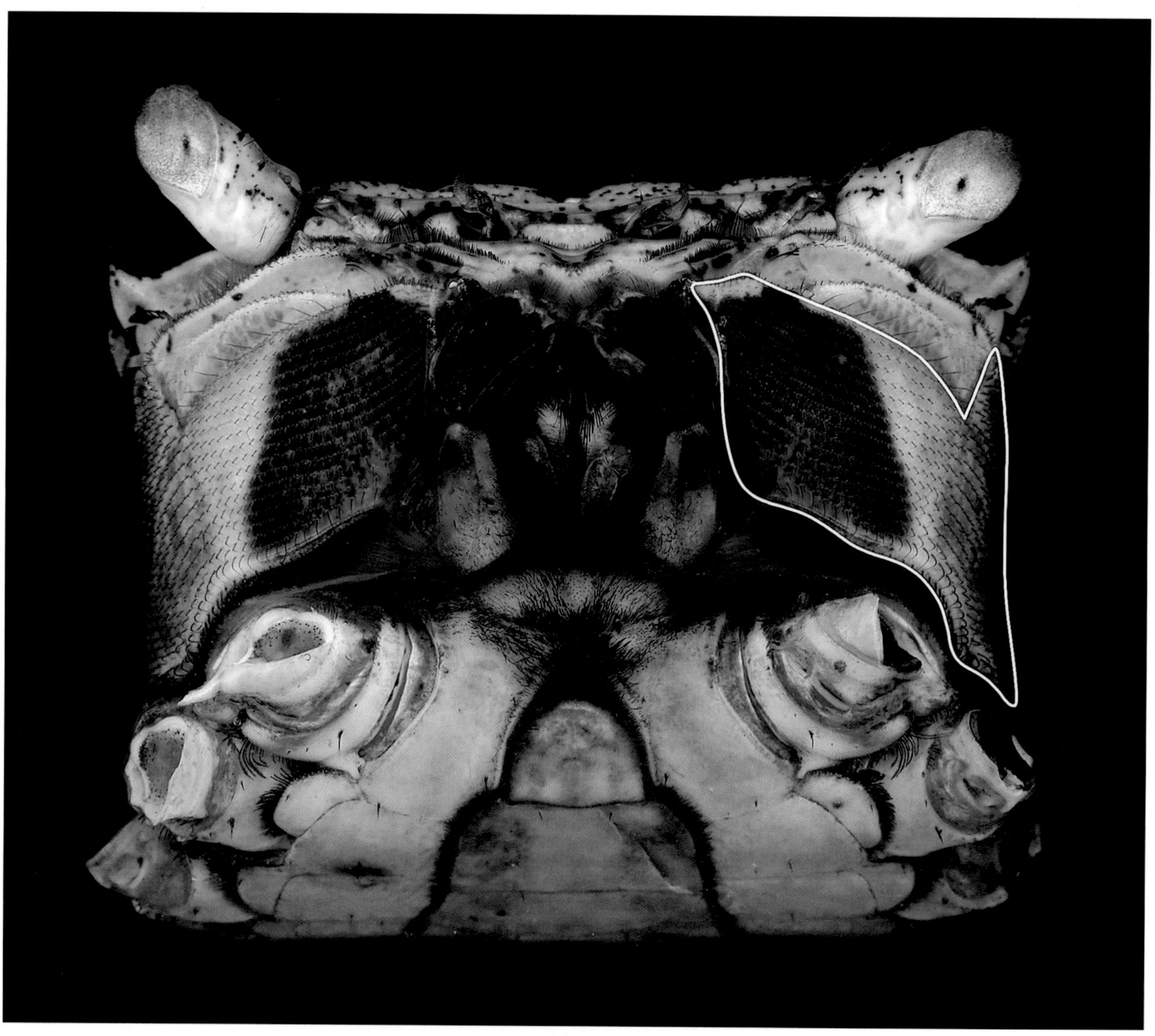

大陆拟相手蟹（*Parasesarma continentale*）的网格状排水沟（白色圈内）

在运动、摄食等方面，主要涉及眼、螯足及步足的形态变化。

大多数蟹类具细长的步足，方便在泥沙中行走。相手蟹类的步足较宽扁，不仅适合行走，也适应于攀爬树枝、岩石。方蟹类的步足指节较短并具粗大的刚毛和活动刺，可以辅助它们在岩壁活动而不被海浪拍走。同样，扇蟹等栖息于岩礁区域的蟹类步足通常非常短粗，可以紧紧抓住岩礁。梭子蟹具很强的游泳技能，这得益于特化的第 4 步足。黎明蟹、蛙蟹、琼娜蟹等种类的步足相比梭子蟹科的步足略扁平，端部尖，适应于快速搅动泥沙将自己掩藏。绵蟹与关公蟹则干脆将自己的末 2 对步足变成了携带贝壳、海葵或树叶的工具，这 2 对步足相比前 2 对步足极为短小，位于身体背面，指节端部常特化为钩状，能够轻易地将携带物紧紧地背负于身体背面，达到保护自己的目的。

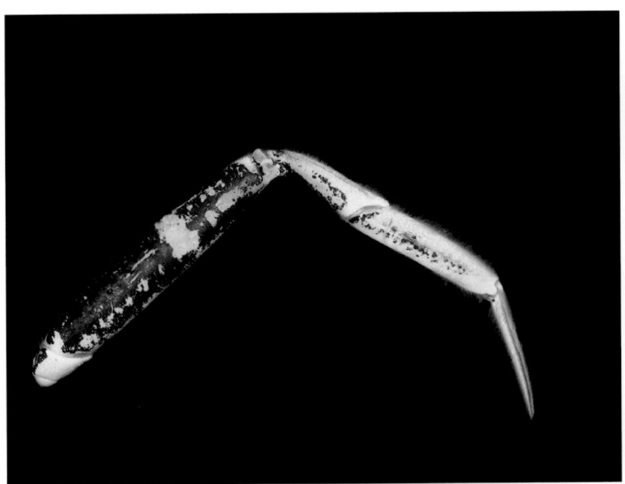

哈氏隆背蟹（*Carcinoplax haswelli*）步足

大陆拟相手蟹（*Parasesarma continentale*）步足

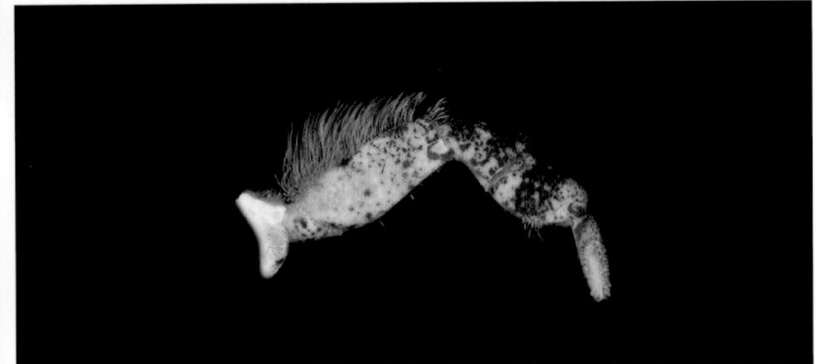

近缘皱蟹（*Leptodius affinis*）步足

白纹方蟹（*Grapsus albolineatus*）步足

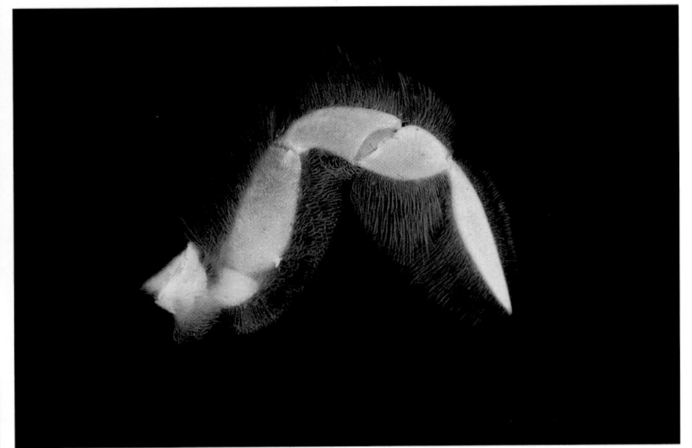

显著琼娜蟹（*Jonas distinctus*）步足

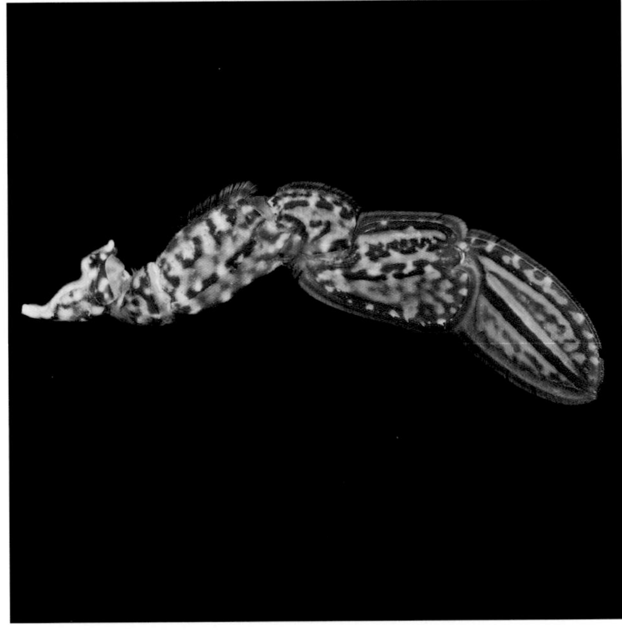

善泳蟳（*Charybdis natator*）的最后 1 对步足特化为桨状

四齿关公蟹（*Dorippe quadridens*）的末 2 对步足

视觉是感知外界环境最重要的方式。虽然大多数的蟹类眼柄短小，但招潮等滩涂蟹类多生活于开阔的裸露滩涂，受到鸟类等天敌强大的捕食压力，因此多具有很长的眼柄，这样即便是身体躲于洞穴或水面之下，也能够随时查看外界情况。另外，这些蟹类的视觉也非常发达，并且演化出了复杂的视觉讯号，有助于它们与同类交流。

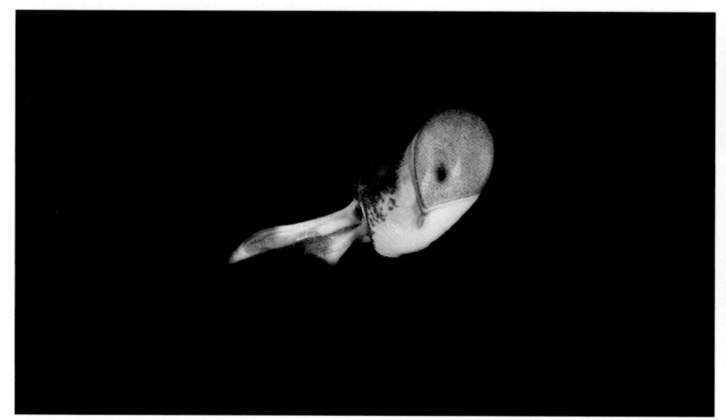

白纹方蟹（*Grapsus albolineatus*）复眼与眼柄

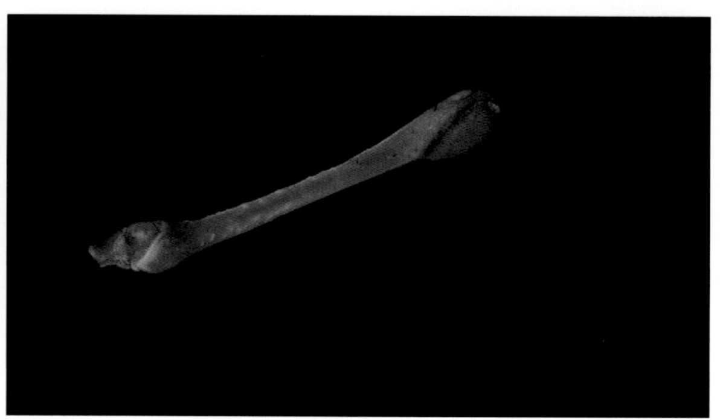

弧边管招潮（*Tubuca arcuata*）复眼与眼柄

虽然蟹类多以杂食为主，但仍可以从特化的螯足及胃磨推测出它们主要的摄食对象。如大多肉食或杂食性的蟹类螯足指端尖锐，便于撕裂食物。一些扇蟹类和方蟹类的两指端部具一圈或者半圈角质，形似勺状，可以辅助刮食生长在岩石上的藻类。而馒头蟹科为了取食贝类，右螯具有特化的结构用来打开贝壳。雄性招潮的螯足最为特化，一侧螯足壮大，已经失去取食功能，主要用来求偶、驱赶入侵者等，而小螯则为取食保留。沙蟹、黎明蟹等种类的大螯内侧还有发声隆脊，可以与身体摩擦发出声音。

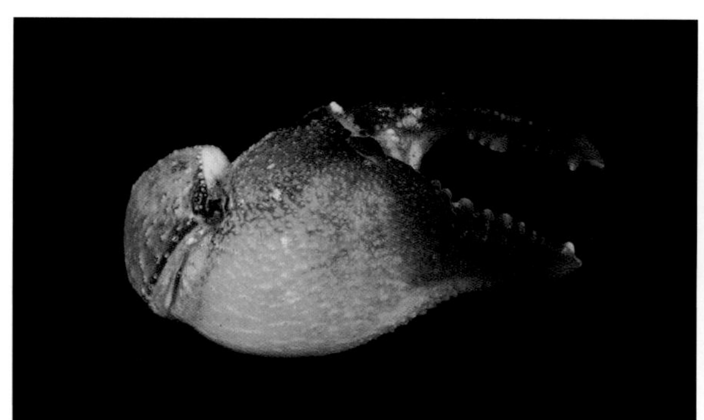

大陆拟相手蟹（*Parasesarma continentale*）螯足

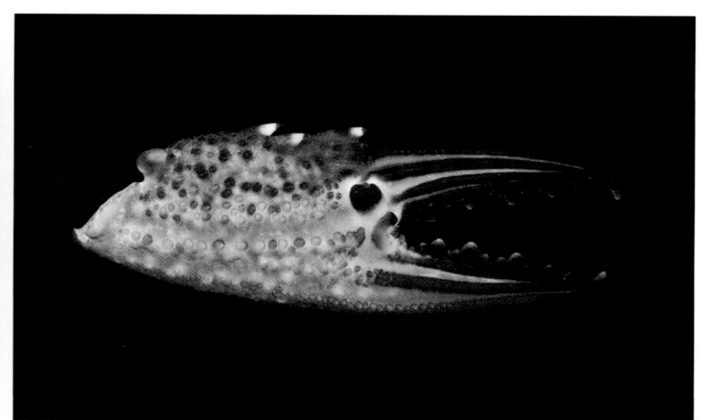

善泳蟳（*Charybdis natator*）螯足

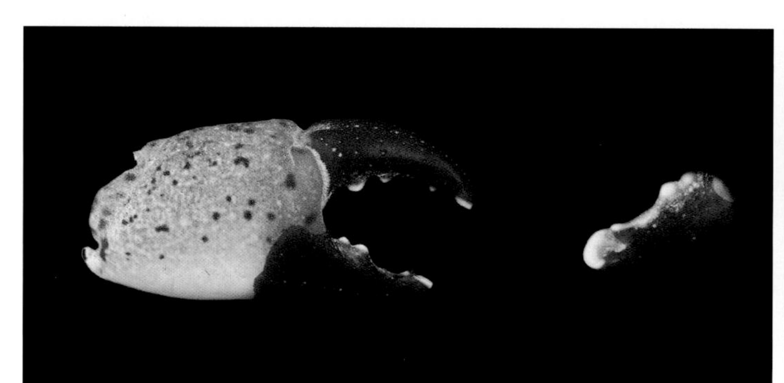

近缘皱蟹（*Leptodius affinis*）螯足及指端

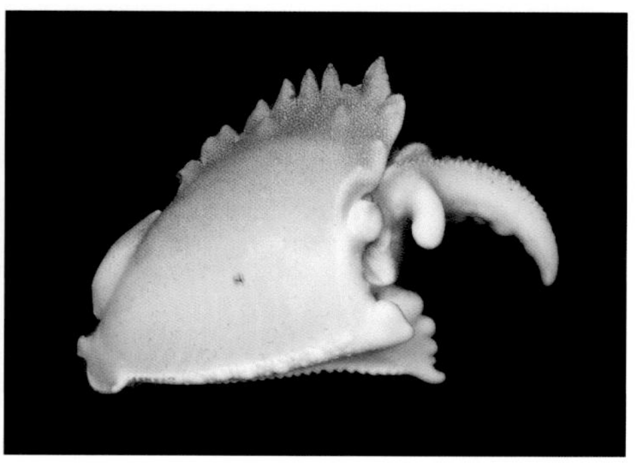

四斑馒头蟹（*Calappa quadrimaculata*）右螯

雄性丽彩拟瘦招潮（*Paraleptuca splendida*）的大螯（上）与小螯（下）

角眼沙蟹（*Ocypode ceratophthalmus*）大螯内侧发声隆脊

另外，一些蟹类还常常将自己装扮得与周围环境一样达到“隐身”的目的，当它们一动也不动的时候，能够轻而易举地欺骗捕食者的眼睛。比如毛刺蟹和一些扇蟹体表具很多的毛发，这足以掩饰其身体轮廓，让捕食者不知如何下手。而被大多数人熟知的蜘蛛蟹，它们中的很多种类堪称“隐身高手”，除了将自己的身体“演化”成一片海藻的样子外，多数种类会将周围的砂砾、海绵和水藻等物体黏附在体表，达到伪装自己的目的。

蝙蝠毛刺蟹（*Pilumnus vespertilio*）浑身长满长毛

导师互敬蟹（*Hyastenus ducator*）身上挂满海藻

（5）陆化程度

栖息于潮间带的蟹类有时也被称为“陆蟹”（terrestrial crab）。顾名思义，“陆蟹”是一类特别适应陆地上生活的蟹类，包括短尾类的螃蟹与异尾类的陆寄居蟹、椰子蟹等。在短尾蟹类中，广义上的“陆蟹”包括方蟹总科（Grapsoidea）及沙蟹总科（Ocypodoidea）内大多数种类，狭义上的“陆蟹”则特指地蟹科（Gecarcinidae）的成员。Hartnol 在 *Biology of the Land Crabs*（《陆蟹生物学》）中，将“在离开水域后，仍表现出明显的行为、形态、生理或生化适应，并维持一定程度的活动”的蟹类统称为“陆蟹”，并依据它们适应陆地的程度（或者说对水体的依赖程度）划分为 5 个等级，即 T1 ~ T5。

T1 类：普通的浅水蟹类和大部分的淡水蟹类，通常见于浅水的躲避物下，它们有时可以生活于水体附近的潮湿渗水土洞中，但是不能离开水域很远。常见的如字纹弓蟹、中华绒螯蟹、裸掌盾牌蟹等。

T2 类：主动离开水体生活的潮间带蟹类，通常在陆地（或者在退潮的时间段）觅食，但是生活的

裸掌盾牌蟹（*Percnon planissimum*）

平原龙溪蟹（*Longpotamon planum*）

区域每天都会浸泡于水中。如泥蟹、招潮、大眼蟹、和尚蟹等。

T3 类：主动离开水体生活的潮间带蟹类，这一类和 T2 的区别是它们通常喜欢生活在潮水很难达到或完全到不了的区域，但是这类蟹仍然需要水来滋润鳃腔辅助呼吸，通常在夜间活动。如相手蟹科（特别是红树林中那些爬树的以及生活在河口土洞里的种类）、沙蟹科沙蟹属、地蟹科的圆轴蟹属、方蟹科的陆方蟹属等。

T4 类：主动离开水体并不会对水有很高需求的蟹类，生活于海岛的山林或海岸林中，它们可以从

环纹南方招潮（*Austruca annulipes*）

斑点拟相手蟹（*Parasesarma pictum*）

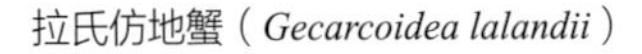

拉氏仿地蟹（*Gecarcoidea lalandii*）

细掌泽蟹（*Geothelphusa tenuimanus*）/ 施习德

潮湿的环境或食物中获得水分，因此不仅洞穴内无水，即便白天也可以出来活动。通常下水还会有生命危险。如拉氏仿地蟹等。

T5 类：特指一些离开水体生活的淡水蟹，它们通常生活在高原、高山上，远离水体（地表径流）。包括陆相手蟹属的一些种类，以及分布于日本冲绳本岛的细掌泽蟹（*Geothelphusa tenuimanus*）等。中国暂无此等级蟹类发现，但非拟溪蟹属（*Aparapotamon*）、内溪蟹属 (*Tiwaripotamon*) 很多种类生活于类似生境中，或许属于该等级。

陆蟹适应的等级程度划分存在一定的人为主观因素，但有些种类在等级划分上并不十分明确，可能跨越多个等级。本书涵盖的种类包含了除 T5 以外的所有等级。

分类系统

全世界已经被科学家正式描述的现生蟹类约 7 000 种，分属 40 总科 111 科 1 514 属（WoRMS, 2023），是十足目中种类最丰富的类群。正是由于蟹类丰富的多样性及其多变的外部形态，导致其内部的分类系统一直存在着较大争议，且不断变化。在很长一段时间里，学者通过蟹类第 3 颚足的形态将其划分为尖额派（Oxyrhyncha）、尖口派（Oxystomata）及方口派（Branchyrhyncha）等不同的类群，但这些类群间又相互拥有一些共有性状，造成分类混乱。

直到 1977 年，Guinot 依据两性生殖孔不同的开口位置，提出将蟹类分为 3 个派：两性生殖孔均位于步足底节的为肢孔派（Podotremata），两性生殖孔分别位于第 6 胸节腹甲及第 4 步足底节的为异孔派（Heterotremata），以及两性生殖孔分别位于第 6 及第 8 胸节腹甲的胸孔派（Thoracotremata）。肢孔派一直被认为是蟹类中最原始的类群，包括成体的一些特征以及很像异尾类的幼体，早期甚至还有学者基于分子及幼体形态特征，认为包括绵蟹在内的肢孔类都应该被归于异尾下目。

在结合形态与分子分析后，肢孔派被认为是一个并系群，已被拆分。目前，短尾类包括圆关公蟹派（Cyclodorippoida）、绵蟹派（Dromiacea）、人面蟹派（Homoloida）、蛙蟹派（Raninoida），以及由异孔亚派（Heterotremata）和胸孔亚派（Thoracotremata）组成的真短尾派（Eubrachyura）。

我国海洋蟹类已知约 1 300 种，分属于 32 总科 75 科 510 属（亚属）。需要特别说明的是，本书编写初衷是介绍生活于潮间带的蟹类。在编写过程中，我们发现虽然一些蟹类并不生活于潮间带区域，但在渔港、码头等渔获物中较为常见。为了方便读者更好地识别这些物种，书中亦增加了不少生活于亚潮带甚至深水的种类，但书名仍然维持《中国潮间带螃蟹生态图鉴》不变，望读者知悉。本书共涵

中国短尾蟹类分类系统

十足目 Decapoda
抱卵亚目 Pleocyemata
短尾下目 Brachyura

圆关公蟹派 Cyclodorippoida
圆关公蟹总科 Cyclodorippoidea
- 圆关公蟹科 Cyclodorippidae
- 丝足蟹科 Cymonomidae

绵蟹派 Dromiacea
绵蟹总科 Dromioidea
- 绵蟹科 Dromiidae *
- 贝绵蟹科 Dynomenidae

人面绵蟹总科 Homolodromioidea
- 人面绵蟹科 Homolodromiidae

人面蟹派 Homoloida
人面蟹总科 Homoloidea
- 人面蟹科 Homolidae
- 蛛形蟹科 Latreilliidae

蛙蟹派 Raninoida
蛙蟹总科 Raninoidea
- 琵琶蟹科 Lyreididae
- 蛙蟹科 Raninidae *

真短尾派 Eubrachyura
异孔亚派 Heterotremata

奇净蟹总科 Aethroidea
- 奇净蟹科 Aethridae *

馒头蟹总科 Calappoidea
- 馒头蟹科 Calappidae *
- 黎明蟹科 Matutidae *

黄道蟹总科 Cancroidea
- 黄道蟹科 Cancridae *

瓢蟹总科 Carpilioidea
- 瓢蟹科 Carpiliidae *

盔蟹总科 Corystoidea
- 盔蟹科 Corystidae *

疣扇蟹总科 Dairoidea
- 泪毛刺蟹科 Dacryopilumnidae
- 疣扇蟹科 Dairidae *

关公蟹总科 Dorippoidea
- 关公蟹科 Dorippidae *
- 四额齿蟹科 Ethusidae

酋妇蟹总科 Eriphioidea
- 仿疣扇蟹科 Dairoididae
- 酋妇蟹科 Eriphiidae *
- 深海蟹科 Hypothalassiidae
- 哲扇蟹科 Menippidae *
- 团扇蟹科 Oziidae *

拟地蟹总科 Gecarcinucoidea
- 拟地蟹科 Gecarcinucidae

长脚蟹总科 Goneplacoidea
- 宽甲蟹科 Chasmocarcinidae
- 宽背蟹科 Euryplacidae *
- 长脚蟹科 Goneplacidae *
- 杯蟹科 Mathildellidae
- 掘沙蟹科 Scalopidiidae *

六足蟹总科 Hexapodoidea
- 六足蟹科 Hexapodidae

膜壳蟹总科 Hymenosomatoidea
- 膜壳蟹科 Hymenosomatidae *

玉蟹总科 Leucosioidea
- 精干蟹科 Iphiculidae *
- 玉蟹科 Leucosiidae *

蜘蛛蟹总科 Majoidea
- 卧蜘蛛蟹科 Epialtidae *
- 尖头蟹科 Inachidae *
- 蜘蛛蟹科 Majidae *
- 突眼蟹科 Oregoniidae

虎头蟹总科 Orithyioidea
- 虎头蟹科 Orithyiidae *

扁蟹总科 Palicoidea
- 刺缘蟹科 Crossotonotidae *
- 扁蟹科 Palicidae

菱蟹总科 Parthenopoidea
- 菱蟹科 Parthenopidae *

毛刺蟹总科 Pilumnoidea
- 静蟹科 Galenidae *
- 毛刺蟹科 Pilumnidae *
- 长螯蟹科 Tanaochelidae *

梭子蟹总科 Portunoidea
- 布氏蟹科 Brusiniidae
- 真蟹科 Carcinidae
- 怪蟹科 Geryonidae
- 圆趾蟹科 Ovalipidae *
- 多样蟹科 Polybiidae
- 梭子蟹科 Portunidae *

溪蟹总科 Potamoidea
- 溪蟹科 Potamidae

假团扇蟹总科 Pseudozioidea
- 扁毛刺蟹科 Planopilumnidae
- 假团扇蟹科 Pseudoziidae *

反羽蟹总科 Retroplumoidea
- 反羽蟹科 Retroplumidae

梯形蟹总科 Trapezioidea
- 圆顶蟹科 Domeciidae *
- 拟梯形蟹科 Tetraliidae *
- 梯形蟹科 Trapeziidae *

毛楯蟹总科 Trichopeltarioidea
- 毛楯蟹科 Trichopeltariidae

扇蟹总科 Xanthoidea
- 扇蟹科 Xanthidae *

胸孔亚派 Thoracotremata

隐螯蟹总科 Cryptochiroidea
- 隐螯蟹科 Cryptochiridae *

方蟹总科 Grapsoidea
- 地蟹科 Gecarcinidae *
- 方蟹科 Grapsidae *
- 盾牌蟹科 Percnidae *
- 斜纹蟹科 Plagusiidae *
- 相手蟹科 Sesarmidae *
- 弓蟹科 Varunidae *
- 怪方蟹科 Xenograpsidae

沙蟹总科 Ocypodoidea
- 猴面蟹科 Camptandriidae *
- 毛带蟹科 Dotillidae *
- 大眼蟹科 Macrophthalmidae *
- 和尚蟹科 Mictyridae *
- 沙蟹科 Ocypodidae *
- 短眼蟹科 Xenophthalmidae *

豆蟹总科 Pinnotheroidea
- 豆蟹科 Pinnotheridae *

* 为本书出现的科

盖中国潮间带及潮下带浅水蟹类 26 总科 49 科 44 亚科 202 属（亚属）389 种。每一个物种提供其体型大小、鉴别特征、生活习性、垂直分布、地理分布等信息。此外，在各论部分，给出每一科的特征描述，供读者参考。每一科在全世界范围内所包含的属种数据参考世界海洋物种名录（World Register of Marine Species, WoRMS），国内已记录属种数据来源于《中国海洋生物名录》（刘瑞玉，2008）、台湾蟹类名录（Ng et al., 2001; Ng et al., 2017; Shih, 2021）以及近年来零散发表的文献（Wong et al., 2011, Lee et al., 2015; Li *et* Huang, 2016; Hsueh, 2018; Mclay *et* Naruse, 2019; Ng *et* Wong, 2019; Ohtsuchi et al., 2019; Lee *et* Ng, 2020; Hsueh, 2020; Ng *et* Jeng, 2017; Ng *et* Richer de Forges, 2020; Ohtsuchi et al., 2020; Wong et al., 2020; Ng *et* Guinot, 2021; Wong et al., 2021; Yuan et al., 2021; Yuan et al., 2022; Shih et al., 2023）中的数据整合，并结合 WoRMS 当前有效学名进行修订后的统计。

为了方便读者缩小搜索范围，快速鉴定种类，我们简单地编制了一份中国短尾蟹类常见科检索表。这个检索表的初衷是能够让没有任何分类学基础的读者也能轻松判断自己所观察到的蟹类应该归于哪一科。因此，检索表中的判断依据主要包括蟹类的栖息环境、生活方式、外形及颜色等作为主要区别点。但是，有些科内的种类外形差异大，如梭子蟹科的一些种类末对步足并非呈桨状，也有部分科之间的差异极为相近，很难单纯地依靠外形去区分它们，因而使用了雄性 G1 等较为细致的特征。需要强调的是，本检索表只适用于国内常见蟹类的分科检索，并不表明各科间的系统发生关系。由于高级阶元所涵盖的种属数量多，形态变化范围较大，且多少存在一定的人为主观因素，因此本检索表并不适用所有种类，只是希望能够在最大程度上帮助读者缩小鉴定范围。

中国短尾蟹类常见科检索表

发现于淡水

头胸甲扁平而柔软，钙化不显著 ······························ 膜壳蟹科 Hymenosomatidae（图 1）
头胸甲坚硬
　步足指节具小刺，无毛（图 2）
　　雄性腹部三角形 ······························ 溪蟹科 Potamidae（图 3）
　　雄性腹部倒“T”字形 ······························ 拟地蟹科 Gecarcinucidae（图 4）
　步足指节光滑或具毛（图 5）
　　雌雄两性眼下隆脊具差异 ······························ 弓蟹科 Varunidae（图 6）
　　雌雄两性眼下隆脊不具差异 ······························ 相手蟹科 Sesarmidae（图 7）

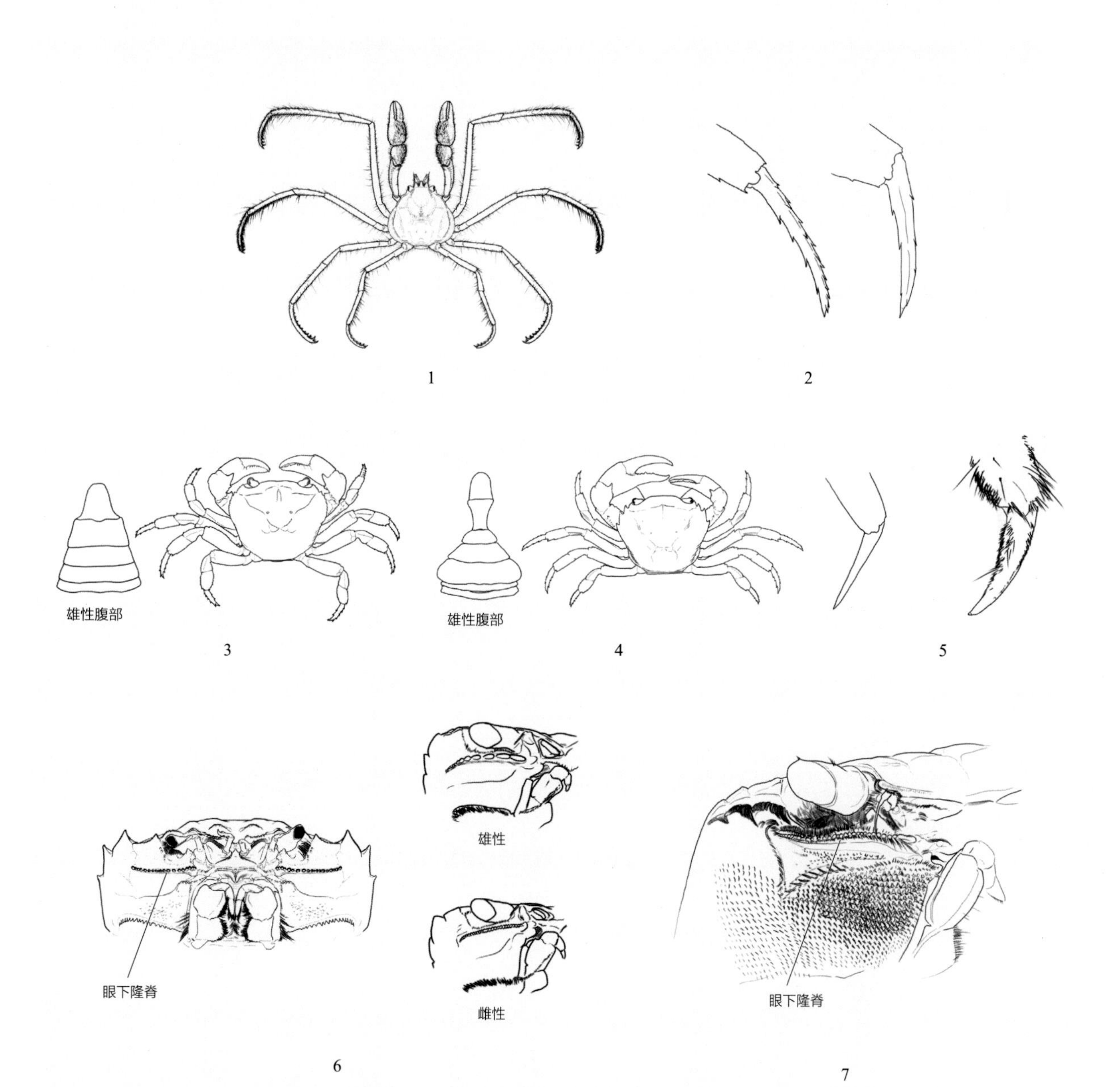

步足 3 对 ……………… 六足蟹科 Hexapodidae （图 8）
步足 4 对 （图 9）
　第 2 触角长，明显 ……………… 盔蟹科 Corystidae （图 10）
　第 2 触角正常
　　常与其他物种共生
　　　通常共生于双壳类外套膜内 ……………… 豆蟹科 Pinnotheridae （图 11）
　　　通常与棘皮动物共生
　　　　雄性腹部 3 至 5 节愈合 ……………… 光背蟹属 *Lissocarcinus*（梭子蟹科） （图 12）
　　　　雄性腹部正常，共 7 节 ……………… 真护蟹亚科 Eumedoninae（毛刺蟹科） （图 13）
　　　通常与珊瑚共生
　　　　与软珊瑚共生 ……………… 肥胖秃头蟹 *Calvactaea tumida*（扇蟹科） （图 14）
　　　　与石珊瑚共生
　　　　　栖息于珊瑚骨内 ……………… 隐螯蟹科 Cryptochiridae （图 15）
　　　　　栖息于珊瑚骨表面
　　　　　　身体表面多少具刺状或疣状突起
　　　　　　　头胸甲宽大于长 ……………… 圆顶蟹科 Domeciidae （图 16）
　　　　　　　头胸甲长大于宽 ……………… 波纹蟹属 *Cymo*（扇蟹科） （图 17）
　　　　　　身体表面较光滑
　　　　　　　螯足对称 ……………… 梯形蟹科 Trapeziidae （图 18）
　　　　　　　螯足不对称 ……………… 拟梯形蟹科 Tetraliidae （图 19）

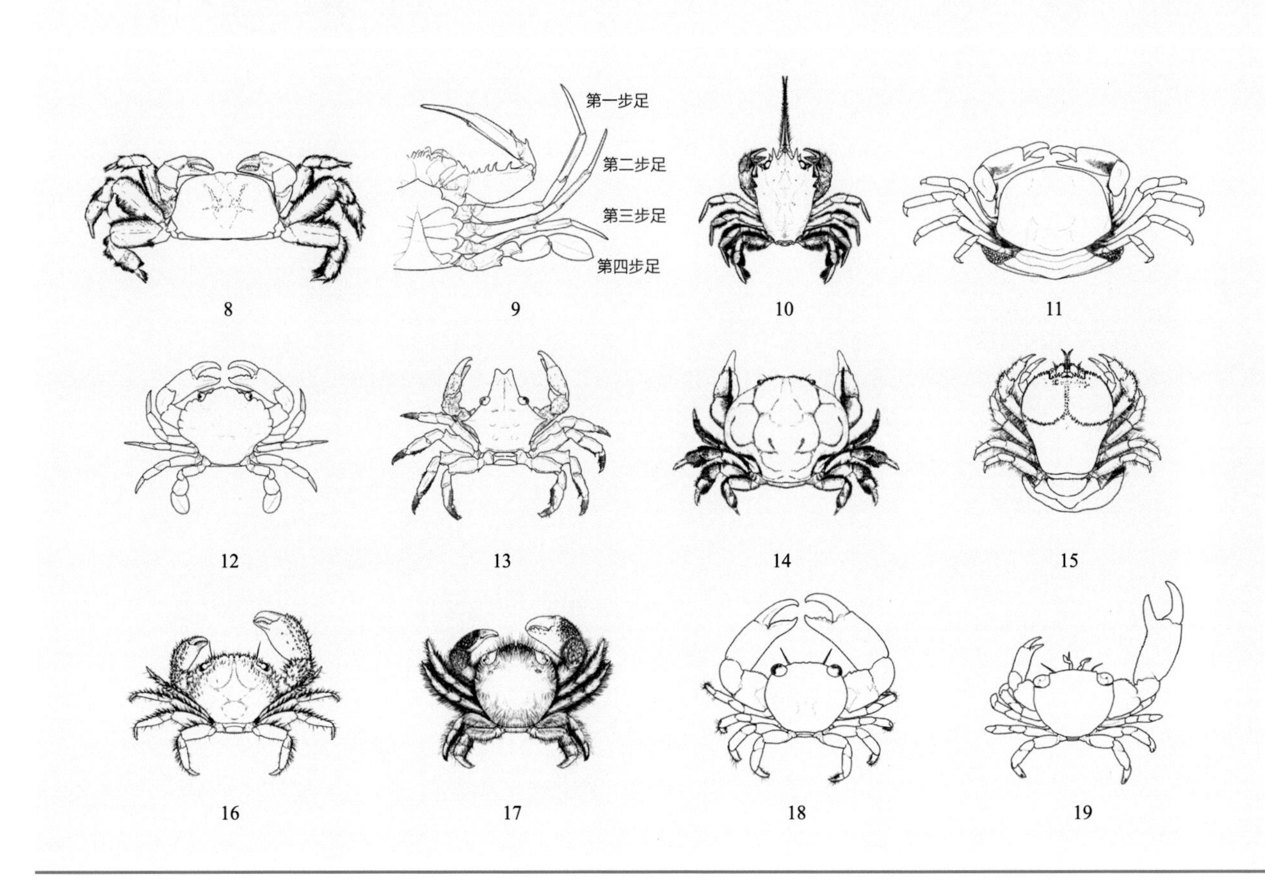

发现于汽水或海水

自由生活

头胸甲扁平而柔软，钙化不显著 ······ 膜壳蟹科 Hymenosomatidae （图 20）

外壳钙化，坚硬

末 2 对步足退化，特化为钳状 （图 21）

口部尖 ······ 关公蟹科 Dorippidae （图 22）

口部方 ······ 绵蟹科 Dromiidae （图 23）

4 对步足均正常 （图 24）

至少 1 对步足指节扁平

末对步足扁平

侧缘具 2 刺 ······ 虎头蟹科 Orithyiidae （图 25）

前侧缘具 4 ～ 9 齿

雄性腹部三角形 ······ 梭子蟹科 Portunidae （图 26）

雄性腹部长方形 ······ 圆趾蟹科 Ovalipidae （图 27）

所有步足扁平

头胸甲长大于宽 ······ 蛙蟹科 Raninidae （图 28）

头胸甲近圆方形 ······ 黎明蟹科 Matutidae （图 29）

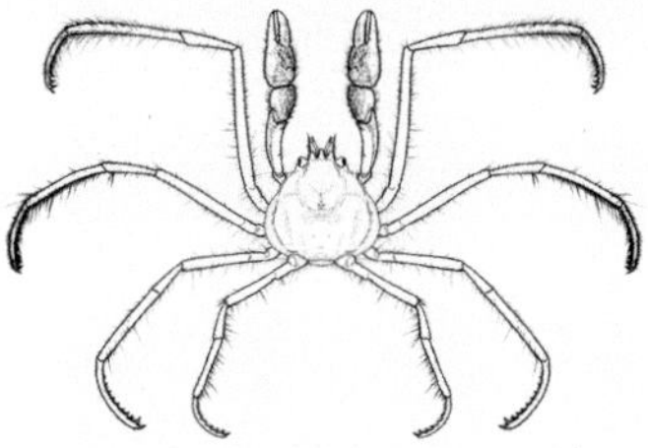

20 　21 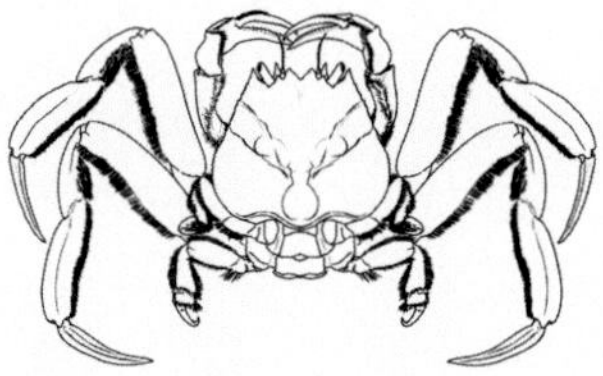　22

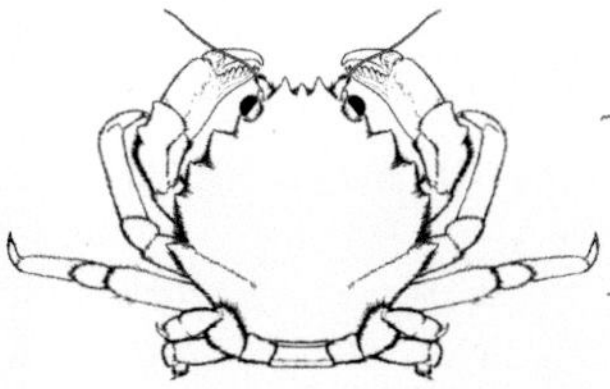

23 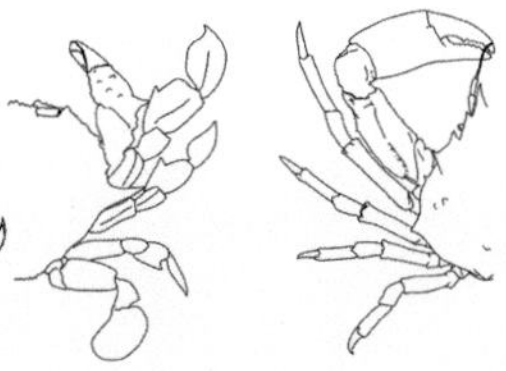　24 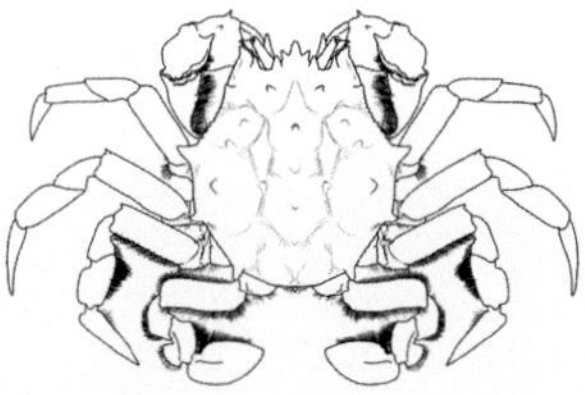　25 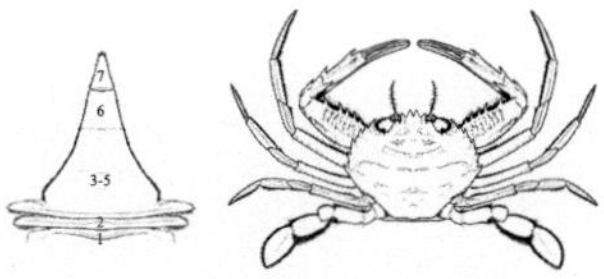　26

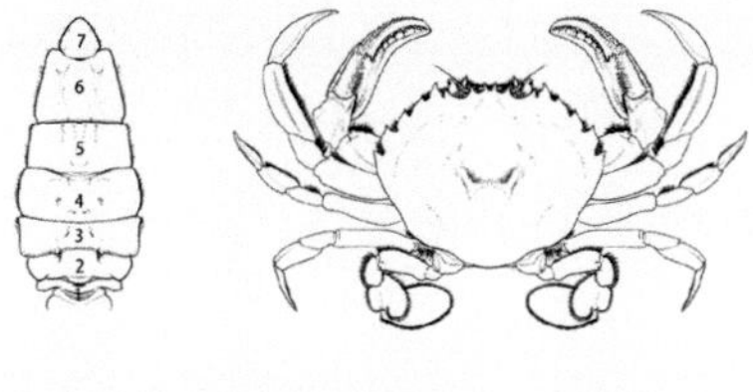

27 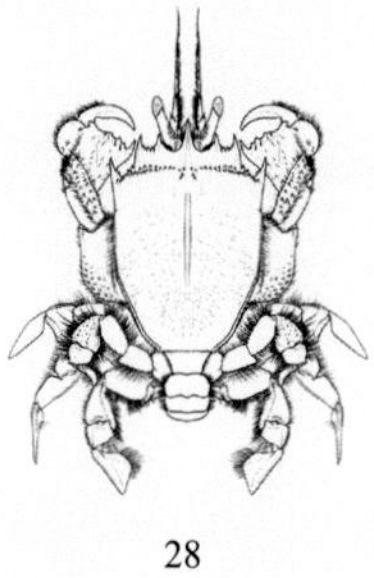　28 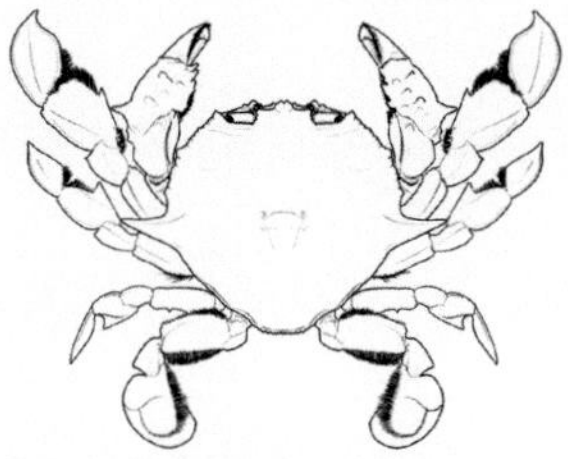　29

发现于汽水或海水

- 步足不扁平
  - 多在中潮带至潮上带自由活动
    - 颊区具网状绒毛列（图 30）
      - 雌雄两性眼下隆脊具差异 …… 弓蟹科 Varunidae（图 31）
      - 雌雄两性眼下隆脊不具差异 …… 相手蟹科 Sesarmidae（图 32）
    - 颊区不具网状绒毛列
      - 第 3 颚足并拢后具显著的斜方形缝隙（图 33）
        - 头胸甲隆起，外眼窝齿小 …… 地蟹科 Gecarcinidae（图 34）
        - 头胸甲低平，外眼窝齿显著 …… 方蟹科 Grapsidae（图 35）
      - 第 3 颚足并拢后无斜方形缝隙，或缝隙很小（图 36）
        - 雌雄两性眼下隆脊具差异 …… 弓蟹科 Varunidae（图 37）
        - 雌雄两性眼下隆脊不具差异
          - 雄性螯足不对称
            - 前侧缘完整 …… 沙蟹科 Ocypodidae（图 38）
            - 前侧缘具刺或齿
              - 前侧缘刺状，不规则 …… 酋妇蟹科 Eriphiidae（图 39）
              - 前侧缘刺状或叶状，规则
                - 雄性 G2 等于或长于 G1 …… 团扇蟹科 Oziidae（图 40）
                - 雄性 G2 小于 G1 长度的 1/3 …… 假团扇蟹科 Pseudoziidae（图 41）
          - 雄性螯足对称
            - 步足长节具股窗结构 …… 毛带蟹科 Dotillidae（图 42）
            - 步足不具股窗结构
              - 头胸甲圆球状 …… 和尚蟹科 Mictyridae（图 43）
              - 头胸甲非圆球状
                - 头胸甲横方形，通常宽大于长
                  - 雄性腹部第 5 节两侧向内收缩 …… 猴面蟹科 Camptandriidae（图 44）
                  - 雄性腹部第 5 节正常 …… 大眼蟹科 Macrophthalmidae（图 45）
                - 头胸甲方形或近方形，不显著宽大于长
                  - 步足长节具锯齿 …… 盾牌蟹科 Percnidae（图 46）
                  - 步足长节不具锯齿 …… 斜纹蟹科 Plagusiidae（图 47）

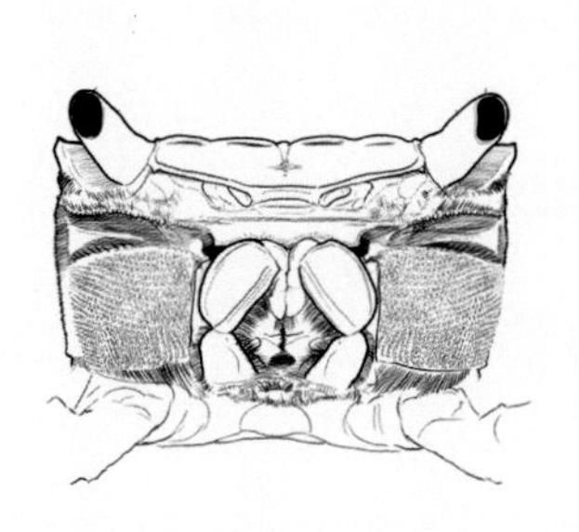

30

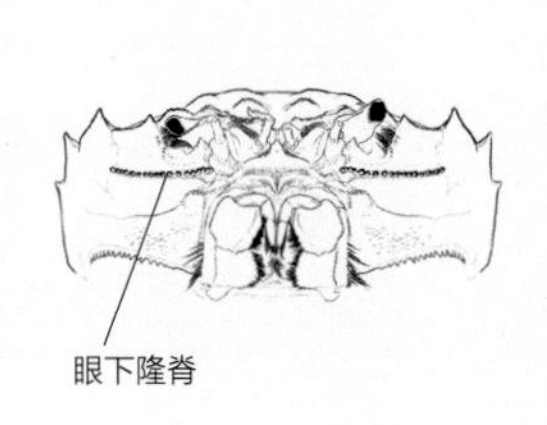

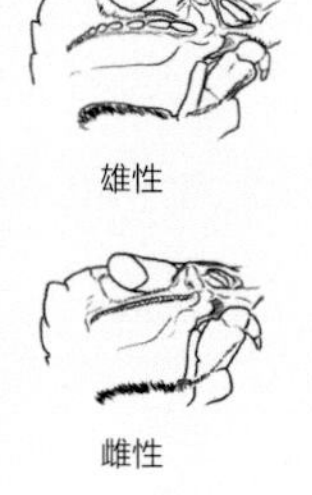

31

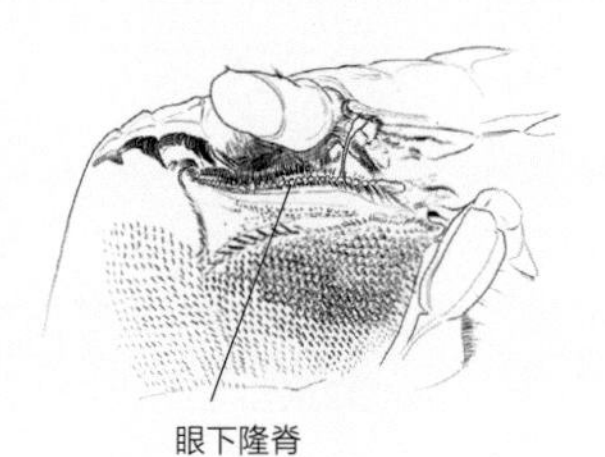

32

发现于汽水或海水

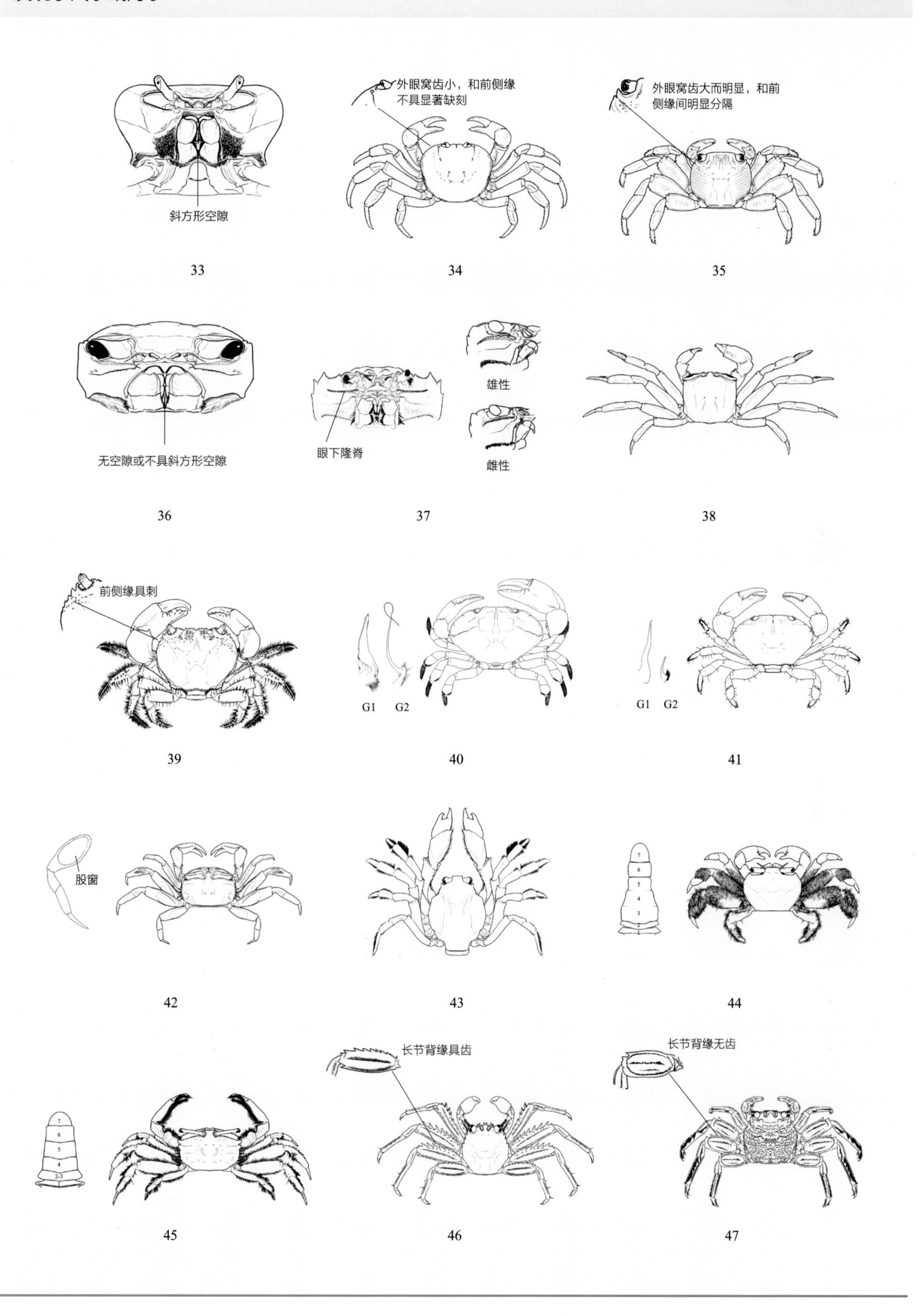

斜方形空隙
外眼窝齿小，和前侧缘
不具显著缺刻
外眼窝齿大而明显，和前
侧缘间明显分隔
33
34
35
无空隙或不具斜方形空隙
眼下隆脊
雄性
雌性
36
37
38
前侧缘具刺
G1
G2
G1
G2
39
40
41
股窗
42
43
44
45
长节背缘具齿
长节背缘无齿
46
47

- 多在中潮带至潮下带生活，对海水依赖程度高
  - 眼极小，几乎不能完全暴露于眼窝外
    - 头胸甲横卵形，扁平，背面观螯足及步足均不可见 ……… 奇净蟹科 Aethridae （图 48）
    - 头胸甲形状多样，螯足和步足外露
    - 雄性腹部第 3-5 节愈合 ……… 玉蟹科 Leucosiidae 或 精干蟹科 Iphiculidae （图 49）
    - 雄性腹部 7 节
      - 螯足显著不对称 ……… 掘沙蟹科 Scalopidiidae（图 50）
      - 螯足显著对称 ……… 短眼蟹科 Xenophthalmidae（图 51）
  - 眼正常
    - 头胸甲表面常具密集不规则疣突、刺突或其他附属物
      - 甲宽通常大于甲长
        - 额区呈三角形 ……… 菱蟹科 Parthenopidae（图 52）
        - 额区不成三角形 ……… 疣扇蟹科 Dairidae（图 53）
      - 甲长通常大于甲宽
        - 身体表面常挂着各种海藻、海绵等伪装物
          - 眼窝完整 ……… 蜘蛛蟹科 Majidae（图 54）
          - 眼窝不完整或缺失
            - 眼窝不完整，眼柄短 ……… 卧蜘蛛蟹科 Epialtidae（图 55）
            - 眼窝缺失，眼柄较长 ……… 尖头蟹科 Inachidae（图 56）
        - 身体表面不具伪装物
          - 大螯高耸，可动指基部具 1 齿突结构 ……… 馒头蟹科 Calappidae（图 57）
          - 大螯正常
            - 侧缘齿 9 枚及以上，或不规则刺状
              - 头胸甲后缘平滑 ……… 黄道蟹科 Cancridae（图 58）
              - 头胸甲后缘锯齿状 ……… 刺缘蟹科 Crossotonotidae（图 59）
            - 侧缘齿小于 9 枚，规则
            - 雄性腹部 7 节
              - 雄性腹部三角形（图 60）
                - G1 笔直 ……… 长脚蟹科 Goneplacidae （图 61）
                - G1 弯曲
                  - G1 粗长，上部弯曲，下部笔直 ……… 长螯蟹科 Tanaocheleidae（图 62）
                  - G1 细长，“S”字形 ……… 毛刺蟹科 Pilumnidae（图 63）
              - 雄性腹部非三角形
                - 雄性腹部窄倒“T”字形 ……… 宽背蟹科 Euryplacidae （图 64）
                - 雄性腹部宽倒“T”字形
                  - 雄性腹部第 2 节变窄 ……… 静蟹科 Galenidae（图 65）
                  - 雄性腹部第 1、2 节等宽 ……… 哲扇蟹科 Menippidae（图 66）
            - 雄性腹部有愈合
              - 雄性腹部第 3 ~ 4 节愈合 ……… 瓢蟹科 Carpiliidae （图 67）
              - 雄性腹部第 3 ~ 5 节愈合 ……… 扇蟹科 Xanthidae（图 68）

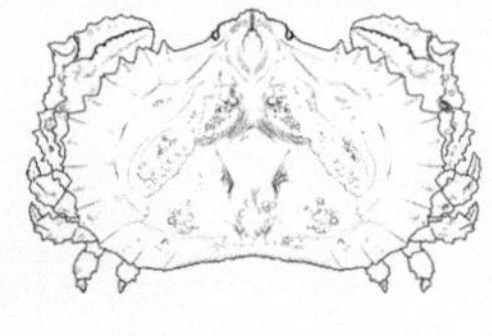

48

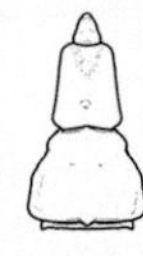

雄性腹部

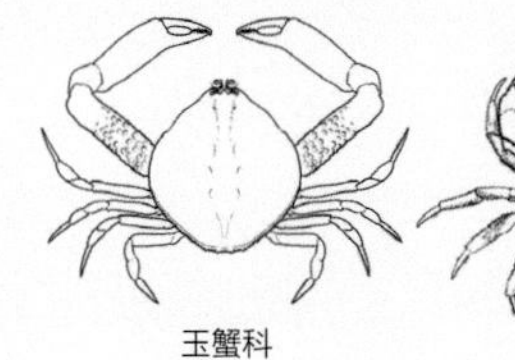

玉蟹科

精干蟹科

49

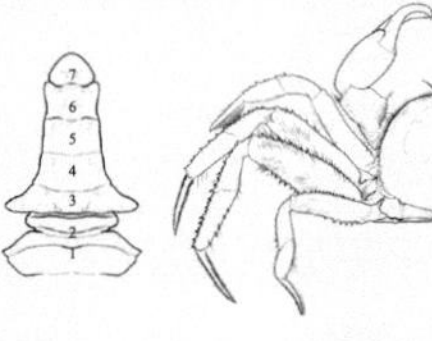

50

发现于汽水或海水

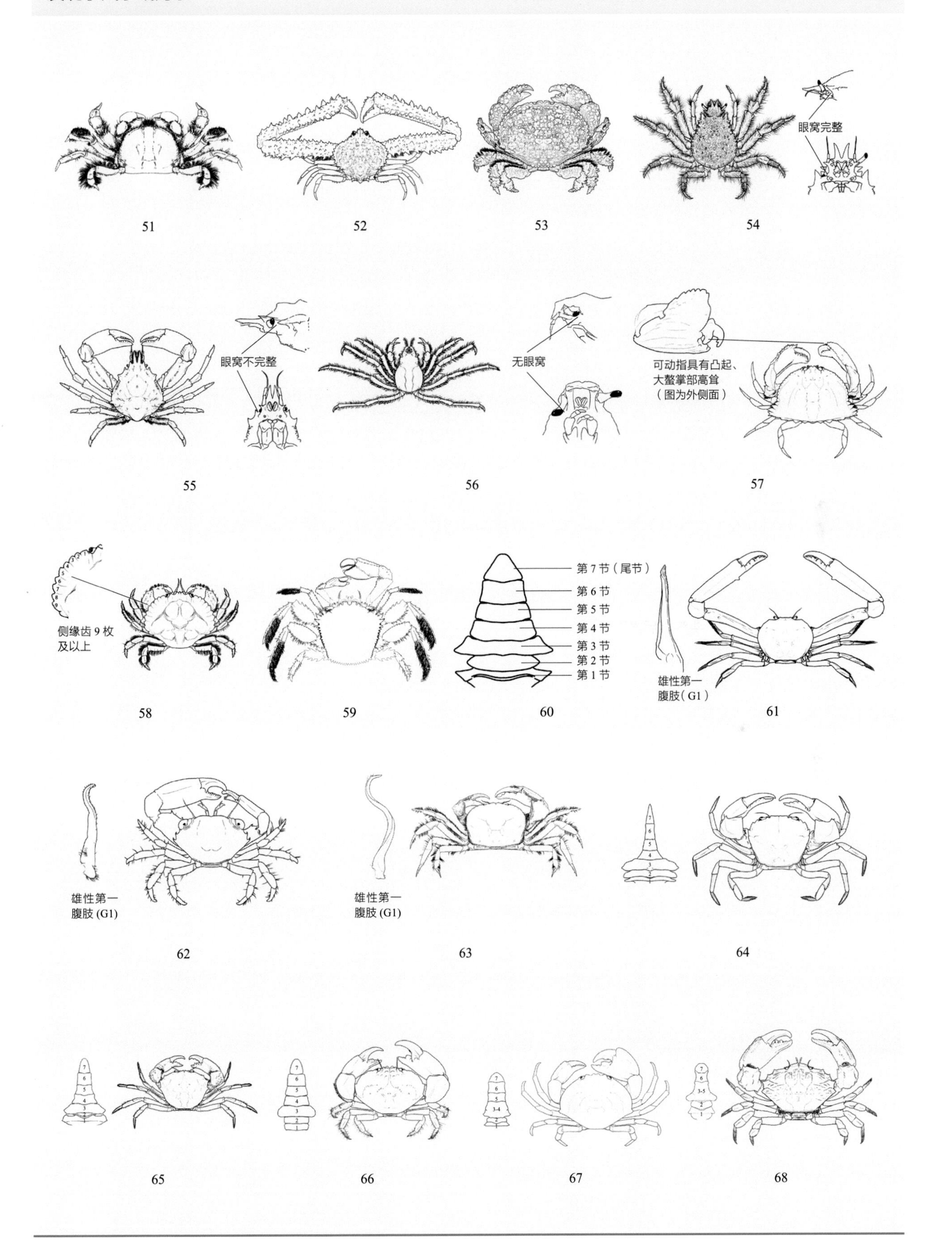
眼窝完整
眼窝不完整
无眼窝
可动指具有凸起、
大螯掌部高耸
（图为外侧面）
侧缘齿 9 枚
及以上
第 7 节（尾节）
第 6 节
第 5 节
第 4 节
第 3 节
第 2 节
第 1 节
雄性第一
腹肢（G1）
雄性第一
腹肢 (G1)
雄性第一
腹肢 (G1)
51
52
53
54
55
56
57
58
59
60
61
62
63
64
65
66
67
68

野外观察

到野外进行自然观察是我们亲近、观察与了解自然最简单有效的方式。蟹类是海边最常见的动物之一，退潮后的石块下，海藻上，泥沙里或者潮池中都可以见到形态各异的蟹类，它们有的只在晚上活动，也有的无论白天黑夜都夜以继日地觅食。除了觅食外，它们还要为躲避天敌、修理洞穴、清洁身体或者寻找配偶而忙碌。现在，包括观鸟、观鲸在内的许多自然观察活动非常热门，然而“观蟹”这个词听起来多少还有些陌生。其实“观蟹”相比其他自然体验活动可能更加简单，几乎不用配备太昂贵的设备，只要蹲下来静静地观察它们，就会目睹到有趣的行为。

那么，到海边观蟹都需要准备哪些工具呢？

① 轻便、耐脏且速干的衣裤。海边环境复杂，轻便的着装有助于我们更好地活动。

② 抓地能力强的胶鞋。海边的礁石往往会生长着许多藻类，表面异常光滑，抓地力强的鞋可以帮助我们在礁石轻松地上行走。千万不要穿拖鞋，不仅容易滑倒，脚部裸露的部分还很容易被尖锐物体划破，或者被海葵、水母等动物刺蜇。

③ 防晒帽。海边遮挡物很少，赶上艳阳高照的日子，防晒帽等物理防晒可以防止晒伤。

④ 手套。礁石上附生的牡蛎、藤壶等很容易划破手，另外抓螃蟹的时候也可以减少被夹伤的可能。

⑤ 透明观察盒、镊子等。小型蟹类可以用镊子轻轻夹起放入透明观察盒中进行观察。切记不要将数只螃蟹关在盒子中太长时间，过小的环境会让它们相互伤害。

⑥ 望远镜。生活于滩涂上的蟹类非常机敏，通常难以靠近，望远镜可以帮助我们远距离观察它们有趣的行为。

⑦ 手机、照相机或摄像机。如果你能够把观察到的螃蟹的形态或行为，通过照片或视频的方式记录下来，将是一笔非常珍贵的资料。当然，如果你的设备不具备防水功能，记得带上防水罩。

⑧ 防蚊喷雾。海边滩涂、红树林蚊虫非常多，防蚊喷雾非常有必要。

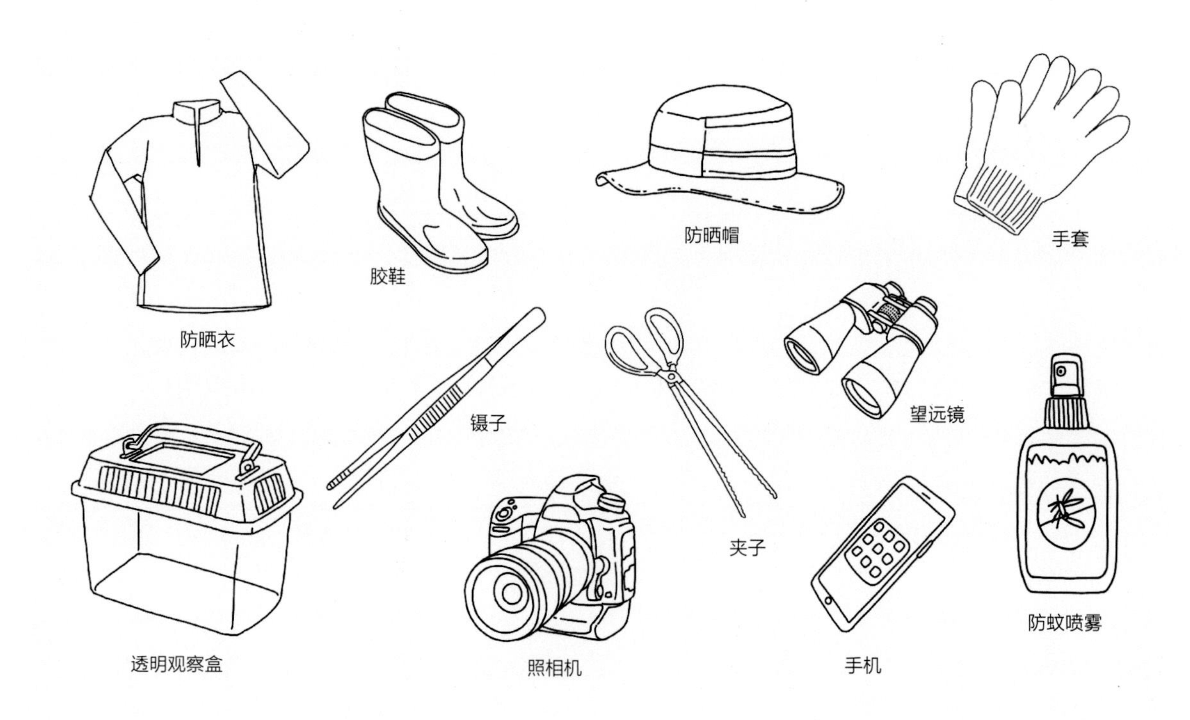

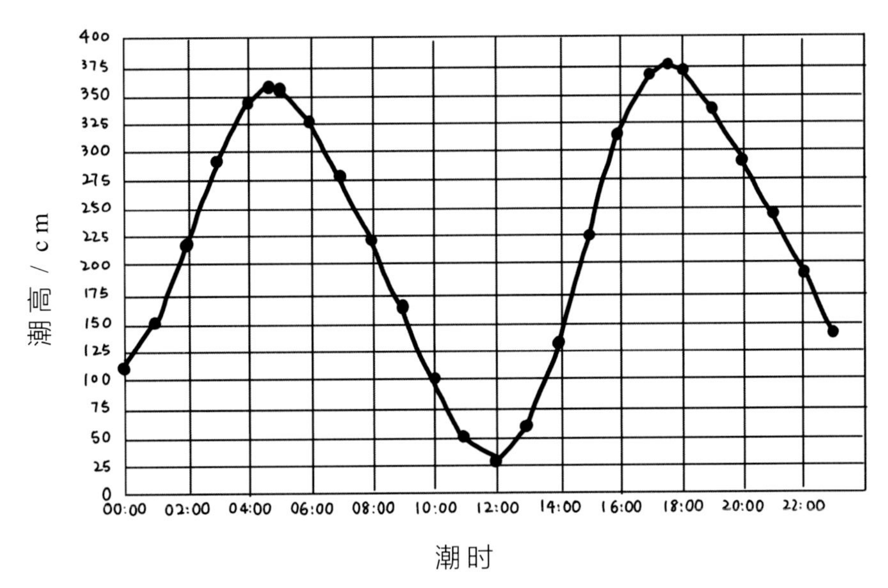

青岛 2021 年 12 月 20 日潮汐表曲线图

除了准备工具外，到海边最重要的一点是安全！

首先，请一定提前查阅当地的潮汐时间。通常来讲，当日最低潮的前 2 小时开始是最适宜到潮间带观察蟹类的时间，一旦到了最低潮时间，在不了解当地潮汐的情况下请务必提前离开，有些地区的潮水涨速非常快，如果过长时间滞留在低潮线，很可能在没有完全退回岸边时就被潮水淹没，非常危险。尤其是离岸过远的大块礁石通常不易久留，这里涨潮后通常会变为孤岛甚至被完全淹没。

其次，在岩礁、珊瑚礁区域，绝对不要随意触摸不熟悉的生物，这些生物很可能有毒，甚至对你造成致命威胁。另外，要远离岬角一类的突出于岸边的礁石区，这些区域通常浪高水急，水面下暗流众多，虽然这里是方蟹、斜纹蟹等最为活跃的区域，但还是建议大家在安全的地方通过望远镜等设备观察就好。另外，水流大、营养物质丰富的区域是牡蛎或藤壶这些固着生物最偏爱的地方，它们常常大面积地固着在礁石表面，壳缘锋利，一不小心就会被划伤。

泥滩、沼泽地的地势较为平缓，是沙蟹类最偏爱的生境，它们常常在退潮之后集体出来活动。小小的螃蟹在泥滩上行走自如，但人踩在上面很可能会有大幅度的下陷，如果不慎陷到大腿的位置，很难依靠自己的力量脱离泥潭，甚至越陷越深。因此，在不熟悉当地环境或没有人陪同的情况下，切勿单独走到泥滩上。

另外，还有一些海域属于保护区，或者私人承包养殖区，请务必提前协商后再进入，避免产生不必要的误解。

最后要提及一下保护。目前，还没有哪一种蟹类被列入保护动物名录，只要栖息地还存在，蟹类的种群数量不会因少量的捕捉而产生影响。然而，在潮间带能够见到的蟹类大多数并没有太大的经济价值，这部分渔获并不被渔民利用，却被参与赶海的游人大量捕捉。这些小螃蟹与其他小动物同时被装在狭小的塑料桶甚至塑料瓶中，很多都坚持不到赶海活动结束就死去。其实，我们完全可以边观察边将它们放回，这可以减少不必要的伤害。另外，我们还要呼吁大家在享受赶海乐趣的同时，尽量不要将捕捞到的小生物带走，大多数人并不了解它们，也没有能够饲养它们的基础设备，潮间带才是真正属于它们的乐园。

一定要记住，在观察过后把小螃蟹放回它们原来的栖息地！

使用说明

熟若蟹亚科 Zosiminae

亚科分类地位（如果有）

中文名（注释 1）
与学名（注释 2）

花纹爱洁蟹 *Atergatis floridus* (Linnaeus, 1767) 毒

毒性（注释 9）

基本信息
（注释 3~7）

体型： 雄 CW：64.6 mm，CL：44.3 mm；雌 CW：40.8 mm，CL：27.6 mm。

鉴别特征： 头胸甲横卵形，表面光滑无毛，稍具凹点，分区可辨，背中部隆起；眼小，不伸出眼眶；前侧缘隆脊形，除外眼窝齿外被浅沟分为 4 叶，最后 1 叶短角状；螯足粗壮，强烈外突，掌部背缘具脊状突起；步足扁平，具锋锐的脊状突起。

颜色： 全身青绿色、绿色或紫绿色；头胸甲表面具白色花纹，花纹内具不规则的环纹；螯足及步足表面具散鳞状暗花斑纹，螯足两指黑褐色。稚蟹头胸甲表面白色花纹面积扩大。

生活习性： 栖息于珊瑚礁浅水，白天隐藏于洞穴中，夜间常四处游走。

垂直分布： 中潮带至潮下带浅水。

地理分布： 台湾、广东、广西、海南；印度－西太平洋。

易见度： ★★★★★

语源： 属名源于叙利亚女海神 Atargatis，中文名为音译。种本名源于拉丁语 *floridus*，意为华丽的。

其他角度、个体、性别或行为照

标准照

① 海南三亚 / 稚蟹　②③ 海南三亚

图片注释（注释 8）

注释

1. 关于中文名

所有物种中文名同样采用种本名 + 属名的命名方式，优先沿用《拉汉无脊椎动物名称（试用本）》《新拉汉无脊椎动物名称》《中国海洋蟹类》《中国海洋生物名录》《中国动物志》已有的中文名，以求统一；若为新纪录属种或尚无中文名的，则沿用其学名原义或主要特征新拟中文名。因属级分类位产生变动的，则采用新的属名。部分种类的中文名在大陆与台湾地区存在差异，我们优先采用大陆的命名方式，并附以“（台）”的标识注明台湾地区的称呼。部分属种的中文名我们做了调整，并在相应的语源中作出解释。

另外，大多数蟹类的中文名基本都称为某某蟹，但亦有例外。其一是梭子蟹科的蟳属（包含亚属）、附齿蟳属等，统称为某某蟳；其二是沙蟹科的丑招潮亚科，虽然我们习惯将其称为招潮蟹，但在中文正名上统称为某某招潮。

2.关于学名

随着分类学的发展，尤其分子手段对原先单纯依靠形态学的分类体系产生许多新的挑战，许多亚科被提升为科，科又被提升为总科，原本在一个属中的许多种类因非单系而被划分到不同属中。虽然分类体系总是在变化的，但为了保证内容统一性与完整性，本书中所有物种学名均采用 WoRMS 中的当前有效学名，异名不再单独列出，有需要的读者可根据学名在 WoRMS 网站自行查询。

3. 体型

蟹类的体型通常测量其头胸甲最宽处（CW）及最长处（CL），以毫米（mm）为单位。本书中的头胸甲大小为我们可以检视到的标本实际测量值，并非代表此种蟹类能够生长到的最大体型。部分种类由于无法检视到标本而引用了参考文献中的数据，并在体型数值后标注参考文献编号。

4. 识别特征

实际上，大多数种类的螃蟹可以通过外观、颜色等直观的方式进行简单区别，但还有很多种类因外形相似，或是颜色花纹变化太多而难以区分。因此，我们仍然给出了每一种的鉴别特征。鉴别特征均引自《中国海洋蟹类》《中国动物志》等著作，并对内容做了简化，只描述对识别要点相对重要的部分，以便更好地区别近缘种之间的区别。一些外部形态过于接近的物种，除鉴别特征外，我们又以备注的形式着重介绍其与近缘种的区分要点，以方便对比鉴定。颜色、花纹变化范围较大的种类，则尽可能多地提供其自然状态下的不同颜色类型。

颜色是大家识别一种生物最常用的手段，但颜色描述通常非常主观，同一物种不同生长阶段、雌雄、环境等因素亦导致体色多变。同时，由于每个人对于颜色具不同的认识，表述时也会用到不同的词汇。比如，有时候我们很难完全理解黄褐色、棕褐色、浅褐色甚至棕红色等颜色之间的差异。再加上许多种类体色多变，因此，书中涉及种类的颜色描述我们尽量用最简洁的语言，但并不代表我们所描述的颜色能够完全代表这个物种本身，还请以图片为准。

5. 习性及分布

生活习性以作者野外实际观察或参考文献中的资料为准，依赖于其他物种共生的则会在此标注其寄主信息；垂直分布包括潮上带、潮间带（包括高潮带、中潮带、低潮带）、潮下带浅水及深水等不同程度；国内的分布以省为单位划分，但由于渤海湾、山东半岛等地理位置独特，部分种类的分布地会直接以渤海湾、辽东湾、辽东半岛或山东半岛的形式出现。国外分布范围如果较广，则以海区或大洲的形式标注，如印度－太平洋、欧洲等，只有个别地区记录的则记录其具体分布的国家或群岛。国内与国外的分布记录以“；”相隔，无国外记录的则代表本种目前只在中国海域有记录。所有种类的分布记录以文献记载及作者野外拍摄或收集到的标本为参考依据。

6. 易见度

蟹类对栖息地依赖较强，对不同底质（如泥、沙或泥沙混合等）、水深、温度及盐度变化较为敏感，适宜的栖息地往往能够观测到数量可观的个体。另外，一些种类还会因季节性差异产生变化。这里的易见度由作者野外实际观察经验得来，非科学统计，不代表本种的种群数量及珍稀程度。

7. 语源

螃蟹的中文名可谓五花八门，有的听起来让人啼笑皆非，有的则让人完全摸不着头脑。其中既有历史原因，也体现了老一辈分类学家为迎合学名本义或体现属 / 种的特征的智慧结晶。为了尽可能提供全面的参考，我们试图追溯本书中出现的所有的属名及种本名的语源，便于大家理解其中文名的来源，但仍然有相当一部分由于命名年代久远，命名人当时也未给出任何解释而无从查起。

8. 图片注释

图片信息包括拍摄地点、个体 / 行为状态、水深及署名，未标注水深的则为陆地或水深小于 1 m，未标注署名照片均为本书作者拍摄。在一些种类的分布范围里，包含香港的为沈嘉瑞（1931，1932，1934，1940）及王展豪等（2021）发表的一系列香港地区的蟹类报告，证明此种在香港有明确的分布记录，但未标注者不代表在香港没有分布，只是没有明确的报道。

9. 毒性

潮间带许多蟹类以藻类、贝类为食，这些食物本身很可能携带毒素。蟹类在摄入这些有毒食物后，会将毒素积累于自身的内脏、肌肉等组织中，误食有毒蟹类轻则带来口舌麻木、头晕、腹泻等症状，严重时可以危及生命。在过往文献资料中有明确使人中毒或致死记录的种类，将标注“毒”以警示，但不代表与之相近的同属或同科的其他种类可以安全食用。由于蟹类的毒素是由食物获取而累积体内，所以毒性与其生活区域的食物或季节性有着密切关系。即便某些有明确中毒记录的种类在某些地区的市场上是常见种类，且相关地区也从未有过关于食用这类蟹类中毒或致死记录的，但本着谨慎的角度出发，不建议食用任何有潜在毒性的蟹类。

★ 各论 ★

Part Ⅱ

绵蟹派
Dromiacea

绵蟹总科 Dromioidea

绵蟹科 Dromiidae

头胸甲近球形、卵圆形或五边形，背部隆起；第3、第4对步足短小，位于近背部，末端由指节及刺形成钳状；腹部通常7节（含尾节），偶尔第5至第6节愈合，第6节与尾节之间两侧具退化的尾肢；雄性G1短粗，G2细长。

全世界已知39属126种，中国已记录16属31种。

绵蟹亚科 Dromiinae

拟态阿绵蟹 *Alcockdromia fallax* (Latreille in Milbert, 1812)

虚幻阿绵蟹（台）

体型： 雌 CW：8.9 mm，CL：8 mm。

鉴别特征： 头胸甲近五边形，表面隆起，心鳃区的沟明显，除螯足两指裸露外，全身被粗厚短毛和羽状刚毛；额向下弯，具 3 齿，中齿低位，背面可见；前侧缘（除外眼窝齿外）具 1 大齿和 2 小钝齿；螯足粗壮，对称，腕节具明显的大突起，内末角和外末角均具钝突起，掌部表面具稍低的突起，两指内缘具 8 ~ 10 枚齿；步足第 1 对最长，腕节和前节具突起，末 2 对步足很短，位于背部，第 3 步足最短，末对步足指节和前节内末角的 1 个壮刺对合形成钳状。

颜色： 头胸甲土黄色，前胃区具 1 黑色斑点，两侧有时具黑斑，毛棕褐色；螯足两指粉色。

生活习性： 栖息于珊瑚礁碎石，潮间带偶见，常用末 2 对步足钩住海绵伪装。

垂直分布： 低潮带至潮下带浅水。

地理分布： 台湾、海南；印度 – 西太平洋。

易见度： ★★★☆☆

语源： 属名源于英国甲壳动物学家阿尔弗雷德 • 威廉 • 阿尔科克（Alfred William Alcock）的姓氏 +*Dromia*（绵蟹属），中文名音译为阿绵蟹。种本名源于拉丁语 *fallax*，意为欺骗的，可能指其背负物体伪装的习性。

备注： 本种常将海绵、海藻等修剪成长方形后背负于身体背面。

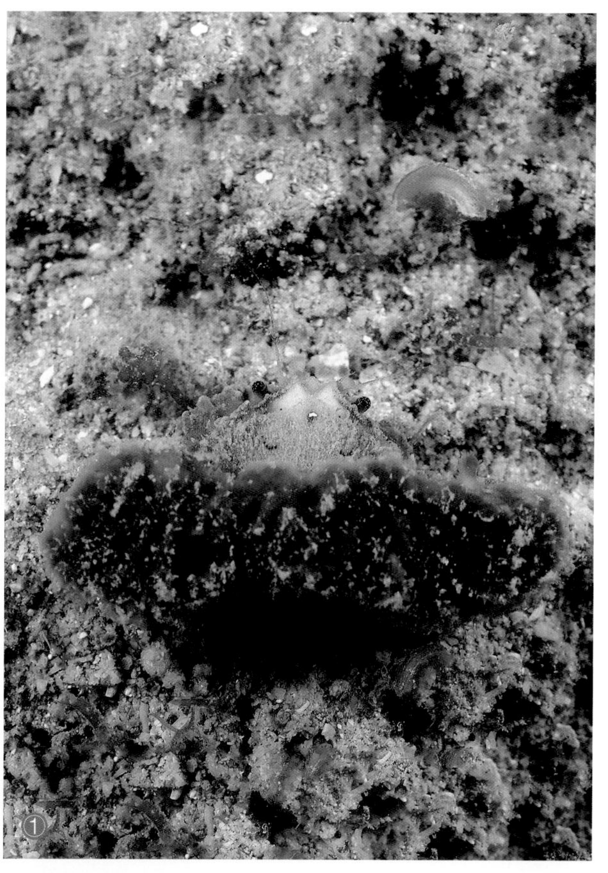

①② 海南三亚

德汉劳绵蟹 *Lauridromia dehaani* (Rathbun, 1923)

汉氏劳绵蟹（台）

体型： 雌 CW：92 mm，CL：79 mm。

鉴别特征： 头胸甲近五边形，表面高度隆起，除螯足两指切割缘裸露外，全身被粗厚短毛；额向下弯，中央齿短而低，背面可见；前侧缘（除外眼窝齿外）具 4 锐齿，约等大，末齿稍指向外侧；外眼窝齿小，不明显；第 2 触角长，似虾须；螯足粗壮，对称，掌部背缘具 4 齿，两指内缘具壮齿，闭合时紧密；末 2 对步足很短，位于背部，指节和前节末端的 1 个壮刺对合形成钳状。

颜色： 头胸甲灰白色，前胃区具 1 暗色斑点，毛棕褐色；螯足指部粉色。

生活习性： 栖息于泥沙底浅水，潮间带偶见，常用末 2 对步足钩住海绵伪装。

垂直分布： 低潮带至潮下带浅水。

地理分布： 浙江、福建、台湾、广东、香港、广西、海南；印度－西太平洋。

易见度：★★★★★

语源： 属名源于 *Lauri*（美国利物浦大学的甲壳动物学家 R. 道格拉斯 • 劳瑞，即 R. Douglas Laurie）+*Dromia*（绵蟹属），中文名音译为劳绵蟹。种本名以荷兰动物学家威廉 • 德 • 哈恩（Wilhem De Haan）的姓氏命名。

备注： 本种常出现于近海拖网渔获物中。

①② 福建厦门 / 钟丹丹

沈氏拟绵蟹 *Paradromia sheni* (Yang *et* Dai, 1981)

体型：雄 CW：16.5 mm，CL：16.4 mm；雌 CW：12.8 mm，CL：11.9 mm。

鉴别特征：头胸甲近五边形，表面隆起，除螯足和步足外，全身密布较尖锐的颗粒及稀疏刚毛，分区可辨；额具 3 枚半圆形齿，中齿低位；前侧缘（除外眼窝齿外）具 3 钝齿，第 1 枚最大，末齿最小；肝区具 1 小齿状突起，下肝区具 3 齿；螯足腕节和掌部背缘及外侧面具突出颗粒；末 2 对步足很短，位于背部。

颜色：头胸甲灰白色，毛黄褐色；螯足两指淡粉色。

生活习性：栖息于泥沙底浅水，潮间带偶见。

垂直分布：低潮带至潮下带浅水。

地理分布：辽东、渤海湾、山东半岛。

易见度：★★★☆☆

语源：属名源于 *para+Dromia*（绵蟹属），直译为拟绵蟹。种本名以我国著名甲壳动物学家沈嘉瑞先生的姓氏命名。

①②③ 山东青岛

蛙蟹派

Raninoida

蛙蟹总科 Raninoidea

蛙蟹科 Raninidae

头胸甲长大于宽，最宽处位于前部的 1/3 处；第 1 颚足内肢与外肢形成一呼吸管，入鳃孔位于第 1 腹节与第 5 胸足基节之间；第 3 颚足狭长，完全盖住口腔；螯足扁平粗壮，近相等，指部与掌部通常呈 90° 连接；步足前节及指节扁平，末对步足位置位于最上位；腹部 7 节（含尾节），不折叠于头胸甲腹面，多数背面可见。

全世界已知 11 属 61 种，中国已记录 6 属 10 种。

蛙蟹亚科 Ranininae

蛙蟹 *Ranina ranina* (Linnaeus, 1758)

体型： 雌 CW：80.2 mm，CL：91.3 mm。

鉴别特征： 头胸甲长方形，长大于宽，前半部宽于后半部，表面隆起，密布鳞状片突起；额分 3 齿，中齿大，三角形；眼窝深，背缘具 3 锐齿；眼柄长，角膜大；前侧缘具 2 宽齿叶，每叶又分为 3 齿（幼年个体单齿）；螯足壮大，对称，长节前缘具 1 锐齿，腕节末缘具 2 齿，掌部宽扁，外侧具绒毛，背缘和末端各具 1 齿，腹缘具 5 齿；步足指节均为铲状。

颜色： 全身橙色或橙红色；眼柄白色，角膜橙红色。

生活习性： 栖息沙或泥沙质浅水底。

垂直分布： 潮下带浅水。

地理分布： 浙江、福建、台湾、广东、香港、广西、海南；印度－西太平洋。

易见度： ★★★☆☆

语源： 属名与种本名均源于拉丁语 *rana*，形容本种形似青蛙。

①②海南三亚 / 雌蟹

真短尾派
Eubrachyura

异孔亚派
Heterotremata

奇净蟹总科 Aethroidea

奇净蟹科 Aethridae

头胸甲宽大于长，横卵形或方形；前侧缘完整或具脊，常扩大成近楯状，以至螯足与步足背面观不可见，与后侧缘界限不明；第 3 颚足长节三角形；螯足近对称，腕节及掌节粗壮，指节短于掌节；步足侧扁，前缘呈脊状；雄性腹部第 3 至第 5 节愈合，G1 短粗，G2 长，至少为 G1 长的一半，生殖孔位于末对步足底节；雌性腹部 7 节，雌孔位于胸部腹甲。

全世界已知 7 属 37 种，中国已记录 4 属 4 种。

锯齿奇净蟹 *Aethra scruposa* (Linnaeus, 1764)

体 型： 雄 CW：46.7 mm，CL：21.9 mm；雌 CW：64 mm，CL：43.6 mm。

鉴别特征： 头胸甲近横卵形，表面凹凸不平，隆起部分具粗糙颗粒，从额部至胃区被一纵沟分成 2 隆脊，胃区形成左右 2 个三角形隆起，向后部两侧延伸至中鳃区形成 2 片具颗粒的突起，后胃区两侧低陷；额部突出，前缘钝切，背面低凹；眼柄短小，不能伸出眼窝；前、后侧缘连成拱形，上翘，具 5 条缝痕，并分为 5 叶；后缘平直，中部稍凹，两侧具 4 条缝痕；螯足略不对称，长节、腕节及掌节内侧面扁平，边缘呈隆脊形，可动指呈锐三角形，不动指宽扁；步足扁平，前、后缘薄片状，具三角形齿。

颜色： 全身灰白色至黄褐色；眼暗红色。

生活习性： 栖息于珊瑚礁泥沙或碎石底。白天隐藏于碎石下或泥沙中，受惊吓后僵立原地不动。体表常附着大量海藻、龙介虫、贝类、水螅体、海绵等生物和粉尘，形似礁石。

垂直分布： 潮下带浅水。

地理分布： 台湾、广东、海南；印度－西太平洋。

易见度： ★☆☆☆☆

语源： 属名源于古希腊大洋女神的女儿名字，引申为清洁的天空、空气。种本名源于拉丁语 *scrupus*，形容本种头胸甲边缘锯齿状。

①②③ 海南三亚　④ 海南陵水 / −6 m / 徐一唐

馒头蟹总科 Calappoidea

馒头蟹科 Calappidae

头胸甲横长卵形或半圆形，前侧缘及后侧缘具壮齿，后侧缘正常或向左右两侧扩张形成楯部；眼小；螯足掌部膨大，背缘呈隆脊状，具齿，指部短于掌部；步足细小；入鳃孔位于螯足基部前侧，出鳃孔形成一深内口沟；雄性腹部第3至第5节愈合，雌性腹部7节；雄性G1短，G2细长；雄性生殖孔位于步足底节，雌性雌孔位于胸部腹甲。

全世界已知9属88种，中国已记录4属20种。

山羊馒头蟹 *Calappa capellonis* Laurie, 1906
牧羊馒头蟹（台）

体型：雌 CW：63.9 mm，CL：47.2 mm。

鉴别特征：头胸甲横长卵形，背部甚隆，分区显著，前 2/3 处密布扁平而粗大和小的光滑突起；前侧缘具 12 枚齿状突起，楯状部发达，具 6 枚不等大齿，齿缘有小齿，后缘宽于两眼窝缘之间，具珠状颗粒；螯足不对称，掌部背缘前部具鸡冠状突起及 6 枚锐齿，腹缘具细颗粒，外侧面具大小不一的突起。

颜色：头胸甲灰白色至黄褐色；步足灰白色，具暗色条纹。

生活习性：栖息于碎石、沙质浅水。

垂直分布：潮下带浅水。

地理分布：台湾、广东、海南；印度－西太平洋。

易见度：★★☆☆☆

语源：属名源于马来语 *kelapa*，意为椰子，形容圆厚的身体，中文名形容本属头胸甲形似馒头。种本名源于拉丁语 *capella*，意为山羊。

备注：山羊馒头蟹颜色变化大，形态上又近似于公鸡馒头蟹 *C. gallus* (Herbst)，但头胸甲接近半球形而不是三角形。

①② 海南陵水

盾形馒头蟹 *Calappa clypeata* Borradaile, 1903

体型： 雄 CW：45.2 mm，CL：30.8 mm。

鉴别特征： 头胸甲横长卵形，背部甚隆，具 5 纵列不明显光滑而扁平的突起，中部 3 条较侧面 2 条明显；前侧缘具细钝锯齿，楯状部发达，具 7 个不等大齿，齿之间缺刻浅，大齿边缘具细锯齿，后缘窄，稍突出于楯状部；螯足不对称，掌部外侧面具明显疣状突起，近腹缘有 1 斜列钝突起，末部为 1 钝齿，腹缘 2 列及内侧面 1 列共 3 排珠状颗粒。

颜色： 头胸甲淡紫色，杂有深色小点，中部具 2 条乳白色条纹，似英文字母"Y"被切开；步足灰白色。

生活习性： 栖息于泥沙底浅水。

垂直分布： 潮下带浅水。

地理分布： 台湾、广东、广西、海南；印度－西太平洋。

易见度： ★★☆☆☆

语源： 种本名源于拉丁语 *clypeum*，意为盾形。

① ② 海南陵水

公鸡馒头蟹 *Calappa gallus* (Herbst, 1803)

体型： 雌 CW：43.34 mm，CL：35.21 mm。
鉴别特征： 头胸甲近三角形，背部甚隆，前 2/3 具许多大突起和短毛，后 1/3 呈鳞状突起；前侧缘具 13 枚齿，楯状部发达，6 叶，后缘具 2 弧状突起，楯状部后侧缘边缘均具珠状颗粒；螯足不对称，掌部背缘前部具鸡冠状突起，具 6 枚锐齿，外侧面上部具小突起，下部具粗颗粒，下缘至不动指具珠状颗粒。
颜色： 头胸甲黄褐色至深褐色或紫褐色；步足黄褐色。
生活习性： 栖息于沙、泥沙或珊瑚礁浅水。
垂直分布： 低潮带至潮下带浅水。
地理分布： 台湾、海南；印度 - 西太平洋。
易见度： ★★★☆☆
语源： 种本名源于拉丁语 *gallus*，意为公鸡。

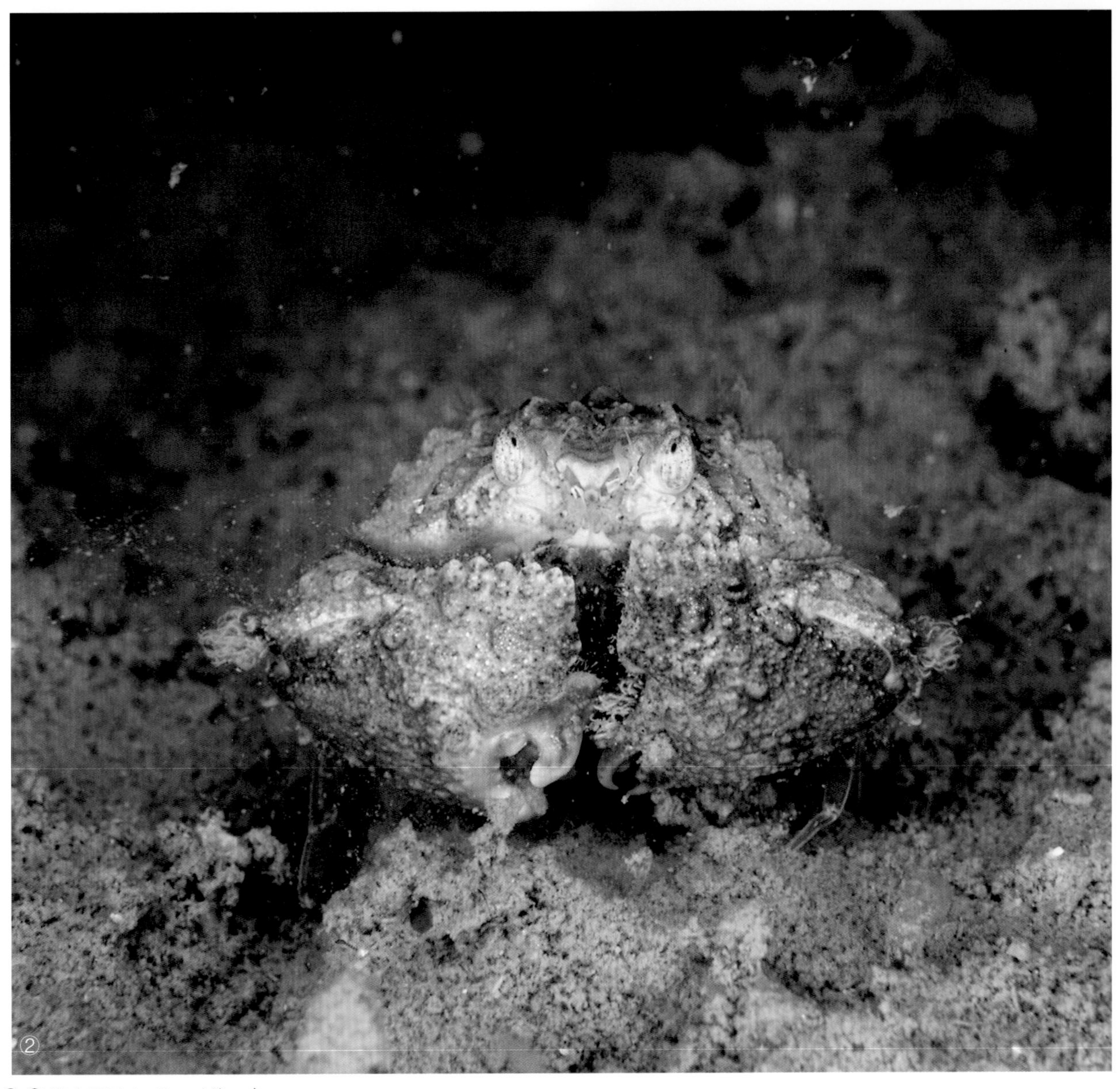

① ② 海南三亚 / –12 m / 徐一唐

肝叶馒头蟹 *Calappa hepatica* (Linnaeus, 1758)

体型： 雌 CW：63.2 mm，CL：40.8 mm。

鉴别特征： 头胸甲横长卵形，前 2/3 密布细颗粒及 7 斜裂疣状突起和稀少的短毛，后 1/3 具颗粒状波纹；前侧缘弧形，具锯齿，边缘有毛，楯状部发达，前部 4 齿，后部具 4 条不明显颗粒脊；螯足不对称，掌部背缘具 6 ~ 7 枚锐齿，外侧面具不规则颗粒，腹缘具珠状颗粒。

颜色： 头胸甲橄绿色，杂有深浅不一的斑纹；步足淡黄绿色。

生活习性： 栖息于具碎沙、贝壳的珊瑚礁浅水。白天常隐藏于沙中，只露出眼柄，夜间会钻出来活动，以贝类为食。遇到威胁会通过摆动身体快速潜入沙中。

垂直分布： 低潮带至潮下带浅水。

地理分布： 福建、台湾、广东、海南；印度 - 西太平洋。

易见度： ★★★★★

语源： 种本名源于拉丁语 *hepatica*，形容本种头胸甲似肝叶状。

① ③ 海南三亚 / 亚成体　　② ④ 海南永兴岛

卷折馒头蟹 *Calappa lophos* (Herbst, 1782)

体型： 雌 CW：142 mm，CL：97 mm。

鉴别特征： 头胸甲横长卵形，背部隆起，表面光滑，前半部具零星小突起；额窄，具 2 齿；前侧缘长，呈弧形，具细锯齿，楯状部发达，具 4 锐齿和 3 叶状齿，齿缘具颗粒，后缘分为 3 个不明显突起，边缘也具细颗粒；螯足不对称，掌部背缘具 7 ~ 9 枚锐齿，外侧面具少量小颗粒，腹缘具细颗粒，内侧面近中部具 1 纵列短绒毛区。

颜色： 头胸甲浅棕红色，密布暗褐色小点，楯状部具暗红色条纹，两侧具乳白色条纹，后部具暗红色斑点；螯足内侧面具暗红色条纹，腕节外侧面具暗红色条纹，掌部外侧面具暗红色斑点；步足白色。

生活习性： 栖息于沙或泥沙质浅水。多见于拖网渔获。

垂直分布： 潮下带浅水。

地理分布： 浙江、福建、台湾、广东、香港、广西、海南；印度－西太平洋。

易见度： ★★★★★

语源： 种本名源于希腊语 *lophos*，意为脊状的，形容头胸甲楯部向两侧显著延伸的脊状齿，中文名形容本种头胸头上具卷折的条纹。

①② 海南陵水

逍遥馒头蟹 *Calappa philargius* (Linnaeus, 1758)

体型： 雌 CW：142 mm，CL：97 mm。

鉴别特征： 头胸甲横长卵形，背面隆起，前半部具不明显 5 纵行突起；前侧缘具细锯齿，楯状部分裂为刺状，具 2 枚小钝齿和 5 枚锐齿，后缘具 3 锐齿；螯足不对称，左大于右，掌部背缘具 7 枚锐齿，外侧面具 3 纵行小突起，下方有 1 列 6 个圆形突起，近基部具 1 齿，内侧面光滑。

颜色： 头胸甲白色，密布暗褐色小点；两眼各具 1 条暗红色斑纹；螯足内侧面具暗红色条纹，腕节外侧角具一大一小暗红色斑纹，掌节外侧面上部亦具 1 条暗红色斑纹；步足白色。

生活习性： 栖息于沙或泥沙质浅水。多见于拖网渔获。

垂直分布： 潮下带浅水。

地理分布： 浙江、福建、台湾、广东、香港、广西、海南；印度 – 西太平洋。

易见度： ★★★★★

语源： 种本名源于希腊语 *philos+argia*，意为懒惰的，中文名引申为逍遥。

①② 广东深圳 / –4 m / 黄宇

泡突馒头蟹 *Calappa pustulosa* Alcock, 1896

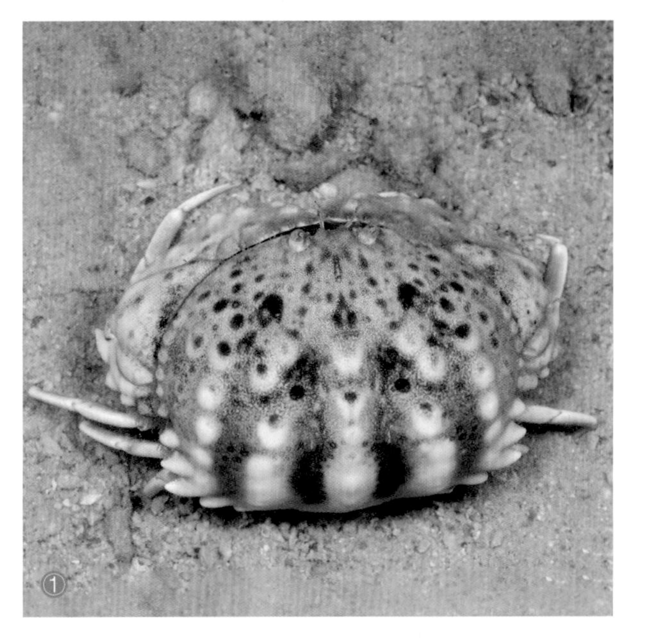

体型： 雌 CW：63.2 mm，CL：55.4 mm。

鉴别特征： 头胸甲横长卵形，宽稍大于长，背甚隆起，具 7 纵列疣状突起，近侧缘 1 条最不明显；前侧缘弧形，前半部具细齿，后半部齿较大，呈三角形，楯状部发育不良，前 2/3 处具 5 枚爪状齿，后 1/3 收敛，无齿，后缘具 3 钝叶，中叶宽于侧叶；螯足不对称，长节外侧末端环状隆脊为 4 叶，腕节外侧面前 2/3 处具疣突，后 1/3 具细颗粒。

颜色： 头胸甲浅棕红色，密布红褐色小点，前半部具大块暗紫色斑点，4 条纵行暗红色条纹被疣状突起隔开；步足棕红色。

生活习性： 栖息于泥沙质浅水。

垂直分布： 潮下带浅水。

地理分布： 浙江、台湾、广东、海南；印度－西太平洋。

易见度： ★★☆☆☆

语源： 种本名源于拉丁语 *pustulatus*，意为有水泡的，形容本种头胸甲上的泡状突起。

① ② 海南陵水

四斑馒头蟹 *Calappa quadrimaculata* Takeda *et* Shikatani, 1990

体型： 雌 CW：93.6 mm，CL：58.9 mm。

鉴别特征： 头胸甲横长卵形，表面甚隆，后部更凸，背面有光泽，头胸甲前 1/3 密布细微泡状颗粒，后 2/3 中部两侧和鳃区之间有深纵沟隔开，前胃区两侧具 4 突起，为 2 横排，肝区 2 枚，中胃区 1 枚，鳃区每边具 1 突起，肠区周围和后缘具小颗粒；前侧缘微突，具 13 枚叶状齿，前 4 ～ 5 齿边缘具细颗粒，楯状部发达，前部具 4 壮齿，后部具 2 宽齿和 1 个三角形钝齿，后缘每边具 1 钝齿，中央齿不明显。

颜色： 头胸甲淡黄色，密布红褐色小点，部分个体头胸甲前鳃区、后鳃区及螯足腕节各具 1 暗红色斑纹；步足白色。

生活习性： 栖息于沙或泥沙质浅水。

垂直分布： 低潮带至潮下带浅水。

地理分布： 福建、台湾、海南；日本。

易见度： ★☆☆☆☆

语源： 种本名源于拉丁语 *quadr+macul*，形容本种头胸甲上常具 4 枚红斑。

①

②

③

④

① ②③ ④ 海南陵水

波纹馒头蟹 *Calappa undulata* Dai *et* Yang, 1991

体型： 雌 CW：40.8 mm，CL：30.3 mm。

鉴别特征： 头胸甲横长卵形，背面具低而光滑的突起；前侧缘前 1/2 有不明显小齿，后 1/2 具 6 小齿，楯状部具 6 叶；后缘分为 3 宽叶，每叶边缘具珠状颗粒；螯足不对称，长节末端宽，有 1 横行隆脊和毛，腕节小，外侧面具小突起，大螯掌节厚，外侧上部具大小不等的疣状突起，前缘脊状，分为 7 个三角形齿，中部具 3 排大小不等的颗粒，后缘具 3 排细颗粒，可动指背缘基半部具 1 齿和一些微齿，外侧面基部具 1 指状突起，不动指后部具 1 大臼齿和 3 钝齿。

颜色： 头胸甲红褐色，后半部具乳白色波浪状花纹。

生活习性： 栖息于沙或泥沙质浅水。

垂直分布： 潮下带浅水。

地理分布： 浙江、海南；泰国。

易见度： ★☆☆☆☆

语源： 种本名源于拉丁语 *undulatus*，意为波浪状。

①② 海南陵水

颗粒圆壳蟹 *Cycloes granulosa* De Haan, 1837

颗粒圆蟹（台）

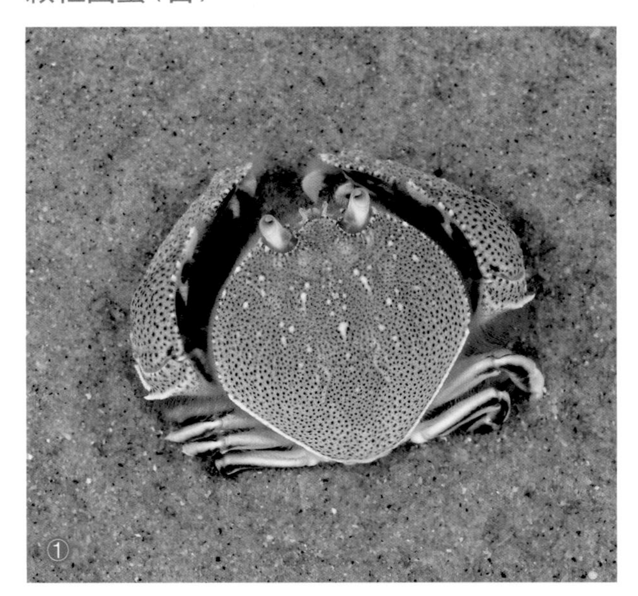

体型：雄 CW：27.2 mm，CL：26.9 mm。

鉴别特征：头胸甲近圆形，长稍大于宽，背面具细密尖颗粒，中部颗粒被分为 7 纵行；前侧缘弧形，边缘颗粒状，前侧缘末齿稍大，后侧缘比前侧缘平直；螯足不对称，掌部背缘前部具鸡冠状突起，有 9 枚不规则齿，大螯掌部外侧面不动指基部具 1 突起，此突起与可动指突起相互咬合。

颜色：头胸甲淡黄色，密布暗紫色小点；步足背、腹缘黄色，前、后缘紫色。

生活习性：栖息于沙或泥沙质浅水。

垂直分布：潮下带浅水至深水。

地理分布：台湾、香港、海南；日本、夏威夷、印度洋。

易见度：★★☆☆☆

语源：属名源于希腊语 *kyklos*，意为圆形。种本名源于拉丁语 *granul*，意为颗粒。

①② 海南陵水

馒头蟹总科 Calappoidea

黎明蟹科 Matutidae

头胸甲近圆形或卵圆形，侧刺发达；额窄，具齿；第 3 颚足完全盖住口腔，长节三角形，合拢时可完全盖住颚足末三节；入鳃孔位于螯足基部；眼柄短，眼小；螯足对称；步足前节及指节桨状；雄性腹部第 3 至第 5 节完全愈合，G1 短，G2 细长；雄性生殖孔位于步足底节，雌性雌孔位于胸部腹甲。

全世界已知 4 属 15 种，中国记录 3 属 8 种。

迈氏月神蟹 *Ashtoret miersii* (Henderson, 1887)

体型： 雄 CW：45.2 mm，CL：34.4 mm。

鉴别特征： 头胸甲近圆形，背面较平坦而光滑，具颗粒；额分为 3 齿，中央末端稍凹；前侧缘前侧具 5 小结节，之后有 3 个稍大而圆钝的三角形齿，前后缘之间具 1 侧刺，侧刺约为甲宽 0.2 倍，后侧缘为平直的弧形，具颗粒；螯足近相等，掌部外侧面上部具 2 排刺状大结节，下方具 1 行 5 个较大的颗粒，腹缘具 1 行较小的颗粒，延伸到不动指基部，可动指外侧面具不明显的 1 列颗粒，基部最大；步足前节后缘扩大呈叶状突出，指节呈宽卵圆形。

颜色： 头胸甲淡黄色，具红褐色小点组成的斑纹；步足黄色，前、后缘具红褐色短纹。

生活习性： 生活于沙或泥沙底浅水。白天常隐藏于沙中，夜间会钻出来活动。捕食泥沙中的双壳类，也会取食随水流冲来的动物尸体。遇到威胁会划动步足快速潜入沙中。

垂直分布： 潮下带浅水。

地理分布： 台湾、海南；日本、泰国、印度、斯里兰卡。

易见度： ★★★★★

语源： 属名源于腓尼基人崇拜的掌管生育、水和月亮的女神 Astoreth。种本名以英国动物学家爱德华•约翰•迈尔斯（Edward John Miers）的姓氏命名。

① 海南陵水　② 海南陵水 / 螯足外侧面

红线黎明蟹 *Matuta planipes* Fabricius, 1798

扁足黎明蟹（台）

体型： 雄 CW：50 mm，CL：36 mm。

鉴别特征： 头胸甲近圆形，背中部具 6 枚小突起，表面具细颗粒，尤其以鳃区为密；前侧缘具不等大小齿，侧齿壮，末端尖；螯足对称，长节三棱形，腕节外侧面具不明显突起，掌部前缘具 5 齿，外侧面上部具 2 纵列 7 枚突起，下部有 1 斜脊延伸到不动指，近基部具 1 锐刺及 1 枚钝齿，近后缘基部具 1 锐刺，腹后缘具 1 列 7 小齿及短绒毛，内侧面光滑，近前缘处具 2 个刻纹磨脊，一个为方形，另一个长方形，可动指外侧面具 1 个刻纹磨脊；前 3 对步足长节后缘具锯齿，末对步足长节后缘无齿，指节为桨状。

颜色： 头胸甲淡黄色，具红褐色斑点连成的斑纹；足米黄色，前、后缘具红褐色条纹。

生活习性： 白天常隐藏于细沙中，夜间会钻出来活动。捕食泥沙中的双壳类，也会取食随水流冲来的动物尸体。遇到威胁会划动步足快速潜入沙中。

垂直分布： 低潮带至潮下带浅水。

地理分布： 中国海域广布；印度－西太平洋。

易见度： ★★★★★

语源： 属名源于古罗马晨昏女神 Matuta。种本名源于拉丁语 *planus+pes*，意为扁平的足，中文名形容本种头胸甲上具红线。

①② 河北秦皇岛　③④ 山东青岛 / 亚成体　⑤ 山东青岛 / 螯足外侧面

胜利黎明蟹 *Matuta victor* (Fabricius, 1781)

顽强黎明蟹（台）

体型：雄 CW：71 mm，CL：43 mm。

鉴别特征：头胸甲近圆形，背中部具 6 枚小突起，前胃区的 2 枚仅具痕迹，前鳃区、中鳃区胃区及心区具细颗粒；前侧缘短于后侧缘，侧齿壮，末端尖；螯足对称，掌部前缘具 3 齿，外侧面上部具不等大的突起，下部近基部具 2 锐齿，近中部的 1 枚较大，有时具 3 锐齿，齿末端具 1 隆脊延伸至不动指基半部，内侧面近边缘处具 2 个突起发声器，一个为卵圆形，另一个条形，表面具刻纹磨脊，可动指外侧面具 1 条隆脊，约 26 个刻纹；前 3 对步足长节后缘具锯齿，末对步足长节后缘无齿，指节为桨状。

颜色：头胸甲淡黄色，密布红褐色小斑点；足米黄色，具红褐色斑点或斑纹。

生活习性：白天常隐藏于细沙中，夜间会钻出来活动。捕食泥沙中的双壳类，也会取食随水流冲来的动物尸体。遇到威胁会划动步足快速潜入沙中。

垂直分布：低潮带至潮下带浅水。

地理分布：浙江、福建、台湾、广东、广西、海南；印度－西太平洋。

易见度：★★★★★

语源：种本名源于拉丁名 *victor*，意为征服者。

① 广西防城港　② 海南陵水

黄道蟹总科 Cancroidea

黄道蟹科 Cancridae

头胸甲宽大于长，横卵形或六边形，表面分区显著或模糊，具细颗粒、小刺或光滑；前侧缘强烈拱起，具数枚刺或齿，通常超过8个，后侧缘短而完整；额窄，不突出，通常在中齿两侧具数枚小齿；眼小，可完全收入眼窝；第3颚足完全封闭口腔；螯足粗壮，对称或近对称，性二型不显著，长节及指节上通常具刺或颗粒；步足粗壮，多少侧扁或圆柱状，具毛；雄性腹部第3至第5节愈合，G1直而粗壮，远端逐渐变窄，G2细长，长度与G1近相等，雄性生殖孔位于步足底节；雌性腹部7节，雌孔位于胸部腹甲。

全世界已知6属33种，中国记录3属4种。

两栖土块蟹 *Glebocarcinus amphioetus* (Rathbun, 1898)

体型： 雄 CW：26 mm，CL：20.2 mm。

鉴别特征： 头胸甲横卵形，表面覆盖短毛和颗粒；前侧缘（含外眼窝齿）共具 9 齿，大小不尽相等，后侧缘稍凹，前部具 1 小齿；螯足近相等，长节末端和近末端各具 1 小齿，腕节内末角具 2 锐齿，掌部背缘具 2 纵列锐齿，外侧面和腹面共 5 条纵行隆线，可动指背缘基半部具 2 列锐刺；步足短小，具绒毛。

颜色： 体色多变。头胸甲灰白色，具暗褐色组成的对称型斑纹，额区灰色；螯足及头胸甲前侧缘紫色；步足浅黄色，具紫色短纹。

生活习性： 栖息于泥沙、碎石底，偶见于养殖区的扇贝笼上。

垂直分布： 潮下带浅水。

地理分布： 辽宁、河北、山东；北太平洋。

易见度： ★★★☆☆

语源： 属名源于拉丁语 *gleba+carcinus*，直译为土块蟹。种本名源于希语 *amphi+etus*，意为两个地点。Rathbun（1898）描述本种的标本采集点分别为太平洋东岸的加利福尼亚和下加利福尼亚，以及日本、韩国，推测种本名用来形容本种的分布点相距甚远。

① ② 河北秦皇岛

瓢蟹总科 Carpilioidea

瓢蟹科 Carpiliidae

头胸甲宽大于长，横卵形，表面光滑，分区不可辨；前侧缘完整，具鳃上叶；额窄，向前突出；螯足不对称，指端尖锐，大螯不动指近基部具1粗壮的钝齿；步足较细长；雄性腹部第3至第4节愈合，G1直而粗壮，G2长于G1；雌性腹部7节；雄性生殖孔位于步足底节，雌性雌孔位于胸部腹甲。

全世界已知1属3种，中国记录1属2种。

隆背瓢蟹 *Carpilius convexus* (Forskål, 1775) 

体型： 雄 CW：75 mm，CL：55.2 mm。

鉴别特征： 头胸甲横卵形，背部隆起，表面光滑，近眼窝及肝、鳃区具网状细皱纹；前侧缘弧形，大于后侧缘，后侧缘稍凹，和前侧缘相交处具 1 钝齿；螯足粗壮，不对称，掌部高而厚，表面光滑，大螯肿胀，不动指具 1 枚粗壮的钝齿；步足细长，边缘圆滑。

颜色： 全身棕红色，头胸甲中部具对称分布的暗红色斑纹。

生活习性： 栖息于大块珊瑚礁洞穴中，夜间出来活动。

垂直分布： 低潮带至潮下带浅水。

地理分布： 台湾、海南；印度 - 西太平洋。

易见度： ★★★★★

语源： 属名语源不详，推测源于拉丁语 *carpus*，形容螯足的腕节及掌节壮大，中文名形容头胸甲似瓢形。种本名源于拉丁语 *convexus*，意为隆起。

① ② 海南三亚

红斑瓢蟹 *Carpilius maculatus* (Linnaeus, 1758) 毒

体型： 雄 CW：97.8 mm，CL：70.2 mm；雌 CW：95 mm，CL：70 mm

鉴别特征： 头胸甲横卵形，背部隆起，表面光滑；前侧缘弧形，大于后侧缘，后侧缘稍凹，和前侧缘相交处具 1 枚钝齿；螯足粗壮，不对称，掌部高而厚，表面光滑，大螯肿胀，不动指具 1 枚钝齿；步足细长，近圆柱形。

颜色： 全身棕红色，头胸甲中部具 3 个暗红色大斑，肝区及后鳃区各具 2 对暗红色大斑。

生活习性： 栖息于大块珊瑚礁洞穴中，夜间出来活动。

垂直分布： 低潮带至潮下带浅水。

地理分布： 台湾、广东、海南；印度 - 西太平洋。

易见度： ★★★★★

语源： 种本名源于拉丁语 *maculatus*，形容本种头胸甲背面具红斑。

①②海南三亚

盔蟹总科 Corystoidea

盔蟹科 Corystidae

头胸甲长大于宽，表面凸起，分区可辨；侧缘通常具齿或刺，前侧缘与后侧缘界限不清；眼窝不完整；额窄，突出，通常分为 2 或 3 齿（叶）；第 2 触角鞭节长，具刚毛；第 3 颚足长，到达第 2 触角，座节长于前节；口前板缺失；螯足性二型显著；步足略扁宽；腹部第 1 节背面可见；雌性腹部不完全遮盖生殖孔；雄性生殖孔位于步足底节，雌性雌孔位于胸部腹甲。

全世界已知 3 属 10 种，中国记录 2 属 4 种。

显著琼娜蟹 *Jonas distinctus* (De Haan, 1835)

体型： 雄 CW：28 mm，CL：42 mm；雌 CW：20 mm，CL：39 mm。

鉴别特征： 头胸甲长方形，前部宽后部窄，表面分区显著，有细沟分隔，表面具朝前的尖颗粒和毛发；额窄而突出，末端分叉；侧缘弧形，（除外眼窝齿外）具 8 齿，由前往后逐渐减小，前 3 齿锐而突，后 4 齿短小；后缘两侧各具 1 齿，大于最后 1 枚侧缘齿；螯足短小，对称，密布细毛和颗粒，两指内缘具钝齿；步足扁平，各节前、后缘具长绒毛，末对步足指节刀片状；雌雄腹部均短小，雄性腹部第 2 至第 4 节愈合，愈合体节两侧各有 1 圆形隆起，雌性腹部 7 节。

颜色： 头胸甲灰白色，具橙红色斑纹；眼暗红色；步足乳白色，长节及腕节略具橙红色。

生活习性： 栖息于浅海泥沙中。常见于底拖网渔获中。

垂直分布： 潮下带浅水至深水。

地理分布： 浙江、福建、台湾、广东、香港、海南；印度 - 西太平洋。

易见度： ★★☆☆☆

语源： 属名源于希伯来语 *jonas*，意为鸽子，中文名为音译。种本名源于拉丁语 *distinctus*，意为显著有区别的。

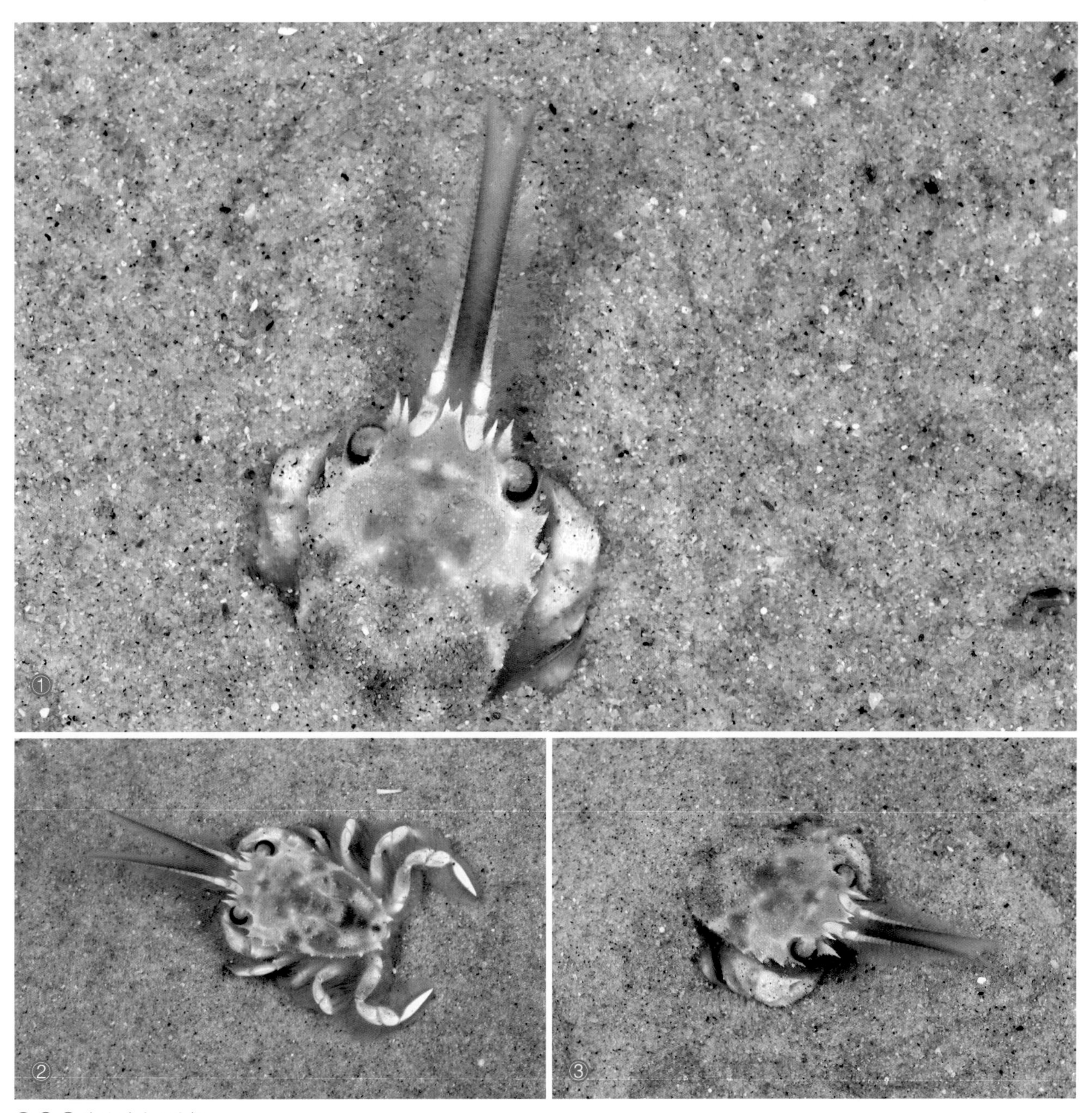

①②③ 海南陵水 / 雌蟹

疣扇蟹总科 Dairoidea

疣扇蟹科 Dairidae

头胸甲横卵形或六边形，表面密具对称分布的疣状或泡状突起，分区多少可辨，每个小区又可细分为亚区；前侧缘拱起，具规则的疣突，但不具可分辨的齿（疣扇蟹属），或具 3 齿；额多少向下弯曲，分为 2 圆叶或 3 齿状；螯足不对称，表面具小叶或小刺，指尖匙状或尖锐；步足密具浓毛，长节脊状，具锯齿或刺，其他各节具刺；两性腹部 7 节；雄性 G1 直，远端逐渐变窄，G2 长，末节细长；雄性生殖孔位于末对步足底节，雌性雌孔位于胸部腹甲。

全世界已知 1 属 2 种，中国记录 1 属 1 种。

广阔疣扇蟹 *Daira perlata* (Herbst, 1790) 毒

体型： 雌 CW：48.5 mm，CL：34 mm。

鉴别特征： 头胸甲横卵形，表面分区可辨，具规则排列的疣状突起；额缘被一“V”字形缺刻分为 2 钝叶；前侧缘具疣状突起，向后大小逐渐增大，形成齿突；后侧缘稍内凹；螯足不对称，长节背缘具浓密长毛，腕节背面具疣状突起，内末角具 3 ~ 4 齿，掌节外侧面及可动指背、外侧面具尖锐的三角形齿突，大螯两指内缘具钝齿，小螯两指内缘光滑，指尖匙形；步足长节、腕节和前节前缘具密毛。

颜色： 全身浅棕色至棕黑色，围绕眼睛一圈的突起棕黑色。

生活习性： 栖息于珊瑚礁缝隙或孔洞中，夜间出来取食藻类。

垂直分布： 中潮间至潮下带浅水。

地理分布： 台湾、海南；印度 - 西太平洋。

易见度： ★★★★★

语源： 属名源于古希腊神话中女神 Daira，意为知性的，中文名形容本属头胸甲具许多疣状突起。种本名源于拉丁语 *perla*，意为珍珠，可能用来形容本种身体上似珍珠般的突起，中文名形容本种头胸甲非常宽阔。

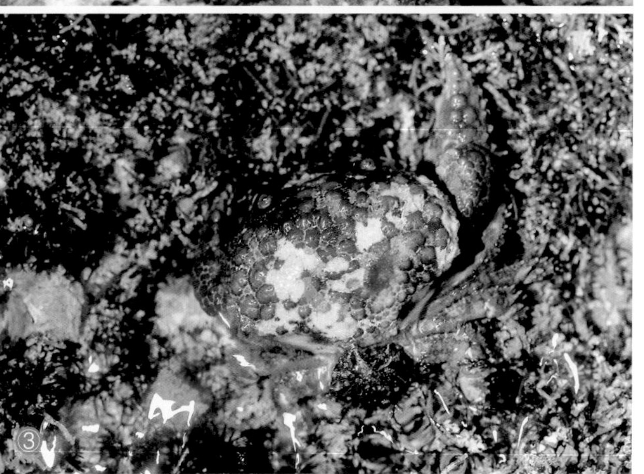

① ② 海南三亚　　③ 台湾屏东 / 刘毅

关公蟹总科 Dorippoidea

关公蟹科 Dorippidae

头胸甲方形或近方形；侧缘直，近平行，略向侧后分开，前侧与后侧缘界限不清；额宽；眼小，眼窝不完整；第1触角斜折；第3颚足长节三角形，不完全盖住口腔；螯足小而粗壮，近对称；前2对步足长而粗壮，末2对退化，末端亚螯状，位于背面；两性腹部7节，其中第1至第2节背面可见；雄性G1粗壮，G2窄，短于G1；雄性生殖孔位于末对步足底节上，雌性雌孔位于胸部腹甲上。

全世界已知9属22种，中国记录7属11种。

四齿关公蟹 *Dorippe quadridens* (Fabricius, 1793)

体型：雄 CW：35.3 mm，CL：34.3 mm。

鉴别特征：头胸甲近方形，宽大于长，表面凹凸不平，具深沟和 17 枚疣状颗粒，除螯足及前 2 对步足前节和指节外，密布细毛，雄性心区疣粒组成“Y”字形，雌性则为“V”字形；外眼窝齿锐，长于额齿；前侧缘具小齿；鳃区各具 1 枚大锐齿；螯足近对称或不对称，各节具尖锐颗粒，掌部光滑；前 2 对步足侧扁，除指节和前节外其余各节均具短绒毛，末 2 对步足短小。

颜色：全身黄褐色至棕褐色。

生活习性：栖息于泥沙底浅水，常用末 2 对步足钩住贝壳、海胆或海绵于背部伪装。

垂直分布：潮下带浅水。

地理分布：福建、台湾、广东、香港、广西、海南；印度－西太平洋。

易见度：★★★☆☆

语源：属名源自希腊神名 Dorippe，中文名形容本属头胸甲上的刻纹形似戏曲中的关羽脸谱。种本名源于拉丁语 *quadr+dens*，意为 4 齿。

备注：本种与中华关公蟹 *D. sinica* 的显著区别为头胸甲两侧具小齿，后者无齿，同时本种步足上的毛相对多。

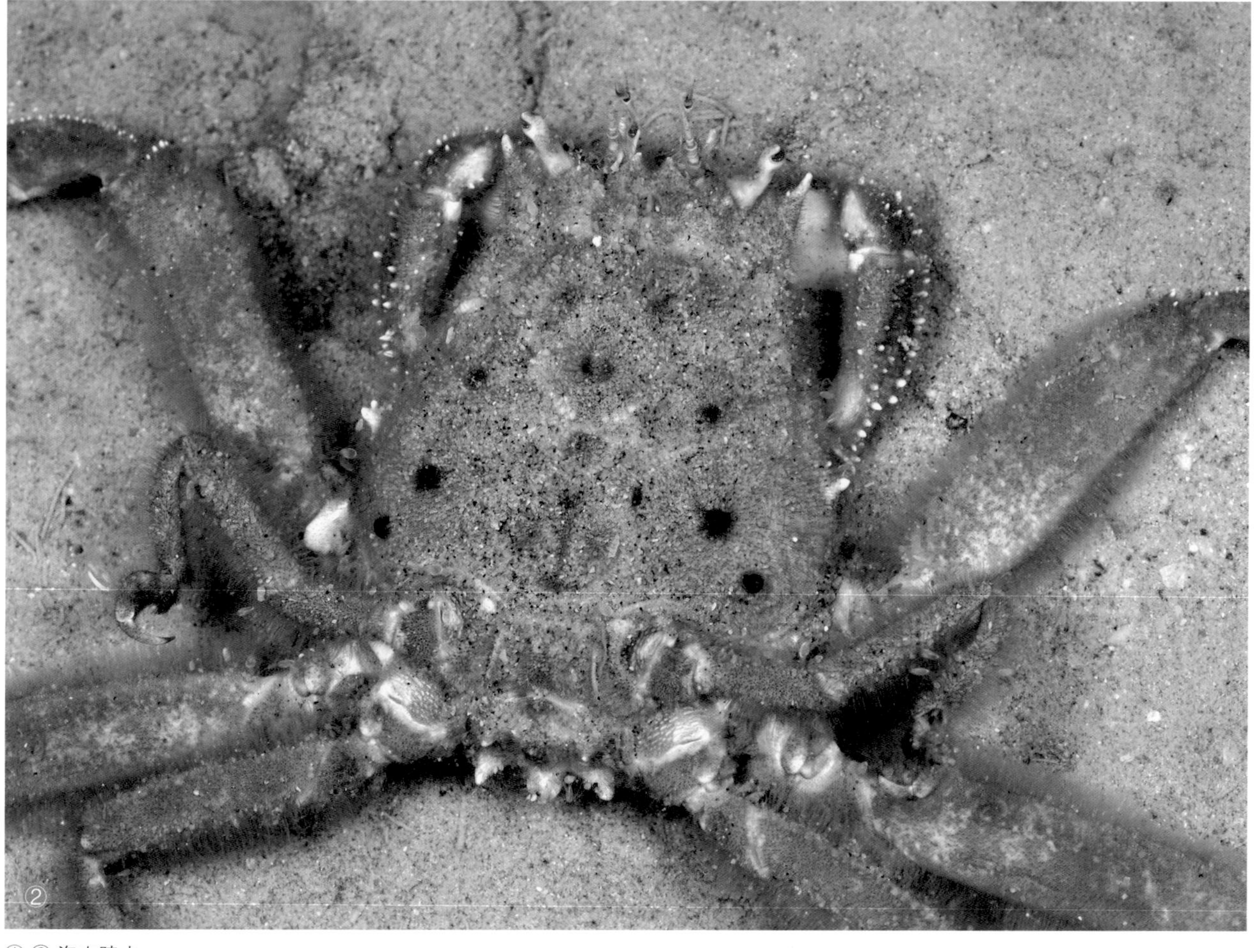

①② 海南陵水

伪装仿关公蟹 *Dorippoides facchino* (Herbst, 1785)

体型： 雄 CW：23.9 mm，CL：20.2 mm；雌 CW：32.1 mm，CL：32.5 mm。

鉴别特征： 头胸甲近方形，分区显著，中部扁平，侧面和后部甚凸，除额区和鳃区有颗粒外，其余均光滑；外眼窝齿锐，长于额齿；螯足近对称或不对称，大螯掌部肿胀，小螯不肿胀，两指光滑无毛；前 2 对步足侧扁，除指节外其余各节后缘均具短绒毛，末 2 对步足短小。

颜色： 全身淡紫色或棕黄色，头胸甲两侧及螯足末 3 节、步足前缘及前 2 对步足指节白色。

生活习性： 栖息于泥沙底浅水，潮间带偶见。常用末 2 对步足钩住伸展蟹海葵 (*Cancrisocia expansa*) 于背部伪装。

垂直分布： 潮下带浅水。

地理分布： 福建、台湾、广东、香港、广西、海南；印度－西太平洋。

易见度： ★★★★★

语源： 属名源于 *Dorrippe*（关公蟹属）+*oides*，直译为仿关公蟹。种本名源于西西里语 *facchinu*，意为搬运工，中文名形容本种擅于背负海葵伪装自己。

①② 海南陵水　③ 广西防城港　④ 福建厦门

日本拟平家蟹 *Heikeopsis japonica* (von Siebold, 1824)

体 型： 雄 CW：18.8 mm，CL：18 mm；雌 CW：32.1 mm，CL：32.5 mm。

鉴别特征： 头胸甲近方形，宽稍大于长，中部隆起，前宽后窄，表面较光滑，覆盖短绒毛，分区较为显著；外眼窝齿不发达，稍长于额齿；右螯大于左螯（雌性或未成年雄性螯足对称）；前 2 对步足细长，末 2 对步足退化，短小，位于头胸甲背面，末 2 节拟螯状。

颜色： 全身紫色，头胸甲两侧、螯足、前 2 对步足基部及末 2 对步足颜色稍淡，前 2 对步足指节棕红色。

生活习性： 栖息于浅海泥沙中，常用末 2 对步足钩住贝壳等盖在身体伪装。拖网渔获中常见。

垂直分布： 低潮带至潮下带浅水。

地理分布： 中国海域广布；日本、朝鲜半岛、越南。

易见度： ★★★★★

语源： 属名源于日语 *heike*（平家）+*opsis*，直译为拟平家蟹。种本名源于模式产地日本。

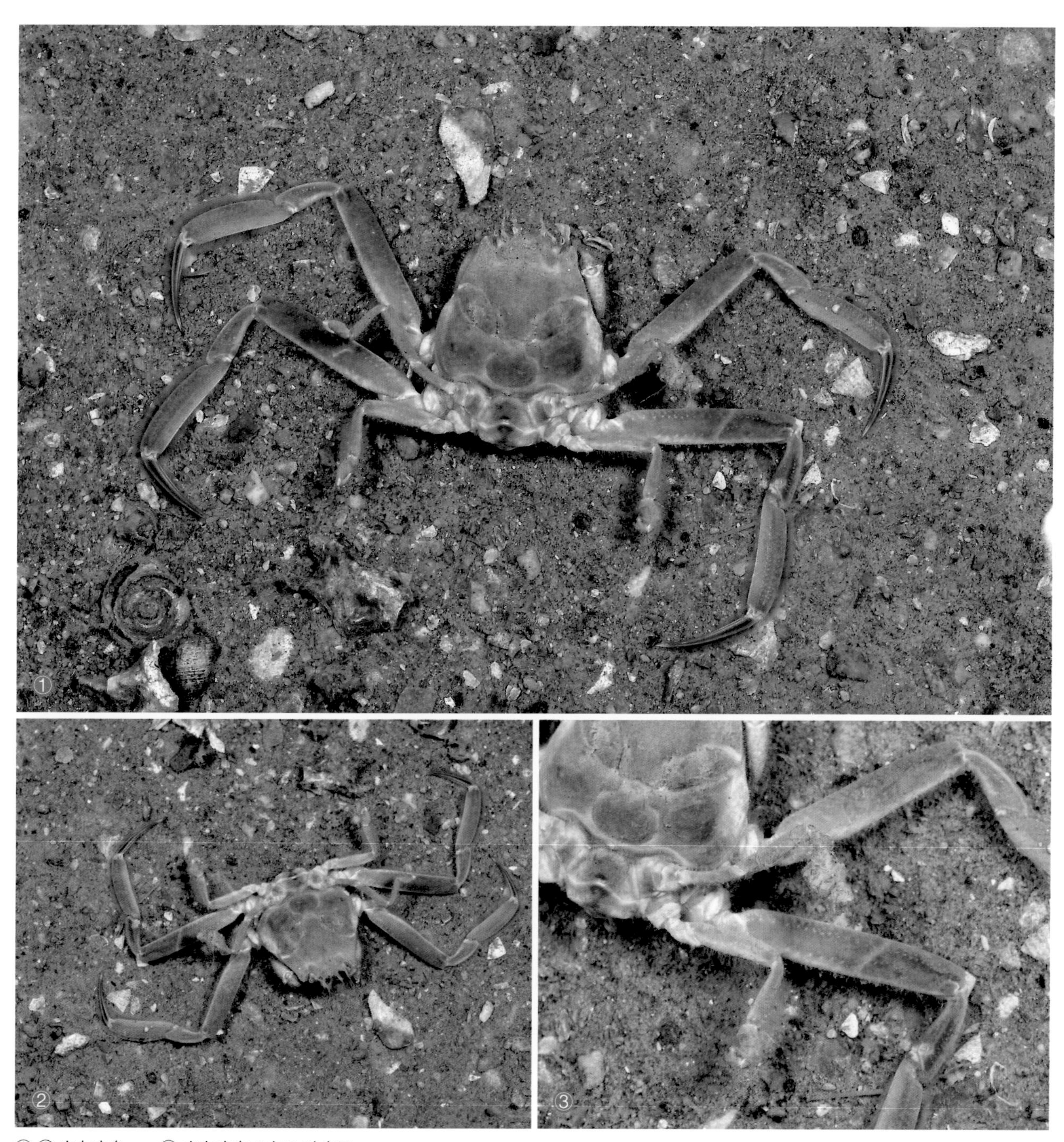

①② 山东青岛　③ 山东青岛 / 末 2 对步足

熟练新关公蟹 *Neodorippe callida* (Fabricius, 1798)

体型：雄 CW：10.4 mm，CL：13.6 mm。

鉴别特征：头胸甲近方形，长大于宽或长宽近相等，分区明显，除额区具少量短绒毛外，其余光滑裸露；外眼窝齿发达，短于额齿；右螯大于左螯（雌性或未成年雄性螯足对称），掌节膨大；前 2 对步足细长，第 2 对最长，腕节稍短于前节，前节和指节等长，边缘具毛，末 2 对步足短小，位于头胸甲背面，指节拟螯状。

颜色：全身土黄色。

生活习性：栖息于泥沙质水底，常用末 2 对步足钩住树叶（主要为红树）等盖在身体伪装，有借树叶隐藏自己，仰卧在水面划水的记录。常见于红树林水道和河口中，有时可深入内陆河道。

垂直分布：低潮带至潮下带浅水。

地理分布：浙江、福建、台湾、广东、香港、广西、海南；印度－西太平洋。

易见度：★★★★☆

语源：属名源于 *neo*+*Dorippe*（关公蟹属），直译为新关公蟹。种本名源于拉丁语 *callid*，意为熟练的。

①②③④ 福建厦门

颗粒拟关公蟹 *Paradorippe granulata* (De Haan, 1841)

体型： 雄 CW：23.5 mm，CL：22 mm；雌 CW：26 mm，CL：24 mm。

鉴别特征： 头胸甲近方形，宽大于长，前部窄后部宽，鳃区向两侧扩张，表面覆盖密集颗粒，分区较为显著，背面粗颗粒在鳃区尤其明显；外眼窝齿不发达，抵达额齿末端；右螯大于左螯（雌性或未成年雄性螯足对称），螯足表面也具形同背表面的细密颗粒；前 2 对步足细长，也具颗粒，末 2 对步足退化，短小，位于头胸甲背面，指节拟螯状。

颜色： 全身棕黄色，头胸甲中部颜色略深。

生活习性： 栖息于泥沙中，常用末 2 对步足钩住贝壳等盖在身体伪装。

垂直分布： 低潮带及潮下带浅水。

地理分布： 渤海湾、山东、江苏、浙江、福建、台湾、广东、香港；日本、朝鲜半岛、俄罗斯远东海。

易见度： ★★★☆☆

语源： 属名源于 *para+Dorippe*（关公蟹属），直译为拟关公蟹。种本名源于拉丁语 *granul*，意为颗粒。

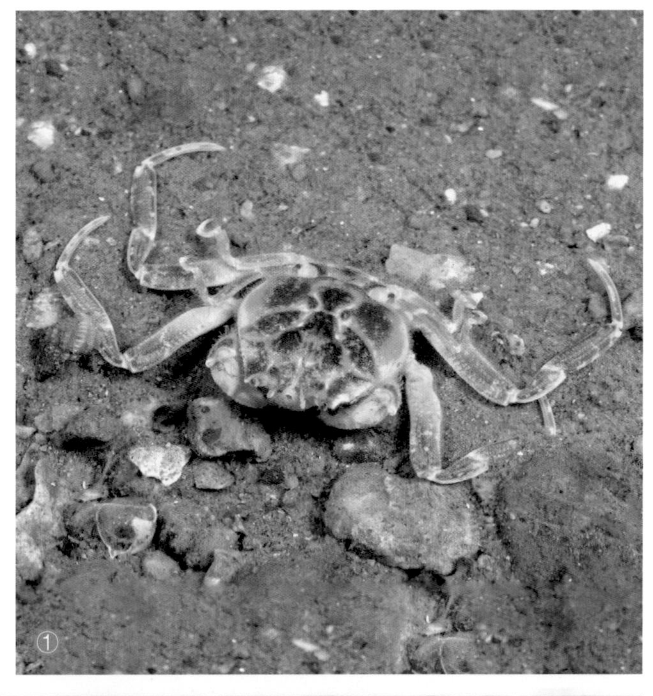

① ② 山东青岛

酋妇蟹总科 Eriphioidea

酋妇蟹科 Eriphiidae

头胸甲宽大于长，横卵形；前侧缘通常具齿；额宽而直，宽于后缘；眼柄短，眼窝短于额；第 3 颚足长节近方形，可完全盖住口腔；螯足不对称，大螯两指近基部通常具 1 壮齿；步足粗壮，具粗刚毛；两性腹部 7 节；雄性 G1 粗壮，G2 长于 G1；雄性生殖孔位于末对步足底节上，雌性雌孔位于胸部腹甲上。

全世界已知 3 属 10 种，中国记录 1 属 3 种。

凶猛酋妇蟹 *Eriphia ferox* Koh *et* Ng, 2008 

凶狠酋妇蟹（台）

体型： 雄 CW：44.5 mm，CL：34.5 mm；雌 CW：44.5 mm，CL：33 mm。

鉴别特征： 头胸甲厚重，横卵形，额区、肝区及侧胃区具刺状颗粒；前侧缘（除外眼窝齿）具 5 ~ 6 刺，自前向后逐渐变小；螯足极不对称，大螯粗壮，腕节及掌部外侧面具稀疏扁平的珠状颗粒，指节特别粗壮，两指内缘具钝齿，小螯腕节及掌部外侧具显著棘状颗粒，两指瘦长，内缘的齿不明显；步足粗壮，具刚毛。

颜色： 全身红褐色至深褐色；眼红色，眼柄白色；螯足两指棕红色。稚蟹颜色稍浅，具白斑。

生活习性： 栖息于退潮后能露出水面的珊瑚礁或岩礁石缝中。白天躲藏于洞中不活动，夜间会在洞口附近活动，取食贝壳。受威胁会展开双螯做威吓状。

垂直分布： 高潮带至中潮带。

地理分布： 浙江、福建、台湾、广东、广西、海南；西太平洋。

易见度： ★★★★★

语源： 属名源于希腊神话中抚养酒神长大的仙女 Eriphia，中文名引申为酋妇，即酿酒的妇人。种本名源于拉丁语 *ferox*，意为凶猛的。

备注： 《中国海洋生物名录》中记载的司氏酋妇蟹 *E. smithii* 即为本种，真正的司氏酋妇蟹仅分布于西印度洋。

① 海南三亚　② 海南三亚 / 螯足　③海南三亚 / 复眼

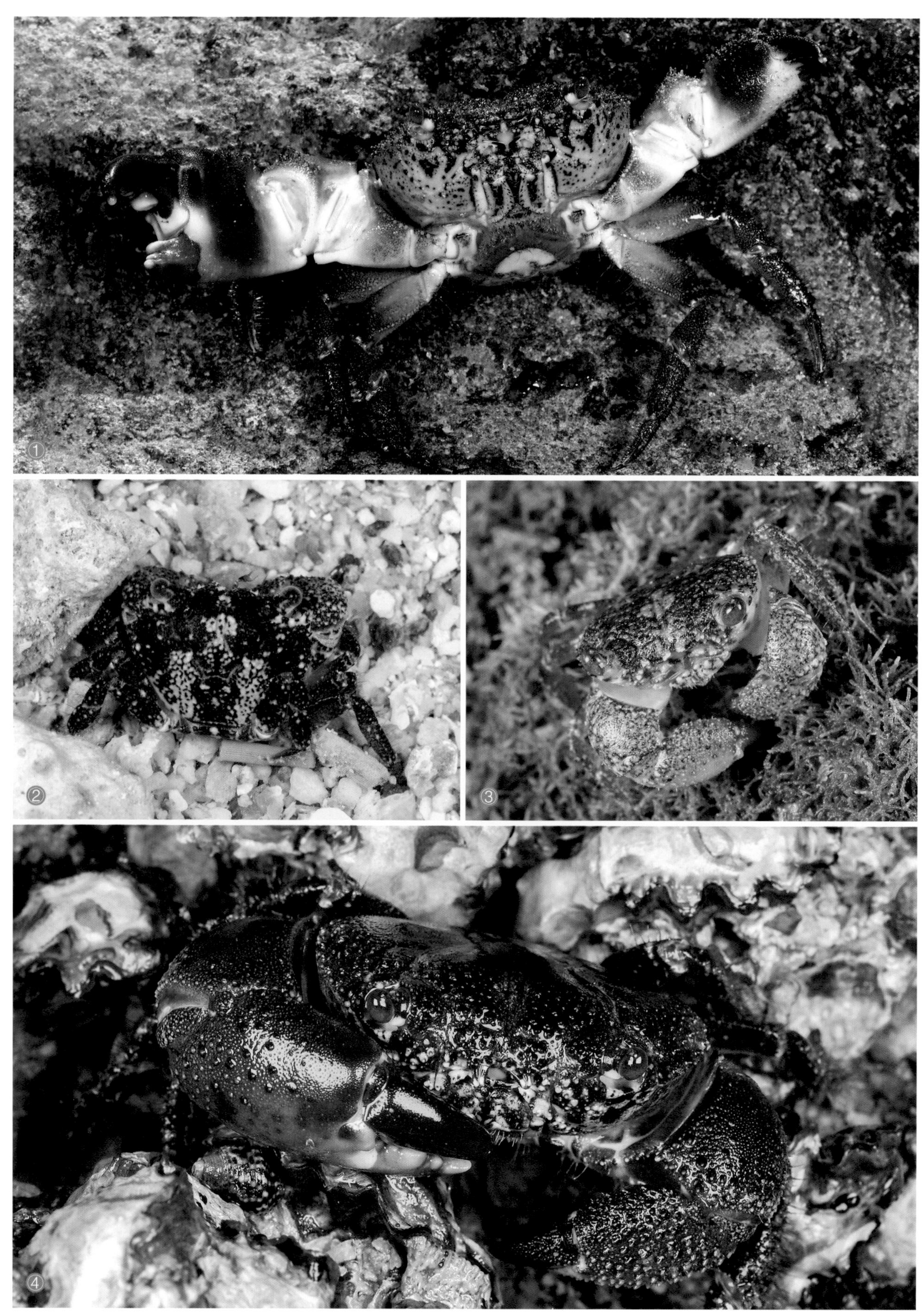

① 海南三亚　② 海南三亚 / 稚蟹　③ 海南文昌 / 稚蟹　④ 海南陵水

粗糙酋妇蟹 *Eriphia scabricula* Dana, 1852

体型： 雄 CW：24.1 mm，CL：16.4 mm；雌 CW：23.2 mm，CL：16.7 mm。

鉴别特征： 头胸甲横卵形，表面稍隆，具颗粒及短毛，分区可辨；外眼窝齿尖锐，外缘具锯齿；前侧缘（除外眼窝齿）具 5 ~ 6 刺，自前向后逐渐变小；螯足近对称，大螯粗壮，腕节及掌部外侧面具颗粒及短绒毛，两指间无空隙；步足粗壮，具刚毛。

颜色： 全身黄褐色或绿色，覆盖紫褐色斑点，螯足和步足覆盖的毛发金黄色或黄褐色，在中胃区后部具 1 褐色斑块；眼绿色，眼柄腹侧白色；螯足两指棕红色；步足具则褐色横带。

生活习性： 栖息于退潮后能露出水面的表面附着大量藻类的珊瑚礁或岩礁石缝中。白天躲藏于洞中不活动，夜间会在洞口附近活动。

垂直分布： 中潮带。

地理分布： 台湾、海南；印度－西太平洋。

易见度： ★★★★★

语源： 种本名来源于拉丁语 *scaber+culus*，意为粗糙的。

①② 海南三亚

光手酋妇蟹 *Eriphia sebana* (Shaw *et* Nodder, 1803) 毒

西氏酋妇蟹（台）

体型： 雌 CW：42 mm，CL：32.4 mm。

鉴别特征： 头胸甲厚重，横卵形，前部具稀疏颗粒和鳞状突起；前侧缘（除外眼窝齿）具 4 ~ 5 刺，自前向后逐渐变小；螯足不对称，长节背缘末端及前缘基部具齿，腕节内末角具上下 2 钝齿，掌部背面及外侧面具凹点，两指短于掌部，大螯两指内缘具钝齿；步足粗壮，具刚毛，前节和指节尤其明显。

颜色： 全身褐色或暗紫色；眼红色，眼柄白色；螯足两指棕红色。稚蟹颜色稍浅，螯足两指白色。

生活习性： 栖息于退潮后能露出水面的珊瑚礁或岩礁石缝中。白天躲藏于洞中不活动，夜间会在洞口附近活动，取食贝壳。受威胁会展开双螯做威吓状。

垂直分布： 高潮带至中潮带。

地理分布： 台湾、香港、海南；印度－西太平洋。

易见度： ★★★★★

语源： 种本名以荷兰动物学家阿尔伯特斯 • 塞巴（Albertus Seba）的姓氏命名，中文名形容本种螯足掌部光滑。

①③ 海南三亚　②④ 海南永兴岛

酋妇蟹总科 Eriphioidea

哲扇蟹科 Menippidae

头胸甲宽大于长，圆形或横卵形，表面光滑或具颗粒，最宽处通常位于前侧缘末齿处；前侧缘通常具3宽叶及突起，后侧缘完整；额宽小于后缘宽，具4叶，中叶最大；眼柄短，眼窝宽大约为额宽的一半；第3颚足长节近方形，可完全盖住口腔；螯足粗壮，近对称或不对称，大螯两指近基部通常具1壮齿；步足正常，具稀疏刚毛；两性腹部7节；雄性G1粗壮，G2长于G1；雄性生殖孔位于末对步足底节上，雌性雌孔位于胸部腹甲上。

全世界已知4属13种，中国记录3属3种。

破裂哲扇蟹 *Menippe rumphii* (Fabricius, 1798)

伦氏哲蟹(台)

体型： 雌 CW：56.2 mm，CL：40.5 mm。

鉴别特征： 头胸甲横卵形，表面隆起，光滑，前部稍有小坑；额分 2 叶，不足头胸甲宽的 1/5；前侧缘（除外眼窝齿外）分为 4 宽叶，后 2 个较前 2 个更尖突；螯足不对称，肿胀，隆块状，腕节内末角具 1 钝突起，指部粗短，末端钝尖；步足粗长，具刚毛。

颜色： 体色多变，全身棕色、棕红色或紫色，杂有网状花纹；眼暗红色；螯足两指棕黑色。

生活习性： 栖息于岩礁或珊瑚礁缝隙中。依靠粗壮的螯足捕食贝类，不善逃跑，遇威胁会用步足紧紧抓住岩石，全身暴露于外的情况会将螯足和步足并拢于身体腹面装死。东南沿海常食用蟹螯。

垂直分布： 低潮带至潮下带浅水。

地理分布： 福建、台湾、广东、广西、海南；印度－西太平洋。

易见度： ★★★★★

语源： 属名源于希腊神话中的海洋女神 Menippe，亦是希腊犬儒学派哲学家 Menippe 的名字，本属物种曾经被归于扇蟹科，推测因此而得名哲扇蟹。种本名以德国植物学家格奥尔格 • 艾伯赫 • 郎弗安斯（Georg Eberhard Rumphius）的姓氏命名，中文名形容本种粗壮的螯足极具破坏力。

① 广东硇洲岛 / 假死　② ③ 广东硇洲岛

蝇哲蟹 *Myomenippe hardwickii* (Gray, 1831)

哈氏肉哲蟹（台）

体型： 雄 CW：56.9 mm，CL：39.5 mm；雌 CW：58.6 mm，CL：40.8 mm。

鉴别特征： 头胸甲横卵形，表面具颗粒；额分 2 叶，突出，约为头胸甲宽的 1/4；前侧缘（除外眼窝齿外）具 4 齿，前 3 枚宽，末齿窄；螯足壮大，不对称，腕节和掌节的外侧和背侧具颗粒；步足的上下缘具发达的毛。

颜色： 全身褐色至灰褐色；眼红色，中间绿色；螯足双指棕黑色。

生活习性： 栖息于具碎石或泥沙底的大块岩礁下，依靠粗壮的螯足捕食贝类，不善逃跑，遇威胁会用步足紧紧抓住岩石，全身暴露于外的情况会将螯足和步足并拢于身体腹面装死。东南沿海常食用蟹螯。

垂直分布： 低潮带至潮下带浅水。

地理分布： 福建、台湾、广东、广西、海南；印度－西太平洋。

易见度： ★★★★☆

语源： 属名为希腊语 *myia*+*Menippe*（哲扇蟹属）组成，直译为蝇哲蟹。种本名以英国博物学家托马斯 • 哈德威克（Thomas Hardwicke）的姓氏命名。

①③ 广东湛江　　② 广东湛江 / 蟹钳

光辉圆扇蟹 *Sphaerozius nitidus* Stimpason, 1858

体　型： 雄 CW：26 mm，CL：18 mm；雌 CW：31 mm，CL：21 mm。

鉴别特征： 头胸甲横卵形，表面隆起，光滑，分区不明显；额中部被一"V"字形缺刻分为 2 叶，小于头胸甲宽度 1/3；前侧缘（除外眼窝齿外）具 4 叶状齿，前 2 齿平钝不突出，后 2 齿突出；螯足不对称，腕节表面隆起，掌部外侧面具细颗粒，内侧面光滑，两指短于掌部，大螯可动指内缘具小钝齿，不动指内缘具 1 大齿和 2 ~ 3 小齿；步足长，各节均具毛。

颜色： 体色多变，全身褐色或红褐色，具淡色斑纹。

生活习性： 栖息于岩礁缝隙中，夜间出来活动。

垂直分布： 中潮带至潮下带浅水。

地理分布： 山东半岛、浙江、福建、台湾、广东、香港、广西、海南；印度 - 西太平洋。

易见度： ★★★★★

语源： 属名源于希腊语 *sphairōtos*+*Ozius*（团扇蟹属），直译为圆扇蟹。种本名源于拉丁语 *nitid*，意为光明的。

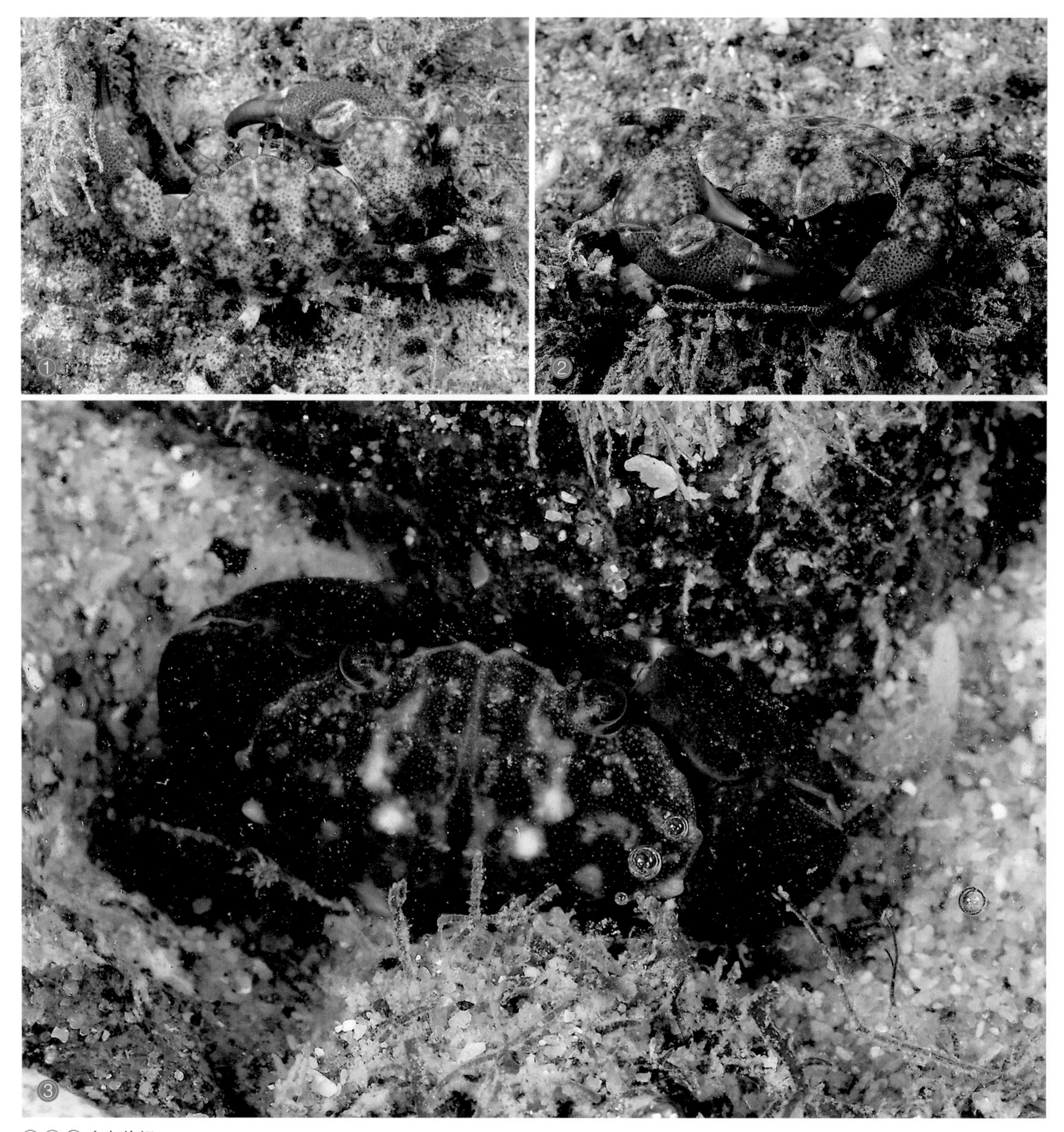

①②③ 广东徐闻

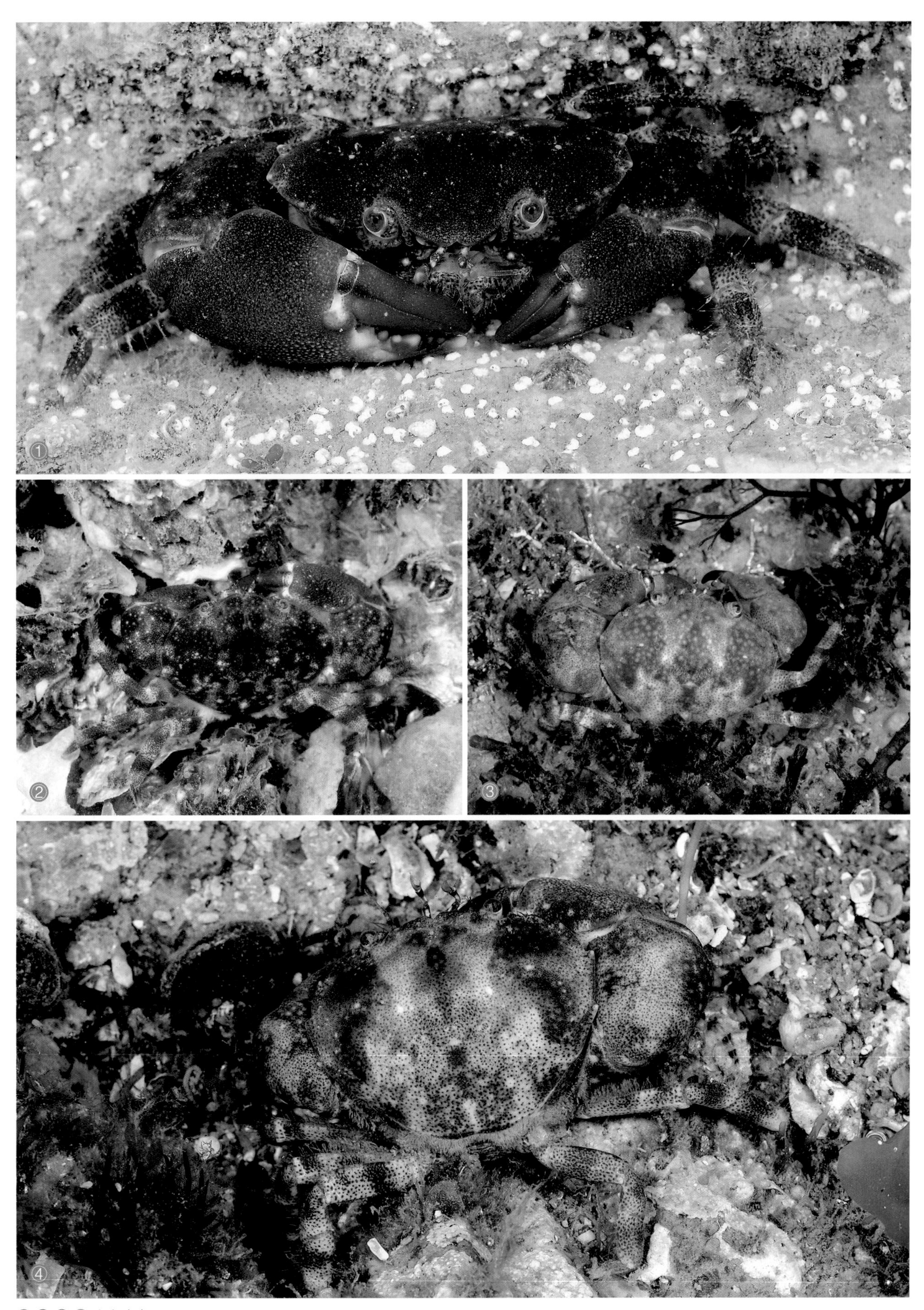

①②③④ 山东青岛

酋妇蟹总科 Eriphioidea

团扇蟹科 Oziidae

头胸甲宽大于长，横卵形或扇形，分区可辨；额宽，具 4 个小突起；眼柄短；第 3 颚足长节近方形，完全盖住口腔；螯足不对称，大螯可动指近基部具 1 向后弯曲的齿，小螯指部细长；步足正常，具毛；两性腹部 7 节；雄性 G1 粗壮，G2 窄，长于 G1；雄性生殖孔位于末对步足底节上，雌性雌孔位于胸部腹甲上。

全世界已知 7 属 43 种，中国记录 5 属 11 种。

酒色艳团扇蟹 *Baptozius vinosus* (H. Milne Edwards, 1834)

体型： 雌 CW：63.2 mm，CL：42.7 mm。

鉴别特征： 头胸甲横卵形，前中部稍隆起，表面有很多细密颗粒；额中央被一倒“Y”字形浅沟分为 2 叶，宽约为头胸甲宽的 2/5；前侧缘（除外眼窝齿外）具 4 齿，前 2 齿圆钝，后 2 齿尖锐，前侧缘短于后侧缘；螯足不对称，长节短，腕节背缘具颗粒，内末角具 1 锐刺，掌部侧扁，背面及内、外侧面上半部具颗粒，两指稍短于掌部，内缘具钝齿；步足粗壮，长节较光滑，腕节、前节及指节具绒毛。

颜色： 全身暗紫色或紫褐色，颊区具 1 对白色半圆形条纹；眼橙红色；螯足两指橙红色。

生活习性： 栖息于河口红树林的洞中，夜间出来活动。

垂直分布： 高潮带至中潮带。

地理分布： 海南；印度 - 西太平洋。

易见度： ★☆☆☆☆

语源： 属名源于拉丁语 *bapto*+*Ozius*（团扇蟹属），意为染了色的团扇蟹。种本名源于拉丁语 *vinum*，意为酒色。

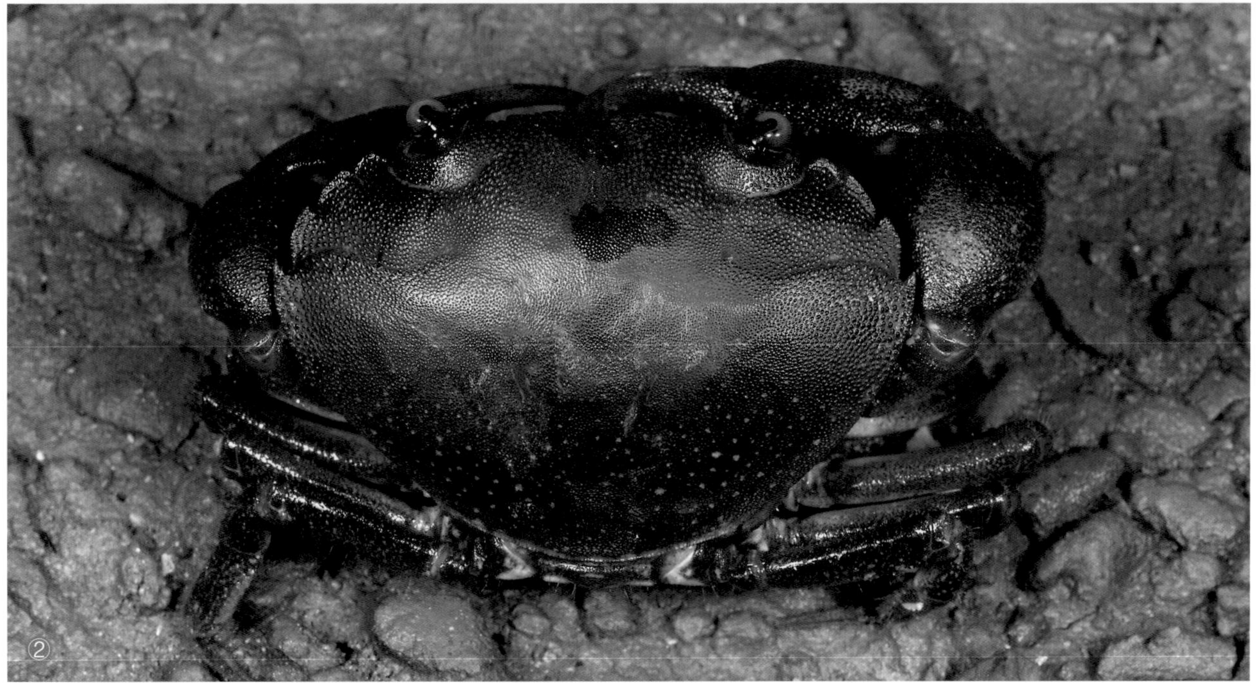

① ② 海南三亚 / 雌蟹

粗粒石扇蟹 *Epixanthus corrosus* A. Milne-Edwards, 1873

体型： 雄 CW：17.19 mm，CL：9.96 mm。

鉴别特征： 头胸甲横卵形，前中部稍隆起，表面有很多细密颗粒及有皱纹，额区和侧缘很密集；额分 2 叶，稍向下弯曲，每叶被弧形凹陷再分为 2 叶，宽约为头胸甲宽的 1/3；前侧缘（除外眼窝齿外）分为 4 宽叶；螯足不对称，腕节及掌部背面与外侧面具凹陷及腐蚀纹，大螯可动指内缘具 2 ~ 3 钝齿，不动指内缘具 4 齿，小螯瘦长，可动指内缘具 4 齿，不动指内缘具 2 齿；步足瘦长，仅指节具短刚毛。

颜色： 全身黄褐色；螯足两指棕褐色。

生活习性： 栖息于岩礁缝隙或碎石下，夜间退潮后出来活动。

垂直分布： 高潮带至中潮带。

地理分布： 台湾、海南；西太平洋、红海。

易见度： ★☆☆☆☆

语源： 属名源自 *epi*+*Xanthus*（扇蟹属），意为在扇蟹之上，形容两者关系较近，中文名形容本属喜欢栖息于碎石下。种本名源于希腊语 *kolossos*，为位于希腊罗得岛上的太阳神铜像的名字，中文名形容本种头胸甲具许多粗糙颗粒。

①② 海南三亚

平额石扇蟹 *Epixanthus frontalis* (H. Milne Edwards, 1834)

体 型： 雄 CW：22 mm，CL：13 mm； 雌 CW：28.1 mm，CL：17 mm。

鉴别特征： 头胸甲横卵形，扁平，沿额缘和前侧缘具细颗粒，大部分区域光滑；额被一浅凹分为 2 叶，每叶被弧形凹陷再分为 2 叶，宽约为头胸甲宽的 1/3，背面观为横切形；前侧缘（除外眼窝齿外）分为 4 宽叶，其中第 4 叶最小，呈锐齿状；螯足不对称，表面光滑，腕节内末角具 2 齿，大螯两指内缘具钝齿，小螯两指瘦长；步足细长，扁平，前节末端及指节具短毛。

颜色： 体色多变，全身灰白色、黄色、黄褐色至黑褐色；螯足两指黄褐色或棕褐色。

生活习性： 白天躲在岩礁缝隙或石块下，夜间退潮后出来活动。

垂直分布： 高潮带至中潮带。

地理分布： 台湾、广东、香港、广西、海南；印度－西太平洋。

易见度： ★★★★★

语源： 种本名源于拉丁语 *frontalis*，意为前额，中文名形容本种额较为平直。

①③ 海南三亚　②广东深圳

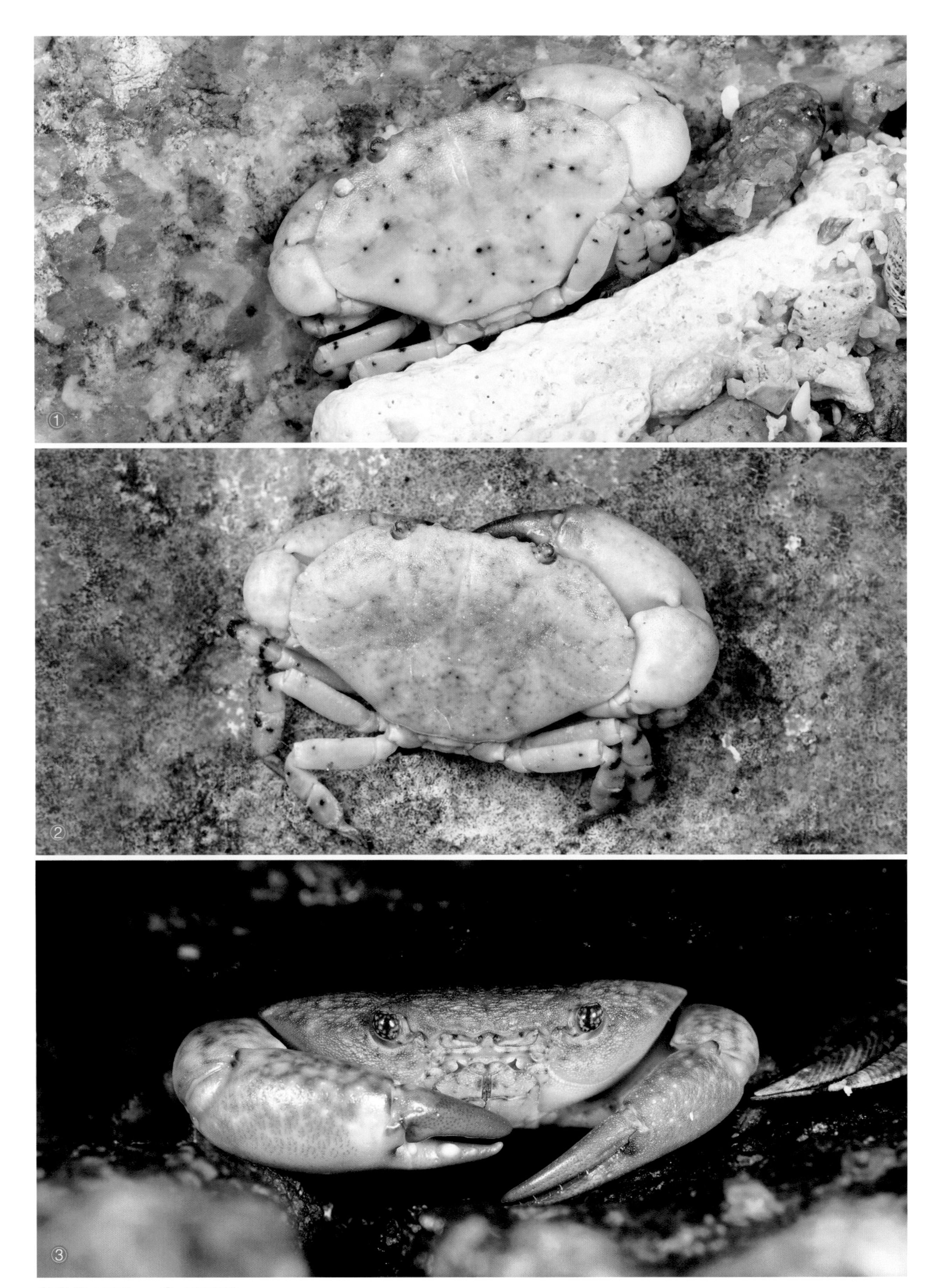

①② 海南三亚　　③ 广东惠州

环纹金沙蟹 *Lydia annulipes* (H. Milne Edwards, 1834)

体型： 雄 CW：27.9 mm，CL：17.7 mm；雌 CW：32.3 mm，CL：21 mm。

鉴别特征： 头胸甲横卵形，背部隆起，表面光滑，前半部具深沟，后半部较平滑；额被一浅凹分为 4 钝叶，宽小于头胸甲宽的一半；前侧缘（除外眼窝齿外）分 5 叶，末叶最小；螯足不对称，长节短小，腕节肿胀，外侧面光滑，掌部背面具细皱襞，大螯可动指基部具 1 枚大钝齿，不动指内缘具钝齿，小螯两指内缘具三角形齿；步足光滑，仅指节具短毛。

颜色： 全身金黄色，具紫色条纹；螯足两指白色。稚蟹暗黄色，紫色条纹扩大成斑块。

生活习性： 栖息于岩礁缝隙中，夜间退潮后出来活动。

垂直分布： 高潮带至中潮带。

地理分布： 台湾、海南；印度－西太平洋。

易见度： ★★★★★

语源： 属名源于希腊语 *ludia*，意为美丽的，中文名形容其头胸甲的颜色。种本名源于拉丁语 *annulus+pes*，意为有环纹的足。

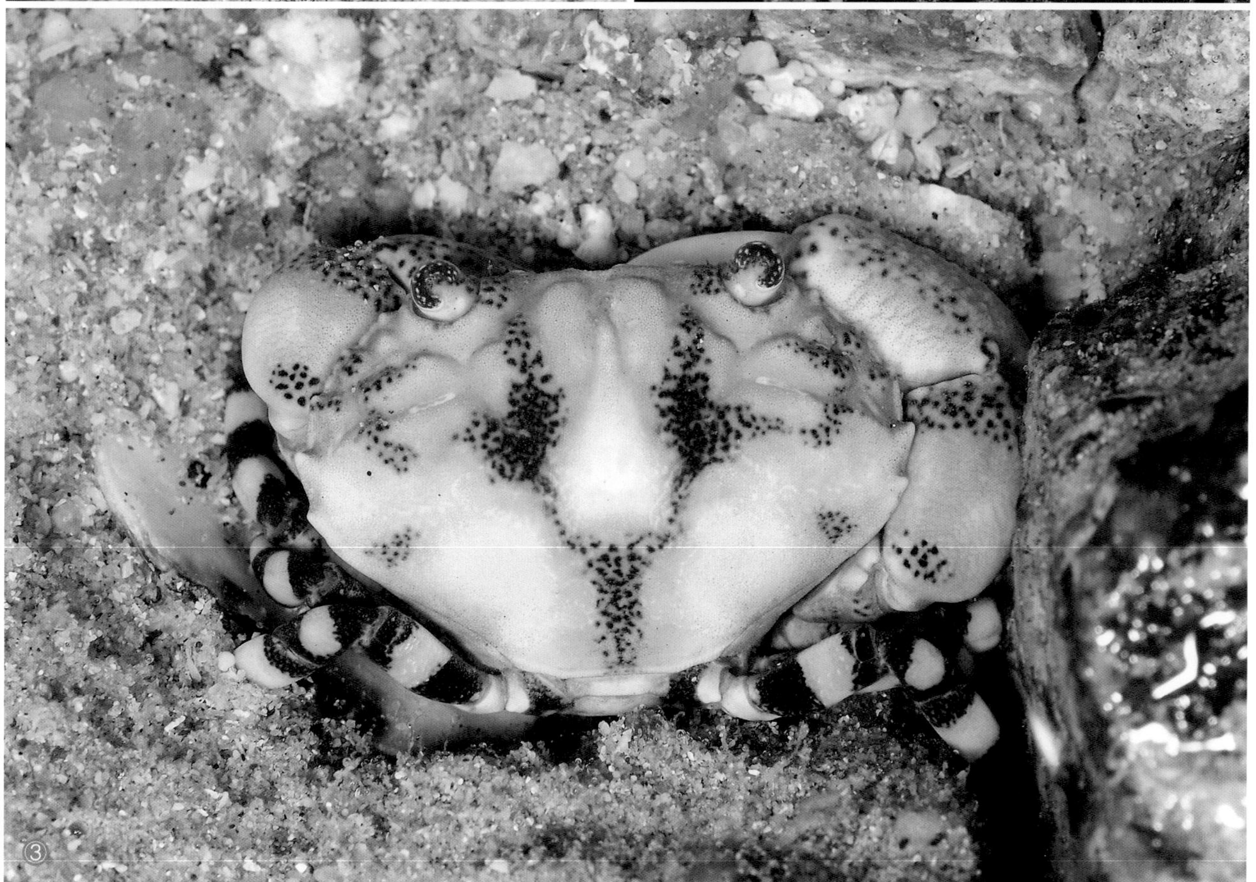

① ② 海南三亚　　③ 海南文昌

红点团扇蟹 *Ozius guttatus* H. Milne Edwards, 1834

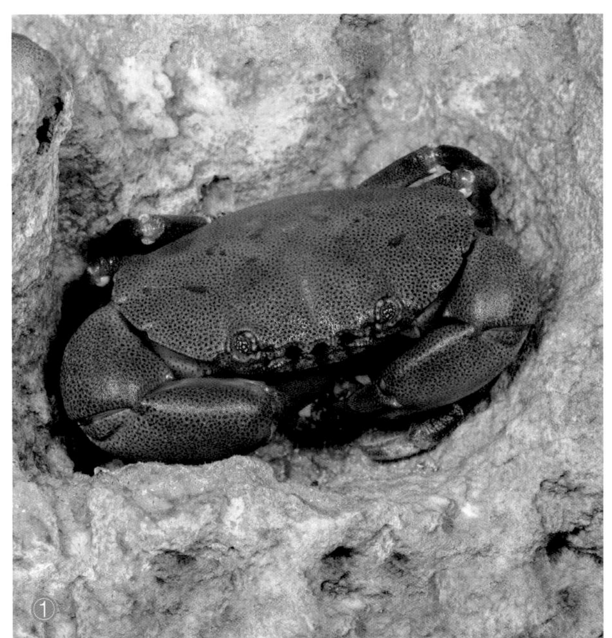

体型： 雄 CW：66.9 mm，CL：44.3 mm；雌 CW：78.5 mm，CL：51.5 mm。

鉴别特征： 头胸甲横卵形，表面光滑，鳃区不具隆脊；额具 4 钝齿；前侧缘（除外眼窝齿外）分 4 浅叶，前 3 叶宽而平钝，后侧缘稍凹；螯足不对称，长节粗短，被头胸甲遮盖，大螯腕节内侧圆钝，不具齿，掌部粗大，不动指内缘具 3 枚大钝齿，可动指内缘不具齿突，小螯腕节内末角锐齿状，掌部纤细，可动指内缘不具齿突，不动指内缘具小齿突；步足细长，腕节末端、前节及指节具短毛。

颜色： 全身黄褐色，密布褐色小点；螯足两指棕红色。

生活习性： 白天躲在岩礁缝隙中，夜间退潮后出来活动。

垂直分布： 高潮带至中潮带。

地理分布： 台湾、海南；印度 - 西太平洋。

易见度： ★★☆☆☆

语源： 属名语源不详，中文名形容本属头胸甲形状似团扇。种本名源于拉丁语 *guttae*，形容本种头胸甲上具斑点。

①② 海南三亚

皱纹团扇蟹 *Ozius rugulosus* Stimpson, 1858

体型： 雄 CW：35.74 mm，CL：23.12 mm；雌 CW：32.07 mm，CL：19.95 mm。

鉴别特征： 头胸甲横卵形，前部表面具密集小颗粒和麻点，后半部近光滑；2M 区分界清楚，肝区及鳃区表面各具 2 条横脊；额具 4 钝齿；前侧缘（除外眼窝齿外）分 5 叶，前 2 叶宽而低平，之后 2 叶钝齿形，最后 1 叶很小；螯足不对称，大螯腕节及掌部肿胀，表面有皱襞；步足长，具黑短毛。

颜色： 全身棕褐色；螯足两指黑色。稚蟹黄褐色。

生活习性： 白天躲在岩礁缝隙中，夜间退潮后出来活动。

垂直分布： 高潮带至中潮带。

地理分布： 台湾、海南；印度－西太平洋。

易见度： ★★★★★

语源： 种本名源于拉丁语 *rugulosus*，形容本种头胸甲上具皱纹。

① 海南三亚 / 稚蟹　　②③ 海南三亚

疣突团扇蟹 *Ozius tuberculosus* H. Milne Edwards, 1934

疣粒团扇蟹（台）

体型： 雄 CW：45.68 mm，CL：32.43 mm；雌 CW：43.4 mm，CL：30.1 mm。

鉴别特征： 头胸甲横卵形，表面密布珠状颗粒及短刚毛，前部分区沟明显；额前缘平直，具 4 个突起；前侧缘（除外眼窝齿外）具 5 齿，末齿最小，各齿边缘具颗粒；螯足不对称，腕节及掌节外侧面具大的珠状突起，大螯可动指内缘基部具 1 粗壮钝齿及数个小钝齿，不可动指内缘具 3 个明显钝齿，小螯纤瘦；步足长，各节表面具细颗粒，指节密覆短毛。

颜色： 全身紫褐色，杂有灰白色疣突，心区具 3 个淡黄色斑纹；螯足两指褐色。

生活习性： 白天躲在岩礁缝隙中，夜间退潮后出来活动。

垂直分布： 高潮带至中潮带。

地理分布： 台湾、海南；日本、新喀里多尼亚、印度洋。

易见度： ★★★☆☆

语源： 种本名源于拉丁语 *tuberculum*，形容本种头胸甲上具很多疣状突起。

① 海南文昌 / 稚蟹　② ③ 海南文昌

长脚蟹总科 Goneplacoidea

宽背蟹科 Euryplacidae

头胸甲通常宽大于长，横方形、方形或梯形，表面光滑，分区不可辨；前侧缘拱起，含外眼窝眼在内具 1 ~ 4 齿；眼柄短至长；第 3 颚足长节方形，可完成盖住口腔；螯足相对粗壮，指部通常窄小，长于掌部；步足细长；两性腹部 7 节；雄性 G1 细长，直或略微弯曲，端部逐渐变细，G2 短小，为 G1 长的 1/3，端部具 2 个不等的锐状或钝状突起；雄性生殖孔位于末对步足底与胸部腹甲之间，雌性雌孔位于胸部腹甲上。

全世界已知 15 属 32 种，中国记录 4 属 7 种。

阿氏强蟹 *Eucrate alcocki* Serène in Serène *et* Lohavanijaya, 1973

体型： 雄 CW：30.28 mm，CL：25.44 mm。

鉴别特征： 头胸甲近横方形，表面隆起，光滑；额分 2 叶；外眼窝齿呈钝三角形；前侧缘短于后侧缘，具 2 枚三角形齿，前齿钝，后齿尖锐，大个体在第 2 齿后具 1 齿痕；螯足壮大，不甚对称，光滑，腕节背面末部具 1 层绒毛，背面向内突出 1 隆脊，两指内缘具大小不等的钝齿；步足细长，各节均具长刚毛，长节背、腹缘均具颗粒。

颜色： 全身灰白色，头胸甲前半部及螯足淡紫红色，并具不规则的暗红色斑，中胃区具 1 大暗红色斑，两侧上胃区具形状相似但较小的暗红色斑；步足底节、基节、座节及长前基半部白色，其余淡紫红色。

生活习性： 栖息于泥沙质浅水底。

垂直分布： 潮下带浅水。

地理分布： 浙江、福建、台湾、广东、香港、广西、海南；西太平洋。

易见度： ★★★★★

语源： 属名源于希腊语 *eu+kratos*，意为强劲的、有力的。种本名以英国甲壳动物学家阿尔弗雷德 • 威廉 • 阿尔科克（Alfred William Alcock）的姓氏命名。

① ② 海南陵水

隆线强蟹 *Eucrate crenata* (De Haan, 1835)

体型： 雄 CW：46 mm，CL：43 mm；雌 CW：32 mm，CL：25 mm。

鉴别特征： 头胸甲近横方形，表面隆起，光滑；额分 2 叶；外眼窝齿呈钝三角形；前侧缘短于后侧缘，具 3 齿，中齿最突，末齿最小；螯足壮大，不甚对称，光滑，腕节背面端部具 1 丛绒毛；步足光滑，末对最短，各节均具短毛。

颜色： 头胸甲灰白色，中部淡紫色，杂有暗紫色小点，鳃区有时具 1 对稍大的暗紫色斑；螯足腕节外侧面、长节及螯节背缘具暗紫色小点，两指端半部白色；步足暗紫色，底节、基节、座节及长节基部 1/3、腕节及前节端部灰白色。

生活习性： 栖息于泥沙质浅水底。底拖网渔获常见，大潮低潮时偶见于低潮带。

垂直分布： 低潮带至潮下带浅水。

地理分布： 中国海域广布；印度－西太平洋。

易见度： ★★★★★

语源： 种本名源于拉丁语 *crenate*，意为钝齿，形容本种头胸甲前侧缘钝齿状，中文名隆线指本种鳃区具隆脊。

① ② 山东青岛

三斑强蟹 *Eucrate tripunctata* Campbell, 1969

体型： 雄 CW：57.1 mm，CL：44.2 mm。

鉴别特征： 头胸甲近横方形，表面隆起，光滑；额分 2 叶；外眼窝齿呈钝三角形；前侧缘短于后侧缘，具 3 齿，中齿最突，末齿最小；螯足壮大，不甚对称，光滑；腕节内末角外侧具 1 丛绒毛，两指内缘具钝齿；步足细长，光滑，末对步足前节短而宽。

颜色： 体色多变，全身灰白色或红褐色，头胸甲中部具 1 条带，条带前深色，其后浅色；螯足两指棕色。

生活习性： 栖息于泥沙质浅水底。

垂直分布： 潮下带浅水。

地理分布： 台湾、广东、广西、海南；西太平洋。

易见度： ★★★☆☆

语源： 种本名源于拉丁语 *tri+punctate*，形容本种头胸甲上具 3 个明显的斑点。

①② 海南三亚

三齿背蟹 *Trissoplax dentata* (Stimpson, 1858)

体型： 雄 CW：27.8 mm，CL：22.6 mm；雌 CW：19.7 mm，CL：15.6 mm。

鉴别特征： 头胸甲近横方形，前半部隆起，光滑；额分 2 叶；前侧缘（除外眼窝齿外）具 3 枚三角形齿，第 1 齿钝，第 2 齿尖锐，第 3 齿最小；螯足壮大，不甚对称，光滑，长节背缘具结节，近末端具 1 壮齿，腕节肉末角具 1 三角形齿，外末角及前缘具毛，两指内缘具 2 ~ 3 个钝齿；步足细长，腕节、前节及指节边缘具毛。

颜色： 体色多变，全身棕褐色或黄褐色，杂有不规则暗色小点；螯足两指端部白色。稚蟹颜色稍浅。

生活习性： 栖息于泥沙质浅水底，善于打洞。大潮退潮后见于低潮带。

垂直分布： 低潮带至潮下带浅水。

地理分布： 福建、广东、香港、广西、海南；印度 – 西太平洋。

易见度： ★★★★★

语源： 属名源于希腊语 *trissōs*+*plax*，指代本属前侧缘具 3 齿，*plax* 意为盘子或平板，多用于短尾蟹类属名后缀。种本名源于拉丁语 *dentatus*，意为有齿的，由于本种为三齿背蟹属模式种，故中文名直称为三齿背蟹。

备注：《中国海洋蟹类》中记载的隆脊强蟹 *Eucrate costata* 为本种的次定同物异名。本属与强蟹属的区别在于本属眼柄长于角膜，而后者眼柄短，等于或略短于角膜。

①②③ 福建厦门

长脚蟹总科 Goneplacoidea

长脚蟹科 Goneplacidae

头胸甲宽大于长，扇形、六边形或近方形，表面光滑，分区可辨；前侧缘具或不具刺，具前鳃齿；额完整，直；眼窝完整，长而浅；第3颚足腕节与长节连接处位于长节外缘；雄性腹部不完全遮盖腹甲，第8腹甲腹面可见；螯足粗壮，近相等；步足狭长，近圆柱形，末端通常具毛；两性腹部7节；雄性G1短粗，G1长于G2；雄性生殖孔位于末对步足底与胸部腹甲之间，雌性雌孔位于胸部腹甲上。

全世界已知21属97种，中国记录15属31种。

哈氏隆背蟹 *Carcinoplax haswelli* (Miers, 1884)

体型： 雄 CW：49.2 mm，CL：34.7 mm。

鉴别特征： 头胸甲近横方形，中部较隆起，表面具细麻点和颗粒；前侧缘（除外眼窝齿外）具 2 枚三角形齿，成熟的雄性个体第 1 齿缺失，末齿钝；前侧缘短于后侧缘；螯足粗长，不对称，腕节内末角和外末角均具 1 钝齿，掌部肿胀，靠近两指基部的内缘具 1 隆起；步足细长，腕节、前节及指节边缘具毛。颜色：头胸甲暗红色，后部具 3 条白色纵纹；螯足暗红色，两指白色；步足白色，具少量棕红色斑。

生活习性： 栖息于泥沙质海底。

垂直分布： 潮下带浅水至深水。

地理分布： 浙江、台湾、广东、香港、广西、海南；越南、菲律宾、新加坡、印度尼西亚、澳大利亚。

易见度： ★★★★★

语源： 属名源于希腊语的 *karkinos+plax*，直译为螃蟹，中文名形容本属头胸甲隆起。种本名以甲壳动物学家威廉 • 艾奇森 • 哈斯韦尔（William Aitcheson Haswell）的姓氏命名。

备注： 本种最深记录超过 200 m，多见于拖网渔获，为丰富科一级的多样性，我们特别将其列入。中华隆背蟹 *C. sinica* 为本种的同物异名。除本种外，隆背蟹属较为常见的还有紫隆背蟹 *C. purpurea* 和长手隆背蟹 *C. longimanus*，活体状态下通过颜色可以简单地区别三者，哈氏隆背蟹头胸甲中间具 1 条白色竖纹，紫隆背蟹头胸甲中间具 1 条紫色竖纹，而长手隆背蟹全身橙红色。

① ② 海南陵水

泥脚毛隆背蟹 *Entricoplax vestita* (De Haan, 1835)

体型： 雄 CW：29.8 mm，CL：21.4 mm；雌 CW：26 mm，CL：19.5 mm。

鉴别特征： 头胸甲近横方形，表面覆盖浓密毛发，前部和螯足外侧尤其明显，去毛后表面光滑；前侧缘（除外眼窝齿外）具 2 齿，第 1 齿大于第 2 齿，前侧缘短于后侧缘；螯足粗壮，不对称，腕节内末角和外末角均有 1 刺，掌部扁平，外侧面具浓密的短毛，内侧面光滑，两指内缘具齿，可动指外侧面基半部密具短毛；步足细长，各节均具短毛。

颜色： 全身白色至粉棕色，具灰色毛。

生活习性： 栖息于泥沙质海底。全身毛发常覆盖泥污伪装自己。多见于浅水拖网渔获。

垂直分布： 潮下带浅水至深水。

地理分布： 渤海湾、山东半岛、浙江、福建；日本。

易见度： ★★★☆☆

语源： 属名源于希腊语 *entrichos+plax*，形容本种全身覆盖浓毛。种本名源于拉丁语 *vestitus*，形容本种全身覆盖浓毛，中文名形容本种脚上的毛较浓密，经常裹挟很多泥。

备注： 本种最深记录超过 100 m，多见于拖网渔获。

①② 山东烟台

长脚蟹总科 Goneplacoidea

掘沙蟹科 Scalopidiidae

头胸甲宽大于长，横方形或横卵形，分区可辨；前侧缘强烈拱起，呈颗粒状，不具明显的叶或齿，与后侧缘界限不明；额稍凸，被一浅凹分为2叶；眼窝小，眼柄粗壮，与眼窝融合，角膜明显，部分着色；第3颚足短，闭合时可完全覆盖口腔；雄性螯足粗壮，不对称，异形，基 - 座节具2或3枚小刺，长节腹缘具1行小刺，腕节背面内角具长锐刺，掌部外侧面近光滑；步足长，底节前缘具2 ~ 4行小刺，基 - 座节具2或3枚小刺，第5步足指节下弯；两性腹部7节；雄性腹部细长，第4 ~ 6节长宽近相等，第1、第3节等宽，G1略直，G2约为G1长度的1/3；雄性生殖孔位于末对步足底与胸部腹甲之间，雌性雌孔位于胸部腹甲上。

全世界已知2属4种，中国记录1属1种。

刺足掘沙蟹 *Scalopidia spinosipes* Stimpson, 1858

体型： 雄 CW：21.5 mm，CL：16.8 mm。

鉴别特征： 头胸甲圆方形或半圆形，扁平，表面密具麻点，密覆短绒毛，前半部隆起，后半部分低平；额窄，约为头胸甲最大宽度的 1/4，中央由一浅缺刻分为 2 叶，边缘具锐颗粒；眼窝小，背面仅可见到部分眼柄，眼柄不能活动；前侧缘弧形，短于后侧缘，具细碎颗粒，后侧缘末半部几乎平行，基半部向内收敛，后缘中部内凹；螯足不对称，坐节内缘具小齿，长节背、腹内缘各具 1 列小齿，腕节内末角具 1 壮齿，外缘末部具有颗粒，大螯掌部膨肿，光滑，不具颗粒，有稀疏短毛，两指内缘基半部具大钝齿，小螯掌部不太膨肿，两指内缘具小锯齿和小钝齿；第 3 步足最长，末对步足最短，各步足长节边缘具有锯齿，第 2、第 3 步足腕节至前节也具有锯齿，末对步足前节宽扁，指节长于前节，弯向外方；雄性第 7、第 8 胸节之间具有狭窄的骨化阴茎，腹部第 2 节窄于前后节。

颜色： 全身白色，角膜黑色。

生活习性： 栖息于泥质或泥沙质海底。受惊扰后常将螯足及末对步足抬起，呈假死状。

垂直分布： 潮下带浅水至深水。

地理分布： 福建、台湾、广东、香港；泰国湾、越南、菲律宾、新加坡、印度尼西亚。

易见度： ★★★☆☆

语源： 属名源于拉丁语 *scalop+plax*，意为挖掘。种本名源于拉丁语 *spin+pes*，意为带刺的足。

备注： 本种最大记录水深可达近百米，多数标本通过拖网采获于水深 20 ～ 30 m 处。受环境变化或外界刺激，易发生自断肢现象。虽然不属于常见种类，但为丰富科一级的多样性，本书特别将其列入。

① 广东南澳 / 退化的眼睛　② ③ 广东南澳

膜壳蟹总科 Hymenosomatoidea

膜壳蟹科 Hymenosomatidae

头胸甲圆形或梨形，薄而扁平，钙化不明显，不具钩状毛，分区可辨或不可辨；前侧缘完整，其与后侧缘界限不清；额显著，向前突出；眼裸露于眼窝外，眼窝不显著或不完整；第 3 颚足座节发达，第 3 颚足须位于长节外角；雄性螯足粗壮；步足细长；雄性 G2 短于 G1；雄性生殖孔位于末对步足底节上，雌性雌孔位于胸部腹甲上。

全世界已知 30 属 137 种，中国记录 7 属 14 种。

膜壳蟹亚科 Hymenosomatinae

突额薄板蟹 *Elamena rostrata* Ng, Chen *et* Fang, 1999

体型： 雌 CW：7.1 mm，CL：7.9 mm。

鉴别特征： 头胸甲近三角形，表面略凹而平，全身光滑无毛，缺少分区和隆线；额突出为 1 枚三角形额叶；侧缘没有齿或突起，但后侧缘和后缘波浪状；螯足细瘦、修长，表面光滑，掌部长，两指短于掌部，两指内缘具小齿；步足细长，其中第 2 对最长，指节弯曲，指尖钩状，其后具 2 枚锯齿。

颜色： 身体背面深褐色，步足和螯足均为淡黄绿色。

生活习性： 栖息于碎贝壳底的海草上。

垂直分布： 潮下带浅水。

地理分布： 福建、海南

易见度： ★☆☆☆☆

语源： 属名源于拉丁语 *ex+lamella*，意为外部薄的。种本名源于拉丁语 *rostrata*，形容本种额区尖突。

① ② 海南海口

凹背新尖额蟹 *Neorhynchoplax introversa* (Kemp, 1917)

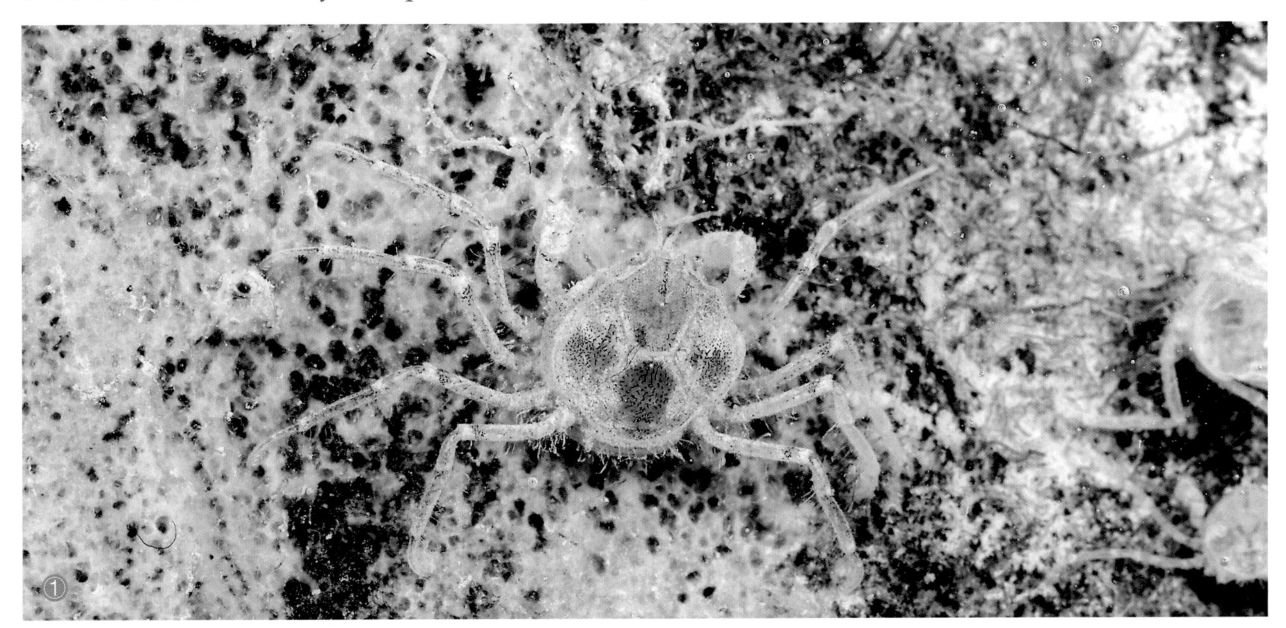

体型： 雄 CW：5.52 mm，CL：5.5 mm。

鉴别特征： 头胸甲近梨形，表面略凹而平，分区被光滑隆线分割；额突出，分 3 个近等大的齿；前侧缘中部具 1 微弱突起；雄性螯大于雌性，具短毛，掌部壮大，两指内缘具小齿；步足细长，第 2 对最长，指节弯曲，后缘具 6 ~ 8 枚锯齿；雄性腹部第 3 至第 5 及第 6 至第 7 节愈合。

颜色： 全身暗黄色，半透明，表面杂有少许黑色斑点，常附着藻类和泥污于身上。

生活习性： 栖息于河口及具盐度变化的通海河流中；栖息于水草间或腐殖质丰富的底泥、石块下，全身黏附粉尘用于伪装。

垂直分布： 不受潮汐影响的河流；河口低潮带至潮下带浅水。

地理分布： 江苏、上海、浙江、广东、海南、湖北。

易见度： ★★★☆☆

语源： 属名源于 *neo*+*Rhynchoplax*（尖额蟹属），直译为新尖额蟹。种本名源于拉丁语 *introvert*，形容本种头胸甲表面略凹陷。

备注： 凹背新尖额蟹模式产地为江苏太湖，《中国海洋蟹类》记录分布为江苏和浙江的河口。近年来在上海淀山湖、杭州钱塘江、广州珠江口及海南等地的河口以及长江干流武汉段和嘉鱼段都记录了类似的种类，因形态原因本书将其暂时归入该种；珠江口产个体常用商品名为"泰国淡水蜘蛛蟹"，推测该种浮游期幼体或许可以在纯淡水中发育。

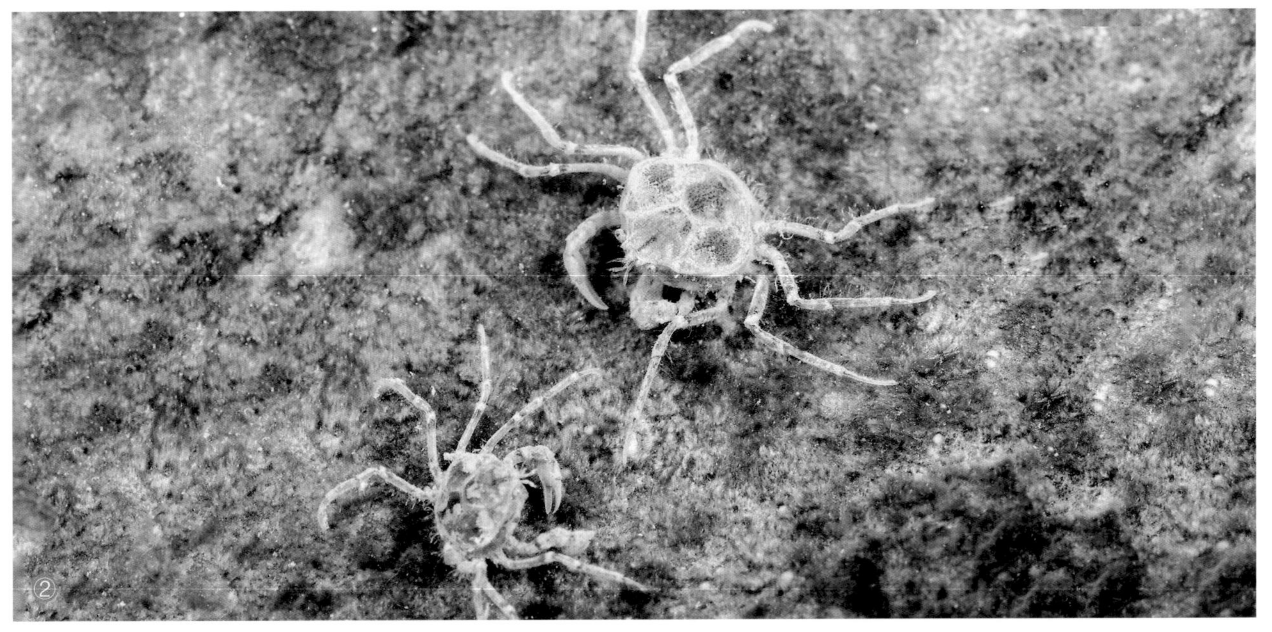

①② 广东江门

①②③ 湖北武汉 / 徐一扬

中华新尖额蟹 *Neorhynchoplax sinensis* (Shen, 1932)

体型： 雄 CW：3.54 mm，CL：3.75 mm；雌 CW：3.2 mm，CL：3.25 mm。

鉴别特征： 头胸甲卵圆形，周缘隆起，具有细毛，背面中央低陷，分区明显，以隆线为界，分区明显；额分为 2 齿，边缘具毛，中央的稍突出；外眼窝齿较小；侧缘在中点稍后处具 1 枚指向前侧方的小锐齿；颚足合拢后具有较大空隙；螯足近对称，雄螯大于雌螯，各节具有短毛，掌部内外侧均隆起，两指内缘各具 4 ~ 5 齿；步足瘦长，第 2 对最长，约为头胸甲宽 3 倍，第 3 步足稍短于第 1 步足，末对步足最短，步足指节腹缘无齿。

颜色： 全身淡黄色半透明，毛发常粘附黄色的泥污。

生活习性： 栖息于河口内湾的石块下。

垂直分布： 中潮带至潮下带浅水。

地理分布： 山东（山东半岛南岸）、海南。

易见度： ★★★★★

语源： 种本名源于模式产地中国。

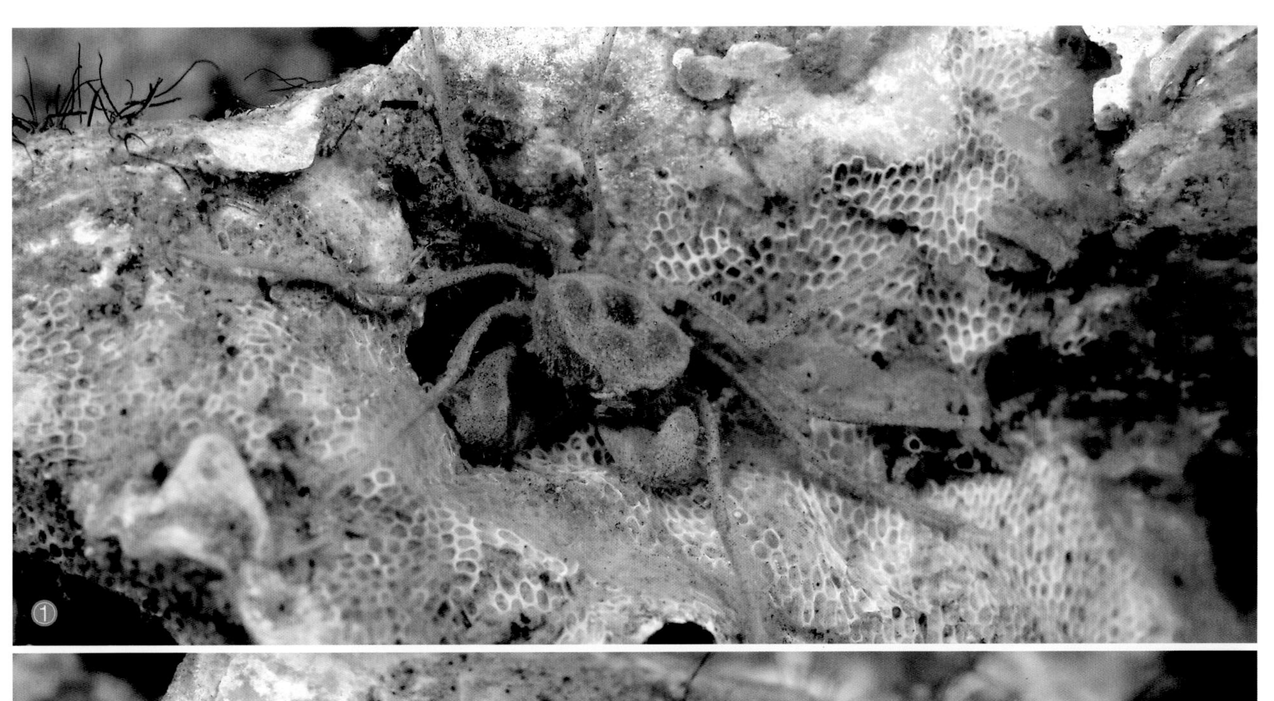

①②④ 海南海口

篦额尖额蟹 *Rhynchoplax messor* Stimpson, 1858

体型： 雄CW：3.9mm，CL：5mm；雌CW：3.4mm，CL：4mm。

鉴别特征： 头胸甲近梨形，表面光滑，隆起；额突出，分3叶，中叶窄长，篦形，向上方弯，末端具长毛，2侧叶短小，锐齿状；外眼窝齿小而锐；前侧缘具2齿，前齿低平，后齿尖突；雄性螯足大于雌性，长节及腕节具少数具毛的瘤状突起，掌部短于两指，内侧面密具绒毛，一直延伸至两指内侧面基部，两指内缘具小齿；步足细长，第1对最长，长节、腕节及前节前缘具小突起和短毛，指节弯曲呈镰刀状，后缘具锯齿。

颜色： 全身黄褐色，头胸甲肝区及鳃区具1对淡红色或白色斑纹，后鳃区具一半透明至淡黄色斑纹；螯足及步足黄褐色，具环纹。

生活习性： 见于退潮后的潮池中，附着于小珊瑚藻（*Corallina pilulifera*）、绢丝藻（*Callithamnion corymbosum*）、蹄形叉珊藻（*Jania ungulate*）或多管藻（*Polysiphonia* spp.）上。常附着少量藻类于身上。

垂直分布： 低潮带至潮下带。

地理分布： 山东、浙江、福建；日本。

易见度： ★☆☆☆☆

语源： 属名源于希腊语 *rhynchos+plax*，意为有尖鼻子（额突出）的螃蟹。种本名源于拉丁语 *messor*，意为收获，中文名形容本种额的中齿大，似篦形。

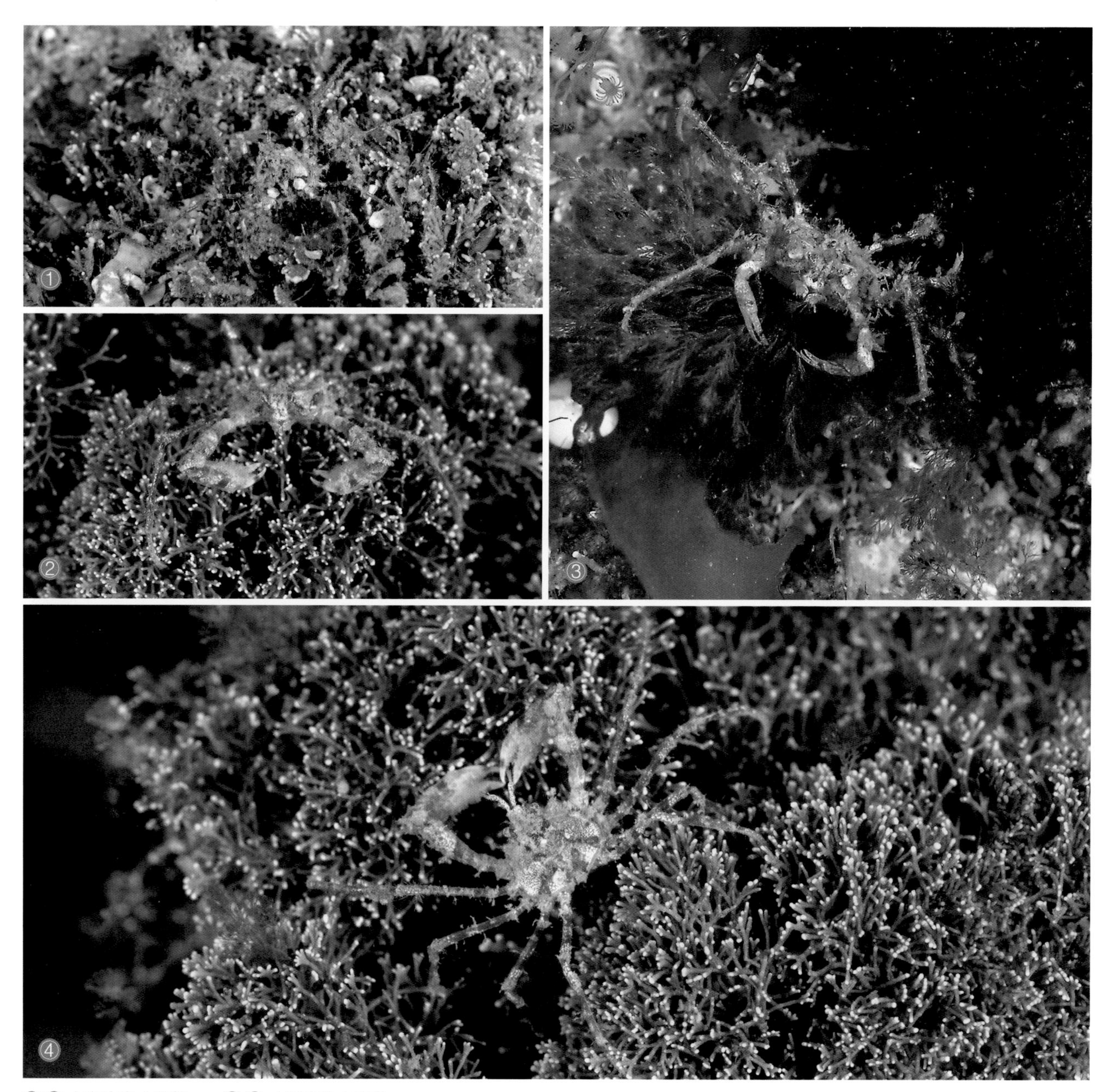

①③ 山东青岛 / 雌蟹　　②④ 山东青岛 / 雄蟹

玉蟹总科 Leucosioidea

精干蟹科 Iphiculidae

头胸甲近圆形、横卵形或长椭圆形，表面覆盖短绒毛，分区可辨，心 - 肠区具浅沟，肠区略为隆起；侧缘具刺；额窄，分为 2 叶；眼柄相对较长；眼眶上缘具 2 条裂缝，眶下齿发达；第 3 颚足长节短；螯足细长，掌部短，基部膨胀，指部长于掌部；雄性腹部通常 7 节，也有第 3 至第 4 节、第 3 至第 5 节或第 3 至第 6 节愈合的情况，G1 长于 G2；雌性腹部 7 节不扩张，不具育卵腔。

全世界已知 2 属 6 种，中国记录 2 属 5 种。

海绵精干蟹 *Iphiculus spongiosus* Adams *et* White, 1849

体型： 雌 CW：18 mm，CL：11 mm。

鉴别特征： 头胸甲横卵形，全身覆盖海绵状短毛和细密颗粒；前侧缘（除外眼窝齿外）具 4 刺，自前向后依次增大，末刺锐而长，边缘具松散长毛，后侧缘具 2 突起，后缘平直，两侧个具 1 突起；螯足壮大，长节粗短，腕节小，掌节肿胀，短于指节，两指甚长，镰刀状，约为掌部两倍长，尖端可交叉，内侧有 3 ~ 4 枚大齿，齿间具若干小齿；步足细弱，第 1 对步足最长，向后依次缩短；雄性腹部第 3 至第 4 节愈合，雌性腹部 7 节。

颜色： 全身灰白色，覆棕色短毛；螯足两指白色。

生活习性： 栖息于泥沙质海底。

垂直分布： 潮下带浅水至深水。

地理分布： 浙江、福建、台湾、广东、香港、广西、海南；印度 – 西太平洋。

易见度： ★☆☆☆☆

语源： 属名源于希腊语 *iphis+culus*，意为小而有力的，中文名引申为精干。种本名源于拉丁语 *spongia*，意为海绵。

备注： 本种最深记录近 200 m，不属于常见种类，但为丰富科一级的多样性，本书特别将其列入。

① ② 福建漳州

玉蟹总科 Leucosioidea

玉蟹科 Leucosiidae

头胸甲圆形、卵圆形、梨形或五角形，扁平或强烈凸起；眼窝及眼皆小；额窄，多少向前突出；第 1 触角斜折，第 2 触角小或退化；第 3 颚足长，外肢宽，完全盖住口腔；入鳃孔位于第 3 颚足基部；螯足近对称，粗壮或细长；步足窄小；两性腹部通常第 3 至第 5 或第 3 至第 6 节愈合；雄性 G1 长于 G2，生殖孔位于末对步足底节；雌性腹腔深凹，形成育卵腔，雌孔位于胸部腹甲上。

全世界已知 79 属 507 种，中国记录 41 属 115 种。

坚壳蟹亚科 Ebaliinae

十一刺栗壳蟹 *Arcania undecimspinosa* De Haan, 1841

体型： 雄 CW：26.6 mm，CL：27.6 mm。

鉴别特征： 头胸甲圆形，背面隆起，全身覆盖尖锐颗粒；额突出，分 2 锐齿；侧缘 4 齿，刺状，后两个稍大，后缘 3 刺，共计 11 刺；螯足细长，掌部细长，基部稍膨大；步足细弱，第 1 对步足最长；雄性腹部第 3 ~ 5 节愈合，雌性腹部第 4 ~ 5 节愈合。

颜色： 头全身橙色，头胸甲沿额区至后缘具 2 条橙红色条纹，其外缘白色。稚蟹颜色略浅。

生活习性： 栖息于泥沙质海底。

垂直分布： 低潮带至潮下带浅水。

地理分布： 中国海域广布；印度 - 西太平洋。

易见度： ★★★★★

语源： 属名源于拉丁语 *arcanus*，意为神秘的、隐藏的，中文名描述其球形而带密刺的外壳。种本名源于拉丁语 *undecim+spinosus*，形容本种头胸甲边缘共具 11 个刺。

① 山东青岛 / 亚成体　② ③ 山东青岛

圆十一刺栗壳蟹 *Arcania novemspinosa* (Lichtenstein, 1815)

九刺栗壳蟹（台）

体型：雄 CW：24.7 mm，CL：25.1 mm。

鉴别特征：头胸甲圆形，背面具稀疏的尖颗粒，中部隆起，肝、鳃、肠区明显可辨；额突出，分 2 刺，端部稍钝；头胸甲边缘共计 11 刺，每侧前 3 枚较小，后 5 枚较大，后缘两端的刺宽钝；螯足长节扁柱形，颗粒稀少，末半部更少，腕节三角形，外缘颗粒粗，掌部颗粒细密，较光滑，两指长于掌部，内缘具细齿和较大的齿；步足各节均粗短，光滑。

颜色：身体淡红色，腹面白色；螯足两指和步足端部白色。

生活习性：生活在沙质浅水水底。

垂直分布：潮下带浅水。

地理分布：山东半岛南侧，浙江、福建、台湾、广东、广西、海南；印度－西太平洋。

易见度：★★★☆☆

语源：种本名源于拉丁语 *novem+spinosa*，意为 9 刺，但本种的头胸甲边缘具 11 刺，中文名为了与十一刺栗壳蟹相区分，故称圆十一刺栗壳蟹，推测发表者的可能忽视了第 2 对小刺。

备注：本种与十一刺栗壳蟹 *A. undecimspinosa* 十分相似，但本种的额区具小刺和尖颗粒，而前者具泡状颗粒。

①② 海南三亚

长螯希拳蟹 *Hiplyra platycheir* (De Haan, 1841)

体型： 雄 CW：19.5 mm，CL：21.2 mm[1]；雌 CW：19 mm，CL：20 mm[1]。

鉴别特征： 头胸甲圆形，表面光滑，肝区稍隆起，表面有明显颗粒；额平截，分为不明显的 3 齿；侧缘圆弧形，具细密颗粒；螯足扁长，长节基部具许多颗粒，其余各节较光滑，两指稍向下弯曲，不动指切缘具薄脊片，似刃状，可动指略与掌部等长，两指间具毛；步足细弱，表面光滑；雄性腹部第 2 至第 5 节愈合，雌性腹部第 3 至第 6 节愈合。

颜色： 全身灰色；螯足指节内缘橙色。

生活习性： 栖息于泥沙质海底。

垂直分布： 低潮带至潮下带浅水。

地理分布： 福建、台湾、广东、香港、海南；印度 – 西太平洋。

易见度： ★☆☆☆☆

语源： 属名由拳蟹属（*Philyra*）字母打乱顺序后的生造词，无实际含义，中文名为音译。种本名源于希腊语 *platy+cheir*，形容本种螯足两指较扁平，中文名形容本种较其他种类螯足细长。

① 广东深圳 / –5 m / 黄宇

筒状飞轮蟹 *Ixa cylindrus* (Fabricius, 1777)

体型： 雄 CW：32.4 mm，CL：12.6 mm。

鉴别特征： 头胸甲横长卵形，背腹面均有颗粒，背面中部两侧各有 1 深沟，深沟前后均分支；额不突出，分 2 宽叶；前、后侧缘中间具 1 圆筒状大刺，尖端刺状，表面密布颗粒；螯足瘦长，掌部长，基部稍膨大；步足细弱，第 2 对步足最长；雄性腹部第 3 至第 5 节愈合，雌性腹部第 3 至第 6 节愈合。

颜色： 头胸甲灰白色至褐色，杂有黄色、白色或暗红色小点；螯足及步足灰色。

生活习性： 栖息于泥沙质海底。

垂直分布： 潮下带浅水。

地理分布： 台湾、广东、香港、广西、海南；印度 - 西太平洋。

易见度： ★★☆☆☆

语源： 属名源于希腊语 *ixos*，意为槲寄生，形容外形类似槲寄生，中文名形容头胸甲类似轴承上的飞轮。种本名源于希腊语 *kylidros*，形容本种头胸甲侧刺呈筒状。

① ② 海南陵水

双锥长臂蟹 *Myra biconica* Ihle, 1918

体型： 雄 CW：24.1 mm，CL：34 mm。

鉴别特征： 头胸甲近长卵形，表面具稀疏颗粒，沿中轴线具 1 纵脊，颗粒比较集中；额中央具 1 浅而宽的“V”字形缺刻；侧缘具细密颗粒，后缘具 3 刺，中央刺尖长壮大，两侧的短锥形；螯足扁长，长节基部具许多颗粒，其余各节较光滑，两指稍向下弯曲，不动指切缘具细锯齿，可动指略与掌部等长；步足细弱，表面光滑；雄性腹部第 3 至第 6 节愈合，雌性腹部第 4 至第 6 节愈合。

颜色： 全身灰白色至黄褐色，头胸甲背部具“V”字形暗紫色斑纹；螯足及步足大部灰白色，具暗紫色环纹或斑纹。

生活习性： 栖息于泥沙质海底。

垂直分布： 低潮带至潮下带浅水。

地理分布： 福建、台湾、广东、广西、海南；西太平洋。

易见度： ★★★★★

语源： 属名源于希腊语 *mýrra*，是希腊神话中的塞浦路斯公主，中文名形容本属螯足细长。种本名源于拉丁语 *bi+conic*，形容本种头胸甲后缘两侧各具 1 锥状突起。

①②广东深圳 / –5 m / 黄宇

迅速长臂蟹 *Myra celeris* Galil, 2001

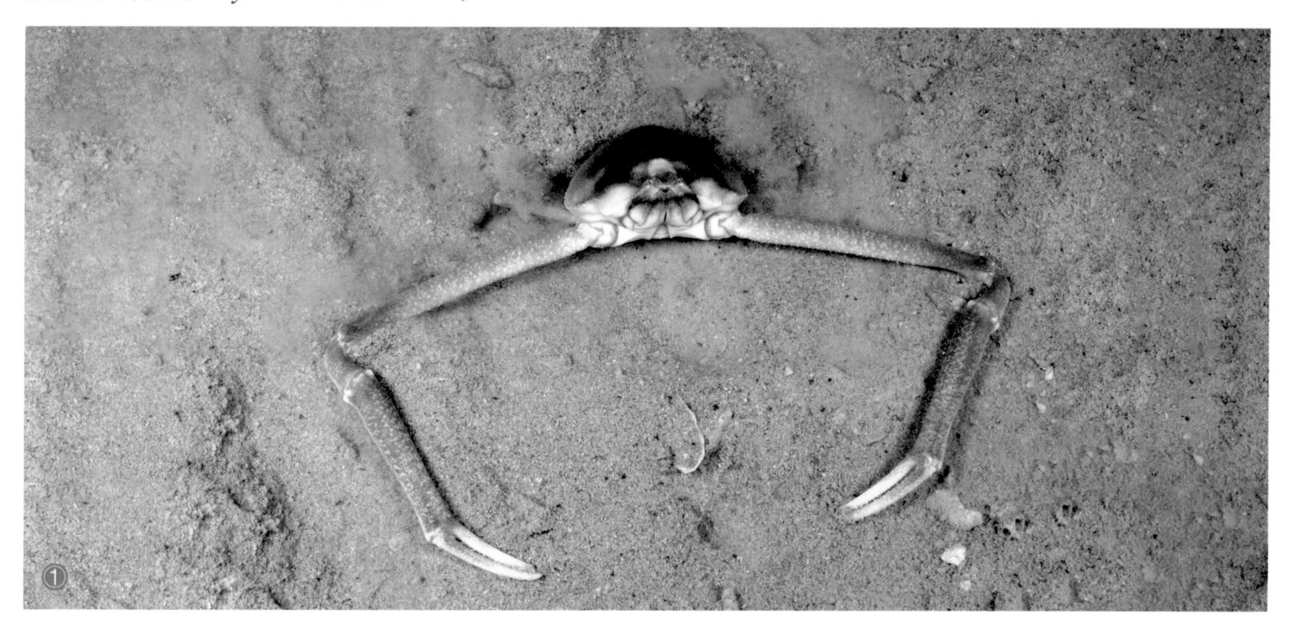

体型： 雄 CW：29 mm，CL：38 mm。

鉴别特征： 头胸甲近长卵形，表面和侧缘覆盖颗粒，分区不明显；额膨大并向上弯曲，中央具 1 浅而宽的"V"字形缺刻；侧缘具细密颗粒，后缘具 3 刺，中央刺尖长、壮大，两侧的短锥形；螯足扁长，雄性螯足显著大于雌性，长节 3/4 面积具许多颗粒，其余各节较光滑，两指稍向下弯曲，不动指切缘具细锯齿，两指长度约为掌部的一半；步足细弱，表面光滑；雄性腹部第 3 至第 6 节愈合，愈合节两侧突起为半圆形，雌性腹部第 4 至第 6 节愈合。

颜色： 全身灰白色至粉色，额区向后具 1 白色斑块，肝区白色，密布红色斑点；螯足整体红色，掌部基部和两指末端白色；步足白色，具红斑。

生活习性： 栖息于泥沙质海底。

垂直分布： 潮下带浅水。

地理分布： 浙江、福建、台湾、海南；西太平洋。

易见度： ★★☆☆☆

语源： 种本名源于拉丁语 *celeris*，意为迅速的，以表示和遁行长臂蟹 *M. fugax* (Fabricius) 关系密切。

备注： 本种是从遁行长臂蟹 *M. fugax* 拆分出来的种类，与后者最显著的区别是螯足掌部和两指的比例。《中国海洋蟹类》及《中国动物志　海洋低等蟹类》中记载的遁行长臂蟹均为本种。

①② 海南陵水

特指长臂蟹 *Myra eudactylus* (Bell, 1855)

①

体型：雄 CW：29.5 mm，CL：38.1 mm。

鉴别特征：头胸甲近长卵形，表面密覆细颗粒，在额区及肝区附近具短毛，中线具 1 颗粒隆脊，颊区边缘基部具 1 钝齿；额缘直，中间微凹，分 2 宽齿；后缘每边具 1 枚三角形齿，肠区向后突出 1 刺，末端向上翘；螯足粗壮，长节呈圆柱形，表面密覆细颗粒，腕节小，掌部较大，背缘长度等于高度，两指特别长，呈镰刀状，末端交叉，内缘具锐齿，两指外缘均具细锯齿；步足光滑，有光泽，第 1 对最长，末对最短；雄性腹部第 3 至第 6 节愈合，雌性腹部第 4 至第 6 节愈合。

颜色：全身灰白色至红褐色，身体后部红褐色斑纹呈 3 个“V”字平行排布，有时分散为斑点；螯足及步足大部灰白色，螯足长节色稍深，步足长节至前节均具 1 条橙红色环纹。

生活习性：栖息于泥沙质海底。

垂直分布：潮下带浅水。

地理分布：广西、海南；印度－西太平洋。

易见度：★☆☆☆☆

语源：种本名源于希腊语 *eu+dactyl*，形容本种螯足两指特别长。

②

① ② 海南陵水

遁行长臂蟹 *Myra fugax* (Fabricius, 1798)

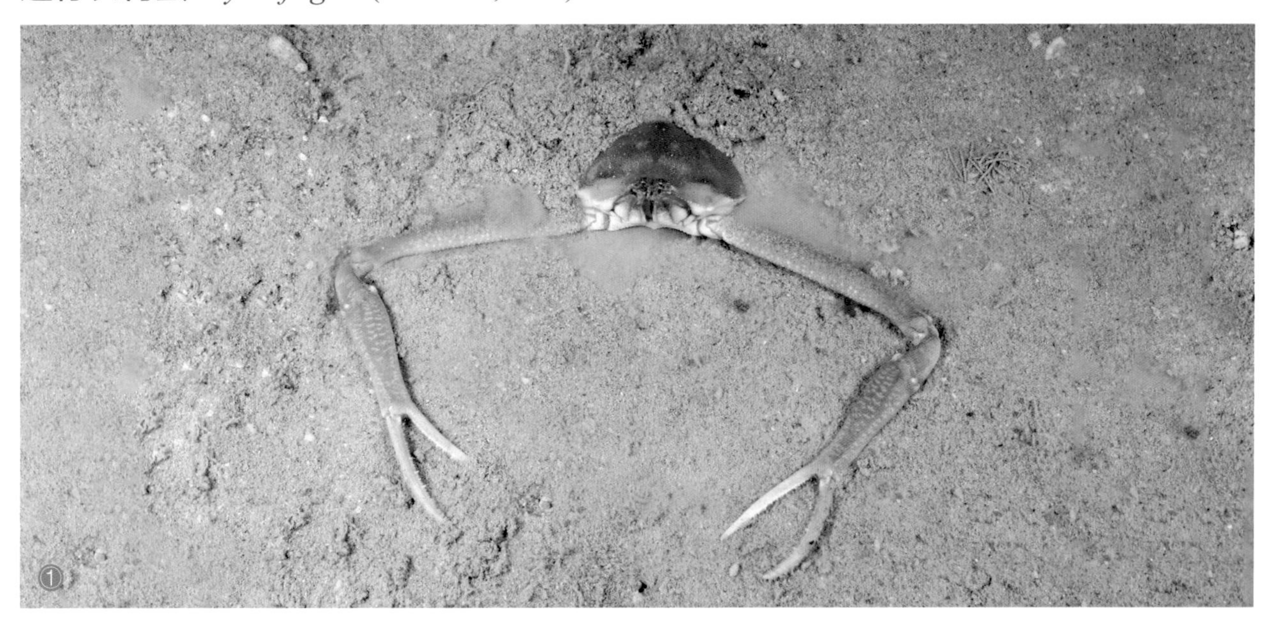

体型： 雄 CW：27.9 mm，CL：37.7 mm；雌 CW：28.1 mm，CL：34.7 mm。

鉴别特征： 头胸甲近长卵形，密覆细颗粒，背中线具 1 纵行颗粒隆脊；额上翘，分为 2 窄齿，齿间背面低洼，周围有软毛；侧缘具明显的颗粒，前侧缘在螯足基部上方具 1 缺刻，肝区具 1 条颗粒隆脊，和侧缘之间形成 1 光滑斜面；肠区背面突出 1 长刺，指向后方，两侧各有 1 三角形刺；螯足粗壮，雄性螯足修长，长节呈圆柱形，基半部颗粒较末半部明显，腕节短，掌部瘦长，中部较细，基部较末部稍宽，指节短于掌部；步足瘦长，长节和腕节近圆柱形，末两节扁平，边缘具刚毛；雄性腹部第 3 至第 6 节愈合，无颗粒突起，雌性腹部第 4 至第 6 节愈合。

颜色： 全身灰白色至红褐色，额区有 1 白色纵纹；螯足及步足大部灰白色，螯足长节色稍深，螯足掌部有时白色，中部具 1 条红褐色环纹，步足长节至前节均具 1 红褐色环纹。

生活习性： 栖息于泥沙质海底。

垂直分布： 潮下带浅水。

地理分布： 浙江、福建、台湾、广东、广西、海南；越南、所罗门群岛、斐济、印度、斯里兰卡。

易见度： ★★★★★

语源： 种本名源于拉丁语 *fagio*，意为逃跑。

① ② 海南陵水

海南长臂蟹 *Myra hainanica* Chen *et* Türkay, 2001

体型： 雌 CW：37.4 mm，CL：33.8 mm。

鉴别特征： 头胸甲近长卵形，背面颗粒少，背中线具 1 纵行颗粒隆脊，分区不明显，肝区边缘有珠状颗粒；额分为 2 叶，前缘两端略尖，中央缺刻明显；前侧缘在肝区后具 1 深凹；肠区背面突出 1 长刺，指向后方，两侧各有 1 矩形侧齿；螯足粗壮，各节表面具颗粒及刺状硬毛，长节呈圆柱形，密布颗粒，腕节短，掌部宽为长的 2 倍，指节短于掌部；步足表面具细颗粒及刺状硬毛；雄性腹部第 3 至第 6 节愈合，愈合节前部光滑，基部每边具 1 行颗粒突起，端部具 1 圆齿，雌性腹部第 4 至第 6 节愈合。

颜色： 全身灰白色至红褐色，身体后部白色；螯足及步足大部白色，螯足长节色稍深，表面颗粒白色，掌部有时白色，中部具 1 红褐色环纹；步足长节至前节之间具红褐色环纹。

生活习性： 栖息于泥沙质海底。

垂直分布： 潮下带浅水。

地理分布： 广西、海南。

易见度： ★★☆☆☆

语源： 种本名源于模式产地海南。

① ② 海南三亚 / 雌蟹

精美五角蟹 *Nursia lar* (Fabricius, 1798)

体型： 雄 CW：11.2 mm，CL：7.8 mm。

鉴别特征： 头胸甲五角形，具 6 条颗粒隆脊，肝区和前侧缘第 4 齿向内引入相互连接的隆脊，沿额区中央向后引入 1 行明显的隆脊，隆脊交会处颗粒密集；前侧缘中部微凹，分为 2 枚宽叶，基部具 1 枚尖三角形齿，后侧缘中部深凹，两端各具 1 枚三角形齿；后缘宽，两端呈钝角突出；螯足细长，超过头胸甲长度 2 倍；步足侧扁；雄性腹部第 3 至第 6 节愈合，雌性腹部第 4 至第 6 节愈合。

颜色： 头胸甲黄褐色；螯足淡紫色，两指端部白色；步足淡黄色，具黄褐色环纹。

生活习性： 栖息于泥沙或碎贝壳质海底。

垂直分布： 低潮带至潮下带。

地理分布： 福建、台湾、广东、香港、广西、海南；日本、印度洋。

易见度： ★★☆☆☆

语源： 属名源于幸运女神 Nortia 的旧称，中文名形容本属头胸甲呈五角形。种本名源于希腊语 *laros*，意为精美的。

①② 福建厦门

烟色卵拳蟹 *Ovilyra fuliginosa* (Targioni Tozzetti, 1877)

体型： 雄 CW：19 mm，CL：17 mm；雌 CW：14 mm，CL：12 mm。

鉴别特征： 胸甲橄榄形或近卵形，长大于宽，表面光滑，背面稍隆起，而后中线具 1 条纵行细颗粒脊，肝区、胃区、心区及鳃区具明显颗粒，心、肠区两侧具细沟；额短，前缘中部突出；前侧缘在肝区具 1 斜面，边缘有粗颗粒，在斜面下缘基部有 1 大齿；第 3 颚足外肢末端宽卵圆形，表面具细颗粒，显著宽于内肢；螯足近相等，粗壮，雌性螯较雄性短，长节圆柱形，边缘及其附近有细颗粒，腕节小，内、外缘均具颗粒脊，掌部光滑，外缘直，内缘隆起，两指长于掌部，不动指近基部具 1 大齿，边缘具小细齿；步足瘦小，光滑；雄性腹部第 3 至第 5 节愈合，在第 3 节两侧可见第 8 胸节，第 6 节近矩形，雌性腹部第 3 至第 6 节愈合。

颜色： 体色多变，头胸甲灰色至榄绿色；螯足及步足黄褐色。

生活习性： 栖息于泥沙质水底

垂直分布： 低潮带至潮下带浅水

地理分布： 江苏、浙江、福建、广东、广西、海南；泰国湾、新加坡、马来半岛、印度尼西亚（爪哇）。

易见度： ★★☆☆☆

语源： 属名源于拉丁语 *ovat*（卵形）+*ilyra*（拳蟹属后缀），直译为卵拳蟹。种本名源于拉丁语 *fulig*，意为烟色的。

备注：《中国海洋生物名录》中记载的橄榄拳蟹 *Philyra olivacea* 为本种的同物异名。

① ② 浙江舟山 / 郭星乐

短小拟五角蟹 *Paranursia abbreviata* (Bell, 1855)

体型： 雄 CW：7.9 mm，CL：7.2 mm。

鉴别特征： 头胸甲扁平，近五边形，宽大于长，边缘具颗粒，呈薄片波纹状，形成 7 个浅圆叶，每边前侧缘各 2 叶，前叶小后叶大，后侧缘及后缘各 1 叶；背面具 3 条颗粒隆脊；额分 3 钝叶，中叶显著宽于侧叶；螯足对称，长节粗壮，边缘呈隆脊状，具粗颗粒；腕节粗短，边缘薄锐有颗粒脊；掌部膨大，背面中部具 1 纵行颗粒脊，指节短于掌部；步足第 2 对最长，末对最短，各节边缘薄锐，长节瘦长，具 4 条纵列颗粒脊，指节爪状；雄性腹部第 3 至第 5 节愈合，雌性腹部第 3 至第 6 节愈合。

颜色： 头胸甲乳白色，杂有黄褐色斑点；螯足与头胸甲同色，掌部端部 2/3 乳白色；步足淡黄色。

生活习性： 栖息于泥沙质海底。

垂直分布： 低潮带至潮下带浅水。

地理分布： 福建、广东、广西、海南；印度洋。

易见度： ★★★★★

语源： 属名源于 *para+Nursia*（五角蟹属），直译为拟五角蟹。种本名源于拉丁语 *abbreviatus*，意为缩短的。

①② 福建厦门

白斑假拳蟹 *Pseudophilyra albimaculata* Chen *et* Sun, 2002

体型： 雌 CW：12.8 mm，CL：13.8 mm。

鉴别特征： 头胸甲近圆形，长略大于宽，表面光滑具光泽；额稍隆起，分 3 齿，中齿突出于口前板，侧齿钝三角形，侧缘及后缘具珠状颗粒；前侧缘短于后侧缘，后侧缘向后收敛；螯足粗壮，对称，长节圆柱形，背面基部 2/3 具细颗粒，腕节小，隆起，表面光滑，掌节长方形，基半部中间隆起，可动指短于掌节，两指内缘基半部具 4 ~ 6 枚钝齿；步足略粗壮，其中第 1 对最长，依次渐短，腕节背缘具 1 光滑脊，前节略呈长方形，指节披针状；雄性腹部第 3 至第 6 节愈合，其中第 5、第 6 节间线明显，但不可活动，雌性腹部第 3 至第 6 节愈合。

颜色： 头胸甲白色，具黄褐色至红褐色斑纹；螯足长节基部 2/3、腕节及掌节基半部黄褐色，两指基部 2/3 橙红色，端部白色；步足白色，具黄褐色环纹。

生活习性： 栖息于泥或泥沙质海底。

垂直分布： 潮下带浅水。

地理分布： 福建、广东。

易见度： ★☆☆☆☆

语源： 属名源于 *pseudo+Philyra*（拳蟹属），直译为假拳蟹。种本名源于拉丁语 *albus+maculatus*，意为有白色斑点的。

① ② 福建泉州

墨吉假拳蟹 *Pseudophilyra melita* De Man, 1888

体型： 雌 CW：10 mm，CL：11 mm。

鉴别特征： 头胸甲近圆形，长略大于宽，表面光滑具光泽，胃区、心区及鳃区具微细颗粒；额分 3 齿，中齿突出，侧齿钝；前侧缘呈波纹状，短于后侧缘，后侧缘向后收敛，与后缘间呈钝圆形；螯足对称，长节圆柱形，背面及边缘具纵行排列的细颗粒，腕节小，背面中部隆起，两侧稍扁平，两指短于掌部，内缘不具明显小齿，但近中部稍突出；步足细长，其中第 1 对最长，各节表面光滑无毛，前节扁平，指节披针状；雄性腹部第 3 至第 6 节愈合，其中第 5、第 6 节间线明显，但不可活动，雌性腹部第 3 至第 6 节愈合。

颜色： 头胸甲白色，具黄褐色至红褐色斑纹；螯足长节基部 2/3、腕节及掌节基半部黄褐色，两指基部 2/3 橙红色，端部白色；步足白色，具黄褐色环纹。

生活习性： 栖息于泥或泥沙质海底。

垂直分布： 潮下带浅水。

地理分布： 海南；印度洋。

易见度： ★☆☆☆☆

语源： 种本名源于希腊神话中的海仙女 Melita 的名字，中文名源于模式产地墨吉群岛（Mergui Archipelago）。

①② 海南陵水

豆形肝突蟹 *Pyrhila pisum* (De Haan, 1841)

豆形皮拳蟹（台）

体型： 雌 CW：17 mm，CL：19 mm。

鉴别特征： 头胸甲圆形，长稍大于宽，背面中部隆起，胃区、心区及鳃区具颗粒群，背部末 1/3 较光滑；额短，前缘中部稍凹；螯足近相等，粗壮，长节背面基半部近中线有颗粒脊，近边缘密具细颗粒，掌部短于指节，背缘具 1 行颗粒脊；步足瘦小，光滑；雄性腹部第 2 至第 6 节愈合，雌性腹部第 3 至第 6 节愈合。

颜色： 体色多变，头胸甲灰色至橄绿色；螯足及步足黄褐色。

生活习性： 栖息于泥沙质海底。白天躲藏于泥沙中，夜间出来活动，经常出现在退潮后的浅洼处。作者在上海南汇湿地夜间观察，曾发现数百只豆形肝突蟹在一处凹陷的泥潭里活动，甚至会捕食刚刚蜕壳还处于软壳状态下的同类。

垂直分布： 中潮带至潮下带浅水。

地理分布： 中国海域广布；日本、朝鲜半岛。

易见度： ★★★★★

语源： 属名由拳蟹属（*Philyra*）字母打乱顺序后的生造词，无实际含义，中文名形容本属头胸甲肝区具隆起。种本名源于拉丁语 *pisum*，意为豌豆，形容本种头胸甲形状像豆子。

① 天津 / 抱对　② ③ 上海

隆线肝突蟹 *Pyrhila carinata* (Bell, 1855)

隆骨皮拳蟹（台）

体 型： 雄 CW：29.4 mm，CL：28.6 mm； 雌 CW：22 mm，CL：23.6 mm。

鉴别特征： 头胸甲圆形，自额后至肠区中线具颗粒隆脊，胃区、心区及鳃区具颗粒群；螯足近相等，粗壮，长节前缘近中部向外扩大，基半部稍隆起，表面有细颗粒，掌部稍短于指节，内侧隆起，具粗颗粒，背、腹内缘各具 1 列颗粒脊；步足瘦小，光滑；雄性腹部第 2 至第 6 节愈合，雌性腹部第 3 至第 6 节愈合。

颜色： 体色多变，全身灰色、黄褐色或棕褐色，头胸甲背面有时杂有深浅不一的斑纹或斑点。

生活习性： 栖息于泥沙质海底。相比豆形肝突蟹更喜欢具细沙粒的底质。

垂直分布： 中潮带至潮下带浅水。

地理分布： 中国海域广布；西太平洋。

易见度： ★★★★★

语源： 种本名源于拉丁语 *carina*，意为龙首形，形容本种头胸甲额 - 肠区具 1 颗粒隆脊。

① 广西防城港　② ③ 福建厦门

玉蟹亚科 Leucosiinae

鸭额玉蟹 *Leucosia anatum* (Herbst, 1783)

体型： 雌 CW：22.2 mm，CL：25.3 mm。

鉴别特征： 头胸甲近圆形，中部突起，表面光滑；头胸甲侧面具显著的胸窦，胸窦较开阔，底部具 6-7 枚珠粒，前 4 枚较大；螯足近相等，粗壮，大部分光滑，长节基部中部具大珠粒，腕节光滑，掌部长方形，背、腹内缘各具 1 列细颗粒；雄性腹部第 3 至第 5 节愈合，雌性腹部第 3 至第 6 节愈合。

颜色： 头胸甲灰褐色，胃、心区两侧 3 枚融合的圆形状花纹；螯足与头胸甲同色，具橙红色环纹，长节珠粒白色，外缘橙红色，两指基部 2/3 橙红色；步足白色，具橙红色环纹。

生活习性： 栖息于泥沙质海底。

垂直分布： 潮下带浅水。

地理分布： 福建、台湾、广东、广西、海南；日本、韩国、澳大利亚、印度。

易见度： ★★★★★

语源： 属名源于希腊神话中的海仙女 Leucothoe，中文名形容本属头胸甲似玉石。种本名源于拉丁语 *anatis*，形容本种额向前突出似鸭嘴。

① 广东深圳 / –5 m / 黄宇 / 雌蟹腹面　② ③ 广东深圳 / –5 m / 黄宇

红宝玉蟹 *Leucosia rubripalma* Galil, 2003

体型： 雄 CW：18.34 mm，CL：19.01 mm。

鉴别特征： 头胸甲近圆形，中部突起，表面光滑；头胸甲侧面具显著的胸窦，胸窦较开阔，底部有明显的 5 枚珠粒，前 4 枚较大；螯足近相等，粗壮，大部分光滑，长节基部和中部具珠粒，掌部椭圆，背、腹内缘各具 1 列细颗粒；雄性腹部第 3 至第 5 节愈合，雌性腹部第 3 至第 6 节愈合。

颜色： 头胸甲灰褐色至红褐色，肝区暗红色，额区白色，肠区两侧具 1 对暗红色圆斑；螯足与头胸甲同色，长节珠粒乳白色，外缘橙红色，掌节及指节白色，掌部内侧面具 1 枚红斑；步足白色，具橙红色环纹。

生活习性： 栖息于泥沙质海底。

垂直分布： 潮下带浅水。

地理分布： 广东、海南；新加坡、印度尼西亚、新几内亚。

易见度： ★☆☆☆☆

语源： 种本名源于拉丁语 *rubrica+palma*，形容本种螯足掌部内侧面具大红斑。

① 广东深圳 / –5 m / 黄宇　　② 海南三亚 / –8 m / 徐一唐

带纹化玉蟹 *Seulocia vittata* (Stimpson, 1858)

体型： 雌 CW：15.6 mm，CL：18.2 mm。

鉴别特征： 头胸甲近圆形，中部突起，表面光滑；额前缘分 3 小齿，中齿大于侧齿；前侧缘具细颗粒，与后侧缘交界处呈钝角；头胸甲侧面具显著的胸窦，底部具 20 ~ 25 枚珠粒；螯足近相等，粗壮，大部分光滑，长节前、后缘具珠粒，腕节内缘具细颗粒，掌部长方形，背、腹内缘各具 1 列细颗粒；步足前 3 对长节较细长，边缘有颗粒，腕节小、隆起，前缘薄锐，前节呈长方形，边缘薄锐，指尖披针状；雄性腹部第 3 至第 5 节愈合，雌性腹部第 3 至第 6 节愈合。

颜色： 头胸甲灰褐色，两侧具 4 对斜行红褐色条纹；螯足与步足白色，具橙红色环纹，螯足两指橙红色。

生活习性： 栖息于泥沙质海底。

垂直分布： 低潮带至潮下带浅水。

地理分布： 福建、台湾、广东、香港、广西、海南；泰国、新加坡、印度尼西亚、毛里求斯、印度。

易见度： ★★☆☆☆

语源： 属名源于玉蟹属（*Leucosia*）字母打乱顺序后的生造词，无实际含义，中文名“化”意指本属名源于玉蟹属的变化。种本名源于拉丁语 *vittatus*，形容本种头胸甲上的红色条纹。

① ② 福建厦门

拟红斑坛形蟹 *Urnalana parahaematostica* Galil, 2005

体型： 雄 CW：11.2 mm，CL：11.9 mm；雌 CW：12.8 mm，CL：12.6 mm。

鉴别特征： 头胸甲近斜方形，背面隆起，表面光滑，从额部中线向后至心区具 1 纵行隆脊；前侧缘稍凹陷，短于后侧缘，后侧缘表面有细颗粒及绒毛；胸窦具绒毛，下缘具 5 ~ 7 枚颗粒；螯足粗壮，近相等，长节边缘具珠状颗粒，背面近基部 1/3 外侧具绒毛，掌部长大于宽，两指长于掌部，内缘具小齿；雄性腹部第 3 至第 5 节愈合，雌性腹部第 3 至第 6 节愈合。

颜色： 头胸甲灰褐色，全身具有红色斑点，身体背面较多；螯足与步足白色，具橙红色环纹和斑点。

生活习性： 栖息于泥沙质浅水底，生活水层较深，不常见。

垂直分布： 潮下带浅水。

地理分布： 浙江、福建、台湾；日本、韩国。

易见度： ★☆☆☆☆

语源： 属名源于拉丁语 *urna+lana*，意为具毛的瓮，形容头胸甲呈坛形且具毛。种本名源于拉丁语 *para+haematostict*，形容本种近似于红斑坛形蟹。

备注：《中国动物志》中记载的红斑玉蟹 *Leucosia haematostica*（后改为坛形蟹属）实际包含了两个物种，即红斑坛形蟹 *U. haematostica* 与本种。红斑坛形蟹栖息于纬度较低的热带海区，而本种则适应暖温带海水，红斑坛形蟹和本种的外形较为接近，唯独雄性 G1 末端中央的尖突明显长于端部，而本种则略长于端部。

① ② 福建石狮

蜘蛛蟹总科 Majoidea

卧蜘蛛蟹科 Epialtidae

头胸甲通常长大于宽，近圆形或梨形，中部强烈凸起；额具 1 或 2 个刺；眼柄短，通常不可活动，眼窝退化，不完整，通常不能包住角膜，有时具眶后刺；第 3 颚足长节与座节宽近相等，略短于座节；螯足粗壮，近对称，掌节多少膨胀；通常第 1 对步足长于其余 3 对，指节钩状或近钩状；两性腹部 7 节；雄性 G1 粗，略微弯曲，G2 短于 G1；雄性生殖孔位于步足底节，雌性雌孔位于胸部腹甲。

全世界已知 85 属 466 种，中国记录 28 属 76 种。

卧蜘蛛蟹亚科 Epialtinae

单角蟹 *Menaethius monoceros* (Latreille, 1825)

单刺单角蟹（台）

体型： 雄 CW：14.5 mm，CL：21.1 mm。

鉴别特征： 头胸甲三角形，表面扁平，胃区、心区及肠区隆起，其中胃区具 3 疣突，心区和肠区各具 1 疣突；雄性额部向前伸出，呈角刺形，雌性较短，表面密具卷曲的刚毛；肝区边缘具 2 齿状突起，前齿较后齿大，鳃区侧缘具 2 齿，后齿较前齿大；雄性螯足壮大，长节背缘具带毛的疣突，可动指内缘基部具 1 钝齿；步足第 1 对最长。

颜色： 体色多变，全身藻绿色或褐色；常附着藻类于身上。

生活习性： 栖息于珊瑚礁或岩礁碎石底的海藻上，喜欢将环境中的海藻挂于身上用于伪装。

垂直分布： 中潮带至潮下带浅水。

地理分布： 福建、台湾、广东、香港、海南；印度－西太平洋。

易见度： ★★★★★

语源： 属名语源不详。种本名源于希腊语 *monos+kéras*，形容本种额向前伸出像一只角。

①海南儋州 / 雌蟹　②海南三亚　③④海南文昌

中型矶蟹 *Pugettia intermedia* Sakai, 1938

体型： 雄 CW：27.7 mm，CL：34.9 mm。

鉴别特征： 头胸甲梨形，长大于宽，表面具细微绒毛和稀疏长毛（小个体毛极多）；额突出为 2 枚中等长度的刺，背缘基半部具 2 列浓密的钩状毛；前眼窝刺长，端部指向侧前方；背眼缘向外延伸，边缘内凹；眼窝孔小；后眼窝叶小，三角形，显著突出于头胸甲，短于前眼窝刺，和肝区前齿之间具"U"字形深缺刻，和肝区前齿不连接；肝突外缘内凹，肝叶大，宽，端部尖，指向前侧方；螯足近对称，长节三棱状，腹外侧的棱具 3 ~ 4 个不明显叶状齿，背缘的棱具 3 个窄的叶状刺（1 个位于基部），腕节膨胀，背面具 1 条模糊的隆脊，常分裂为 2 个突起，外侧面具 1 低矮斜脊，中部较平直，轻度凹陷，雄性大个体两指闭合时空隙大（亚成体空隙小，齿列排布更靠基部），可动指内缘端部 2/3 具齿，基部 1/3 无齿；步足细长，具浓密的细毛和钩状毛，指节腹面具 2 行不规则的稀疏棘刺，第 1 步足的长节背缘端部具 1 突起，腕节具凹陷。

颜色： 体色多变，全身灰白色、褐绿色或深绿色；步足具环纹。

生活习性： 栖息于海藻丰富的岩礁或沙石底，喜欢将环境中的海藻挂于身上用于伪装，通常在额区的频率高。

垂直分布： 中潮带至潮下带。

地理分布： 中国海域广布；日本、朝鲜半岛。

易见度： ★★★☆☆

语源： 属名源于模式种细足矶蟹 *P. gracilis* 的模式产地美国普吉特湾（Puget Sound），中文名形容本属喜欢栖息于岩礁处。种本名源于拉丁语 *intermediate*，意为中型的。

备注： 本种与其他种最显著区别是步足上具长而显著的长毛。

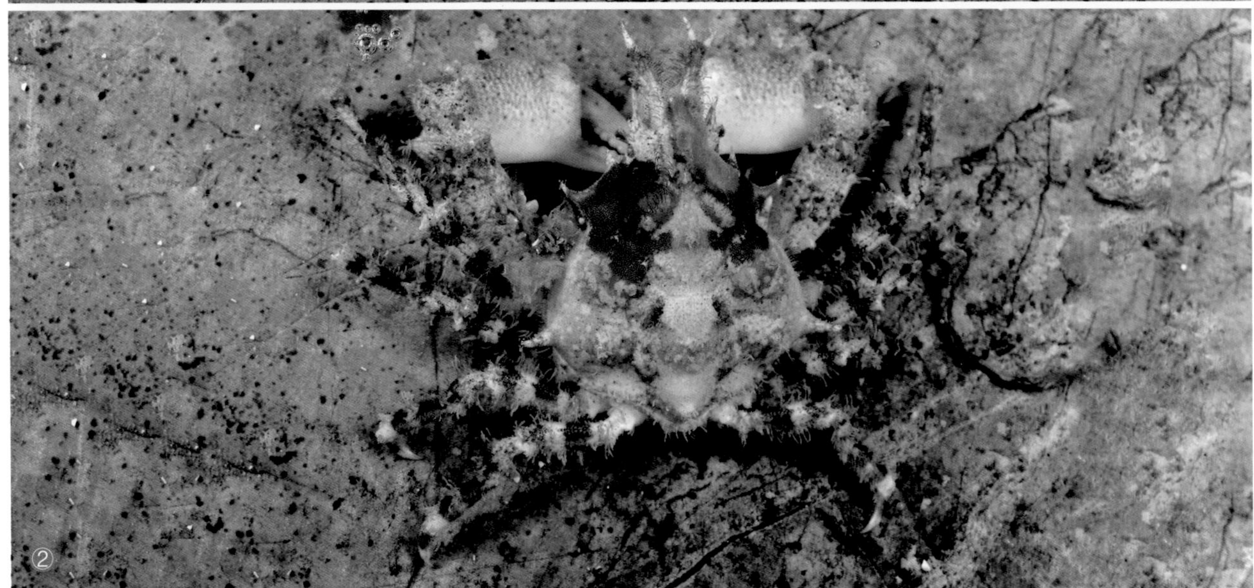

①②广东南澳

长足矶蟹 *Pugettia longipes* Ohtsuchi, Komatsu *et* Li, 2020

体型： 雄 CW：20.2 mm，CL：26 mm。

鉴别特征： 头胸甲梨形，长大于宽，表面具细微绒毛和稀疏长毛；额突出为 2 枚中等长度的刺，背缘基半部具 2 列浓密的钩状毛；前眼窝刺长，端部指向侧前方；背眼缘向外延伸，边缘内凹；眼窝孔小；后眼窝叶小，圆钝，起伏轻微，和肝区前齿之间具“V”字形深缺刻，和肝区前齿不连接；肝突外缘较平直，肝叶较小，宽，端部尖，指向前侧方；螯足近对称，长节三棱状，腹外侧的棱具 3 ~ 4 个不明显叶状齿，背缘的棱具 2 个叶状刺，腕节膨胀，背面具 1 条隆脊，外侧面具 1 斜脊，中部具 1 瘤状突出，雄性大个体两指闭合时空隙小；步足细长，具稀疏的钩状毛和细密的短绒毛，指节腹面具 2 行密集的棘刺，第 1 步足的长节背缘端部具 1 突起，腕节轻度凹陷或不凹陷。

颜色： 体色多变，全身灰白色、褐色或深褐色；额部常挂着海藻。

生活习性： 栖息于海藻丰富的岩礁或沙石底，喜欢将环境中的海藻挂于身上用于伪装。

垂直分布： 中潮带至潮下带浅水。

地理分布： 山东半岛。

易见度： ★★★★★

语源： 种本名源于拉丁语 *longus+pes*，意为长足。

备注： 本种常被错误鉴定为四齿矶蟹 *P. quadridens*。两者主要区别在于本种螯足两指闭合后空隙很小，而四齿矶蟹两指闭合后有很大空隙。

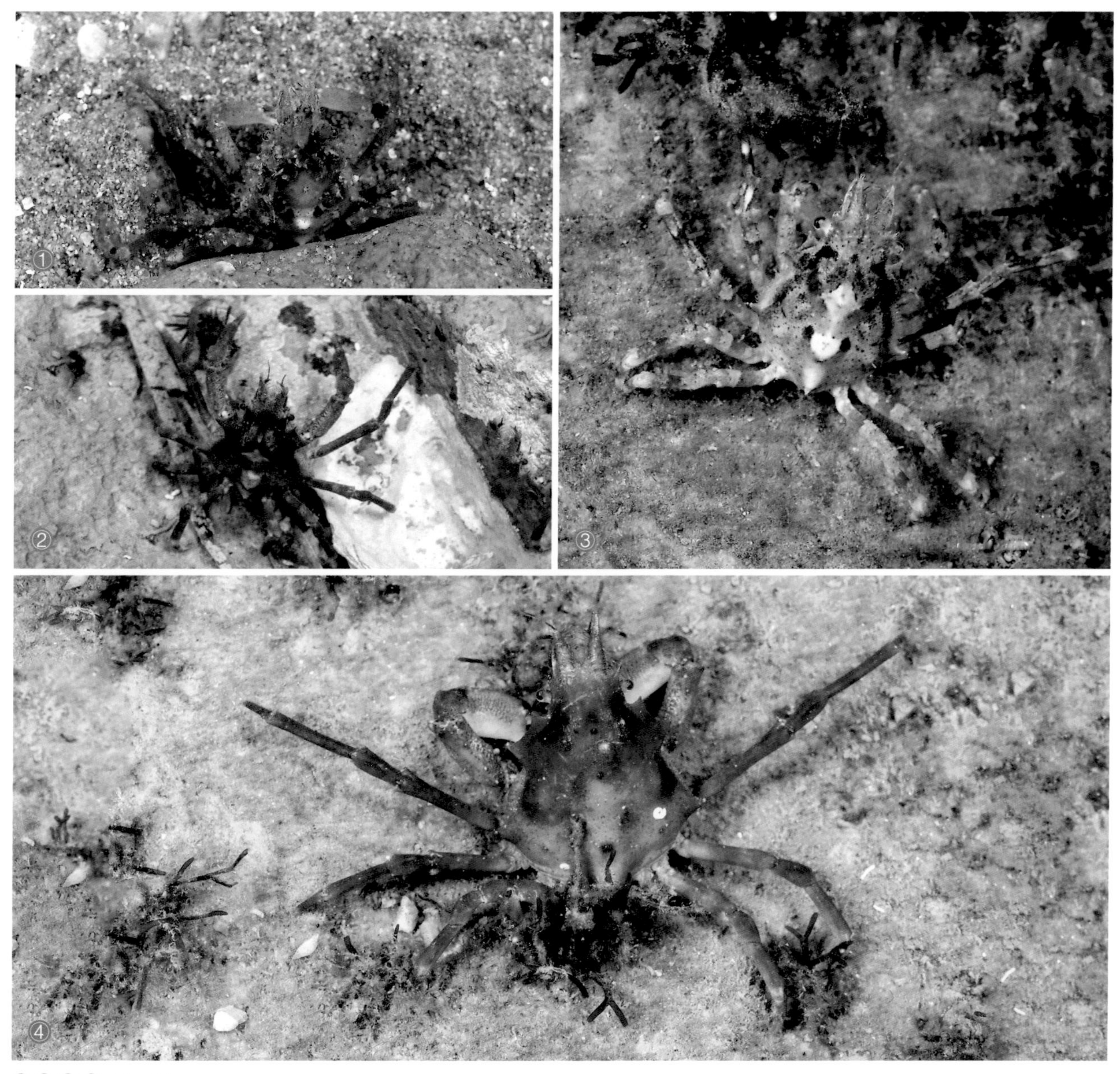

①②③④ 山东青岛

四齿矶蟹 *Pugettia quadridens* (De Haan, 1837)

体型：雄 CW：26.2 mm，CL：32.6 mm。

鉴别特征：头胸甲梨形，长大于宽，表面肉眼可见光滑，放大后可见小而扁平的毛；额突出为 2 短刺，背缘基半部具 2 列浓密的钩状毛；前眼窝刺长，端部指向侧前方；背眼缘向外延伸，边缘内凹；眼窝孔小；后眼窝叶小，三角形，显著短于前眼窝刺；肝叶大，宽，三角形，端部钝，指向前方；螯足近对称，腕节膨胀，背面具不显著的脊，外侧面具 1 斜脊，中部具 1 宽凹陷，两指闭合时空隙大，可动指内缘端部 2/3 具齿，基部 1/3 具 2 个大而独立的齿，不动指内缘具数个钝齿；步足细长，指节腹面具 2 行棘刺。

颜色：体色多变，全身藻绿色或紫褐色；额部常挂着海藻。

生活习性：栖息于海藻丰富的岩礁或沙石底，喜欢将环境中的海藻挂于身上用于伪装。

垂直分布：中潮带至潮下带浅水。

地理分布：福建、广东；日本、朝鲜半岛。

易见度：★★★★★

语源：种本名源于拉丁语 *quadr+dens*，意为 4 齿。

备注：Ohtsuchi 等（2020）依据日本岩手县大槌湾的标本描述了新种凶猛矶蟹 *P. ferox*，并根据标本记录认为四齿矶蟹更偏向南分布，而凶猛矶蟹更偏向北部，但两者在日本本岛诸多地方同域分布。受限于研究样本，这篇研究中四齿矶蟹在中国的分布点只给出了福建，而包括辽东湾、渤海湾、山东半岛及江苏一带的标本被定为凶猛矶蟹。由于矶蟹在生长过程中外部形态变化较大，需要详细检视标本才能更准确地鉴定种类。因此，本书暂时以 Ohtsuchi 等人的研究为基础，并结合实际的标本收集记录，将四齿矶蟹的分布区域暂时限定为福建及广东，其分布范围有待更多的标本采集与检视。

①

②

① ② 广东深圳 / –3 m / 黄宇

锥扁异蟹 *Xenocarcinus conicus* (A. Milne-Edwards, 1865)

体型： 雄 CW：4.4 mm，CL：14.2 mm。
鉴别特征： 头胸甲长卵形，长大于宽，表面多少扁平，分区不明显，中胃区及鳃区轻微隆起，不具疣突，心区扁平，两侧各具 1 突起；额角长，喙状，端部二分，多少扁平，表面具毛；眼窝圆，浅，眼大；螯足长，长节前缘具 3 刺，后缘近末端具 1 刺，两指并拢无空隙；第 1 对步足长于头胸甲长，长节背缘具 4 齿，腕节背缘中部具 1 钝齿，指节弯曲，内缘具 11 锐齿，其余 3 对步足长节具 3 个不显著的齿，指节内缘具 8 齿。
颜色： 全身乳白色，头胸甲背面从额开始至后部具 4 纵列棕黑色条纹；螯足及步足具棕黑色环纹，有时棕黑色面积增大。
生活习性： 栖息于黑珊瑚枝条上。
垂直分布： 潮下带浅水。
地理分布： 海南；日本、韩国、马来西亚、印度尼西亚（班达群岛、卡伊群岛）、红海、西印度洋。
易见度： ★★☆☆☆
语源： 属名源于希腊语 *xenos+karkinos*，意为陌生的螃蟹，中文名或许是形容本属身体扁，形态或习性奇异。种本名源于希腊语 *kōnikos*，意为圆锥形的。

①②③ 海南三亚 / –10 m / 徐一唐

豆眼蟹亚科 Pisinae

沟痕绒球蟹 *Doclea canalifera* Stimpson, 1857

体型：雄 CW：48.5 mm，CL：53.7 mm。

鉴别特征：头胸甲近圆形，稚蟹菱形，表面隆起，密具短绒毛，胃区中部具 1 列纵行 4 个突起，最末 1 个呈刺形，心区具 1 刺，随个体增大而变钝，肝区及鳃区隆起，具颗粒状突起；额分 2 短刺；颊区沿口框具 1 深沟，边缘密具绒毛；前侧缘具 2 刺，幼体 3 刺，末刺粗长，后缘也具 1 刺；螯足瘦小，大个体掌部和两指裸露，两指内缘具细齿；步足粗壮，圆柱形，除指节尖端外密具短绒毛。

颜色：全身灰褐色至深褐色；螯足掌节与指节白色；步足指节粉红色。稚蟹体色多变。

生活习性：栖息于泥沙底，喜欢将环境中的海绵等异物挂于身上用于伪装。

垂直分布：潮下带浅水。

地理分布：福建、台湾、香港、广西、海南；日本、越南、新加坡、印度。

易见度：★★☆☆☆

语源：推测属名源于古罗马城市 Doclea，中文名形容头胸甲似绒球。种本名源于拉丁语 *canalis*，形容本种颊区具 1 深沟状构造。

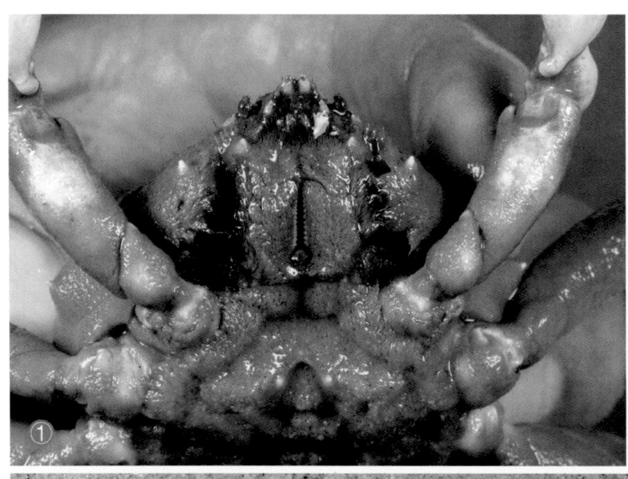

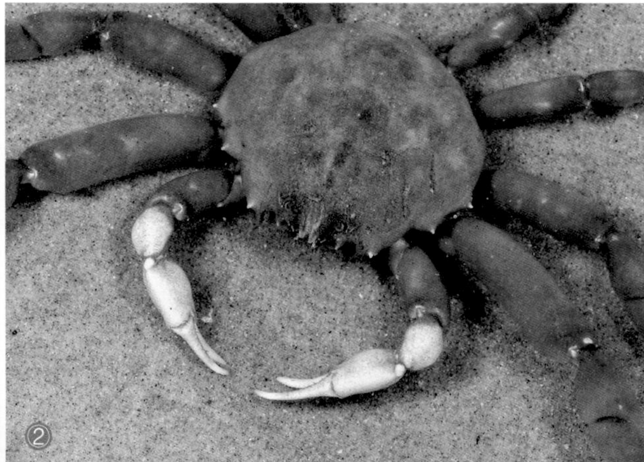

①②③ 海南陵水

里氏绒球蟹 *Doclea rissoni* Leach, 1815

体型： 雄 CW：17.7 mm，CL：19.4 mm。

鉴别特征： 头胸甲近圆形，稚蟹菱形，表面隆起，密具短绒毛，胃、心及肠区各具 1 显著突起；额窄，向前突出分 2 齿；前侧缘具 3 刺，末刺大而锐；螯足粗大，小个体较瘦小，掌部及两指内外侧面具长刚毛；步足圆柱形，除指节及前节外密具短绒毛。

颜色： 全身灰褐色至深褐色；螯足灰白色，长节、腕节及掌节具暗色环纹；步足灰白色，具暗色环纹，前 2 对步足前节及指节粉红色。稚蟹体色多变。

生活习性： 栖息于泥沙底，喜欢将环境中的海绵等异物挂于身上用于伪装。

垂直分布： 低潮带至潮下带浅水。

地理分布： 福建、台湾、广东、香港、广西、海南；印度－西太平洋。

易见度： ★★★★★

语源： 种本名以欧洲博物学家朱塞佩•安东尼奥•里索（Giuseppe Antonio Risso）的姓氏命名。

备注：《中国海洋蟹类》中记载的细肢绒球蟹 *D. gracilipes* 及中华绒球蟹 *D. sinensis* 均为本种的同物异名。绒球蟹未成熟个体与成体间形态上存在较大差异，有些种类即便是雄性 G1 在未成熟个体上也略有差异，需要仔细检视标本。

① ②福建厦门 / 雄性稚蟹　③ 福建厦门 / 雄性亚成体

奥氏樱蛛蟹 *Hoplophrys oatesii* Henderson, 1893

体型：雄 CW：8.8 mm，CL：9.0 mm。

鉴别特征：头胸甲近梨形，长略大于宽，全身光滑裸露，散生刺突；额缘弯折向下，额区刺长，指向侧前方；触角基节拉长，具尖齿状突起，背面观可见；背眼缘不扩展，前眼窝刺长，端部指向侧前方，末端小刺不膨大，尖端分为2个结节；眼柄伸出，在角膜背面具1枚小刺；胃区和心区隆起，鳃区具2枚粗壮的齿，1枚突出于侧面；胃区中央前后排布具2枚壮刺，心区隆起为2个小结节，肠区具2枚指向后方的钝结节；螯足近相等，不甚粗壮，长节至腕节背缘具不规则的小齿，不动指下部具长毛；步足粗壮，各节表面具不规则刺状突起；雄性腹部7节，雌性腹部第3至第6节愈合。

颜色：全身灰白色至浅黄色，身上的棘突和色斑多为淡粉色，部分个体全身粉红色。

生活习性：栖息于棘穗软珊瑚（*Dendronephthya*）上。

垂直分布：潮下带浅水。

地理分布：台湾、海南；印度－西太平洋。

易见度：★★☆☆☆

语源：属名源于希腊语 *hopl+ophrys*，意为武装的眉毛，中文名形容本属似樱花。种本名以标本采集者奥茨（E. W. Oates）先生的姓氏命名。

① 海南陵水 / –10m / 徐一唐

导师互敬蟹 *Hyastenus ducator* Lee *et* Ng, 2020

体型： 雄 CW：36.5 mm，CL：61.1 mm。

鉴别特征： 头胸甲梨形，全身密覆绒毛，去毛后光滑，胃区具 6 个突起，包括中胃区的一大一小 2 个突起及前胃区 4 个突起，肝区具 1 个小突起，上胃区具 1 个突起，鳃区具 3 个纵向排列的突起，其中上鳃区 1 个，中鳃区 2 个，侧鳃区具 1 枚短刺；额突出为 2 长角，末端分离；螯足粗壮，近对称，长节背、腹缘具瘤结，腕节短，具 4 ~ 6 枚瘤节，两指约与掌部背缘等长，可动指基部具 1 小齿突；步足细长，除指节外均密覆刚毛。

颜色： 全身灰白色或红褐色。

生活习性： 栖息于浅海及潮下带的水坑中，喜欢将环境中的海藻和海绵挂于身上用于伪装，前额两角之间通常覆盖有海绵。

垂直分布： 低潮带至潮下带浅水。

地理分布： 山东、福建、台湾、广东；日本、韩国。

易见度： ★★★★★

语源： 属名源于 *Hyas*（互爱蟹属）+*tenuis*，意为本属比互爱蟹属体型瘦窄，中文名为音译。种本名源于拉丁语 *ducator*，意为领袖，用以怀念我国著名甲壳动物学家刘瑞玉先生。

备注： 本种即慈母互敬蟹 *H. pleione* 的误定。慈母互敬蟹目前仅知分布于印度、斯里兰卡、马纳尔湾及阿拉伯海（印度洋）。

① ② 山东青岛

希氏互敬蟹 *Hyastenus hilgendorfi* De Man, 1887

体型： 雄 CW：9 mm，CL：20.3 mm；雌 CW：7.6 mm，CL：16.6 mm。

鉴别特征： 头胸甲梨形，表面密布绒毛，去除毛发后具很多凹陷和刻点，胃区、心区及鳃区隆起，互被浅沟所分隔；额区具极长的两角；侧缘具 3 ~ 6 齿，鳃区表面具少量突起，后侧缘具 1 枚壮刺；胃区中部突出为 1 结节，心区和肠区稍隆起，肠区具 1 个低矮结节；螯足粗壮；步足细长，指节似镰刀状，边缘具小刺。

颜色： 体色多变，全身灰白色、黄褐色或红褐色。

生活习性： 栖息于浅海柳珊瑚上，体表常附着海绵和水螅体。

垂直分布： 潮下带浅水。

地理分布： 海南；印度 - 西太平洋。

易见度： ★★☆☆☆

语源： 种本名以德国动物学家弗兰兹·马丁·希尔根多夫（Franz Martin Hilgendorf）的姓氏命名。

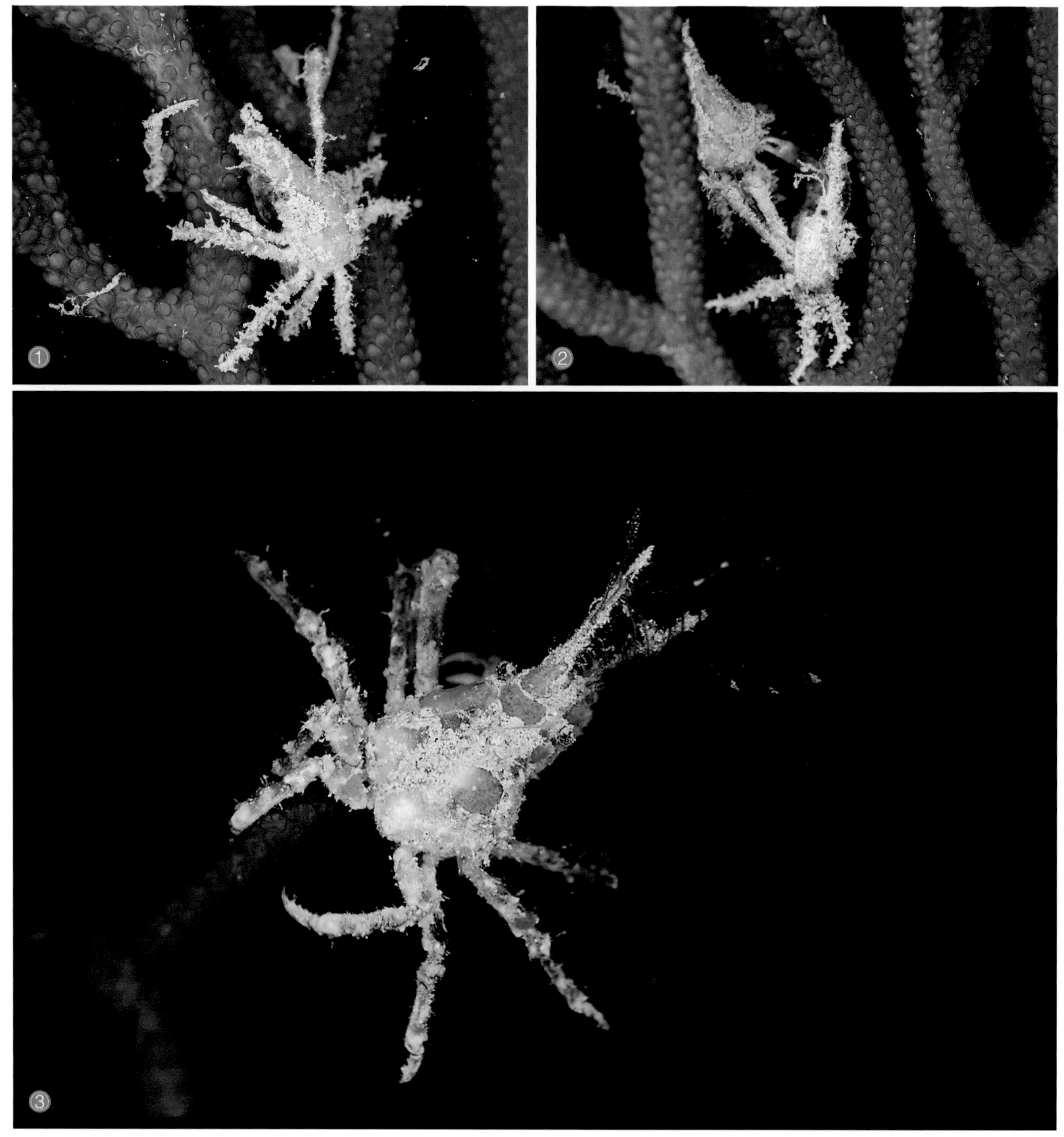

①②③ 海南三亚 / –8 m / 徐一唐

长足长踦蟹 *Phalangipus longipes* (Linnaeus, 1758)

体型：雄 CW：14.2 mm，CL：16.7 mm；雌 CW：15.4 mm，CL：19.5 mm。

鉴别特征：头胸甲近圆形，前胃区具 3 个突起及 1 对平钝的颗粒，中、后胃区各具 1 个锥形突起，心区及肠区的刺较锐，肝区具 2 个突起，鳃区具 4 个突起，颊区具 1 枚壮刺；额大而突出，三角形，末端分 2 齿；前侧缘具 3 刺；螯足长，近对称，表面光滑，可动指内缘基部具 1 个钝齿，末半部具细锯齿；步足细长，表面光滑。

颜色：全身黄褐色；步足具环纹。

生活习性：栖息于泥质浅水，行动迟缓。

垂直分布：潮下带浅水。

地理分布：台湾、海南；印度 – 西太平洋。

易见度：★★★★★

语源：属名源自希腊语 *phalangion+pus*，意为蜘蛛状的脚，形容步足长。种本名源于拉丁语 *longus+pes*，意为长足。

①② 海南三亚 / –8 m / 徐一唐

蜘蛛蟹总科 Majoidea

尖头蟹科 Inachidae

头胸甲近圆形或梨形；额呈短截状或长刺状；眼柄长，完全暴露，眼窝缺失；第3颚足长节窄于座节；螯足小；步足细长；两性腹部7节；雄性G1形态多样，短粗，端部弯曲或细长，端部分叉或不分叉，G2短于G1；雄性生殖孔位于步足底节，雌性雌孔位于胸部腹甲。

全世界已知28属149种，中国记录11属31种 。

钝额曲毛蟹 *Camposcia retusa* (Latreille, 1829)

体型：雄 CW：26.2 mm，CL：35.6 mm；雌 CW：18.4 mm，CL：24.1 mm。

鉴别特征：头胸甲梨形，密布卷曲刚毛，肝区侧缘具 1 小锐刺；额不甚突起，前缘中部内凹；眼柄较长；螯足较步足短小，背面不可见；步足瘦长，第 1 对最短。

颜色：全身灰褐色暗褐色，具黄褐色毛，会因身上裹挟不同的伪装物而呈现出不同的颜色。

生活习性：栖息于岩礁、珊瑚礁或碎石底。自由生活，但会将环境周围的海藻、海绵甚至碎鱼网等挂于身上用于伪装。

垂直分布：低潮带至潮下带浅水。

地理分布：台湾、广东、香港、广西、海南；印度 - 西太平洋。

易见度：★★★★☆

语源：属名源于希腊语 *kampē+scia*，意为弯曲的髋骨，中文名形容身体表面密覆弯曲的刚毛。种本名源于拉丁语 *retusus*，形容本种额不甚突起，较钝。

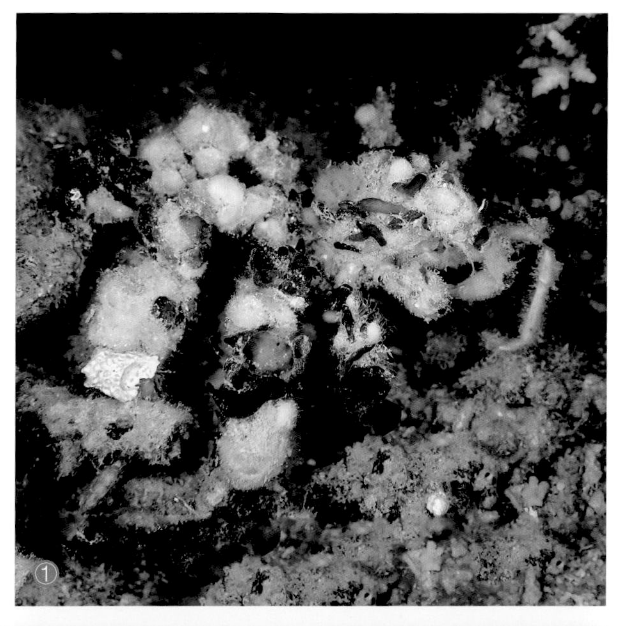

① ② 海南三亚鹿回头 / –3 m / 徐一唐

尖头蟹亚科 Inachinae

日本英雄蟹 *Achaeus japonicus* (De Haan, 1839)

体型： 雌 CW：7 mm，CL：7.7mm。

鉴别特征： 头胸甲三角形，前半部窄小，后半部钝圆，表面光滑，胃区、心区及鳃区隆起；额突出，被一纵行缺刻分为 2 个圆钝的角状齿；眼柄末端前缘末部具 1 突起；雄性螯足粗壮，长节基部较粗，背外侧面基部具分散颗粒，沿边缘的颗粒尖锐，腕节大，背面具颗粒，内缘具长刚毛，掌部卵形，外侧面隆起，背、腹缘各具 1 纵列长刚毛，两指内弯，可动指内缘中部具 3 个钝齿，不动指内缘具三角形锯齿；步足细长，末 2 对步足指节镰刀状。

颜色： 全身灰白色或黄褐色，会因身上裹挟不同的伪装物而呈现出不同的颜色。

生活习性： 栖息于海藻上，喜欢将环境中的海藻挂于身上用于伪装。

垂直分布： 低潮带至潮下带浅水。

地理分布： 浙江、福建、台湾、广东、香港；日本。

易见度： ★★☆☆☆

语源： 属名源于古希腊神话中的传奇英雄 Achaeus。种本名源于模式产地日本。

①② 福建厦门

塞氏英雄蟹 *Achaeus serenei* Griffin *et* Tranter, 1986

体型： 雄 CW：9.5 mm，CL：15.4 mm。

鉴别特征： 头胸甲梨形，前半部窄小，后半部钝圆，表面光滑，表面具倒三角分布的 3 枚颗粒，鳃区两侧各具 1 圆形结节；额突出，端部被一“U”字形缺刻分为 2 叶；第 1 触角基节具 4 枚颗粒；肝区前后排布 3 枚结节状突起，鳃区侧面具 2 枚；雄性螯足长而粗壮，长节圆柱形，背外侧面基部具分散颗粒，腹面具有颗粒和小刺，腕节大，背面具颗粒和小刺，掌部稍膨大，外侧面隆起，掌部长约为宽的 2 倍，两指稍短于掌部，内弯，基部具空隙，可动指内缘基部具 3 个钝齿，不动指内缘中部具三角形齿；步足细长，第 1 对最长，约为头胸甲长的 4.5 倍，步足依次缩短，末 2 对步足指节镰刀状，每个指节的下缘具 2 排约 20 枚细齿和刚毛。

颜色： 全身黄绿色，从前部向后具逐渐宽短的 2 ~ 3 对“八”字形排布的深色条纹；步足上的毛常裹挟泥污。

生活习性： 珊瑚礁附近的泥沙上。

垂直分布： 潮下带浅水。

地理分布： 海南；菲律宾、马来西亚、印度尼西亚。

易见度： ★★☆☆☆

语源： 种本名以法国甲壳动物学家拉乌尔 • 塞雷纳（Raoul Serène）的姓氏命名。

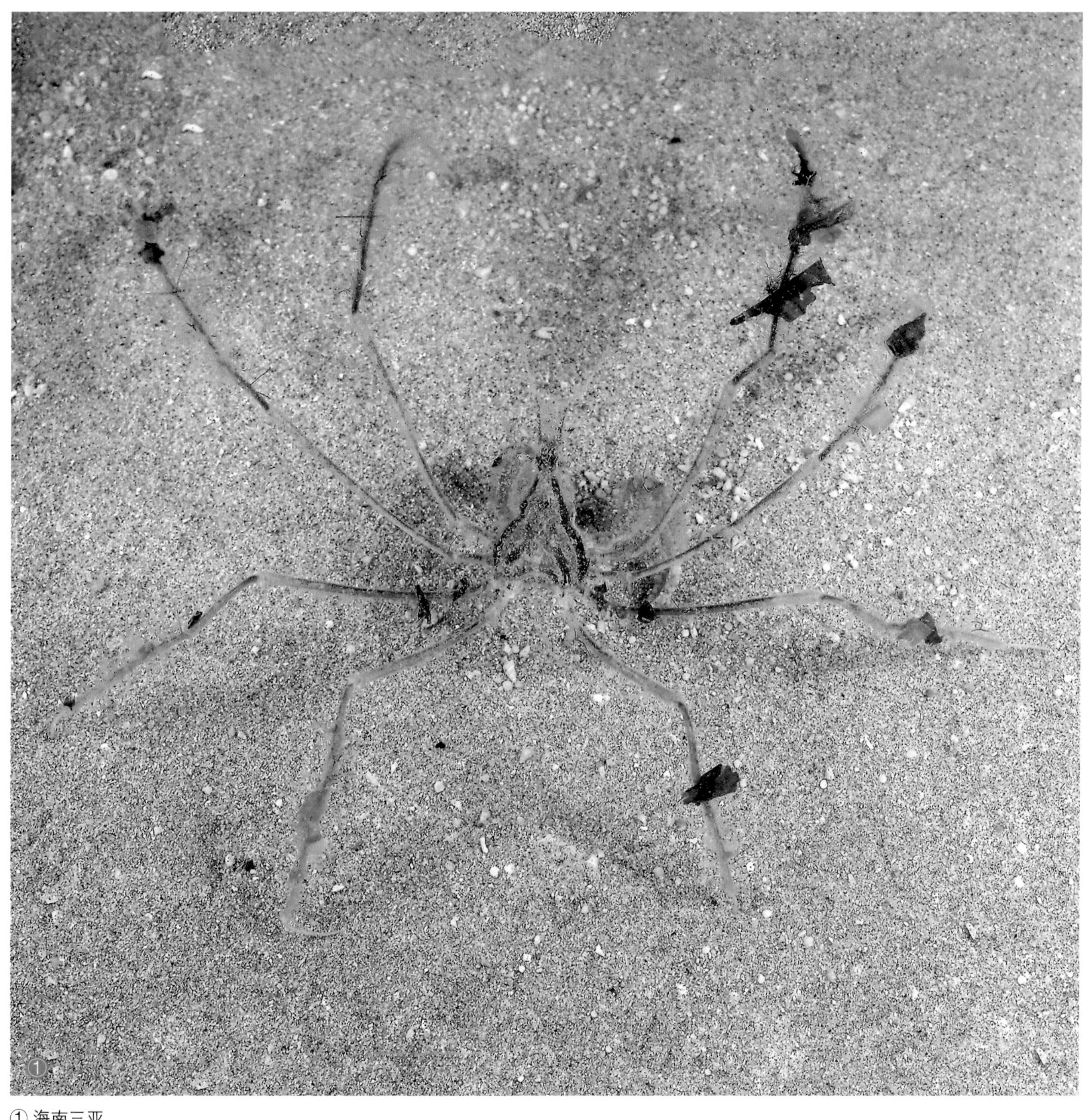

① 海南三亚

蜘蛛蟹总科 Majoidea

蜘蛛蟹科 Majidae

头胸甲梨形、近方形或圆形；额通常具2刺；眼柄长，可自由活动，眼窝完整，由背眼窝缘及后眼窝刺构成，但不封闭；第3颚足长节与座节宽度近相等；两性腹部7节；雄性G1通常细长，直，端部不分叉，G2短于G1；雄性生殖孔位于步足底节，雌性雌孔位于胸部腹甲。

全世界已知40属161种，中国已记录15属28种。

蜘蛛蟹亚科 Majinae

扁足折额蟹 *Micippa platipes* Rüppell, 1830

体型：雌 CW：11.4 mm，CL：14.2 mm。

鉴别特征：头胸甲长方形，密覆藻类及泥污，清除后可见颗粒；额向下方斜弯，被一“V”字形缺刻分为 2 锐三角形叶；前侧缘具 10 枚三角形齿及颗粒状齿，末齿尖锐；后缘具 2 锐齿；螯足光滑，掌节基部较宽；步足长节及腕节近三棱形，前、后缘具长绒毛，前节圆柱形，指节末端爪状。

颜色：全身黄褐色，常因毛发上长满藻类而呈现出与环境一致的颜色，螯足带有绿色，具斑点，两指白色。

生活习性：生活于珊瑚礁浅水，发现于珊瑚礁碎石上。

垂直分布：中潮带至潮下带浅水。

地理分布：海南；印度－西太平洋。

易见度：★★★☆☆

语源：属名源于拉丁语 *mici*，意为小的，中文名形容本属额折向腹面。种本名源于拉丁语 *planus+pes*，意为扁平的足。

备注：本种与豪华折额蟹 *M. thalia* 之间较为明显的区别为：本种体型较小（成体甲宽 10 mm 左右），背面无刺，胃区相应位置具瘤突，掌部粗，呈绿色，后者眼眶背缘、鳃区和胃区具粗钝壮刺，掌部纤细，橘黄色。

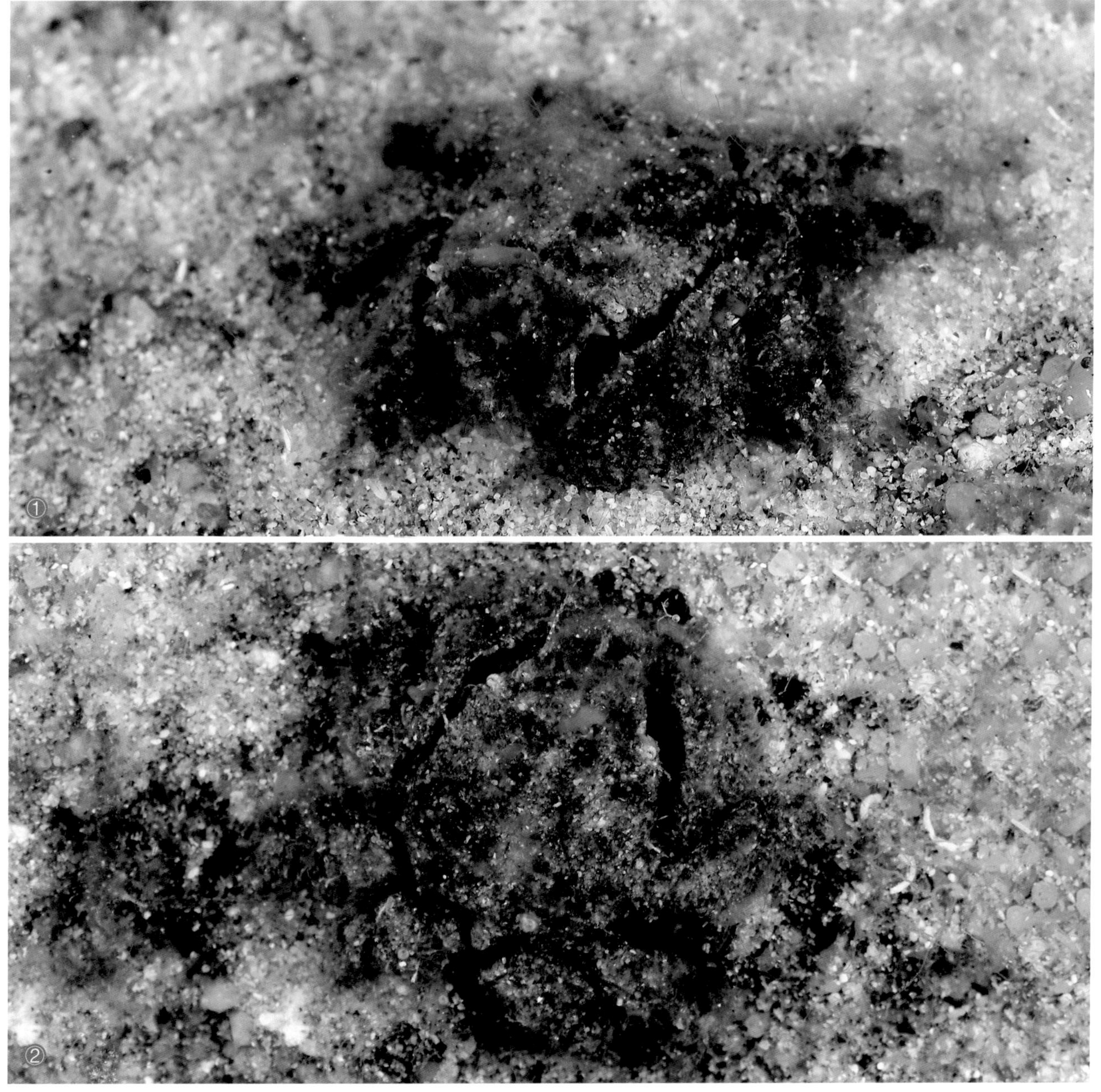

①② 海南陵水

豪华折额蟹 *Micippa thalia* (Herbst, 1803)

体型： 雄 CW：22.18 mm，CL：28.01 mm。

鉴别特征： 头胸甲长方形，稍扁平，密覆藻类及泥污，清除后可见泡状颗粒，鳃区表面具2壮刺，胃区具2刺，心区具2刺，短小；额向下方斜弯，被一“V”字形缺刻分为2锐三角形叶；前侧缘于肝区具3刺，鳃缘具5刺；螯足细小，光滑，螯掌细长，两指闭合时基部有空隙；步足粗壮，长节背缘末端具1刺，腕节背面具1纵沟，前节圆柱形，指节末端爪状。

颜色： 全身黄褐色，常因毛发上长满藻类而呈现出与环境一致的颜色，螯足橘黄色，两指为黑褐色。

生活习性： 生活于珊瑚礁浅水和泥沙底的浅海，可发现于珊瑚碎石上，作者在涠洲岛近海拖网渔获物中也发现过本种。

垂直分布： 中潮带至潮下带浅水。

地理分布： 广东、广西、海南；印度－西太平洋。

易见度： ★★★★☆

语源： 种本名源于希腊语 *thalia*，意为奢侈的、丰富的。

① ② 广东深圳

尖刺棱蛛蟹 *Prismatopus aculeatus* (H. Milne Edwards, 1834)

体型： 雄 CW：19.5 mm，CL：34.3 mm。

鉴别特征： 头胸甲梨形，背面隆起，分区明显，额区中部和胃区具 2 锐刺，心区及肠区各具 1 长刺，鳃区具 2 刺；额刺细长，向前分离；螯足细小，长节背缘具 5 齿，从端部向基部依次渐小，腕节内侧面中部具 1 隆脊，掌部基部较宽，向端部变窄，两指细小，内缘具平钝齿；步足细长，依次缩短，长节背缘的内、外角各具 1 刺，腕节外末角具 1 刺，指节爪状。

颜色： 全身灰白色至暗褐色，常附着其他生物与环境融为一体。

生活习性： 发现于珊礁碎石上，全身覆盖苔藓虫（环管苔虫科 Candidae）。

垂直分布： 低潮带至潮下带浅水。

地理分布： 福建、广东；印度－西太平洋。

易见度： ★★★☆☆

语源： 属名源于希腊语 *prisma+podos*，意为棱镜状的足。种本名源于拉丁语 *aculeatus*，意为具棘刺的。

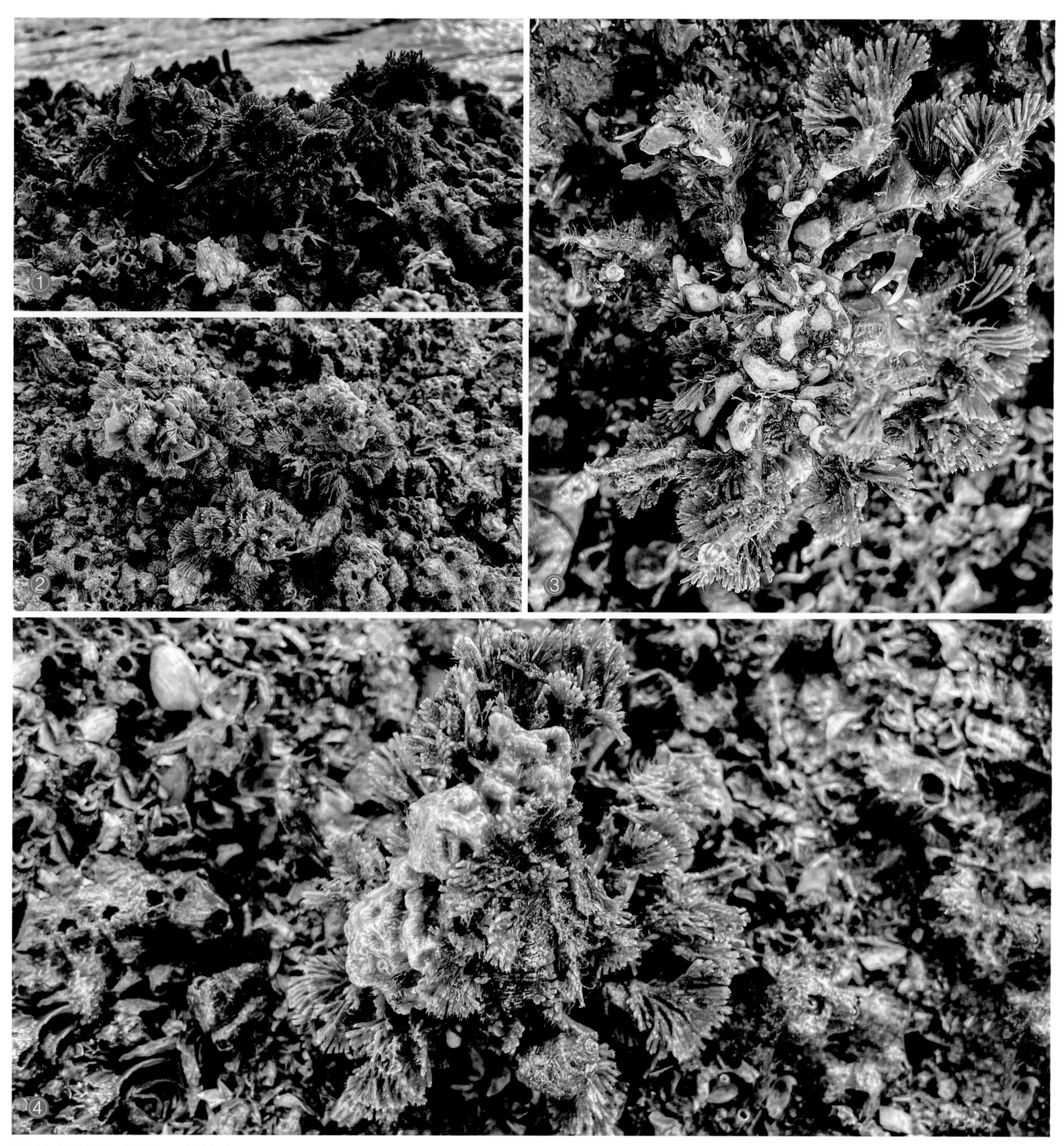

①②③④ 福建厦门 / 钟丹丹

粗甲裂额蟹 *Schizophrys aspera* (H. Milne Edwards, 1831)

体 型： 雄 CW：31.5 mm，CL：39 mm；雌 CW：32.3 mm，CL：39.4 mm。

鉴别特征： 头胸甲长卵形，表面粗糙，密布颗粒及尖锐的刺状突起；额向前伸出 2 刺，其外缘基部各具 1 刺，末端稍向内弯；前侧缘具 6 锐刺，末刺很小；雄性螯足壮大，长节及腕节具锐刺，掌部光滑，背缘基部具 1 齿突，可动指内缘基部具 1 个三角形齿；步足圆柱形，密布短绒毛，指节末端锐爪形。

颜色： 体色多变，全身黄褐色、棕褐色或暗蓝色；步足具不显著的环纹。

生活习性： 栖息于珊瑚礁浅水。

垂直分布： 高潮带至潮上带。

地理分布： 台湾、广东、香港、海南；印度－西太平洋。

易见度： ★★★★★

语源： 属名源于希腊语 *schizō+ophrys*，意为分裂的眉角，指额角分裂。种本名源于拉丁语 *asper*，意为粗糙的。

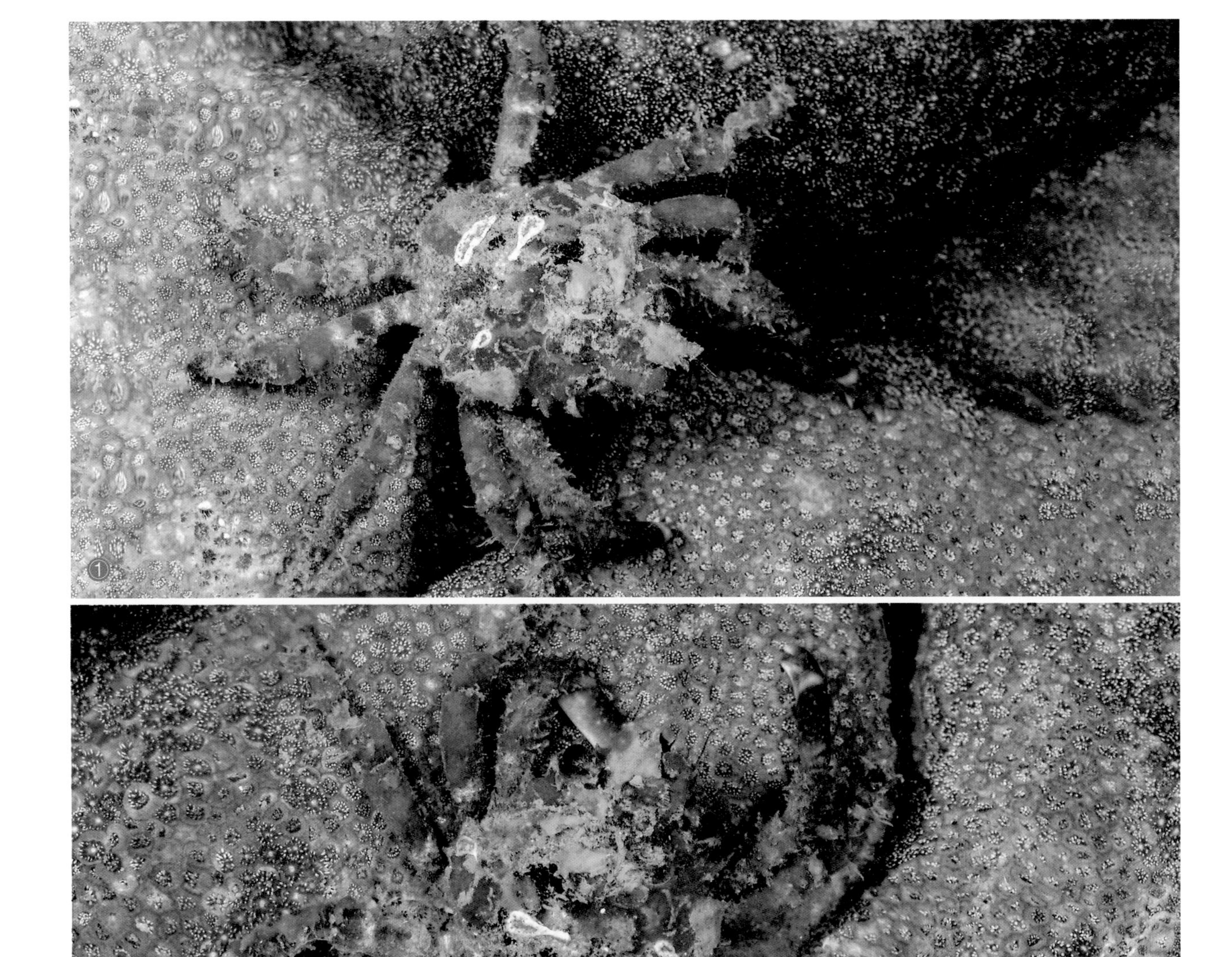

① ② 海南三亚

① 海南三亚 / 稚蟹　② ③ ④ 海南三亚

虎头蟹总科 Orithyioidea

虎头蟹科 Orithyiidae

头胸甲长大于宽，近卵圆形，表面隆起，具颗粒，分区显著；额约与眼窝等宽；眼窝大而深，外眼窝齿尖锐；前侧缘具 2 枚疣状突起，后侧缘具 3 刺；第 3 颚足长节窄三角形，外肢不具鞭；螯足粗壮，不对称；第 4 步足指节呈桨状；两性腹部 7 节；雄性 G1 粗壮，末端具小齿；雄性生殖孔位于步足底节，雌性雌孔位于胸部腹甲。

全世界已知 1 属 1 种，中国记录 1 属 1 种。

中华虎头蟹 *Orithyia sinica* (Linnaeus, 1771)

体型： 雄 CW：89 mm，CL：92 mm。

鉴别特征： 头胸甲圆形，长稍大于宽，背面隆起，具颗粒，前部明显，分区显著，每分区中央具 1 疣状突起；额分为 3 齿，中央齿大而突出；前侧缘（除外眼窝齿外）具 2 疣突和 1 壮刺，后侧缘具 2 壮刺；螯足粗壮，长节内侧具密集长毛，掌部背缘内侧有 2 ~ 3 刺，步足前 3 节压扁，末对步足指节扩大为桨状并多毛。

颜色： 头胸甲灰白色至黄褐色，中线具对称分布的条纹，下面的比上面的长，鳃区具 1 对暗褐色圆斑，不同个体圆斑或大或小；螯足灰白色至黄褐色；步足白色，具黄褐色至暗褐色环纹。

生活习性： 潜藏于浅水泥沙中。退大潮偶见于潮间带。

垂直分布： 低潮带至潮下带浅水。

地理分布： 中国海域广布；朝鲜半岛。

易见度： ★★★★★

语源： 属名源于希腊神话中的山风女神 Orithyia，中文形容头胸甲上的花纹似虎头。种本名源于模式产地中国。

① 广西北海 / 汪阗

扁蟹总科 Palicoidea

刺缘蟹科 Crossotonotidae

头胸甲表面较平坦，前、后侧缘通常为齿状或圆形结节；前缘很窄，额向下垂直倾斜；胸侧片收窄，向外不延展，雄性第 8 胸节外露于腹面；前 3 对步足基节突出于体侧面，背面可见，难以活动，末对步足缩小，但外观与前 3 对步足接近，底节位置稍高于前 3 对；两性腹部均为 7 节，雄性 G1 短而直；雄性生殖孔位于步足底节，雌性雌孔位于胸部腹甲。

全世界已知 2 属 6 种，中国记录 1 属 1 种。

刺足刺缘蟹 *Crossotonotus spinipes* (De Man, 1888)

刺足十字蟹（台）

体型：雄 CW：25.42 mm，CL：19.9 mm。

鉴别特征：头胸甲宽大于长，分区显著，背面凹凸不平，具细颗粒和绒毛；额分 4 叶，中央叶之间具 1 深“U”形缺刻，内眼窝齿钝圆，背眼窝缘具钝齿，腹眼窝缘具锐齿；前、后侧缘具 10 余枚齿，前 3 枚较大，后缘宽，具 1 排锯齿；螯足不对称，座节内缘具 1 齿，长节内缘末端具几枚锐刺，背面具小刺，腕节小，外缘薄锐，背面具 1 纵排小齿，小螯指节长于大螯，两指内缘具毛；第 2、第 3 步足长节宽，边缘具锐刺，背面具小刺，前节、指节前缘均具 1 排长毛，前后缘具锯齿。

颜色：头胸甲背面褐色，散布白色斑块，齿尖通常白色；头胸甲边缘和步足上具黄褐色长毛；螯足红褐色，两指尖为白色；步足具横带，长节斑纹稍模糊。

生活习性：栖息于珊瑚礁中。

垂直分布：低潮带浅水。

地理分布：台湾、广东、海南；日本、夏威夷、印度尼西亚。

易见度：★☆☆☆☆

语源：属名源于希腊语 *krossōtos*+*nōtos*，意为背面具缨毛的。种本名源于拉丁语 *spina*+*ped*，意为带刺的足，中文名形容头胸甲边缘具刺。

① ② 广东深圳

菱蟹总科 Parthenopoidea

菱蟹科 Parthenopidae

头胸甲宽大于长，近三角形、五角形或圆形；表面凹凸不平，分区显著，鳃区隆起；额简单，有时分为3个小齿；眼柄短小，眼窝完整；螯足粗壮，显著长于步足，截面近三角形，指节短于掌节；两性腹部通常第3至第5节愈合；雄性G1粗壮，略微弯曲，端部具粗刺，G2通常短于G1；雄性生殖孔位于步足底节，雌性雌孔位于胸部腹甲。

全世界已知38属135种，中国已记录11属30种。

蚀菱蟹亚科 Daldorfiinae

粗糙蚀菱蟹 *Daldorfia horrida* (Linnaeus, 1758) 毒

体型： 雌 CW：145 mm，CL：86 mm。

鉴别特征： 头胸甲五边形，表面粗糙，各区均具圆钝突起，分区沟中具腐蚀状空斑，胃区和心区、心区和肠区间两侧各具1深凹陷，肝区稍突出，三角形；额三角形，厚而突出，前方有疣突，后方具1凹陷；前侧缘具7齿，末齿大；后侧缘中部1齿；螯足粗壮，不对称，粗壮，长节背面具刺状突起，腹面具平钝的突起，掌部内侧面具3个较大的锥形突起，其余突起较平钝，表面亦具颗粒，大螯两指内缘具壮齿，两指闭合后空隙大；步足相对细弱，除指节外各节上下缘均具突起。

颜色： 体色多变，灰白色至暗红色，并杂有深浅不一的斑纹。

生活习性： 潜藏于浅水礁石附近，退大潮可见于潮间带，形如礁石，附着非常多的藻类和龙介虫等。

垂直分布： 潮下带浅水。

地理分布： 台湾、广东、海南；印度－西太平洋。

易见度： ★★★☆☆

语源： 属名源于标本采集者达尔多夫（Daldorf），中文名形容头胸甲似被腐蚀。种本名源于拉丁语 *horridus*，意为粗糙的。

备注： 本种在东南沿海（特别是海南）市场被冠以“石头蟹”的名字售卖，属于较常见食用蟹类，但 Garth *et* Alcala，1977 明确记录本种具轻微毒性，在小鼠实验中可引起持续 30 分钟甚至更长时间的身体抽搐或腹肌痉挛。

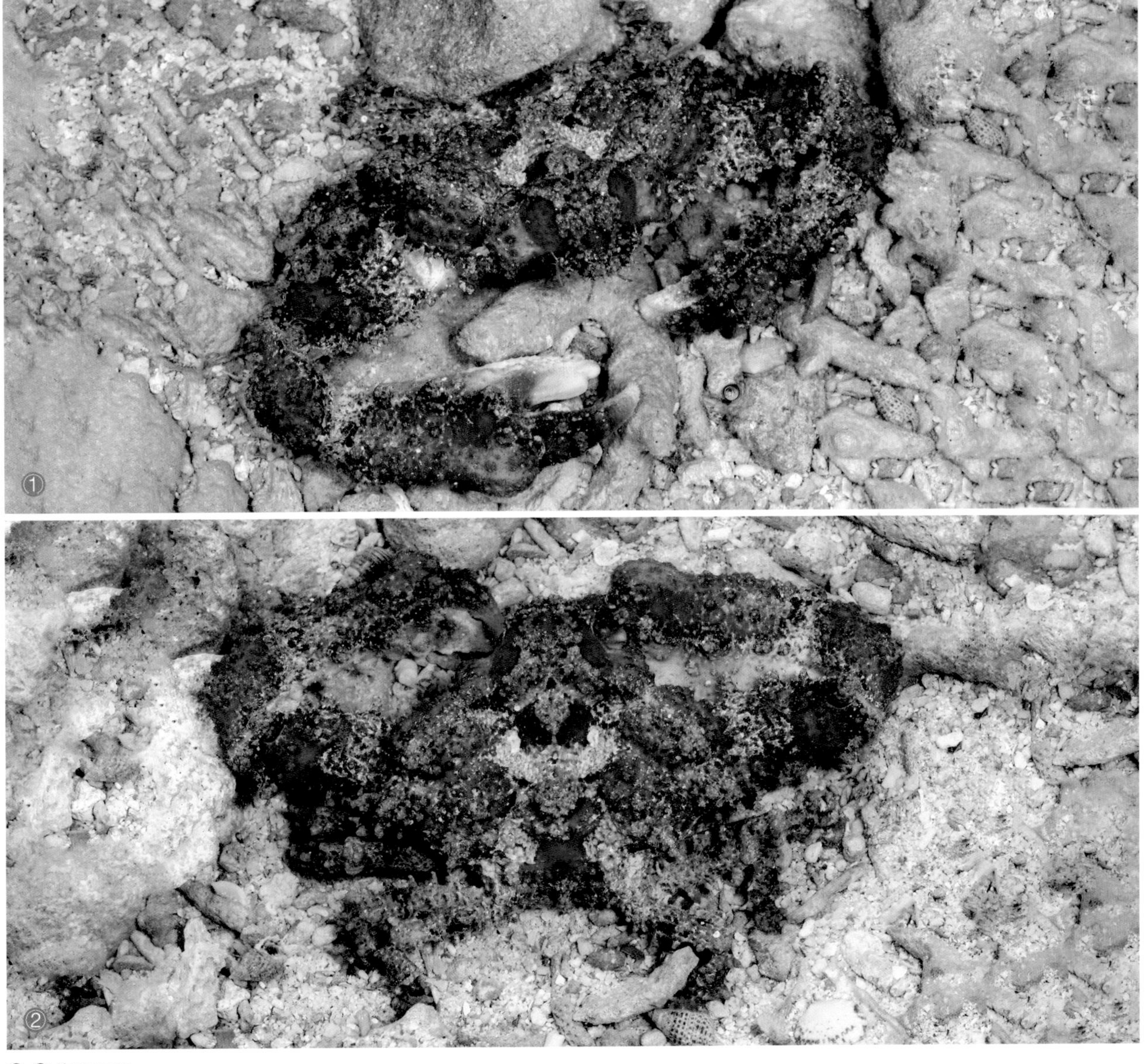

①② 海南三亚

菱蟹亚科 Parthenopinae

环状隐足蟹 *Cryptopodia fornicata* (Fabricius, 1781)

圆拱隐足蟹（台）

体 型： 雄 69.81 mm，CL：40.49 mm；雌 CW：63.7 mm，CL：39.2 mm。

鉴别特征： 头胸甲近五边形，薄片状，表面光滑，前部狭窄两侧强烈扩张，遮盖步足，前胃区突出，和鳃区形成“人”字形隆块，并向两侧后外方各延伸 1 道隆脊，肝区凹陷；额三角形，尖而突出；前侧缘在肝区较平直，向后稍凹陷，边缘具不规则的锯齿；后侧缘平滑，与前侧缘连接处具 3 钝叶；螯足壮大，不对称，长节扁平，前缘呈隆脊状，具 3 大齿及数个小齿，后缘向外突出呈三角形叶片状，腕节小，掌部扁平，背面中部隆脊具 5 锐齿，外缘具 2 个三角形齿，大螯两指内缘平钝，小螯两指内缘具数个小钝齿；步足纤细。

颜色： 体色多变，全身白色、灰白色或黄褐色，身上具明显或不明显的斑点或条纹。

生活习性： 潜藏于浅海礁石附近的沙地。

垂直分布： 低潮带至潮下带浅水。

地理分布： 浙江、福建、台湾、广东、香港、广西、海南；印度 - 西太平洋。

易见度： ★★☆☆☆

语源： 属名为希腊语 *crypto+podos*，意为隐足。种本名源于拉丁语 *fornicatus*，意为拱形的。

① ③ 海南三亚　② 海南三亚 / 腹面

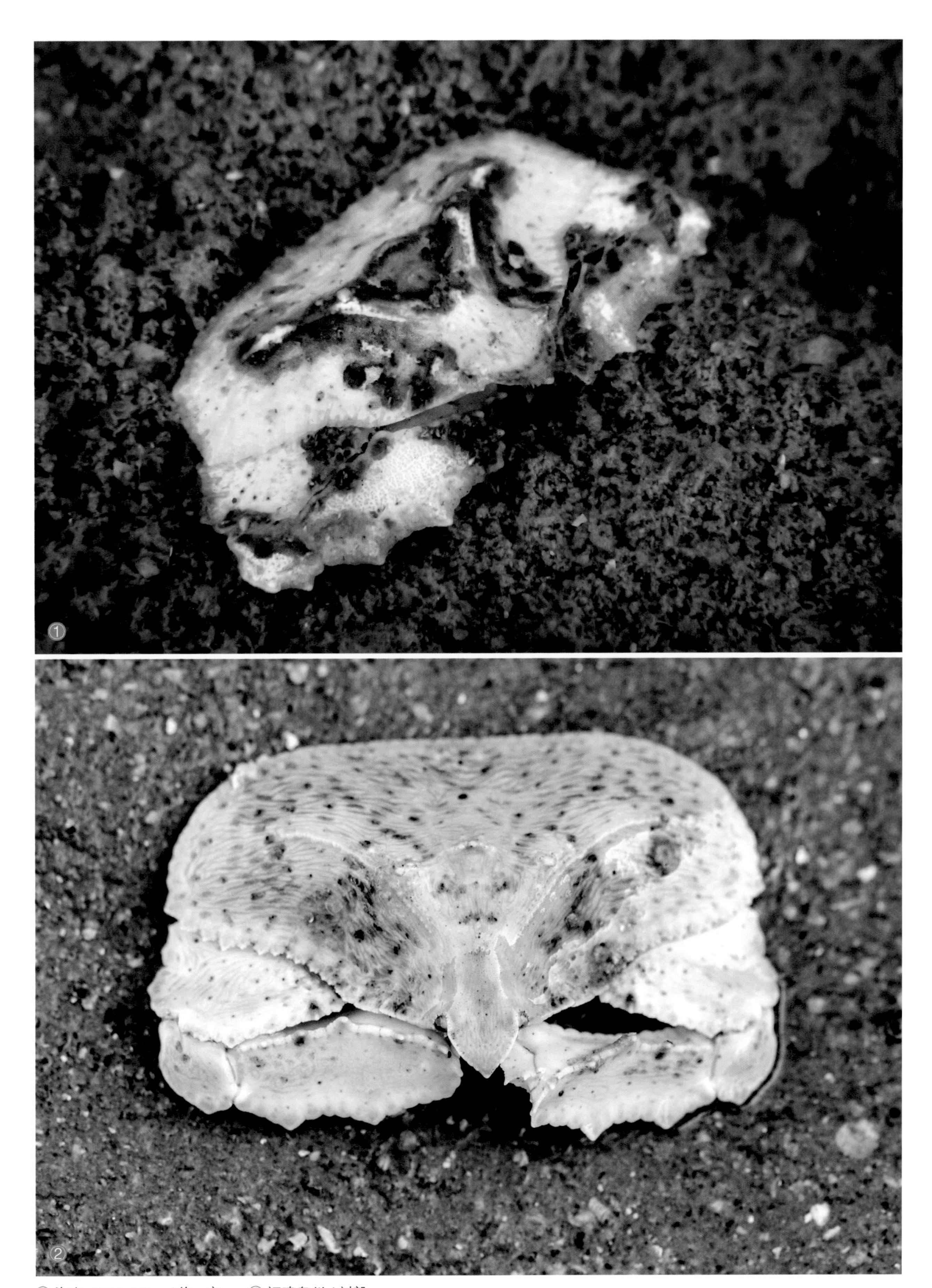

① 海南三亚 / –10 m / 徐一唐　② 福建泉州 / 刘毅

刺猬武装紧握蟹 *Enoplolambrus echinatus* (Herbst, 1790)

棘刺武装紧握蟹（台）

体型： 雄 CW：34.8 mm，CL：27.2 mm。

鉴别特征： 头胸甲五边形，胃区、心区和鳃区之间有深沟相隔，各区表面具不等大的蘑菇状颗粒，颗粒间有直立而卷曲的短刚毛；额三角形，尖而突出，侧缘具细锯齿；肝区边缘稍突，具细颗粒，鳃区边缘拱弧形，边缘棘刺 7 枚并有附属齿，自前向后逐渐增大，后侧缘具不等大的棘刺 2 枚，后侧缘中央突出，具不整齐的棘刺状颗粒；螯足粗而长，表面粗糙，长节和掌部具 3 棱，棱表面具棘刺，棘刺表面生有小刺，掌部外侧面具几行圆锥形的光滑大颗粒，可动指背缘具明显的小刺；步足细弱，长节上下缘有尖刺突起。

颜色： 体色多变，全身灰白色至深褐色；螯足两指紫红色。

生活习性： 潜藏于浅水泥沙中。

垂直分布： 潮下带浅水。

地理分布： 浙江、福建、台湾、广东、香港、海南；印度－西太平洋。

易见度： ★★☆☆☆

语源： 属名源于希腊语 *enoplo+lambano*，意为带有武装的。种本名源于拉丁语 *echinatus*，意为多刺的。

①② 海南三亚

锯缘武装紧握蟹 *Enoplolambrus laciniatus* (De Haan, 1839)

体型： 雄 CW：47.3 mm，CL：36.5 mm；雌 CW：32.2 mm，CL：24.3 mm。

鉴别特征： 头胸甲五边形，表面分区不明，覆盖疣状和锥状突起（亚成体缺少突起），胃区、心区和鳃区之间由深沟和平坦区分隔，胃区、心区和肠区大隆起排列呈驼峰状，后侧缘第1大齿斜向内前方形成1道隆脊，隆脊前方具稍弯曲的1～2行颗粒脊；额三角形，尖而突出；鳃区边缘拱弧形，边缘具6齿并有少量附属齿，后侧缘具4～5齿（大个体后几个齿可能平钝至消失）；螯足粗而长，表面粗糙，长节和掌部具3棱，棱表面具尖齿，掌部外侧面具分散细颗粒，下部较密集；步足细弱，长节上下缘具突起。

颜色： 体色多变，全身灰白色、黄褐色或深褐色；螯足长节、掌节及步足前节具宽环纹。

生活习性： 潜藏于浅水泥沙中。

垂直分布： 低潮带至潮下带浅水。

地理分布： 山东半岛、浙江、福建、广东、香港、广西、海南；日本、韩国。

易见度： ★★★★★

语源： 种本名源于拉丁语 *laciniatus*，意为具锯齿形的边。

备注： 本种在很长一段时间内被作为强壮武装紧握蟹 *E. validius* 的同物异名，由于两者常被混淆，许多标本被错误地鉴定为强壮武装紧握蟹。两种区别在于：① 本种鳃区和胃区相对光滑，颗粒小而细，形成明显的隆脊，而强壮武装紧握蟹有较多颗粒，不能形成明显的隆脊；② 本种第4步足长节及腕节背缘具隆脊，强壮武装紧握蟹无。另外，强壮武装紧握蟹的螯足比本种更粗短。通过对比标本，发现两者的额角也存在差异，本种额角呈宽钝三角形，强壮武装紧握蟹的额角更长更窄，但雄性 G1 并无显著差异。

①

②

③

①②③ 山东青岛

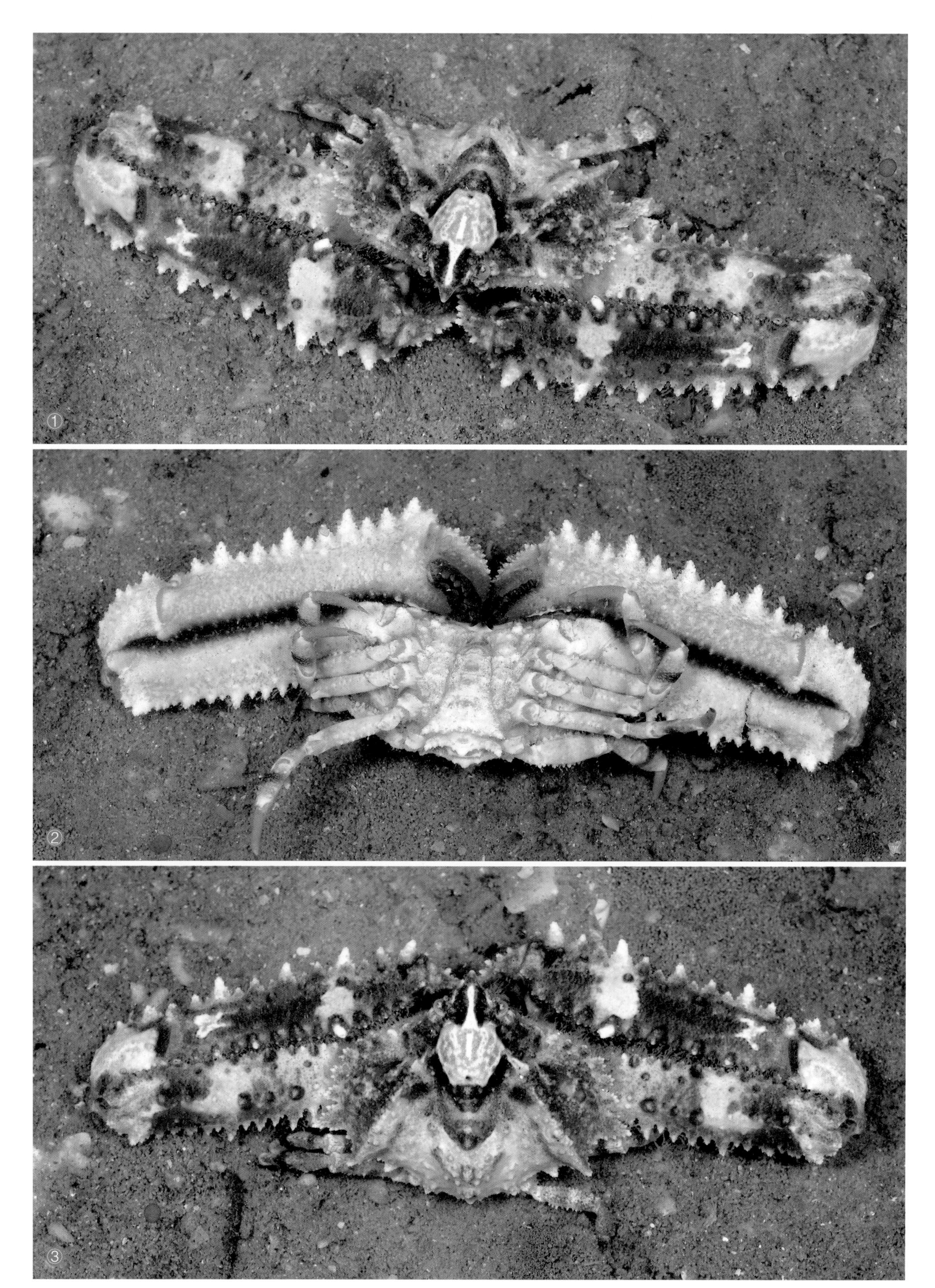

①②③ 福建厦门

中华菱蟹 *Parthenope sinensis* Chen, 1982

体型： 雄 CW：34.4 mm，CL：29.5 mm。

鉴别特征： 头胸甲近五边形，扁平，表面具尖锐颗粒，沿中线各区隆起，鳃区也隆起；额三角形，稍突出，前缘 3 齿，额背中央具 1 深沟；前侧缘弯曲呈弧形，边缘具 10 ~ 11 齿；后侧缘稍平滑，前部具 2 ~ 3 枚突齿，后部也具 2 突齿，之间为不规则尖颗粒；后缘具 2 小齿；螯足粗而长，长节边缘有锐齿，腕节外缘具 5 ~ 6 枚锯状齿，掌部外缘具大小相等的三角形锐齿，内缘具较小，背面具 2 列短小的锐刺，两指短小尖锐，可动指内缘具数枚小颗粒，不动指内缘具 3 枚钝齿；步足细弱，长节前、后缘具颗粒齿；雄性腹部第 6 节具 1 钝刺。

颜色： 全身灰色或灰褐色；螯足两指白色。

生活习性： 潜藏于浅水泥沙中。

垂直分布： 潮下带浅水。

地理分布： 浙江、广西、海南。

易见度： ★☆☆☆☆

语源： 属名源于希腊神话中的女妖 Parthenope，中文名形容头胸甲形状似菱形。种本名源于模式产地中国。

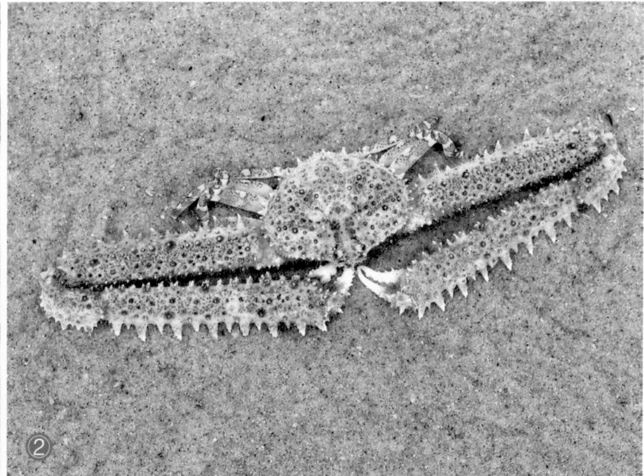
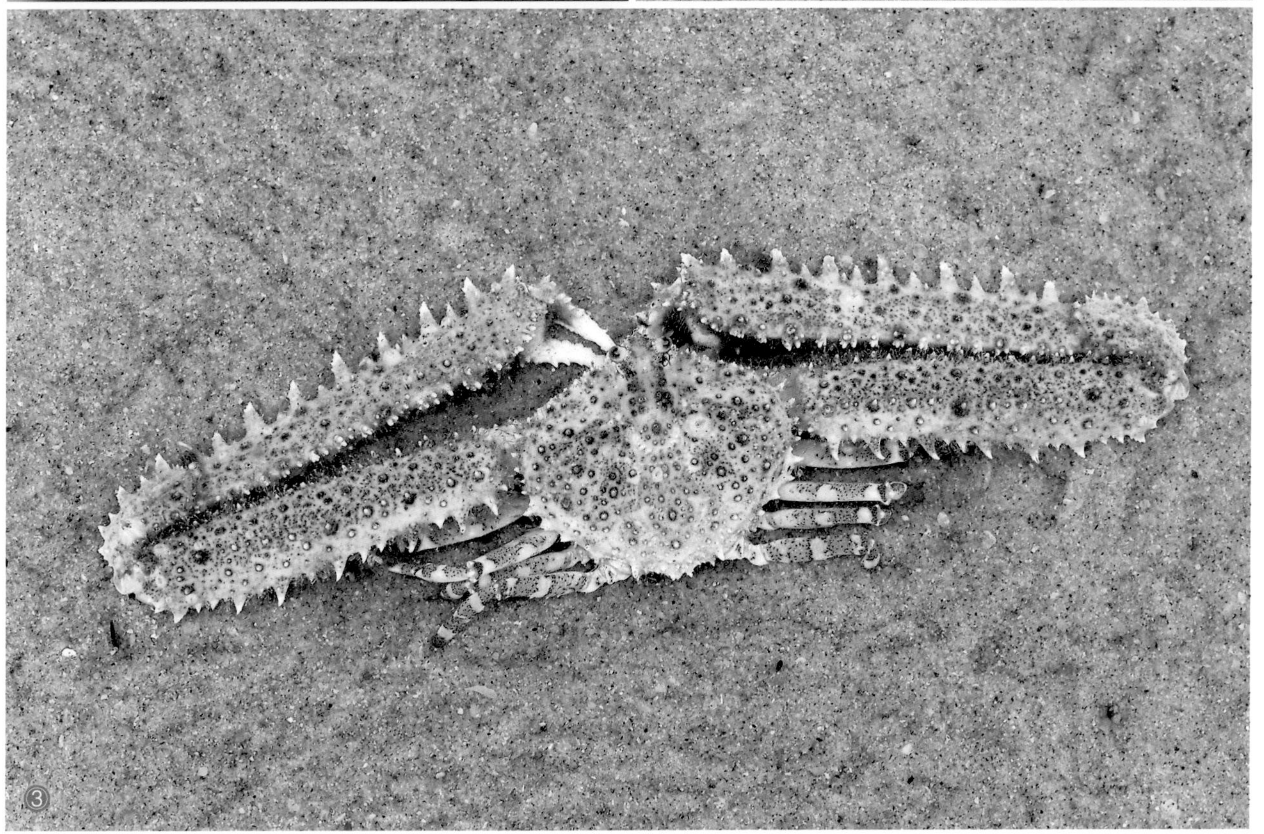

①海南陵水 / 雄性腹部　② ③ 海南陵水

长刺束颈紧握蟹 *Rhinolambrus longispinus* (Miers, 1879)

体型：雌 CW：34.4 mm，CL：30.9 mm。

鉴别特征：头胸甲五边形，除一般颗粒外，胃区、心区和鳃区具长刺 6 枚，前胃区具 2 枚左右并立的短刺；额三角形，尖而突出；眼区到肝区之前束腰状，外眼窝齿外侧具 2 枚刺突；前侧缘弯曲呈弧形，边缘具 7 ~ 9 刺并有少量附属齿，越往后越粗大；后侧缘平滑，具 2 刺；螯足粗而长，表面粗糙，具 3 棱，棱上具发达的尖刺，掌部外侧面散布短尖的颗粒，长节和掌部极长而两指短小尖锐；步足细弱，长节上下缘有刺状突起；雄性腹部第 6 节具 1 钝刺。

颜色：体色多变，全身灰色、灰褐色或紫灰色；螯足指节基部 2/3 为黄褐色，端部及不动指黑色。

生活习性：潜藏于浅水泥沙中。

垂直分布：潮下带浅水。

地理分布：广东、海南；印度 – 西太平洋。

易见度：★☆☆☆☆

语源：属名源于希腊语 *rhion+lambano*，意为有突出鼻子的，中文名形容本属眼后收束。种本名源于拉丁语 *longus+spina*，形容本种头胸甲上的长刺。

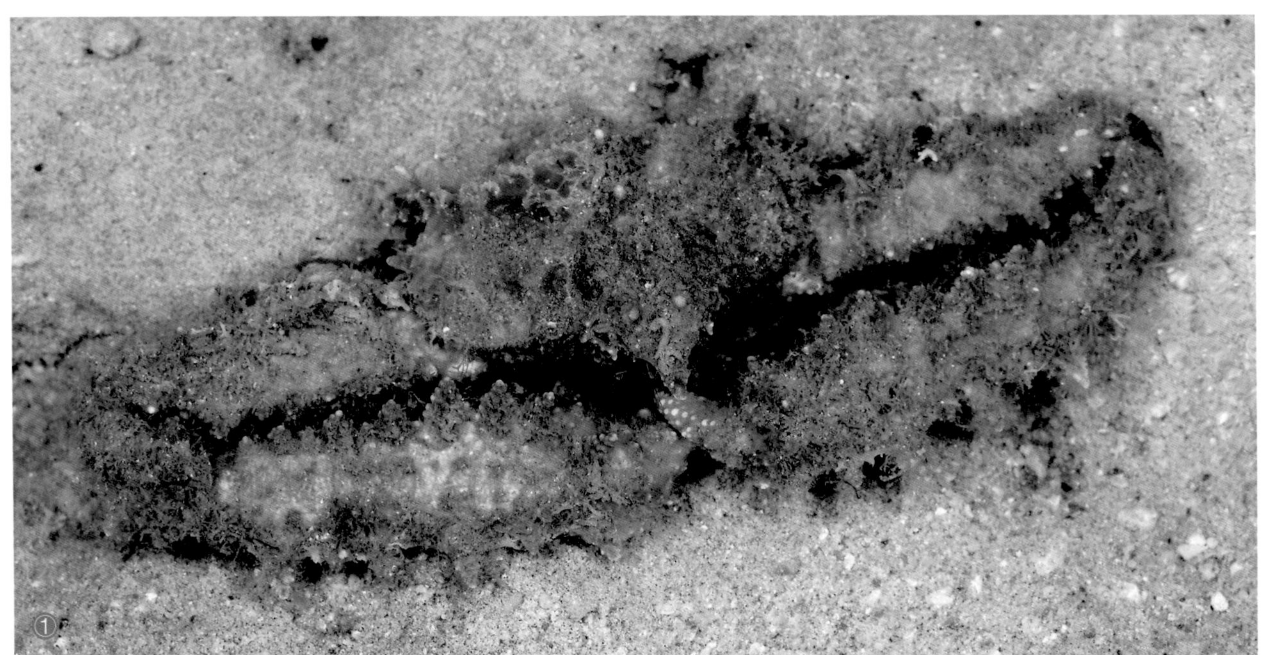

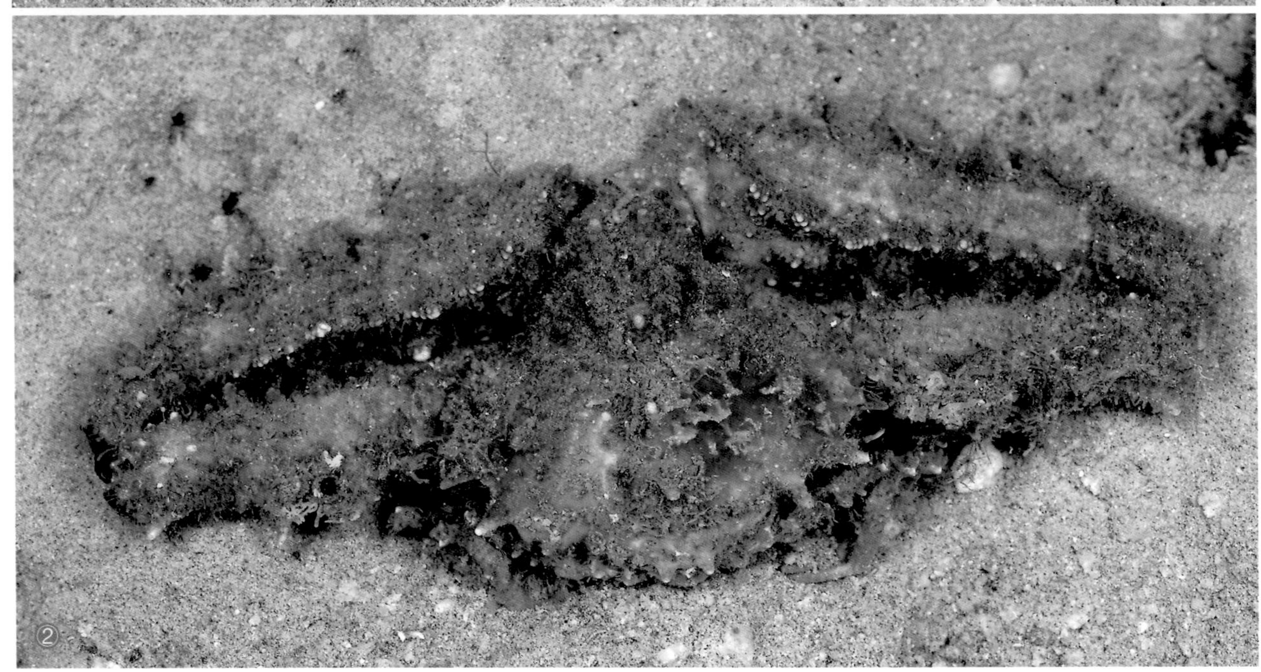

① ② 海南三亚

远海束颈紧握蟹 *Rhinolambrus pelagicus* (Rüppell, 1830)

体型：雄 CW：25.1 mm，CL：21.4 mm。

鉴别特征：头胸甲五边形，表面覆盖瘤状颗粒，头胸甲中央的两侧各具 1 深沟，分隔鳃区和心区、肠区；额三角形，尖而突出；眼区到肝区之前束腰状，肝区外缘突出为圆钝三角形；前侧缘弯曲呈弧形，边缘有大的钝圆锥形颗粒，后侧缘具 1 明显突出的钝刺；后中央弧形突出，边缘光滑隆线状；螯足粗而长，表面粗糙，具 3 棱，棱上具整齐的尖颗粒，掌部外侧面散布短尖的颗粒，长节和掌部极长而两指短小尖锐；步足细弱，长节上下缘缺少或零星有突；雄性腹部第 6 节具 1 钝刺。

颜色：体色多变，全身灰白色至黄褐色；螯足两指黑色，内侧面具蓝色斑纹。

生活习性：潜藏于浅水泥沙中。

垂直分布：潮下带浅水。

地理分布：台湾、海南；印度－西太平洋。

易见度：★☆☆☆☆

语源：种本名源于希腊语 *pelagicus*，意为海洋。

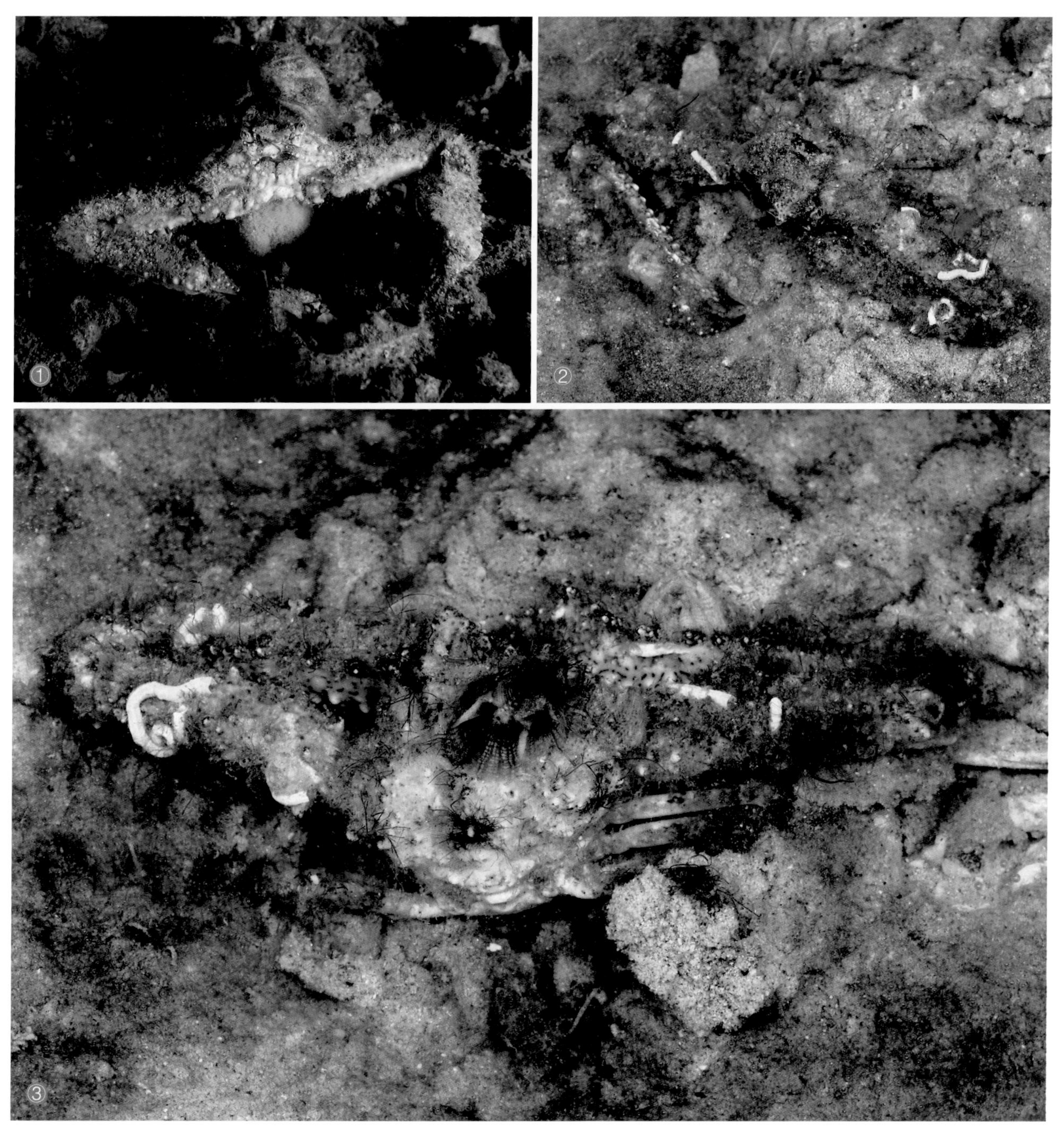

① 海南陵水 / –1 m / 雌蟹抱卵 / 徐一唐　　②③ 海南陵水

毛刺蟹总科 Pilumnoidea

静蟹科 Galenidae

头胸甲宽略大于长，近方形或五角形；前侧缘与后侧缘近平行，连接处具 1 齿或小突起；额缘显著短于头胸甲后缘，直或略微突出，双叶状；眼柄短，眼窝小，眼不能完全收入其中；第 3 颚足长节方形，显著短于座节；螯足粗壮，近对称或不对称；步足相对细长；两性腹部 7 节；雄性 G1 细长而直，G2 显著短于 G1；雄性生殖孔位于步足底节，雌性雌孔位于胸部腹甲。

全世界已知 4 属 13 种，中国记录 3 属 6 种。

静蟹亚科 Galeninae

双刺静蟹 *Galene bispinosa* (Herbst, 1783)

体型： 雄 CW：36 mm，CL：26.3 mm；雌 CW：56.8 mm，CL：40.6 mm。

鉴别特征： 头胸甲近六边形，前部隆起，具少量颗粒，边缘颗粒密集，分区较明显；额分为稍突出的 2 叶；前侧缘（除外眼窝齿外）共分 4 齿，第 1 齿低平至消失，第 2 齿尖，有时消失，后两齿尖突，平展；螯足粗壮，不对称，长节背缘末端与近末端各具 1 锐刺，腕节内末角突出，外侧具细小尖刺，掌部背缘基半部具细密小刺；步足瘦长，第 1 至第 4 对步足前节及指节均具长刚毛。

颜色： 头胸甲暗紫色，后鳃区白色；螯足及步足淡紫色，螯足掌部内外面及两指白色。

生活习性： 栖息于泥沙质海底。

垂直分布： 潮下带浅水。

地理分布： 福建、台湾、广东、香港、广西、海南；印度－西太平洋。

易见度： ★★★★★

语源： 属名源于希腊神话中象征平静的海仙女 Galene。种本名源于拉丁语 *bi+spina*，形容本种螯足长节上具 2 刺。

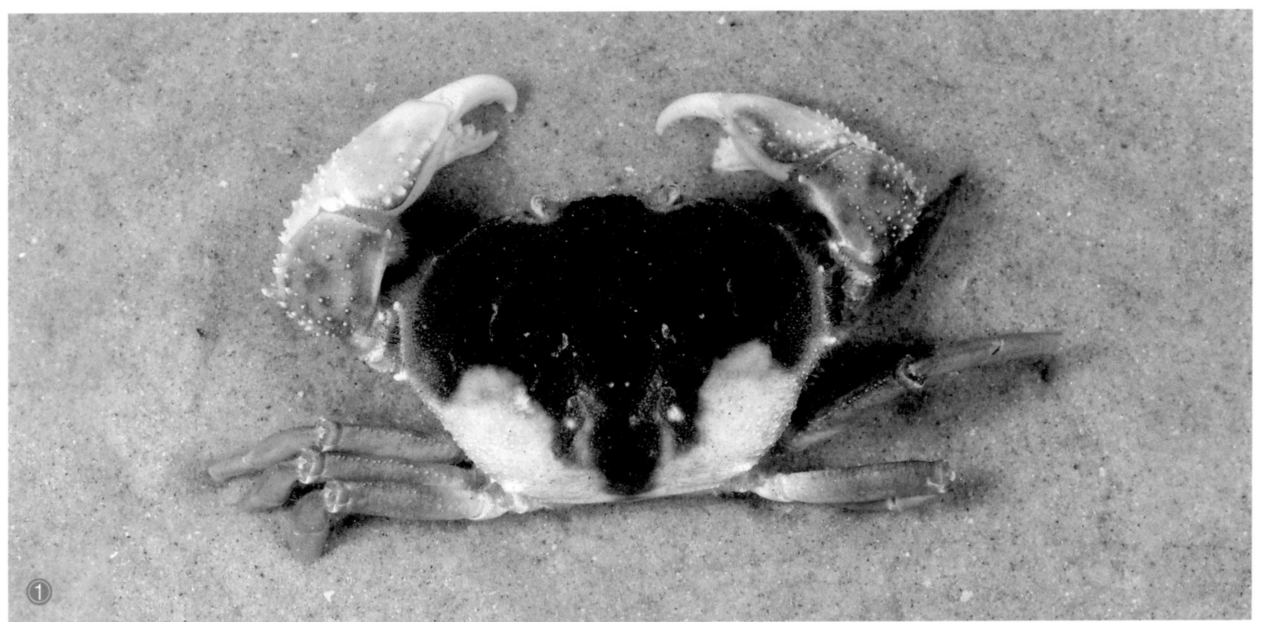

① 海南陵水　② 福建厦门 / 钟丹丹

精武蟹亚科 Parapanopinae

东方精武蟹 *Parapanope orientalis* Ng *et* Guinot, 2021

体型： 雄 CW: 22.69 mm，CL: 15.98 mm。

鉴别特征： 头胸甲近六角形，宽大于长，分区显著，各区域均隆起，分区表面具颗粒群及隆线；额 2 叶，边缘凹入，突出于内眼窝齿，中央具 1 小缺刻，与内眼窝齿间具 1 缺刻；前侧缘较锋锐，分为 4 齿，由裂缝隔开，第 1 齿较宽而低，后 2 齿叶状，有时具附属齿，末齿尖，前部常具 1 附属齿；螯足不对称，表面光滑，长节背缘具颗粒，腕节背面粗糙，内末角具 1 钝齿，掌部背缘具 2 ~ 3 排圆颗粒，掌部外侧面光滑，两指尖向内弯曲，合拢时交叉；步足瘦长，前节和指节边缘具长毛；雄性腹部 7 节。

颜色： 体色有变化，背面黄褐色或深褐色，部分个体头胸甲前部具 1 条浅色带；螯足外侧面及身体腹面白色，螯足两指尖和内缘灰色。

生活习性： 栖息于泥沙质水底。

垂直分布： 低潮带浅水。

地理分布： 山东（山东半岛南侧）、浙江、福建、广东；日本、韩国。

易见度： ★★★☆☆

语源： 属名源于 para + *panopeus*（属名），意为接近该属外形的，中文名来源不详，推测可能由精武蟹属的次异名 *Hoploxanthus* 而来，*hoplo* 意为有武装的。种本名源于拉丁语 *oriental*，意为东方的。

①② 福建厦门 / 林雨帆

暴蟹亚科 Halimedinae

五角暴蟹 *Halimede ochtodes* (Herbst, 1783)

体 型： 雄 CW：29 mm，CL：21.7 mm；雌 CW：37.2 mm，CL：28.1 mm。

鉴别特征： 头胸甲近五边形，表面光滑隆起，分区沟浅；额分为稍突出的 2 叶，远长于内眼角；前侧缘（除外眼窝齿外）共分 4 齿，前 3 齿逐渐增大，第 3 齿外缘具细锯齿，第 4 齿平展，位于头胸甲最宽处，后侧缘平直，前部具几个小齿；螯足粗壮，不对称，长节背缘具瘤状结节，腕节内末角为 2 个圆瘤，沿隆线具大小不等的圆瘤，掌部背缘和基部具硕大圆瘤，可动指背缘也有 2 ~ 3 个圆瘤；步足瘦长。

颜色： 体色多变，全身灰白色、淡黄色、淡绿色或灰褐色；头胸甲额区白色，胃区具黑褐色锚形纹，螯足两指黄褐色；步足白色，具黄褐色环纹。

生活习性： 栖息于泥沙质海底。

垂直分布： 潮下带浅水。

地理分布： 台湾、广东、香港、广西、海南；印度 - 西太平洋。

易见度： ★★★★★

语源： 属名源于希腊神话中的海仙女 Halimede，中文名可能用来形容外表粗狂。种本名源于希腊语 *ochtho+odes*，意思像小山丘，形容本种身上的疣状突起，中文名形容本种头胸甲呈五角形。

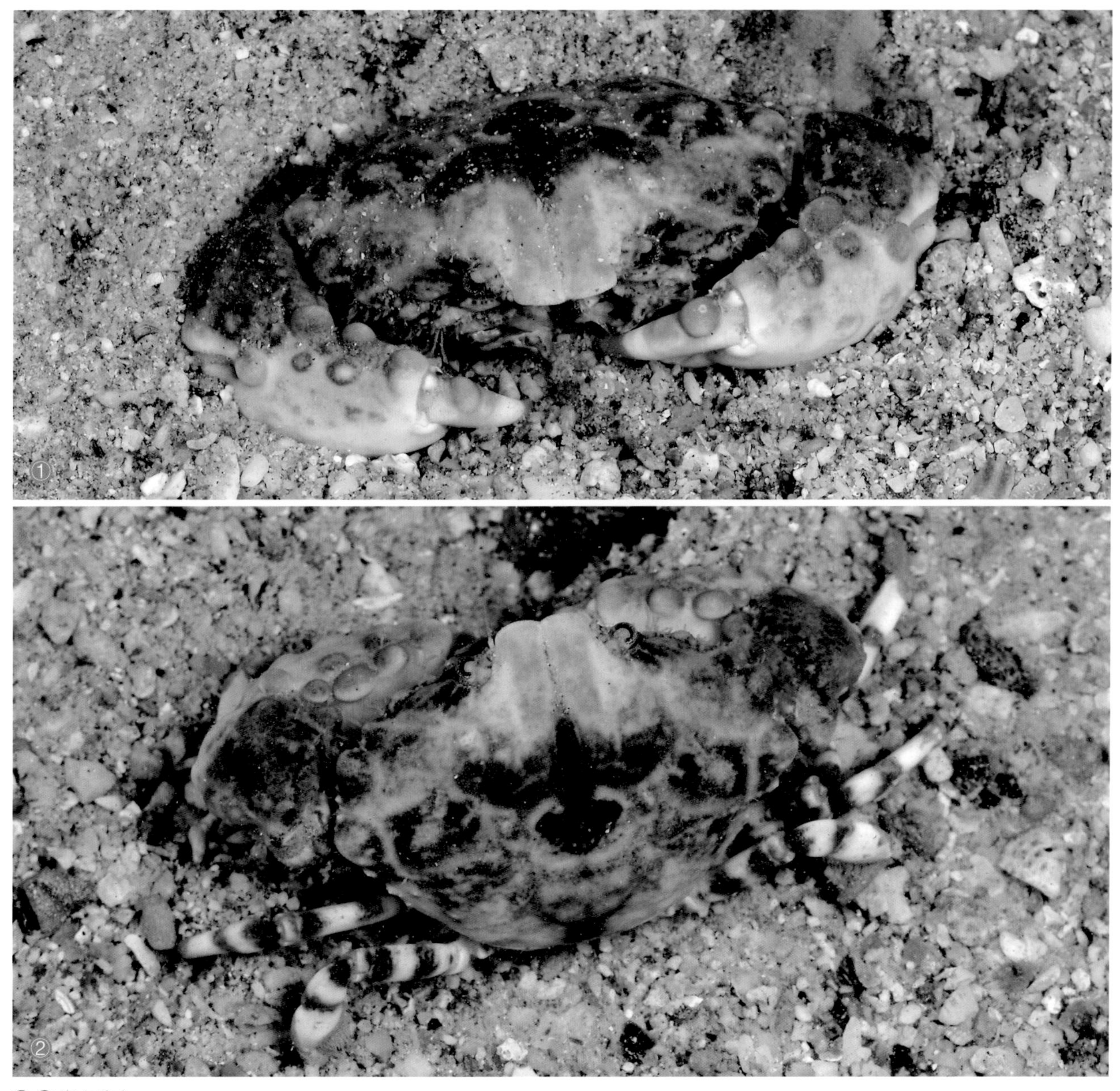

① ② 海南陵水

毛刺蟹总科 Pilumnoidea

毛刺蟹科 Pilumnidae

头胸甲六边形、横三角形或卵圆形，表面适度隆起，光滑，具颗粒或小刺，通常覆盖长毛，分区相对可辨；前侧缘通常具刺或齿（叶）；额短于头胸甲后缘宽，通常分为 2 叶，中部凹刻显著；眼柄相对长，眼窝短；两性腹部 7 节；雄性腹部从不到达螯足底节，G1 细长，S 形，G2 短粗，生殖孔位于步足底节；雌性雌孔位于胸部腹甲。

全世界已知 69 属 417 种，中国记录 35 属 88 种。

真护蟹亚科 Eumedoninae

长足短角蟹 *Harrovia longipes* Lanchester, 1900

体型： 雄 CW：5.8 mm，CL：7.6 mm；雌 CW：6.9 mm，CL：9.4 mm。

鉴别特征： 头胸甲六边形，宽稍大于长，表面分区不明显，密覆绒毛，侧胃区具 2 个结节，但有时消失；额突出，中央浅裂，外缘颗粒状，轻微下弯，内眼角突出；前侧缘（除外眼窝齿外）4 齿，第 1、第 2 齿截型，第 3 齿或为截型，或形同第 4 齿，第 4 齿最尖长，指向外侧；螯足细长，对称，圆柱形，表面覆盖颗粒，腕节具颗粒脊，长节近基部内侧及外侧具数个突起，掌部无刺；步足细长，长节背缘具刺。

颜色： 全身暗褐色，头胸甲边缘白色；螯足及步足具完整或断续的白色条带。

生活习性： 栖息于海百合上，并啃食其枝条。文献记载其寄主对象主要为栉羽星（*Phanogenia* spp.）（栉羽枝科 Comasteridae），亦有记录表明可寄生于栉羽枝属（*Comaster* sp.）（栉羽枝科 Comasteridae）、掌双列羽枝 *Dichrometra palmata*（玛丽羽枝科 Mariametridae）等海百合的枝条上。

垂直分布： 潮下带浅水。

地理分布： 台湾、海南；西太平洋。

易见度： ★★★★☆

语源： 属名语源不详，中文名形容内眼窝角突出。种本名源于拉丁语 *longi+pes*，意为长足。

①

②

① ② 海南三亚 / –5 m / 徐一唐

亚当斯斑蟹 *Zebrida adamsii* White, 1847

体型： 雌 CW：13.5 mm，CL：13.5 mm[3]。

鉴别特征： 头胸甲近六边形，长宽近相等，表面光滑；额中央被一深“V”字形缺刻分为 2 个三角形刺；眼窝小而圆；侧缘平直，具 1 三角形的刺，指向前侧方；两螯不甚对称，右螯大于左螯，长节三棱形，背、腹缘中部各具 1 枚三角形齿，和腕节相接的内、外末缘共具 3 齿，腕节背面三角形，具鼎立的 3 刺，内末角一枚最大，大螯两指间有空隙，小螯无，可动指背缘具 3 ~ 4 枚齿；步足扁平细小，各节边缘隆脊状，具扁平的三角形齿。

颜色： 全身灰白色，带有深色的条纹，头胸甲背面具纵向条纹，侧面和颊区具相连接的水平条纹；螯足和步足具深色横带和斑点。

生活习性： 与饭岛囊海胆（*Asthenosoma ijimai*）、长棘海胆（*Diadema setosum*）、紫海胆（*Heliocidaris crassispina*）共栖，躲藏在刺间，会啃食海胆的管足和体表软组织。

垂直分布： 潮下带浅水。

地理分布： 海南；印度 - 西太平洋。

易见度： ★☆☆☆☆

语源： 属名源于拉丁语 *zebra*，意为像斑马的，形容身体上的花纹似斑马。种本名以标本采集者亚瑟 • 亚当斯（Arthur Adams）的姓氏命名。

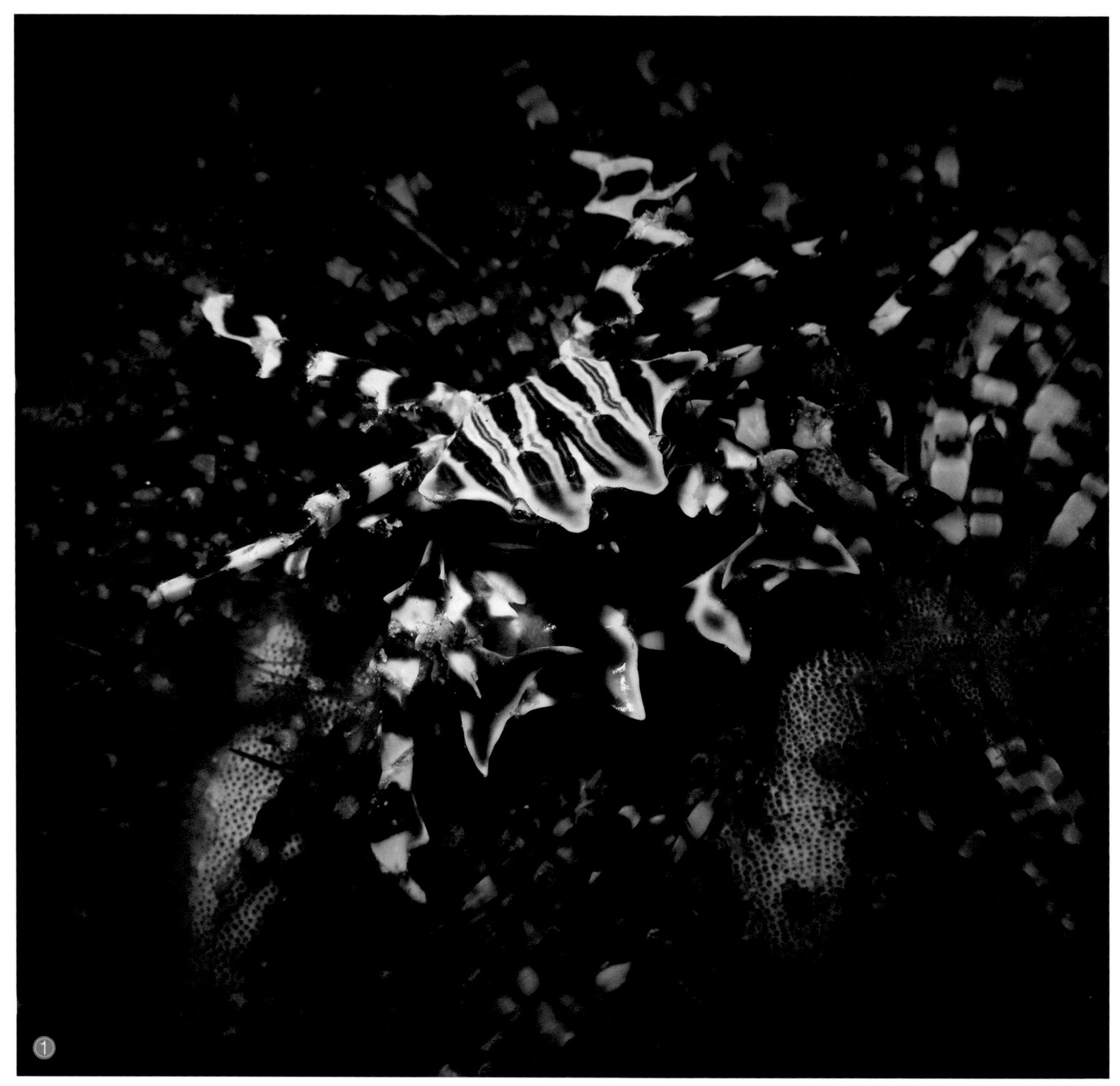

① 菲律宾阿尼洛 / –22 m / 张帆

毛刺蟹亚科 Pilumninae

秀丽杨梅蟹 *Actumnus elegans* De Man, 1887

体型： 雄 CW：6.1 mm，CL：4.7 mm；雌 CW：8.4 mm，CL：6.9 mm。

鉴别特征： 头胸甲近六边形，背面中部隆起，后部平坦，具细毛和羽状刚毛，分区较明显，分区顶部具尖锐小颗粒；额分为平钝的 2 叶，下弯；前侧缘（除外眼窝齿外）具 3 齿，每个齿尖端具 2 ~ 3 个小刺，前鳃区表面也有小刺；螯足外侧和背缘以及可动指背缘、腕节内末角附近具尖锐的鳞状齿和细密颗粒，内侧光滑；步足密布细毛，散生长刚毛。

颜色： 全身棕红色；螯足两指暗褐色。

生活习性： 栖息于海藻丰富的沙石质海底。

垂直分布： 中潮带至潮下带浅水。

地理分布： 海南；日本、韩国、菲律宾、缅甸、墨吉群岛。

易见度： ★★★★★

语源： 属名源于希腊语 *akte*+*umnus*（毛刺蟹属后缀），意为生活于海岸的毛刺蟹，中文名形容其多毛和颗粒的外观似杨梅。种本名源于拉丁语 *elegans*，意为华丽的、秀丽的。

①②海南三亚

疏毛杨梅蟹 *Actumnus setifer* (De Haan, 1835)

体型： 雌 CW：14.6 mm，CL：10.1 mm。

鉴别特征： 头胸甲近扇形，宽稍大于长，前宽后窄，表面隆起，具有细密短绒毛，分区明显，去除毛发可见小颗粒；额宽，宽度略小于头胸甲宽 1/2，前缘中央具一“V”字形缺刻，分 4 叶，中央叶宽而隆，侧叶齿状，边缘具小齿；前侧缘（除外眼窝齿外）具 3 叶，每叶尖端尖锐，后侧缘内凹；螯足粗壮，不对称，长节短，腕节和掌节除内侧面外具绒毛及珠状颗粒，大螯可动指内缘具 2 枚齿，不动指内缘具数枚臼齿，小螯两指内缘各具 3 ~ 4 齿；步足表面覆盖绒毛，各节的上下两缘具长毛列。

颜色： 身体背侧和螯足外侧面棕黄色或棕红色，腹面白色；眼金黄色。

生活习性： 生活在礁石的孔隙中。

垂直分布： 低潮带至潮下带浅水。

地理分布： 福建、广东、海南；印度－西太平洋。

易见度： ★★★☆☆

语源： 种本名源于拉丁语 *setifer*，形容其步足上的毛发排列特点。

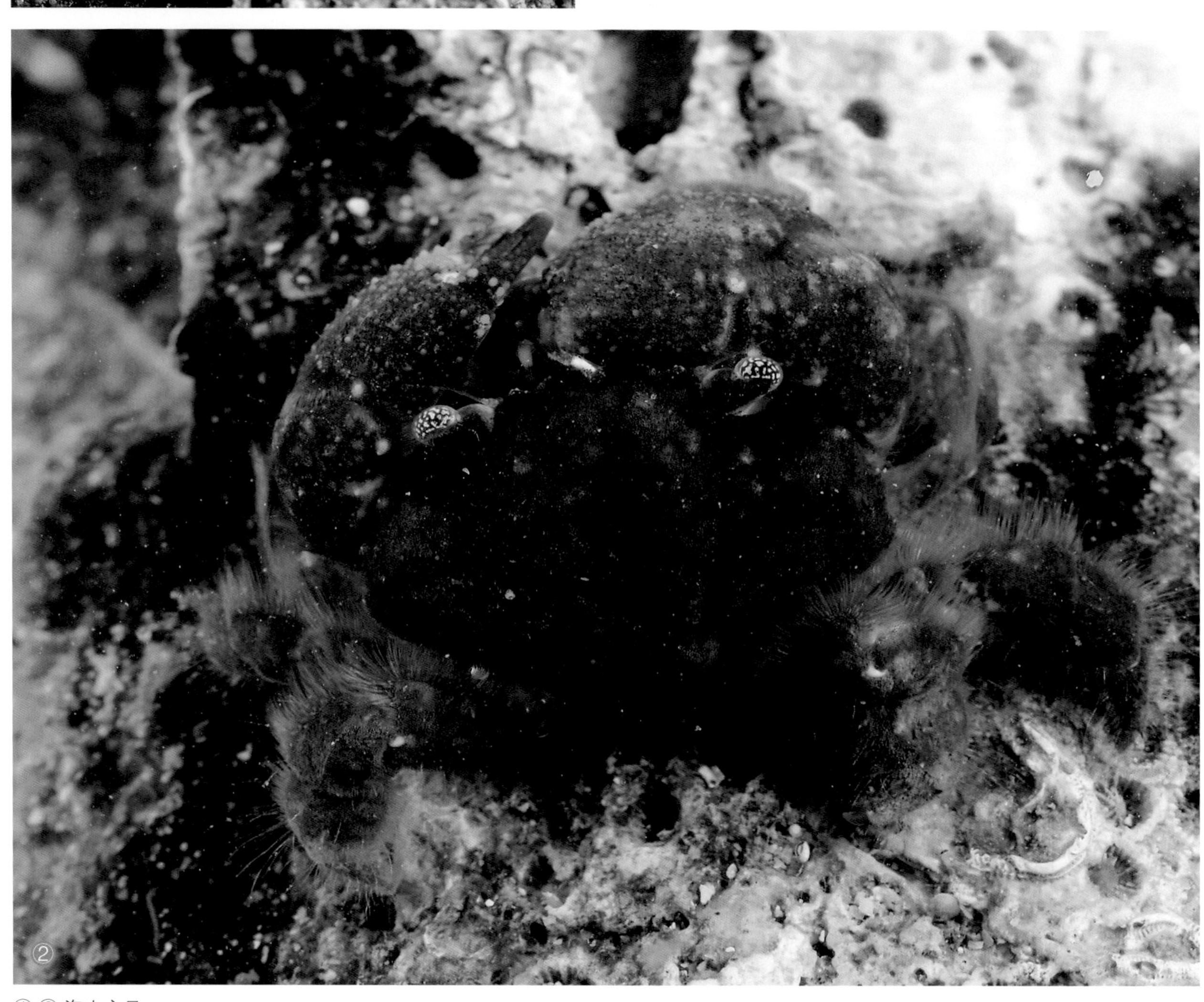

①② 海南文昌

真壮海神蟹 *Benthopanope eucratoides* (Stimpson, 1858)

体型：雄 CW：13.5 mm，CL：10.3 mm。

鉴别特征：头胸甲近六边形，表面稍隆起，分区较明显，各区具隆脊或刚毛，额区尤其明显；额分 2 叶；前侧缘除外眼窝齿外具 3 齿，第 1 齿大，圆叶状，第 2 齿最小，末齿稍大，2 齿均为三角形；两螯壮大，不对称，腕节和掌部稍肿胀，表面光滑，螯指较细长，可动指的内缘不具有明显突出，不动指内缘具有钝齿；步足细长，具有长刚毛。

颜色：全身灰白色至黄褐色，有时带有蓝紫色斑点；螯足和步足光裸区均为白色，螯两指浅灰色。

生活习性：栖息于海藻发达的碎石块下。

地理分布：台湾、香港、广西、海南。

垂直分布：潮下带浅水。

易见度：★★★★★

语源：属名源于希腊语 *benthos*+*Panopeus*（属名），意为底栖的螃蟹。种本名源于拉丁语 *Eucrate*（强蟹属）+*oides*，意为像强蟹的。

①②广西北海

印度海神蟹 *Benthopanope indica* (De Man, 1887)

印度底栖蟹（台）

体型： 雄 CW：11.1 mm，CL：8.4 mm。

鉴别特征： 头胸甲近六边形，表面光滑，分区模糊，侧面具2条隆脊，1条在肝区，1条在侧鳃区，额后及侧胃区具1行刚毛，侧缘齿末齿向内引入1行刚毛；额分为平钝的2叶；前侧缘（除外眼窝齿外）具3齿，第1齿较圆钝，后2齿稍尖锐；螯足光滑，不对称，坐节和长节前缘具颗粒，腕节内末角具1壮齿，大螯掌部较粗厚，小螯稍侧扁；步足散生长刚毛。

颜色： 头胸甲灰白色或褐色，具黑褐色小斑纹；螯足大部与头胸甲同色，具深浅不一的斑块，两指黄褐色；步足具黑褐色环纹。

生活习性： 栖息于海藻发达的碎石下。

垂直分布： 中潮带至潮下带浅水。

地理分布： 台湾、广东、广西、海南；日本、韩国、墨吉群岛。

易见度： ★★★★☆

属名： 种本名源于模式产地墨吉群岛（Mergui Archipelago），此区域原称东印度。

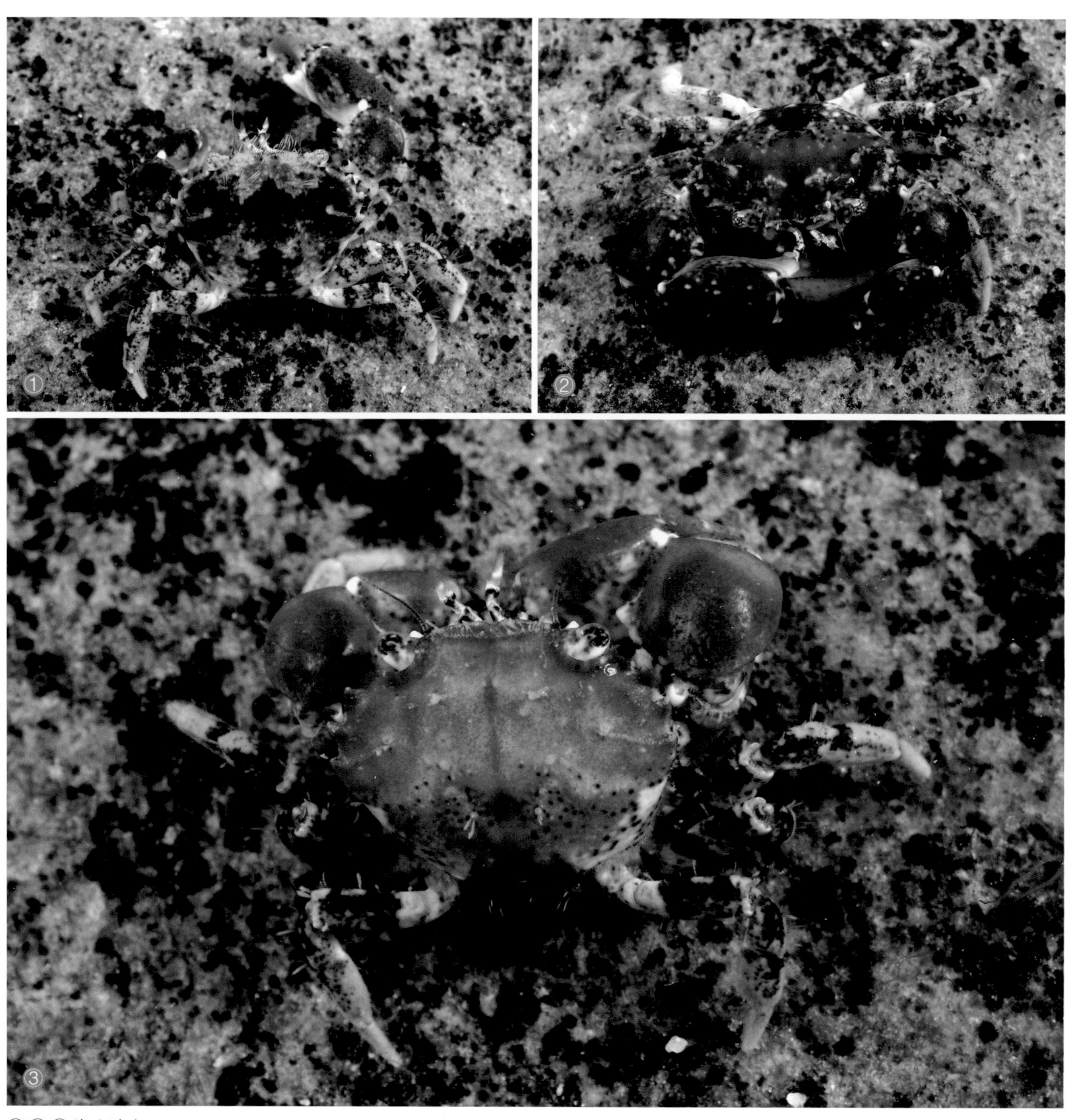

①②③ 海南陵水

象岛隐毛刺蟹 *Cryptopilumnus changensis* (Rathbun, 1909)

体型： 雄 CW：6.7 mm，CL：4.3 mm。

鉴别特征： 头胸甲近六边形，光滑而扁平，表面分区不明显，具少量颗粒；额稍宽，分为 2 叶，每叶前缘平直，额后具 1 行隆脊，隆脊表面具刚毛；前侧缘（除外眼窝齿）具 3 齿，第 1 齿宽而低，后 2 齿突出，较尖锐；螯足不对称，掌部颗粒中等大，相对平滑，具稀疏刚毛，小螯密布尖颗粒；末对步足座节下缘具 1 齿，长节基部下缘具 2 大齿和 3 小齿。

颜色： 全身红褐色，具深浅不一的斑纹；步足具环纹。

生活习性： 栖息于潮间带石灰质岩缝中。

垂直分布： 中潮带至潮下带浅水。

地理分布： 海南；泰国、新加坡。

易见度： ★★★★★

语源： 属名源于拉丁语 *crypto+pilumnus*（毛刺蟹属），直译为隐毛刺蟹。种本名源于模式产地泰国象岛（Koh Chang）。

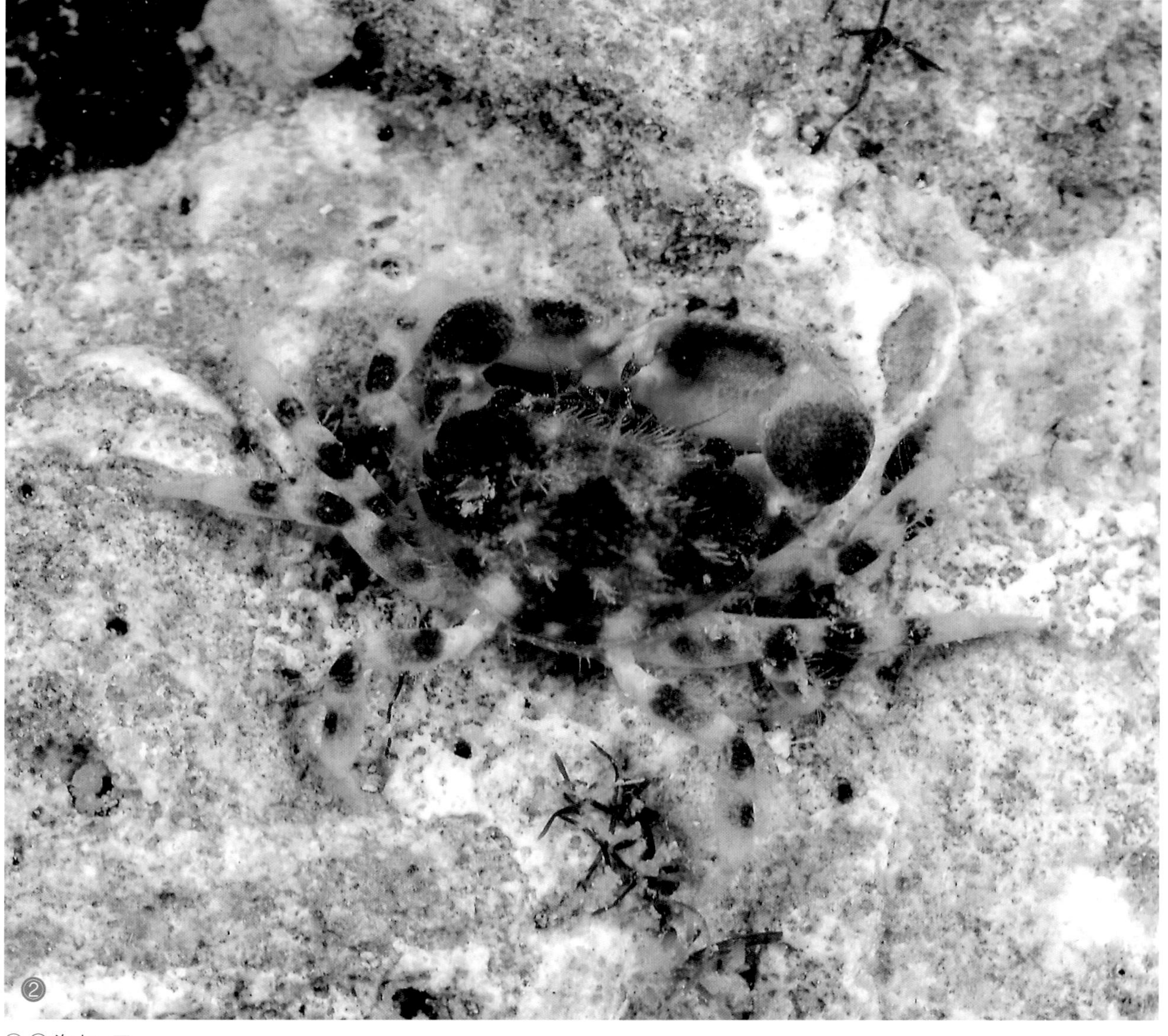

① ② 海南三亚

光滑光毛蟹 *Glabropilumnus* cf. *laevis* (Dana, 1852)

体型： 雄 CW：7.1 mm，CL：5 mm。

鉴别特征： 头胸甲近六边形，宽大于长，光滑，有些许突起和少量毛发，分区模糊，眼眶之间具明显的 1 横排刚毛，和额缘平行，在前侧缘（出去外眼窝齿外）第 1 齿向内引入 1 行横排刚毛，在末齿处又引入 1 行约近甲宽 1/3 的横排刚毛，两排刚毛均不达胃区；额分为 2 叶，平直或稍凹，稍倾斜；背眼缘有 2 个浅裂缝，背腹眼缘均平滑无颗粒，外眼窝齿小，前侧缘（除外眼窝齿外）具 3 齿，末齿最小；螯足不对称，长节几乎不能伸出头胸甲，近三棱形，腹内缘具 2 ~ 3 齿，腕节外表面光洁，内角突出，具 1 壮刺，右螯巨大，长度约等于头胸甲宽度，内、外侧面光滑，无毛和颗粒，小螯腕节和掌部的背面及外侧面具稀疏毛；步足稍细长，具稀疏毛。

颜色： 全身棕褐色，散布白色和褐色大小不一的斑点；螯足两指棕色，大螯掌部灰白色；步足灰白色，具黑褐色环纹。

生活习性： 栖息于具珊瑚礁或碎石块下。

垂直分布： 中潮带至潮下带浅水。

地理分布： 海南；印度 - 西太平洋。

易见度： ★★★★★

语源： 属名源于希腊语 *glabratus*+*Pilumnus*（毛刺蟹属），意为少毛的毛刺蟹。种本名源于拉丁语 *laevis*，意为光滑的。

备注： 本种模式产地位于菲律宾巴拉巴克群岛（Balabac Islands）的南北芒西岛（Mangsee Islands）。Galil *et* Takeda（1988）提及到 Takeda *et* Miyake（1969）中描述的采自琉球群岛的标本与 Dana 的原始描述不同，尤其在雄性腹肢上。本书的标本在外部形态与 De Man（1887）描述的模式产地标本极为相似，而与琉球的标本相差甚远，我们暂时将其定为本种。

①② 海南三亚

光滑异装蟹 *Heteropanope glabra* Stimpson, 1858

体型： 雄 CW：10.3 mm，CL：6.7 mm。

鉴别特征： 头胸甲近六边形，表面光滑，略微隆起，分区甚模糊；额分为平钝的 2 叶；前侧缘（除外眼窝齿外）具 4 齿，其中第 1 齿和外眼窝齿愈合（大个体尤显著），前 2 个较圆钝，后 2 个较尖锐；螯足粗壮，各节光滑，指尖尖锐；步足散生长刚毛。

颜色： 全身棕褐色或紫褐色，浅色个体具显著的灰白色斑点；步足具模糊的环纹。

生活习性： 红树林或岩礁海岸的石块下。

垂直分布： 中潮带。

地理分布： 台湾、广东、香港、广西、海南；印度 – 西太平洋。

易见度： ★★★★★

语源： 属名源于希腊语 *heteros*+*Panopeus*（属名），意为与 *Panopeus* 属外形相近。种本名源于拉丁语 *glabro*，意为光滑无毛。

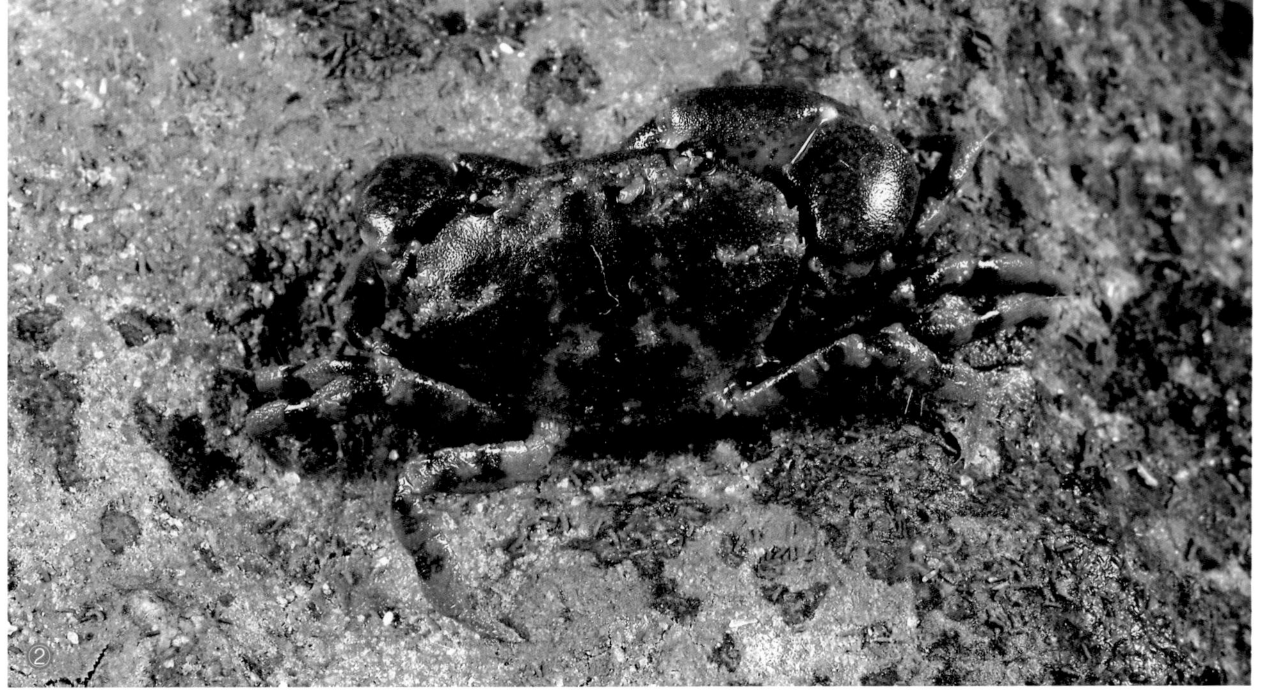

① 广东硇洲岛　② 海南文昌

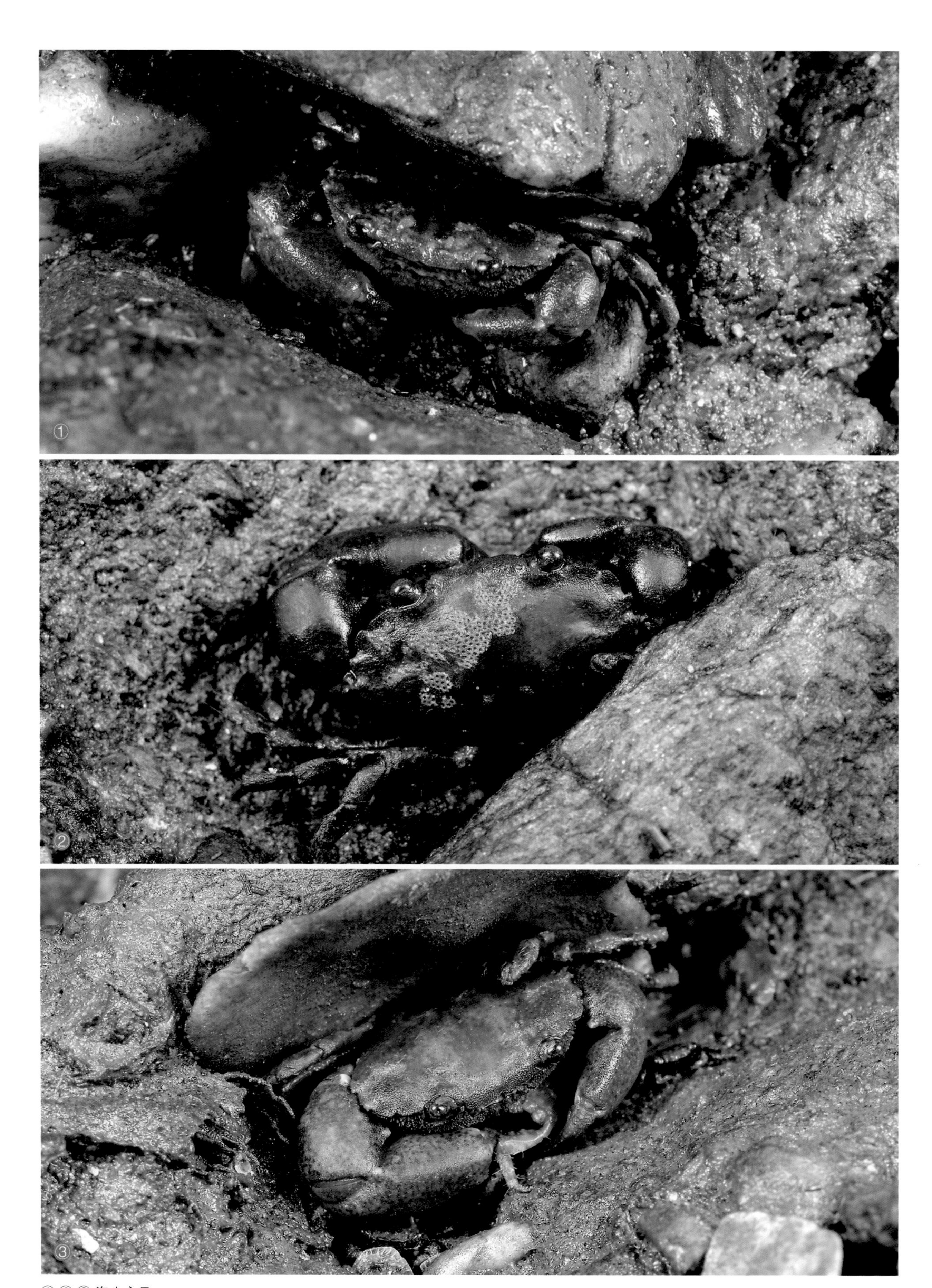

①②③ 海南文昌

披发异毛蟹 *Heteropilumnus ciliatus* (Stimpson, 1858)

体型： 雄 CW：15.2 mm，CL：11.5 mm。

鉴别特征： 头胸甲近六边形，长约为宽的 2/3，前部较宽，稍隆起，后部较平坦，表面密布绒毛，长毛以额区和螯足、步足的前缘尤其发达；额向下弯，中部稍凹，分 2 叶，每叶前缘平直；前侧缘（除外眼窝齿外）具 3 齿，第 1 齿最宽，第 2 齿最突出，第 3 齿小而钝，后侧缘长于前侧缘；螯足不甚对称，长节较短，和掌部的背缘和外侧面都具颗粒和长毛，掌部内外侧面近末部具光滑裸露区；步足指节和前节长度相近。

颜色： 全身灰白色，被黄褐色毛；螯足两指棕色。

生活习性： 栖息于具泥底的石块下。

垂直分布： 低潮带至潮下带浅水。

地理分布： 山东半岛、浙江、福建、台湾、香港；日本、朝鲜半岛。

易见度： ★★☆☆☆

语源： 属名源于希腊语 *hetero*+*Pilumnus*（毛刺蟹属），指代本属与毛刺蟹属有区别。种本名源于拉丁语 *ciliatus*，形容本种前额区和足边缘分布的细密的毛发。

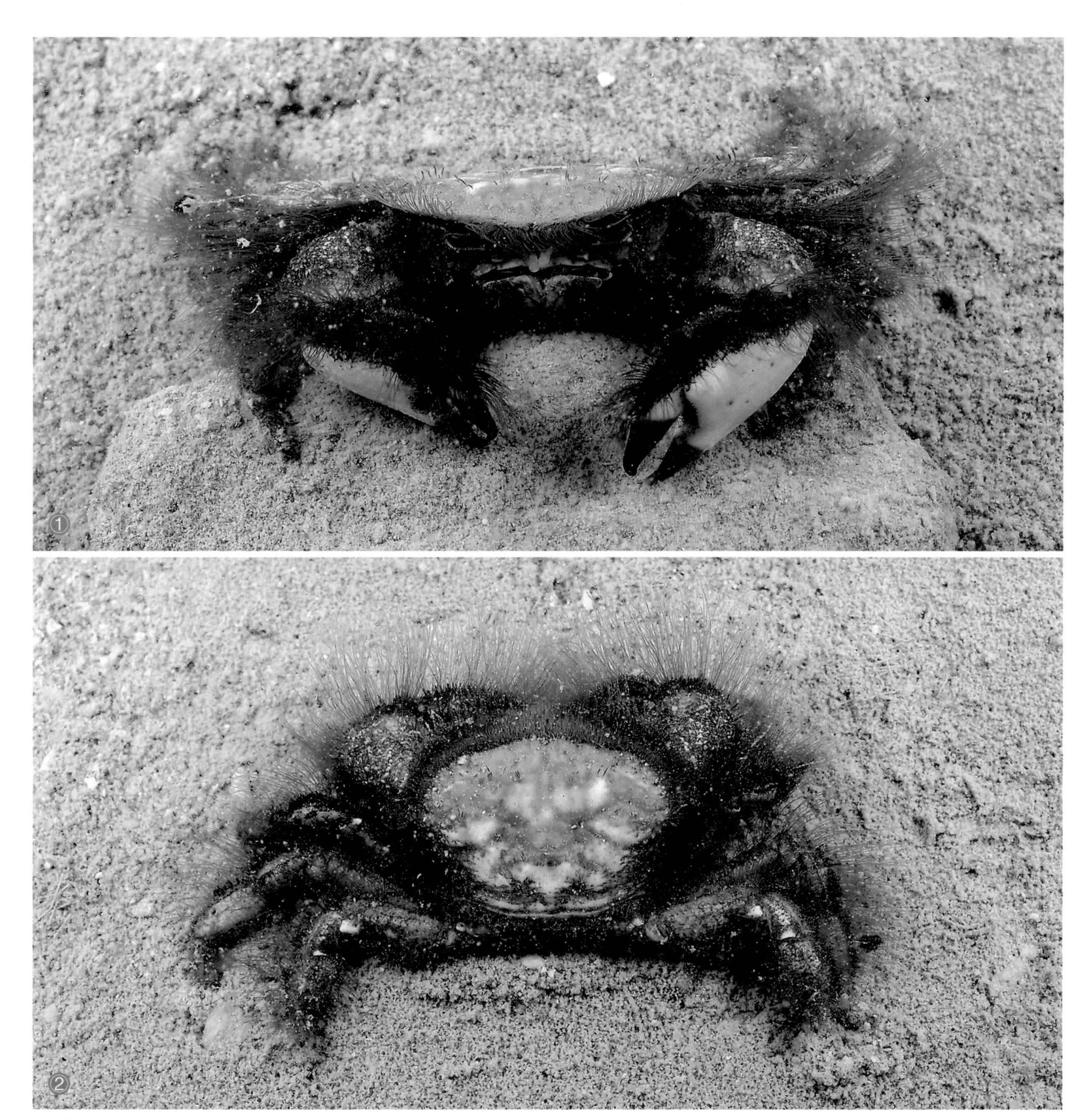

①②福建平潭

浓毛异毛蟹 *Heteropilumnus* cf. *hirsutior* (Lanchester, 1900)

体型： 雌 CW：5.9 mm，CL：4 mm。

鉴别特征： 头胸甲近六边形，较平坦，表面密布绒毛，长毛以额区和螯足、眼柄以及步足的前缘尤其发达，去毛后可见侧胃区被一宽纵沟分为 2 块；额向下弯，中部稍凹，2 叶，每叶前缘平直，额后具 1 平直隆脊线，具长毛；前侧缘（除外眼窝齿外）具 4 齿，各齿顶端都具有几丁质角质，但较钝，从前往后依次缩小，第 1 齿最宽，第 2 齿稍宽，第 3 齿最突出，末齿最小，后侧缘长于前侧缘，明显平直；螯足不甚对称，长节较短，整个螯足都具长毛和短绒毛，去除毛后可见腕节外表面和掌部均具圆钝颗粒，掌部内外侧面近端部的毛稍稀疏；步足散生长毛，较螯足稀疏。

颜色： 全身灰白色，去除毛发后可见额后和中胃区稍具有橘黄色斑，鳃区偶有橘色颗粒，口前板中部和两侧都具有橘黄色斑点，侧缘和眼窝突起均具橘黄色，体被黄褐色毛；螯足两指端部的 1/2 棕色，去除毛发后步足长节端部可见具 1 橘黄色斑。

生活习性： 栖息于礁石缝隙中。

垂直分布： 低潮带至潮下带浅水。

地理分布： 海南；日本、新加坡。

易见度： ★★☆☆☆

语源： 种本名源于拉丁语 *hirsutus*，意为多毛的，形容本种毛发多。

备注： 本种模式产地位于新加坡。前之园唯史（2019）记录该种于冲绳岛，本书的标本外观与他的标本较为相似，但因只有雌性标本，暂时定为此种。

①②海南儋州

霍氏异毛蟹 *Heteropilumnus holthuisi* Ng *et* Tan, 1988

体型： 雄 CW：15.9 mm，CL：11.9 mm；雌 CW：11 mm，CL：8 mm。

鉴别特征： 头胸甲近四边形，表面较平，全身密覆短绒毛及长刚毛，去除毛发后分区稍可辨，前部及鳃区侧面具有分散的颗粒，心－胃区的"H"字形沟较深；额弯向下方，前缘中央被一浅沟分为 2 叶；眼窝小，背眼缘具扁平颗粒，腹眼缘完整；前侧缘弧形，分 4 叶，第 1、第 2 叶低平，第 3、第 4 叶突出，每叶边缘具颗粒，后侧缘平直，长于前侧缘；两螯粗壮，不对称，长节背缘近末端具 1 锐齿，腕节内末角具 1 锐刺，大螯掌部外侧面具 1 光裸区，近腹缘处略具颗粒，去除毛发后可见粗大的颗粒，两螯内侧面光裸，两指内缘具 1 ~ 2 较大钝齿；步足细长，末 3 节的毛发尤其浓密。

颜色： 全身毛发黄褐色，裸露处白色；螯足光裸区为白色，两指棕褐色。

生活习性： 栖息于泥沙底大石块下。

垂直分布： 中潮带至潮下带浅水。

地理分布： 福建、广东、广西；马来半岛。

易见度： ★★★★☆

语源： 种本名以德国甲壳动物学家利普克·比德利·霍特威斯（Lipke Bijdeley Holthuis）的姓氏命名。

① 福建厦门 / 雄蟹腹面　② 福建厦门

鲁氏小毛刺蟹 *Nanopilumnus rouxi* (Balss, 1936)

体型： 雌 CW：8 mm，CL：6 mm。

鉴别特征： 头胸甲近六边形，表面凹凸不平，分区被宽而浅的沟分隔，除肠区外每个分区表面都具1明显的尖颗粒群，颗粒群顶部具毛发，去除毛后可见侧胃区和前胃区被一横沟分隔为2块，中胃区被浅沟分为3块，后胃区和鳃区之间具浅沟，中胃区和心 - 肠区有明显的宽沟，沟后的心区有并列的2块颗粒隆线；额分2叶，突出，每叶外侧具弧形凹陷，和内眼窝齿之间具有宽缺刻隔开；前侧缘（除外眼窝齿外）具3齿，齿宽叶形，齿间间隔深而宽，各齿边缘具细锯齿，第1、第2齿几乎等大，末齿较小（我们的标本右侧有鳃虱寄生影响而不存在），后侧缘平直，边缘具有细颗粒，后缘平直；螯足不对称，具有薄片状突起，长节短，背缘具1排不规则瘤突，近端部的最大1枚翘起，腕节背面粗糙，具多个尖锐突起，表面具颗粒，内末角末端具1壮刺，大螯掌部粗糙，顶部具有数个突起，沿背内缘具1列明显向内倾斜的3枚突起，外侧面具明显的3行圆颗粒（我们的标本近腹缘处具1列排列较规整的颗粒，在模式标本线描图中不可见），两指末端尖锐；步足中等长度，前节近端部至指节密布细毛。

颜色： 全身灰白色至紫褐色，散布深浅不一的斑点或斑块，颗粒白色；螯足两指淡黄色。

生活习性： 栖息于海藻丛中。

垂直分布： 潮下带浅水。

地理分布： 海南；日本、泰国、新加坡、印度、巴基斯坦。

易见度： ★☆☆☆☆

语源： 属名源于希腊语 *nanaos+Pilumnus*，指侏儒的毛刺蟹。种本名以让 • 鲁克斯（Jean Roux）的姓氏命名。

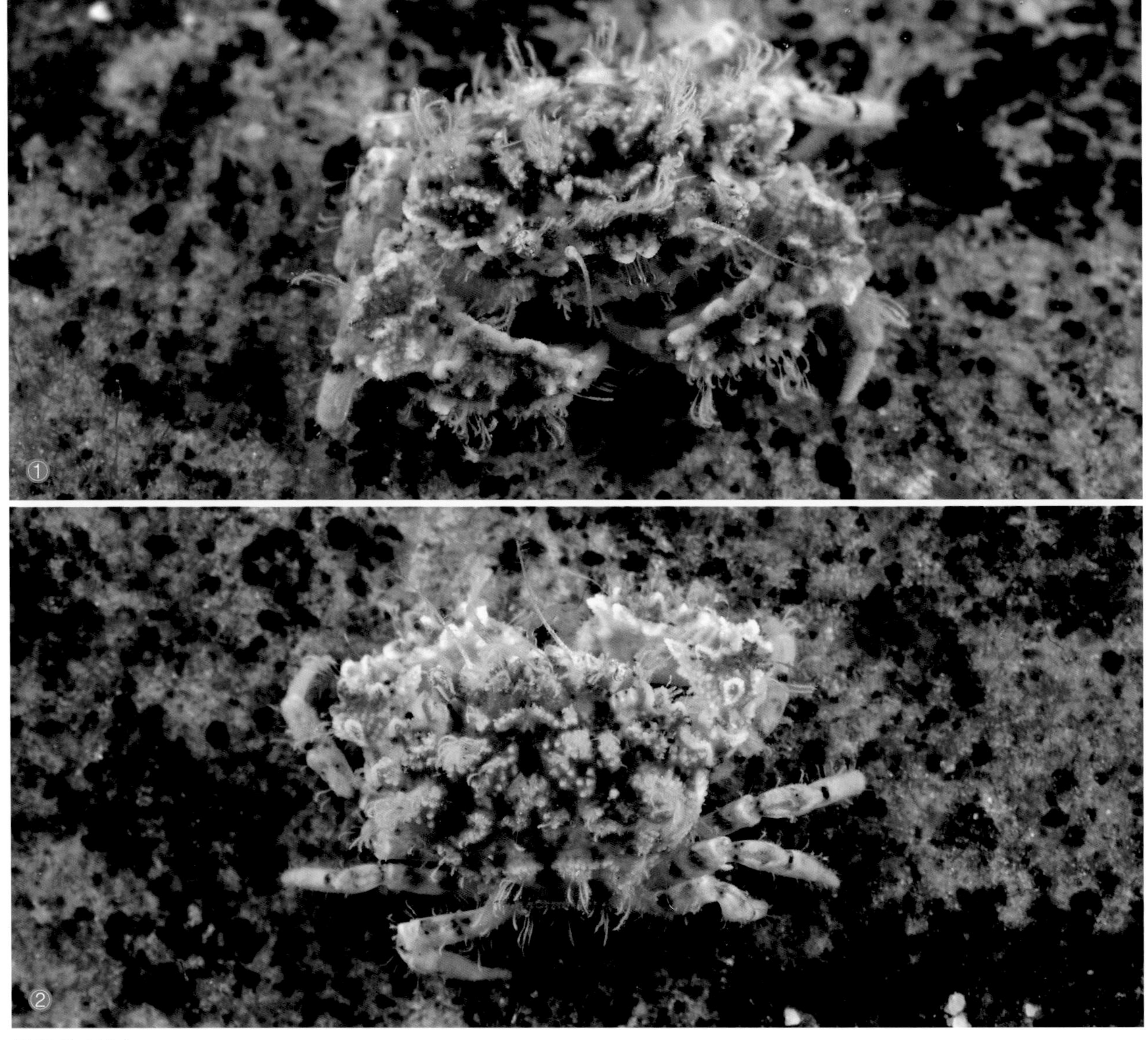

①② 海南陵水

牧氏毛粒蟹 *Pilumnopeus makianus* (Rathbun, 1931)

体型：雄 CW：22 mm，CL：13 mm；雌 CW：10.5 mm，CL：6.7 mm。

鉴别特征：头胸甲近六边形，表面隆起，密覆颗粒、短绒毛及长绒毛；前侧缘（除外眼窝齿外）具 4 齿，各齿边缘具细锯齿；螯足不对称，腕节背面隆起，具粗糙颗粒，内末角末端具 1 短刺，掌部外侧面上半部 2/3 处及内侧面上半部 1/3 处具圆锥形颗粒；步足中等长度，具细毛。

颜色：全身灰白色至紫褐色，散布深浅不一的斑点或斑块；螯足两指棕褐色。

生活习性：栖息于牡蛎礁或岩礁的缝隙中，夜间出现活动。

垂直分布：中潮带至潮下带浅水。

地理分布：辽东半岛、山东半岛、浙江、福建、台湾、广东、海南；日本、韩国。

易见度：★★★★★

语源：属名源于 *Pilumnus*（毛刺蟹属）+*Panopeus*（属名），指代本属形态介于两属之间。种本名以日本蛇类学家牧茂市郎（Moichiro Maki）的姓氏命名，中文名原为“马氏毛粒蟹”，我们建议以牧氏毛粒蟹作为本种中文名，以遵循原意。

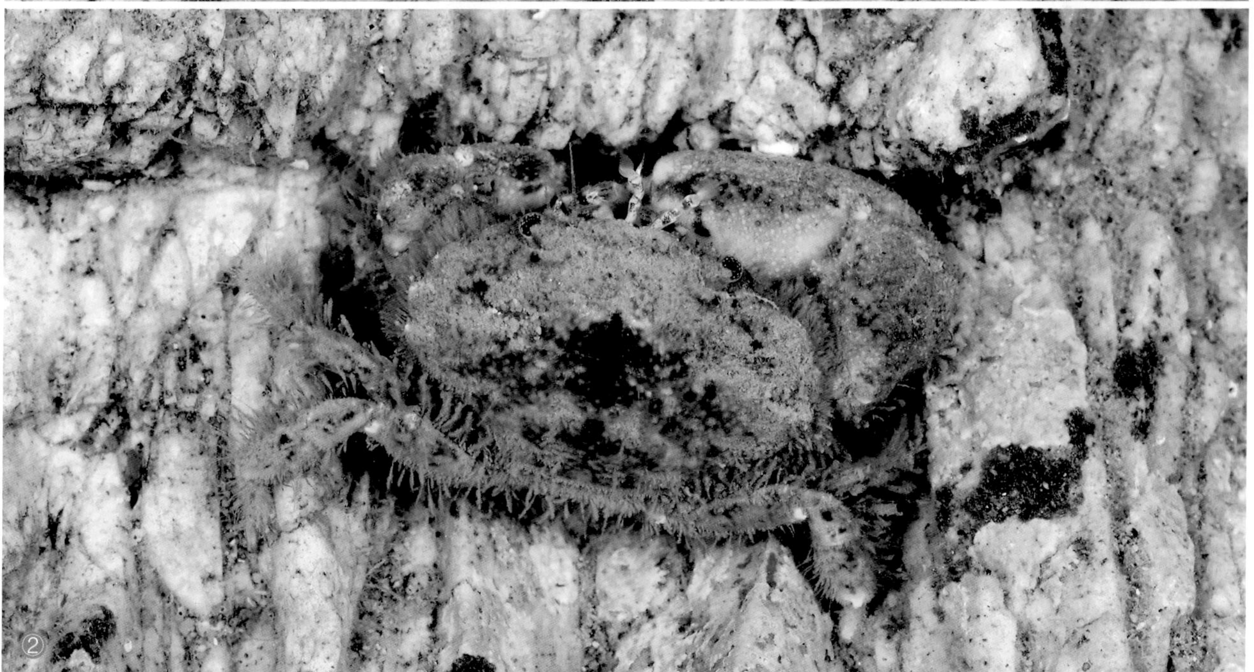

①②山东青岛

长角毛刺蟹 *Pilumnus* cf. *longicornis* Hilgendorf, 1879

体型：雄 CW：23.4 mm，CL：16.6 mm；雌 CW：27.58 mm，CL：19.96 mm。

鉴别特征：头胸甲近六边形，具稀疏的长毛和密集短绒毛，中部稍隆起，前部和鳃区具细小的颗粒；第 2 触角伸展时略超过外眼窝齿；额分 2 宽叶，圆钝，边缘具颗粒及刚毛；前侧缘（除外眼窝齿外）具 4 齿，齿指向前上方，第 1 齿低矮，去除毛发后明显，后 3 齿明显突出而尖锐，第 3 齿最大，末齿稍小；螯足不对称，基节和坐节前缘具细锯齿，腕节外表面和掌部上部、外侧面基部具突出的圆形颗粒，腕节内末角具 1 壮齿，较大螯足的掌部颗粒区趋于裸露，较小螯足则披密毛，螯足两指裸露无毛；步足细长，明显长于头胸甲宽，长节的背缘具尖颗粒。

颜色：头胸甲灰白色或紫色，披黄褐色毛；口前板和前额等裸露处常带有紫色斑；螯足两指黑色，掌部侧面裸露处为白色，背缘裸露处常稍带紫色。

生活习性：栖息于岩礁碎石下。

垂直分布：潮下带浅水。

地理分布：福建、台湾、广东、香港、广西、海南；印度－西太平洋。

易见度：★★★★★

语源：属名源自拉丁语 *pilumnus*，是古罗马传说中的杵神，同时 pil 亦有毛发的含义，中文名形容其多毛且具刺的外观。种本名源于拉丁语 *longus+conru*，意为长触角。

备注：本种模式产地位于莫桑比克伊尼扬巴内（Inhambane）。在《中国海洋蟹类》中标为“长足毛刺蟹”，只在检索表中出现，引用自 Takeda *et* Miyake, 1968，未给出详细描述及标本采集地点。《中国海洋生物名录》记录本种分布于东海。该种目前被认为是印度－太平洋热带及亚热带海区广布种。我们的标本大体符合该种原始描述，G1 符合 Takeda *et* Miyake（1968）所绘制的插图。Sakai（1965）采于骏河个体的彩色图片为一小型的、两螯足覆盖较多毛发的物种，与我们的标本完全不相符；Lee（2012）报道了采于韩国济州岛的标本，但其标本大螯掌部外侧面的刺几乎布满整面，头胸甲宽也不超过 10 mm，雄性 G1 也与 Takeda *et* Miyake（1968）有所不同。

① 海南陵水　② 福建厦门

小巧毛刺蟹 *Pilumnus minutus* De Haan, 1835

体型：雄 CW：15.1 mm，CL：11.6 mm。

鉴别特征：头胸甲近六边形，宽大于长，表面隆起，密具短毛；额宽，约为头胸甲宽的 1/3，前缘中部被一“V”字形缺刻分成 2 叶；前侧缘稍短于后侧缘，外眼窝齿分为 2 锐齿，其后具 3 齿，齿间具附属小齿，顶端稍向前弯；螯足不对称，长节背缘具锯状齿，近末端及末端各具 1 刺，腕节表面具粗颗粒，内、外角各具 1 锐刺，大螯掌节内、外侧面上半部具突起，下半部较光滑，小螯腕节及掌节上的突起锐利，两指内缘具钝齿；步足细长，其中第 3 对最长，各节均具长刚毛。

颜色：全身红褐色或红褐色；螯足两指棕褐色。

生活习性：栖息于泥质碎石块下，扇贝养殖笼内偶尔能发现本种。

垂直分布：低潮带至潮下带浅水。

地理分布：山东、浙江、福建、台湾、广东、香港、广西；印度 – 西太平洋。

易见度：★★★☆☆

语源：种本名源于拉丁语 *minutus*，意为小型的。

① ② 山东威海

蝙蝠毛刺蟹 *Pilumnus vespertilio* (Fabricius, 1793) 

体型： 雄 CW：25 mm，CL：17.6 mm。

鉴别特征： 头胸甲近六边形，前半部较隆，后半部平坦，密具黄褐色长毛；额稍突出，表面被长毛覆盖；前侧缘（除外眼窝齿外）具 3 齿；螯足不对称，大螯掌部外侧面下半部无毛，具珠状颗粒，腹面及内侧面光滑无毛；步足稍扁平，各节也散生长毛。

颜色： 全身灰白色或黄褐色，被黄褐色毛。

生活习性： 栖息于大块珊瑚礁或岩礁缝中，夜间出来活动，不会远离洞穴，受惊会立即躲回洞中。

垂直分布： 中潮带至潮下带浅水。

地理分布： 台湾、海南；印度－西太平洋

易见度： ★★★★★

语源： 种本名源于拉丁语 *vespertilio*，意为蝙蝠。

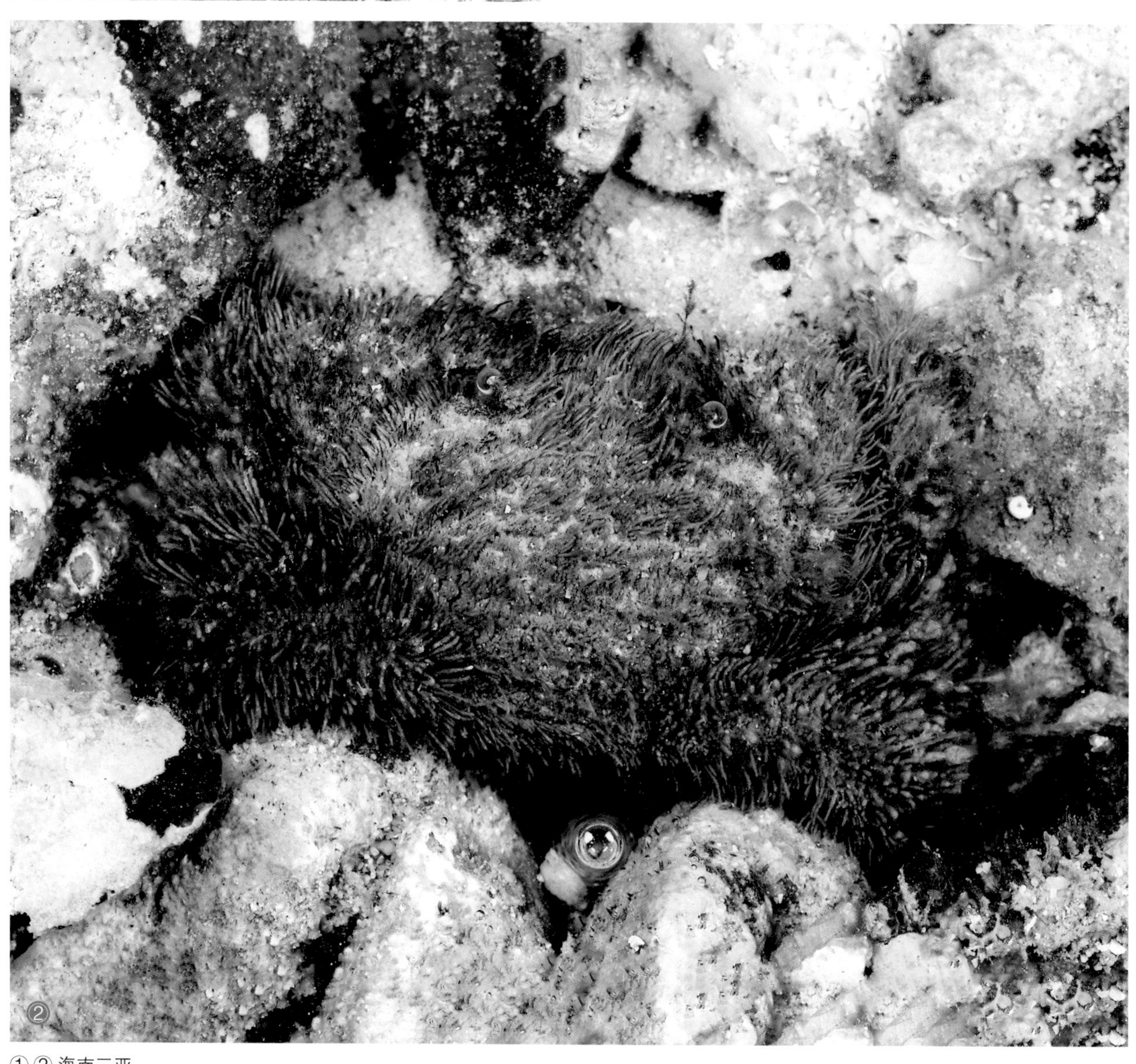

①② 海南三亚

武田毛刺蟹 *Pilumnus takedai* Ng, 1988

体型： 雄 CW：7.9 mm，CL：5.9 mm。

鉴别特征： 头胸甲六边形，前部略隆起，表面覆盖浓密绒毛，长刚毛较分散，有的成簇，去除毛发后分区可辨，前侧缘附近具小颗粒；额稍有棱角，额中央被一宽而深的缺刻分为 2 叶，侧叶较尖，与内叶及内眼窝齿之间具明显凹陷；触角长度约为眼眶宽度 2 倍；背眼缘边缘具细颗粒及 2 浅裂缝，腹眼缘具 1 深裂缝；肝下区具颗粒；前侧缘明显短于后侧缘，除外眼窝齿外具 3 齿，外眼窝齿锐角状，后侧缘平直；两螯不对称，除两指、大螯掌部光裸区外，均密布短柔毛，并夹杂长毛，毛发覆盖区具有圆锥状颗粒和小棘刺，腕节内末角具 1 壮刺，掌部的颗粒成纵行排列；步足细长，前 3 对步足长节上缘具有 1 ~ 3 刺，其余各节无刺，散生长刚毛。

颜色： 全身黄褐色，覆盖灰黄色泥污，有时稍偏红，口部、颊区和肝下区具红褐色斑点；螯足光裸区均为白色，两指黑褐色。

生活习性： 栖息于珊瑚礁碎石下。

垂直分布： 中潮带至潮下带浅水。

地理分布： 台湾、海南；日本、帕劳。

易见度： ★☆☆☆☆

语源： 种本名以日本动物学家武田正伦（Masatsune Takeda）的姓氏命名。

备注： 本种和莫氏毛刺蟹 *P. murphyi* 较为相似，但本种大螯掌部光裸区面积较大，约占 1/3，而莫氏毛刺蟹光裸区仅限不动指后侧一点；另外，前者 G1 无细长刚毛，喙状突出强烈弯曲近似鹦鹉嘴状，后者则具有较多细长刚毛以及 1 列微小羽状刚毛，喙状突出不弯曲，仅在末端具 1 小钩。本种还和塞氏毛刺蟹 *P. serenei* 相似，但本种螯足掌部的颗粒大多为锥形，而后者的掌部大部分光裸，颗粒较平；此外，本种 G1 腹面的末端靠近喙状突出处缺少 1 丛细长刚毛，而后者具发达细长刚毛。

① 海南三亚

根足蟹亚科 Rhizopinae

福建佘氏蟹 *Ser fukiensis* Rathbun, 1931

体型： 雄 CW：23 mm，CL：17.1 mm。

鉴别特征： 头胸甲近矩形，前部向前下方倾斜，后半部分稍隆，除螯足掌部外侧裸区外，全身密覆短绒毛，去除毛发后光滑，分区可辨；额分 2 叶，边缘稍拱，额窄于头胸甲宽的一半；眼窝小，外眼窝齿不明显，眼柄可伸出眼眶，角膜较小；前侧缘锋锐，除外眼窝齿外具 3 齿，第 1 齿较钝，后 2 齿较锐，第 3 齿最小，近刺状；后侧缘长于前侧缘，两侧近平行；螯足粗壮，不对称，腕节、掌节之间具长刚毛，长节背缘近末端具 1 齿，腕节内末角具 1 壮齿，掌部较高，外侧近两指处具 1 裸区，两指内缘具大小不等的钝齿；步足各节背缘散生长毛，第 3 步足最长，末对步足指节向外侧弯曲。

颜色： 全身白色，常沾有黑色泥污，毛黄褐色，螯足两指灰黑色，指尖白色。

生活习性： 栖息于泥沙质水底。

垂直分布： 潮下带浅水。

地理分布： 福建、广东、海南。

易见度： ★☆☆☆☆

语源： 属名源于中国姓氏之佘氏。种本名源于模式产地福建。

①② 广东南澳

窄额拟盲蟹 *Typhlocarcinops decrescens* Rathbun, 1914

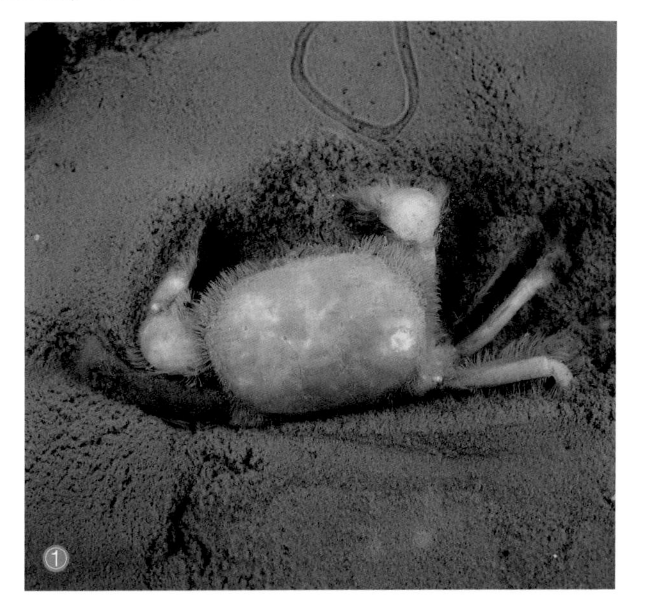

体型： 雌 CW：16 mm，CL：11.5 mm。

鉴别特征： 头胸甲近圆方形，宽稍大于长，前后平坦，中部隆拱，边缘具稀疏毛发，表面光滑，分区不明显，心 - 胃区沟很浅，肠沟稍深；额稍突出，分 2 叶，中央浅凹，每叶边缘稍凸；眼窝小，眼柄填充眼眶，不能移动，角膜很细小，略微带有色素；前侧缘弓形，边缘具有细小颗粒，分为 4 个非常低平的叶或者边缘具一或几处浅凹，后侧缘近乎平行，近后缘处转向侧方，后缘弧形；雄性螯足不对称，雌性螯足稍对称，大螯长节略微伸处头胸甲侧面，腕节边缘具毛，外表面光裸，近内末角处具 1 条颗粒脊，内末角具 1 小突起，端部具小颗粒，大螯掌部外侧面光裸，近上下缘处具毛丛，背缘和腹缘各具 1 行颗粒，腹缘颗粒延伸至不动指，小螯上的毛比大螯更密集，两指表面光滑，可动指背面具毛发和颗粒，可动指和不动指的侧面均具纵沟；步足细长，边缘具毛，第 3 步足最长。

颜色： 全身白色至灰白色，毛黄褐色。

生活习性： 穴居于泥沙质海底。

垂直分布： 低潮带至潮下带浅水。

地理分布： 山东、福建、广东、香港；日本、菲律宾、印度尼西亚。

易见度： ★☆☆☆☆

语源： 属名源于 *Typhlocarcinus*（盲蟹属）+*ops*，意为像盲蟹属的。种本名源于拉丁语 *decrescens*，意为变短的，指额眼距小于头胸甲宽的一半。

备注：《中国海洋蟹类》中记载的沟纹拟盲蟹 *T. canaliculatus* 实际为本种。本种与沟纹拟盲蟹以及齿腕拟盲蟹 *T. denticarpes* 非常接近。与沟纹拟盲蟹相比，本种螯足掌部裸露区域更大，外侧面几乎完全光滑，G1 末端弯曲幅度更大；与齿腕拟盲蟹相比，本种的螯足腕节内末角突出很小，不形成 1 刺，G1 末端弯曲部分更为细长。

①② 福建厦门 / 雌蟹

毛刺蟹总科 Pilumnoidea

长螯蟹科 Tanaochelidae

头胸甲宽大于长，近横方形，表面光滑，分区不可辨；前侧缘短于后侧缘，通常具 2 刺；额宽，分 2 叶，略向前凸起齿状或叶状；螯足长，两指端部呈匙状；步足指节与前节具特殊连接结构，指节可以与前节完全并拢；两性腹部 7 节；雄性 G1 基半部直，端半部弯曲；雄性生殖孔位于步足底节，雌性雌孔位于胸部腹甲。

全世界已知 1 属 2 种，中国已记录 1 属 1 种。

双齿长螯蟹 *Tanaocheles bidentata* (Nobili, 1901)

体型： 雌 CW：6 mm，CL：3.2 mm。
鉴别特征： 头胸甲六边形，表面甚隆，光滑，分区不明显；额宽，稍突，前缘中部具 1 浅而宽的缺刻；前侧缘（除外眼窝齿外）具 4 齿，前 2 齿小而钝，后 2 齿尖锐，第 3 齿最大，末齿小而锐；螯足不对称，表面光滑，长节长，前缘具 2 锐齿，腕节内末角具 1 齿，两指末端匙状，雄性大螯掌部粗壮，外侧面下部光滑，其余部分具不明显的脉纹，腹缘具颗粒，可动指内缘具 4 齿，小螯掌部与指节均瘦长；步足细长，前 3 对步足长节前缘具小锯齿，末对步足长节前缘光滑，前 2 对步足腕节前缘末半部具 2 枚大锐齿，第 3 对步足腕节具 1 枚不明显小刺，指节前缘具 1 列小刺，后缘具小颗粒。
颜色： 全身棕绿色；螯足略带橙色；步足边缘具橙色短纹。
生活习性： 栖息于珊瑚礁碎石下。
垂直分布： 中潮带至潮下带浅水。
地理分布： 台湾、海南；新喀里多尼亚、印度、红海。
易见度： ★★★★★
语源： 属名源于希腊语 *tanao+chele*，意为伸长的爪。种本名源于拉丁语 *bis+dentatus*，意为具 2 齿的。

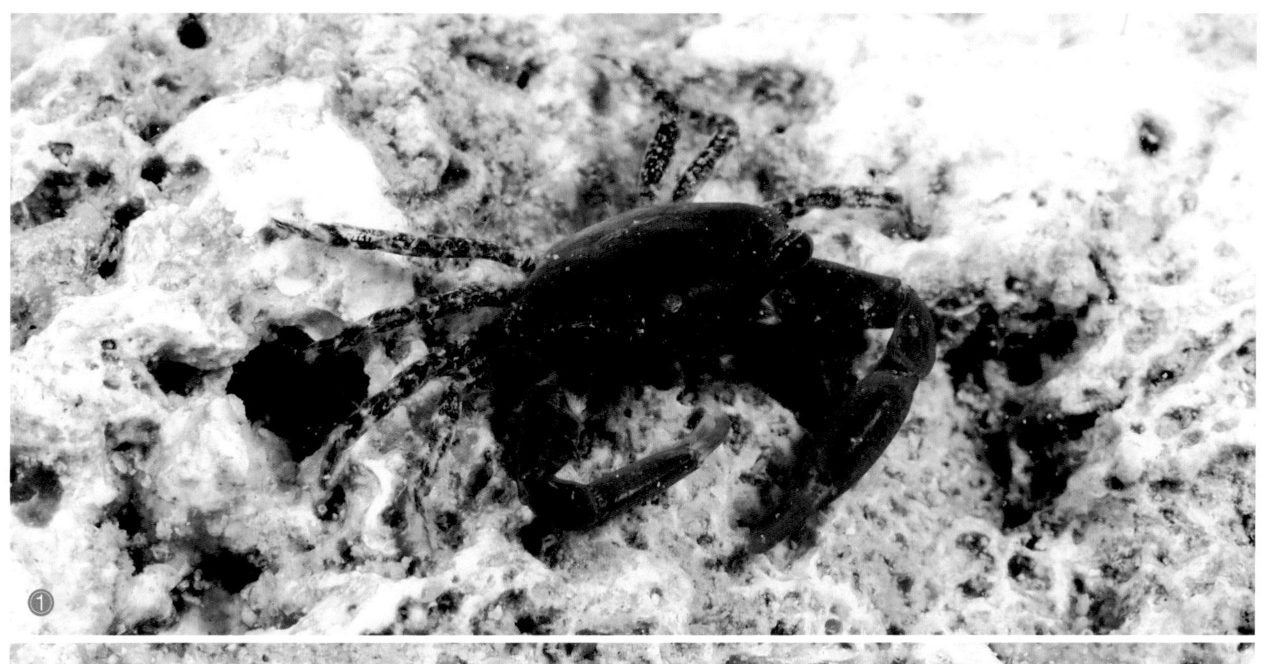

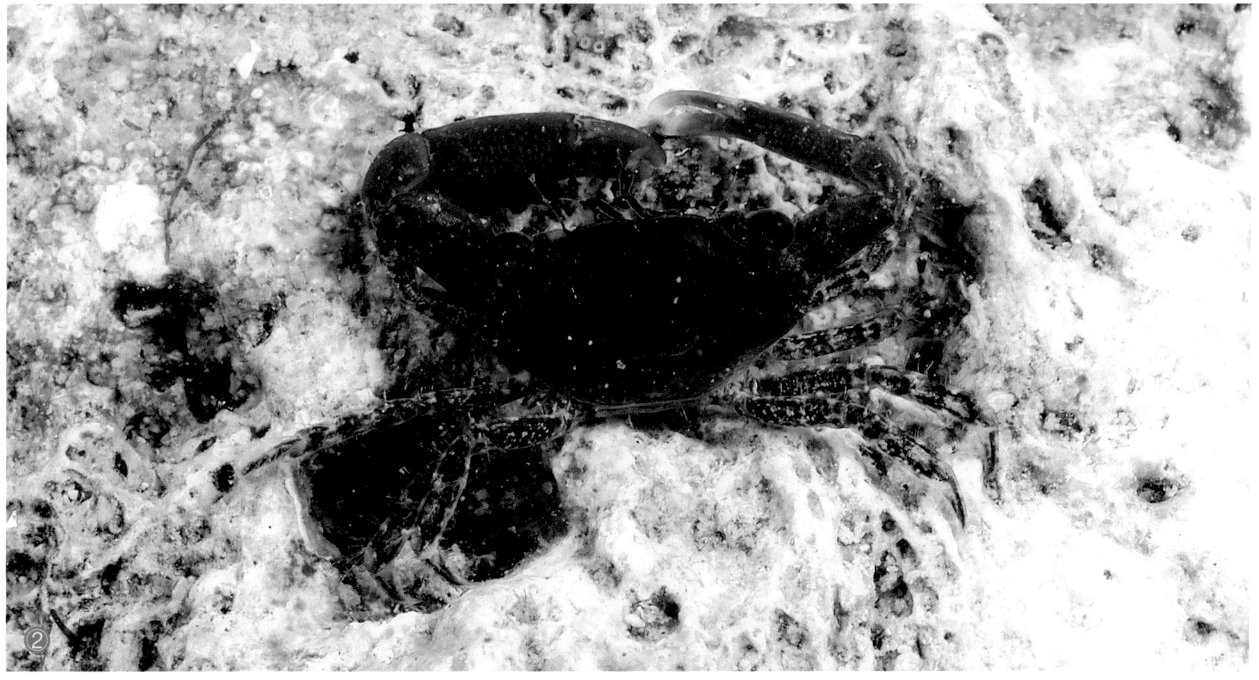

①② 海南儋州

梭子蟹总科 Portunoidea

梭子蟹科 Portunidae

头胸甲通常宽大于长，近六角形或横卵形，表现稍微隆起，分区不可辨，后部通常具横行隆脊，具上鳃脊；前侧缘通常具刺，与后侧缘分界清晰，常具 1 显著侧刺；额宽而直，齿状或叶状；第 3 颚足完全盖住口腔，座节显著长于长节；螯足长而粗壮，边缘通常具刺，可动指上具长脊；末对步足前节及指节通常扁平，呈桨状；雄性腹部第 3 至第 5 节愈合，G1 长而粗壮，G2 短于 G1，生殖孔位于步足底节；雌性腹部 7 节，雌孔位于胸部腹甲。

全世界已知 40 属 357 种，中国记录 27 属 124 种。

钝额蟹亚科 Carupinae

细足钝额蟹 *Carupa tenuipes* Dana, 1851

体型： 雌 CW：34.5 mm，CL：22.3 mm。

鉴别特征： 头胸甲横六边形，表面光滑，中部隆起；腹眼缘具 4 齿；额具 4 圆叶，中叶小而突出，侧叶宽；前侧缘短于后侧缘，前侧缘（除外眼窝齿外）具 6 齿，前 2 齿平钝，大小近等，第 3 至第 5 齿三角形，第 6 齿最大，末齿小于第 6 齿，齿端指向前外侧；螯足稍不对称，长节前缘齿 3 弯齿，后缘无齿，腕节内角具 1 弯齿，外末角具 1 小齿，背面及外侧面光滑，大螯掌部膨大，可动指约等长于掌部，基部具 1 指状突起及 3 钝齿，不可动指内缘具 5 枚大小不等钝齿；步足细长，光滑，第 2 对最长，末对最短，呈桨状。

颜色： 全身橙色或红色，浅色个体眼眶周围及螯足两指基半部红色；螯足两指端部浅棕色至棕褐色。

生活习性： 生活于珊瑚礁或岩礁碎石间。

垂直分布： 潮下带浅水。

地理分布： 广东、海南；印度 - 西太平洋。

易见度： ★☆☆☆☆

语源： 属名源于 *Carcinus*（姬蟹属）+*Lupa*（梭子蟹属同物异名），形容本属形态介于两属之间，中文名形容额齿平钝。种本名源于拉丁语 *tenuis*+*pes*，意为细长的足。

① 海南三亚　② ③ 广东硇洲岛

光滑镜蟹 *Catoptrus nitidus* A. Milne-Edwards, 1870

光辉镜蟹（台）

体型： 雄 CW：16.2 mm，CL：10.2 mm。

鉴别特征： 头胸甲横六边形，表面光滑，近侧缘处具细颗粒；腹眼缘具颗粒状齿；前侧缘短于后侧缘，含外眼窝齿在内共具6齿，前5齿钝，末齿长而锐，显著突出于前5齿；螯足粗壮，稍不对称，长节前缘近末端具1较大锐齿，近基部具1小齿，两齿间具颗粒齿，掌部内外面基部近腕节处各具1钝齿，缺少隆线，可动指短于掌部，中部具1三角形印齿，其前后各具2～3小齿，不动指内缘具小钝齿；步足细长，末对最短，指节呈披针状。

颜色： 全身淡灰色至橙红色。

生活习性： 生活于珊瑚礁或岩礁碎石间。

垂直分布： 低潮带至潮下带浅水。

地理分布： 台湾、广东、海南；印度－西太平洋。

易见度： ★☆☆☆☆

语源： 属名源于希腊语 *katoptron*，意为镜子，形容本种头胸甲光滑。种本名源于拉丁语 *nitid*，意为光明的。

备注： 本种与波肢镜蟹 *C. undulatipes* 外观相似，但本种外眼窝齿突出，外侧缘后部不具颗粒突起，后者外眼窝齿低平，外侧缘后部具颗粒突起；本种腹眼窝缘具颗粒状齿，后者具5钝齿；本种雄性第1腹肢弯成弧形，末端指向外，后者呈“S”字形，末端弯曲指向前。

① 广东硇洲岛 / 眼下脊特写　　②③ 广东硇洲岛

波肢镜蟹 *Catoptrus undulatipes* Yang, Chen *et* Tang, 2006

体型： 雄 CW：10.42 mm，CL：6.57 mm；雌 CW：15.4 mm，CL：9.5 mm。

鉴别特征： 头胸甲横六边形，表面光滑，仅在前侧缘附近有细颗粒；腹眼缘具 5 钝齿，中央 1 枚圆叶瓣状；前侧缘（含外眼窝齿）共具 6 齿，第 1 齿大而钝，随后 4 齿大小逐渐递减，末齿长而锐，显著突出于前 5 齿；螯足不对称，长节下缘具细密颗粒，近端部具 1 大齿，掌部膨胀，缺少隆线；末对步足指节前缘具 13 刺。

颜色： 全身橙黄色。

生活习性： 生活于珊瑚礁碎石间。

垂直分布： 低潮带至潮下带浅水。

地理分布： 海南。

易见度： ★☆☆☆☆

语源： 种本名源于拉丁语 *undulatus+pes*，形容本种雄性 G1 像“S”状弯曲。

① ② 海南三亚

整洁突颚蟹 *Libystes nitidus* A. Milne-Edwards, 1867

完整突颚蟹（台）

体型： 雌 CW：18.9 mm，CL：11.5 mm。

鉴别特征： 头胸甲横方形，表面光滑，近前侧缘处具细颗粒；额平截，边缘略凹；前侧缘略短于后侧缘，边缘具颗粒，具 3 个不显著的突起；第 3 颚足粗短，长节外末角突出；螯足壮大，不甚对称，长节较长，光滑，后缘基部突出，前缘颗粒状，腕节内末角具 1 壮齿，掌部膨大，光滑，部分区域稍有密毛，掌部下部外表面光裸，不动指外侧具 1 毛列，在左螯不动指近端部具 1 枚显著突出的齿；步足边缘具毛，末对步足指节柳叶形，向背侧弯曲。

颜色： 全身灰白色至黄褐色；螯足和步足光裸区均为白色。

生活习性： 栖息于珊瑚礁碎石或泥沙底。

垂直分布： 中潮带至潮下带浅水。

地理分布： 海南。

易见度： ★★★☆☆

语源： 属名源于希腊语 *libys*，意为非洲的，指代本属模式种整洁突颚蟹 *L. nitidus* 的模式产地桑给巴尔（Zanzibar），中文名形容本属第 3 颚足长节外末角突出。种本名源于拉丁语 *nitid*，意为光明的。

①② 海南三亚

古梭蟹亚科 Necronectinae

拟曼赛因青蟹 *Scylla paramamosain* Estampador, 1950

拟深穴青蟳（台）

体型： 雄 CW：138 mm；CL：92 mm。

鉴别特征： 头胸甲横卵边形，额齿尖，呈三角形；前侧缘（除外眼窝齿外）具 8 齿，末齿最小；螯足粗壮，不对称，通常右螯大于左螯，长节前缘具 3 弯齿，腕节内末角具 1 壮齿，外末角具 1 小齿和小突起。

颜色： 全身绿色或青绿色，螯足内侧面大部褐色或暗红色；前 3 对步足长节具网纹，末对步足各节均具网纹。

生活习性： 栖息于泥沙、碎石或红树林泥地。白天躲藏于泥洞中，夜间出来活动。

垂直分布： 潮间带。

地理分布： 上海、浙江、福建、台湾、广东、香港、广西、海南；越南、泰国、新加坡、印度尼西亚。

易见度： ★★★★★

语源： 属名源于希腊神话中的海怪 Scylla，中文名源于甲壳颜色。种本名源于拉丁语 *para+mamosain*，曼赛因（mamosain）为菲律宾奎松省（Quezon Province）当地人对这类喜爱挖深洞的青蟹的称呼。

备注： 青蟹属全世界共 4 种，在我国均有记录，但以本种最为常见。其中特兰巴克尔青蟹 *S. tranquebarica* 与橄榄青蟹 *S. olivacea* 的额齿较为平钝，国内市场多从缅甸、印度尼西亚等地进口。拟曼赛因青蟹与锯缘青蟹的额齿较为尖锐，两者区别在于锯缘青蟹成体螯足腕节外缘末半部具 2 个明显的刺，而本种只具 1 钝突或钝刺，另外本种头胸甲大多以青绿色为主，而锯缘青蟹以暗蓝色为主。经济捕捞对象，市场常见。

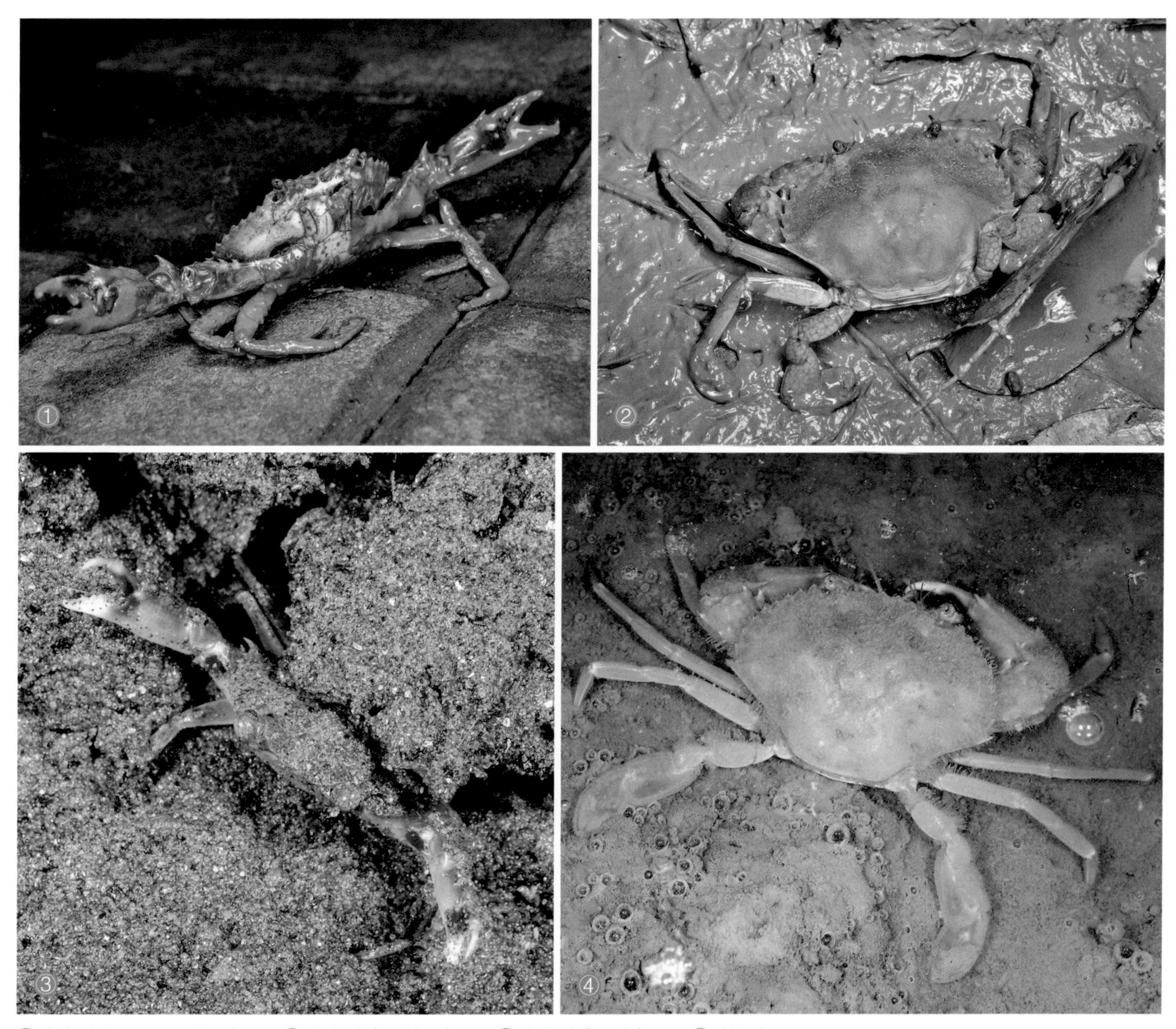

① 广东珠海 / 示威 / 刘昭宇　② 广东珠海 / 刘昭宇　③ 广东珠海 / 稚蟹　④ 浙江台州

锯缘青蟹 *Scylla serrata* (Forskål, 1755)

锯缘青蟳（台）

体型： 雄 CW：171 mm，CL：111 mm。

鉴别特征： 头胸甲横卵形，额齿尖，呈三角形；前侧缘（除外眼窝齿外）具 8 齿，末齿最小；螯足粗壮，不对称，通常右螯大于左螯，长节前缘具 3 弯齿，腕节内末角具 1 壮齿，外末角具 2 钝齿，掌部背面末端 2 刺，近关节处 1 枚。

颜色： 全身青绿色或蓝褐色；螯足掌节大部蓝色，两指端部白色；步足各节均具网纹。

生活习性： 栖息于泥沙、碎石或红树林泥地。白天躲藏于泥洞中，夜间出来活动。

垂直分布： 潮间带。

地理分布： 福建、台湾、广东、香港、广西、海南；印度 - 西太平洋。

易见度： ★★☆☆☆

语源： 种本名源于拉丁语 *serratus*，意为锯齿形。

备注： 虽然本种在中国亦有分布记录，但数量较少，市场上大多从非洲或斯里兰卡等地进口。

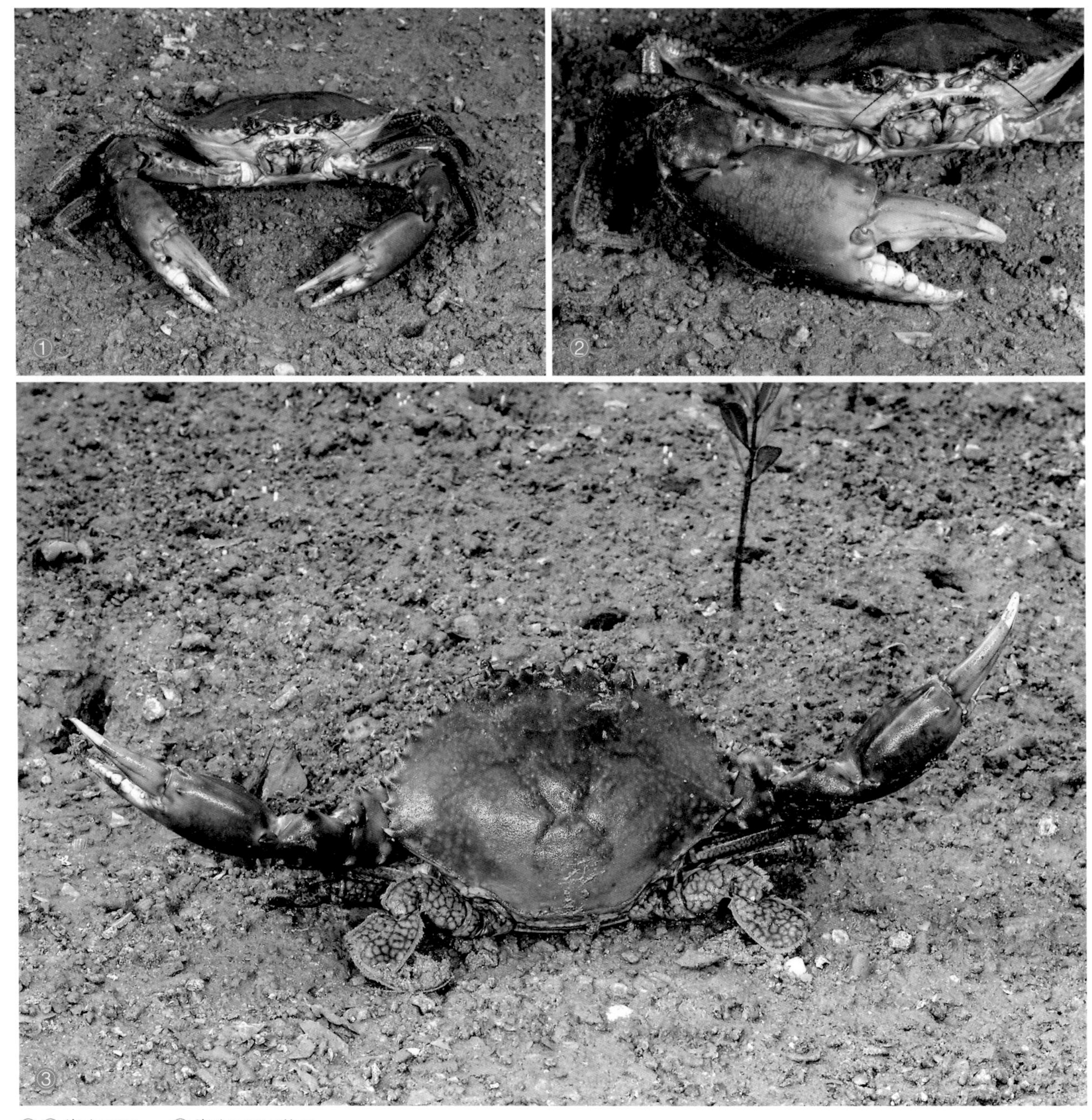

①③ 海南三亚　②海南三亚 / 螯足

长眼蟹亚科 Podophthalminae

看守长眼蟹 *Podophthalmus vigil* (Fabricius, 1798)

体型： 雄 CW：98.63 mm，CL：50.65 mm；雌 CW：79.10 mm，CL：44.17 mm。

鉴别特征： 头胸甲近梯形，前宽后窄，表面较平坦；额窄，呈倒“T”字形；眼柄细长，眼可达外眼窝角基部；外眼窝齿锐刺状；前侧缘（除外眼窝齿外）具 1 齿，明显小于外眼窝齿；螯足长节前缘具 3 刺，背缘具 2 刺，掌部背侧基部具 1 刺，内侧面中央具长隆线。

颜色： 头胸甲灰绿色；螯足棕色至棕红色，两指暗红色；步足灰绿色至黄褐色。

生活习性： 栖息于泥沙或碎石底。

垂直分布： 潮下带浅水。

地理分布： 福建、台湾、广东、香港、广西、海南；印度－西太平洋。

易见度： ★★★☆☆

语源： 属名源于希腊语 *podos+opthalmos*，意为脚一般的眼睛，可能指代眼柄形态。种本名源于拉丁语 *vigil*，意为提防、警觉。

备注： 经济捕捞对象，广西及海南等地市场常见。

①② 海南三亚

梭子蟹亚科 Portuninae

颗粒圆梭蟹 *Cycloachelous granulatus* (H. Milne Edwards, 1834)

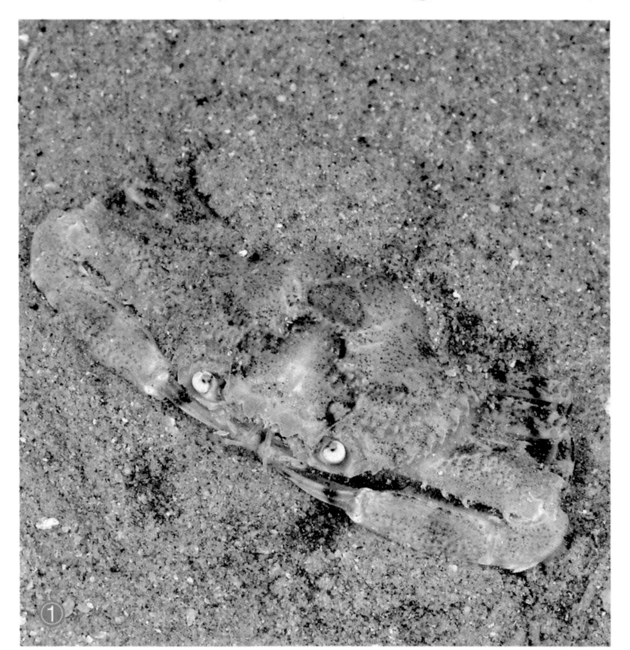

体型： 雄 CW：26.96 mm，CL：19.25 mm。

鉴别特征： 头胸甲六边形，表面扁平，覆有紧密排列的颗粒，具细绒毛；额分 4 齿，中央齿小于侧齿；前侧缘（除外眼窝齿外）具 8 齿，外眼窝齿最大，第 4 齿最小，后缘两侧末端钝圆，不具锐刺；螯足长节后缘具 2 齿；第 4 步足短粗，后缘无齿。

颜色： 全身青绿色，散布黑色斑点；头胸甲自额区至心区前缘颜色略浅；步足具黑色斑纹。

生活习性： 栖息于细泥沙质浅水。

垂直分布： 中潮带至潮下带浅水。

地理分布： 台湾、海南；印度－西太平洋。

易见度： ★☆☆☆☆

语源： 属名源于希腊语 *kyklos+achelous*，Achelous 是希腊神话中的水神，中文名直译为圆梭蟹。种本名源于拉丁语 *granulata*，意为颗粒。

备注： 易与窦眼圆梭蟹 *C. orbitosinus* 混淆，区别在于本种雄性腹部第 6 节侧缘不隆突，后者具隆突。

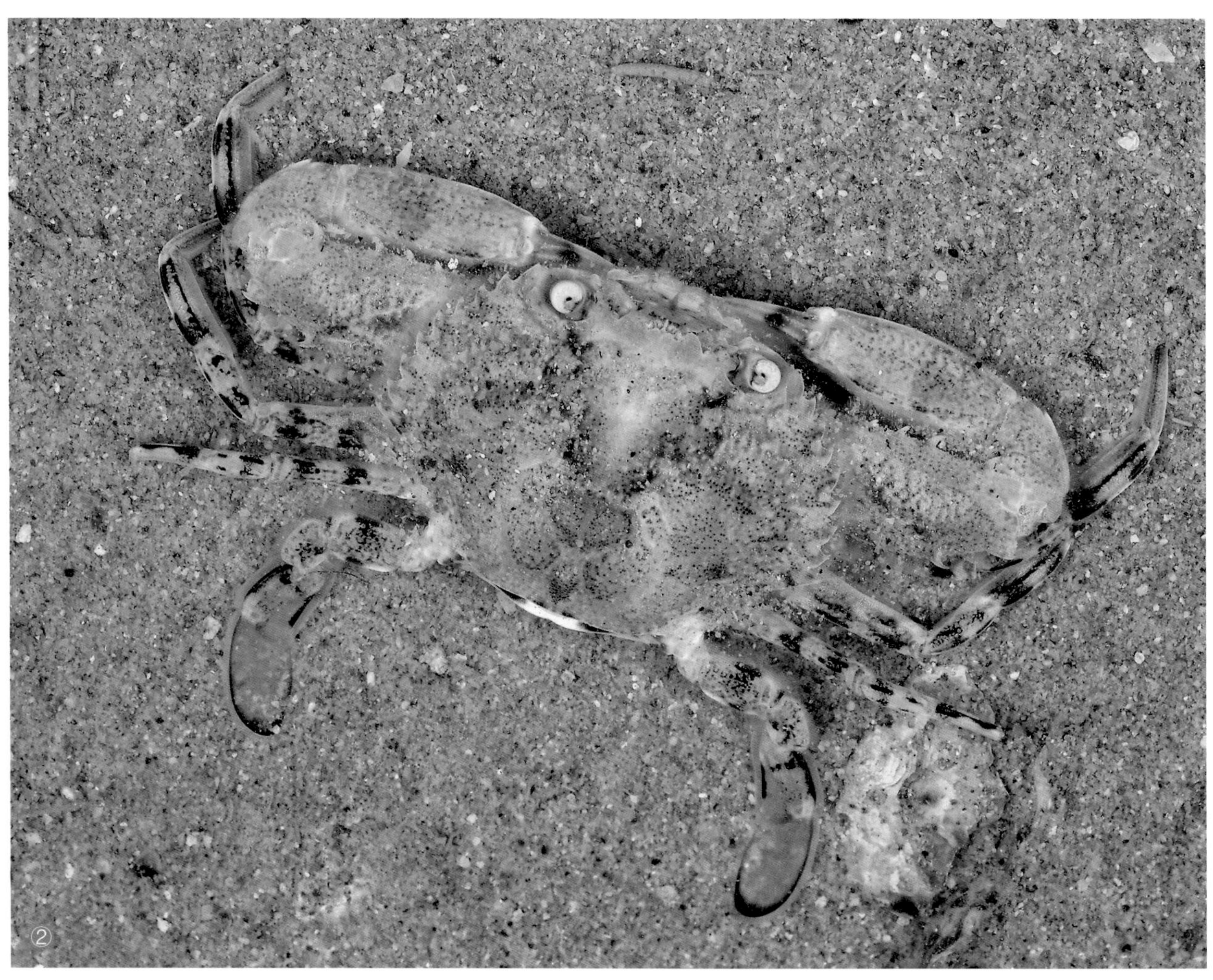

①② 海南陵水

微异类梭蟹 *Eodemus subtilis* (Nguyen *et* Ng, 2021)

体型： 雄 CW：29.47 mm，CL：12.75 mm。

鉴别特征： 头胸甲横六边形，表面凹凸不平，密布细颗粒，分区显著；额窄，分 4 齿，中齿小，不突出，约为侧齿长度一半，中齿中央具 1 浅凹陷，向后延伸 1 浅沟；前侧缘（除外眼窝齿外）具 8 齿，前 5 枚齿大小近相等，尖锐，其后 2 齿稍大，略微指向侧方，末齿长略向前弯曲；后侧缘与后缘相接处具 1 小尖刺，指向侧后方；后缘中央略突出；螯足不甚对称，长节前缘具 3 大刺及 1 ~ 2 枚小刺，后缘近末端具 2 刺，腕节外缘末端有 1 刺，内缘具 1 刺，掌部粗大，背侧具 3 条颗粒隆脊，最内侧隆脊近端部具 1 刺，最外侧隆脊近基部具 1 刺。

颜色： 头胸甲表面淡灰色，表面的隆脊和颗粒群具有褐色的细斑点，螯足前缘的刺基部也具有斑点，通常泳足指节端部具 1 大黑斑。

生活习性： 栖息于泥或泥沙底水底，夜间会游泳至潮间带浅水捕食。

垂直分布： 低潮带至潮下带浅水。

地理分布： 福建、台湾、广东、广西、海南；日本、新加坡、马来西亚、新加坡、印度尼西亚、澳大利亚、泰国。

易见度： ★★★☆☆

语源： 属名源于拉丁语 *eodem*，形容本属内物种外观极为相似。种本名源于拉丁语 *subtilis* 意为“轻微的”，表示和近似种矛形类梭蟹 *E. hastatoides* (Fabricius, 1798) 有极其微弱的差异，同时分布区域有一部分重合。

备注： 类梭蟹属内物种外部形态近似，不易区分，雄性 G1 是较为稳定的鉴定依据。原国内记录的矛形类梭蟹（即大部分文章中的矛形梭子蟹 *Portunus hastatoides*）为本种的误订，真正的矛形类梭蟹分布于印度洋至东南亚部分地区，最东达柬埔寨及越南南部，尚无国内标本记录。

①② 海南陵水

单齿类梭蟹 *Eodemus unidens* (Laurie, 1906)

体型： 雄 CW：26.4 mm，CL：11.3 mm[12]；雌 CW：29.2 mm，CL：14.5 mm[12]。

鉴别特征： 头胸甲横六边形，表面无毛，分区显著；额窄，分 3 齿，均圆钝；前侧缘（除外眼窝齿外）具 8 齿；后侧缘与后缘相接处具 1 小刺；螯足不甚对称，长节前缘具 3 弯齿，后缘锯齿状，近末端具 2 齿，腕节背面具 3 条颗粒隆脊及 2 齿，掌部粗大，背面具 2 条颗粒脊。

颜色： 全身灰白色，具棕色及棕褐色斑点及斑纹。

生活习性： 栖息于泥沙质珊瑚礁浅水。

垂直分布： 潮下带浅水。

地理分布： 广东、香港、海南；泰国湾、菲律宾、新加坡、马来西亚、印度尼西亚。

易见度： ★★☆☆☆

语源： 种本名源于拉丁语 *uni+dens*，意为单齿。

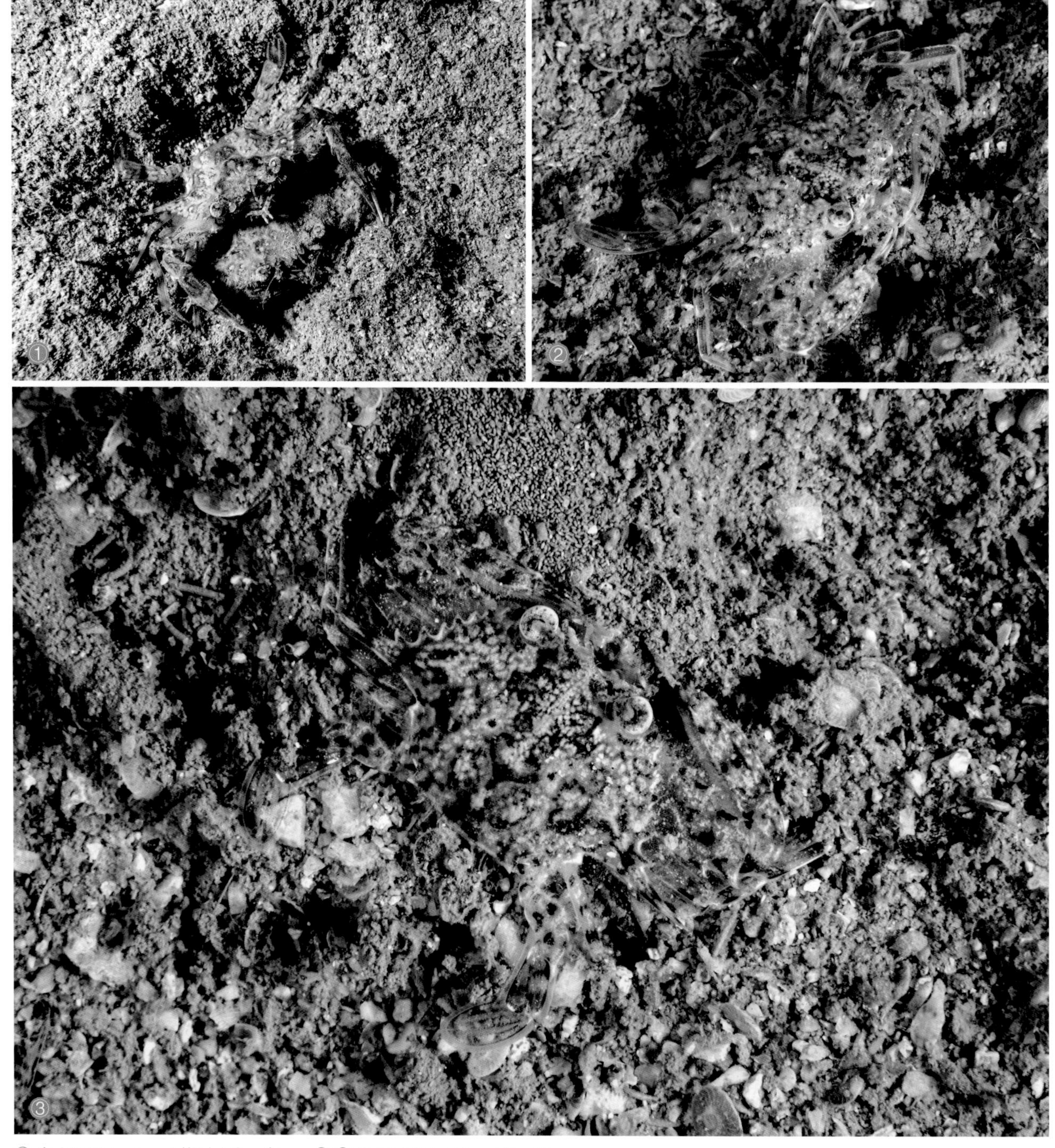

① 海南三亚 / –5 m / 抱对 / 徐一唐　② ③ 海南三亚 / –10 m / 徐一唐

布氏糙梭蟹 *Incultus brockii* (De Man, 1888)

体型： 雄 CW：29.93 mm，CL：17.13 mm。

鉴别特征： 头胸甲横六边形，表面凹凸不平，具颗粒及短绒毛，分区显著；额缘呈波浪状，中央具 1 小缺刻，分为 2 叶；前侧缘（除外眼窝齿外）具 8 齿，第 2、第 4 齿比其他齿宽大，末齿粗壮，明显长于前面各齿，后缘几乎平直，两侧呈角状突起；螯足粗壮，长节扁宽，前缘具 3 ~ 4 齿，后缘末端具 2 锐齿，腕节具 2 小刺，掌部较宽扁，内末角及近腕节关节处前面各具 1 枚不明显的齿，背面及其内外缘各具 1 条颗粒隆脊，指节短于掌部。

颜色： 全身灰褐色，散布暗褐色斑点。

生活习性： 栖息于细泥沙质浅水。

垂直分布： 中潮带至潮下带浅水。

地理分布： 海南；印度 - 西太平洋。

易见度： ★☆☆☆☆

语源： 属名源于拉丁语 *incultus*，形容本种物种头胸甲表面较为粗糙。种本名以德国动物学家约翰内斯 • 乔治 • 布罗克（Johannes Georg Brock）的姓氏命名。

备注： 本种中文名在《拉汉无脊椎动物名称（试用本）》中称为布氏梭子蟹，更符合德语发音，建议维持布氏之称呼。

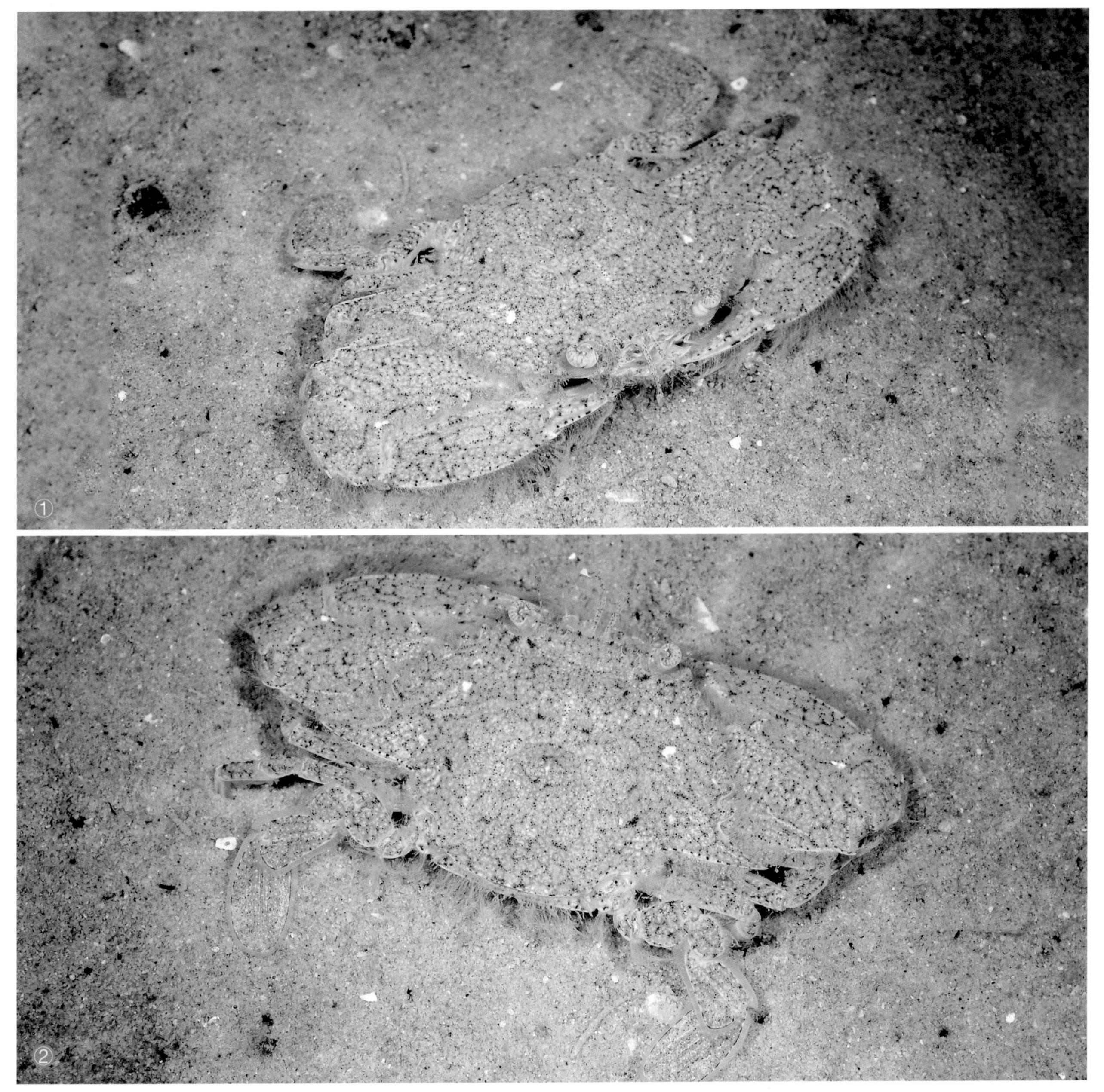

①② 海南三亚

拥剑单梭蟹 *Monomia gladiator* (Fabricius, 1798)

体型：雄 CW：72.6 mm，CL：43.6 mm。

鉴别特征：头胸甲横六边形，扁平，具分散的细颗粒群，颗粒群相互不连接，后胃区、前鳃区各具 1 对颗粒隆线；额分为 4 齿，中央齿小于侧齿；前侧缘（除外眼窝齿外）具 8 齿，末刺锐；螯足长节前缘具 4 刺，后缘 2 刺，掌部长于两指，背缘隆起 1 隆线，隆线近端部具 1 斜向刺，掌部内侧面明显隆起。

颜色：头胸甲灰白色，具对称的褐色花纹；螯足与头胸甲同色，具长短不一的红褐色条纹，两指白色，长节内缘的刺为白色；步足大部黄褐色，前 3 对步足背缘白色，末对步足长节及腕节端部上角、前节基部及端部白色。

生活习性：栖息于泥或泥沙质浅水。

垂直分布：中潮带至潮下带浅水。

地理分布：福建、台湾、广东、香港、广西、海南；泰国、新加坡、马来西亚、澳大利亚、缅甸、印度。

易见度：★★★☆☆

语源：属名源于希腊语 *monos*，意为单一的。种本名源于拉丁语 *gladiator*，意为持刀者。

备注：经济捕捞对象，东南沿海市场常见。

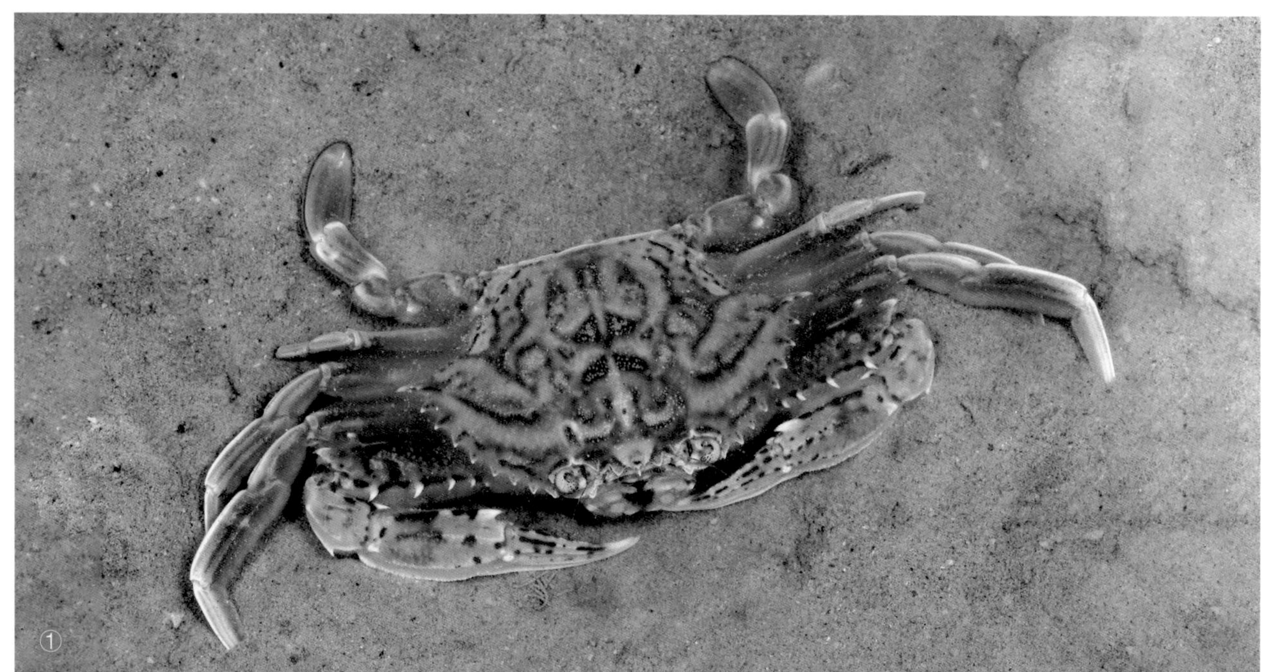

①② 海南陵水

汉氏单梭蟹 *Monomia haani* (Stimpson, 1858)

体型： 雄 CW：74 mm，CL：43.7mm。

鉴别特征： 头胸甲横六边形，扁平，具分散的细颗粒群，后鳃区的颗粒群相互连接，后胃区、前鳃区各具 1 对颗粒隆线；额分为 4 齿，中央齿小于侧齿；前侧缘（除外眼窝齿外）具 8 齿，末刺锐；螯足长节前缘具 4 刺，较长，倾斜，后缘 2 刺，掌部长于两指，背缘隆起 1 隆线，隆线近端部具 1 斜向刺，掌部内侧隆起较弱。

颜色： 头胸甲灰白色，散布对称分布的暗红色小点花纹；螯足与头胸甲同色，散布不规则的黄褐色或红褐色斑纹，长节内缘的刺为红色；步足淡黄色，前 3 对步足背缘略带紫色，末对步足长节及腕节端部上角、前节基部及端部白色；前节及指节端部具暗紫色或淡蓝色斑纹。

生活习性： 栖息于泥或泥沙质浅水。

垂直分布： 中潮带至潮下带浅水。

地理分布： 浙江、福建、台湾、广东、香港、广西、海南；日本、澳大利亚。

易见度： ★★★☆☆

语源： 种本名以荷兰动物学家威廉•德•哈恩（Wilhem De Haan）的姓氏命名。

备注： 本种与拥剑单梭蟹 *M. gladiator* 极为相似，但是末对步足颜色不同，侧刺也更长一些，螯足长节内缘的刺的颜色也不同。此外，两者螯足内侧面的脊和颗粒的分布略有不同，但缺少足够数量的标本检视。经济捕捞对象，东南沿海市场常见。

①②海南陵水

远海梭子蟹 *Portunus pelagicus* (Linnaeus, 1758)

体型： 雄 CW：126 mm，CL：63 mm。

鉴别特征： 头胸甲横六边形，密具粗颗粒，表面较平坦；额具 4 尖齿，中央齿短而小，侧齿粗大；前侧缘（除外眼窝齿外）具 8 齿，末齿最长，稚蟹不明显；螯足长节前缘具 3 刺，腕节内外角各具 1 刺，掌部具 7 条纵行隆脊及 3 刺。

颜色： 成体雄性头胸甲及螯足灰色，具白色斑纹；步足蓝色，但末对步足前 5 节多少具白色花纹；成年雌性头胸甲及螯足灰褐色或褐绿色，具白色花纹；步足黄褐色，但末对步足前 5 节多少具白色花纹。稚蟹颜色浅，花纹更复杂。

生活习性： 栖息于泥沙或碎石底。潮间带常见稚蟹或亚成体。

垂直分布： 中潮带至潮下带浅水。

地理分布： 浙江、福建、台湾、广东、香港、广西、海南；印度－西太平洋。

易见度： ★★★★★

语源： 属名来源于罗马港口之神 Portunus，中文名形容头胸甲外形酷似梭子。种本名源于希腊语 *pelagicus*，意为海洋。

备注： 易与三疣梭子蟹 *P. trituberculatus* 混淆（尤其雌蟹），区别在于本种额具 4 齿，不具疣突，后者额具 2 齿，头胸甲心区及胃区具 3 个疣状突起。经济捕捞对象，市场常见。

① 福建厦门 / 雌性稚蟹　② 海南文昌 / 雌性　③ 海南陵水 / –1 m / 雄蟹 / 徐一唐

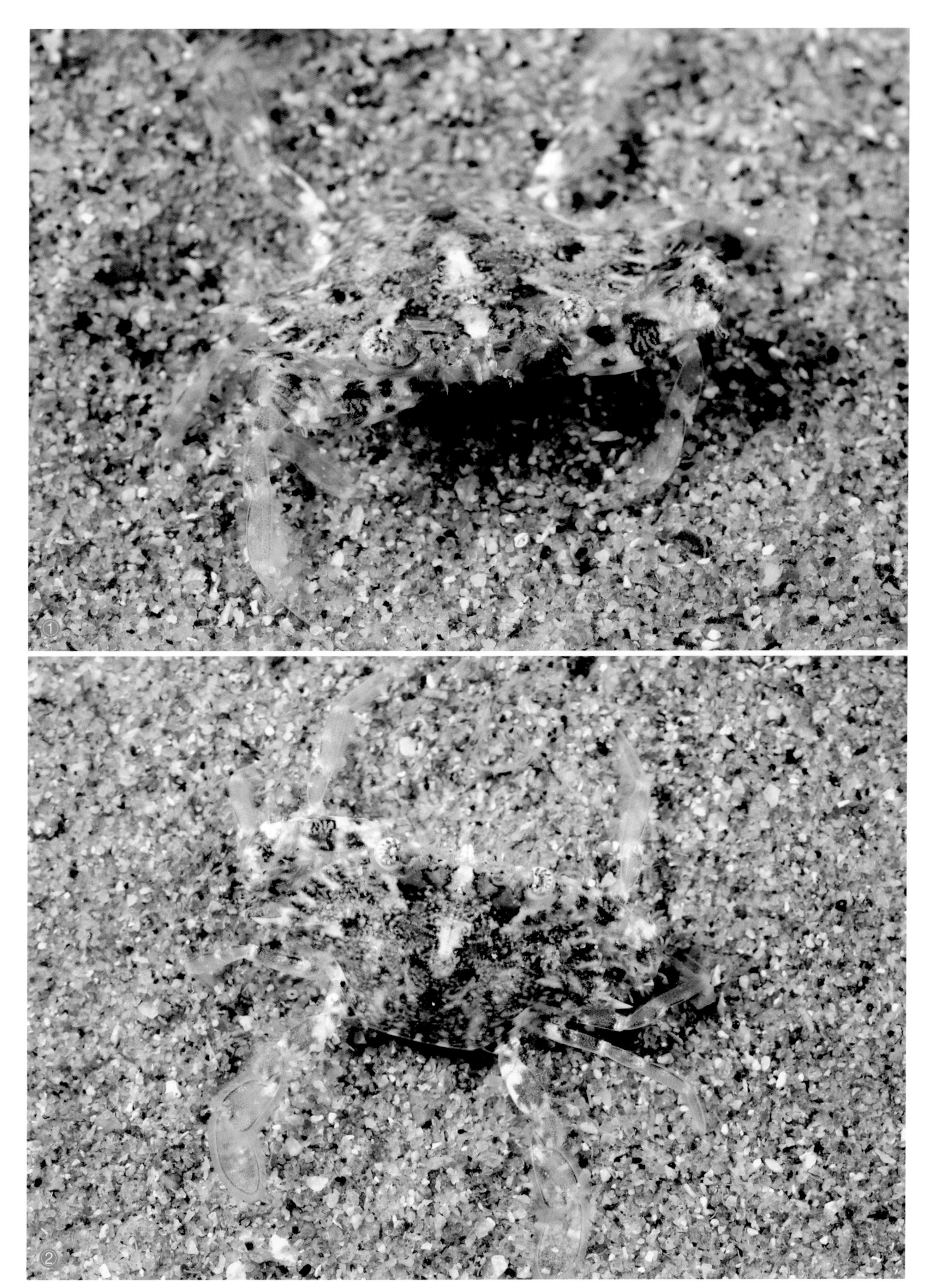

①② 广东徐闻 / 稚蟹

柔毛梭子蟹 *Portunus pubescens* (Dana, 1852)

体型： 雄 CW：49.9 mm，CL：29.6 mm。

鉴别特征： 头胸甲横六边形，密覆短毛及细颗粒；额具 4 钝叶，中央叶甚突出，侧叶稍大；前侧缘（除外眼窝齿外）具 8 齿，第 1 齿宽大，末齿锐长，呈刺状；螯足粗壮，具绒毛；长节前缘具 2 大刺及 1 小刺，后缘光滑，腕节内角具 1 长刺，外侧面具 2 刺，掌部背面及外侧面各具 2 条平等脊；步足粗壮，具细绒毛。

颜色： 全身淡褐色或橙黄色；头胸甲额区白色；螯足及步足关节处紫色。

生活习性： 栖息于具海藻丛的泥沙或珊瑚礁、碎石水域，常爬在马尾藻等海藻上。

垂直分布： 中潮带至潮下带浅水。

地理分布： 台湾、海南；印度－西太平洋。

易见度： ★★★★★

语源： 种本名源于拉丁语 *pubescens*，意为柔毛、嫩毛。

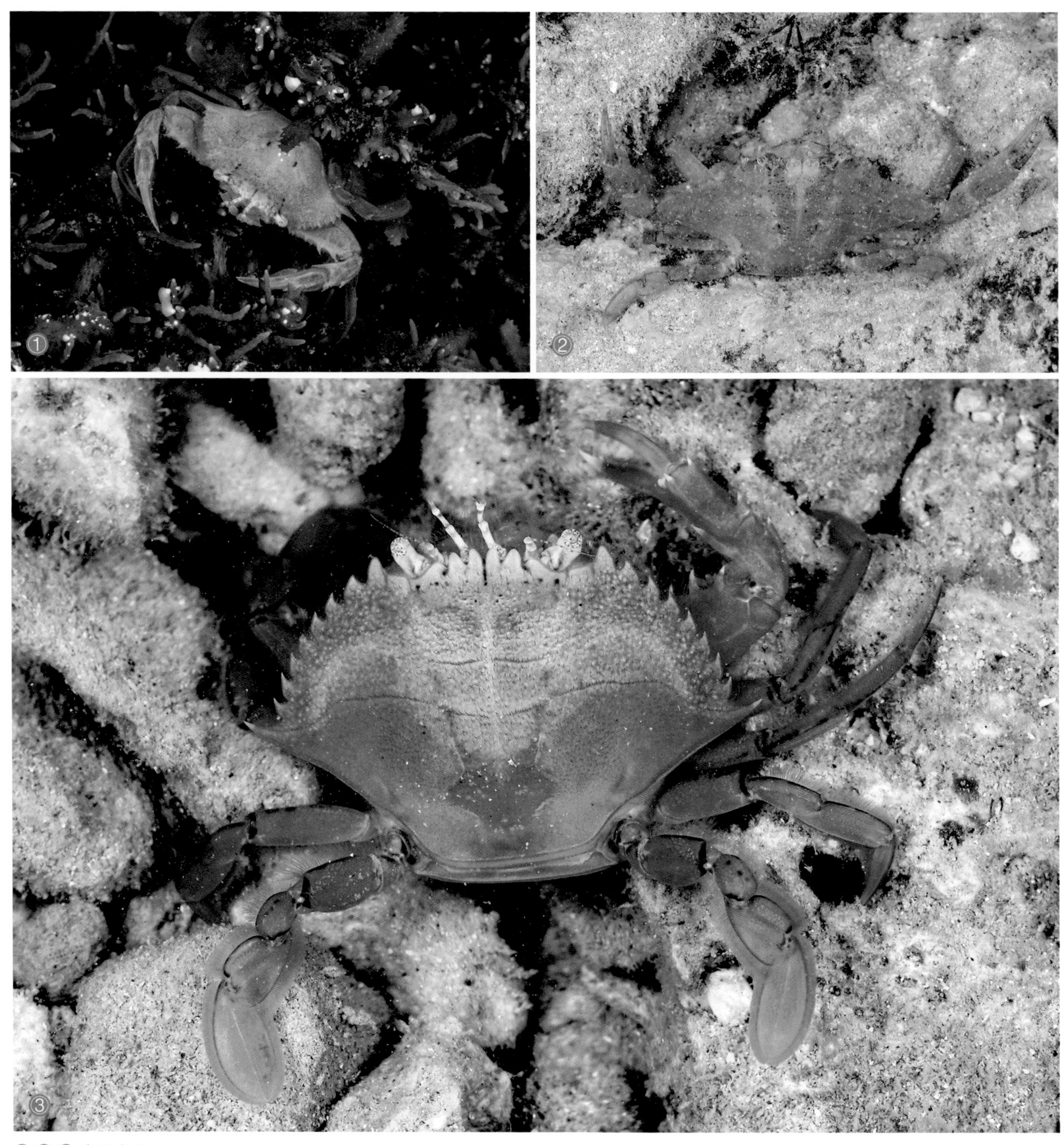

①②③ 海南文昌

红星梭子蟹 *Portunus sanguinolentus* (Herbst, 1783)

体型： 雄 CW：135 mm，CL：60 mm。

鉴别特征： 头胸甲横六边形，前部表面具分散的细颗粒，后部光滑；额分为 4 叶，刺状；前侧缘（除外眼窝齿外）具 8 齿，末刺锐长；螯足长节前缘具 3 ~ 4 锐刺，腕节具 4 条隆脊，内外两条隆脊末端各 1 枚刺；掌部具 6 条隆脊，背面内侧隆脊末端具 1 刺。

颜色： 头胸甲灰绿色，后鳃区及心区共具 3 个被白边环绕的暗紫色圆斑；螯足与头胸甲同色，可动指基部内侧具 1 暗紫色长斑，端部及不动指白色；步足与头胸甲同色，前 3 对步足末 3 节及末对步足指节略带蓝紫色。

生活习性： 栖息于泥或泥沙质浅水。潮间带常见稚蟹及亚成体。

垂直分布： 中潮带至潮下带浅水。

地理分布： 浙江、福建、台湾、广东、香港、广西、海南；印度 – 西太平洋。

易见度： ★★★★★

语源： 种本名源于拉丁语 *sanguis+lentus*，形容本种头胸甲后部具 3 个暗红色圆斑。

备注： 经济捕捞对象，东南沿海市场常见。

① 福建厦门 / 稚蟹　② 福建厦门 / 成体

三疣梭子蟹 *Portunus trituberculatus* (Miers, 1876)

体型： 雄 CW：196 mm，CL：94 mm；雌 CW：192 mm，CL：96 mm。

鉴别特征： 头胸甲横六边形，具分散的细颗粒，具 3 枚疣突，其中心区 2 枚并列，胃区 1 枚；额具 2 锐刺；前侧缘（除外眼窝齿外）具 8 齿，末刺锐长；螯足长节前缘具 4 刺，腕节内外角各具 1 刺，掌部背面具 2 条颗粒脊，末端各具 1 刺，外侧面具 3 条颗粒脊。

颜色： 体色多变，全身青灰色、白色、红褐色或紫色，散布大小不一的白色斑点；螯足可动指暗紫色；前 3 对步足末 3 节略具淡蓝色至紫色。

生活习性： 栖息于泥或泥沙质浅水。潮间带常见稚蟹及亚成体。

垂直分布： 中潮带至潮下带浅水。

地理分布： 中国海域广布；日本、朝鲜半岛、越南。

易见度： ★★★★★

语源： 种本名源于拉丁语 *tri+tuberculate*，形容本种头胸甲心区及胃区 3 枚疣突。

备注： 经济捕捞对象，市场常见。

①② 河北秦皇岛　③ 山东青岛

三齿三梭蟹 *Trionectes tridentatus* (Yang, Dai *et* Song, 1979)

体型： 雄 CW：53.3 mm，CL：24.5 mm[12]；雌 CW：50.5 mm，CL：23.4 mm[12]。

鉴别特征： 头胸甲横六边形，表面凹凸不平，密布细颗粒及绒毛，分区显著；额窄，分 3 锐齿，中齿小于并略低于侧齿；前侧缘（除外眼窝齿外）具 8 齿，第 2、第 4 齿大而宽，第 3、第 5 齿小，末齿长；后侧缘与后缘相接处具 1 小突起；螯足不甚对称，长节前缘具 3 刺，后缘具 2 刺，腕节具 3 条隆脊，背面及腹面隆脊末部具 1 锐刺，掌部粗大，外侧面具 3 条隆脊，背面（含腕关节处）共具 3 刺。

颜色： 全身灰白色；复眼褐色；头胸甲表面散布暗褐色斑点及斑纹；步足具黑褐色环纹。

生活习性： 栖息于泥沙质珊瑚礁浅水。

垂直分布： 低潮带至潮下带浅水。

地理分布： 海南。

易见度： ★☆☆☆☆

语源： 属名源于希腊语 *tri+nēktos*，意为 3 齿的泳者，形容本属额具突出的 3 齿。种本名源于希腊语 *tri+dentatus*，意为 3 齿。

备注： 本种与单齿类梭蟹 *Eodemus unidens* 近似，但本种额齿尖锐，后者额齿圆钝。

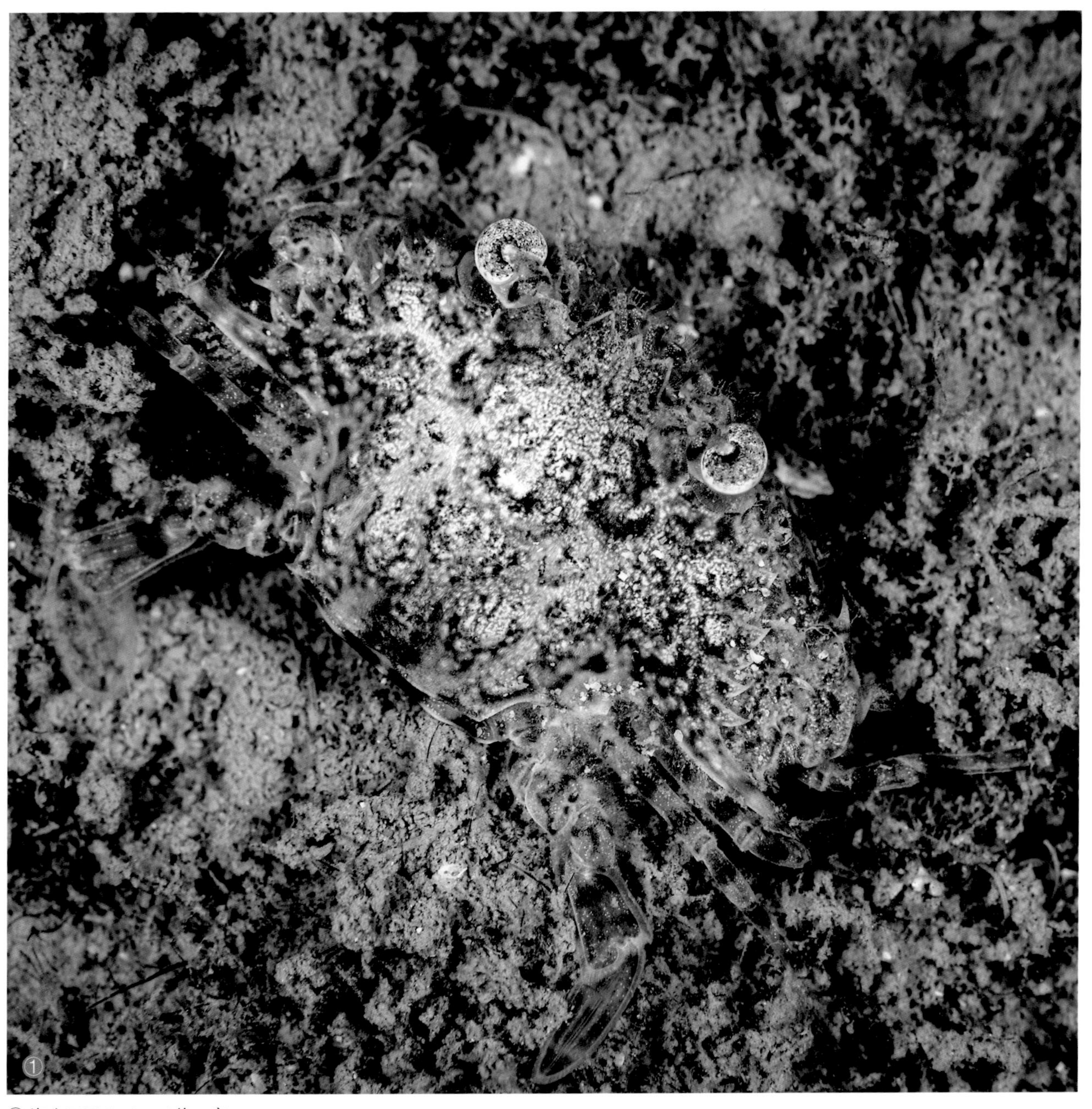

① 海南三亚 / −6 m / 徐一唐

浅礁剑梭蟹 *Xiphonectes iranjae* (Crosnier, 1962)

伊岛剑泳蟹(台)

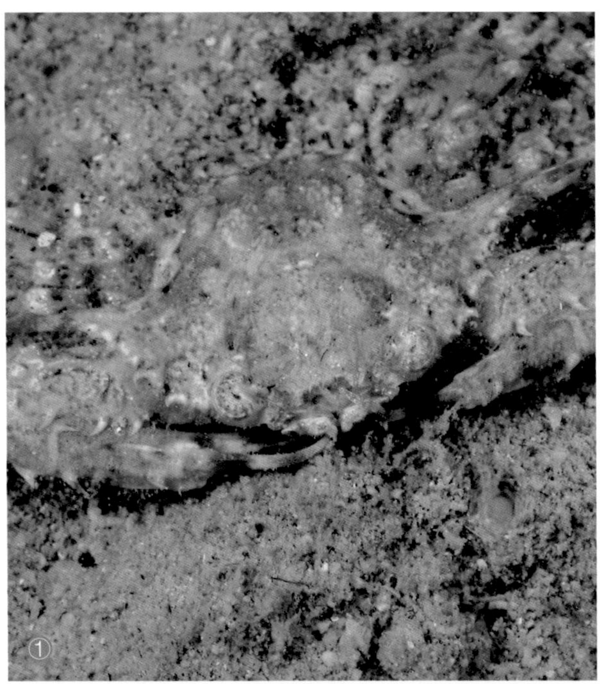

体型： 雄 CW：30.3 mm，CL：14 mm[12]；雌 CW：29.6 mm，CL：14.5 mm[12]。

鉴别特征： 头胸甲横六边形，表面凹凸不平，密布细颗粒，分区显著；额窄，分 4 齿，中齿小而细，呈三角形，侧齿高大，呈宽三角形；前侧缘（除外眼窝齿外）具 6 ~ 8 齿；后侧缘与后缘相接处具 1 向上卷曲的小齿；螯足不甚对称，长节前缘具 3 弯齿，后缘外末角具微锯齿，近末端具 1 弯齿，腕节外缘末端具 1 弯齿，内缘具 1 直齿，掌部粗大，背面具 2 刺。

颜色： 头胸甲及螯足黄褐色，近后侧缘处具白斑；步足近透明，具红褐色斑纹。

生活习性： 栖息于细泥沙质珊瑚礁浅水。

垂直分布： 中潮带至潮下带浅水。

地理分布： 台湾、海南；印度－西太平洋。

易见度： ★★★☆☆

语源： 属名源于希腊语 *xiphos+nēktos*，意为剑泳者。种本名源于模式产地马达加斯加伊兰加（Iranja）岛，中文名形容本种喜欢在珊瑚礁浅水活动。

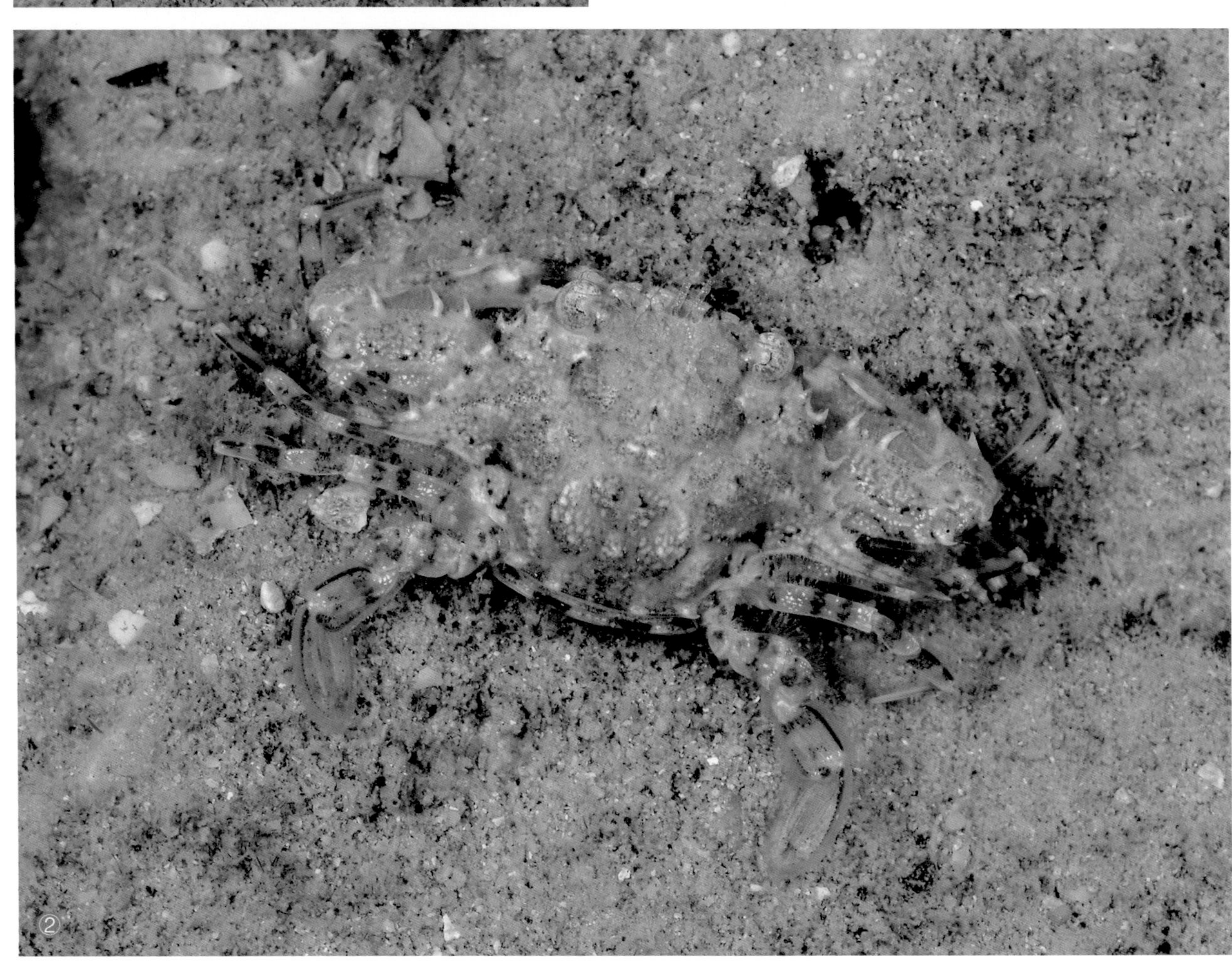

① ② 海南三亚

大眼剑梭蟹 *Xiphonectes* cf. *macrophthalmus* (Rathbun, 1906)

体型： 雄 CW：15.8 mm，CL：7.7 mm[70]。

鉴别特征： 头胸甲横六边形，表面凹凸不平，密布细颗粒，分区显著；额窄，分 4 齿，中齿极小，不突出，呈钝三角形，侧齿大，锐三角形；前侧缘（除外眼窝齿外）具 5 齿，第 1、2 齿大小近相等，尖锐，第 3、第 4 齿小，末齿长；后侧缘与后缘相接处具 1 小突起；螯足不甚对称，长节前缘具 3 大齿及 1 ~ 2 枚小刺，后缘近末端具 1 刺，腕节外缘末端具 1 弯齿，内缘具 1 直齿，掌部粗大，背面具 3 刺。

颜色： 全身白色；复眼淡蓝色；头胸甲前部具 1 完整的淡褐色斑纹，后半部具对称分布的黑褐色斑纹；螯足及步足具黑褐色环纹。

生活习性： 栖息于泥沙质珊瑚礁浅水。

垂直分布： 低潮带至潮下带浅水。

地理分布： 海南；日本、菲律宾、印度尼西亚（班达海）、夏威夷、毛里求斯。

易见度： ★☆☆☆☆

语源： 种本名源于希腊语 *makros+ophthalmos*，意为大眼睛。

备注： 本种与基氏剑梭蟹 *X. guinotae* 近似，通过雄性腹部形态能够较好地进行区别两者（大眼剑梭蟹雄性腹部倒数第 2 节轻微收缩，基氏剑梭蟹雄性腹部倒数第 2 节强烈收缩）。因未采集标本，结合现有分布记录，我们将其暂定为本种。《中国海洋生物名录》中记载的大亚湾梭子蟹 *Portunus dayawansis* 及威迪梭子蟹 *P. tweediei* 均为本种的同物异名。

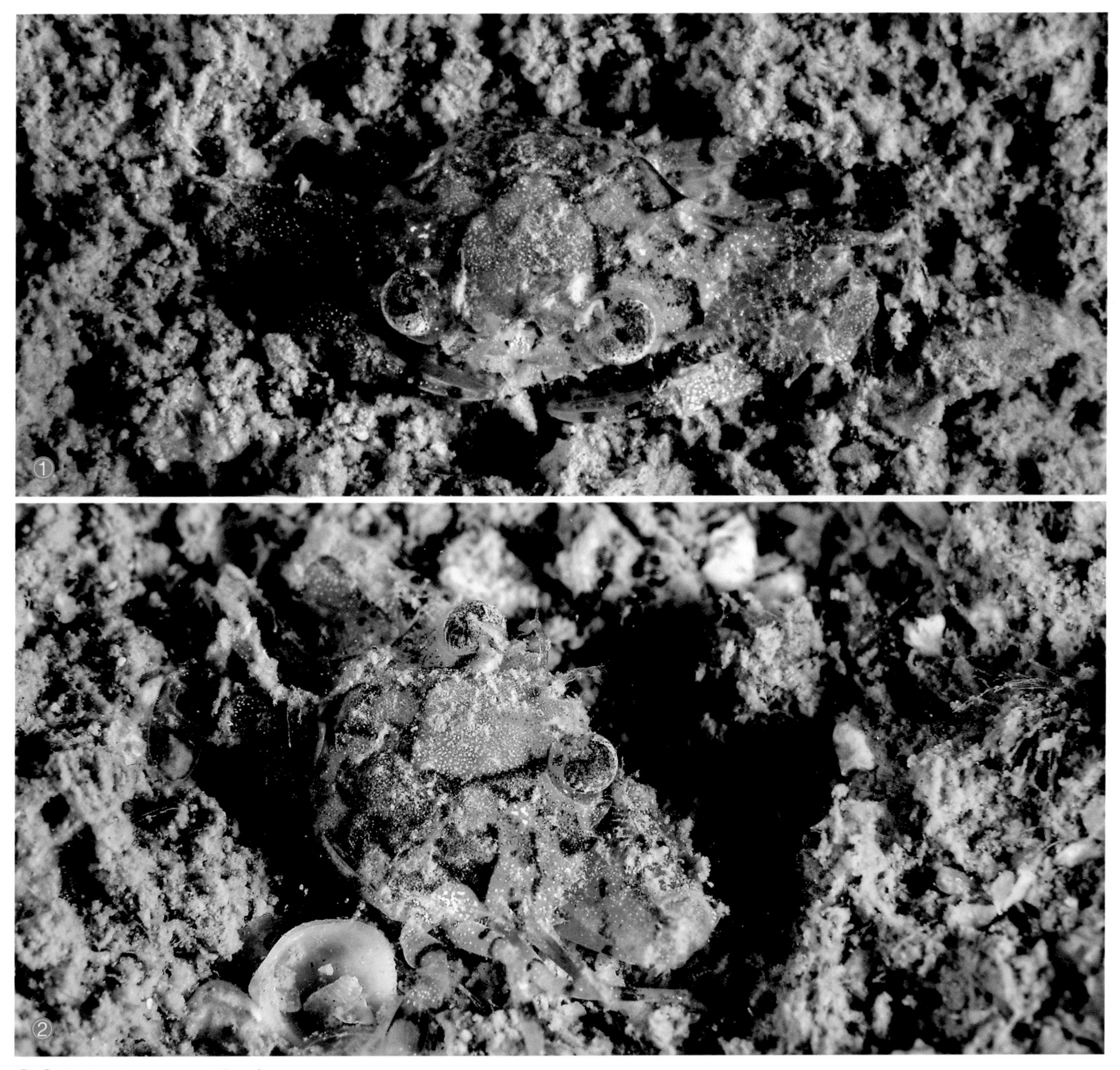

①② 海南三亚 / –10 m / 徐一唐

短桨蟹亚科 Thalamitinae

香港蟳 *Charybdis (Archias) hongkongensis* Shen, 1934

体型： 雄 CW：41.2 mm，CL：27.4 mm[12]；雌 CW：39 mm，CL：28.5 mm[12]。

鉴别特征： 头胸甲横六边形，表面密覆短绒毛，中部后方稍具颗粒；额分 6 齿，中央 4 齿外缘波浪状；第 2 触角基节具 2 条颗粒脊；前侧缘（除外眼窝齿外）具 5 齿，末齿稍长于其他各齿；螯足不对称，长节前缘具 3 弯刺；掌部背面具 3 刺，外侧面具 3 条颗粒隆脊，指节较长。

颜色： 全身黄褐色；螯足具暗褐色鳞形纹，可动指末端部及不动指乳白色。

生活习性： 栖息于沙或泥沙底。

垂直分布： 低潮带至潮下带浅水。

地理分布： 浙江、福建、台湾、广东、香港、广西、海南；泰国、马来西亚、印度尼西亚。

易见度： ★☆☆☆☆

语源： 属名源于希腊神话中的海怪 Charybdis，中文名为古时对这类具游泳足蟹类的称呼。种本名源于模式产地中国香港。

备注： 本种近似于直额蟳 *C. truncate*，但前侧缘末齿长于前部所有齿，后者反之；本种前胃区具 3 行隆线（前 2 行为 2 段，后 1 行为 1 段），后者为 2 行（1 行 2 段，1 行 1 段）。

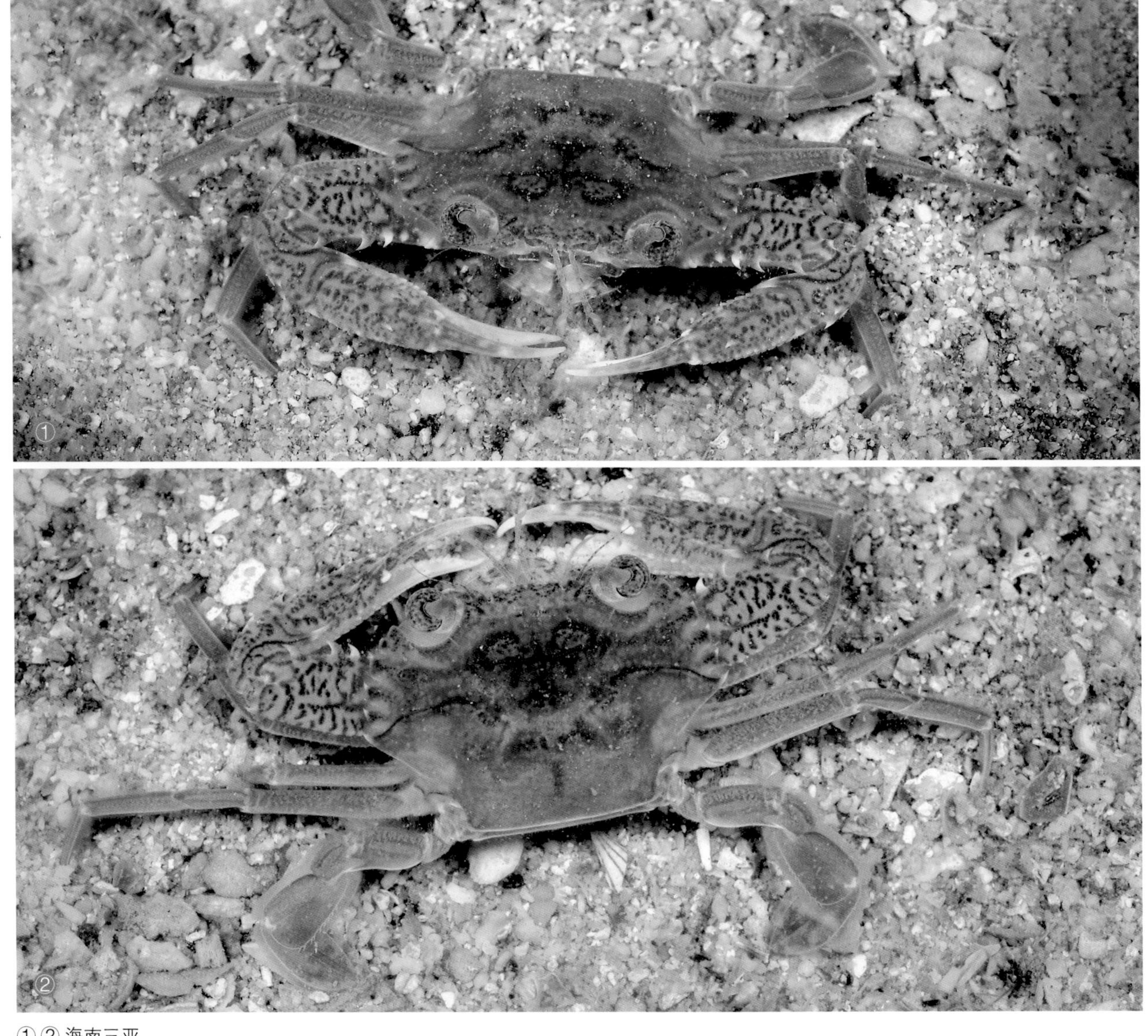

①② 海南三亚

直额蟳 *Charybdis (Archias) truncata* (Fabricius, 1798)

体型：雄 CW：24.9 mm，CL：17.9 mm。

鉴别特征：头胸甲横六边形，表面密覆短绒毛；额分 6 齿，各齿相对平截；第 2 触角基节散生颗粒；前侧缘（除外眼窝齿外）具 5 齿，末齿短于于其他各齿；螯足不对称，长节前缘具 3 弯刺；掌部背面具 3 刺，共具 7 条颗粒隆脊，指节较长。

颜色：全身黄褐色；头胸甲背面隆脊蓝色或淡蓝色；螯足具暗褐色鳞形纹，可动指末端部及不动指乳白色。

生活习性：栖息于沙或泥沙底。

垂直分布：低潮带至潮下带浅水。

地理分布：浙江、福建、台湾、广东、香港、广西、海南；印度 – 西太平洋。

易见度：★☆☆☆☆

语源：种本名源于拉丁语 *trancatus*，意为截断、切断，形容本种额具平截状的齿。

①② 福建厦门

锐齿蟳 *Charybdis (Charybdis) acuta* (A. Milne Edwards, 1869)

体型：雄 CW：76.4 mm，CL：48.2 mm[12]；雌 CW：48.3 mm，CL：30.1 mm[12]。

鉴别特征：头胸甲横六边形，表面具短绒毛，具几对横行隆脊，额区 1 对极不明显；额分 6 锐齿，中央齿与第 1 侧齿等宽，较两侧突出；第 2 触角基节具 2 锐刺；前侧缘（除外眼窝齿外）具 5 锐齿，第 1 至第 2 齿逐渐增大，第 3 至第 5 齿逐渐减小；螯足粗壮，不对称，长节前缘具 3 刺，后缘末端具 1 小刺，腕节表面具颗粒，内末角具 1 长而尖锐的刺，并具 3 小刺，掌部背面具 5 壮齿，外侧面具 3 条隆线，内侧面前半部具 1 条隆线，背面亦有 2 条。

颜色：全身红色至暗红色。

生活习性：栖息于泥沙或碎石底浅水。

垂直分布：低潮带至潮下带浅水。

地理分布：浙江、福建、台湾、广东、香港、广西、海南；日本、朝鲜半岛。

易见度：★★★★★

语源：种本名源于拉丁语 *acutus*，意为锐利的。

备注：经济捕捞对象，福建及广东沿海市场常见。

① 福建厦门 / 刘毅　② 福建泉州 / 亚成体 / 郭翔

异齿蟳 *Charybdis (Charybdis) anisodon* (De Haan, 1850)

体型：雄 CW：52.3 mm，CL：34.5 mm。

鉴别特征：头胸甲横六边形，表面光滑无毛，较平坦，分区不明显，侧胃区和中胃区各具 1 条颗粒隆线，后胃区的隆线不明显，鳃区各具 1 条隆线，额区、心区和中鳃区不具隆脊；额分 6 齿，中央 2 对齿横切，分隔甚浅，中央齿位置较低，突出，超过第 1 侧齿，第 2 侧齿前端钝圆，与内侧的齿相隔较深；第 2 触角基节具细颗粒脊；前侧缘（除外眼窝齿外）具 5 齿，第 1 齿明显小于外眼窝齿，第 2 至第 4 齿较大，末齿锐三角形，指向侧方；螯足粗壮，不对称，表面光滑，长节前缘末部具 2 刺，腕节内末角具 1 壮刺，外侧面具 3 小刺，掌部背面具 2 刺，外侧面具 3 条光滑的隆脊，延伸至不动指的一条较清晰。

颜色：全身背面翠绿色；螯足内侧稍黄。

生活习性：躲藏于珊瑚礁或岩礁石块下，白天与夜间均会出来活动，退潮后常隐藏于积水坑中。

垂直分布：潮下带浅水。

地理分布：福建、台湾、广东、广西、海南；印度－西太平洋。

易见度：★★★★★

语源：种本名源于希腊语 *anis+odont*，意为不等的齿。

备注：经济捕捞对象，海南市场常见。

①② 海南三亚

环纹蟳 *Charybdis (Charybdis) annulata* (Fabricius, 1798)

体型： 雄 CW：56 mm，CL：38 mm[12]；雌 CW：44.8 mm，CL：30.5 mm[12]。

鉴别特征： 头胸甲横六边形，表面光滑无毛，隆起，具侧胃脊、中胃脊和前鳃脊，隆脊模糊；额分 6 齿，中央齿较突出，呈宽三角形，第 2 侧齿较窄，和前 1 齿之间缺刻深；第 2 触角基节具长绒毛，具圆而光滑的细微隆脊；前侧缘（除外眼窝齿外）具 5 齿，第 1 齿较小，两齿间距近，缺刻浅，第 2 至第 5 齿大小依次递减；螯足粗壮，不对称，表面光滑，掌部隆肿，背面具 5 刺，外侧面具 2 条光滑隆脊。

颜色： 全身褐色至青褐色；螯足掌部外侧面具鳞形网纹，两指基部 2/3 暗褐色，但可动指中部及不动指基部蓝色，两指端部白色；步足具暗色环纹。稚蟹或亚成体颜色多变，有时具白色个体。

生活习性： 栖息于珊瑚礁或岩礁石块下。

垂直分布： 中潮带至潮下带浅水。

地理分布： 浙江、福建、台湾、广东、广西、海南；印度 - 西太平洋。

易见度： ★★★★★

语源： 种本名源于拉丁语 *annulatus*，意为有环纹的。

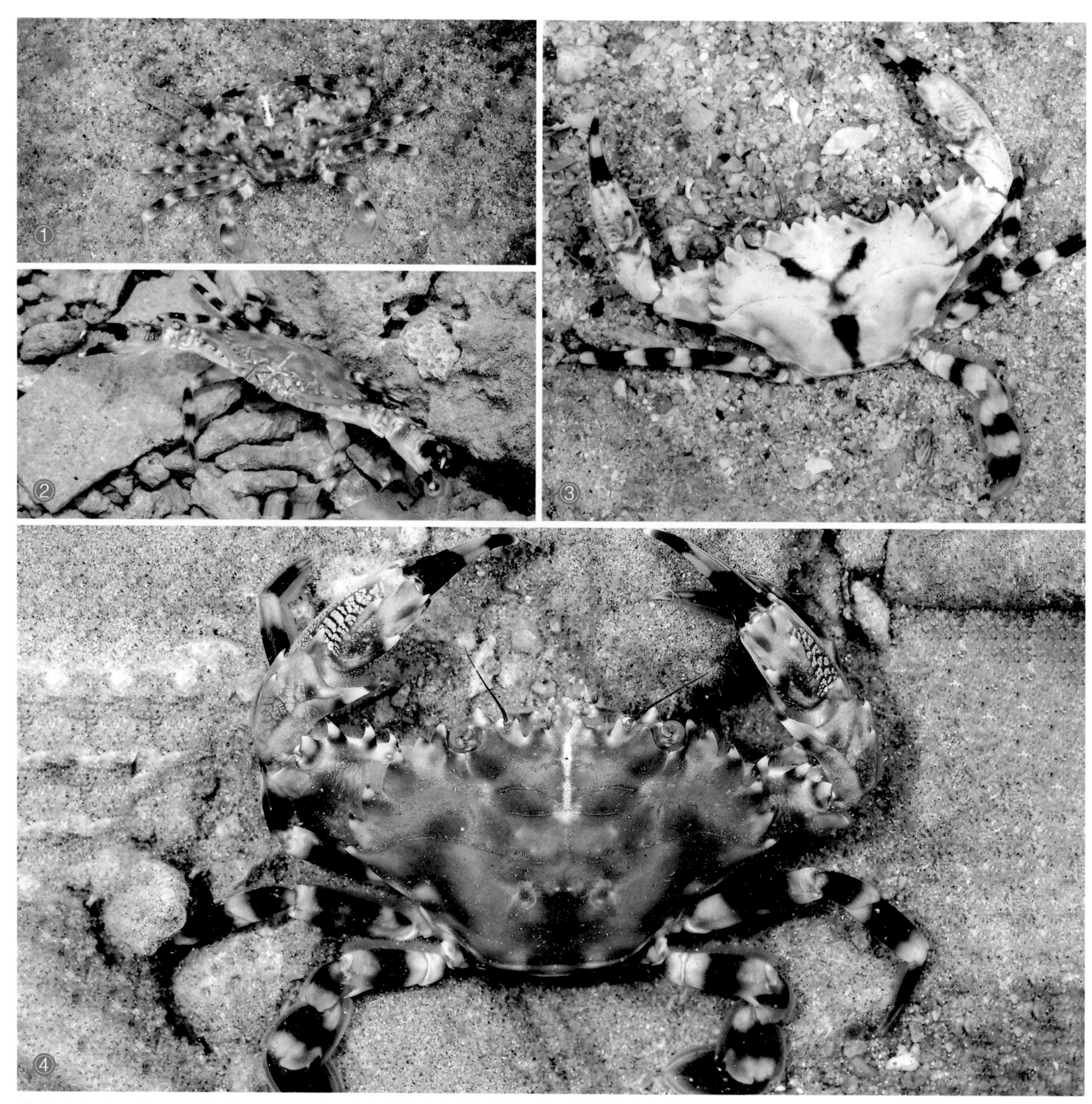

① 海南陵水 / 稚蟹　② ④ 海南文昌　③ 海南三亚

短刺蟳 *Charybdis (Charybdis) brevispinosa* Leene, 1937

体型：雄 CW：42.14 mm，CL：25.87 mm。

鉴别特征：头胸甲横六角形，宽大于长，表面密布绒毛，额区、前胃区、前鳃区和心区各具 1 对颗粒隆脊，中胃区和后胃区各具 1 条连续的隆脊，中鳃区具 2 对隆脊；额分 6 齿，齿尖圆钝，中央齿较突出于侧齿，内侧齿和外侧齿由 1 深缺刻分隔，外侧齿和内眼窝齿由 1 稍深缺刻分隔；前侧缘（除外眼窝齿外）具 5 齿，第 1 齿稍钝，后 4 齿尖锐，末齿稍大于前齿，向侧面突出；螯足不对称，表面具颗粒和绒毛，长节前缘具 3 刺及颗粒，腕节内末角具 1 壮刺，背面具 2 刺，外侧具 1 小刺，掌部稍膨大，背面具 3 刺，外侧面具 3 条隆脊，内侧面中央具 1 隆脊；末对步足前节前缘具 1 ~ 2 小刺。

颜色：体色有变化，背面黄褐色或灰绿色，表面稍有灰色斑点；眼灰绿色；螯足长节基部稍有橘黄色，隆脊和刺颜色稍深，螯足两指尖和内缘白色；步足具深浅不一的斑块。

生活习性：栖息于泥沙质水底。

垂直分布：低潮带浅水。

地理分布：台湾、广东、海南；新加坡、马来西亚、印度尼西亚。

易见度：★☆☆☆☆

语源：种本名源于拉丁语 *brevis+spina*，意为短刺。

① ② 海南陵水

锈斑蟳 *Charybdis (Charybdis) feriata* (Linnaeus, 1758)

体型： 雄 CW：119 mm，CL：78 mm；雌 CW：110 mm，CL：72 mm。

鉴别特征： 头胸甲横六边形，表面光滑无毛，较平坦；额分 6 齿，中央 1 对齿突出，中央凹稍深，侧齿窄而尖锐；第 2 触角基节具低平的颗粒隆脊；前侧缘（除外眼窝齿外）具 5 齿，第 1 齿较小，第 1 齿和外眼窝齿几乎连接在一起，缺刻仅具浅凹，第 2 至第 5 齿大小依次递减；螯足粗壮，不对称，表面光滑，长节前缘具 3 刺，腕节内末角具 1 壮刺，外侧面具 3 小刺和 2 条隆脊，掌部隆肿，背面具 4 刺，外侧面具 2 条隆线，上方的颗粒状，下方的延伸至不动指。

颜色： 全身白色、灰白色至淡红色；头胸甲背面具 5 条浅色纵纹；螯足背缘具暗褐色斑块和白色碎斑点，两指端部暗红色；步足具宽环纹，成体末对步足常具碎网纹。

生活习性： 栖息于泥沙或碎石底浅水。

垂直分布： 低潮带至潮下带浅水。

地理分布： 浙江、福建、台湾、广东、香港、广西、海南；印度 - 西太平洋。

易见度： ★★★★★

语源： 种本名源于拉丁语 *feriatus*，意为圣日，与头胸甲上似十字架的图案相关联，中文名形容其像充满锈迹的条纹。

备注： 经济捕捞对象，东南沿海市场常见。

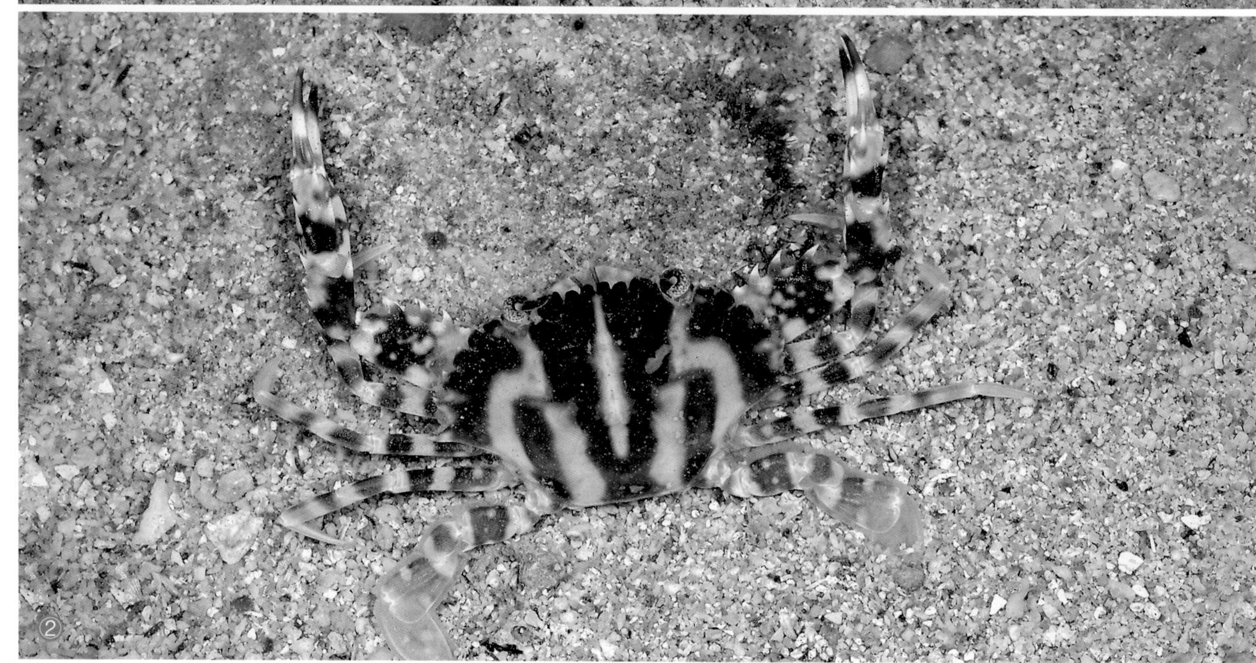

① ② 海南三亚

颗粒蟳 *Charybdis (Charybdis) granulata* (De Haan, 1833)

体型： 雄 CW：94.2 mm，CL：65.1 mm。

鉴别特征： 头胸甲横六边形，表面密布绒毛，隆起，额、侧胃区、中胃区、后胃区及前鳃区各有长短不一的颗粒隆脊，额脊短，具颗粒，中胃脊不间断，前鳃脊和后胃脊相间断，心区具 1 对隆脊，中鳃区、后鳃区共 3 对隆脊；额分 6 齿，中央齿较突出，第 1 侧齿最长，略长于其他额齿；第 2 触角基节与前额相连，具低颗粒脊；前侧缘（除外眼窝齿外）具 5 齿，前 4 齿粗壮，末齿细瘦；螯足粗壮，不对称，表面密布绒毛和分散颗粒，长节前缘 3 刺，腕节内末角 1 壮刺，外侧面 3 刺，掌部隆肿，背面具 5 刺，外侧面具若干条相对完整的颗粒脊，不动指和可动指外侧各具 2 条隆线；末对步足前节前缘具 9 ~ 10 小刺。

颜色： 全身棕褐色，散布深浅不一的斑点；头胸甲额区沿中线至胃区具纵向白色条纹，逐渐变细，眼眶周围及前侧缘齿多少具紫色；螯足两指暗褐色。

生活习性： 栖息于泥沙或碎石底浅水。

垂直分布： 潮下带浅水。

地理分布： 福建、台湾、广东、香港、广西、海南；印度 - 西太平洋。

易见度： ★★★★★

语源： 种本名源于拉丁语 *granul*，意为颗粒。

备注： 本种易与善泳蟳 *C. natator* 相混淆，区别在于本种头胸甲额区具隆脊，额区沿中线至胃区具纵向白色条纹，后者头胸甲额区不具隆脊，无纵向白色条纹。经济捕捞对象，东南沿海市场常见。

①② 海南三亚

钝齿蟳 *Charybdis (Charybdis) hellerii* (A. Milne Edwards, 1867)
赫氏蟳（台）

体型： 雄 CW：71.72 mm，CL：47.42 mm。

鉴别特征： 头胸甲横六边形，表面光滑，仅在前侧齿基部之间及眼窝后部凹陷部位有绒毛，通常具几对隆脊；额分 6 齿，中央齿较侧齿钝，第 2 侧齿尖；第 2 触角基节具尖锐的颗粒隆脊；前侧缘（除外眼窝齿外）具 5 锐齿，末齿长锐刺形，侧向突出；螯足粗壮，不对称，表面具细绒毛，腕节外侧面具 3 枚刺；掌部外侧面具 3 条模糊的隆脊，背面具 5 刺，内侧面具中央隆脊；末对步足前节后缘具刺。

颜色： 体色多变，全身青绿色、灰褐色或红褐色；头胸甲后部常具 1 对白色圆斑；螯足两指暗红色，端部白色。

生活习性： 栖息于泥沙或碎石底浅水。

垂直分布： 中潮带至潮下带浅水。

地理分布： 江苏、浙江、福建、台湾、广东、香港、广西、海南；印度 - 西太平洋。

易见度： ★★★★★

语源： 种本名以捷克动物学家卡米尔 • 赫勒（Camill Heller）的姓氏命名。

备注： 本种体色多变，易与日本蟳 *C. japonica* 或东方蟳 *C. orientalis* 相混淆，但本种螯足两指均为黑褐色，日本蟳不动指基部内侧具 1 斜向白斑或蓝斑，东方蟳不动指白色，中部和基部各具 1 黑褐色斑块。经济捕捞对象，东南沿海市场常见。

① 广东徐闻 / 示威　② 广西涠洲岛 / –3 m / 抱对 / 陈骁　③ 广东徐闻 / 雄蟹

①② 广东徐闻 / 雌蟹

日本蟳 *Charybdis (Charybdis) japonica* (A. Milne Edwards, 1861)

体型：雄 CW：115 mm，CL：74 mm。

鉴别特征：头胸甲横六边形，表面隆起，稚蟹及亚成体表面具绒毛，胃区和鳃区具几对隆起；额分 6 齿，中央 2 齿稍突出；第 2 触角基节长，具 1 颗粒脊；前侧缘（除外眼窝齿外）具 5 锐齿，尖锐而突出，第 1 齿外缘斜切；螯足粗壮，不对称，掌部内、外侧面隆起，具 3 条隆脊，背面具 5 齿；末对步足前节后缘光滑无齿。

颜色：体色多变，全身褐色、榄绿色、黄褐色、紫色或红色；头胸甲后部两侧常具 1 对白色圆斑；螯足两部端部暗红色。稚蟹体色多变，花纹复杂。

生活习性：栖息于多碎石块的泥或泥沙质底。

垂直分布：中潮带至潮下带浅水。

地理分布：中国海域广布；日本、朝鲜半岛、马来西亚、澳大利亚（入侵）。

易见度：★★★★★

语源：种本名源于模式产地日本。

备注：经济捕捞对象，市场常见。

① ② ③ 河北秦皇岛

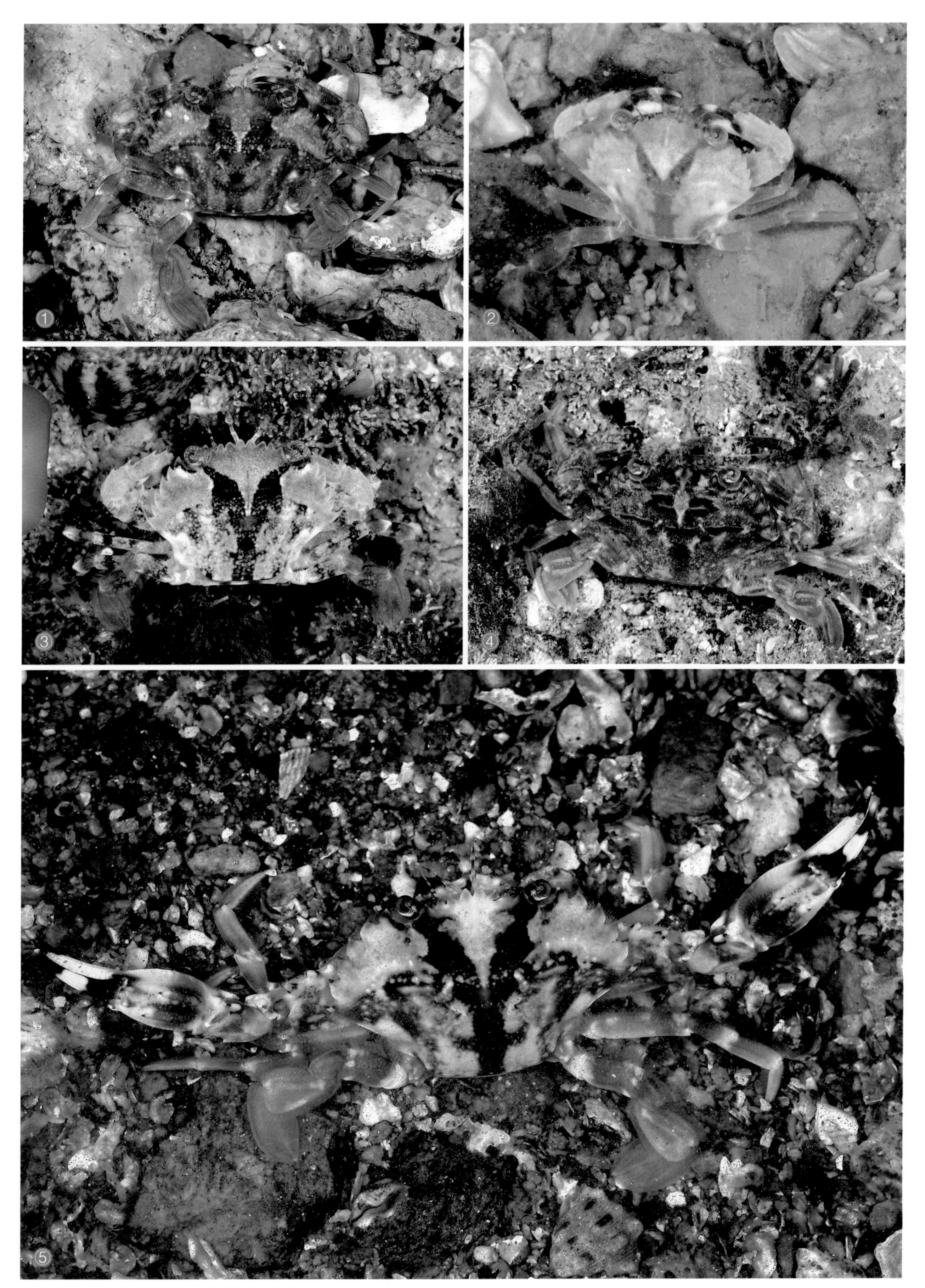

①②③ 山东青岛 / 稚蟹　④⑤ 山东青岛

晶莹蟳 *Charybdis (Charybdis) lucifer* (Fabricius, 1798)

体型： 雄 CW：102 mm，CL：67 mm。

鉴别特征： 头胸甲横六边形，表面光滑无毛，有细微颗粒，额区具 1 中断的横行隆线，侧胃区具 1 短隆线，中胃区具 1 较长隆线，隆线在鳃区、胃区之间被颈沟隔断，后胃区也中断；额分 6 齿，中央 4 齿近等大，第 1 侧齿稍外指，第 2 侧齿稍尖长，稍内指，和前 1 齿之间具深缺刻；第 2 触角基节具 1 低平的细颗粒脊；前侧缘（除外眼窝齿外）具 5 锐齿，第 1 至第 4 齿逐渐增大，末齿小；螯足粗壮，不对称，长节前缘 3 刺，腕节外侧面具 3 枚刺；掌部背面具 5 刺，外侧面具 3 条模糊的隆脊，下方的延伸至不动指；末对步足前节后缘具 5 ~ 8 枚锯齿。

颜色： 头胸甲棕绿色至褐色，鳃区具一大一小 2 对乳白色圆斑，螯足两指暗红色；步足红褐色。

生活习性： 栖息于泥沙或碎石底浅水。

垂直分布： 低潮带至潮下带浅水。

地理分布： 浙江、福建、台湾、广东、香港、广西、海南；印度 - 西太平洋。

易见度： ★★★★★

语源： 种本名源于拉丁语 *lucifer*，意为带来光明。

备注： 经济捕捞对象，东南沿海市场常见。

① ② 海南三亚

武士蟳 *Charybdis (Charybdis) miles* (De Haan, 1835)

体型： 雄 CW：87 mm，CL：61 mm；雌 CW：79.5 mm，CL：54 mm。

鉴别特征： 头胸甲横六边形，表面稍隆起，密布短绒毛和小颗粒；额分 6 齿，中央 4 齿之间缺刻宽，第 2 侧齿和前 1 齿之间具稍深的缺刻；第 2 触角基节具颗粒隆脊；前侧缘（除外眼窝齿外）具 5 锐齿，第 1 至第 5 齿逐渐增大；螯足粗壮，不对称，长节前缘 4 ~ 5 刺，腕节外侧面具 3 条隆脊；掌部背面具 4 刺，共 6 条隆脊，腹缘具鳞状突起；末对步足前节后缘具 2 ~ 3 枚刺。

颜色： 全身淡粉色至棕粉色；头胸甲后鳃区及肠区共具 3 个白色圆斑；螯足具白色圆斑，两指基半部红白相间，端半部红色。

生活习性： 栖息于泥沙或碎石底浅水。

垂直分布： 潮下带浅水至深水。

地理分布： 浙江、福建、台湾、广东、香港、广西、海南；印度 – 西太平洋。

易见度： ★★★★★

语源： 种本名源于拉丁语 *miles*，意为士兵。

备注： 本种垂直分布最深记录超过 100 m。经济捕捞对象，东南沿海市场常见。

①② 海南三亚

善泳蟳 *Charybdis (Charybdis) natator* (Herbst, 1794)

体型：雄 CW：125.1 mm，CL：85.1 mm。

鉴别特征：头胸甲横六边形，表面稍隆起，密布短绒毛和小颗粒，侧胃区、中胃区、后胃区和前鳃区各有长短不一的颗粒脊，心区具 1 对，中鳃区、后鳃区共 3 对隆脊；额分 6 齿，中央 4 齿大小近相等或中央齿较大，第 2 侧齿和前 1 齿之间具稍深的缺刻；第 2 触角基节具细颗粒和短绒毛，具短而低平的颗粒脊；前侧缘（除外眼窝齿外）具 5 锐齿，第 1 至第 4 齿近相等；螯足粗壮，不对称，长节前缘 3 ~ 4 刺，腕节内末角具 1 壮刺，外侧面具 3 小刺；掌部背面具 5 刺，共 6 条隆脊，腹缘具鳞状突起；末对步足前节后缘锯齿状。

颜色：全身黄褐色至红褐色，散布暗红色斑点或花纹；头胸甲背面隆脊暗红色；螯足两指端部暗褐色。

生活习性：栖息于泥沙或碎石底浅水。

垂直分布：潮下带浅水。

地理分布：浙江、福建、台湾、广东、香港、广西、海南；印度 - 西太平洋。

易见度：★★★★★

语源：种本名源于拉丁语 *natator*，意为游泳者。

备注：经济捕捞对象，东南沿海市场常见。

① ② 海南三亚

东方蟳 *Charybdis (Charybdis) orientalis* Dana, 1852

体型： 雄 CW：67.4 mm，CL：44.1 mm；雌 CW：55.1 mm，CL：34.7 mm。

鉴别特征： 头胸甲横六边形，具短绒毛，额区和侧胃区各具 1 对颗粒隆线，中胃区、后胃区和前鳃区各具 1 条长短不一的隆线；额分 6 齿，中央齿圆钝，略突出；第 2 触角基节和额相连，表面具分散的颗粒和 1 排低颗粒隆脊；前侧缘（除外眼窝齿外）具 5 齿，第 1 齿最小，末齿锐刺状，后缘趋于平直；螯足粗壮，稍不对称，覆有细绒毛；长节前缘具 3 壮刺，末端具 1 小刺，后缘稍具颗粒，腕节外侧面具 3 刺，大螯掌部背面 4 刺，外侧面具 3 条隆脊，内侧面具 1 模糊隆脊；末对步足前节后缘具 1 排小刺。

颜色： 全身青绿色或墨绿色，具深浅不一的斑纹；头胸甲额齿略带蓝色；螯足可动指基部及端部暗褐色，中部蓝色，不动指基部白色，端部暗褐色。

生活习性： 珊瑚礁碎石底。

垂直分布： 低潮带至潮下带浅水。

地理分布： 台湾、广东、海南；印度－西太平洋。

易见度： ★★★☆☆

语源： 种本名源于拉丁语 *orientalis*，意为东方的。

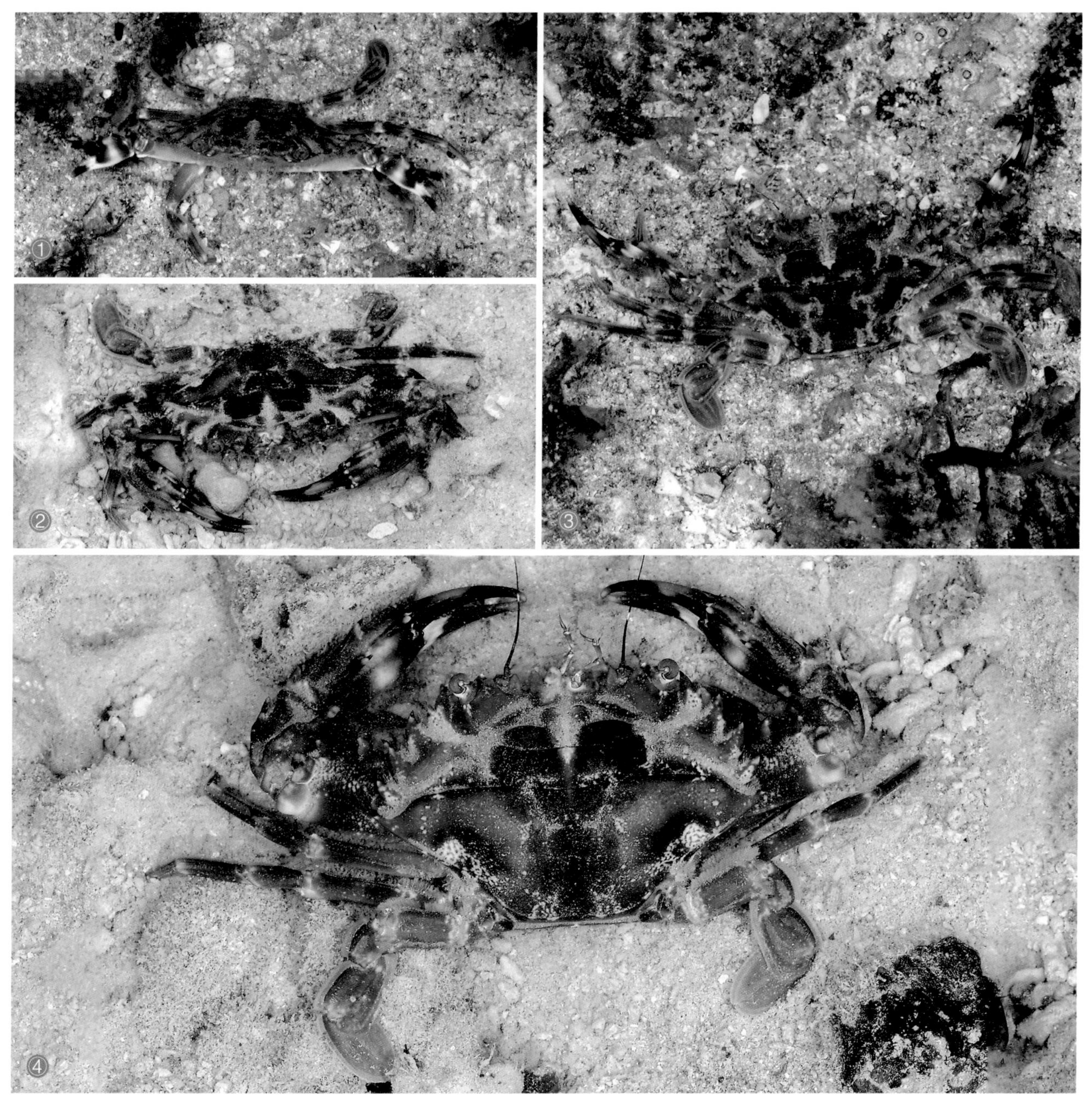

①③ 海南三亚 / 雌蟹　　②④ 海南三亚 / 雄蟹

变态蟳 *Charybdis (Charybdis) variegata* (Fabricius, 1798)

杂色蟳（台）

体型：雄 CW：36 mm，CL：25 mm。

鉴别特征：头胸甲横六边形，表面密具绒毛，心区稍隆起，具 2 条并列的隆线，中鳃区具 2 条前后排列的颗粒隆线；额分 6 齿，中央齿三角形，最突出；第 2 触角基节表面具颗粒和 1 低颗粒脊；前侧缘（除外眼窝齿外）具 5 齿，末齿大而突出，呈锐刺状；螯足粗壮，不对称，覆有细绒毛，具鳞片状刻纹；腕节背面与外侧面覆有颗粒，外侧面具 3 条明显的颗粒隆脊；大螯腕节外侧面具 2 刺，掌部肿胀，除腹面光滑外，其余表面具鳞形颗粒及短毛，并具 7 条颗粒隆脊，背面具 5 刺。

颜色：体色多变，全身灰色、褐色、黄褐色或褐绿色；头胸甲自额区至心区前缘具 1 乳白色纵纹，似倒水滴状；螯足不动指白色，可动指中部具 1 白斑。

生活习性：本种多分布于潮下带浅水，极罕见于低潮带。栖息环境多为泥底或泥沙底。

垂直分布：低潮带至潮下带浅水。

地理分布：江苏、浙江、福建、台湾、广东、香港、广西、海南；印度－西太平洋

易见度：★☆☆☆☆

语源：种语源于拉丁语 *variegatus*，意为多样的，中文名形容本种体色多变。

注备：本种与短刺蟳 *C. brevispinosa* 相似，但短刺蟳前侧缘末齿仅稍长于其余各齿，额齿相对本种更短而圆钝，螯足的刺较本种也更圆钝。

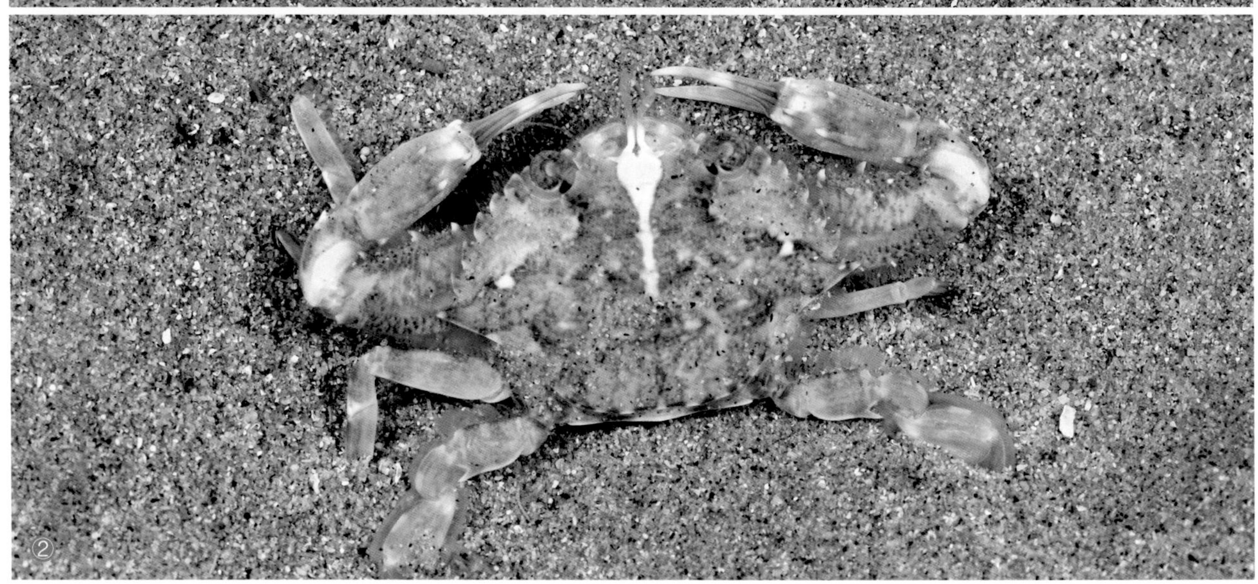

① ② 福建厦门

双斑蟳 *Charybdis (Gonioneptunus) bimaculata* (Miers, 1886)

体型： 雄 CW：24.7 mm，CL：16.7 mm。

鉴别特征： 头胸甲横六边形，表面密覆短绒毛和颗粒，额区、侧胃区、中胃区和前鳃区具隆脊，后胃脊中部不间断，后胃脊和前鳃脊为颈沟所间断；额分 6 齿，中央齿稍突出，第 2 侧齿小，与内眼窝角近乎愈合；前侧缘（除外眼窝齿外）具 5 齿，末齿稍长于其他各齿；螯足不对称，长节前缘具 3 弯刺，后缘末端具 1 刺，腕节外侧面具 3 刺，掌部背面具 2 条颗粒隆线，近端不具 1 刺，外侧面具 3 条颗粒隆脊，内侧面具 1 条。

颜色： 全身黄褐色或灰褐色；头胸甲后鳃区各具 1 褐色圆点；侧缘末齿隆线深色，鳃区后方各具 1 圆斑；螯足可动指端部及不动指白色。

生活习性： 栖息于泥沙或碎石底浅水。

垂直分布： 潮下带浅水。

地理分布： 山东、江苏、上海、浙江、福建、台湾、广东、香港、广西、海南；印度 - 西太平洋。

易见度： ★★★★★

语源： 种本名源于拉丁语 *bi+maculata*，形容本种头胸甲中鳃区各具 1 小圆点。

备注： 常见于虾皮、虾蛄等底拖网渔获物中。

① ② 山东青岛

尖额附齿蟳 *Goniosupradens acutifrons* (De Man, 1879)

体型：雄 CW：63 mm，CL：41 mm；雌 CW：64.1 mm，CL：42.1 mm。

鉴别特征：头胸甲横六边形，表面密具绒毛；额具 6 锐齿，中央 4 齿大小相近，第 2 侧齿较突出，与第 1 侧齿间隔远；第 2 触角基节具 2 刺或 1 大刺 2 小刺，外末角和额接触，触角鞭节位于眼窝缝外；前侧缘（除外眼窝齿外）具 6 齿，其中第 1 及第 3 齿极小；螯足近相等，背面多毛，腹面光滑；长节内缘具 3 刺，末缘关节处具 1 小刺，下腹缘前末端另有 1 小刺；掌部具 7 条隆脊，背面具 5 刺。

颜色：全身棕褐色；头胸甲背面隆脊颜色暗褐色；螯足两指基半部暗褐色，端半部红色。稚蟹颜色浅，头胸甲大部乳白色。

生活习性：栖息于珊瑚礁或大块岩礁水域。

垂直分布：低潮带至潮下带浅水。

地理分布：台湾、海南；印度－西太平洋。

易见度：★★★☆☆

语源：属名源于拉丁语 *gonio+supra+dens*，意为在关节上方有齿，中文名形容本属外眼窝齿及第 1 前侧缘齿后各具 1 附属齿。种本名源于拉丁语 *acutus+frons*，形容本种额具锐齿。

备注：本种与钝额附齿蟳 *G. obtusifrons* 易混淆，本种额齿尖锐，呈三角形，后者额齿平钝。经济捕捞对象，海南市场常见。

①② 海南文昌

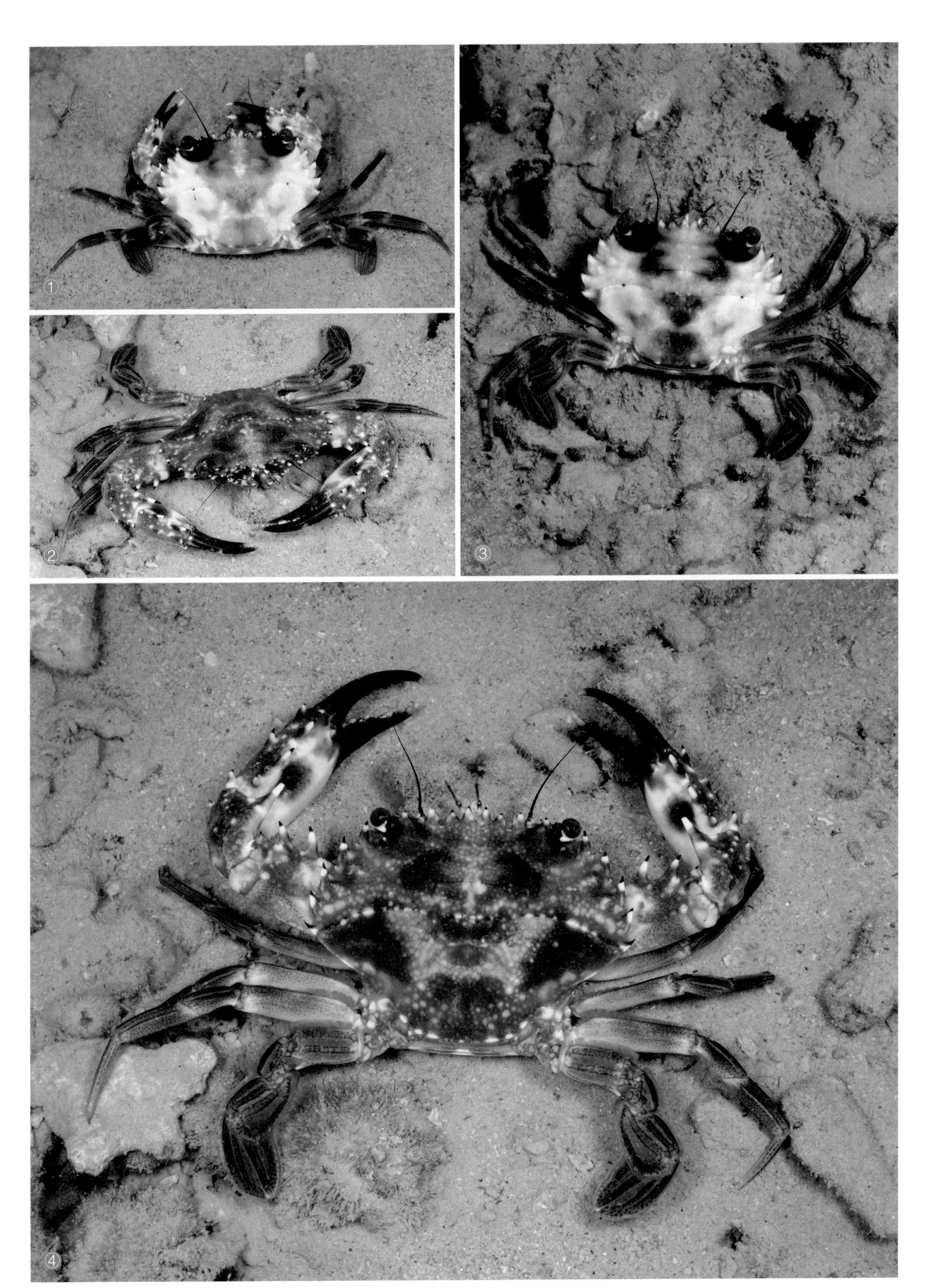

① 海南三亚 / 稚蟹　② ④ 海南三亚　③ 海南三亚 / 稚蟹

光滑光背蟹 *Lissocarcinus laevis* Miers, 1886

体型： 雄 CW：14 mm，CL：11.5 mm[12]；雌 CW：14 mm，CL：12 mm[12]。

鉴别特征： 头胸甲近六边形，宽大于长，背面中等隆起，表面光滑，具极其细微的颗粒；额分不明显的 4 叶，中央叶小，侧叶宽；外眼窝齿小，圆钝而突出；前侧缘短于后侧缘，除外眼窝齿外具 4 齿；螯足稍长于头胸甲，长节内缘末端具 1 圆形突起和锯齿，腕节内末角具 1 壮齿，外侧面具 2 条不明显隆脊，掌部光滑，基部具 1 圆形突起，两指内缘具小齿；末对步足前节及指节呈桨状。

颜色： 全身红褐色，具对称分布的白色斑纹，会根据不同环境或寄主，体色发生变化，如白色面积占比增大。

生活习性： 栖息于泥沙质海底，浅水生活的个体常被发现和刺胞动物（如海葵或软珊瑚）共生。

垂直分布： 潮下带浅水。

地理分布： 福建、台湾、海南；印度－西太平洋。

易见度： ★★★★★

语源： 属名源于希腊语 *lissos+carcinus*，意为光滑的螃蟹。种本名源于拉丁语 *laevis*，意为光滑的。

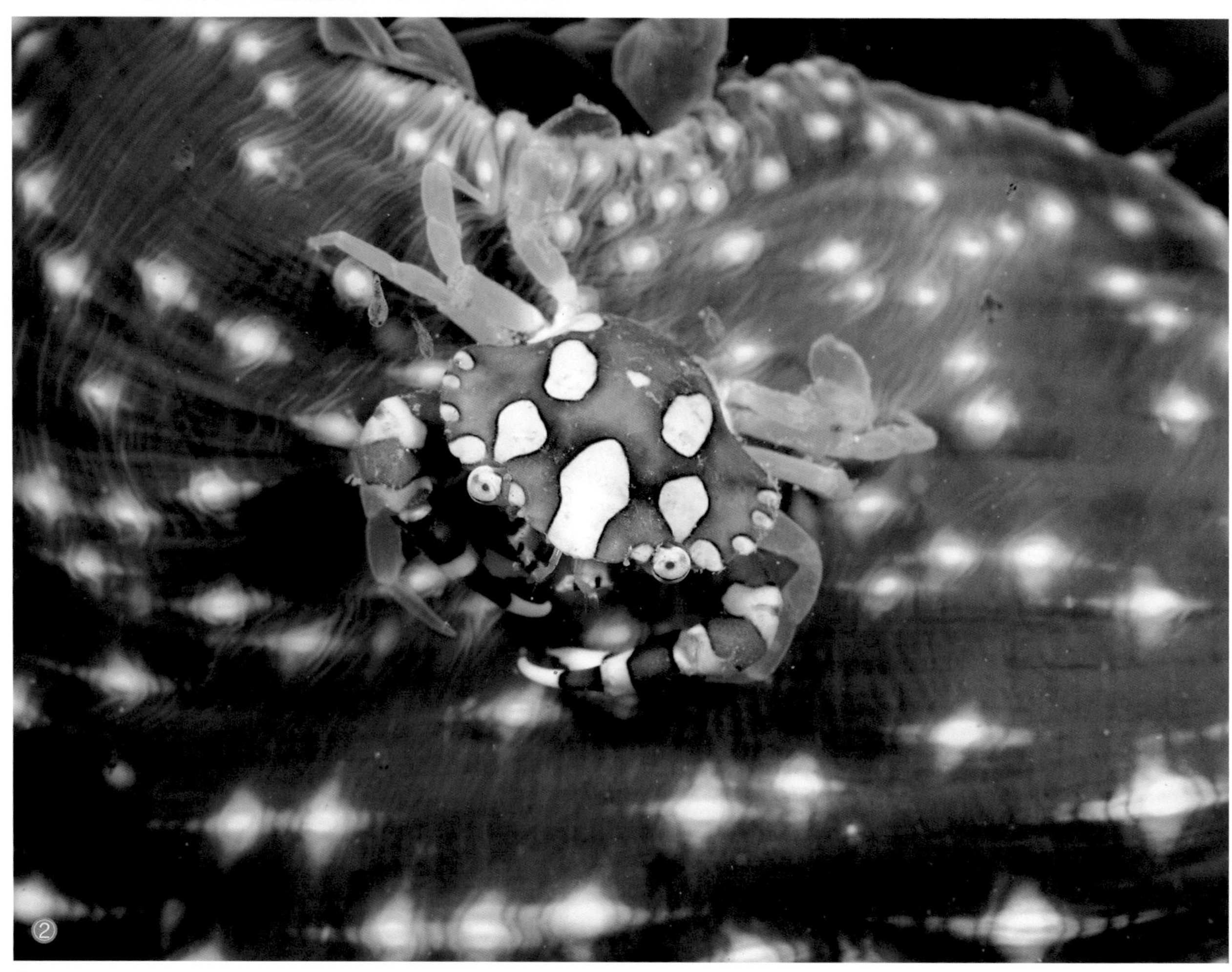

① 海南陵水 / –20 m / 徐一唐　　② 海南陵水 / –22 m / 张帆

紫斑光背蟹 *Lissocarcinus orbicularis* Dana, 1852

体型： 雄 CW：8.4 mm，CL：7.3 mm[12]；雌 CW：21 mm，CL：18.7 mm[12]。

鉴别特征： 头胸甲近圆形，宽稍大于长，中部隆起，两侧低平，表面光滑；额分不明显的 3 叶，中央较侧叶突出；前侧缘短于后侧缘，除外眼窝齿外具 4 叶，叶间具浅缺刻；螯足稍长于头胸甲，长节前缘末端具 1 叶状突起，腕节内末角具 1 弯齿，背面具 2 条隆脊，外侧面具 1 条隆脊，掌部背面具 2 条纵脊，末端各具 1 钝齿，两指内缘具显著的钝齿；末对步足前节及指节呈桨状。

颜色： 全身暗褐色，具对称分布的白色斑纹，会根据不同环境或寄主，体色发生变化，如白色面积占比增大。

生活习性： 常栖息于海参的表面，遇到危险会迅速躲入海参的肛门中。

垂直分布： 潮间带至潮下带浅水。

地理分布： 台湾、海南；印度 - 西太平洋。

易见度： ★★★★★

语源： 种本名源于拉丁语 *orbicularis*，意为球形的，中文名形容身体上的花纹颜色。

① ② 海南陵水 / –7 m / 徐一唐

多域光背蟹 *Lissocarcinus polybioides* Adams *et* White, 1849

体型： 雌 CW：14.7 mm，CL：13.8 mm。

鉴别特征： 头胸甲近五边形，表面光滑，平坦；额突出为尖锐的帽沿状，中央具一“V”字形缺刻；前侧缘短于后侧缘，前侧缘（除外眼窝齿外）具 4 齿；螯足稍不对称，长节内缘具细锯齿，外缘近端不具 2 齿，腕节内角具 1 壮刺，外侧面具 2 ~ 3 枚齿突，掌部背侧具 2 条明显隆脊；末对步足前节及指节呈桨状。

颜色： 全身白色或淡黄色。

生活习性： 生活于珊瑚礁碎石或沙质底。

垂直分布： 潮下带浅水。

地理分布： 浙江、台湾、广东、海南；印度 - 西太平洋。

易见度： ★☆☆☆☆

语源： Adams *et* White（1849）认为本种与多样蟹属（*Polybius*）近似，因此用多样蟹属的属名 *Polybius+odes* 命名此种，形容本种近似于多样蟹。

① ② 海南陵水

野生短桨蟹 *Thalamita admete* (Herbst, 1803)

体型： 雄 CW：33.2 mm，CL：19.2 mm。

鉴别特征： 头胸甲横六边形，表面光滑或具绒毛；心区的 1 对隆脊与中鳃区的 1 对隆脊排成 1 横列；额分 2 宽叶；第 2 触角基节宽于眼窝直径，具 1 锋锐隆脊，由 7 ~ 12 个愈合的锯齿组成；前侧缘（除外眼窝齿外）具 4 锐齿，第 3 齿小或缺失，末齿突出；螯足不对称，长节前缘具 3 ~ 4 齿，后缘末端具颗粒，掌部背面具颗粒及柔毛，具 5 刺，其中内缘 3 刺，外缘 2 刺，外侧面具 3 条纵行隆脊，内侧面与腹面较光滑，指部末端钝，切割缘锋锐；泳足长节后缘近末端具 1 锐刺，前节后缘具 5 ~ 8 大刺及 1 ~ 2 小刺。

颜色： 体色多变，全身白色、灰白色或黄褐色；头胸甲背面常具或大或小的红斑，此红斑有时会分成数块，有时会扩大至整体头胸甲背面。

生活习性： 栖息于珊瑚礁或岩礁具碎石沙底的碎石间。

垂直分布： 中潮带至潮下带浅水。

地理分布： 台湾、广东、广西、海南；印度 - 西太平洋。

易见度： ★★★★★

语源： 属名源于古希腊三列桨座战舰最下层桨手 Thalamite，中文名直译为短桨蟹。种本名源于希腊语 *admētē*，意为不被驯服的。

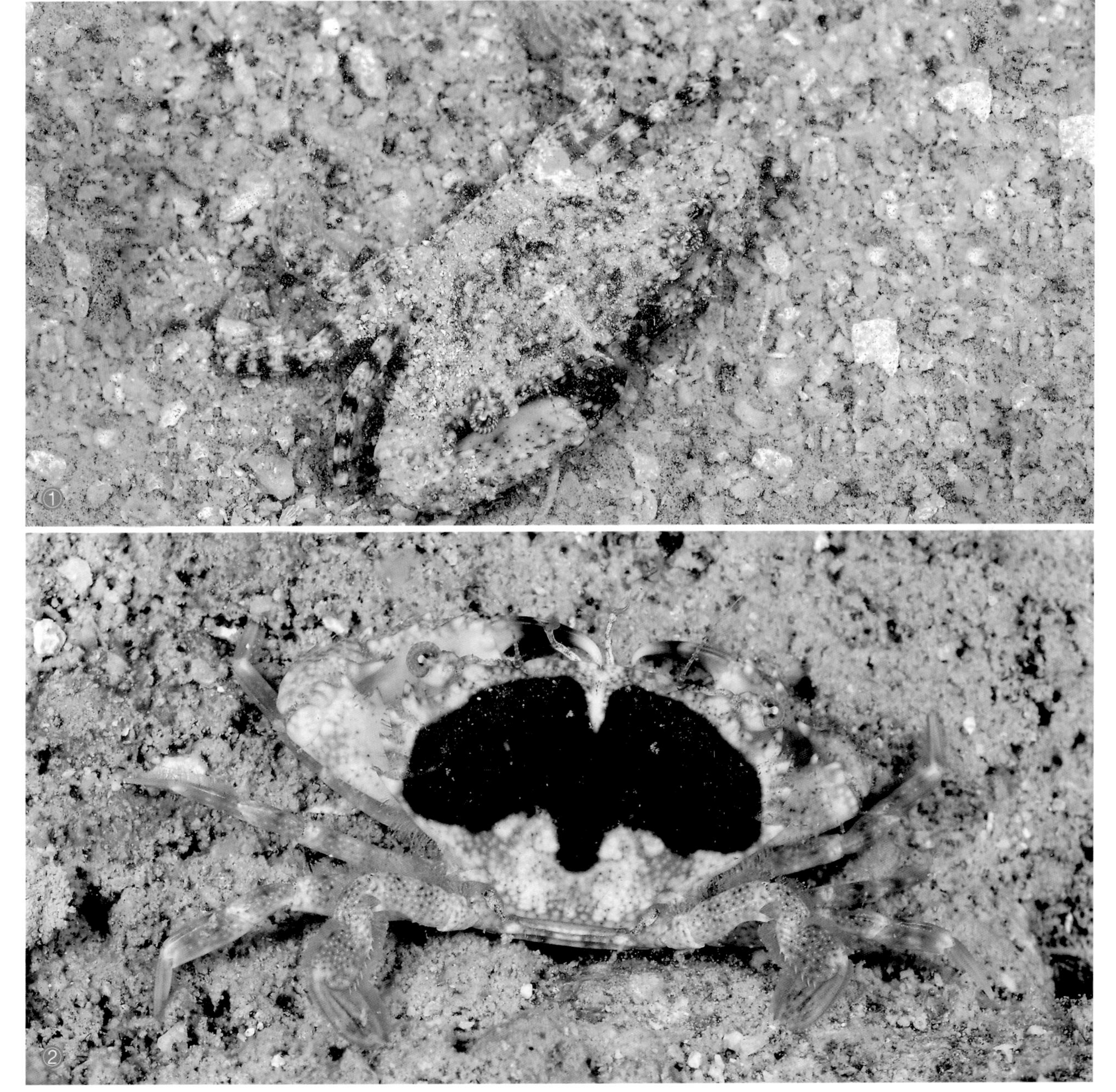

①② 海南三亚

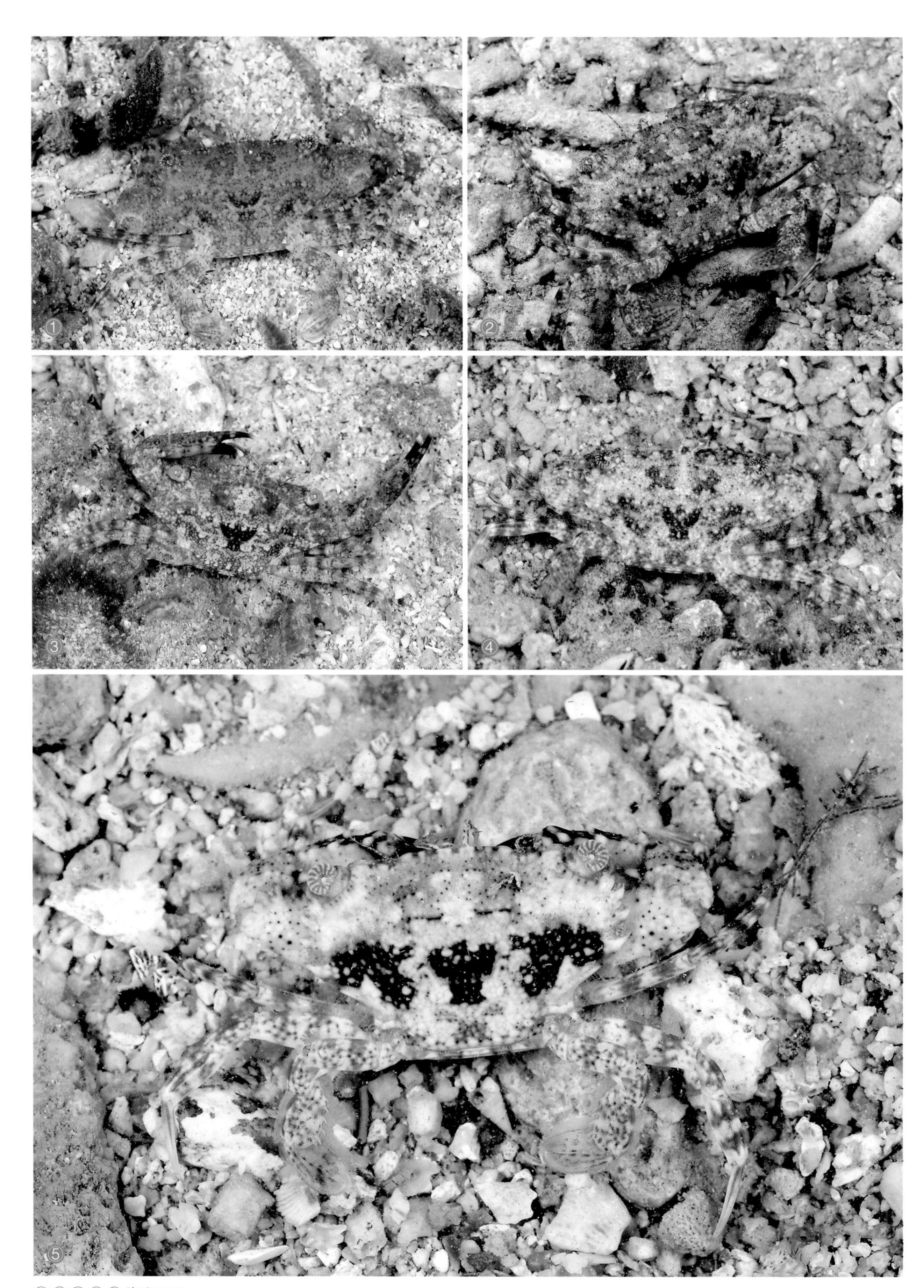

①②③④⑤ 海南三亚

钩肢短桨蟹 *Thalamita chaptalii* (Audouin, 1826)

沙氏短桨蟹（台）

体型： 雄 CW：14.38 mm，CL：9.8 mm。

鉴别特征： 头胸甲横六边形，表面较隆起，具短而分散的硬刚毛；额缘拱起，额中央由一极浅的缺刻分 2 叶；第 2 触角基节具短的小颗粒隆脊，外侧较光滑；前侧缘（除外眼窝齿外）具 4 齿，前 2 齿较大，第 3 齿小，末齿较尖锐；螯足不对称，长节前缘具不等大的 3 齿，基部表面具细微颗粒，腕节内末角具 1 壮刺，外侧面具不明显的刺和轻微隆脊，掌部稍肿胀，背面具 2 隆脊及 5 刺，内外侧面光滑，不动指外侧具 1 隆脊；泳足前节后缘具 3 刺。

颜色： 全身暗褐色，肝区和额区浅白色，胃区深黑色，有些个体具花斑；螯足和步足各节端部具浅白色环。

生活习性： 栖息于海草茂盛的珊瑚礁或岩礁浅水。

垂直分布： 潮间带

地理分布： 台湾、海南；印度－西太平洋。

易见度： ★★★★★

语源： 种本名以法国化学家安托万•沙普塔（Jean-Antoine Chaptal）的姓氏命名，中文名形容本种雄性 G1 端部像钩子一样下弯。

备注： 本种易与整洁短桨蟹 *T. integra* 混淆，两者都喜欢海草丰富的珊瑚礁水域，但本种头胸甲整体比例更窄，不如整洁短桨蟹明显横宽。另外，① 本种额中央的凹陷极浅，不易分辨，而后者显著；② 本种内眼窝齿显著窄于额叶，后者约等宽于额叶。

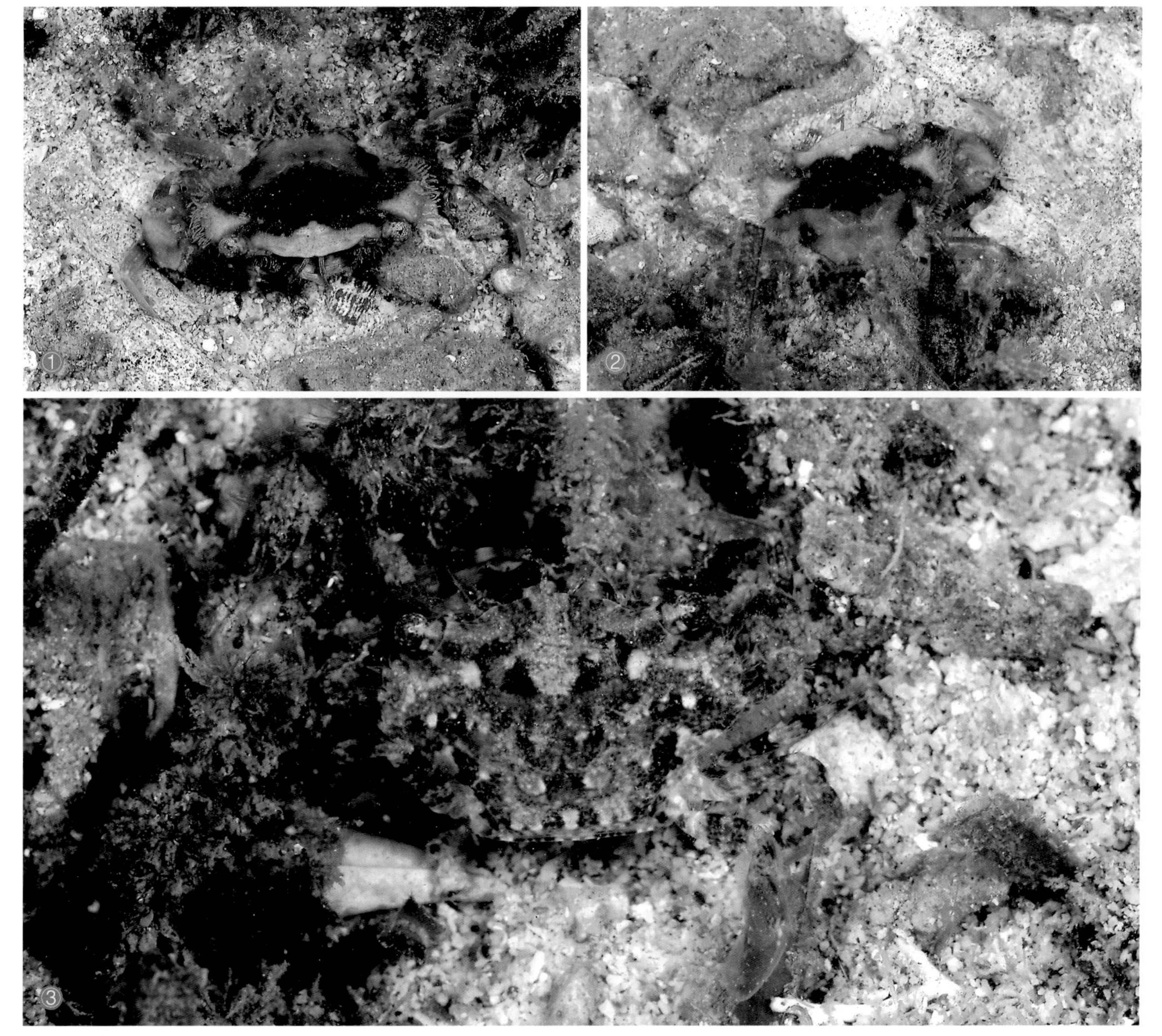

①②③ 海南三亚

钝齿短桨蟹 *Thalamita crenata* Rüppell, 1830

体型： 雄 CW：48.5 mm，CL：32.8 mm。

鉴别特征： 头胸甲横六边形，表面稍隆起，具细毛或光滑；额具 6 叶；第 2 触角基节很宽，表面隆脊上具低平的颗粒隆脊；前侧缘（除外眼窝齿外）具 4 锐齿，近等大；螯足不对称，长节内缘具 3 或 4 大刺，表面具细微颗粒，腕节内末角具 1 壮刺，外侧面具 3 小刺，掌部粗壮，背面具 5 刺，内外面光滑，仅外侧面上部与内侧面后基部具颗粒，外侧面近腹缘具 1 光滑隆脊；泳足长节后缘近末端具 1 刺，前节后缘末半部具锯齿。

颜色： 全身绿色或蓝绿色；螯足可动指大部、不动指基部绿色或天蓝色，端部棕色。

生活习性： 栖息于珊瑚礁或岩礁、碎石或泥沙底等多种生境。

垂直分布： 中潮带至潮下带浅水。

地理分布： 浙江、福建、台湾、广东、香港、广西、海南；印度－西太平洋。

易见度： ★★★★★

语源： 种本名源于拉丁语 *crenate*，意为钝齿状。

备注： 经济捕捞对象，广东、广西及海南等地市场常见。本种易与少刺短桨蟹 *T. danae* 相混淆，但本种螯足掌部内侧具隆脊，后者光滑。

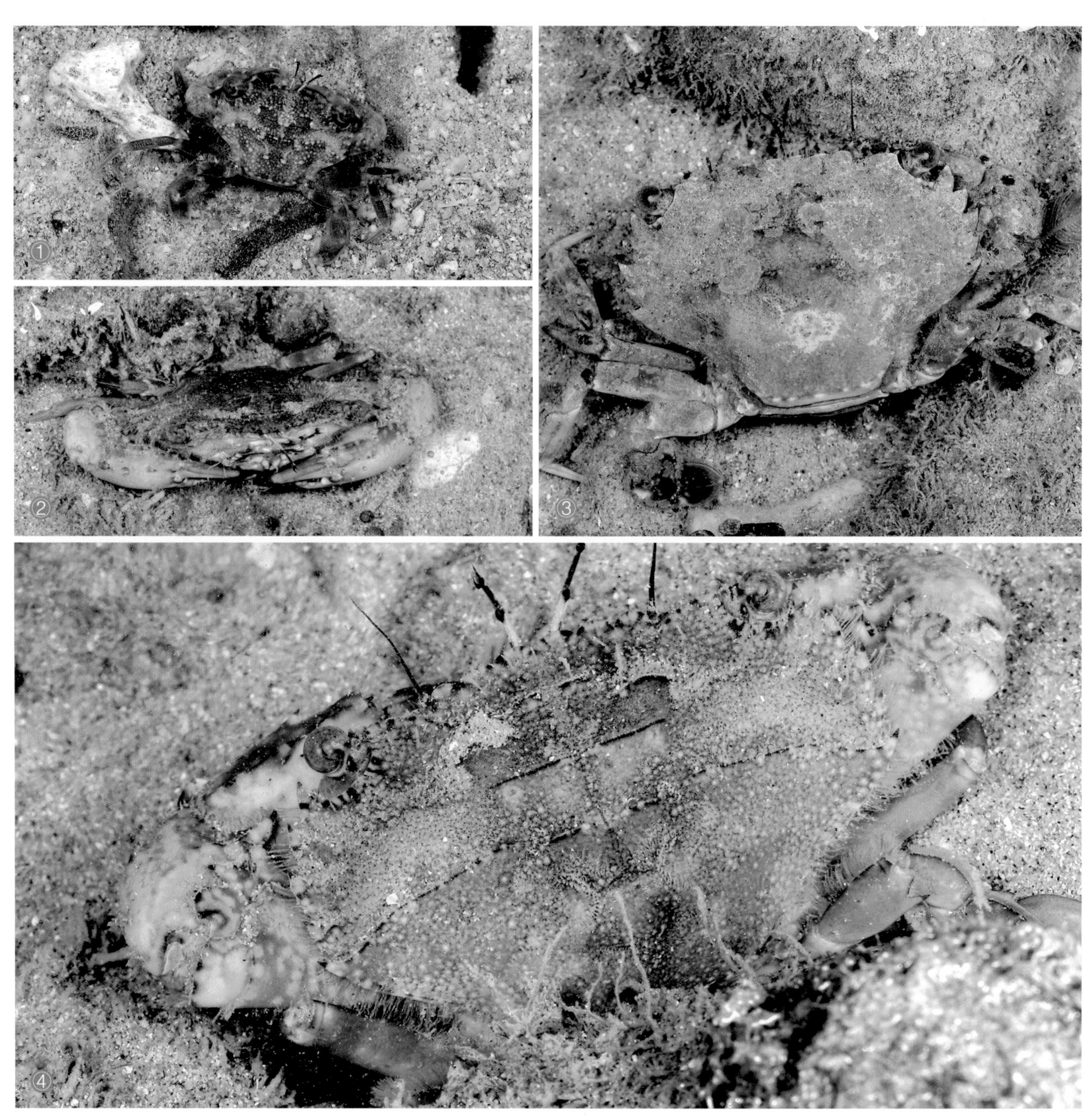

① 海南三亚 / 稚蟹　② ④ 广东徐闻　③ 广东徐闻

少刺短桨蟹 *Thalamita danae* Stimpson, 1858

达氏短桨蟹（台）

体型： 雄 CW：57.5 mm，CL：36.7 mm。

鉴别特征： 头胸甲横六边形，表面光裸或具绒毛，前半部通常具几条隆脊；额分 6 叶；第 2 触角基节很宽，具 10 多枚成列的颗粒隆脊；前侧缘（除外眼窝齿外）具 4 锐齿，前 2 枚较大，第 3 齿最小；螯足不对称，长节前缘具 3 锐刺，基半部具大颗粒及小齿，腕节光滑，表面具 3 条隆脊，内末角具 1 刺，外侧面具 3 刺，掌部外侧面具 3 条隆脊，背面具 5 刺，内侧面中部及下部各具 1 条隆脊；泳足长节后缘近末端具 1 锐刺，前节后缘具锯齿。

颜色： 体色多变，全身绿色、褐绿色或棕色，浅个体头胸甲背面具或深或浅的斑点或斑纹。

生活习性： 栖息于珊瑚礁或岩礁、碎石或泥沙底等多种生境。

垂直分布： 中潮带至潮下带浅水。

地理分布： 台湾、广东、香港、广西、海南；印度－西太平洋。

易见度： ★★★★★

语源： 种本名以美国海洋生物学家詹姆士 • 德怀特 • 达纳（James Dwight Dana）的姓氏命名。

备注： 本种易与钝齿短桨蟹 *T. crenata* 底栖短桨蟹 *T. prymna* 相混淆，但钝齿短桨蟹掌部光滑，本种内侧具隆脊；底栖短桨蟹螯足刺间具深色棘突，本种无。本种又易与霍氏短桨蟹 *T holthuisi* 相混淆，但本种额齿中央缺刻窄，前侧缘第 4 齿小于末齿，后者中央缺刻较宽，第 4、5 齿大小相近。

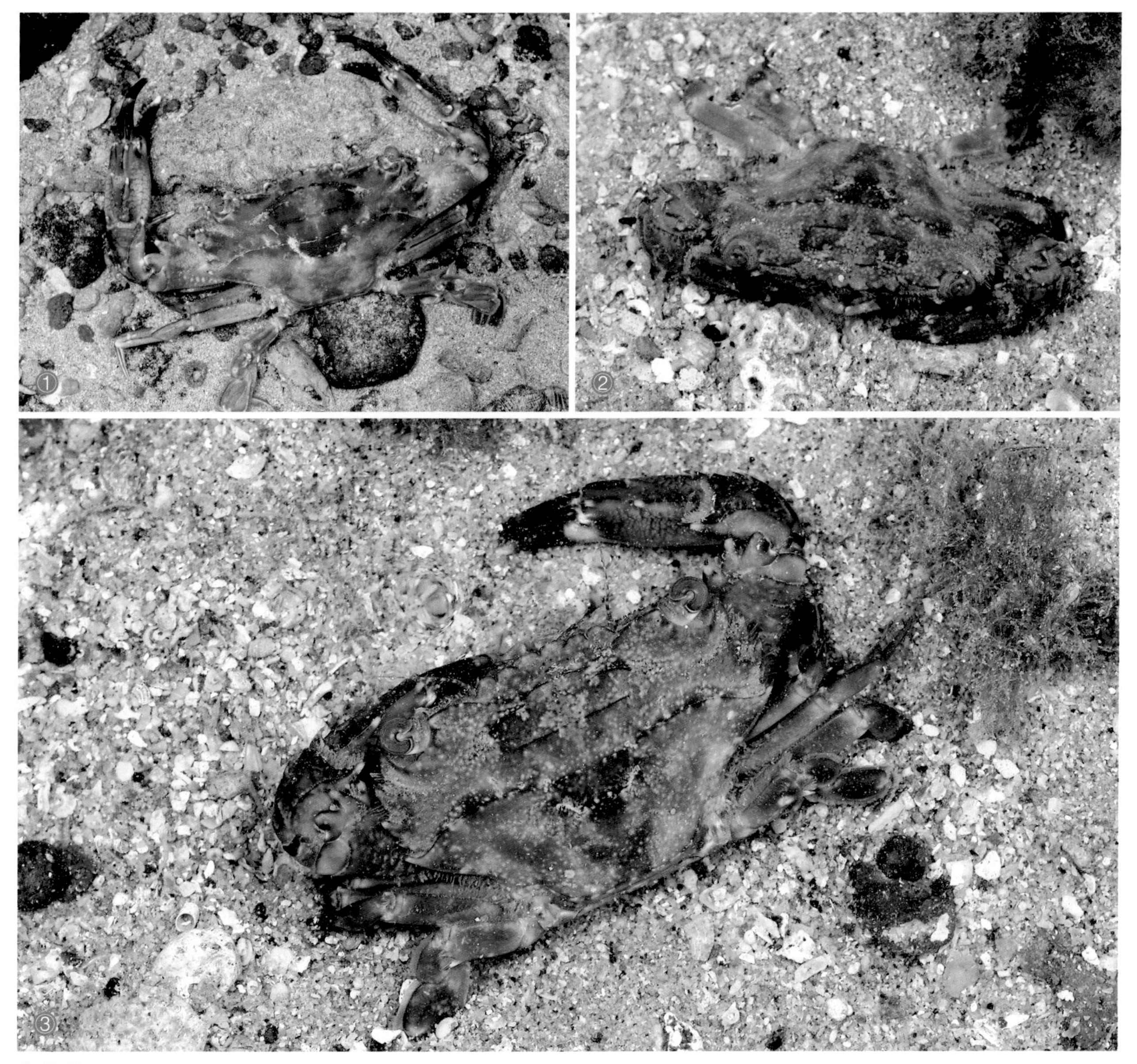

①②③ 广东徐闻

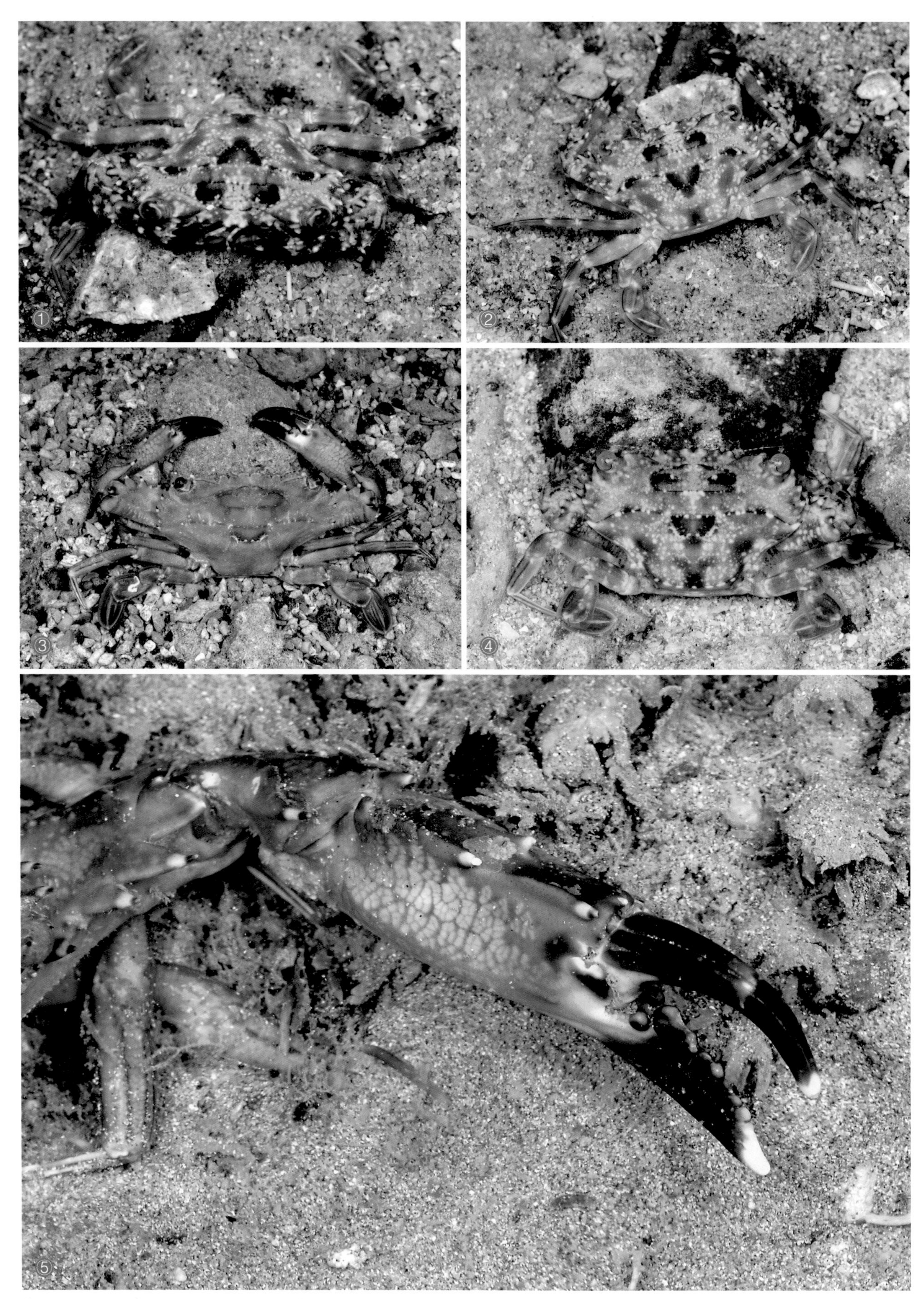

① 海南陵水　② 海南陵水 / 亚成体　③ 海南儋州　④ 海南三亚　⑤ 广东徐闻 / 螯足掌部内侧面

三线短桨蟹 *Thalamita demani* Nobili, 1906

体型： 雄 CW：14.2 mm，CL：9.3 mm[12]。

鉴别特征： 头胸甲横六边形，表面隆起，覆有颗粒及细毛，具明显的额后隆脊，侧胃区及中胃区正常，中胃脊很长，无间断，两端分别连接至侧缘末齿；额分 4 浅叶，中央叶宽大，侧叶窄小；第 2 触角基节窄，小于眼窝宽，具 2 尖锐隆脊，边缘具 15 枚融合的圆颗粒；前侧缘（除外眼窝齿外）具 4 锐齿，前 2 齿和外眼窝齿大小相近，第 4 齿小，末齿稍小于前 2 齿，尖锐突出；螯足细长不对称，表面覆盖毛和颗粒，掌部外侧面具 2 低矮隆脊，内侧面中央具 1 颗粒脊，腹面具密集的圆疣；泳足长节后缘近末端具 1 刺，前节后缘具 5 ~ 6 刺。

颜色： 全身淡黄褐色或黄褐色，杂有白色斑点；两眼间具 1 淡绿色横纹；螯足指节中部具 1 斑；步足具环纹。

生活习性： 栖息于珊瑚礁浅水。

垂直分布： 低潮带至潮下带浅水。

地理分布： 台湾、海南；印度 - 西太平洋 .

易见度： ★★☆☆☆

语源： 种本名以荷兰动物学家约翰尼斯 • 韦尔蒂 • 德曼（Johannes Govertus de Man）的姓氏命名，中文名来自头胸甲前后排列 3 条近平行的隆脊线。

①②③ 海南三亚

整洁短桨蟹 *Thalamita integra* Dana, 1852
完整短桨蟹（台）

体型： 雄 CW：27.8 mm，CL：17.1 mm；雌 CW：25.9 mm，CL：16.7 mm。

鉴别特征： 头胸甲横六边形，表面光滑；额分 2 叶，稍突出；第 2 触角基节宽于眼窝宽度，具短而突出的颗粒隆脊；前侧缘（除外眼窝齿外）具 4 锐齿，第 3 齿最小，第 4 齿尖锐；螯足不甚对称，长节前缘具 2 ~ 3 刺，腕节内末角具 1 锐刺，外侧面具结节，掌部背面具 2 条隆脊，外侧面具 1 条隆脊；泳足长节后缘近末端具 1 刺，前节后缘具 6 ~ 9 刺。

颜色： 全身淡绿色或黄绿色，甲壳边缘和隆线具绿色边缘；螯足两指棕色；步足有淡紫色小点。

生活习性： 栖息于海草茂盛的珊瑚礁或岩礁浅水。

垂直分布： 中潮带至潮下带浅水。

地理分布： 台湾、广东、广西、海南；印度 - 西太平洋。

易见度： ★★★☆☆

语源： 种本名源于拉丁语 *integra*，意为完整的。

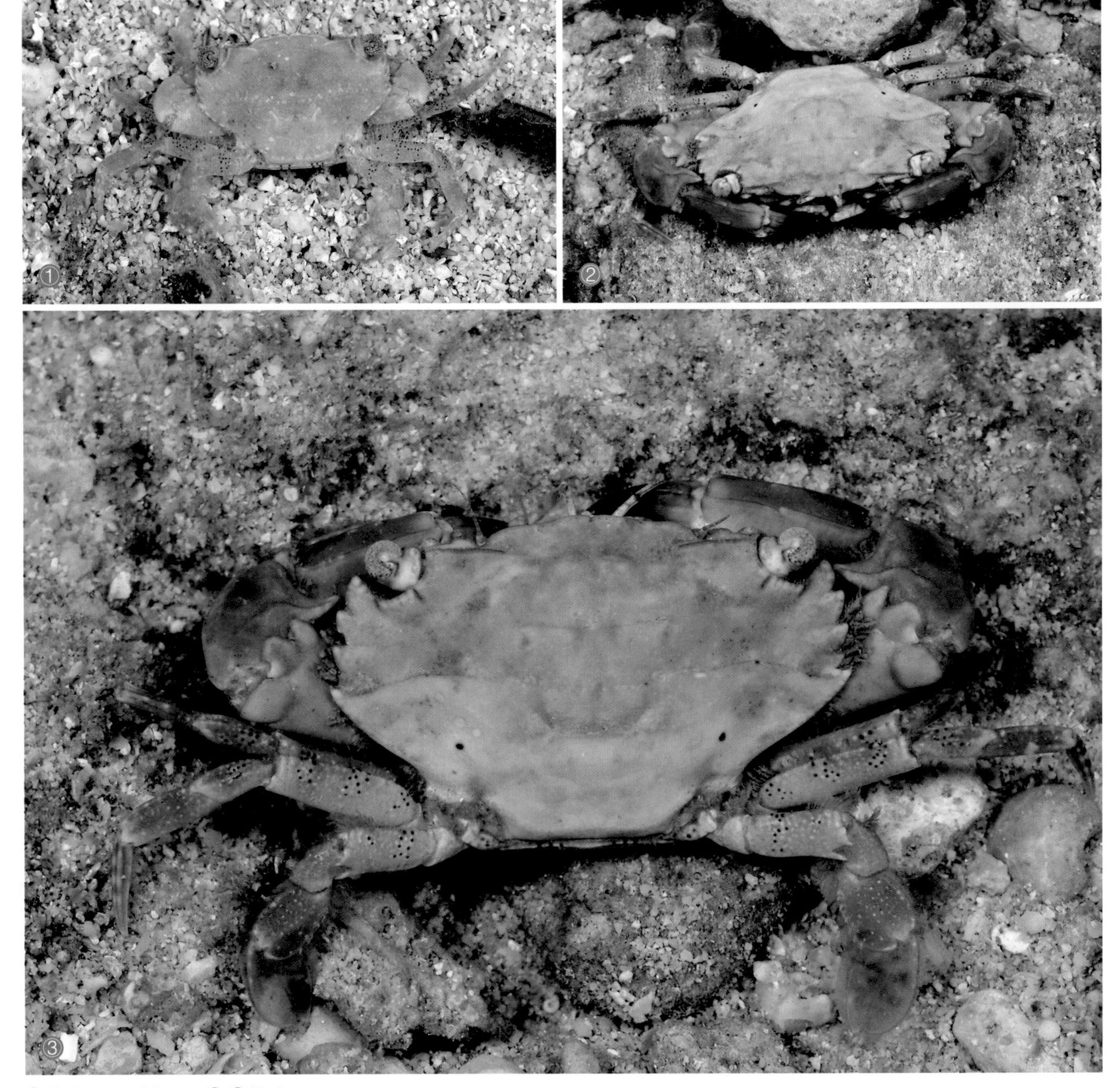

① 海南三亚 / 稚蟹　② ③ 海南三亚

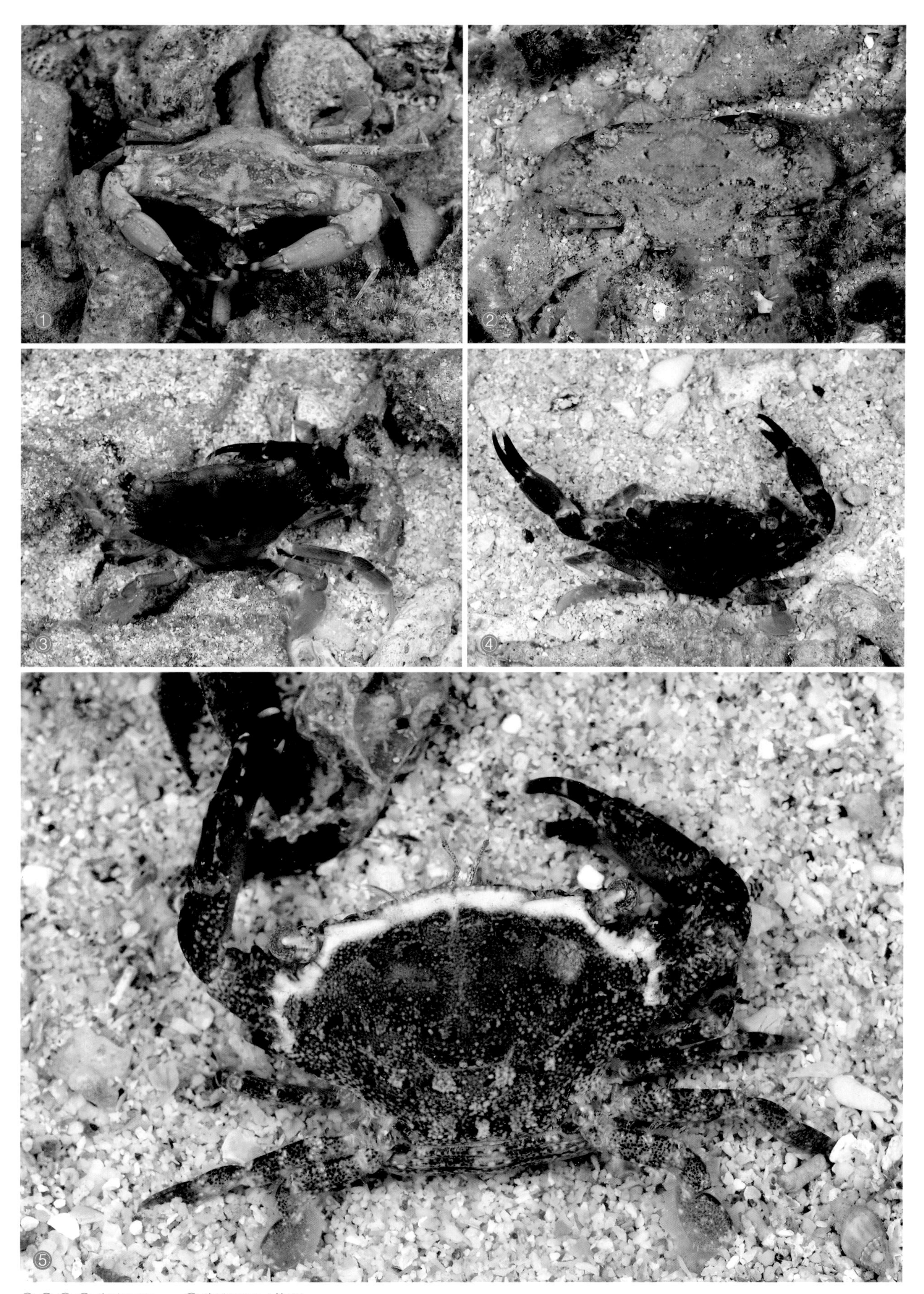

① ② ③ ④ 海南三亚　　⑤ 海南三亚 / 抱卵

鹿儿岛短桨蟹 *Thalamita kagosimensis* Sakai, 1939

体型： 雄 CW：22.31 mm，CL：15.49 mm。

鉴别特征： 头胸甲横六角形，宽大于长，表面密布绒毛，额区具 1 对不明显颗粒隆脊，前胃区、中胃区、后胃区、前鳃区及心区各具 1 对颗粒隆脊，中鳃区具团块状颗粒；额分 4 叶，叶尖圆钝，侧叶宽度为中央叶的 2 倍，中央叶被 1 “V” 形缺刻分隔，稍突出于侧叶；前侧缘（除外眼窝齿外）具 4 齿，各齿尖锐，前 2 齿等大，第 3 齿稍小，第 4 齿显著大于前齿；螯足不对称，表面具颗粒和绒毛，长节前缘具 2 刺和颗粒，背面具鳞状颗粒，腕节内末角具 1 壮刺，背侧具鳞状隆脊，外侧具 3 小刺，掌部稍膨大，背面具 4 刺，外侧面具 3 条隆脊，内侧面中央具 1 隆脊；末对步足前节后缘无刺。

颜色： 体色有变化，淡黄色或白色，头胸甲上具深浅不一的红褐色斑点，斑点分布于分区表面，相互连接或分离；螯足背面红褐色，带有浅色碎斑，掌部侧面、腹面及两指白色，可动指基部具 1 红褐色斑纹，两指近端部各具 1 橙红色环纹；步足各节具红褐色环纹。

生活习性： 栖息于泥沙质水底。

垂直分布： 低潮带浅水

地理分布： 台湾、广西、海南；日本。

易见度： ★☆☆☆☆

语源： 种本名源于模式产地日本鹿儿岛（Kagoshima）。

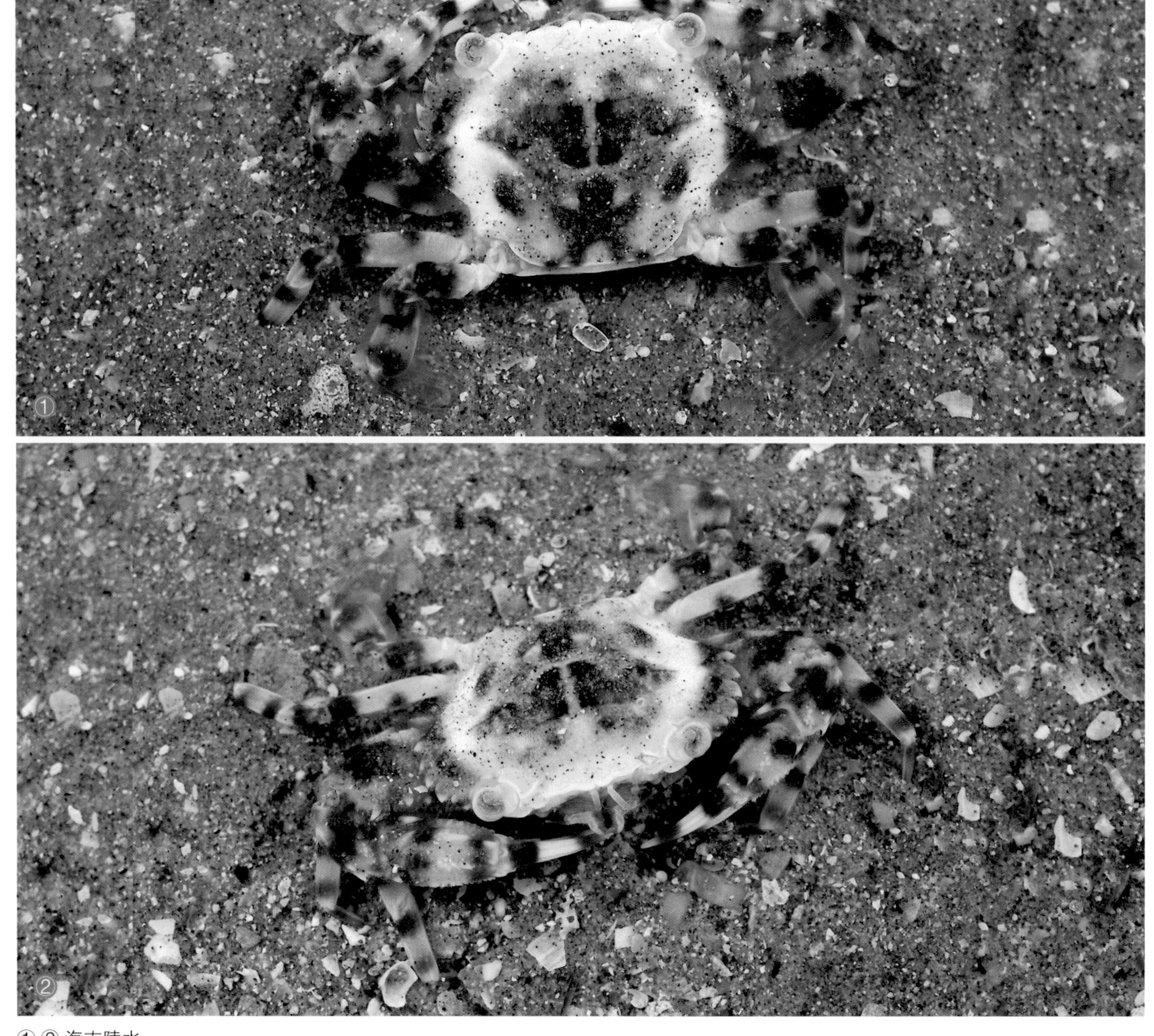

①②海南陵水

棕斑短桨蟹 *Thalamita pelsarti* Montgomery, 1931

帕氏短桨蟹（台）

体型： 雄 CW：66 mm，CL：43.5 mm。

鉴别特征： 头胸甲横六边形，表面除隆脊外密覆绒毛，所有隆脊十分清晰可辨，具颗粒；额分 6 钝叶，中央 1 对位置较低，第 1 侧叶内缘斜，与中央叶有所重叠；第 2 触角基节长，隆脊具 4 ～ 5 刺，末部具一些颗粒；前侧缘（除外眼窝齿外）具 4 锐齿，前 2 齿较大，第 3 齿退化，末齿小于第 2 齿；螯足不甚对称，表面有颗粒及浓密刚毛，长节前缘具 3 锐刺，腕节背面具分散的圆颗粒突起，掌部背面具 5 ～ 7 壮刺，外侧面下半部具 2 隆脊，内侧面具 1 中央颗粒隆脊；泳足长节后缘近末端具 1 刺，前节后缘具锯齿。

颜色： 全身蓝绿色；头胸甲侧胃区具 2 对一大一小的黑斑；螯足可动指大部蓝色，端部红色向白色过渡，不动指大部暗红色，端部白色。

生活习性： 栖息于珊瑚礁或岩礁、碎石或泥沙底等多种生境。

垂直分布： 中潮带至潮下带浅水。

地理分布： 台湾、广西、海南；西太平洋。

易见度： ★★★★★

语源： 种本名源于模式产地澳大利亚佩尔塞特岛（Pelsaert Island）。

备注： 本种易与底栖短桨蟹 *T. prymna* 混淆，但本种掌部整个表面密覆颗粒及刚毛，心区及中鳃区具隆脊，后者掌部的内、外侧面及腹面大部分光滑，心区及中鳃区不具隆脊。

①②③ 海南三亚

斑点短桨蟹 *Thalamita picta* Stimpson, 1858

体型： 雄 CW：20.02 mm，CL：13.3 mm；雌 CW：14.49 mm，CL：9.44 mm。

鉴别特征： 头胸甲横六边形，表面具绒毛；额分 6 齿，居中 1 对较突出，前缘圆钝；第 2 触角基节具 1 尖锐光滑的隆脊，或具颗粒或低平的齿；前侧缘（除外眼窝齿外）具 4 锐齿，自前至后逐渐趋小，外眼窝齿及第 1 齿基部表面各有 1 群颗粒；螯足不甚对称，长节前缘具 3 ~ 4 刺，腕节内末角具 1 锐刺，外侧面具 3 小刺；掌部背面具 5 刺，外侧面具 3 条纵行颗粒隆线，内侧面光滑或具鳞片状，中部及下部具颗粒；泳足长节后缘近末端具 1 长刺，前节后缘具 4 ~ 8 刺。

颜色： 全身白色，眼周围及肠区常具红色大斑；螯足指节棕色，间有白色；步足有黑褐色环纹。

生活习性： 栖息于珊瑚礁或岩礁浅水。

垂直分布： 中潮带至潮下带浅水。

地理分布： 台湾、广东、广西、海南；印度－西太平洋。

易见度： ★★★★★

语源： 种本名源于拉丁语 *pictus*，意为着色的。

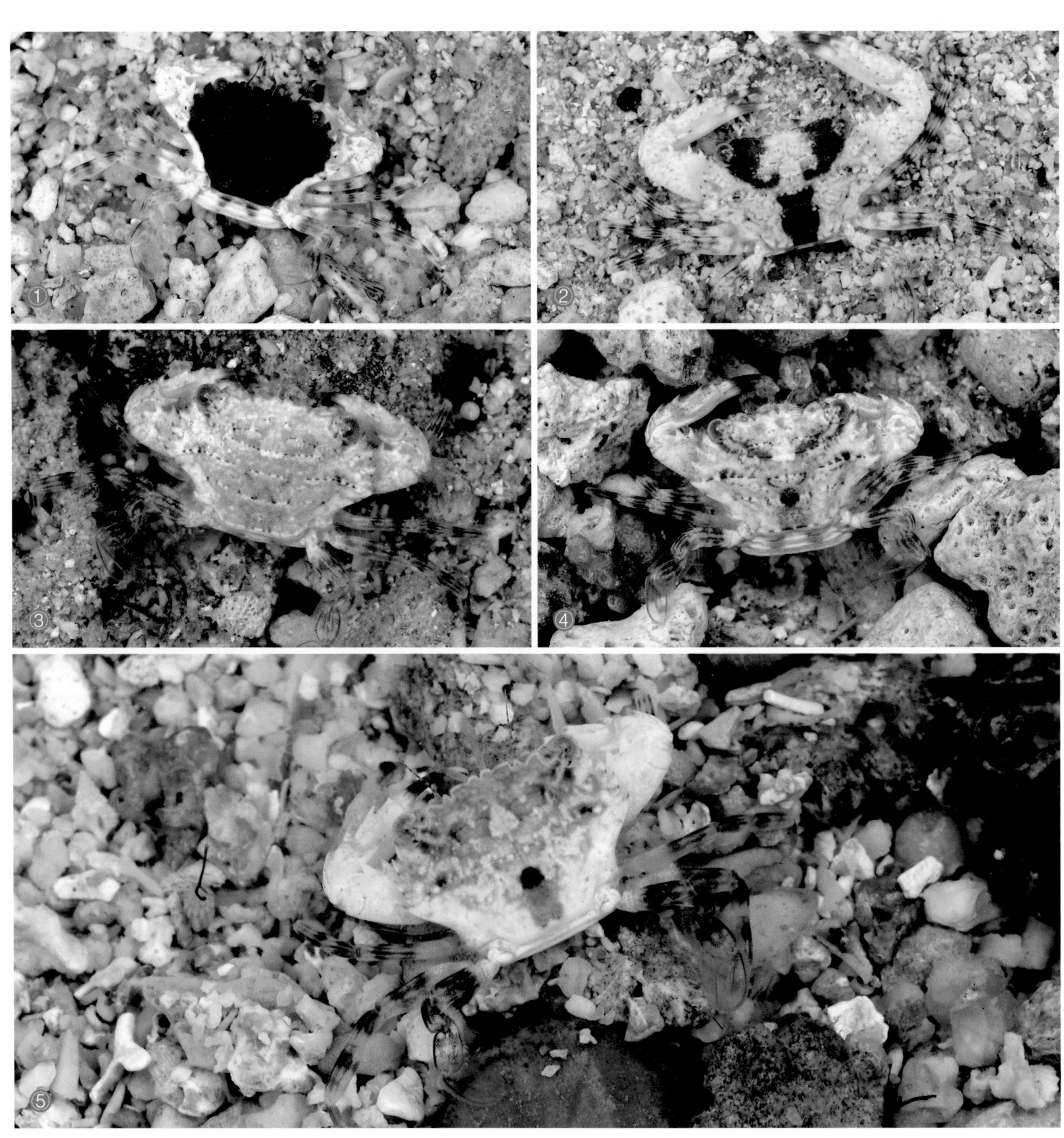

① 海南文昌 / 雌蟹抱卵　② ③ ④ ⑤ 海南三亚

底栖短桨蟹 *Thalamita prymna* (Herbst, 1803)

体型： 雄 CW：68.3 mm，CL：43.2 mm。

鉴别特征： 头胸甲横六边形，表面光滑，胃区、心区及肠区表面隆起，横脊清晰；额分 6 钝叶，中央 1 对位置较低，第 2 侧叶较小，前缘圆钝，和第 1 侧齿的间隔深；第 2 触角基节长，隆脊具 1 ~ 2 融合刺；前侧缘（除外眼窝齿外）具 4 锐齿，第 3 齿显著小于其他齿；螯足粗壮，不对称；腕节内末角具 1 壮刺，外侧面具 3 刺，掌部背面具 5 壮刺，背面具圆颗粒突起，外侧面下半部具 2 隆脊，该隆脊上半部为颗粒，内侧面光滑，具 2 条模糊中央隆脊；泳足长节后缘近末端具 1 刺，前节后缘具锯齿。

颜色： 全身蓝绿色；头胸甲侧胃区具 1 对黑斑；螯足可动指大部暗绿色，端部红色向白色过渡，不动指暗红色，端部白色。

生活习性： 栖息于珊瑚礁或岩礁、碎石或泥沙底等多种生境。

垂直分布： 中潮带至潮下带浅水。

地理分布： 台湾、海南；印度 - 西太平洋。

易见度： ★★★★★

语源： 种本名源于希腊语 *prymnos*，意为底部的。

① 海南陵水 / 稚蟹　② ③ 海南三亚

双额短桨蟹 *Thalamita sima* H. Milne Edwards, 1834

体型： 雄 CW：47.84 mm，CL：30.43 mm。

鉴别特征： 头胸甲横六边形，表面密布绒毛，额区、侧胃区、中鳃区及前鳃区各具 1 对颗粒隆脊，中胃区及后胃区各具 1 条颗粒隆线；额宽，被一深缺刻分为 2 浅叶；第 2 触角基节具光滑隆脊；前侧缘（除外眼窝齿外）具 4 锐齿，第 3 齿稍小于其他各齿，末齿尖锐突出；螯足肿胀，不对称，表面覆以鳞形颗粒，长节前缘末端具 3 壮刺，腕节内末角具 1 壮刺，外侧面具 3 小刺，掌部背面具 5 刺，外侧面具 3 条近于光滑的隆线，内侧面具 1 条宽而低的模糊隆线；泳足长节后缘近末端具 1 刺，前节后缘有时具颗粒。

颜色： 体色多变，全身青绿色、褐色或棕色；头胸甲背面有时杂有暗黑色小点，前部有时具大斑；螯足双指暗褐色，端部白色；步足长节及腕节具紫色点组成的环纹。

生活习性： 栖息于沙或泥沙质浅水。

垂直分布： 中潮带至潮下带浅水。

地理分布： 浙江、福建、台湾、广东、香港、广西、海南；印度－西太平洋。

易见度： ★★★★☆

语源： 种本名源于希腊语 *simos*，意为压扁的、叉凹的，中文名指本种额分 2 叶。

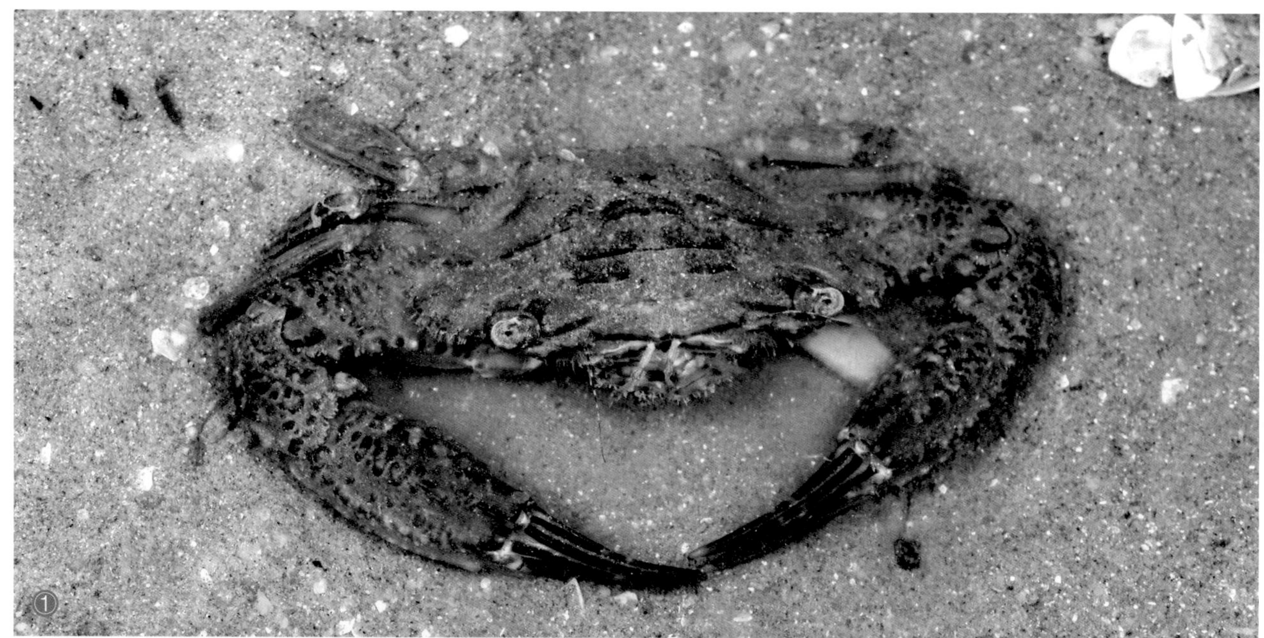

① ② 福建厦门

刺腕短桨蟹 *Thalamita spinicarpa* Wee *et* Ng, 1995

体型：雄 CW：47.5 mm，CL：29.8 mm。

鉴别特征：头胸甲横六边形，表面密布绒毛，前半部通常具几条隆脊，胃区隆脊具较明显的颗粒；额分 6 钝叶；第 2 触角基节比眼窝直径宽，具 1 条由 7 ~ 9 颗粒组成的桥；前侧缘（除外眼窝齿外）具 4 锐齿，第 1 齿前具极小的附属齿；螯足粗壮，不对称；腕节内末角具 1 壮刺，外侧面具 3 刺；掌部背面具 5 壮刺，外侧面具 3 条隆脊，上部 1 条至背缘之间具密集小刺，腹缘和内侧面光滑，内表面中央和稍下部各具 1 条短颗粒脊；泳足长节后缘近末端具 1 刺，前节后缘具锯齿。

颜色：全身黄绿色；螯足颜色略呈紫色，掌部端部暗蓝色，两指暗红色，端部白色。

生活习性：栖息于珊瑚礁或岩礁、碎石或泥沙底等多种生境。

垂直分布：中潮带至潮下带浅水。

地理分布：海南；新加坡。

易见度：★★★★★

语源：种本名源于拉丁语 *spinia+carpus*，形容本种螯足腕节上具刺。

① ② 海南儋州

刺手短桨蟹 *Thalamita spinimana* Dana, 1852

体型： 雄 CW：65.5 mm，CL：36.2 mm。

鉴别特征： 头胸甲横六边形，表面光滑，肝区和边缘具短绒毛，额区及侧胃区各具 1 对颗粒隆线，中胃区 1 条，横贯全区，后胃区中部具 1 条；额分为 6 齿，中部的 2 对前缘横切，最外侧齿前缘钝圆；第 2 触角基节具 3 ~ 4 枚锐齿及小颗粒，最内侧 2 齿基部合并；前侧缘（除外眼窝齿外）具 4 齿，向后逐渐减小而尖锐；螯足不对称，长节的背内缘具 4 刺，中部 2 枚粗壮，腕节具 3 条隆脊，内末角具 1 大刺，外侧面具 2 小刺，背面 3 ~ 4 枚下小刺，掌部背面具 2 行锐刺，各为 4 枚，外侧面具 2 条隆脊，隆脊和刺之间散布尖颗粒；泳足长节后缘近末端具 1 刺，前节后缘具 10 枚细刺。

颜色： 头胸甲前部黄褐色，边缘略有花斑，步足和头胸甲后部为青蓝色；螯足黄褐色，两指黑褐色，侧缘齿、螯足和末对步足上的刺尖端黑色，可动指基部稍带白色。

生活习性： 栖息于泥沙或砂石底。

垂直分布： 潮下带浅水。

地理分布： 台湾、海南；西太平洋。

易见度： ★★★☆☆

语源： 种本名源于拉丁语 *spina+manus*，意为螯足掌部带刺。

① ② 海南三亚

匙指短桨蟹 *Thalamita stephensoni* Crosnier, 1962

史氏短桨蟹（台）

体型： 雄 CW：18.6 mm，CL：10.9 mm。

鉴别特征： 头胸甲横六边形，表面比较光滑；额分 2 宽叶，稍突出，中央具浅而窄的凹陷；第 2 触角基节隆脊形，具小锯齿；前侧缘（除外眼窝齿外）具 4 锐齿，第 2 齿微小；螯足不甚对称，长节前缘具 3 ~ 4 刺，腕节内末角具 1 锐刺，外侧面具 3 小刺，掌部背面具 4 刺，外侧面具 2 条不明显隆脊，腹面 1 条隆线延伸至不动指，两指末端钝，匙状；泳足长节及腕节后缘近末端各具 1 刺，前节后缘具 3 ~ 4 刺，指节末端具 1 刺。

颜色： 体色多变，全身灰白色至黄绿色，杂有或深或浅的斑点；螯足两指棕色。

生活习性： 栖息于珊瑚礁或岩礁浅水。

垂直分布： 中潮带至潮下带浅水。

地理分布： 台湾、广东、广西、海南；印度 – 西太平洋。

易见度： ★☆☆☆☆

语源： 种本名以澳大利亚海洋生物学家威廉•斯蒂芬森（William Stephenson）的姓氏命名，中文名指本种螯足指尖呈匙状。

备注： 本种易与野生短桨蟹 *T. admete* (Herbst) 混淆，可通过指尖是否呈匙状来区分。

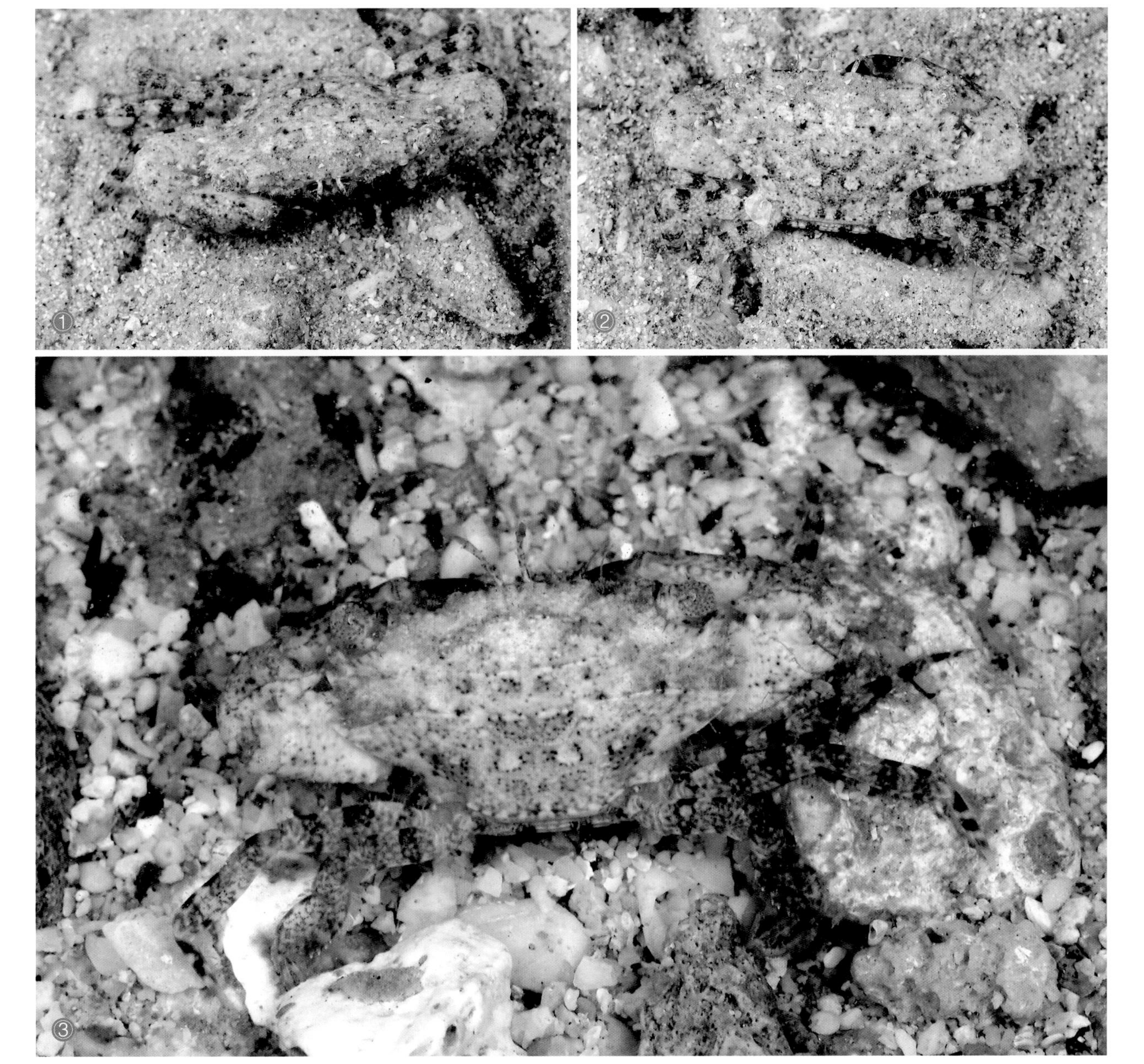

① ② ③ 海南文昌

① ② ③ 海南三亚　　④ 海南三亚 / 螯足指节

梭子蟹总科 Portunoidea

圆趾蟹科 Ovalipidae

头胸甲宽略大于长，卵圆形，表面具细颗粒，分区略可辨，额缘短于后缘，分为 3 或 4 叶（齿）；前侧缘拱起，短于后侧缘，分为 5 齿；螯足长于步足，略不对称或不甚对称，长节前缘不具刺或刺列；末对步足前节及指节扁平，呈桨状；两性腹部 7 节；雄性 G1 管状，端部具小棘，G2 约等长于 G1；雄性生殖孔位于步足底节；雌性雌孔位于胸部腹甲。

全世界已知 1 属 11 种，中国记录 1 属 2 种。

细点圆趾蟹 *Ovalipes punctatus* (De Haan, 1833)

体型：雄 CW：116 mm，CL：87 mm。

鉴别特征：头胸甲近圆形，宽稍大于长，分区不明显，表面密布细颗粒，末半部颗粒较粗，额具 4 齿；前侧缘（不包括外眼窝齿）具 4 齿，第 1 齿最大，依次渐小，后侧缘长于前侧缘；两螯粗壮，近对称，长节前缘无刺和突起，后缘末端近腕节处具 1 突起，腕节内角具 1 壮刺，外表面具 2 条不明显颗粒脊，掌部，背面具 3 纵行粗颗粒脊，腹面约具 20 条横行颗粒响脊，可动指背面具 3 纵行刺状颗粒，外侧面具 1 细颗粒脊，内侧面光滑，两指内缘具钝齿；末对步足前节宽扁，前后缘均具软毛，指节卵圆形，边缘具软毛；雄性腹部 5 节，长条状。

颜色：头胸甲背面密布红褐色或黄褐色细碎斑点，前侧缘处和前缘具深色描边，心 - 胃区沟处有 1 蝴蝶形白斑，该斑点前缘深色，后缘两侧各具 1 白斑；螯足掌部及两指外侧面白色；前 3 对步足具不清晰黄褐色条带，游泳足指节和前节带有蓝紫色。

生活习性：生活于较深水层的泥沙、碎石底，喜欢冷水团或寒流经过的低温区域。

垂直分布：潮下带浅水至深水。

地理分布：山东半岛南部、江苏、浙江、福建、台湾；印度 - 西太平洋。

易见度：★★★★★

语源：属名源于拉丁语 *oval+pes*，意为卵圆形的足。种本名源于拉丁语 *punctatus*，意为带斑点的。

备注：本种栖息水深可超过 100 m，为拖网渔获常见种类。市场上多以冻蟹块、蟹钳制品形式出售，很少见到活体。

① 浙江舟山 / 雄性腹部 / 郭星乐　② 浙江舟山 / 郭星乐

假团扇蟹总科 Pseudozioidea

假团扇蟹科 Pseudoziidae

头胸甲宽大于长，横卵形，表面适度隆起，分区不显著；前侧缘具宽叶或小齿，与后侧缘连接处具小齿；额宽，边缘直；眼窝小，眼柄短；第 2 触角基节延伸至内眼窝角与额侧缘处；两性腹部 7 节；雄性 G1 细长，G2 短，约为 G1 长度的 1/3 或 1/4；雄性生殖孔位于步足底节，雌性雌孔位于胸部腹甲。

全世界已知 2 属 9 种，中国已记录 1 属 1 种。

礁石假团扇蟹 *Pseudozius caystrus* (Adams *et* White, 1849)

体型：雄 CW：22.3 mm，CL：13.6 mm[3]。

鉴别特征：头胸甲横椭圆形，扁平，光滑，分区不明显；额中央被一"V"字形浅凹分为 2 叶；第 2 触角基节宽短，不与前额接触；前侧缘（不包括外眼窝齿）具不明显 4 浅叶；两螯不对称，表面光滑，掌部背面具麻点，大螯两指具较大空隙，可动指及不动指近基部各具 1 钝齿，小螯可动指内缘基半部具 2 小颗粒齿，不动指内缘齿不明显；步足光滑，长节后缘和末 2 节的前后缘均具长短不等的刚毛。

颜色：颜色多变，从淡红色、灰黄色至白色均有，螯足两指灰褐色。

生活习性：生活于近高潮线的珊瑚礁碎石或砾石块下。

垂直分布：高潮带至中潮带。

地理分布：台湾、海南；印度－西太平洋。

易见度：★★☆☆☆

语源：属名源于希腊语 *pseudēs*+*Ozius*（团扇蟹属），直译为假团扇蟹。种名源于河神 Caystrus，中文名形容本种喜欢生活于高潮带的礁石下。

备注：本种与平额石扇蟹 *Epixanthus frontalis* 极像，常同域分布，但本种的第 2 触角鞭节长，显著，可以很容易与后者区分。

①② 台湾屏东 / 何平合

梯形蟹总科 Trapezioidea

圆顶蟹科 Domeciidae

头胸甲横卵形，表面平滑或具颗粒，多少隆起，分区不可辨；前侧缘具 2 个或以上的齿或小突起；额缘直，锯齿状或平滑；眼圆大，只有一小部分可以收入眼窝；第 3 颚足长节窄，显著短于座节；螯足不对称，长节短，掌节具显著的尖刺状或圆状颗粒突起，指尖尖锐；第 1 至第 4 步足相对短粗，指节弯曲，呈爪状，可以与前节扣起；雄性腹部第 3 至第 5 节愈合，但缝合线可见，G1 粗壮，弯曲，端部钝，呈截形，G2 长约为 G1 的一半；雄性生殖孔位于步足底节，雌性雌孔位于胸部腹甲。

全世界已知 4 属 7 种，中国记录 3 属 4 种。

光洁圆顶蟹 *Domecia glabra* Alcock, 1899

体型： 雄 CW：8 mm，CL：6.1 mm[3]；雌 CW：9 mm，CL：6.7 mm[3]。

鉴别特征： 头胸甲近六边形，表面光滑，不隆起，肝区、额区具刺；额中部稍突出为 1 对平钝突叶，边缘刺状；前侧缘（除外眼窝齿外）具 3 锐齿，后侧缘平直光滑；螯足不对称，腕节和掌部背面具密集的钉状刺，不动指背缘具 1 列细小棘刺；步足长节背缘端部具锯齿，散生长毛。

颜色： 全身白色或米黄色，散布对称的黑色圆斑；螯足掌部内侧面及外侧近端部的刺黑色，两指棕色，端部白色。

生活习性： 栖息于珊瑚礁浅水，常攀附在鹿角珊瑚（*Acroporu* spp.）枝条间或珊瑚死石上。

垂直分布： 低潮带至潮下带浅水。

地理分布： 海南；印度 – 西太平洋。

易见度： ★☆☆☆☆

语源： 属名源于希腊语 *domē*，意为圆顶。种本名源于拉丁语 *glabro*，意为光滑无毛。

①② 海南三亚 / 风信子鹿角珊瑚 *Acropora hyacinthus* / –2 m / 徐一唐

梯形蟹总科 Trapezioidea

拟梯形蟹科 Tetraliidae

头胸甲六边形或长卵形，表面轻微隆起，光滑，分区不可辨；前侧缘完整，后侧缘显著向后收拢；额缘直，齿状，显著宽于头胸甲后缘；眼柄长，略微超过外眼窝齿，不能完全收入眼眶；第3颚足长节圆，显著小于座节；螯足显著不对称；步足短小，略扁平；两性腹部7节；雄性G1直而粗壮，G2同样粗壮，但略微弯曲，小于G1长度的一半；雄性生殖孔位于步足底节，雌性雌孔位于胸部腹甲。

全世界已知2属12种，中国记录2属8种。

斑腿拟梯形蟹 *Tetralia cinctipes* Paulson, 1875

体型： 雄 CW：6.6 mm，CL：5.5 mm；雌 CW：6 mm，CL：5 mm。

鉴别特征： 头胸甲梯形；额弧形，稍突出，前缘细锯齿状；外眼窝齿尖锐；侧缘弧形，完整，前部稍隆拱；螯足壮大，不对称，长节腹缘端部具 1 圆形突出，突出边缘具 10 余枚细齿，大螯外侧面基部具毛簇，掌部腹缘具细锯齿；步足指节近端部具 1 小孔和不发达的黏液刷及黏液梳结构。

颜色： 头胸甲前半部深棕色，后半部浅棕色；头胸甲额缘及前侧缘具幽绿色或青色渐变色带；螯足长节及腕节前缘具橙色边；步足具深棕色和浅棕色交替的条带。

生活习性： 栖息于珊瑚礁浅水，躲藏在鹿角珊瑚（*Acroporu* spp.）枝条间。取食珊瑚表面的黏液，对珊瑚可起到清洁作用。

垂直分布： 低潮带至潮下带浅水。

地理分布： 台湾、海南；印度－西太平洋。

易见度： ★★★★★

语源： 属名源于希腊语 tetra，意为四，形容本属头胸甲四角形。种本名源于拉丁语 *cinctus+pes*，形容本种步足具条纹。

①② 海南三亚

光洁拟梯形蟹 *Tetralia glaberrima* (Herbst, 1790)

光洁四角蟹（台）

体型： 雄 CW：7.7 mm，CL：7.2 mm；雌 CW：12.8 mm，CL：10.4 mm。

鉴别特征： 头胸甲梯形；额较平直，前缘细锯齿状；外眼窝齿尖锐；侧缘弧形，完整，前部显著隆拱；螯足壮大，不对称，掌部外侧具长毛，基部和腕节尤其明显；步足指节近端部具 1 小孔和不发达的黏液刷及黏液梳结构。

颜色： 全身黄褐色或橙色，有时螯足单独呈乳白色；头胸甲额缘、前侧缘，螯足长节及腕节前缘具橙色边；步足各节间黑色。

生活习性： 栖息于珊瑚礁浅水，躲藏在鹿角珊瑚（*Acroporu* spp.）枝条间。取食珊瑚表面的黏液，对珊瑚可起到清洁作用。

垂直分布： 低潮带至潮下带浅水。

地理分布： 台湾、香港、海南；印度－西太平洋。

易见度： ★★★★★

语源： 种本名源于拉丁语 *glaber*，意为平滑的。

①

②

① ② 海南三亚

黑线拟梯形蟹 *Tetralia nigrolineata* Serène *et* Pham, 1957

体型：雄 CW：13 mm，CL：11 mm。

鉴别特征：头胸甲梯形；额平直，前缘细锯齿状；外眼窝齿尖锐；侧缘弧形，完整，前部显著隆拱；螯足壮大，不对称，掌部外侧具长毛；步足指节近端部具 1 小孔和不发达的黏液刷及黏液梳结构。

颜色：体色多变，全身乳白色至深褐色；头胸甲额缘及前侧缘具 1 略宽的黑边，其后缘紧跟 1 条灰蓝色或绿色细线，口前板下缘蓝色。

生活习性：栖息于珊瑚礁浅水，躲藏在鹿角珊瑚（*Acroporu* spp.）枝条间。取食珊瑚表面的黏液，对珊瑚可起到清洁作用。

垂直分布：低潮带至潮下带浅水。

地理分布：台湾、海南；印度－西太平洋。

易见度：★☆☆☆☆

语源：种本名源于拉丁语 *niger+linea*，意为黑色线条。

备注：本种易与红指拟梯形蟹 *T. rubridactyla* 的浅色个体混淆，但本种仅步足指节和前节间具明显的黑斑，且本种额缘黑色条带边缘清晰，与头胸甲棕色间以浅蓝色细线相隔开，而后者的步足长节至指节均具黑斑。

① 海南三亚鹿回头 / 风信子鹿角珊瑚 *Acropora hyacinthus* / -3 m / 徐一唐　② 海南三亚 / 抱卵

红指拟梯形蟹 *Tetralia rubridactyla* Garth, 1971

体型： 雄 CW：11 mm，CL：9 mm。

鉴别特征： 头胸甲梯形；额平直，前缘细锯齿状；外眼窝齿尖锐；侧缘弧形，前部显著隆拱，具 1 不明显的侧缘齿；螯足壮大，不对称，掌部、腕节外侧及步足前节和指节均具短毛；步足指节近端部具 1 小孔和不发达的黏液刷及黏液梳结构。

颜色： 体色多变，全身乳白色、粉紫色、棕色或灰白色；头胸甲额缘及前侧缘具 1 边缘模糊的黑边，眼眶具橙色边；螯足长节、腕节前缘及掌部背缘棕褐色，两指棕红色；关节末端黑褐色。

生活习性： 栖息于珊瑚礁浅水，躲藏在鹿角珊瑚（*Acroporu* spp.）枝条间。取食珊瑚表面的黏液，对珊瑚可起到清洁作用。

垂直分布： 低潮带至潮下带浅水。

地理分布： 海南；印度 – 西太平洋。

易见度： ★★★☆☆

语源： 种本名源于拉丁语 *rubra+dactyl*，形容本种螯足指尖红色。

① 海南三亚鹿回头 / 鹿角珊瑚 *Acropora* sp. / –3 m / 徐一唐　② 海南三亚　③ 海南三亚 / 抱卵

梯形蟹总科 Trapezioidea

梯形蟹科 Trapeziidae

头胸甲梯形、六边形或卵圆形，表面略微隆起，光滑；前侧缘完整，其与后侧缘分界处具 1 显著的上鳃刺，后侧缘略微向后收拢；额缘直，齿状，显著宽于头胸甲后缘；眼柄相对长，不能完全收入眼窝，眼窝小；第 3 颚足长节方形，短于座节；螯足对称或近对称；步足长，略微扁平；雄性腹部第 3 至第 5 节愈合，G1 相对长而直，G2 粗壮，相对直，小于 G1 长度的一半，生殖孔位于步足底节；雌性腹部 7 节，雌孔位于胸部腹甲。

全世界已知 7 属 39 种，中国记录 2 属 17 种。

梯形蟹亚科 Trapeziinae

毛掌梯形蟹 *Trapezia cymodoce* (Herbst, 1801)

体型： 雄 CW：14.5 mm，CL：12.5 mm。
鉴别特征： 头胸甲梯形；额平直，中央被一“V”字形缺刻分为 2 叶，每叶近内侧具 1 凹陷，分为内叶和外叶，内叶小，尖锐，外叶宽而钝；内眼窝齿圆钝，外眼窝齿尖锐；侧缘具 1 锐齿；螯足壮大，近对称，表面光滑，长节具 5 ~ 6 大锯齿，掌部和腕节外侧面具浓密短绒毛；步足指节具发达的黏液刷及黏液梳结构，指尖弯曲。
颜色： 头胸甲青灰色或紫灰色，边缘橙红色；螯足及步足橙红色，螯足两指棕色。
生活习性： 栖息于珊瑚礁浅水，杯型珊瑚（*Pocillopora* spp.）枝条间。取食珊瑚表面的黏液，对珊瑚可起到清洁作用。
垂直分布： 低潮带至潮下带浅水。
地理分布： 台湾、海南；印度 - 西太平洋。
易见度： ★☆☆☆☆
语源： 属名源于希腊语 *trapēza*，意为梯形的。种本名源于希腊神话中的水神 Cymodoce，中文名形容螯足上的绒毛。
备注： 梯形蟹通常与杯型珊瑚共生，但图中的个体拍摄于鹿角珊瑚上，不排除为偶尔记录。

① 海南三亚鹿回头 / 鹿角珊瑚 *Acropora* sp. / −3 m / 徐一唐

红点梯形蟹 *Trapezia guttata* Rüppell, 1830

体型： 雌 CW：8.6 mm，CL：6.6 mm。

鉴别特征： 头胸甲梯形；额突出，分 2 叶，边缘锯齿状，额外叶圆，边缘具细锯齿，内眼窝齿与额外叶之间具深间隔；内眼窝齿相对圆钝而突出，外眼窝齿尖锐；侧缘中部具 1 锐刺；螯足壮大，近对称，光滑，长节前缘具 6 ~ 7 枚锯齿，掌部下缘具颗粒齿；步足指节具发达的黏液刷及黏液梳结构，指尖弯曲。

颜色： 头胸甲表面白色，额区具色带，多为红褐色，橙红色或者肉粉色；螯足与额区颜色一致，具水纹状花纹；步足有时与额区及螯足颜色一致，有时呈黄色，具棕色斑点。

生活习性： 栖息于珊瑚礁浅水，躲藏在杯型珊瑚（*Pocillopora* spp.）枝条间。取食珊瑚表面的黏液，对珊瑚可起到清洁作用。

垂直分布： 低潮带至潮下带浅水。

地理分布： 台湾、海南；印度－西太平洋。

易见度： ★☆☆☆☆

语源： 种本名源于拉丁语 *guttata*，意为细斑点，可能指步足斑点，酒精浸泡后可显现粉红色。

①② 海南三亚

红斑梯形蟹 *Trapezia rufopunctata* (Herbst, 1799)

体型： 雄 CW：20.2 mm，CL：18 mm[3]；雌 CW：19.9 mm，CL：17.4 mm[3]。

鉴别特征： 头胸甲梯形；额平直，分 4 浅叶，内眼窝齿和额外叶之间具深间隔；内眼窝齿相对圆钝而突出；外眼窝齿尖锐；侧缘中部具 1 锐刺；螯足壮大，近对称，光滑，长节前缘具 6 ~ 7 枚锯齿，掌部下缘具颗粒齿；步足指节具发达的黏液刷及黏液梳结构，指尖弯曲。

颜色： 全身白色，均匀散布红色圆斑，每个圆斑边缘清晰可辨；螯足两指浅褐色。

生活习性： 栖息于珊瑚礁浅水，躲藏在杯型珊瑚（*Pocillopora* spp.）枝条间。取食珊瑚表面的黏液，对珊瑚可起到清洁作用。

垂直分布： 低潮带至潮下带浅水。

地理分布： 台湾、海南；印度 – 西太平洋。

易见度： ★★★★★

语源： 种本名源于拉丁语 *rufus*+*punctatus*，形容本种头胸甲上的红斑。

备注： 本种与虎斑梯形蟹 *T. tigrina* 相似，但本种额缘具锐叶，并且和内眼角间具深缺刻，后者缺乏锐叶和深缺刻，此外本种大螯掌部腹缘具颗粒，而后者缺乏。

① 海南蜈支洲岛 / 疣状杯型珊瑚 *Pocillopora verrucosa* / –3 m / 徐一唐

幽暗梯形蟹 *Trapezia septata* Dana, 1852

细纹梯形蟹（台）

体型： 雄 CW：11 mm，CL：9.4 mm；雌 CW：12.5 mm，CL：10.2 mm。

鉴别特征： 头胸甲梯形；侧缘弧形，无齿；额平直，分 4 浅叶，边缘稍凹陷，内眼窝齿和额外叶之间具深间隔；内眼窝齿相对尖锐；外眼窝齿尖锐；侧缘中部具 1 钝齿；螯足壮大，近对称，光滑，长节的前缘弧形，约具 7 枚锯齿，掌部腹缘具光滑隆脊；步足指节具发达的黏液刷及黏液梳结构，指尖弯曲。

颜色： 全身橙黄色，头胸甲及螯足表面具暗红色网纹；螯足两指棕色。

生活习性： 栖息于珊瑚礁浅水，躲藏在杯型珊瑚（*Pocillopora* spp.）枝条间。取食珊瑚表面的黏液，对珊瑚可起到清洁作用。

垂直分布： 低潮带至潮下带浅水。

地理分布： 台湾、海南；西太平洋、马绍尔群岛、萨摩亚、东印度洋（斯里兰卡）。

易见度： ★★★★★

语源： 种本名源于拉丁语 *septum*，意为隔栏。

① ② 海南三亚 / 雌蟹　③ ④ 海南三亚鹿回头 / 疣状杯型珊瑚 *Pocillopora verrucosa* / –3 m / 徐一唐

塞氏梯形蟹 *Trapezia serenei* Odinetz, 1983

体型： 雄 CW：6.9 mm，CL：6.1 mm；雌 CW：9.4 mm，CL：7.6 mm。

鉴别特征： 头胸甲梯形；额平直，分 4 浅叶，内叶小而尖，外叶宽而圆，和内眼窝齿之间具有浅缺刻；内眼齿圆钝；外眼窝齿尖锐，侧缘中部具 1 稍钝的刺；螯足壮大，近对称，光滑，长节前缘具 3 ~ 5 枚锯齿，外侧齿较大；步足指节具发达的黏液刷及黏液梳结构，指尖弯曲。

颜色： 头胸甲浅橙色，额缘及眼眶粉红色；螯足同头胸甲颜色，长节腹缘及前缘、腕节前缘及掌节与可动指连接处粉色；步足淡粉色。

生活习性： 栖息于珊瑚礁浅水，躲藏在杯型珊瑚（*Pocillopora* spp.）枝条间。取食珊瑚表面的黏液，对珊瑚可起到清洁作用。

垂直分布： 低潮带至潮下带浅水。

地理分布： 台湾、海南；西太平洋。

易见度： ★★★★☆

语源： 种本名以法国甲壳动物学家拉乌尔 • 塞雷纳（Raoul Serène）的姓氏命名。

①

②

① ② 海南三亚 / 抱卵

虎斑梯形蟹 *Trapezia tigrina* Eydoux *et* Souleyet, 1842

体型： 雄 CW：13 mm，CL：11.5 mm；雌 CW：9.5 mm，CL：7.8 mm。

鉴别特征： 头胸甲梯形；额平直，稍分 4 浅叶，内眼窝齿和额之间具浅间隔，内眼窝齿相对圆钝；外眼窝齿尖锐；侧缘中部具 1 锐刺；螯足壮大，近对称，光滑，长节前缘具 3 ~ 4 枚锯齿，掌部下缘具光滑棱脊；步足指节具发达的黏液刷及黏液梳结构，指尖弯曲。

颜色： 全身白色，均匀散布红色圆斑，每个圆斑边缘模糊；螯足两指浅褐色。

生活习性： 栖息于珊瑚礁浅水，躲藏在杯型珊瑚（*Pocillopora* spp.）枝条间。取食珊瑚表面的黏液，对珊瑚可起到清洁作用。

垂直分布： 低潮带至潮下带浅水。

地理分布： 台湾、海南；印度 - 西太平洋。

易见度： ★☆☆☆☆

语源： 种本名源于拉丁语 *tigris*，意为老虎。

① ② 海南蜈支洲岛 / 疣状杯型珊瑚 *Pocillopora verrucosa* / –3 m / 徐一唐

扇蟹总科 Xanthoidea

扇蟹科 Xanthidae

头胸甲通常长大于宽，近五角形或横卵形，分区通常可辨；前侧缘向外凸起，具数枚齿或叶，与后侧缘界限清晰；额相对窄，中部通常具凹刻；眼柄短，眼窝小；第3颚足可完全盖住口腔，长节近方形；雄性腹部第3至第5节愈合，G1形态多变，G2短，生殖孔位于步足底节；雌性腹部7节，雌孔位于胸部腹甲。

全世界已知132属628种，中国已记录60属190种。

银杏蟹亚科 Actaeinae

整洁银杏蟹 *Actaea pura* Stimpson, 1858

体型： 雄 CW：30.26 mm，CL：23.25 mm。

鉴别特征： 头胸甲横卵形，表面稍隆，分区可辨，表面密布尖细颗粒而缺少毛发，颗粒组成集团的小区似花椰菜，表面的颗粒由小团块构成；额前缘中部具"V"字形缺刻，分为2叶；前侧缘（除外眼窝齿外）分4叶，后侧缘稍短于前侧缘，略内凹；螯足略对称，各节外侧和背侧均具尖锐颗粒，掌部外侧面的尖颗粒排列较整齐，呈纵行分布，两指粗壮，可动指基部具低矮的棘突；步足稍扁平。

颜色： 全身灰白色至淡紫色；螯足两指黑色。

生活习性： 栖息于岩礁缝隙间。

垂直分布： 低潮带至潮下带浅水。

地理分布： 浙江、福建、香港、海南。

易见度： ★★★★★

语源： 属名源于希腊语的 *akte*，意为接骨木，推测形容头胸甲表面突起似接骨木花序，中文名可能用于形容头胸甲背观似银杏叶。种本名源于拉丁语 *purus*，意为干净的、纯洁的。

备注： 本种很长一段时间被当作菜花银杏蟹 *A. savignyi* 的同物异名，但菜花银杏蟹的确凿分布记录在红海。

①② 福建厦门

森氏银杏蟹 *Actaea semblatae* Guinot, 1976

体型： 雄 CW：29.55 mm，CL：23.58 mm。

鉴别特征： 头胸甲横卵形，表面稍隆，分区可辨，表面密布尖细颗粒而缺少毛发，颗粒组成集团的小区似花椰菜，表面的颗粒呈棘突状；额前缘中部具"V"字形缺刻，分为 2 叶；前侧缘（除外眼窝齿外）分为模糊的 4 叶，后侧缘稍短于前侧缘，略内凹；螯足略对称，各节外侧和背侧均具尖锐颗粒，掌部外侧面的尖颗粒排列较混乱，两指粗壮，可动指基部具突出的棘突；步足稍扁平。

颜色： 全身黄褐色，整体颜色较整洁银杏蟹更深，表面具对称的淡紫色斑纹。

生活习性： 栖息于岩礁缝隙间。

垂直分布： 低潮带至潮下带浅水。

地理分布： 福建、广东；日本、韩国。

易见度： ★★★★★

语源： 种本名以乔塞特 • 森布拉特（Josette Semblat）的姓氏命名。

备注： 本种在福建厦门潮间带非常常见，以往一直被鉴定为菜花银杏蟹。与整洁银杏蟹 *A. pura* 相比，本种头胸甲的颗粒更粗大而尖锐，不规则，后者相对平整光滑。

①② 福建厦门　　③④ 海南陵水

毛糙仿银杏蟹 *Actaeodes hirsutissimus* (Rüppell, 1830)

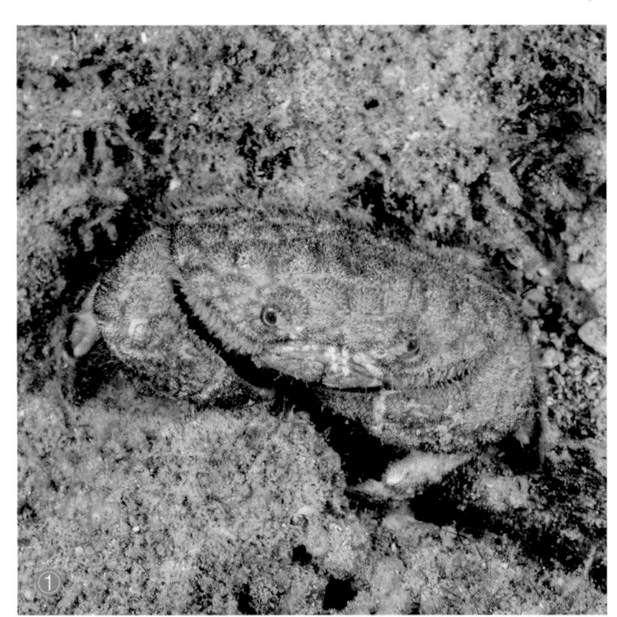

体型： 雄 CW：37.2 mm，CL：23.9 mm，雌 CW：23.5 mm，CL：15.5 mm。

鉴别特征： 头胸甲横卵形，前部稍隆，后部平坦，分区可辨，分区被深而光滑的沟分为许多隆块状的小区，小区表面密布尖细颗粒和短毛；额分 2 叶；前侧缘（除外眼窝齿外）分 4 浅叶，后侧缘稍短于前侧缘，略内凹；中胃区被浅沟分为 3 块，心区不被完全分隔；螯足略对称，两指粗壮；步足扁平。

颜色： 全身浅淡黄色至黄褐色。

生活习性： 栖息于珊瑚礁或岩礁缝隙间。

垂直分布： 中潮带至潮下带浅水。

地理分布： 台湾、广东、广西、海南；印度 - 西太平洋。

易见度： ★★★☆☆

语源： 属名源于 *Actaea*（银杏蟹属）+*odes*，形容本属与银杏蟹属相近。种本名源于拉丁语 *hirsutus*+*issimus*，形容身上有很多毛。

① ② 海南儋州

绒毛仿银杏蟹 *Actaeodes tomentosus* (H. Milne Edwards, 1834)

体型： 雄 CW：30.6 mm，CL：18.88 mm。

鉴别特征： 头胸甲横卵形，表面具很多纵横的深沟，分割出很多隆块状的小区，小区表面覆盖圆钝的颗粒及短绒毛；额分 2 叶；前侧缘弧形，除外眼窝齿外分为 4 叶，后侧缘短于前侧缘，边缘凹入；螯足对称，两指末端匙状；步足扁平，具发达刚毛。

颜色： 全身棕褐色；头胸甲小区上的突起暗红色。稚蟹及亚成体头胸甲上具白色纵带。

生活习性： 栖息于珊瑚礁或岩礁缝隙间。

垂直分布： 中潮带至潮下带浅水。

地理分布： 福建、台湾、广东、香港、广西、海南；印度－西太平洋。

易见度： ★★★★★

语源： 种本名源于拉丁语 *tomentosus*，意为被密毛遮住。

①②④ 海南三亚　③ 海南三亚 / 稚蟹

变异仿银杏蟹 *Actaeodes mutatus* Guinot, 1976

体型： 雌 CW：18.53 mm，CL：11.72 mm。

鉴别特征： 头胸甲横卵形，前部稍隆，后部平坦，分区可辨，分区被深沟分为许多隆块状的小区，小区表面密布尖细颗粒和短毛；额分 2 叶；前侧缘（除外眼窝齿外）分 4 浅叶，后侧缘稍短于前侧缘，略内凹；中胃区不被浅沟分为 3 块，后部宽阔处相连，被一纵沟等分；螯足略对称，两指粗壮；步足扁平。

颜色： 全身灰白色，表面突起橙黄色；螯足两指棕黑色。

生活习性： 栖息于珊瑚礁或岩礁缝隙间。

垂直分布： 中潮带至潮下带浅水。

地理分布： 海南；印度－西太平洋。

易见度： ★★★☆☆

语源： 种本名源于拉丁语 *mutatus*，意为改变。

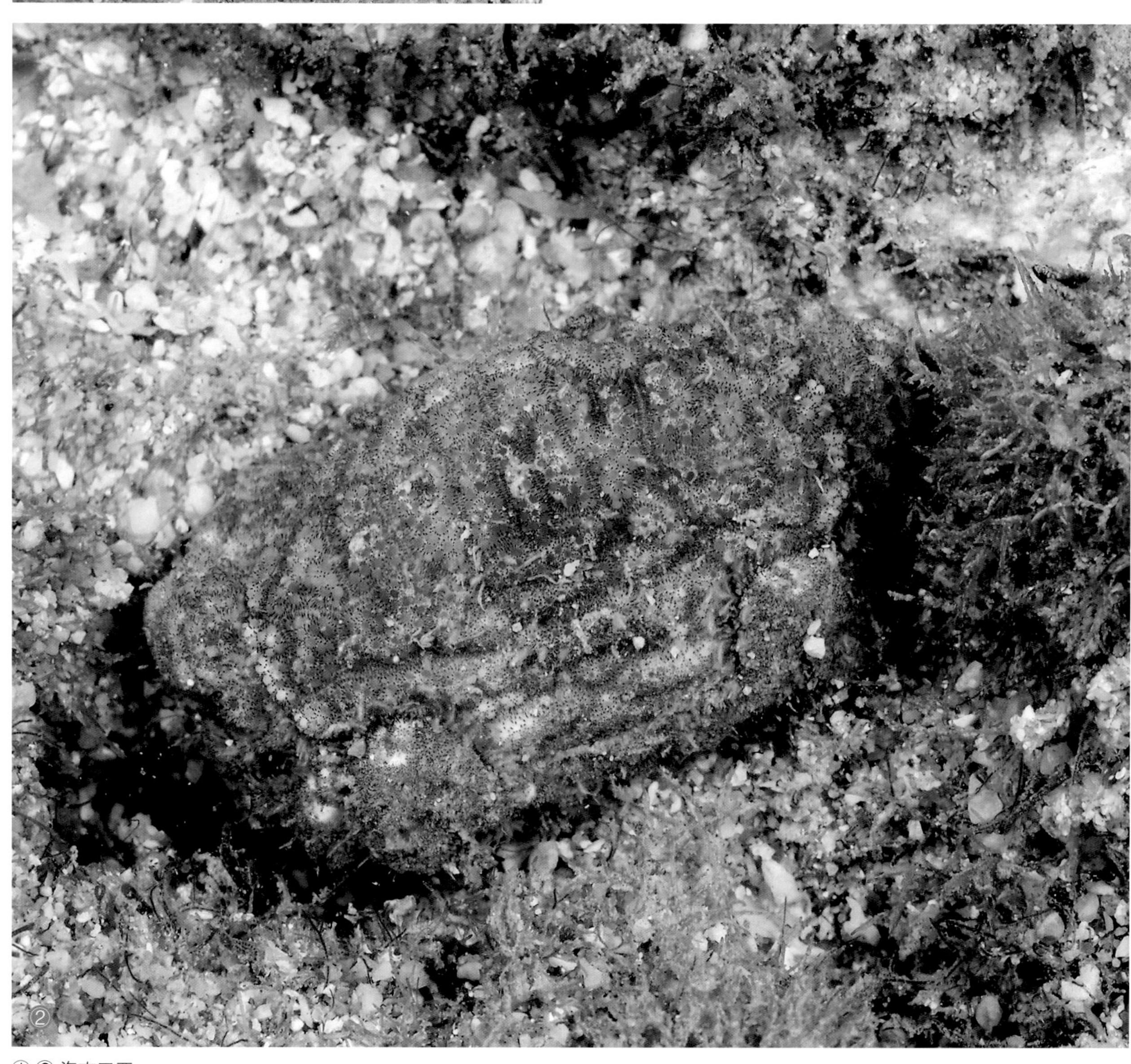

①② 海南三亚

粗糙福氏蟹 *Forestiana scabra* (Odhner, 1925)

体型： 雄 CW：24.1 mm，CL：17 mm；雌 CW：20.84 mm，CL：15.26 mm。

鉴别特征： 头胸甲横卵形，前部稍隆起，分区显著，前侧区不被分隔为 2 块，每个小区之间被稍宽的沟槽分隔，小区表面密布尖颗粒和微弱的短毛，后部平坦，颗粒较细弱和模糊；额分 2 叶，强烈下弯；前侧缘弧形，外缘具尖颗粒，除外眼窝齿外具 4 叶状齿，表面具有尖锐的小刺和尖颗粒，相互之间被浅沟分隔，第 1 叶低平，和外眼窝齿无法区分，前 2 齿和鳃区间具较清晰的浅沟分隔，而后 2 齿则不清晰或无，后侧缘长度接近前侧缘，较平直；螯足近对称，表面覆盖尖颗粒和短毛，腕节内末角钝三角形，两指末端爪状；步足扁平，具发达的短刚毛和颗粒，腕节和前节尤其明显。

颜色： 头胸甲红褐色，小区表面着色较深，部分颗粒橙红色，头胸甲后部具 2 条浅色条纹；复眼红色。

生活习性： 栖息于碎石块下。

垂直分布： 低潮带。

地理分布： 台湾、海南；西太平洋。

易见度： ★★☆☆☆

语源： 属名以法国国家自然历史博物馆的杰奎斯 • 福瑞斯特（Jacques Forest）教授命名。种本名源于拉丁语 *scabra*，意为粗糙的。

① ② 海南三亚

东方盖氏蟹 *Gaillardiellus orientalis* (Odhner, 1925)

体型： 雄 CW：40.7 mm，CL：30.4 mm。

鉴别特征： 头胸甲横卵形，表面隆起，具光滑的深沟，分区明显，各区均具粗糙颗粒及束状长毛，3M 完整，4M 缺乏，2M 纵分为 2，鳃区分为数个小区；额分 2 叶；前侧缘（除外眼窝齿外）具 4 圆叶，第 1 叶小，第 2 叶较大，第 3 叶最大，第 4 叶稍小，后侧缘短于前侧缘，稍凹入；螯足近对称，表面覆盖颗粒和短绒毛，外侧面颗粒大而突出，内侧面光滑，可动指内缘具 4 ～ 5 钝齿，不动指内缘具 3 ～ 4 钝齿，指尖钝圆；步足略扁宽，具颗粒及长毛。

颜色： 全身红色或棕红色，杂有白色或浅黄色；螯足两指棕色。

生活习性： 栖息于岩礁缝隙间。

垂直分布： 低潮带至潮下带浅水。

地理分布： 山东半岛、浙江、台湾、广东、海南；日本、印度尼西亚。

易见度： ★★★★★

语源： 属名以莫里斯·盖拉德（Maurice Gaillard）的姓氏命名。种本名源于拉丁语 *orientalis*，意为东方的。

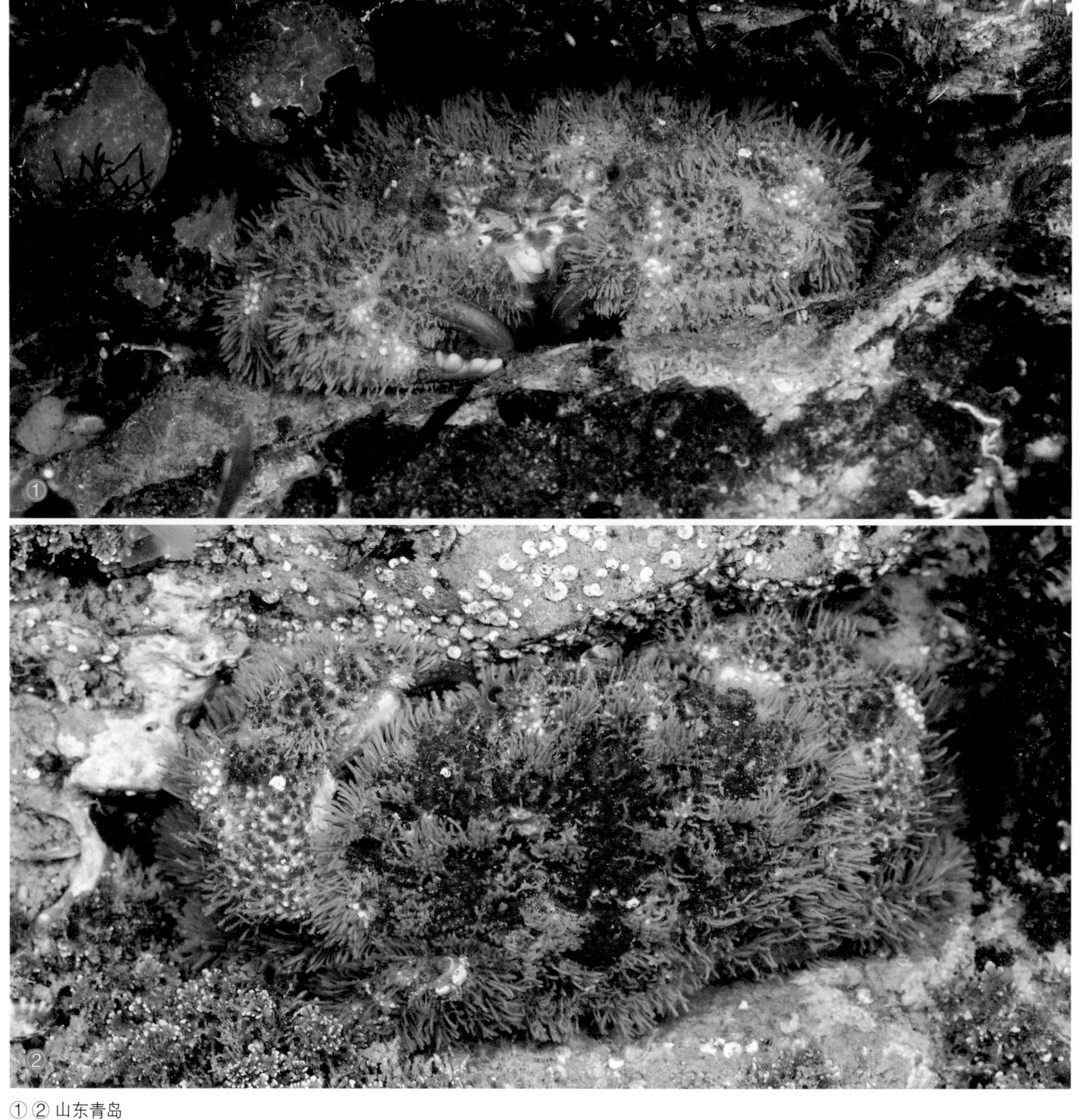

①②山东青岛

吕氏盖氏蟹 *Gaillardiellus rueppelli* (Krauss, 1843)

体型： 雄 CW：24.56 mm，CL：18.56 mm。

鉴别特征： 头胸甲横卵形，稍隆起，表面密布颗粒和短毛，并间以许多长毛，各区分成若干隆起的小区，侧胃区分为 2 个纵行小区，各小区间的沟宽而光滑；额分 2 叶；前侧缘（除外眼窝齿外）具 4 叶状齿，后第 1 叶与第 4 叶较小，第 2 叶较第 4 叶突出，第 3 叶最大，后侧缘短于前侧缘，稍凹入；螯足近对称，表面覆盖颗粒与长毛，腕节肿胀，背面被浅沟分为 5 ~ 6 个突起，掌部短小，背面具 3 个隆起，外侧面具横行颗粒隆线，两指末端圆钝；步足粗壮，长节前缘具长刚毛，背面具颗粒，腕节表面具颗粒，分成隆块，前节背面具颗粒，指尖爪状。

颜色： 全身紫灰色；头胸甲背面具对称分布的白斑；螯足两指黑色。

生活习性： 栖息于岩礁缝隙间。

垂直分布： 低潮带至潮下带浅水。

地理分布： 福建、广东、香港、广西、海南；印度 – 西太平洋。

易见度： ★★★☆☆

语源： 种本名以德国博物学家威廉 • 彼得 • 爱德华 • 西蒙 • 吕佩尔（Wilhelm Peter Eduard Simon Rüppell）的姓氏命名。

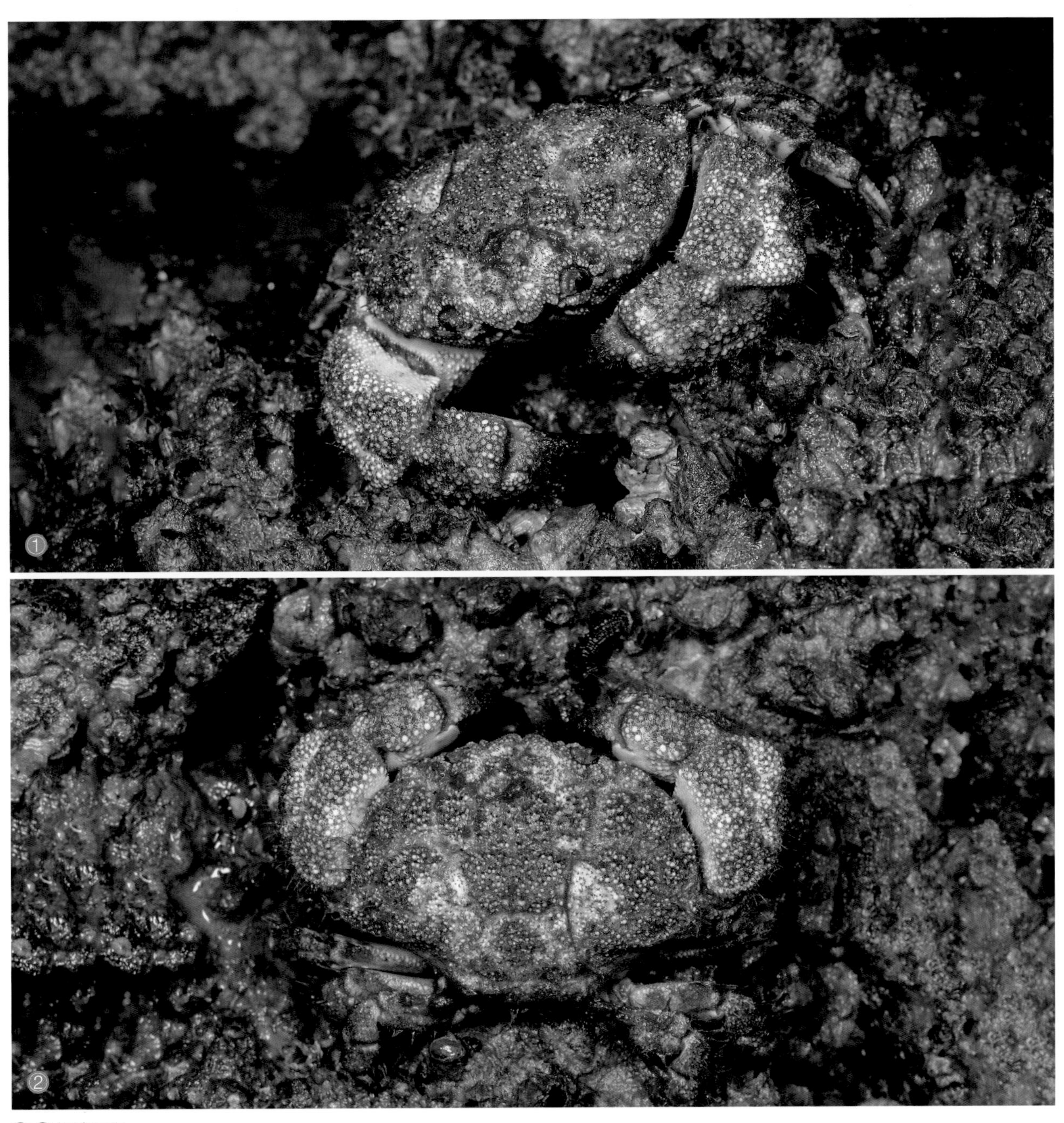

①② 福建厦门

美丽新银杏蟹 *Novactaea pulchella* (A. Milne-Edwards, 1865)

体型： 雌 CW：8.95 mm，CL：6.54 mm。

鉴别特征： 头胸甲横卵形，稍隆起，表面密布颗粒和短毛，前部颗粒大而清楚，后半模糊不清；额分 2 叶，强烈下弯；前侧缘弧形，外缘具尖颗粒，除外眼窝齿外具 4 叶状齿，第 1 叶低平，和外眼窝齿无法区分，后侧缘短于前侧缘，稍凹入；螯足近对称，表面覆盖尖颗粒和短毛，腕节内末角尖三角形，两指末端匙状；步足扁平，具发达的刚毛和颗粒，前节尤其明显。

颜色： 全身红褐色或紫褐色，具模糊的浅白色碎斑点；眼红色。

生活习性： 栖息于珊瑚礁或岩礁缝隙间。

垂直分布： 中潮带至潮下带浅水。

地理分布： 台湾、广东、海南；印度－西太平洋。

易见度： ★★★☆☆

语源： 属名为 *nov*+*Actaea*（银杏蟹属），直译为新银杏蟹。种本名源于拉丁语 *pulcher*，意为美好的。

① ② 海南三亚

多毛拟银杏蟹 *Paractaea plumosa* Guinot in Sakai, 1976

体型： 雌 CW：18.53 mm，CL：11.72 mm。

鉴别特征： 头胸甲横卵形，稍隆起，表面密布颗粒和短毛，前部颗粒大而清楚，后半模糊不清；额分 2 叶，强烈下弯；前侧缘弧形，外缘具尖颗粒，除外眼窝齿外具 4 叶状齿，第 1 叶低平，与外眼缘之间不具沟或间隔分开，后侧缘短于前侧缘，平直；心区不被分隔为 2 半；螯足近对称，表面具覆颗粒的肿块和短毛，腕节内末角钝三角形，表面肿块被深沟分隔；步足扁平，具发达的刚毛和颗粒，前节尤其明显。

颜色： 全身橙黄色，表面具对称分布的不规则红色斑块；螯足两指棕褐色，指尖白色。

生活习性： 栖息于珊瑚礁或岩礁缝隙间。

垂直分布： 低潮带至潮下带浅水。

地理分布： 海南；日本、基里巴斯、图瓦卢、法属波利尼西亚（马鲁特阿环礁）、澳大利亚、印度（尼科巴群岛）、马达加斯加。

易见度： ★★★☆☆

语源： 属名源于 *para+Actaea*（银杏蟹属），直译为拟银杏蟹。种本名源于拉丁语 *plumosa*，意为有软毛的。

①② 海南三亚

美丽假花瓣蟹 *Pseudoliomera speciosa* (Dana, 1852)

体型： 雄 CW：12.3 mm，CL：8.9 mm；雌 CW：12.3 mm，CL：8.8 mm。

鉴别特征： 头胸甲横卵形，比较狭窄，前部稍隆起，后部较平坦，分区明显，分区表面密布圆颗粒，缺少短毛，分区间被狭窄的光滑深沟分隔；额分 2 叶，强烈下弯；前侧缘圆弧形，外缘具圆颗粒，除外眼窝齿外具 4 叶状齿，第 1 叶比后几叶窄小，和外眼窝齿间具浅间隔；后侧缘短于前侧缘，平直；心区不被分隔为 2 半；螯足近对称，表面具覆颗粒的肿块和短毛，腕节内末角钝三角形，表面被深沟分隔，掌部外侧面具 4 个分区；步足扁平，具密集的颗粒和沟。

颜色： 全身灰白色，表面具对称分布的不规则红色和褐色斑块；螯足两指棕色。

生活习性： 栖息于珊瑚礁缝隙间。

垂直分布： 低潮带至潮下带浅水。

地理分布： 台湾、海南；印度－西太平洋。

易见度： ★☆☆☆☆

语源： 属名源于 *pseudo*+*Liomera*（花瓣蟹属），直译为假花瓣蟹。种本名源于拉丁语 *speciosus*，意为灿烂的。

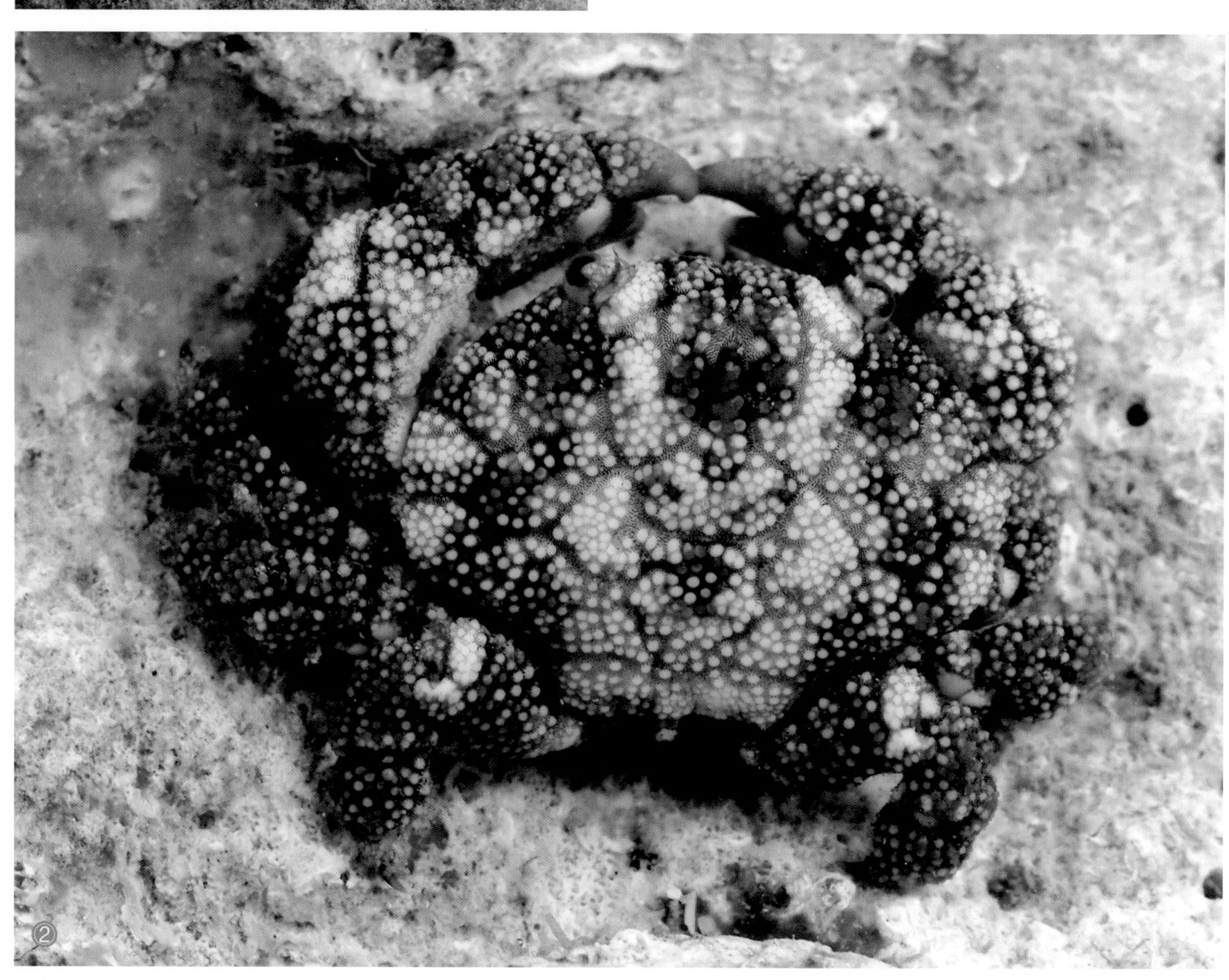

① ② 海南三亚

凹足普氏蟹 *Psaumis cavipes* (Dana, 1852)

体型： 雄 CW：13.5 mm，CL：8.6 mm。

鉴别特征： 头胸甲横卵形，表面粗糙，缺少毛发，分区被浅沟隔离为很多小区，具密集的颗粒和腐蚀状凹陷；额分 2 叶，中央浅凹；前侧缘（除外眼窝齿外）具 4 角状叶，第 1 叶低平，第 2、第 3 叶较大而突出，末叶小；螯足近对称，腕节及掌部背外侧面具颗粒和明显的腐蚀状凹陷，掌部外侧面下部具细颗粒，外侧面具横行隆线；步足粗短，具刚毛及凹陷。

颜色： 全身灰白色或浅褐色；螯足两指褐色。

生活习性： 栖息于珊瑚礁或岩礁碎石下。

垂直分布： 中潮带至潮下带浅水。

地理分布： 台湾、海南；印度 – 西太平洋。

易见度： ★★★★★

语源： 属名可能源于普萨米斯（Psaumis），他不仅是第 82 届古代奥林匹克运动会双轮马车赛的胜利者，也是古城卡马里纳（Kamarina）的统治者，中文名为音译。种本名源于拉丁语 *cav+pes*，形容本种胸足上具很多凹陷。

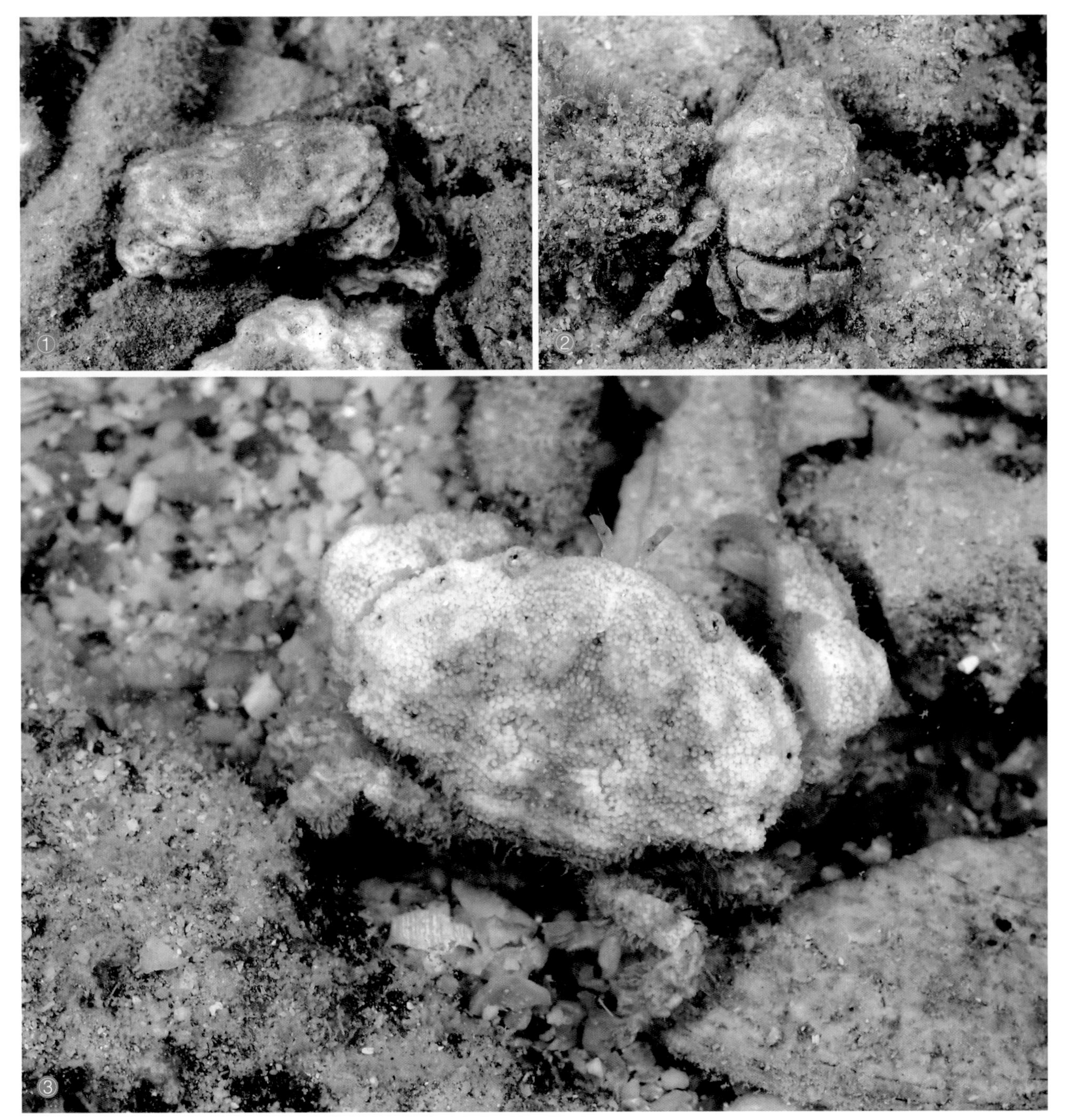

①②③ 海南三亚

铠蟹亚科 Banareiinae

日本铠蟹 *Banareia japonica* (Odhner, 1925)

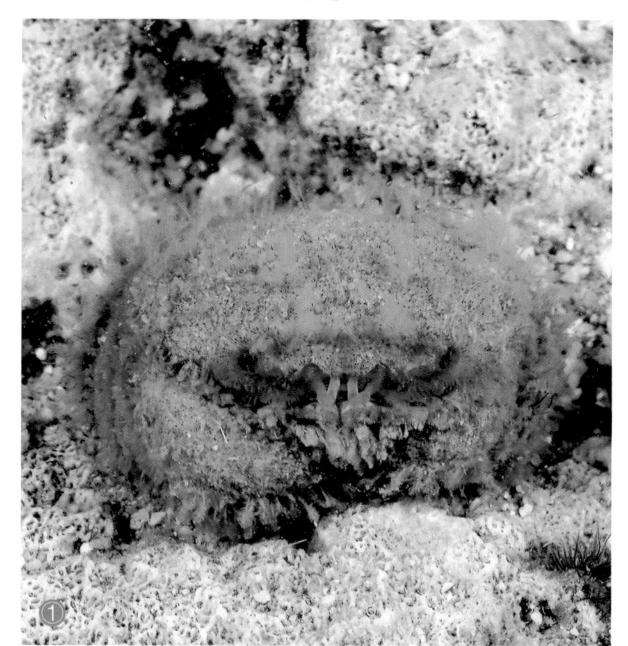

体型： 雄 CW：10.8 mm，CL：7.6 mm。

鉴别特征： 头胸甲横卵圆形，宽稍大于长，全身覆盖长绒毛和短刚毛，去毛后分区明显，分区被浅沟分割为小区；额中央被一深“V”字形缺刻分为 2 叶，每叶前部具深弧形，分为 2 尖侧叶；中胃区分为 3 叶，侧胃区的内侧区和外侧区之间由 1 浅沟分隔，外侧区前部被 1 浅沟分隔，后部相连；前侧缘（不包括外眼窝齿）具 4 浅叶，被浅裂分开；两螯近对称，掌部外侧面具成排的颗粒，下部光滑无毛，两指指尖尖锐；步足短小，末 3 节毛较发达。

颜色： 全身灰白色，螯足两指黑褐色或灰色。

生活习性： 生活于软珊瑚体表。

垂直分布： 中潮带至潮下带浅水。

地理分布： 海南；日本。

易见度： ★☆☆☆☆

语源： 属名以标本采集者巴纳雷（Banaré）的姓氏命名，中文名形容外表似披铠甲。种本名源于模式产地日本。

①② 海南三亚

肥胖秃头蟹 *Calvactaea tumida* Ward, 1933

体型： 雌 CW：25.56 mm，CL：20.84 mm。
鉴别特征： 头胸甲近卵圆形，表面高度隆起，密布绒毛，去毛后表面密布细颗粒和浅沟，分区模糊；额分 2 叶，突出；前侧缘弧形，完整，后侧缘短而内凹；螯足对称，表覆盖短绒毛，长节三棱形，两指末端爪状；步足短小扁平，具细毛。
颜色： 全身灰白色或浅粉色；螯足两指黑褐色。
生活习性： 栖息于软珊瑚枝条上，偶见游走个体躲藏于珊瑚碎石下。
垂直分布： 低潮带至潮下带浅水。
地理分布： 台湾、广东、广西、海南；澳大利亚。
易见度： ★★★★★
语源： 种属名源于 *calvus+actaea*（银杏蟹属），意为光秃的银杏蟹。种本名源于拉丁语 *tumid*，意为膨胀。

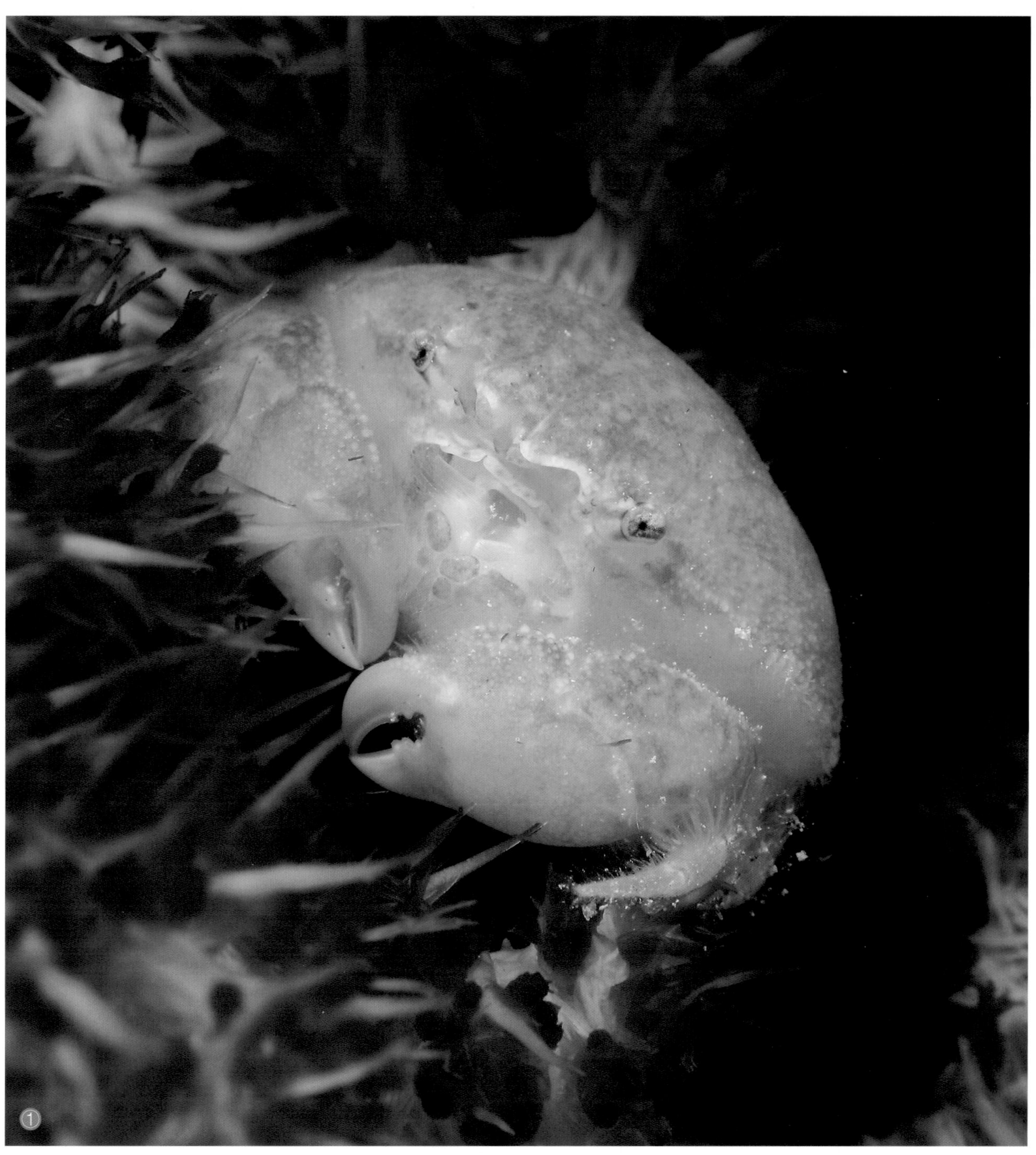

① 印度尼西亚四王群岛 / –25 m / 张帆

绿蟹亚科 Chlorodiellinae

金星绿蟹 *Chlorodiella cytherea* (Dana, 1852)

体型： 雄 CW：23.1 mm，CL：14.3 mm。

鉴别特征： 头胸甲六边形，表面光滑，稍隆起，分区可辨，鳃区分区隆块状，区间具深沟隔开，3L 及 4L 具明显突出的隆块；额分 2 叶，突出，稍隆起；前侧缘（除外眼窝齿外）具 4 齿，第 1、第 4 齿小，为结节状，中间 2 齿钝齿状；螯足长而粗壮，掌部的背侧和内侧面具圆钝隆起，两指合拢有空隙，末端匙状；步足短小，具刚毛。

颜色： 头胸甲色浅黄色或黄绿色，散布深浅不一的花纹；螯足黑色，长节端部及腕足及白斑；步足浅色，具褐色环纹。

生活习性： 栖息于珊瑚礁或岩礁缝隙间，也见攀附在珊瑚枝条间。

垂直分布： 中潮带至潮下带浅水。

地理分布： 台湾、海南；印度－西太平洋。

易见度： ★★★★☆

语源： 属名源于希腊语 *chlōros*，意为绿色或黄绿色的。种本名源于希腊基西拉岛（Cytherea），中文名取自金星（Venus），亦即古罗马神话里的爱神维纳斯。维纳斯对应希腊神话中代表爱情、美丽的女神阿佛洛狄忒（Aphrodite），而基西拉岛也是阿佛洛狄忒的祭祀地之一。

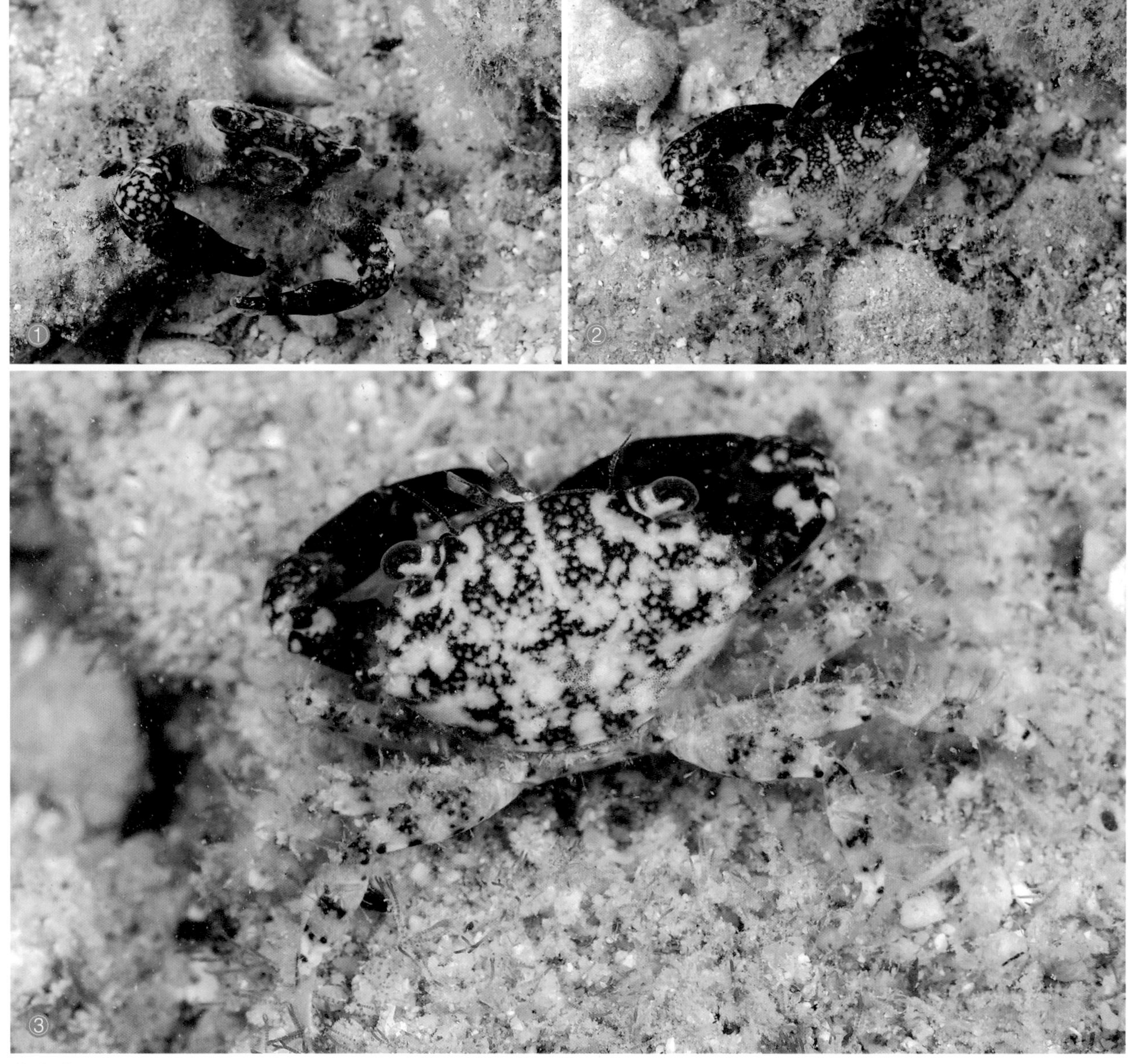

①②③ 海南三亚

黑指绿蟹 *Chlorodiella nigra* (Forskål, 1775)

黑点绿蟹（台）

体型： 雄 CW：12.45 mm，CL：8.99 mm。

鉴别特征： 头胸甲六边形，表面光滑，稍隆起，分区模糊，鳃区分区隆块状，分区较模糊，唯 L 区分界清楚；额分 2 叶，突出，每叶前缘隆起，额后具可辨别的隆脊；前侧缘（除外眼窝齿外）具 4 齿，第 1 齿小，为结节状，后 3 齿圆叶状或钝刺状；螯足长而粗壮，两指合拢有空隙，末端匙状；步足短小，具发达而密集的刚毛。

颜色： 全身紫黑色；步足杂有斑点。

生活习性： 栖息于珊瑚礁或岩礁缝隙间，也见攀附在珊瑚枝条间。

垂直分布： 中潮带至潮下带浅水。

地理分布： 台湾、广东、海南；西太平洋。

易见度： ★★★★★

语源： 种本名源于拉丁语 *nigr*，意为黑色的。

①②③ 海南三亚

光辉圆瘤蟹 *Cyclodius nitidus* (Dana, 1852)

体型： 雄 CW：21.4 mm，CL：14.1 mm。

鉴别特征： 头胸甲六边形，表面大部光滑，仅后半部具细颗粒，分区明显，2M 完整，心形，1L 与第 1 前侧缘齿愈合，2R 与 2P 分为 2 块，4M 凹陷；额分 2 宽叶，中间浅凹；前侧缘（除外眼窝齿外）具 4 圆钝齿，第 1 叶圆钝，第 2、第 3 叶钝三角形，末叶刺状；螯足长节腹缘具 2 ~ 3 枚刺；步足略扁平，具刚毛，指节后缘具齿列。

颜色： 全身棕色或紫棕色，头胸甲颜色略浅于螯足；步足具浅色斑纹；第 1 触角端部橙色。

生活习性： 栖息于珊瑚礁或岩礁缝隙间。

垂直分布： 低潮带至潮下带浅水。

地理分布： 台湾、海南；印度－西太平洋。

易见度： ★★☆☆☆

语源： 属名源于希腊语 *kyklos*，意为圆形的，中文名形容头胸甲上的圆瘤状突起。种本名源于拉丁语 *nitid*，意为光明的。

①② 海南三亚

单齿圆瘤蟹 *Cyclodius ungulatus* (H. Milne Edwards, 1834)

体型： 雄 CW：21.52 mm，CL：14.84 mm。

鉴别特征： 头胸甲六边形，表面粗糙，具小颗粒，分区明显，2M 纵分为 2 叶；额分 2 叶，甚隆，中央具浅凹；前侧缘（除外眼窝齿外）具 4 圆钝齿，第 1、第 2 叶较钝，第 3 叶大，最突出，第 4 叶次之；螯足长节前缘具 3 ~ 4 钝齿，后缘具结节，腕节、掌部背面与外侧面具大颗粒，外侧面的颗粒纵行排列；步足略扁平，稍具刚毛，长节、腕节及前节前缘具刺列。

颜色： 全身土黄色，表面散布暗褐色斑纹；螯足掌节及指节黑色。

生活习性： 栖息于珊瑚礁或岩礁缝隙间，也见攀附在珊瑚枝条间。

垂直分布： 中潮带至潮下带浅水。

地理分布： 海南；印度 - 西太平洋。

易见度： ★★☆☆☆

语源： 种本名源于拉丁语 *ungula*，意为爪状。

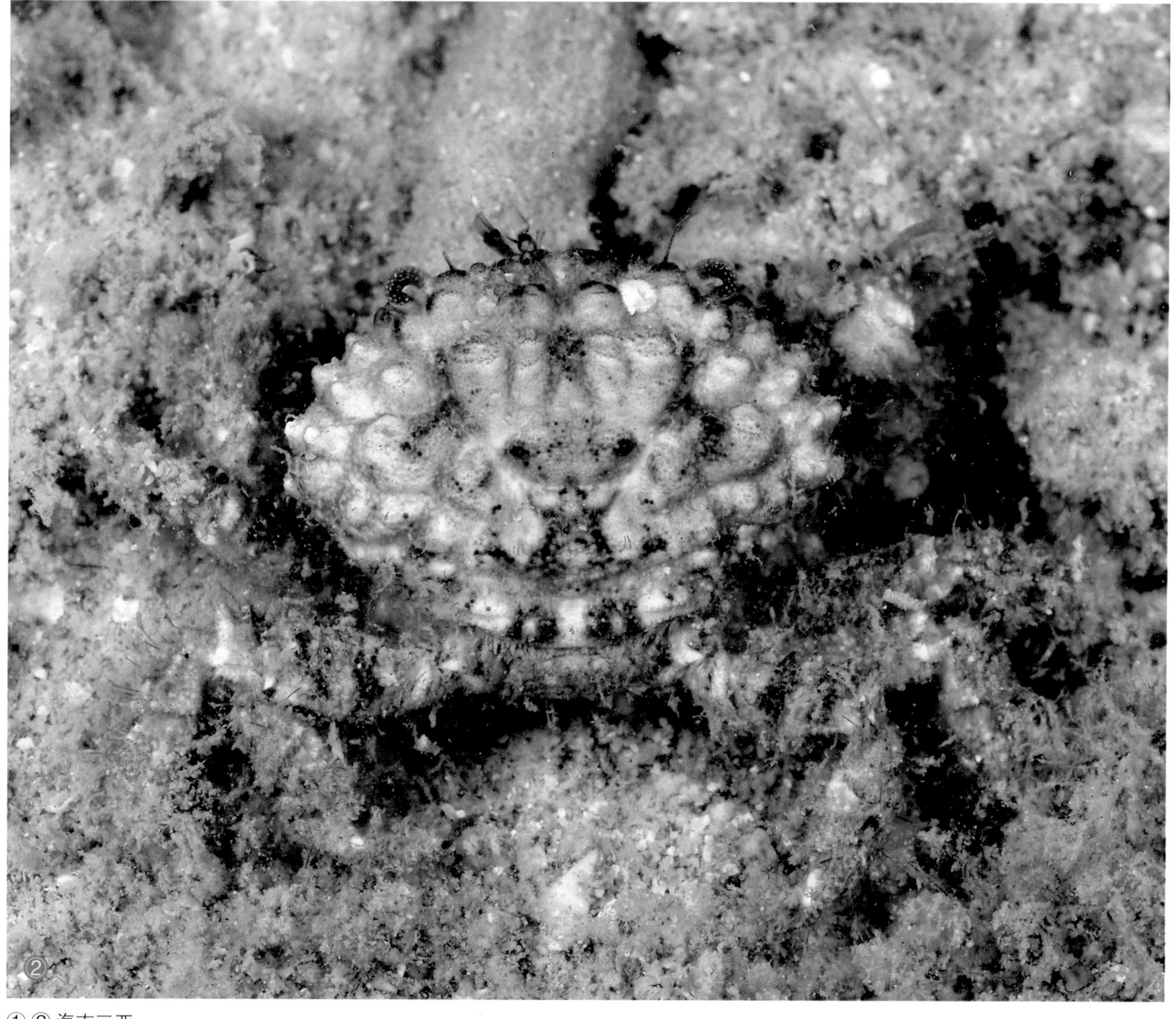

①② 海南三亚

纹毛壳蟹 *Pilodius areolatus* (H. Milne Edwards, 1834)

网隙毛壳蟹（台）

体型： 雄 CW：20.2 mm，CL：13.8 mm。

鉴别特征： 头胸甲横卵形，表面稍隆起，具短绒毛，分区明显，各区被深沟隔离为很多小区，每个小区都覆盖珠状颗粒，2M 分为 2 叶，3M 分为部分相连的 3 叶，4M 狭小，1P 宽，界限分明；前侧缘（除外眼窝齿外）具 4 叶状齿，呈钝三角形，表面覆盖珠状颗粒；螯足短粗，近对称，腕节外侧面具 2 横沟，掌部外侧面具纵行排列的颗粒，大螯两指内缘各具 1 齿，小螯各具 3 齿，两指并拢后空隙较小；步足边缘密覆长毛。

颜色： 全身土黄色；头胸甲背面具栗色小圆点；螯足褐色；步足棕色。

生活习性： 栖息于珊瑚礁碎石下。

垂直分布： 中潮带至潮下带浅水。

地理分布： 台湾、海南；印度－西太平洋。

易见度： ★★★☆☆

语源： 属名源于拉丁语 *pilus*，意为多毛的。种本名源于拉丁语 *areolatus*，意为网隙状的。

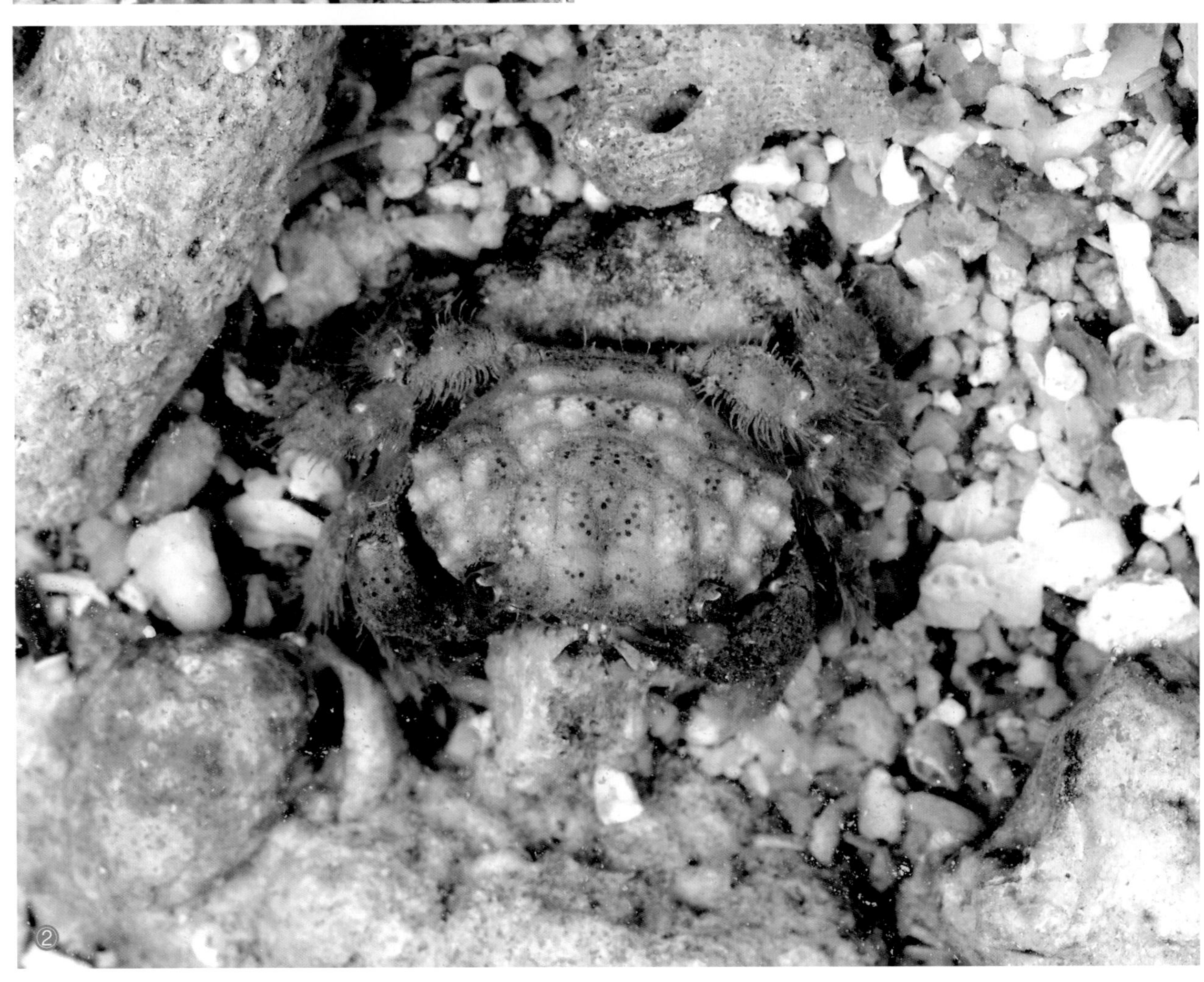

①② 海南三亚

迈氏毛壳蟹 *Pilodius miersi* (Ward, 1936)

体型： 雄 CW：9.1 mm，CL：6 mm。

鉴别特征： 头胸甲六边形，表面粗糙，具圆颗粒及束状长毛，分区明显，2M 纵分 2 叶，3M 3 列，中叶超过 2M 前缘；前侧缘（除外眼窝齿外）具 4 齿，齿基部具瘤突，端部弯向前方；螯足短粗，近对称，腕节外侧面具密集的颗粒突起，掌部外侧面上缘具锥形突起，并向下方逐渐变小，下缘光滑，大螯并拢后空隙大；步足边缘具黄色长刚毛，长节及腕节前缘具锥形突起。

颜色： 头胸甲灰白色，具对称分布的暗褐色斑纹，靠近前侧缘区域的颗粒橙色；螯足腕节的颗粒从白色向橙色过渡，掌部基部 1/3 颗粒橙色，中部 1/3 颗粒棕褐色，端部颗粒白色混杂橙色颗粒，两指棕褐色；步足灰白色，具暗褐色环纹。

生活习性： 栖息于珊瑚礁或岩礁碎石下。

垂直分布： 中潮带至潮下带浅水。

地理分布： 海南；日本、韩国、新加坡、澳大利亚。

易见度： ★★☆☆☆

语源： 种本名以英国动物学家爱德华 • 约翰 • 迈尔斯（Edward John Miers）的姓氏命名。

①② 海南儋州

黑毛毛壳蟹 *Pilodius nigrocrinitus* Stimpson, 1858

体型： 雌 CW：14.1 mm，CL：8.5 mm。

鉴别特征： 头胸甲六边形，表面粗糙，具小颗粒，颗粒近头胸甲侧面较突出，覆以黑色短刚毛及黄色长毛，分区明显，2M 纵分为不完整的 2 叶；前侧缘（除外眼窝齿外）具 4 齿，齿端具数枚大小近等的小刺；螯足短粗，近对称，长节前缘具突起，并向远端逐渐变小，腕节外侧面具锥形突起，掌部外侧面亦具锥形突起，近基部的颗粒小，下缘光滑，大螯并拢后空隙大于小螯；步足边缘具黑色短刚毛及黄色长毛，长节及腕节前缘具显著的疣状突起。

颜色： 全身灰白色或灰绿色；头胸甲背面具对称分布的暗褐色斑纹；螯足暗褐色；步足灰绿色，具暗褐色环纹。

生活习性： 栖息于珊瑚礁或岩礁缝隙或碎石下。

垂直分布： 中潮带至潮下带浅水。

地理分布： 广西、海南；西太平洋、安达曼海。

易见度： ★★★★★

语源： 种本名源于拉丁语 *nigr+crinnis*，意为黑色的毛。

① ② 海南三亚

毛刺毛壳蟹 *Pilodius pilumnoides* (White, 1848)

体型： 雄 CW：32.1 mm，CL：21.2 mm；雌 CW：38.6 mm，CL：25.1 mm。

鉴别特征： 头胸甲六边形，表面粗糙，覆以黑色短刚毛及黄色大头状刚毛，1L 至 5L 具尖锐颗粒，分区明显，2M 区纵分为 2 叶；额分 2 叶，额缘具明显的小刺；前侧缘（除外眼窝齿外）具 4 齿，齿端具附属小刺；螯足粗壮，近对称，长节前缘具显著的刺，腕节外侧面具角质锥形突起，掌部外侧面亦具角质锥形突起，靠近下方的刺圆钝，下缘光滑，两指并拢后空隙较大；步足边缘具黑色长刚毛及黄色大头状刚毛，长节及腕节前缘具锐刺。

颜色： 全身褐色至棕褐色；螯足两指黑色；步足具浅色环纹。

生活习性： 栖息于珊瑚礁缝隙或碎石下。

垂直分布： 中潮带至潮下带浅水。

地理分布： 台湾、海南；印度－西太平洋。

易见度： ★★★★★

语源： 种本名源于 *Pilumnus*（毛刺蟹属）+*oides*，形容本种很像毛刺蟹。

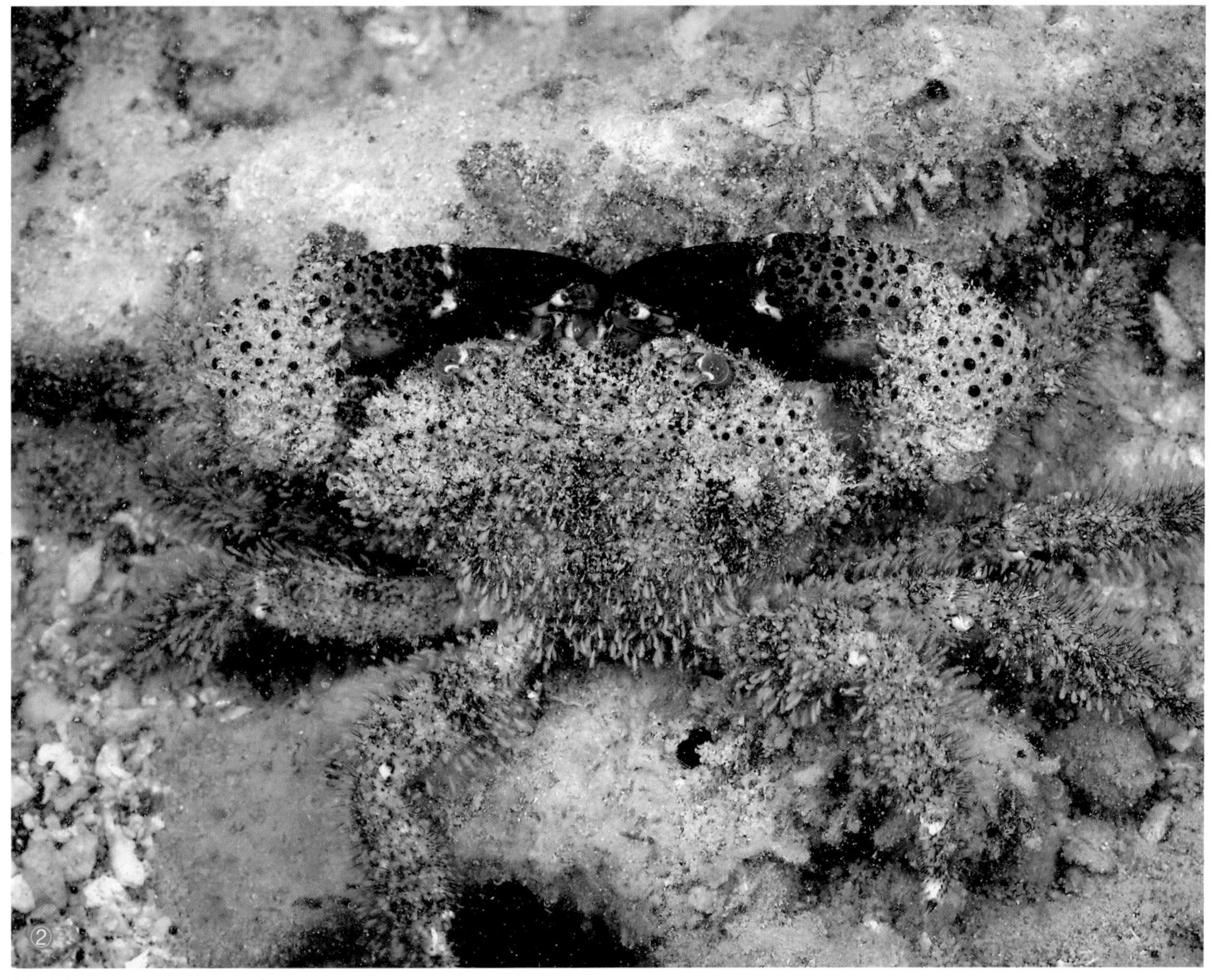

①② 海南三亚

波纹蟹亚科 Cymoinae

白指波纹蟹 *Cymo andreossyi* (Audouin, 1826)

安氏波纹蟹（台）

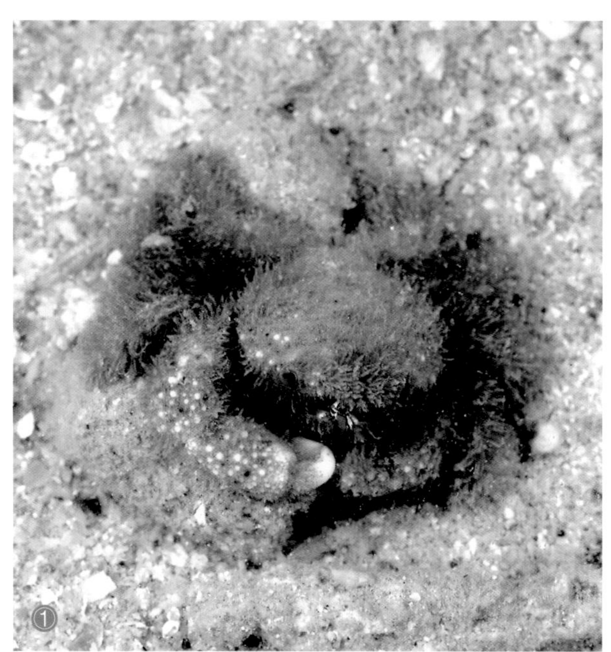

体型： 雄 CW：12.09 mm，CL：11.29 mm；雌 CW：15.8 mm，CL：14.4 mm。

鉴别特征： 头胸甲近圆形，表面扁平，密具绒毛，去毛后光滑，前部散生圆形颗粒，分区可辨；额分 2 叶，边缘具齿列；前侧缘（除外眼窝齿外）具 4 叶状齿；螯足粗壮，略不对称，具浓毛，腕节和掌部背面及外侧面均具颗粒，指尖匙状；步足具浓毛。

颜色： 全身灰白色；螯足两指白色。

生活习性： 栖息于鹿角珊瑚（*Acroporu* spp.）或杯型珊瑚（*Pocillopora* spp.）的枝条间，偶见游走个体躲藏于珊瑚礁碎石下。

垂直分布： 低潮带至潮下带浅水。

地理分布： 台湾、海南；印度－西太平洋。

易见度： ★★★☆☆

语源： 属名源于希腊语 *kyma*，意为波浪状的。种本名以苏格兰动物学家约翰•安德森（John Anderson）的姓氏命名，中文名形容螯足两指白色。

①② 海南三亚

黑指波纹蟹 *Cymo melanodactylus* Dana, 1852

体型： 雄 CW: 15 mm，CL: 14.1 mm；雌 CW: 16.1 mm，CL: 14.6 mm。

鉴别特征： 头胸甲近圆形，表面扁平，密具短绒毛，去毛后光滑，前部散生圆形颗粒，分区可辨；额分 2 叶，每叶中部及两侧各具 1 突出的锐齿；前侧缘（除外眼窝齿外）具 4 叶状齿；螯足粗壮，略不对称，具浓毛，腕节和掌部背面及外侧面均具颗粒，指尖匙状；步足具浓毛。

颜色： 全身灰白色；螯足两指白色。

生活习性： 栖息于鹿角珊瑚（*Acroporu* spp.）或杯型珊瑚（*Pocillopora* spp.）的枝条间，偶见游走个体躲藏于珊瑚礁碎石下。

垂直分布： 低潮带至潮下带浅水。

地理分布： 台湾、广东、香港、海南；印度－西太平洋。

易见度： ★★★☆☆

语源： 种本名源于希腊语 *mela+dactyl*，形容本种螯足两指黑色。

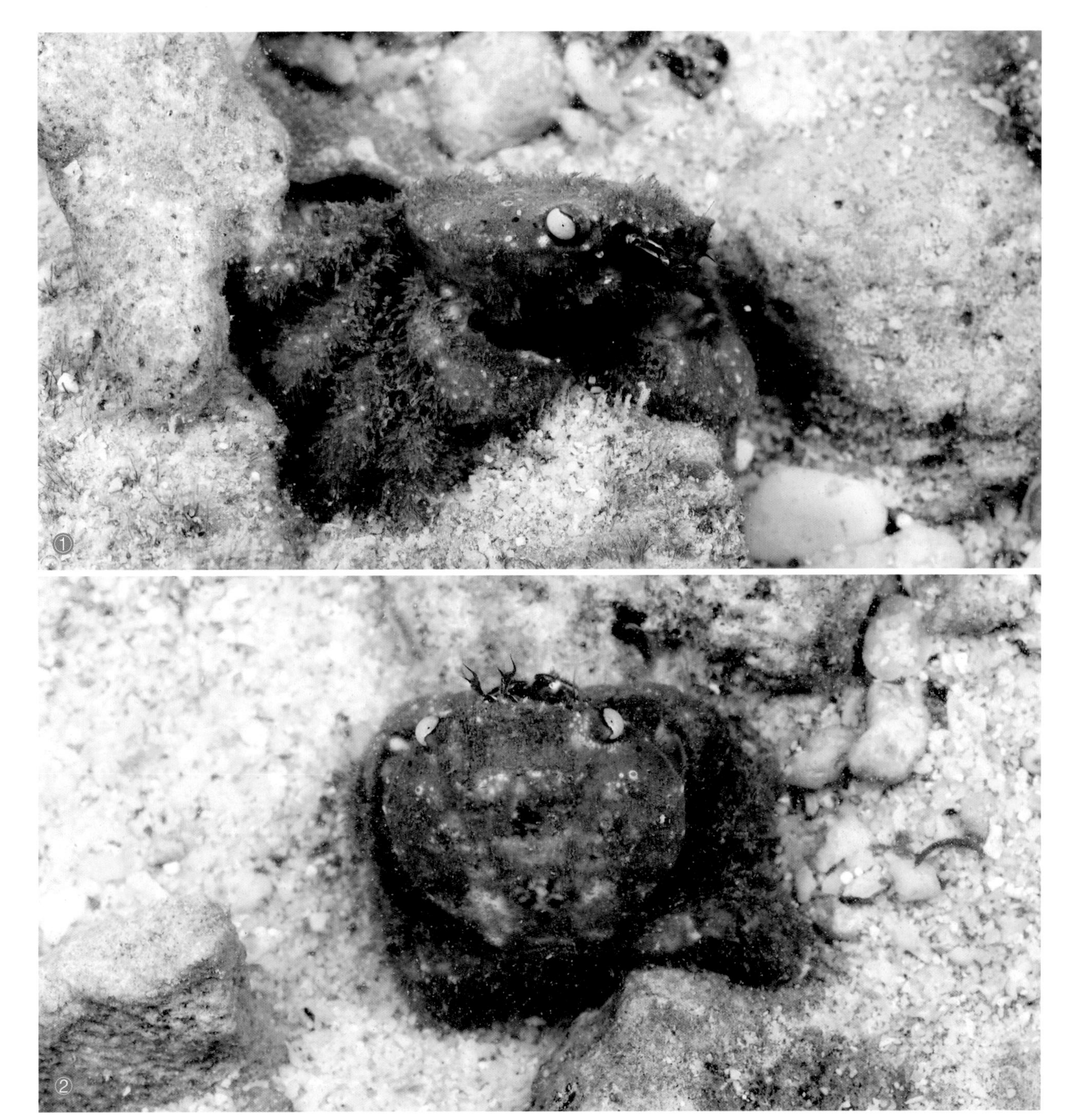

①② 海南三亚

滑面蟹亚科 Etisinae

似雕滑面蟹 *Etisus anaglyptus* H. Milne Edwards, 1834

体型： 雄 CW：58.2 mm，CL：38.6 mm。

鉴别特征： 头胸甲宽，横卵形，表面光滑，具稀疏凹点，分区明显，分区的沟深；额分 2 叶，窄而突出，约为头胸甲宽的 1/7，中间具一"V"字形缺刻，每叶平截，中部凹，和内眼窝齿之间具宽而深的沟；前侧缘（除外眼窝齿外）具 4 齿，前两齿稍钝，后 2 齿尖；螯足粗壮，略不对称，具密毛，腕节外侧面具 3 ~ 4 个瘤突，大螯掌部背面具 4 ~ 5 个瘤突，外侧面具 6 个瘤突，指尖匙状；步足长节及腕节前缘具锯齿和密毛，背面具颗粒脊。

颜色： 全身棕褐色，散布乳白色斑纹；螯足两指黑色。稚蟹颜色略浅。

生活习性： 栖息于珊瑚礁缝隙间或碎石下。

垂直分布： 潮下带浅水。

地理分布： 台湾、广东、广西、海南；印度－西太平洋。

易见度： ★★★☆☆

语源： 属名语源不详，中文名形容本属头胸甲光滑。种本名源于拉丁语 *anaglyphus*，意为雕刻。

备注： 滑面蟹属本身非单系群，因此很难将其与近缘属区分，尤其是滑面蟹属曾被长期置于绿蟹亚科，本身又兼具许多绿蟹亚科的特征，但其外形与绿蟹亚科绝大多数种还是相对容易区分，但又易与扇蟹亚科皱蟹属 *Leptodius* 或大权蟹属 *Macromedaeus* 混淆，可以通过第 2 触角位置来进行简易区别，本属第 2 触角几乎不会进入眼眶内，另外两指端部的匙状较后两者更深、更显著，似马蹄状。

① ② 海南儋州

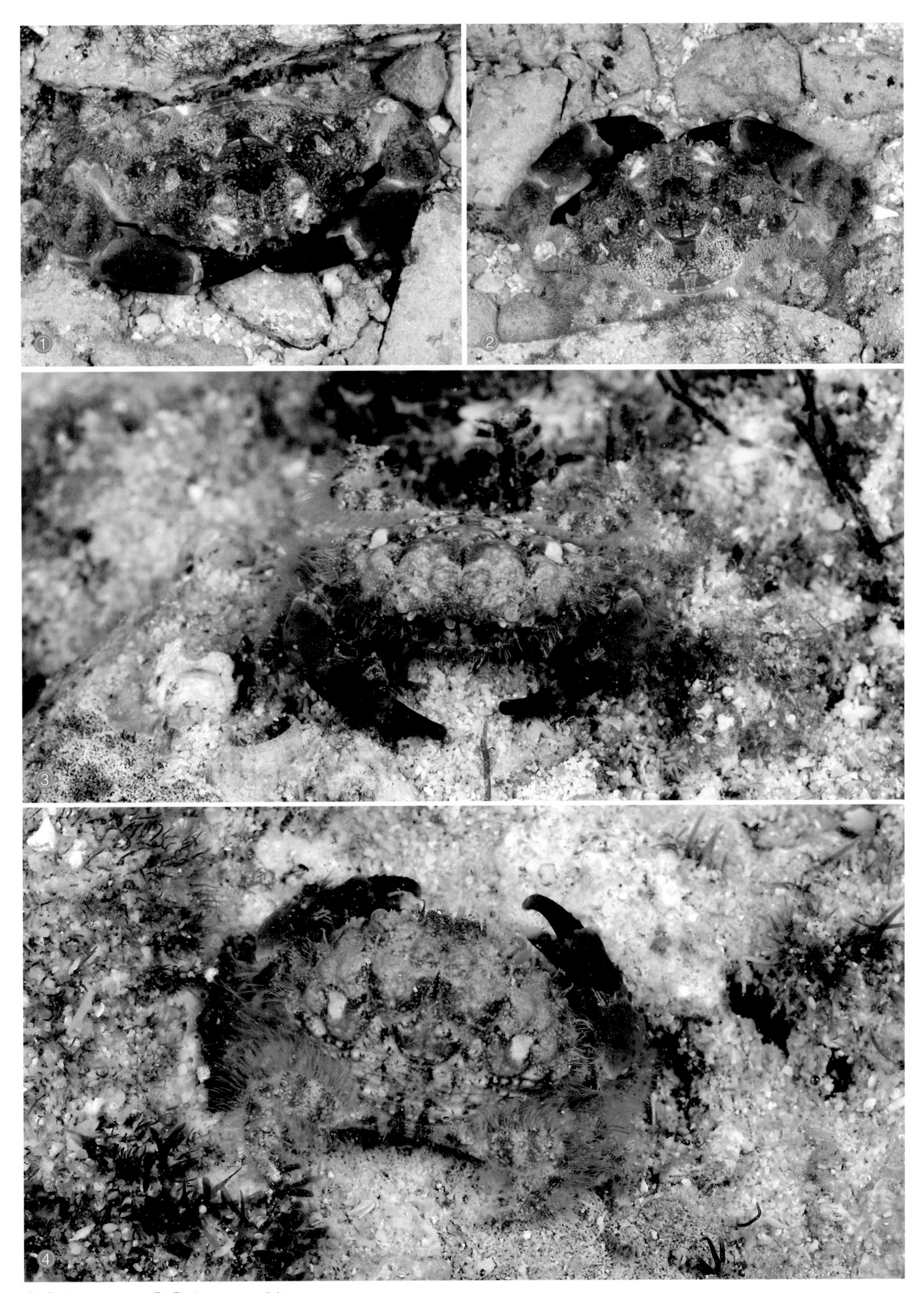

①② 海南三亚　　③④ 海南三亚 / 稚蟹

细肢滑面蟹 *Etisus demani* Odhner, 1925

体型： 雄 CW：22 mm，CL：15 mm；雌 CW：15.6 mm，CL：10.6 mm。

鉴别特征： 头胸甲窄，近六边形，周围和侧面具密毛，前部隆起，后部扁平，表面光滑，分区明显；额分 2 叶，前缘双脊形，具重叠的钝锯齿；外眼窝齿结节状，腹眼缘具锯齿；前侧缘（除外眼窝齿外）具 4 钝齿，前 2 齿钝，后 2 齿尖，第 2、第 3 齿后缘具附属齿；螯足粗壮，略不对称，具密毛，腕节和掌部外侧面及背面均具颗粒和钝突起，指尖匙状；步足长节和腕节前缘具锯齿，具密毛。

颜色： 体色多变，全身白色、灰白色至黄褐色；头胸甲肠区常具红色斑；螯足两指棕色，腕节外侧有时具红斑；步足同色，有时长节基部亦具红斑。

生活习性： 栖息于珊瑚礁碎石下。

垂直分布： 中潮带至潮下带浅水。

地理分布： 海南；印度 - 西太平洋。

易见度： ★★★★★

语源： 种本名以荷兰动物学家约翰尼斯 • 韦尔蒂 • 德曼（Johannes Govertus de Man）的姓氏命名。中文名形容本种雄性 G1 细长。

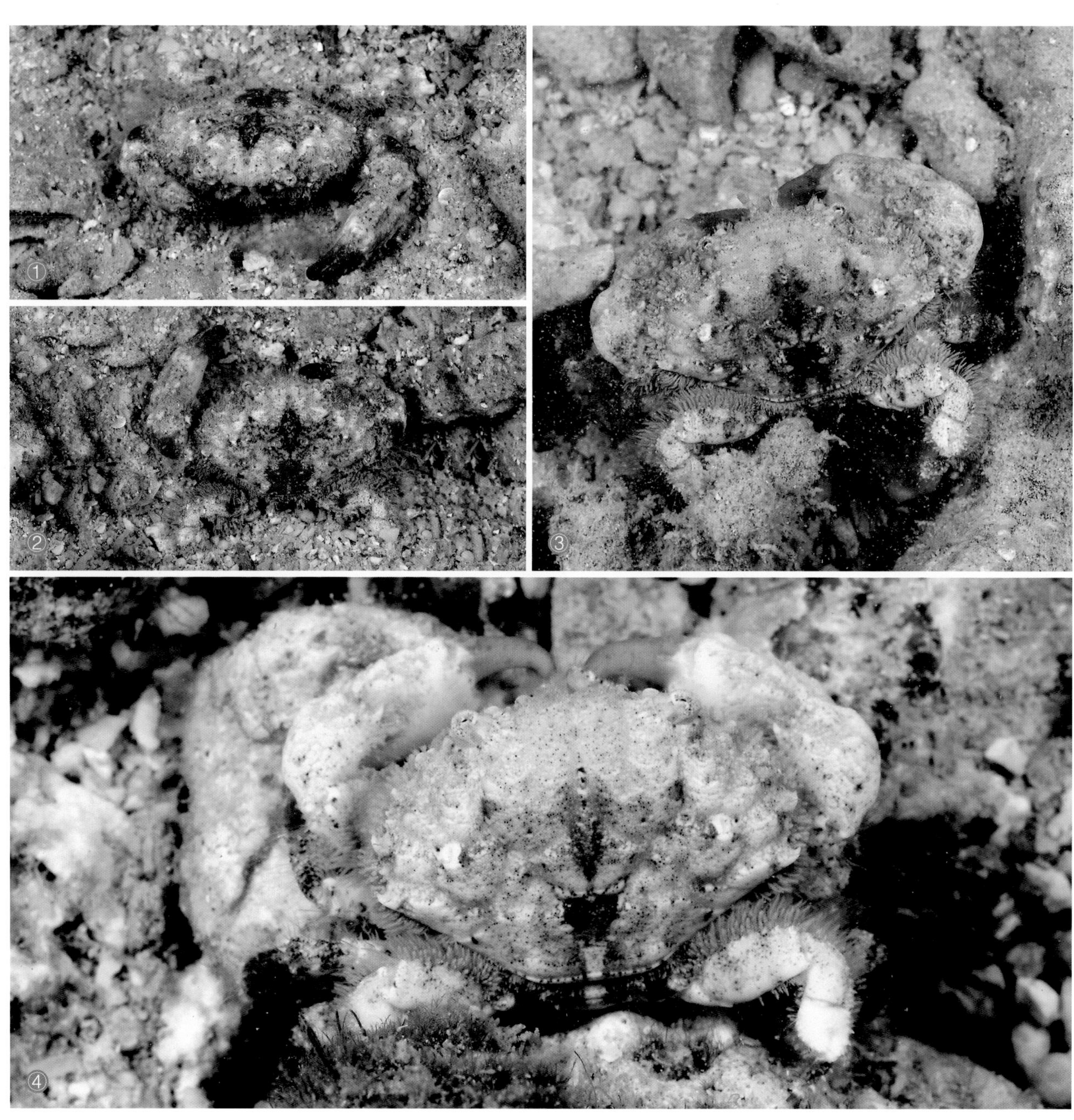

① ② ③ ④ 海南三亚

光手滑面蟹 *Etisus laevimanus* Randall, 1840
光掌滑面蟹（台）

体型： 雄 CW：28.1 mm，CL：18.3 mm；雌 CW：21.5 mm，CL：14.4 mm。

鉴别特征： 头胸甲宽，横卵形，周围和侧面具密毛，较扁平，表面光滑，具凹点，分区可辨，沟浅，胃区周围沟较深；额分2叶，稍向前伸，和内眼窝齿间具明显凹陷；外眼窝齿结节状；前侧缘（除外眼窝齿外）具4钝齿，前2齿钝，后2齿大而突出；螯足粗壮，略不对称，光滑裸露，掌部和指节约等长，指尖匙状；步足长节、腕节及前节前后缘均具密毛。

颜色： 体色多变，全身灰白色、灰褐色至深褐色；深色个体眼眶后部常具浅斑；螯足两指黑色。

生活习性： 栖息于珊瑚礁碎石下。

垂直分布： 中潮带至潮下带浅水。

地理分布： 台湾、香港、海南；印度－西太平洋。

易见度： ★★★★★

语源： 种本名源于拉丁语 *laev+manus*，意为光滑的手掌。

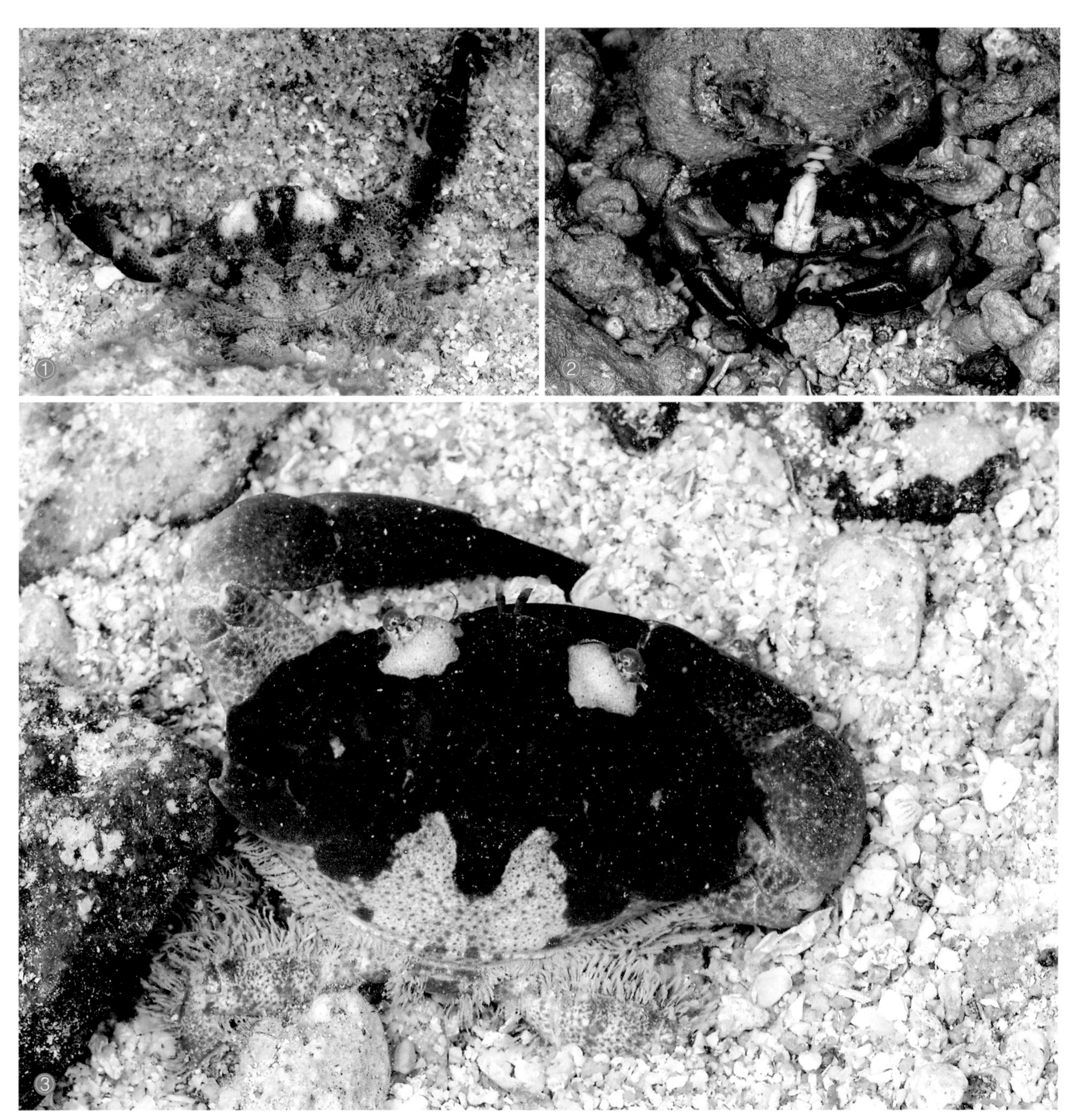

① 海南三亚　② ③ 海南文昌

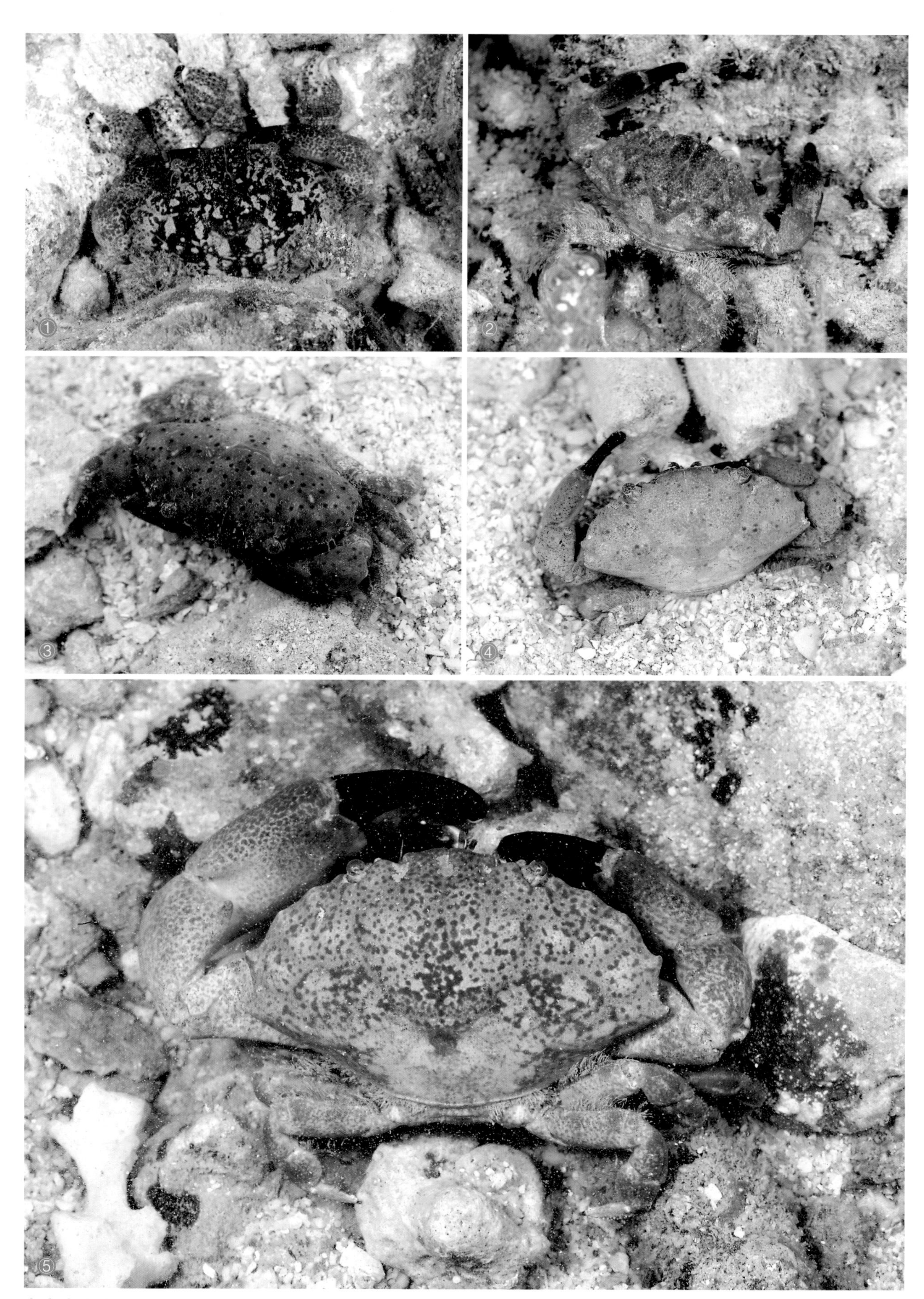

①②③④⑤ 海南三亚

酒井滑面蟹 *Etisus sakaii* Takeda *et* Miyake, 1968

体型： 雄 CW：15.2 mm，CL：11.1 mm。

鉴别特征： 头胸甲窄，近六边形，周围均突起，分区被深而窄的沟分隔，小区表面具乳状突起，前部的小区表面覆盖密集的颗粒，1M 和 2M 之间具浅沟分隔，1M 外侧纵沟延伸至 2M 一半位置，3M 侧面具浅裂缝，4M 不突出但存在；额分 2 叶，甚突出，顶端稍凹陷，和内眼窝齿间具明显凹陷；前侧缘（除外眼窝齿外）具 4 齿，第 1、第 4 齿小，第 2、第 3 齿大，第 1 齿稍向外方，每个齿前均具颗粒；螯足粗壮，略不对称，腕节和掌部外侧面与背面均具致密颗粒和不规则隆起，掌部约等长于指节，指尖匙状；步足长节、腕节及前节前后缘均具密毛。

颜色： 体色多变，全身土黄色、灰绿色或黄褐色，有时杂有不规则的暗褐色斑纹；螯足两指棕色。

生活习性： 栖息于珊瑚礁碎石下。

垂直分布： 中潮带至潮下带浅水。

地理分布： 海南；帕劳。

易见度： ★★★★★

语源： 种本名以日本动物学家酒井恒（Tsune Sakai）的姓氏命名。

备注： 本种易与琥珀滑面蟹 *E. electra* 相混淆，区别在于：① 本种螯足可动指基部不具突起，后者具 1 小而显著的突起；② 本种雄性螯足两指上的颜色在内侧深入掌部，后者两指上的颜色仅限于掌内侧端部。

① ② 海南文昌

①②③ 海南三亚

真扇蟹亚科 Euxanthinae

雕刻真扇蟹 *Euxanthus exsculptus* (Herbst, 1790)

体型： 雄 CW：54.3 mm，CL：33.7 mm。

鉴别特征： 头胸甲横卵形，表面平滑，前部十分隆起，分区明显，呈光滑肿块状突出；额分 2 叶，突出，中央刻痕浅，和内眼窝齿间具宽三角形间隔；前侧缘（除外眼窝齿外）具 4 齿，第 1 齿平钝，后几齿较突出，后侧缘内凹；螯足不对称，腕节具 2 个瘤突，内末角具 2 钝齿，掌部瘦长，指尖爪状；步足前节和腕节具疣突。

颜色： 体色多变，头胸甲灰白色、青绿色或灰紫色，具深浅不一的不规则斑纹；螯足同头胸甲颜色，两指黑色；步足白色，具暗色环纹。

生活习性： 栖息于珊瑚礁碎石下。

垂直分布： 潮下带浅水。

地理分布： 台湾、海南；印度－西太平洋。

易见度： ★★☆☆☆

语源： 属名源于 *eu+Xanthus*（扇蟹属），直译为真扇蟹。种本名源于拉丁语 *exsculptus*，意为雕刻的。

①②海南三亚

颗粒仿权位蟹 *Medaeops granulosus* (Haswell, 1882)

颗粒仿权蟹（台）

体型： 雄 CW：25.65 mm，CL：17.25 mm。

鉴别特征： 头胸甲六边形，前 2/3 表面隆起，分区清晰，前半部各小区具多条横行颗粒隆线，鳃区侧部具分散颗粒；额分 2 叶，每叶背缘具颗粒；前侧缘（除外眼窝齿外）4 齿，第 1、第 4 齿低小，第 2、3 齿较宽，各齿表面及前、后缘均具明显颗粒；螯足不对称，长节背缘具颗粒列，长节外侧面、腕节外侧面及背面、掌部背面均具颗粒突起及凹陷，掌部外侧面覆有均匀颗粒突起；步足具隆脊。

颜色： 全身黄褐色；螯足两指棕色；步足具环纹。

生活习性： 栖息于岩礁碎石间。

垂直分布： 低潮带至潮下带浅水。

地理分布： 福建、台湾、广东、香港、海南；印度－西太平洋。

易见度： ★★★★★

语源： 属名源于 *Medaeus*（权位蟹属）+*ops*，形容本属近似于权位蟹属。种本名源于拉丁语 *granul*，意为颗粒。

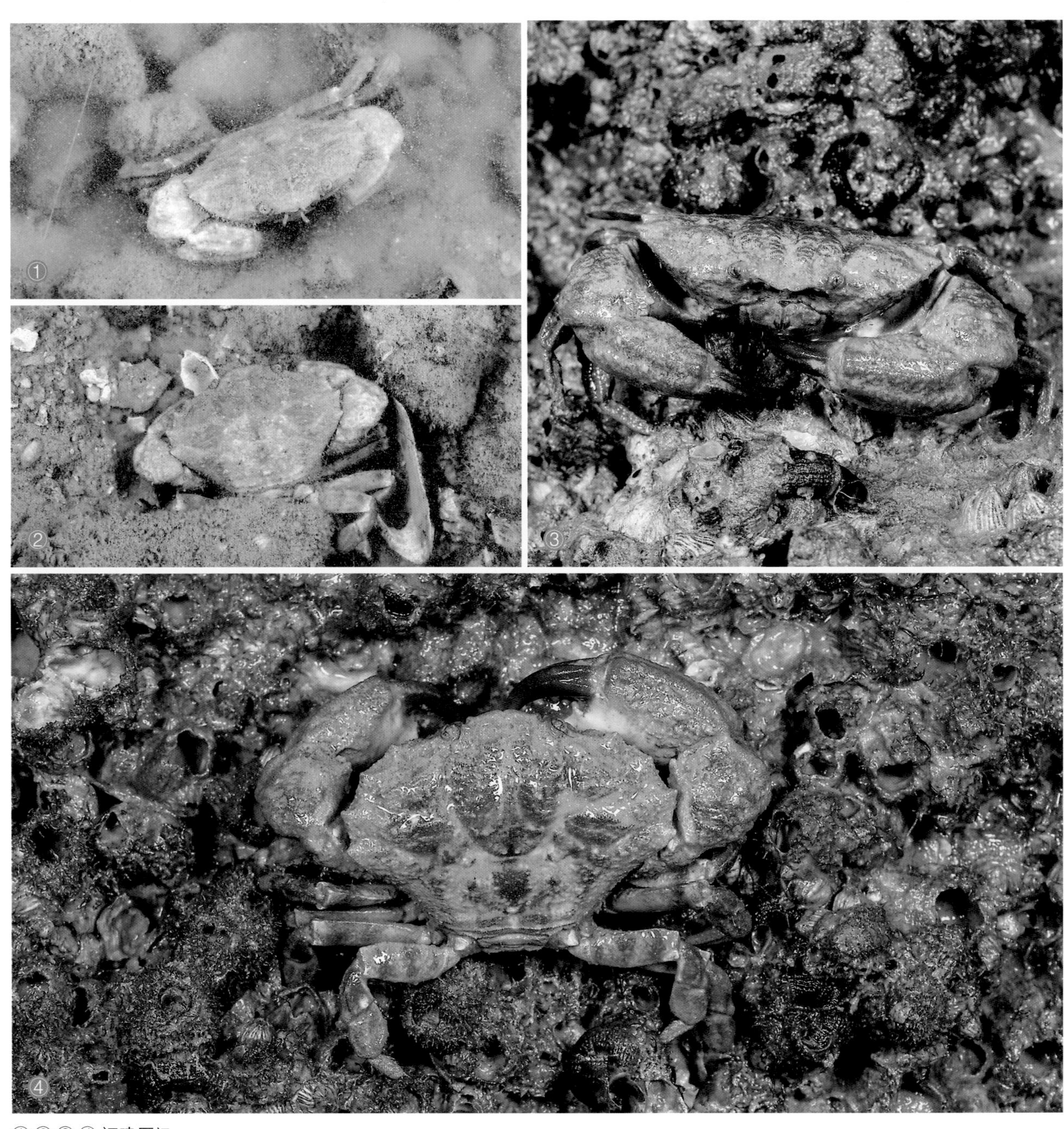

①②③④ 福建厦门

克劳蟹亚科 Kraussiinae

整洁柱足蟹 *Palapedia integra* (De Haan, 1835)

完整铲足蟹（台）

体型： 雄 CW：11.4 mm，CL：10 mm。
鉴别特征： 头胸甲近圆形，表面光滑无毛，稍隆起，前部边缘附近表面均具鳞片状结节，沿头胸甲一圈分布丝状刚毛；额缘具锐锯齿，中央具 1 浅缺刻；眼小；前侧缘前 1/3 具小缺刻，边缘钝锯齿状，后侧缘轻微凹入；螯足近对称，腕节和掌部背面具颗粒，掌部外侧面具鳞状刻纹；步足指节刀片状，背缘具颗粒，各节背腹缘均具绒毛。
颜色： 全身乳白色，具淡红色花纹。
生活习性： 栖息于珊瑚礁碎石下。
垂直分布： 潮下带浅水。
地理分布： 福建、台湾、海南；西太平洋、东印度洋。
易见度： ★★☆☆☆
语源： 属名为拉丁语 *palaris+pedis*，意为柱状足。种本名源于拉丁语 *integra*，意为完整的。

①②海南三亚

花瓣蟹亚科 Liomerinae

带掌花瓣蟹 *Liomera cinctimanus* (White, 1847)

体型： 雄 CW：63.2 mm，CL：35.6 mm；雌 CW：35.9 mm，CL：19.4 mm。

鉴别特征： 头胸甲扇形，表面隆起，光滑，分区模糊；额分 2 叶，稍突出，约为头胸甲宽的 1/4；前侧缘（除外眼窝齿外）具 4 平叶；螯足短小，对称，表面具凹点；步足长节前缘圆钝。

颜色： 全身深红色或暗红色，头胸甲前侧缘、眼眶、螯足及步足关节处橙色；螯足两指棕色。

生活习性： 栖息于珊瑚礁缝隙间。

垂直分布： 低潮带至潮下带浅水。

地理分布： 台湾、海南；印度－西太平洋。

易见度： ★★☆☆☆

语 源： 属名为希腊语 *leios*+*meros*，意为光滑的大腿，中文名形容头胸甲形状酷似花瓣。种本名源于拉丁语 *cinctus*+*manus*，意为掌部带有花纹。

① 海南三亚 / 稚蟹　② ③ 海南三亚

爱氏花瓣蟹 *Liomera edwarsi* Kossman, 1877

体型： 雌 CW：16.31 mm，CL：10.18 mm。

鉴别特征： 头胸甲扇形，表面稍隆起，光滑，或稍具颗粒，在侧缘附近颗粒明显，前部分区被浅沟分隔为小区，胃区和鳃区之间被斜向的沟隔开；额分 2 叶，边缘平直，约为头胸甲宽的 1/3；前侧缘（除外眼窝齿外）具 4 圆叶，第 1 叶极小，与外眼窝齿相连，后 3 叶之间由延伸至鳃区的横沟分隔；螯足短小，对称，表面具颗粒；步足长节前缘具弱脊。

颜色： 全身红色；头胸甲背面具白色碎斑；螯足同头胸甲颜色，腕节及掌节外侧面具暗黑色小点，两指棕色；步足红色，具白色环纹。

生活习性： 栖息于珊瑚礁缝隙间。

垂直分布： 潮下带浅水。

地理分布： 海南；日本、澳大利亚、所罗门群岛、科摩罗群岛、马达加斯加、吉布提、红海。

易见度： ★★☆☆☆

语源： 种本名以英国海洋生物学家爱德华•爱德华兹（Edward Edwards）的姓氏命名。

①② 海南三亚

光滑花瓣蟹 *Liomera loevis* (A. Milne Edwards, 1873)

体型： 雌 CW：22.85 mm，CL：13.1 mm。

鉴别特征： 头胸甲扇形，表面稍隆起，光滑，分区明显，1M 与 2M、4L 和 5L 与 6L 相连，2L 与 3L、2L 与 5L 间具浅沟；额宽，约为头胸甲宽的 1/4，分 2 叶，边缘平直；前侧缘（除外眼窝齿外）具 4 圆叶，第 1 叶与外眼窝齿微弱隔开，后 3 叶之间由延伸至鳃区的横沟分隔；螯足短小，对称，表面具凹点；步足长节前缘具弱脊。

颜色： 头胸甲乳黄色、橙黄色或橙红色，前侧缘边缘暗红色；螯足暗红色，两指棕色；步足暗红色，具白色环纹。

生活习性： 栖息于珊瑚礁缝隙间。

垂直分布： 低潮带至潮下带浅水。

地理分布： 台湾、海南；印度－西太平洋。

易见度： ★★☆☆☆

语源： 种本名 *loevis* 无任何意义，几乎所有文献引用本种的种本名均为 *laevis*，源于拉丁语 *laev*，意为光滑的。Milne Edwards（1873）描述本种时提到："*Cette espèce est bien distincte de toutes celles du même genre dont elle diffère par sa carapace presque complétement lisse*。（本种与同属其他种类的不同之处在于头胸甲几乎完全光滑）"目前尚不清楚是否是最初发表时将字母 a 错印成了 o。

① ② 海南文昌　　③ 海南三亚

珍珠花瓣蟹 *Liomera margaritata* (A. Milne-Edwards, 1873)

体型： 雄 CW：7.81 mm，CL：4.93 mm。

鉴别特征： 头胸甲扇形，表面密布珠状颗粒，分区明显，2L 纵分为 2 叶，1M 与 2M 内叶愈合，3L、4L 及 1R 与前侧叶愈合，1P 及 2P 清晰可辨；额宽，向下弯曲，边缘具颗粒，中间被一“V”字形缺刻分为 2 叶；前侧缘（除外眼窝齿外）分 4 叶，第 1 叶与外眼窝齿间仅由浅凹相隔，第 2 叶较宽，后 2 叶稍突，后侧缘较光滑，稍凹；螯足粗壮，两指内缘具壮齿；步足前缘具弱脊。

颜色： 全身红色；螯足两指棕色；步足指尖白色。

生活习性： 栖息于珊瑚礁缝隙间。

垂直分布： 低潮带至潮下带浅水。

地理分布： 台湾、广东、广西、海南；日本、韩国、印度尼西亚、新几内亚、新喀里多尼亚、萨摩亚、红海、亚丁湾、马达加斯加。

易见度： ★★☆☆☆

语源： 种本名源于拉丁语 *margarita*，意为珍珠。

①② 广东湛江

脉花瓣蟹 *Liomera venosa* (H. Milne Edwards, 1834)

体型：雄 CW：36.1 mm，CL：20.7 mm。

鉴别特征：头胸甲扇形，表面光滑，分区明显，1M 与 2M 分隔，2M 纵分为 2 叶，2L 与 3L 及 1R 与 2R 分别愈合；额宽，向下弯曲，中间被一缺刻分为 2 宽叶；前侧缘（除外眼窝齿外）分 4 叶，第 2 叶最大，第 3 叶最突出，末叶最小；螯足短小，两指内缘具壮齿；步足长节前缘不具隆脊。

颜色：全身红色；螯足两指白色；步足指尖白色。

生活习性：栖息于珊瑚礁缝隙间。

垂直分布：中潮带至潮下带浅水。

地理分布：台湾、广东、广西、海南；西太平洋。

易见度：★★☆☆☆

语源：种本名源于拉丁语 *ven*，意为脉状，形容头胸甲小区间的沟。

备注：本种易与光滑花瓣蟹 *L. loevis* 相混淆，区别在于本种 2M 纵分为 2 叶，后者 2M 完整。

①② 海南儋州

海岛新花瓣蟹 *Neoliomera insularis* (Adams *et* White, 1849)

体型： 雄 CW：19 mm，CL：10.9 mm。

鉴别特征： 头胸甲宽卵圆形，表面稍隆起，光滑，分区不甚显著；额分 2 叶，稍突，约为头胸甲宽的 1/3；前侧缘隆脊形，和鳃区之间被宽浅的沟分隔，（除外眼窝齿外）前部具 3 宽圆叶，相互之间被浅凹分隔，第 1 叶和外眼窝角之间具宽而弯曲的凹陷分隔，第 4 叶最小，稍尖锐，后 3 叶内方由延伸至鳃区的浅横沟分隔；螯足短小，近对称，腕节内末角具 2 钝齿，可动指具有隆线；步足长节背缘具弱脊，腕节和前节背缘具有厚脊。

颜色： 全身红色；螯足两指棕色，切割缘白色。

生活习性： 栖息于珊瑚礁缝隙间。

垂直分布： 潮下带浅水。

地理分布： 海南；日本、菲律宾、澳大利亚、法属波利尼西亚。

易见度： ★☆☆☆☆

语源： 属名源于 *neo+Liomera*（花瓣蟹属），直译为新花瓣蟹。种本名源于拉丁语 *insularis*，意为海岛。

①②海南三亚

痘粒新花瓣蟹 *Neoliomera variolosa* (A. Milne-Edwards, 1873)

体型： 雄 CW：27.75 mm，CL：17.85 mm。

鉴别特征： 头胸甲横卵形，表面隆起，前部表面覆盖突出的珠状颗粒和毛，分区明显，所有分区都被浅沟分隔为小区，前鳃区较完整；额分 2 叶，前部隆起，约为头胸甲宽的 1/3；前侧缘（除外眼窝齿外）具 4 枚扁圆的叶状齿，第 1 齿和外眼窝齿稍有浅沟隔开，后 3 叶之间由延伸至鳃区的横沟分隔；螯足对称，表面具细颗粒，腕节和掌部具不规则隆块，隆块表面覆有珠状颗粒，指尖匙状；步足前缘具珠状颗粒。

颜色： 全身橙色至橙红色，头胸甲额区及前侧缘、螯足及步足背缘的颗粒红色；螯足两指浅棕色。

生活习性： 栖息于珊瑚礁缝隙间或碎石下。

垂直分布： 低潮带至潮下带浅水。

地理分布： 海南；马来西亚、印度尼西亚、新喀里多尼亚、萨摩亚、法属波利尼西亚

易见度： ★★☆☆☆

语源： 种本名源于拉丁语 *variolat*，意为有痘斑的。

①② 海南三亚

多附蟹亚科 Polydectinae

花纹细螯蟹 *Lybia tessellata* (Latreille in Milbert, 1812)

体型： 雌 CW：7.71mm，CL：6.39 mm。

鉴别特征： 头胸甲圆方形，背面隆起、光滑，额后叶和胃区两侧具成束刚毛；额宽，额缘钝切，中部被一“V”字形浅凹分为 2 平叶；前侧缘短于后侧缘，末部具 1 小锐刺；螯足细小，掌部细瘦，两指间具 1 团绒毛，两指内缘具 7 ~ 8 齿；步足细长，具长刚毛，末 3 节显著。

颜色： 身体橘红色，被黑色网纹分开，有的区域颜色稍浅，螯足和步足具有黑色和白色环带。

生活习性： 珊瑚礁浅水，经常躲藏在石珊瑚缝隙中，用螯足抓紧海葵摇晃，黏附食物。该种常和海葵共生，通常为伸长三带海葵（*Triactis producta*）以及绿海葵（*Sagartia* spp.）。

垂直分布： 潮下带浅水。

地理分布： 海南；印度 - 太平洋。

易见度： ★★☆☆☆

语源： 属名来源不详。种本名源于拉丁语 *tessella*，意为棋盘格，形容身体表面的花纹。

① 印度尼西亚图兰本 / –20 m / 张帆

扇蟹亚科 Xanthinae

浆果鳞斑蟹 *Demania baccalipes* (Alcock, 1898) 毒

体型： 雄 CW：64.2 mm，CL：49 mm。

鉴别特征： 头胸甲六边形，表面平滑，分区沟明显，小区表面被光滑颗粒覆盖；额窄，分 2 叶，每叶端部具浅弧形凹陷，小于头胸甲宽的 1/4；前侧缘（除外眼窝齿外）具 4 叶状齿，钝角状；螯足稍不对称，各节背面及外侧面覆盖许多圆钝颗粒，腕节内末角具 2 钝齿；步足各节具圆钝突起，指节密布绒毛。

颜色： 头胸甲棕红色或红褐色，具暗红色大斑；螯足与头胸甲同色，两指基部棕色，端部白色；步足灰白色，具红褐色环纹。

生活习性： 栖息于碎石或泥沙质水底。

垂直分布： 低潮带至潮下带浅水。

地理分布： 福建、台湾、广东、广西、海南；印度 – 西太平洋。

易见度： ★★★★☆

语源： 属名以荷兰动物学家约翰尼斯 • 韦尔蒂 • 德曼（Johannes Govertus de Man）的姓氏命名，中文名形容本属头胸甲上似鳞片状的斑纹。种本名源于拉丁语 *bacca+pes*，形容本种步足上有似浆果般的突起。

备注： 本种与雷氏鳞斑蟹 *D. reynaudi* 极为相似，雄性 G1 无显著差异，区别在于本种 1P 和 3R 区较为平滑，而后者具显著的突起。两者未来有可能被合并为一种（Ng *et* Yang, 1989）。

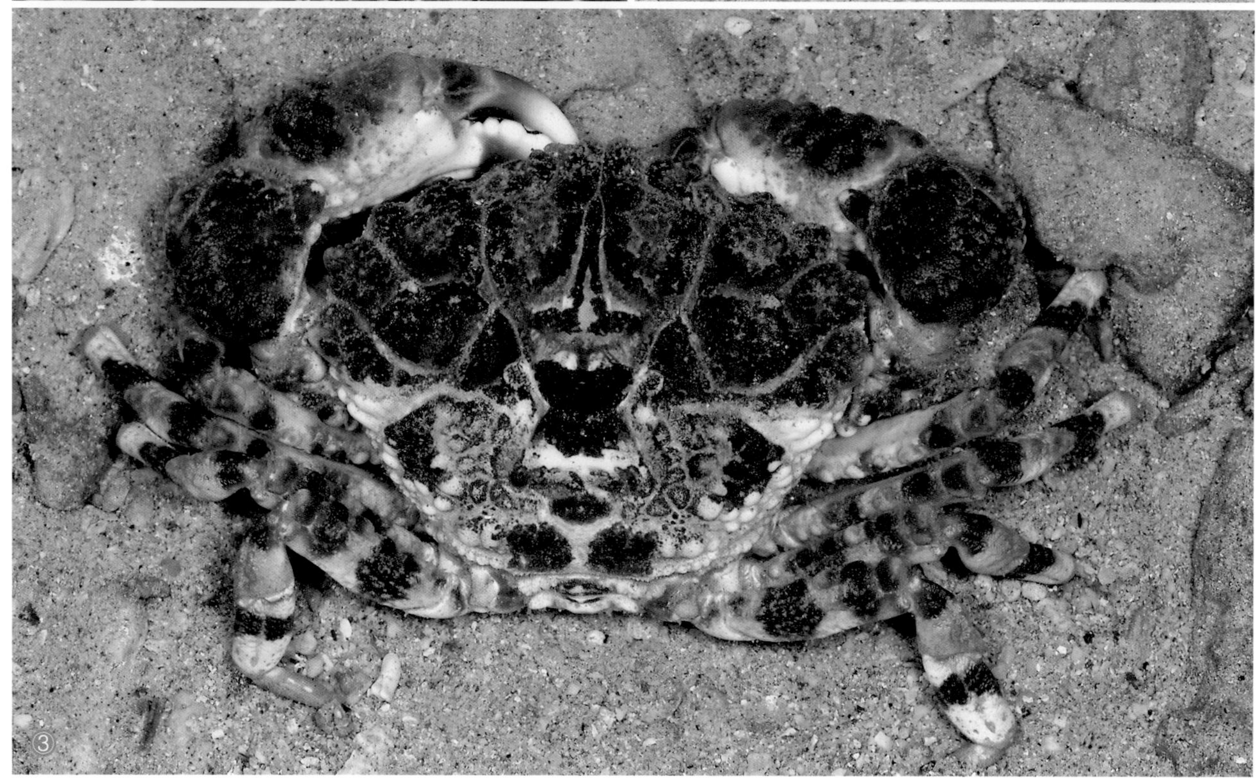

① 福建厦门 / 刘毅　② ③ 海南三亚

粗糙鳞斑蟹 *Demania scaberrima* (Walker, 1887) 

粗棘鳞斑蟹（台）

体型： 雄 CW：38.8 mm，CL：28.3 mm。

鉴别特征： 头胸甲六边形，表面隆起，分区明显，小区表面具鳞状突起；额窄，分 2 叶，约等于甲宽的 1/4；前侧缘（除外眼窝齿外）具 4 齿，第 1 齿低平不显著，第 2 齿较突出，第 3 齿大，末齿尖锐；螯足稍不对称，长节背缘具齿状颗粒，腕节背面具鳞状颗粒，内末角具上、下 2 齿，掌部背面及外侧面具纵行排列的鳞状颗粒，内侧面具低平而稀疏的颗粒，可动指背缘基部具 2 齿；步足除指节外，各节背缘具锯齿，指节前后缘具短毛。

颜色： 头胸甲浅黄色或黄褐色，具红褐色大斑；螯足与头胸甲同色，腕节外侧面、掌部背缘基部的突起及可动指基部红褐色，两指白色；步足白色，具红褐色环纹。

生活习性： 栖息于碎石或泥沙质水底。

垂直分布： 潮下带浅水。

地理分布： 浙江、福建、台湾、广东、香港、广西、海南；印度－西太平洋。

易见度： ★★★★★

语源： 种本名源于拉丁语 *scaber+rimus*，意为粗糙的棘刺。

① ② 海南陵水

双齿毛足蟹 *Lachnopodus bidentatus* (A. Milne Edwards, 1867)

体型： 雄 CW：10.35 mm，CL：6.84 mm。

鉴别特征： 头胸甲横卵形，表面平滑，前部具小凹点，分区明显；额略窄，中间由一浅“V”字形缺刻分为 2 叶；前侧缘（除外眼窝齿外）具 4 叶状齿，第 1 叶平钝，第 3 叶最突出，末叶最小，第 2、第 3 叶之间具 1 斜沟；螯足粗壮，不对称，腕节内末角具 2 钝齿，掌部外侧面近背缘处具 1 浅纵沟；步足背缘密布绒毛。

颜色： 全身红褐色至棕褐色；螯足两指黑色。稚蟹颜色略浅。

生活习性： 栖息于珊瑚礁缝隙间或碎石下。

垂直分布： 中潮带至潮下带浅水。

地理分布： 台湾、海南；西太平洋、东印度洋。

易见度： ★★★★★

语源： 属名源于希腊语 *lachnos+podos*，意为毛足。种本名源于拉丁语 *bi+dentatus*，意为双齿。

① 海南三亚 / 亚成体　② ③ 海南三亚

次锐毛足蟹 *Lachnopodus subacutus* (Stimpson, 1858)

体型： 雄 CW：22.8 mm，CL：14.6 mm；雌 CW：19.7 mm，CL：12.4 mm。

鉴别特征： 头胸甲横卵形，表面平滑，前部具小凹点，分区明显；额略窄，中间由一浅“V”字形缺刻分为 2 叶；前侧缘（除外眼窝齿外）具 4 叶状齿，第 1 、第 2 叶平钝，第 3 叶较锐突，末叶最小，第 2、第 3 叶之间具 1 斜沟；螯足粗壮，不对称，腕节内末角具 2 钝齿，掌部外侧面近背缘处具 1 浅纵沟；步足边缘具有刚毛。

颜色： 颜色多变，全身紫褐色至棕褐色；螯足两指黑色；稚蟹颜色略浅，有时身体白色，步足红色。

生活习性： 栖息于珊瑚礁缝隙间或碎石下。

垂直分布： 中潮带至潮下带浅水。

地理分布： 台湾、海南；印度 - 西太平洋。

易见度： ★★★★★

语源： 种本名源于拉丁语 *sub+acta*，意为稍微尖锐的。

备注： 本种与前种双齿毛足蟹 *L. bidentatus* 常同域分布，形态相似，但次锐毛足蟹的额区稍窄，表面分区稍清晰。另外，次锐毛足蟹的体色较为多变，而双齿毛足蟹通常颜色均为棕红色。

①②③ 海南三亚

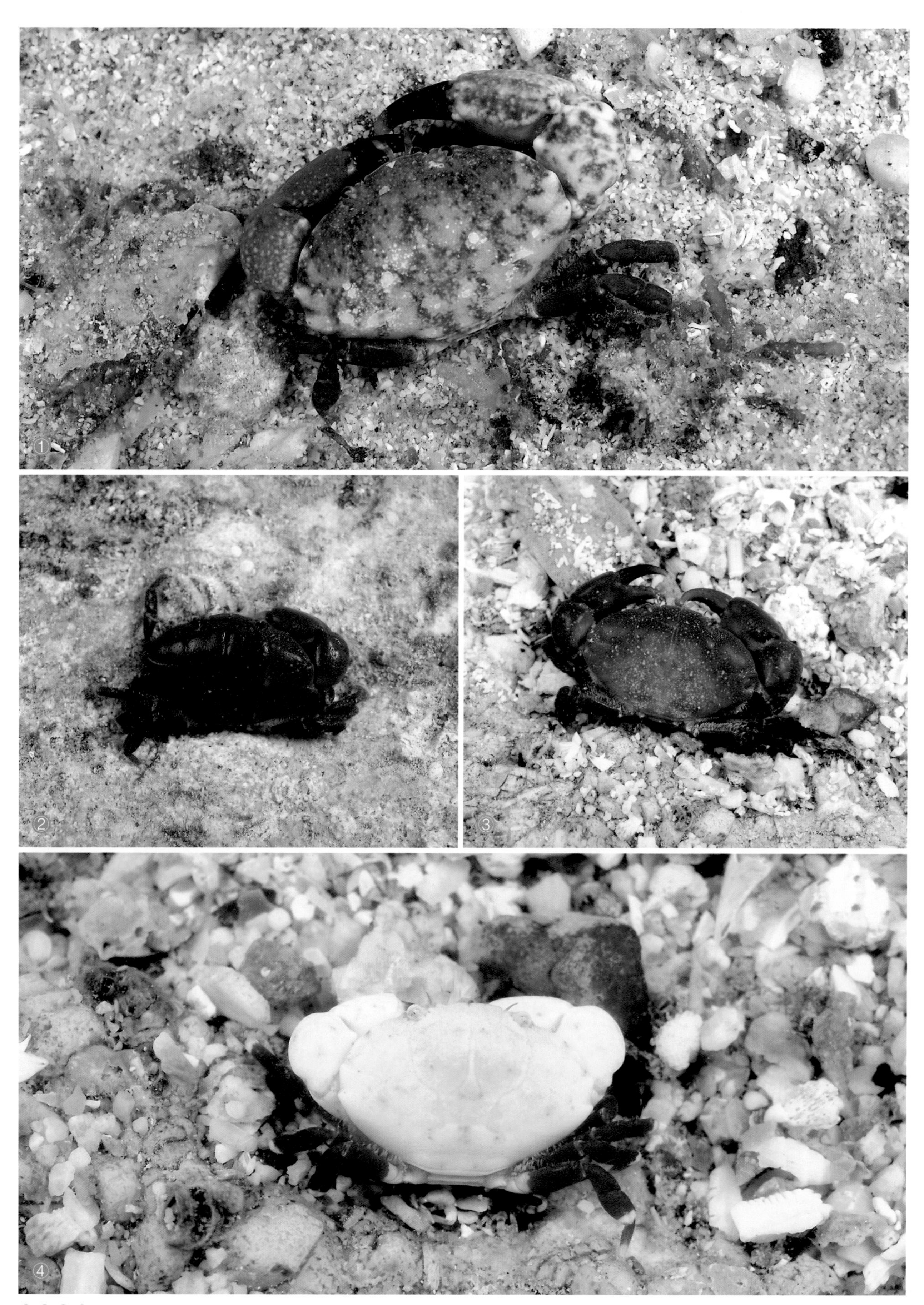

①②③④ 海南三亚

近缘皱蟹 *Leptodius affinis* (De Haan, 1835)

体型： 雄 CW：22.9 mm，CL：15.1 mm；雌 CW：17.4 mm，CL：11.6 mm。

鉴别特征： 头胸甲横卵形，分区明显，具颗粒；额较宽，约为头胸甲宽的 1/3，不甚突出，分 2 叶，各叶前缘浅凹；前侧缘（除外眼窝齿外）具 4 齿，第 1 齿小而平钝，几乎不可辨，第 2 齿宽大，第 3 齿小，比前齿突出，末齿最小，但最突出。

颜色： 体色多变，全身白色、灰白色、灰绿色至深褐色等；头胸甲具或不具斑纹。

生活习性： 栖息于珊瑚礁碎石下。

垂直分布： 中潮带至潮下带浅水。

地理分布： 浙江、福建、台湾、广东、香港、广西、海南；西太平洋、萨摩亚、斐济、加罗林群岛、瑙鲁、马绍尔群岛、土阿莫土群岛、帕劳、北马里亚纳群岛、新喀里多尼亚、法属波利尼西亚、东印度洋。

易见度： ★★★★★

语源： 属名源于希腊语 *leptos*，意为瘦小的，中文名形容本属头胸甲具褶皱。种本名源于拉丁语 *affinis*，意为相关的、邻近的。

备注： 本种是皱蟹属分布最广、最为常见的种类，体色十分多变，头胸甲表面较光滑及前侧缘（除外眼窝齿外）具 4 个较低平的叶是本种区别于其他种的主要特征。

① 广东深圳　② ③ 海南三亚

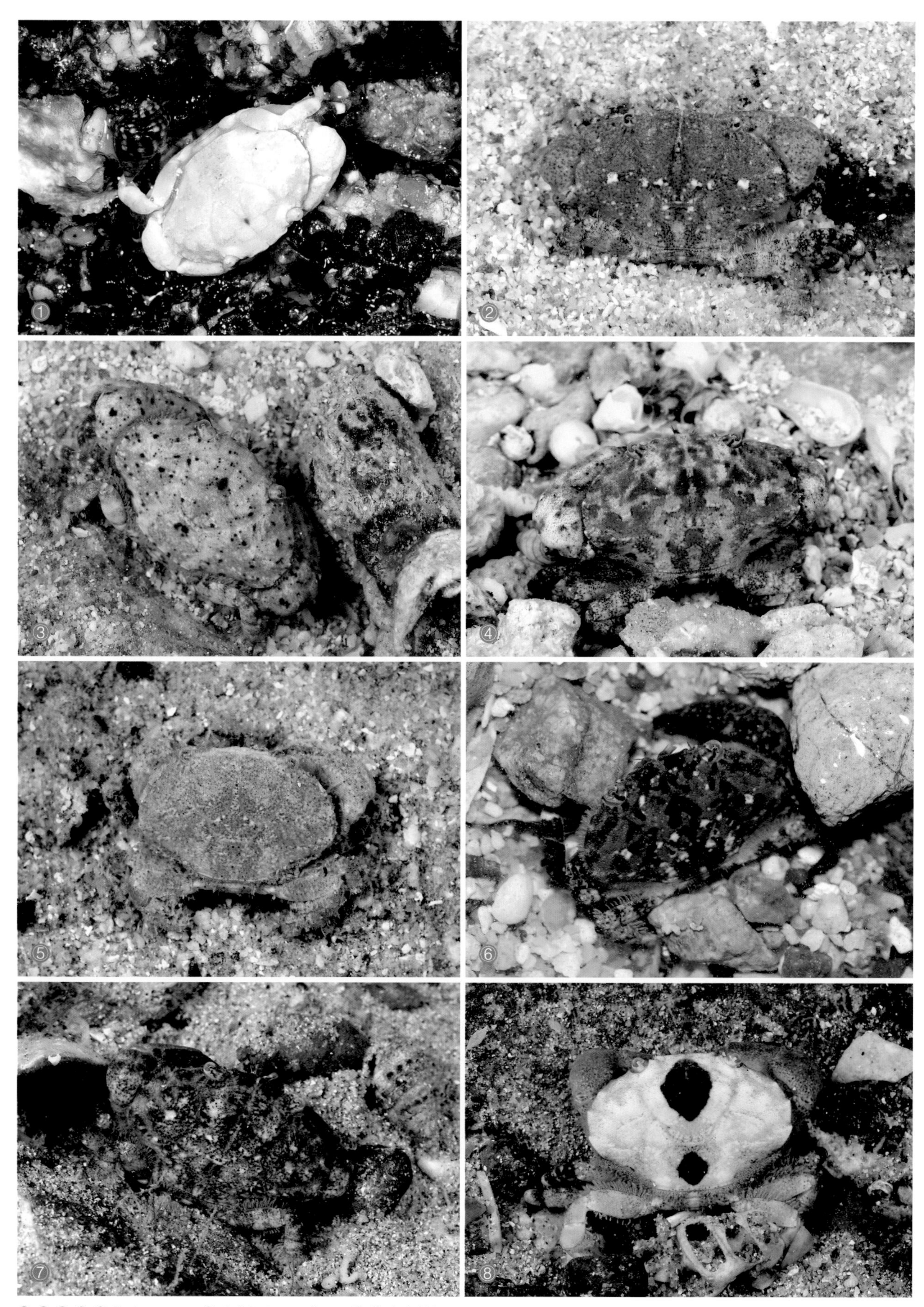

①②③④⑤ 海南三亚　　⑥ 广东深圳 / 严莹　　⑦⑧ 广东徐闻

南方皱蟹 *Leptodius australis* Ward, 1936

体型： 雄 CW：17.84 mm，CL：10.8 mm。
鉴别特征： 头胸甲横卵形，前 2/3 分区显著，表面具平钝的颗粒；额下弯，不甚突出，约为头胸甲宽的 1/3，由“V”字形缺刻分为 2 叶；前侧缘（除外眼窝齿外）具 4 齿，第 1 齿小，其下方具 1 附属小齿，第 2、第 3 齿宽大，末齿最小。
颜色： 体色多变，全身灰白色、灰绿色至深褐色或蓝色等；头胸甲多具不规则的浅色斑纹，有时具暗褐色斑点。
生活习性： 栖息于珊瑚礁碎石下。
垂直分布： 中潮带至潮下带浅水。
地理分布： 海南；菲律宾、澳大利亚。
易见度： ★★★★★
语源： 种本名源于拉丁语 *australis*，意为南方的。

① ② 海南三亚

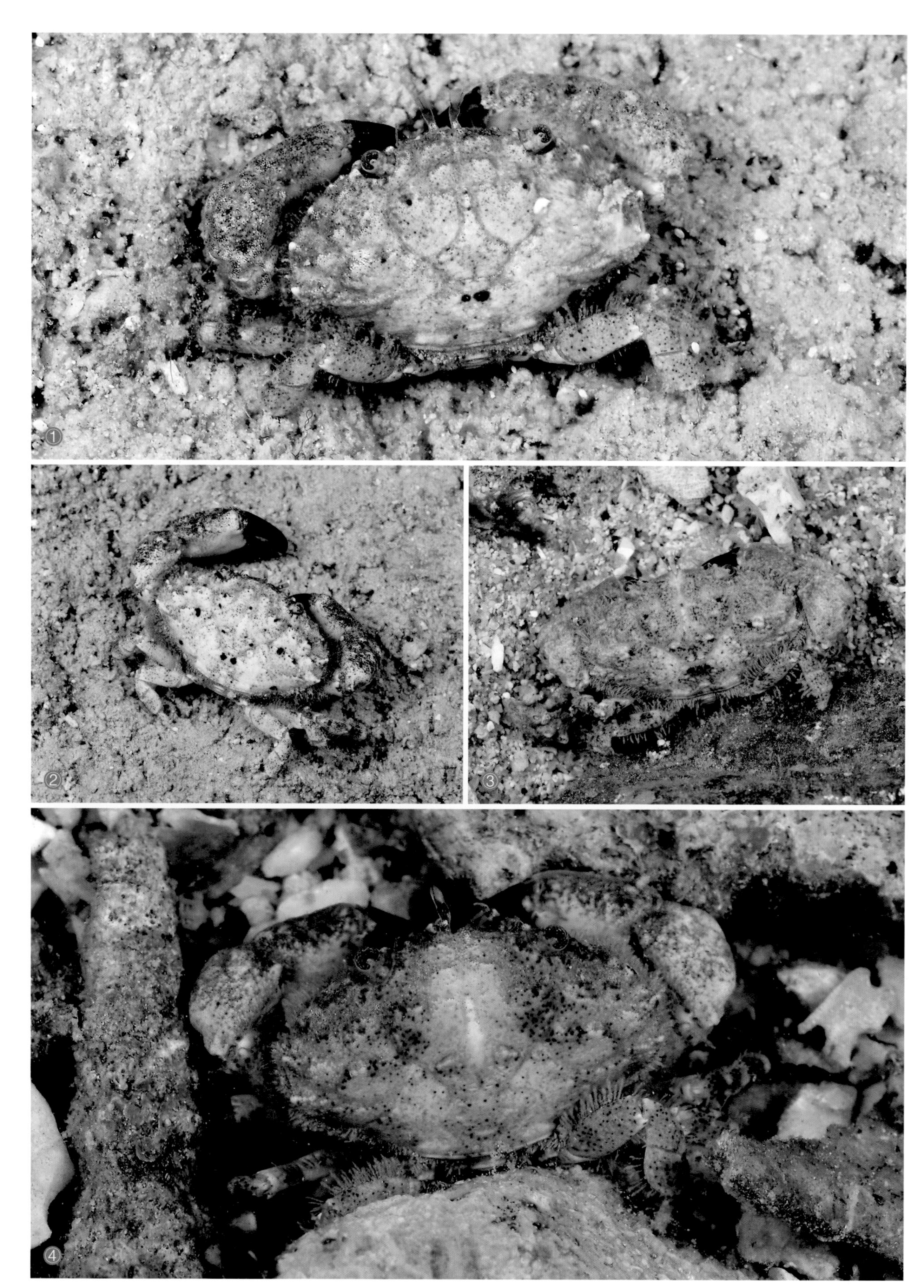

① ② ③ ④ 海南三亚

达沃皱蟹 *Leptodius davaoensis* Ward, 1941

体型： 雄 CW：19.34 mm，CL：12.54 mm。

鉴别特征： 头胸甲六边形，前 2/3 分区显著，表面具颗粒；额突出，下弯，约为头胸甲宽的 1/3，由一“Y”字形缺刻分为 2 叶；前侧缘（除外眼窝齿外）具 4 齿，第 1 齿小，其下方具 1 附属小齿，第 2、第 3 齿大，末齿最小，其后具 1 隆起，雄性大个体隆起形成显著的第 5 齿。

颜色： 体色多变，全身黄褐色至深褐色等；头胸甲具不规则、深浅不一的斑纹。

生活习性： 栖息于珊瑚礁碎石下。

垂直分布： 中潮带至潮下带浅水。

地理分布： 海南；菲律宾、马来西亚、新加坡、印度尼西亚。

易见度： ★★★★★

语源： 种本名源于模式产地菲律宾达沃（Davao）。

备注： 本种易与南方皱蟹 *L. australis* 相混淆，但本种额较后者突出，中央具一“Y”字形缺刻。

①②海南三亚

裸足皱蟹 *Leptodius nudipes* (Dana, 1852)

体型：雄 CW：18.6 mm，CL：11.9 mm。

鉴别特征：头胸甲横卵形，前 2/3 分区显著，表面具颗粒；额突出，下弯，约为头胸甲宽的 1/3，由"V"字形缺刻分为 2 叶；前侧缘（除外眼窝齿外）具 4 叶状齿，每叶前后均具附属小齿。

颜色：体色多变，头胸甲黄褐色至褐色，有时具对称分布的暗褐色斑纹；螯足两指黑色。

生活习性：栖息于珊瑚礁碎石下。

垂直分布：中潮带至潮下带浅水。

地理分布：台湾、海南；西太平洋、东印度洋。

易见度：★★★★★

语源：种本名源于拉丁语 *nud+pes*，意为裸露的步足。

备注：本种与其他近似种的区别在于前侧缘齿均具附属小齿。

① 海南文昌　② 海南三亚

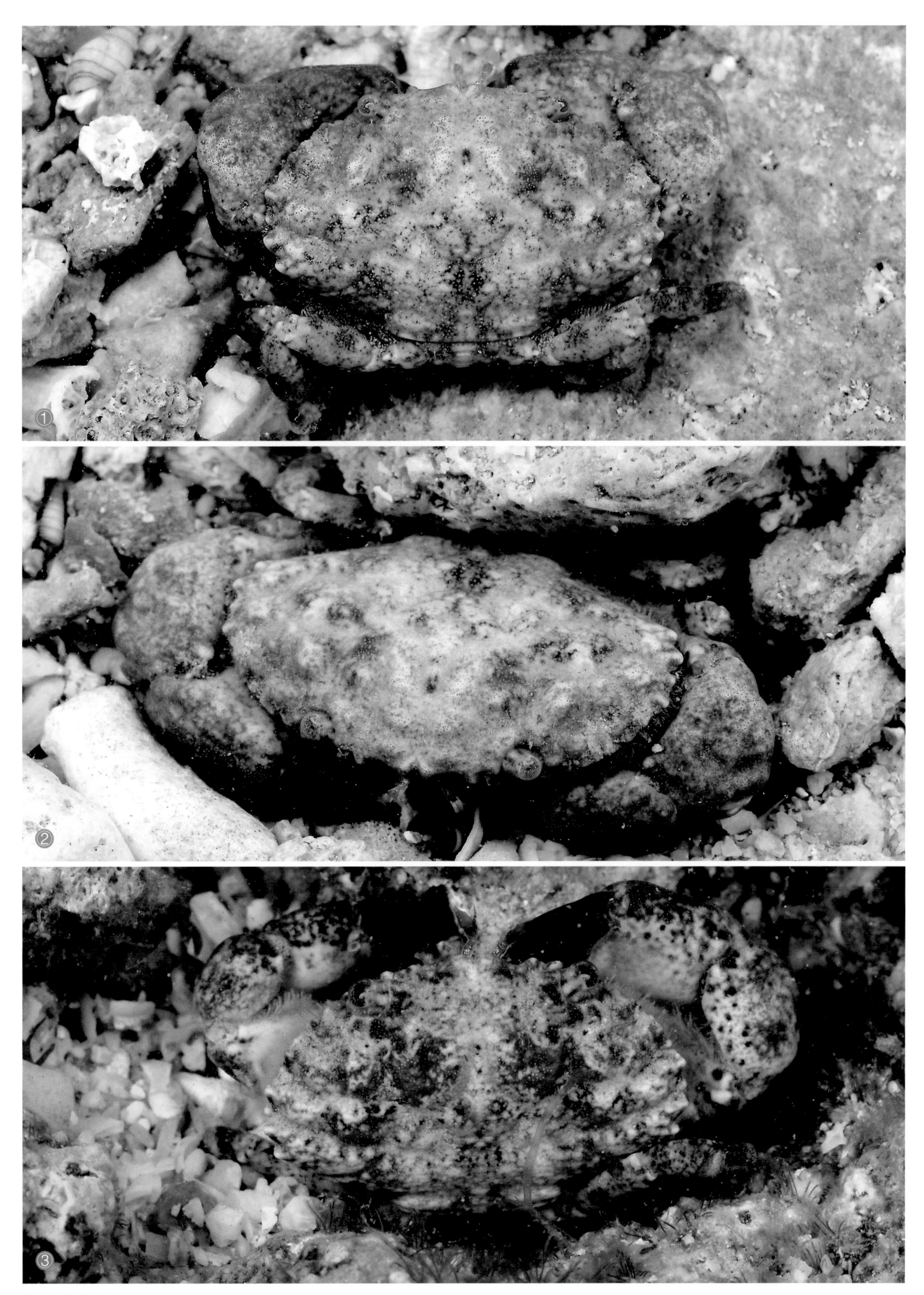

①②③ 海南三亚

肉球皱蟹 *Leptodius sanguineus* (H. Milne Edwards, 1834)

血红皱蟹（台）

体型：雄 CW：42.5 mm，CL：25.4 mm。

鉴别特征：头胸甲横卵形，前 2/3 分区显著，表面较平滑；额不甚突出，约为头胸甲宽的 1/3，由“V”字形缺刻分为 2 叶；前侧缘（除外眼窝齿外）具 5 叶状齿，第 1 齿下方具 1 附属小齿，第 2 齿较大，第 3、第 4 齿大而突出，末齿最小。

颜色：体色多变，全身灰白色、褐色或紫褐色。头胸甲背面具深浅不一的斑块；螯足两指黑色。

生活习性：栖息于珊瑚礁碎石下。

垂直分布：中潮带至潮下带浅水。

地理分布：台湾、海南；印度 - 西太平洋。

易见度：★★★★★

语源：种本名源于拉丁语 *sanguineus*，形容本种身上不规则的红斑，中文名推测是误引用自肉球近方蟹的中文名，实际上本种并无“肉球”这一结构。

备注：相比本属其他种类，本种成年个体体型较大，前侧缘（除外眼窝齿外）具 5 齿，有时易与达沃皱蟹 *L. davaoensis* 混淆，但本种额不甚突出。

① 海南三亚　② 海南文昌

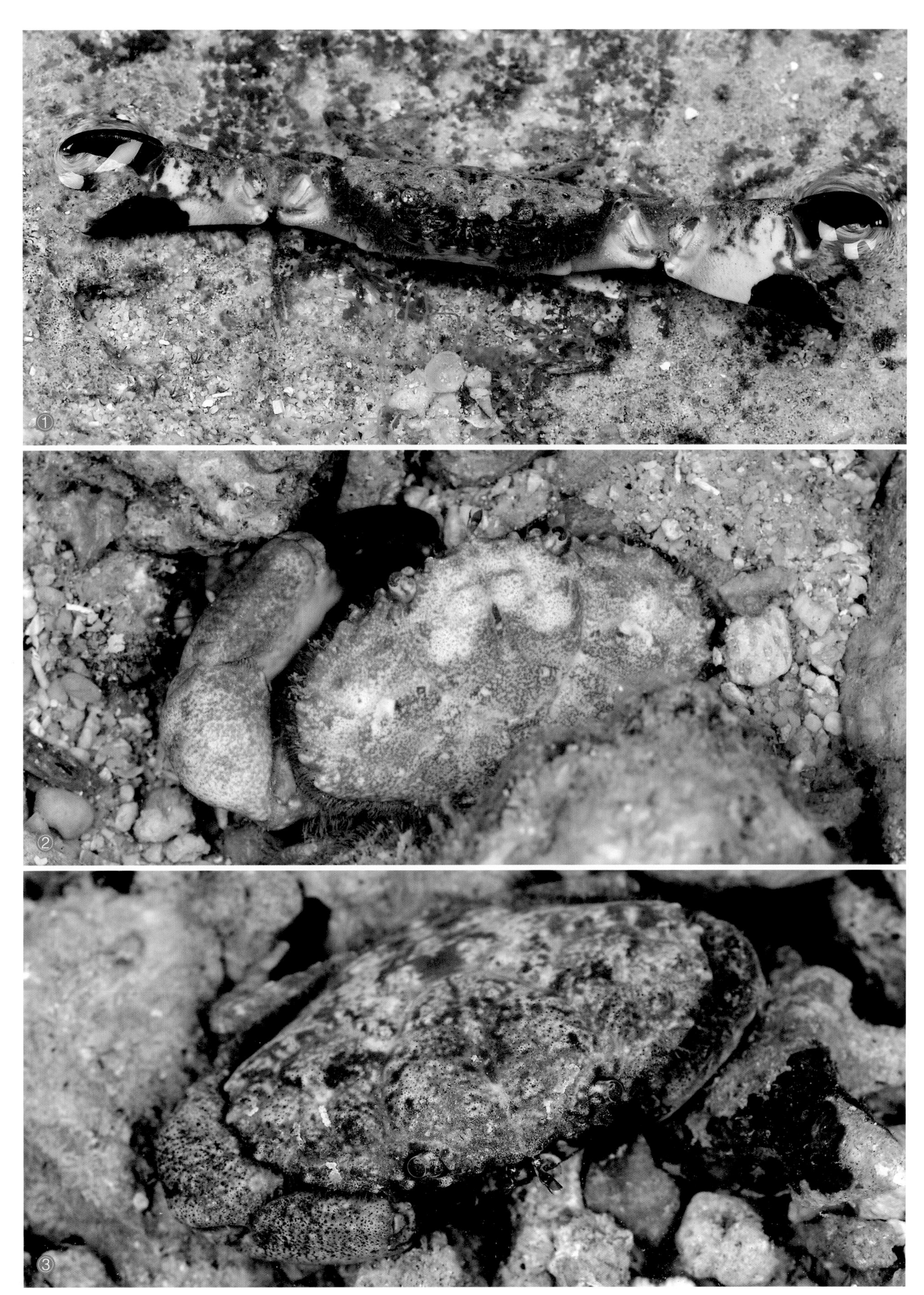

①②③ 海南三亚

红斑斗蟹 *Liagore rubromaculata* (De Haan, 1835)

体型： 雄 CW：22.4 mm，CL：16.1 mm。

鉴别特征： 头胸甲横卵形，表面光滑隆起，具细微凹点，分区模糊；额分 2 叶，宽而平钝；前侧缘光滑无齿；螯足稍不对称，光滑，腕节背面具褶皱和不规则突起，内末角钝而突出；步足瘦长，指节具短毛。

颜色： 全身灰白色或略具淡红色，散布对称分布的红色圆斑。

生活习性： 栖息于珊瑚礁或泥沙质浅水，常见于近海拖网渔获物中。

垂直分布： 潮下带浅水。

地理分布： 浙江、福建、台湾、广东、香港、广西、海南；印度－西太平洋。

易见度： ★★★★★

语源： 属名源于希腊神话中的海仙女 Liagore，她会召集鱼或海军，中文名推测延伸出战斗的含义。种本名源于拉丁语 *rubr+maculata*，意为红斑。

① ② 海南陵水

粗掌大权蟹 *Macromedaeus crassimanus* (A. Milne-Edwards, 1867)

体型： 雄 CW：33.1 mm，CL：20.2 mm；雌 CW：27.6 mm，CL：17.4 mm。

鉴别特征： 头胸甲横卵形，表面轻微隆起，具小坑，分区明显；额窄，约为头胸甲宽的 1/5，分 2 叶，向前突出，外叶宽而突出，看起来额似具 4 叶；前侧缘（除外眼窝齿外）具 5 齿，第 3、第 4 齿最大，末齿小而尖锐；螯足不对称，长节内缘具毛，腕节背面具颗粒，内末角具 1 锐齿，掌部背面具不规则的颗粒；步足具颗粒，前缘具毛，腕节前缘不具显著的突起。

颜色： 体色多变，全身乳白色或青灰色；头胸甲背面具深色花纹；螯足两指黑色；步足具暗色环纹。

生活习性： 栖息于珊瑚礁缝隙间或碎石下。

垂直分布： 中潮带至潮下带浅水。

地理分布： 台湾、海南；印度－西太平洋。

易见度： ★★★☆☆

语源： 属名源于希腊语 *makros*+*Medaeus*（权位蟹属），直译为大权蟹。种本名源于拉丁语 *crassus*+*manus*，意为粗掌。

备注： 大权蟹属易与皱蟹属 *Leptodius* 相混淆，外观上很难区分两属。两属区别在于：① 大权蟹属第 2 触角基节短粗，直，几乎不穿过眼眶，而皱蟹属触角基节细长，倾斜，多少穿过眼眶；② 大权蟹属触角窝宽，而皱蟹属触角窝狭长；③ 大权蟹属第 3 颚足长节长宽近相等，而皱蟹属第 3 颚足长节明显宽大于长，外角具 1 突起；④ 大权蟹属雄性 G1 末端粗壮，而皱蟹属雄性 G1 末端细长，边缘具蘑菇状或舌状突起。

①②③ 海南三亚

特异大权蟹 *Macromedaeus distinguendus* (De Haan, 1835)

体型： 雄 CW：28.6 mm，CL：18.4 mm。

鉴别特征： 头胸甲六边形，表面具颗粒，颗粒排列成脊，分区明显；额窄，分 2 叶，约为头胸甲宽的 1/4，向前突出，外叶宽而突出，看起来额似具 4 叶；前侧缘（除外眼窝齿外）具 5 齿，第 1 齿小，第 2、第 3 齿宽，端部锐，末齿三角形；螯足不对称，长节，腕节内末角具 1 钝齿；长节外侧面具颗粒，内缘具短毛，腕节背面具不规则突起，内末角具 1 钝齿，掌部背外侧面具颗粒及不规则的突起；步足具颗粒，长节前缘具毛，腕节前缘具 3 个波浪状突起。

颜色： 体色多变，全身乳白色、青灰色或黄褐色；头胸甲背面多具深色花纹；螯足两指黑色。

生活习性： 栖息于岩礁缝隙间或碎石下。

垂直分布： 中潮带至潮下带浅水。

地理分布： 中国沿海广布；日本、韩国、法属波利尼西亚（塔希提岛）、帕劳、墨吉群岛。

易见度： ★★★★★

语源： 种本名源于拉丁语 *distinguendus*，意为分开的、有区别的。

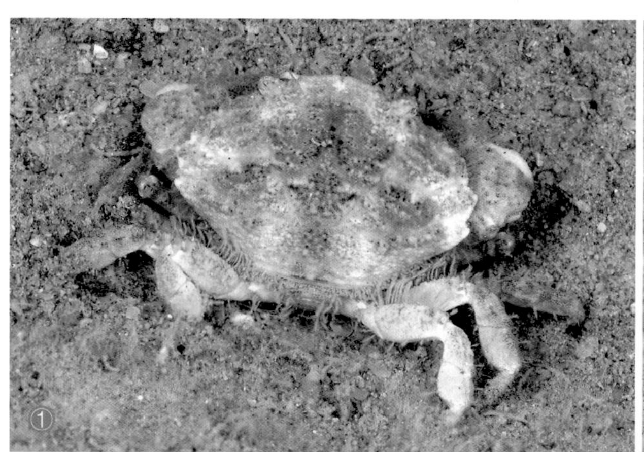

①② 浙江象山　③ 辽宁大连

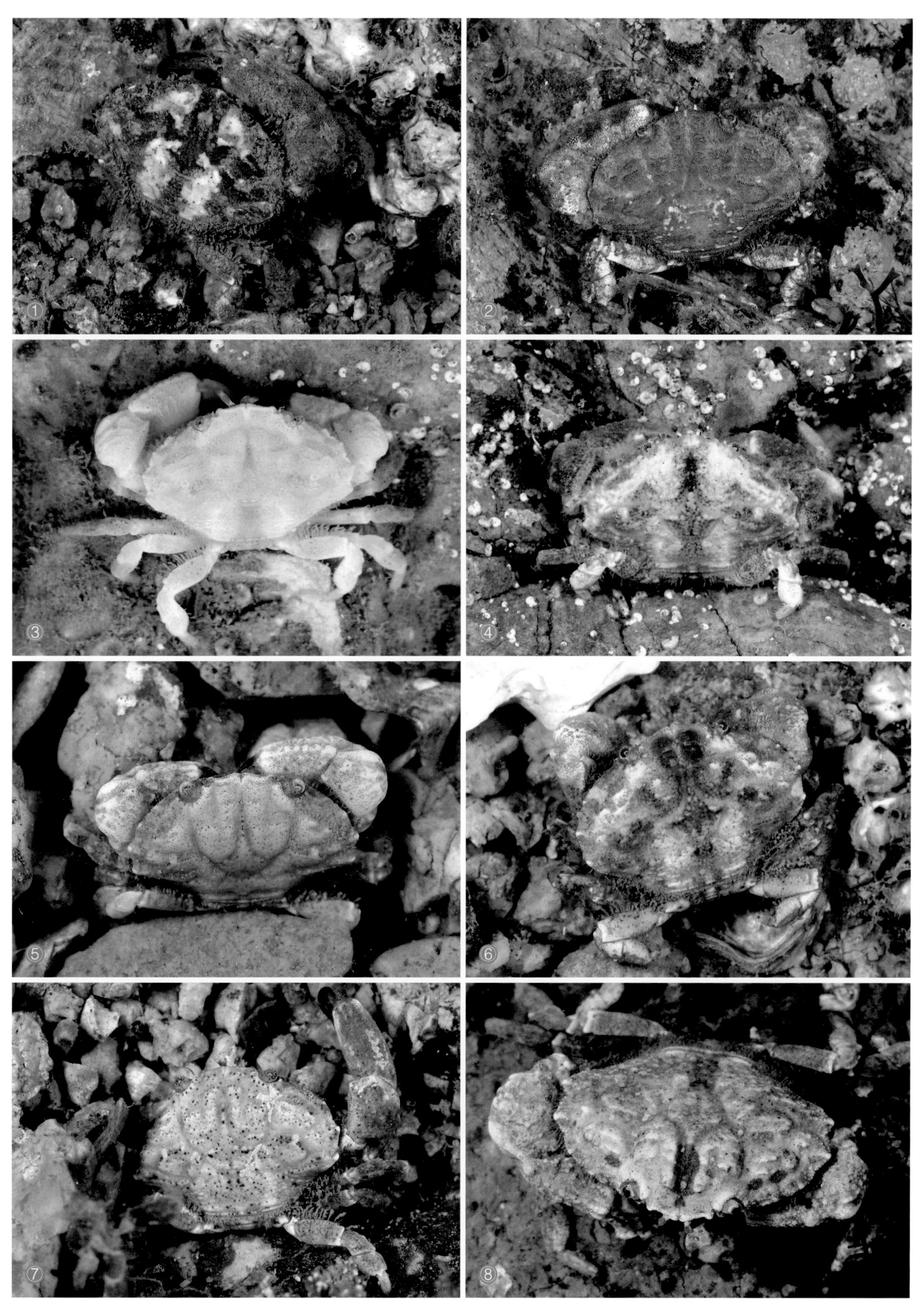

①②③④⑤⑥⑦ 山东青岛　　⑧ 辽宁大连

东方大权蟹 *Macromedaeus orientalis* (Takeda *et* Miyake, 1969)

体型： 雄 CW：6.85 mm，CL：4.43 mm。

鉴别特征： 头胸甲横卵形，表面具小颗粒，颗粒排列成横线，分区明显；额分 2 叶，约为头胸甲宽的 1/3；前侧缘（除外眼窝齿外）具 4 齿，边缘具颗粒，第 2 齿最大；螯足不对称，长节外侧面具颗粒，内缘具毛，腕节背面具颗粒及突起，内末角具 1 小齿；步足具尖锐颗粒，边缘具毛。

颜色： 全身黄褐色至棕褐色，头胸甲背面具对称分布的深棕褐色条纹，沿额至心区具 1 白带；螯足与头胸甲同色，两指棕褐色；步足白色，具红褐色环纹。

生活习性： 栖息于珊瑚礁或碎石底。

垂直分布： 潮下带浅水。

地理分布： 海南；日本、韩国。

易见度： ★☆☆☆☆

语源： 种本名源于拉丁语 *orientalis*，意为东方的。

① ② 海南文昌

条纹新景扇蟹 *Neoxanthops lineatus* (A. Milne Edwards, 1867)

条纹新扇形蟹（台）

体型： 雄 CW：9.64 mm，CL：7.18 mm。

鉴别特征： 头胸甲近横卵形，比较平坦，中部稍隆起，分区被浅沟分隔为模糊的小区；额显著突起，约为头胸甲宽的 1/3，分为 2 宽叶，每叶中央具浅凹，内眼窝齿显著高于外眼窝齿；前侧缘圆拱形，除外眼窝齿外具 4 枚钝角形的叶状齿，第 1 齿与外眼窝齿之间具浅凹，末齿指向后外方；螯足不对称，掌部背面具 2 条明显的隆脊；步足粗短，比较光滑。

颜色： 全身灰白色；头胸甲有时具红色圆点或大块暗斑；螯足两指黑色；前 3 对步足腕节及指节具褐色宽环纹，末对步足指节基部暗色。

生活习性： 栖息于珊瑚礁缝碎石下。

垂直分布： 潮下带浅水。

地理分布： 台湾、海南；日本、韩国、澳大利亚、新几内亚、红海、亚丁湾、肯尼亚、坦桑尼亚（桑给巴尔）、马达加斯加。

易见度： ★☆☆☆☆

语源： 属名为 *neo*+*Xantho*（扇蟹属）+*ops*，原义为新近扇蟹，为避免与新近扇蟹属（*Neoxanthias*）重名，取 *ops* 本意之景色，直译为新景扇蟹。种本名源于拉丁语 *lineatus*，意为有条纹的。

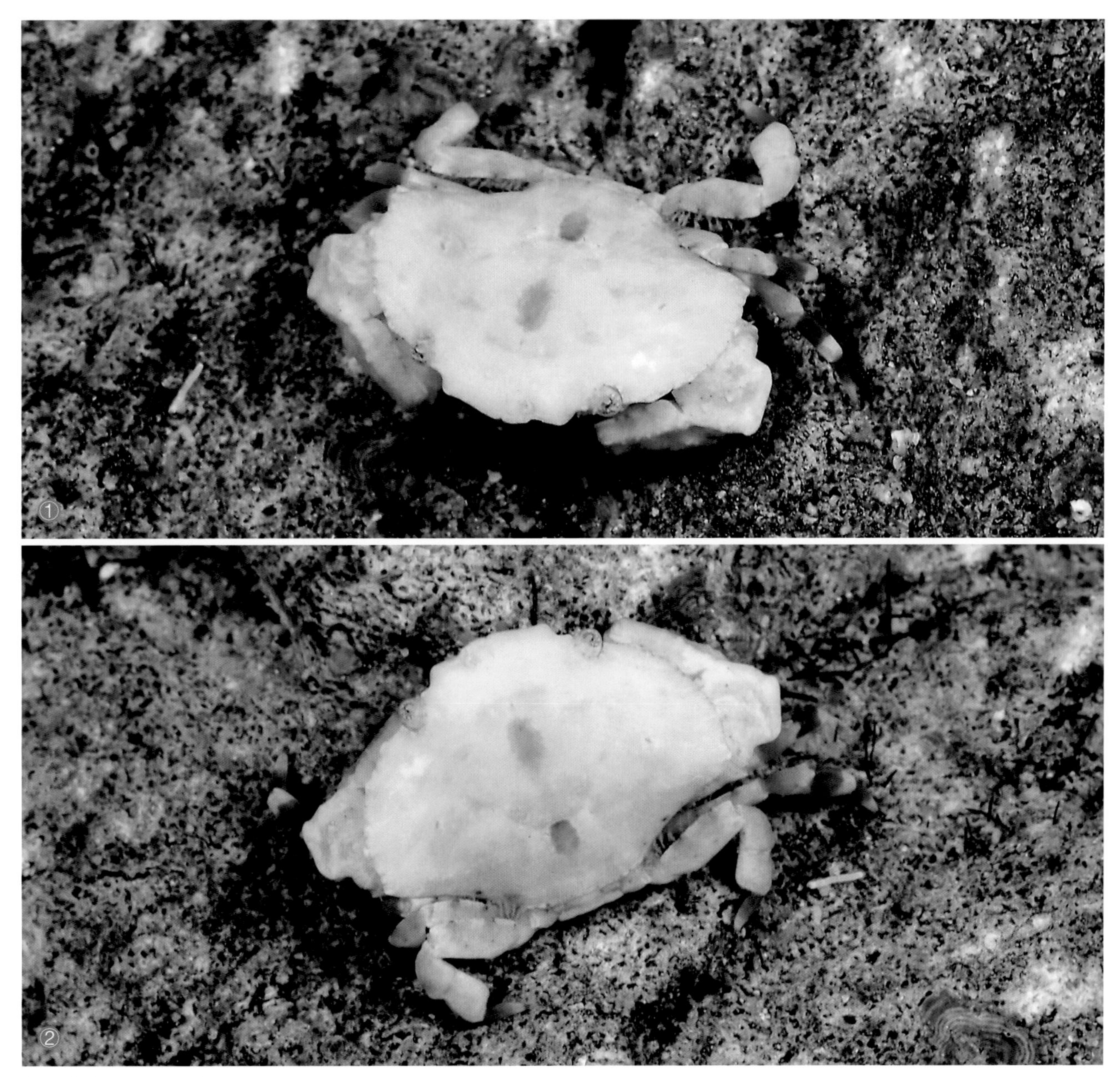

①② 海南三亚 / 亚成体

华美拟扇蟹 *Paraxanthias elegans* (Stimpson, 1858)

体型：雄 CW：15 mm，CL：10 mm；雌 CW：14.3 mm，CL：9.5 mm。

鉴别特征：头胸甲近六边形，表面光滑平坦，鳃区具横向短脊线，脊前具少量羽状刚毛；额分 2 叶，稍弯向下方；前侧缘（除外眼窝齿外）具 4 叶状齿，末 2 齿突出；螯足不对称，光滑无毛，掌部背面和腕节背面雕刻状，掌部其余部分光滑，唯背外侧面具 3 行纵行齿突；步足细长，背缘具明显的刚毛。

颜色：体色多变，全身灰白色，深褐色或紫色，具深浅不一的斑纹；螯足两指棕褐色；步足具环纹。

生活习性：栖息于珊瑚礁碎石下。

垂直分布：中潮带至潮下带浅水。

地理分布：台湾、海南；日本、澳大利亚。

易见度：★★★★★

语源：种属名源于 *para*+*Xanthias*（近扇蟹属），直译为拟扇蟹。种本名源于拉丁语 *elegans*，意为华丽、秀丽的。

①② 海南三亚

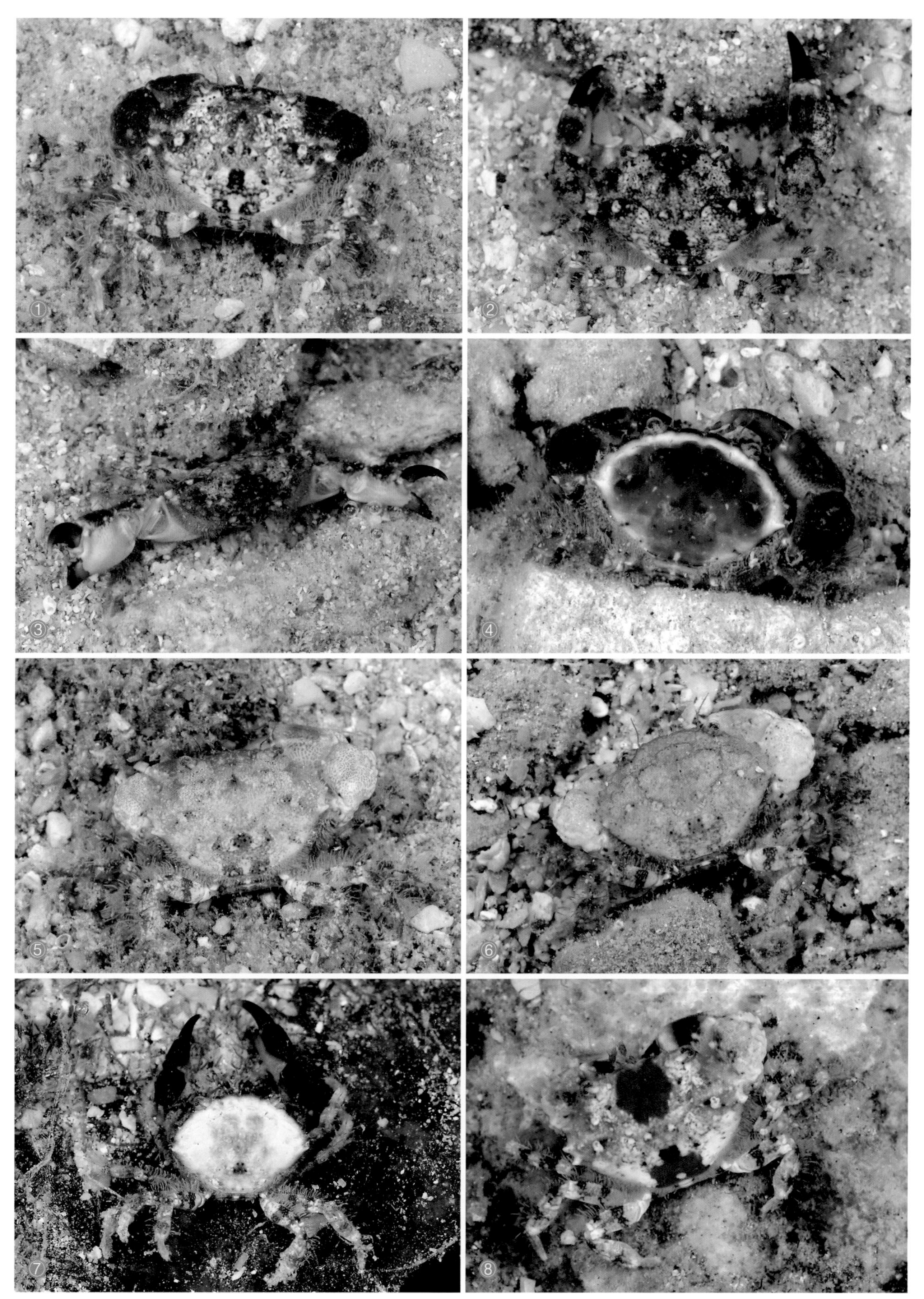

①②③④⑤⑥⑦⑧ 海南三亚

厚指拟扇蟹 *Paraxanthias pachydactylus* (A. Milne Edwards, 1867)

体型：雄 CW：17.4 mm，CL：10.6 mm。

鉴别特征：头胸甲近六边形，表面光滑平坦，鳃区具横向短脊线；额分为 2 叶，稍弯向下方；前侧缘（除外眼窝齿外）具 4 叶状齿，末齿极小，前 3 齿背缘具 1 突起；螯足不对称，光滑无毛，掌部背面和腕节背面雕刻状，掌部其余部分光滑，唯背外侧面具 2 行纵沟；步足细长，背缘具明显的刚毛。

颜色：全身灰白色；头胸甲背面具褐色圆斑；螯足两指黑色；步足具模糊的环纹。

生活习性：栖息于珊瑚礁碎石下。

垂直分布：中潮带至潮下带浅水。

地理分布：海南；西太平洋。

易见度：★★★★★

语源：种本名源于希腊语 *pachys+dactyl*，形容本种螯足指节较厚。

备注：本种易与华美拟扇蟹 *P. elegans* 相混淆，但本种螯足仅腕节表面具较显著的平钝疣突，后者螯足腕节及掌节均具疣突。

① ② 海南文昌

颗粒近扇蟹 *Xanthias lamarckii* (H. Milne Edwards, 1834)

拉马克近扇蟹（台）

体型： 雄 CW：15.4 mm，CL：10 mm。

鉴别特征： 头胸甲横卵形，表面粗糙，分区被浅沟隔离为很多小区，具密集的颗粒和腐蚀状凹陷；额分 2 叶，中央浅凹，和内眼窝齿间有弧形缺刻；前侧缘（除外眼窝齿外）具 4 角状叶，第 1 叶低平，第 2、第 3 叶较大而突出，末叶小；螯足近对称，掌部粗壮，外侧面密布小颗粒；步足粗长，表面具细颗粒。

颜色： 头胸甲乳白色；背面具棕褐色斑纹；螯足与头胸甲同色，腕节及掌部背面具不规则的黑色斑纹，两指棕褐色；步足白色，具棕褐色环纹。

生活习性： 栖息于珊瑚礁缝隙间或碎石下。

垂直分布： 中潮带至潮下带浅水。

地理分布： 台湾、海南；印度－西太平洋。

易见度： ★★★☆☆

语源： 属名源于 *Xantho*（扇蟹属）+*ias*，直译为近扇蟹属。种本名以法国博物学家让 - 巴蒂斯特 • 拉马克（Jean-Baptiste Lamarck）的姓氏命名。

① ② 海南三亚

斑点近扇蟹 *Xanthias punctatus* (H. Milne Edwards, 1834)

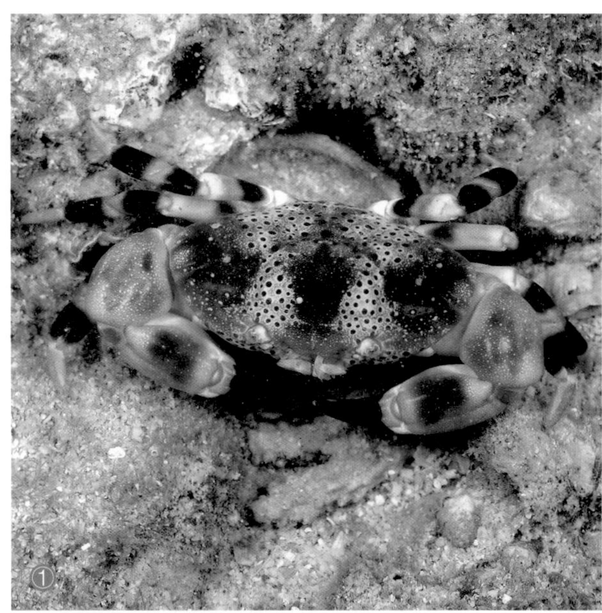

体型： 雄 CW：37.5 mm，CL：24.9 mm；雌 CW：29.6 mm，CL：18.2 mm。

鉴别特征： 头胸甲横卵形，表面光滑无毛，分区不清晰；额为 2 叶，中央浅凹，和内眼窝齿间有弧形缺刻；前侧缘（除外眼窝齿外）具 4 圆叶，第 1 叶几乎消失，和外眼窝齿之间仅具浅凹，第 3、第 4 叶较大，向外突出；螯足稍不对称，掌部粗壮，外侧面光洁；步足粗长，指节外缘具毛。

颜色： 头胸甲灰白色或淡紫色，前胃区至心区、肝区至中鳃区均具大块淡紫色或紫红色斑纹，其余部分散布暗紫色圆点，螯足紫色，两指黑色；步足乳白色，具暗紫色环纹。

生活习性： 栖息于珊瑚礁缝隙间。

垂直分布： 潮下带浅水。

地理分布： 海南；西印度洋。

易见度： ★★☆☆☆

语源： 种本名源于拉丁语 *punctatus*，意为带斑点的。

① ② 海南三亚

熟若蟹亚科 Zosiminae

花纹爱洁蟹 *Atergatis floridus* (Linnaeus, 1767) 毒

体型： 雄 CW：64.6 mm，CL：44.3 mm；雌 CW：40.8 mm，CL：27.6 mm。

鉴别特征： 头胸甲横卵形，表面光滑无毛，稍具凹点，分区可辨，背中部隆起；眼小，不伸出眼眶；前侧缘隆脊形，除外眼窝齿外被浅沟分为 4 叶，最后 1 叶短角状；螯足粗壮，强烈外突，掌部背缘具脊状突起；步足扁平，具锋锐的脊状突起。

颜色： 全身青绿色、绿色或紫绿色；头胸甲表面具白色花纹，花纹内具不规则的环纹；螯足及步足表面具散鳞状暗花斑纹，螯足两指黑褐色。稚蟹头胸甲表面白色花纹面积扩大。

生活习性： 栖息于珊瑚礁浅水，白天隐藏于洞穴中，夜间常四处游走。

垂直分布： 中潮带至潮下带浅水。

地理分布： 台湾、广东、广西、海南；印度－西太平洋。

易见度： ★★★★★

语源： 属名源于叙利亚女海神 Atargatis，中文名为音译。种本名源于拉丁语 *floridus*，意为华丽的。

① 海南三亚 / 稚蟹　　② ③ 海南三亚

正直爱洁蟹 *Atergatis integerrimus* (Lamarck, 1818) 毒

体型：雄 CW：85.48 mm，CL：53.89 mm；雌 CW：78.7 mm，CL：49.3 mm。

鉴别特征：头胸甲横卵形，表面光滑无毛，前部密布凹点，分区可辨，背中部隆起；眼小，不伸出眼眶；前侧缘隆脊形，完整，弧状；螯足粗壮，掌部背缘具脊状突起；步足扁平，具锋锐的脊状突起。

颜色：全身红色至暗红色；头胸甲前部具大小不一的白点；螯足两指黑色。稚蟹黄褐色或棕褐色，头胸甲边缘白色。

生活习性：栖息于珊瑚礁或岩礁缝隙中，较少远离洞穴。

垂直分布：中潮带至潮下带浅水。

地理分布：福建、台湾、广东、香港、广西、海南；印度－西太平洋。

易见度：★★★★★

语源：种本名源于拉丁语 *integerrimus*，形容本种头胸甲前侧缘完整无齿。

备注：本种易与细纹爱洁蟹 *A. reticulatus* 混淆，区别在于本种头胸甲光滑缺少刻痕，分散有大小不一的白点，后者头胸甲前部密布刻痕而无白点。爱洁蟹属的许多种类常会将食物中的毒素累积于自己体内，常有因食用爱洁蟹而引发生的中毒事件。东南沿海经常把本种与细纹爱洁蟹作为“面包蟹”售卖，但因其具有潜在的毒性，不建议食用。

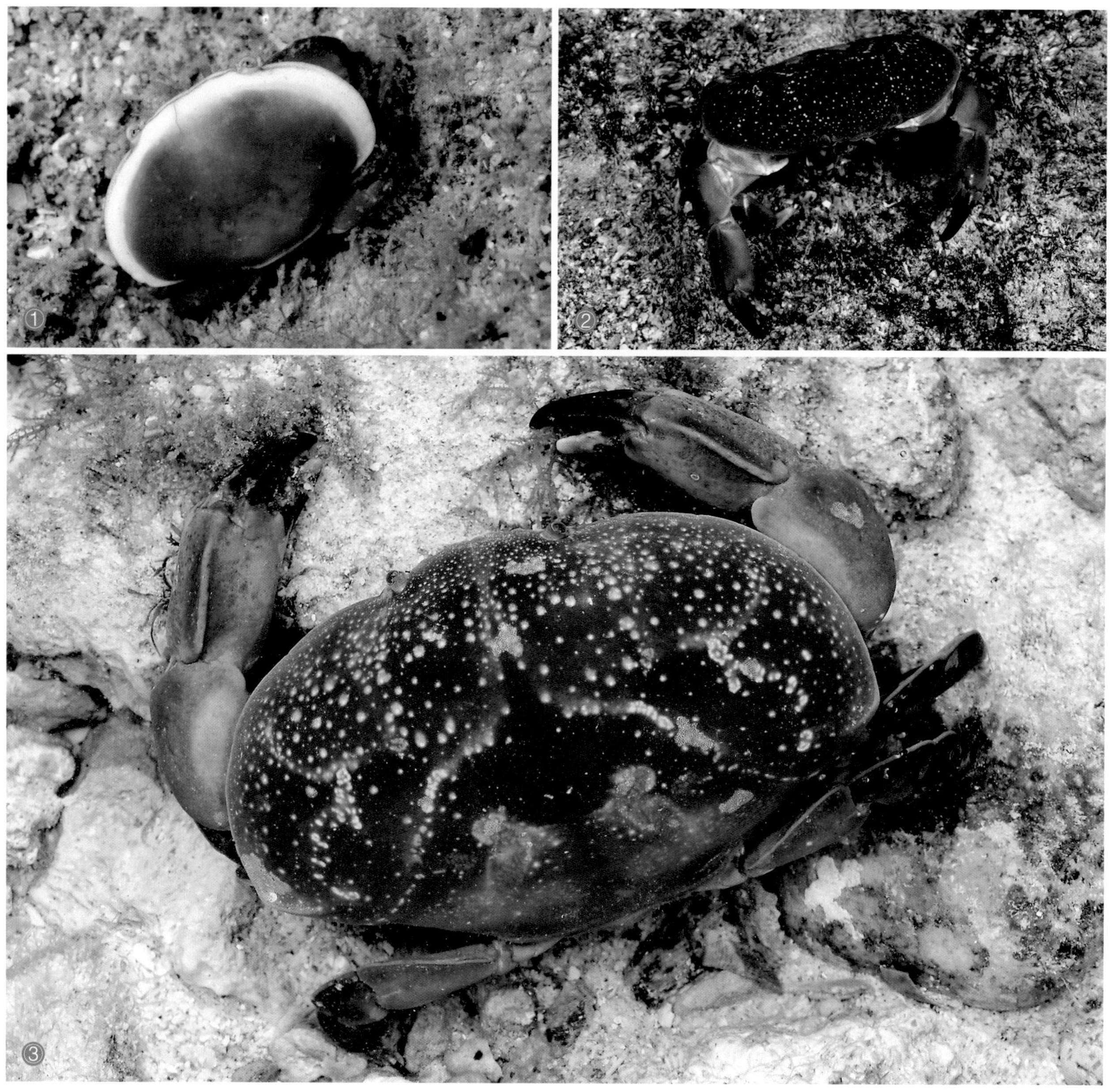

① 海南三亚 / 稚蟹　② 海南儋州　③ 海南三亚

细纹爱洁蟹 *Atergatis reticulatus* (De Haan, 1835) 

网纹爱洁蟹（台）

体型： 雄 CW：85 mm，CL：47 mm。

鉴别特征： 头胸甲横卵形，前部密布凹陷和皱纹，分区明显，背中部隆起；额略突出，分 2 叶；眼小，不伸出眼眶；前侧缘脊状，除外眼窝齿外分为 4 浅叶，后侧缘内凹；螯足腕节和掌部具细密的凹坑和皱纹，掌部背缘脊状稍不明显；步足扁平，各节背缘脊状突起强烈。

颜色： 全身红色至暗红色；螯足两指黑色。

生活习性： 栖息于珊瑚礁或岩礁缝隙中，较少远离洞穴。

垂直分布： 低潮带至潮下带浅水。

地理分布： 浙江、福建、台湾、广东、香港、广西、海南；日本。

易见度： ★★★★★

语源： 种本名源于拉丁语 *reticulatus*，意为网纹。

①② 福建厦门

厦门仿爱洁蟹 *Atergatopsis amoyensis* De Man, 1879 毒

体型： 雌 CW：45.61 mm，CL：30.98 mm。

鉴别特征： 头胸甲横卵形，表面稍隆，全身密布细颗粒，分区可辨，前部区块由浅沟相分隔，胃区两侧沟较宽；额分 2 叶，突出；眼小，不伸出眼眶；前侧缘（除外眼窝齿外）分为 4 叶，第 1、第 2 叶低平，第 3、第 4 叶较突，后 3 叶之间有清晰的沟分隔，后侧缘内凹；螯足对称，腕节和掌部密布大小不同的圆锥形颗粒；步足几乎无毛，覆有大量细颗粒，长节前缘及隆脊完全被颗粒打断。

颜色： 全身灰粉色，具暗色斑块；螯足两指黑色。

生活习性： 栖息于岩礁浅水。

垂直分布： 低潮带至潮下带浅水。

地理分布： 福建、台湾；新加坡、印度。

易见度： ★★★★★

语源： 属名源于 *Atergatis*（爱洁蟹属）+*opsis*，直译为仿爱洁蟹属；本属在《新拉汉无脊椎动物名称》中称为仿爱洁蟹属，建议维持此中文名。种本名源于模式产地福建厦门。

①②③ 福建厦门

戈氏仿爱洁蟹 *Atergatopsis germainii* A. Milne-Edwards, 1865 毒

体型： 雌 CW：58.8 mm，CL：40.1 mm。

鉴别特征： 头胸甲横卵形，中部隆起，密布细颗粒，分区可辨，1L ~ 3L 合并，与 5L 细微连接；额分 2 叶，突出；眼小，不伸出眼眶；前侧缘（除外眼窝齿外）分为 5 叶，前 3 叶低平而稍倾斜，第 4 叶较突，第 5 叶稍尖，最小，后 2 叶之间凹陷明显，后侧缘稍凹；螯足对称，腕节和掌部背面密布大小不同的圆锥形颗粒，掌部腹面及外侧面下部光滑，两指内缘具 4 颗不突出的斜齿；步足几乎无毛，覆有大量细颗粒，长节前缘及隆脊完全被颗粒打断。

颜色： 全身红色；螯足两指黑色。

生活习性： 栖息于珊瑚礁或岩礁浅水。

垂直分布： 潮下带浅水。

地理分布： 台湾、海南；西太平洋。

易见度： ★☆☆☆☆

语源： 种本名以 M. R. 戈尔曼（M. R. Germain）的姓氏命名。本种在《新拉汉无脊椎动物名称》中称为戈氏仿爱洁蟹，但在《中国海洋生物名录》中变更为蕾近爱洁蟹，推测混淆了姓氏 Germain（戈尔曼）与拉丁语 germen（蕾），建议维持戈氏仿爱洁蟹之称。

① ② 海南琼海

切齿脊熟若蟹 *Lophozozymus incisus* (H. Milne Edwards, 1834) 

体型：雄 CW：46.2 mm，CL：28 mm。

鉴别特征：头胸甲六边形，表面光滑，分区明显而隆起，尤其是 2M、2L+3L、4L 及 5L 的前缘呈脊状向前伸展，沟中具毛；额拱起，分 2 叶；外眼窝齿低平，几乎平行于前侧缘齿，仅具浅凹相隔；前侧缘隆脊形，除外眼窝齿外具 4 叶状齿，第 1、第 2 齿圆钝，后 2 齿三角形，第 3 齿较其他齿突出；螯足粗壮，不对称，长节短，背缘具脊状突起，被细沟分为 2 叶，腕节内末角扁平脊状，顶端平截，外侧面具颗粒及长毛，掌部背缘隆脊形，隆脊外侧具 1 纵行颗粒，外侧面具 3 行纵行排列的颗粒及刚毛，两指内缘具钝齿；步足扁平，长节、腕节及前节背缘具显著的脊状隆起，各节前后缘具绒毛，前节下部绒毛密。

颜色：全身红色或紫色，头胸甲表面的沟白色；螯足两指黑色，不动指黑色部分略向掌部延伸。

生活习性：生活于珊瑚礁石缝隙或石块下。

垂直分布：潮下带浅水。

地理分布：台湾、海南；西太平洋。

易见度：★☆☆☆☆

语源：属名源于希腊语 *lophourus*+*Zozymus*（熟若蟹属同物异名），意为脊状的熟若蟹，形容本属前侧缘隆脊状。种本名源于拉丁语 *incisus*，意为切，表示锋锐的侧缘齿和短脊如同刀切。

① ② 海南文昌

绣花脊熟若蟹 *Lophozozymus pictor* (Fabricius, 1798) 毒

体型： 雌 CW：66.2 mm，CL：42.8 mm。

鉴别特征： 头胸甲横卵形，表面光滑，分区明显，前侧胃区及前鳃区具隆块；额拱起，分 2 叶；前侧缘隆脊形，除外眼窝齿外具 4 隆叶，第 1 叶平钝，第 2 叶略呈角状，第 3、第 4 叶呈三角形齿状，后侧缘稍长于前侧缘；螯足不对称，长节短，背缘被浅缺刻分为 2 叶，腕节内末角具 2 壮齿，掌部背缘隆脊形，两指内缘具钝齿；步足扁平，长节、腕节及前节背缘显著脊状隆起，前节前后缘具绒毛，指节前后缘具短绒毛。

颜色： 全身红色或紫色，具白色网纹；螯足两指黑色。

生活习性： 生活于珊瑚礁石缝隙或石块下。

垂直分布： 潮下带浅水。

地理分布： 台湾、广东、海南；西太平洋。

易见度： ★★★★★

语源： 种本名源于拉丁语 *pictus*，意为着色的。

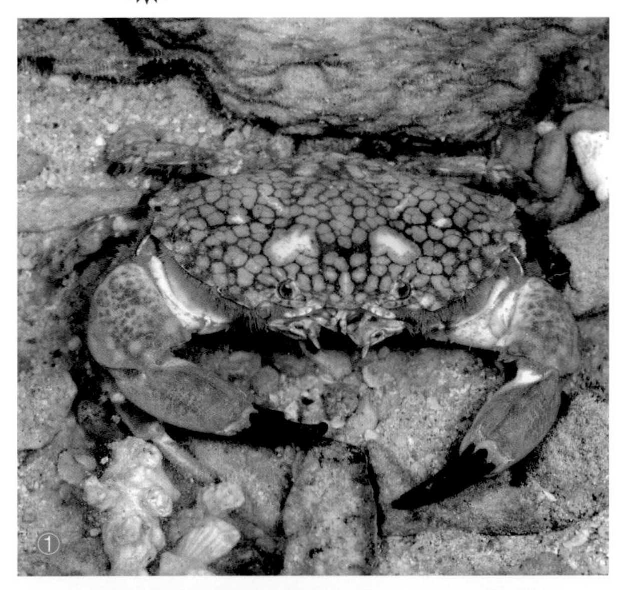

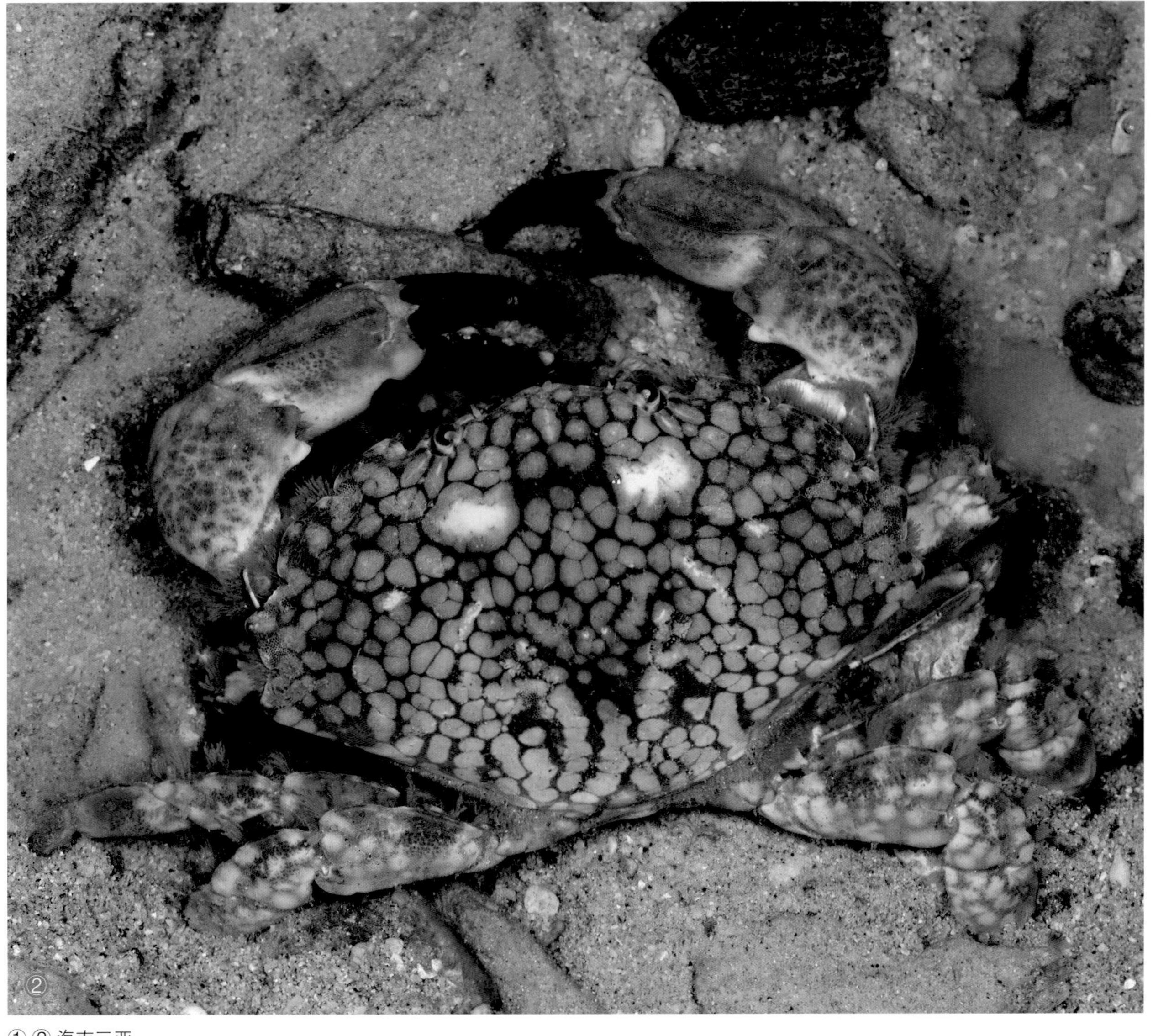

① ② 海南三亚

铜铸熟若蟹 *Zosimus aeneus* (Linnaeus, 1758) 毒

体型： 雄 CW：69.5 mm，CL：45.1 mm；雌 CW：72.9 mm，CL：46.5 mm。

鉴别特征： 头胸甲横卵形，表面稍隆起、光滑，分区被浅沟隔离为很多小区，每个小区均显著隆起，全身光洁，少有毛发；额宽，分 2 叶；前侧缘锋锐，脊状，除外眼窝齿外具 4 圆叶，末叶齿状，侧向突出，较尖锐；螯足近对称，腕节背面具 1 纵沟和许多小隆块，掌部背缘具隆脊，外侧面具横列的隆块和疣状突起，两指内缘锋锐；步足粗扁，长节、腕节及前节背缘具显著的脊状隆起，内部具 1 纵沟，纵沟内具毛，指节的毛浓密。

颜色： 全身棕褐色，具大小不一的蓝紫色斑纹；螯足两指棕色。

生活习性： 栖息于珊瑚礁浅水。

垂直分布： 低潮带至潮下带浅水。

地理分布： 台湾、广东、海南；印度－西太平洋。

易见度： ★★★★★

语源： 属名源于希腊炼金术士 Zosimus，中文名为音译。种本名源于拉丁语 *aeneus*，形容本种颜色似铜铸。

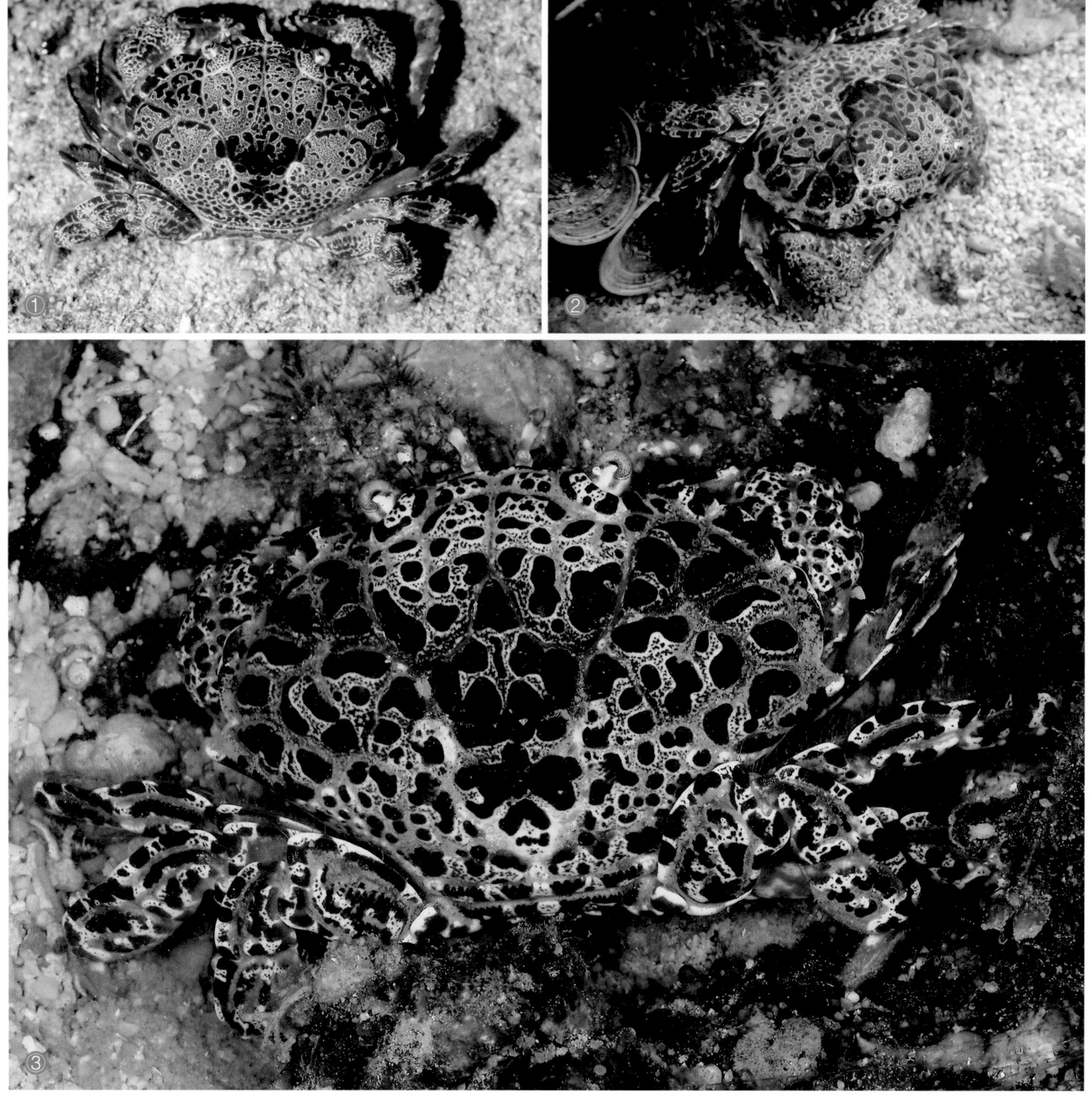

① 台湾屏东 / 刘毅　② 台湾屏东 / 张辰亮　③ 海南三亚

凹足拟熟若蟹 *Zozymodes cavipes* (Dana, 1852)

凹足仿熟若蟹（台）

体型： 雄 CW：22.61 mm，CL：14.6 mm。

鉴别特征： 头胸甲横卵形，表面稍隆起，具粗糙颗粒，分区明显，胃、鳃区被浅沟分隔为很多隆起的小区；额分为 2 钝叶，每叶外缘浅凹；前侧缘（除外眼窝齿外）具 5 齿，第 1 齿前后具小齿和突起，第 2 齿稍突，第 3 齿最突，第 4 齿次之，末齿最小，后侧缘具 1 行颗粒；螯足近对称，腕节及掌部背侧和外表面具明显的腐蚀状凹陷，掌部背缘具钝脊，两指端部略呈匙形；步足粗短，长节前缘具细锯齿，腕节前缘具发达的锋锐脊状突起，中部具凹槽。

颜色： 全身红褐色；螯足两指褐色。

生活习性： 栖息于珊瑚礁碎石下。

垂直分布： 中潮带至潮下带浅水。

地理分布： 台湾、海南；印度 - 西太平洋。

易见度： ★★☆☆☆

语源： 属名源于 *Zozymus*（熟若蟹属同物异名）+*odes*，直译为拟熟若蟹。种本名源于拉丁语 *cav*+*pes*，形容本种胸足上具很多凹陷。

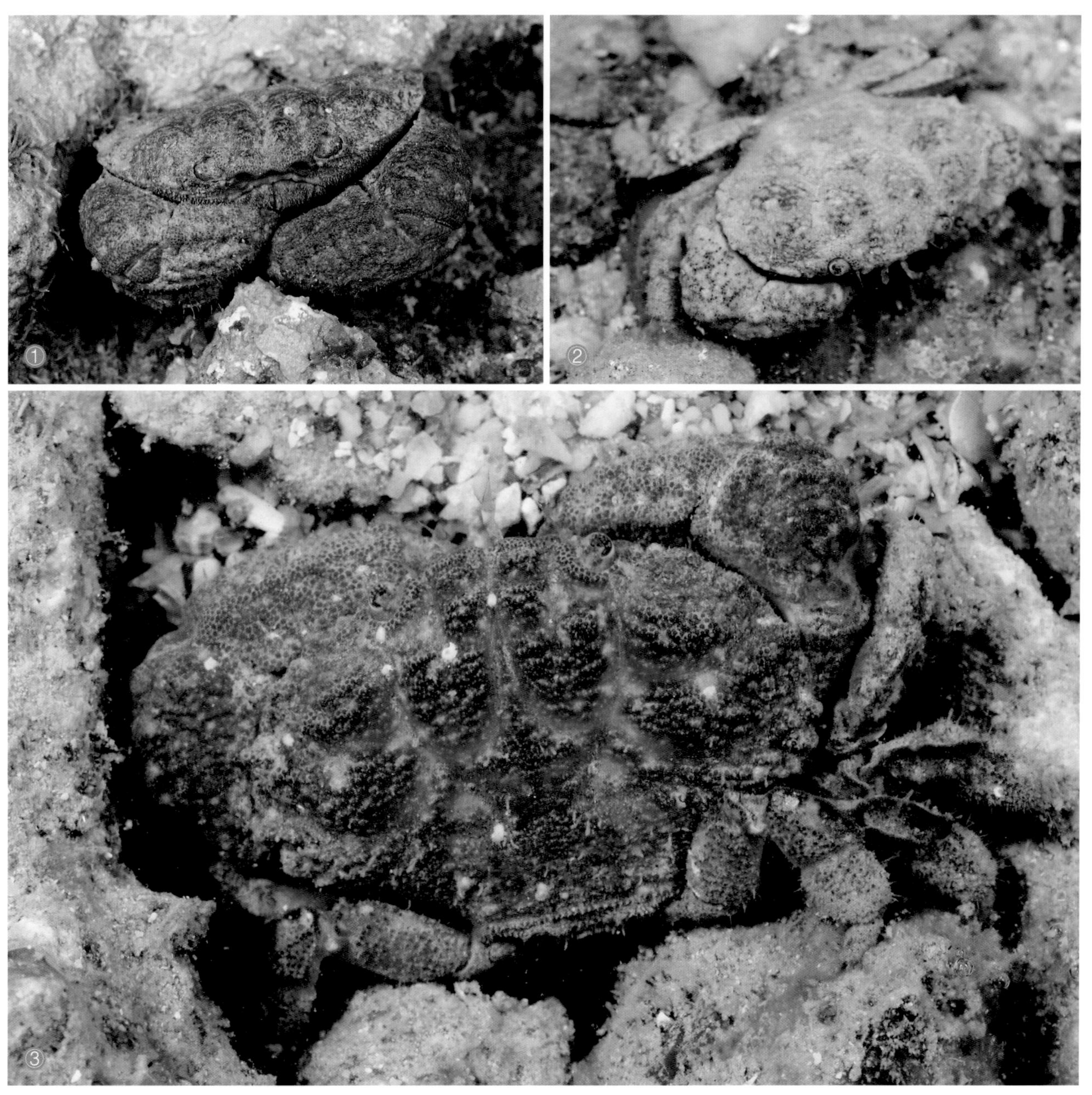

①②③ 海南三亚

胸孔亚派
Thoracotremata

隐螯蟹总科 Cryptochiroidea

隐螯蟹科 Cryptochiridae

头胸甲窄，长方形或半圆柱形；额近横截形或中齿缺失；第3颚足基部被胸叶隔开，座节宽，通常具1凸形内叶，长节小，显著窄于座节，外肢退化，外肢鞭缺失或无；口上板不完全发育；口腔大，向前突出；螯足短小，通常小于第1对步足；步足短，指节短而尖锐，呈钩状；成体雌性大于雄性，腹部扩大形成育卵腔，背面观可见，第2至第4节具3对单枝型附肢。

全世界已知21属54种，中国记录10属10种。

袋腹珊隐蟹 *Hapalocarcinus marsupialis* Stimpson, 1859

体型： 雌 CW：6.8 mm，CL：6.3 mm[3]。

鉴别特征： 头胸甲近方形，体柔软，表面光滑；额向前突出，分成不明显的 3 齿；前侧缘完整；螯足纤细，稍大于步足，长节圆柱状，掌部长，指节短于掌部；步足细长，指节爪状，密覆短刚毛；雌性腹部宽大如圆袋。

颜色： 全身淡黄色或黄褐色。

生活习性： 栖居于杯形珊瑚（*Pocillopora* spp.）的骨骼中，雌蟹会制造瘿（coral gall）。

垂直分布： 低潮带至潮下带浅水。

地理分布： 台湾、海南；印度 – 西太平洋。

易见度： ★★★☆☆

语源： 属名源于 *hapalos+carcin*，意为柔软的螃蟹，形容本属头胸甲钙化不明显，中文名形容本种栖息于珊瑚骨内。种本名源于希腊语 *marsipos*，意为囊。

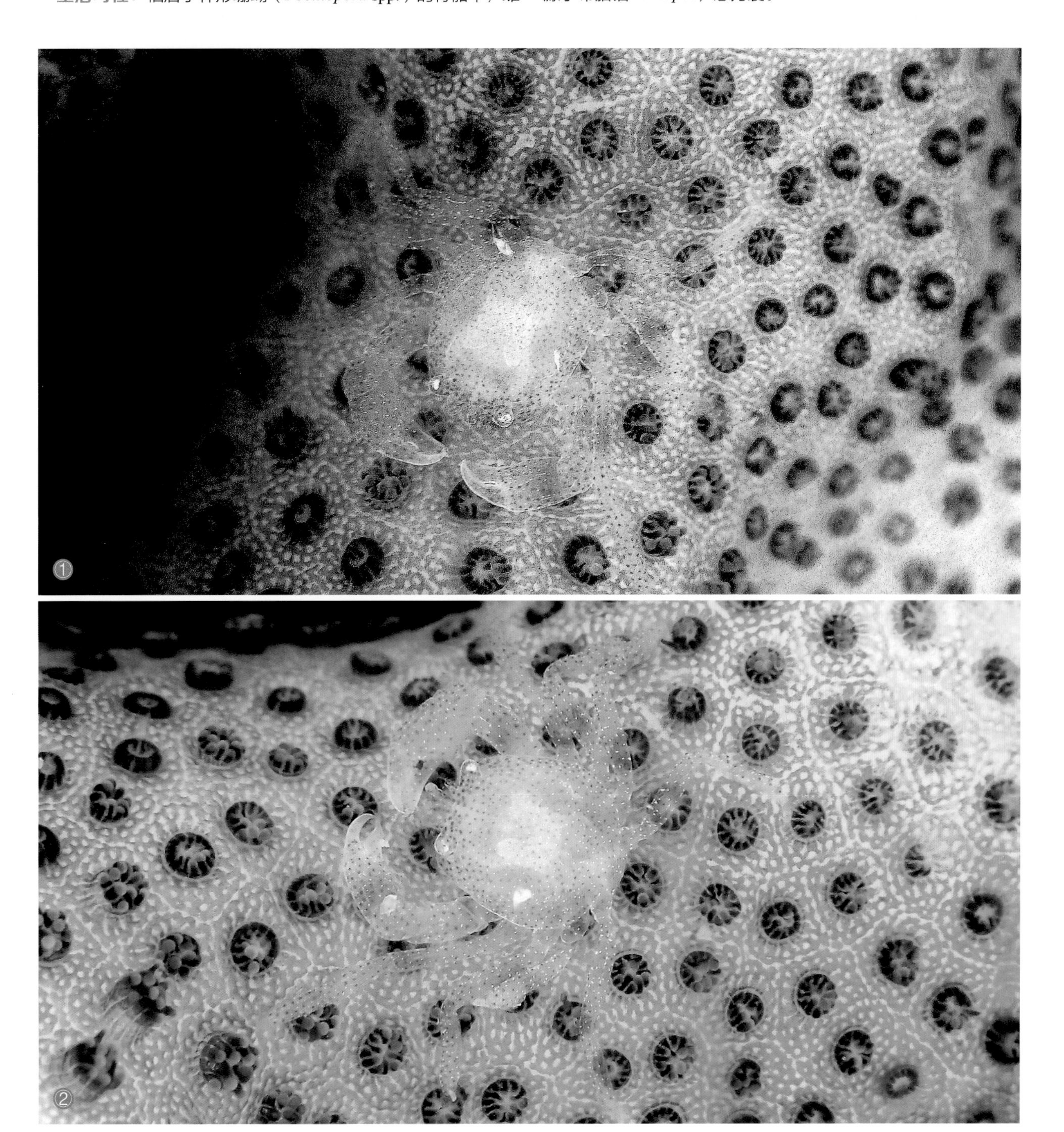

① ② 海南三亚 / –3 m / 鹿角杯型珊瑚 *Pocillopora damicornis* / 雌蟹 / 徐一唐

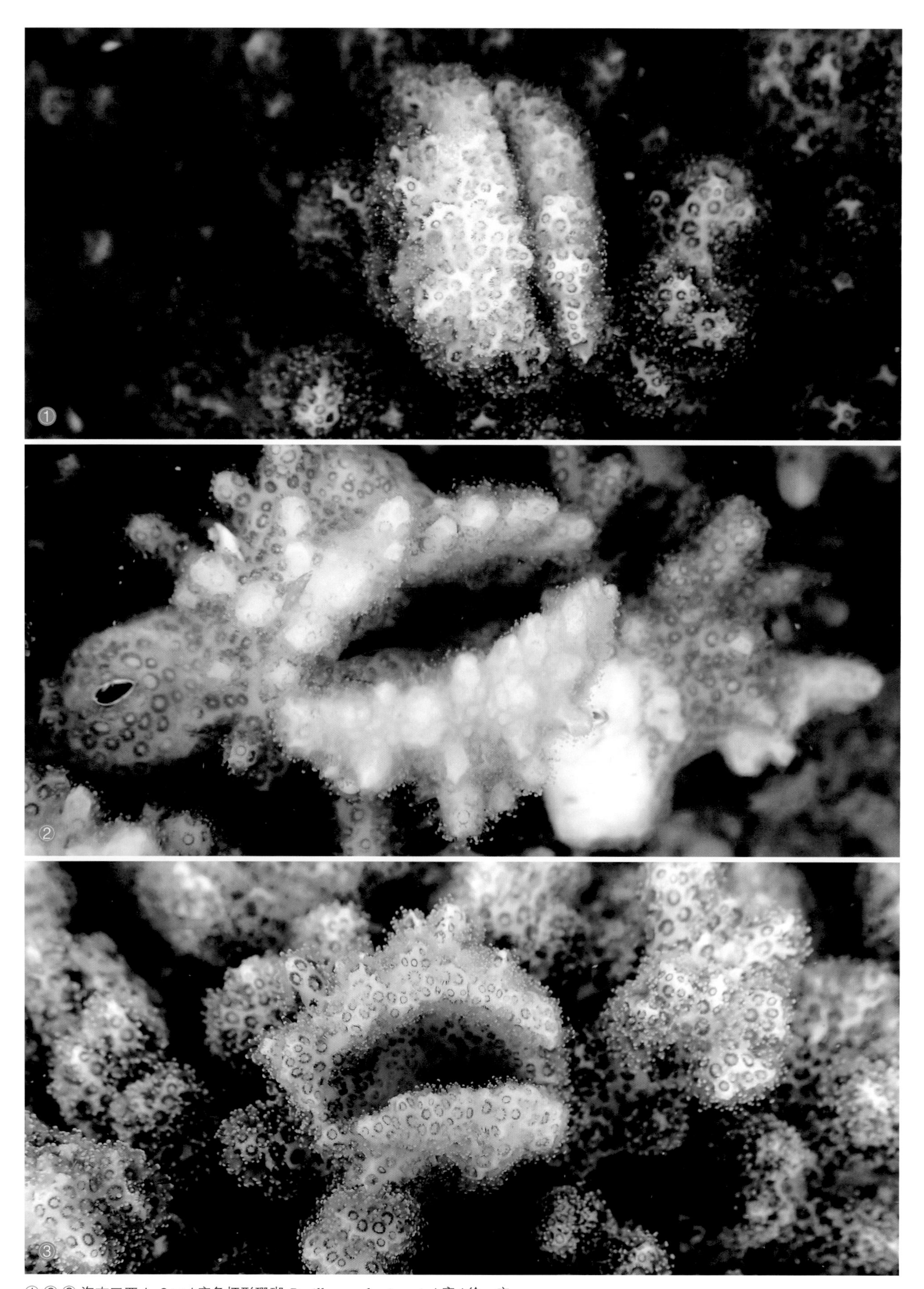

① ② ③ 海南三亚 / –3 m / 鹿角杯形珊瑚 *Pocillopora damicornis* / 瘿 / 徐一唐

方蟹总科 Grapsoidea

地蟹科 Gecarcinidae

头胸甲宽大于长，横卵形，厚重，分区不甚明显，侧缘拱起；前侧缘完整，不具齿或叶；额窄，显著短于头胸甲宽；第3颚足并拢后具1斜方形空隙；螯足近对称或不对称；步足边缘具小刺及粗刚毛；成体生活于陆地洞穴中。

全世界已知7属27种，中国记录4属6种。

凶狠圆轴蟹 *Cardisoma carnifex* (Herbst, 1796)

体型： 雄 CW：79.92 mm，CL：64.03 mm。

鉴别特征： 头胸甲近圆方形，表面隆起，鳃区最明显；额缘平直；前侧缘完整；颊区具短毛区；螯足不对称，腕节内末角具 1 齿，掌部粗壮，两指并拢后空隙较大；步足具长刚毛。

颜色： 全身浅紫色至紫褐色；螯足指节淡黄色；步足褐色，指尖橙红色。

生活习性： 栖息于河口、内湾等具淡水汇入的红树林或沼泽灌丛中，善于打洞，洞底部通常有水。白天与夜间都有出来活动，夜间更活跃，对光线极为敏感。繁殖期，雌蟹会降海释放幼体。

垂直分布： 潮上带。

地理分布： 台湾、广东、海南；印度 - 西太平洋。

易见度： ★★★★★

语源： 属名源于希腊语 *kardia+sōma*，形容本属头胸甲似心形，中文名形容本种头胸甲圆厚。种本名源于拉丁语 *carnifex*，意为行刑者。

备注： 在广东、海南等地会捕捉食用，但因地蟹类对栖息地依赖程度极高，成熟期与寿命均较长，大量捕捉对种群可能产生影响，因此不建议购买或捕捉。

① 广东湛江 / 抱卵 / 雌蟹　　②③④ 广东湛江 / 雄蟹

① 广东 / 步足　② 广东 / 复眼　③ 广东 / 洞穴　④ ⑤ 台湾垦丁 / 雌蟹 / 严莹

拉氏仿地蟹 *Gecarcoidea lalandii* H. Milne Edwards, 1837

体型： 雄 CW：83.5 mm，CL：60.7 mm。

鉴别特征： 头胸甲近圆方形，前半部隆起，后半部较平坦；额缘平直，眼窝外侧具 1 凹陷；螯足粗壮，对称，长节内面及外侧面具细颗粒线，掌部及指节表面密具小麻点；步足长节具鳞片状小皱纹。

颜色： 头胸甲暗紫色，侧缘及后缘具乳黄色宽带；眼下部具乳黄色三角形斑；螯足紫色，两指白色；步足暗紫色。稚蟹头胸甲褐色，螯足及步足橙黄色。

生活习性： 平时生活于远离海岸的森林中，善于挖洞。雨季也会在岩礁或珊瑚礁附近攀爬活动。繁殖季具集体向海边迁徙产卵的习性。

垂直分布： 潮上带。

地理分布： 台湾、海南；印度－西太平洋。

易见度： ★★★★★

语源： 属名源于 *Gecarcinus*（地蟹属）+*oidea*，形容本属近似于地蟹属；地蟹科模式属为 *Gecarcinus*，建议本属中文名改称仿地蟹属。种本名以法国博物学家皮埃尔•安托万•德拉兰德（Pierre Antoine Delalande）的姓氏命名；《拉汉无脊椎动物名称（试用本）》中称为兰氏，而拉氏更符合法语发音，建议使用拉氏之称呼。

备注： 在海南等地本种被冠以“药蟹”或“灵芝蟹”等称呼，商家号称有神奇药效，被大量捕捉食用。地蟹类对栖息地依赖程度极高，成熟期与寿命均较长，大量捕捉对种群可能产生影响，因此不建议购买或捕捉。

①② 海南陵水 / 雄蟹

① ② 海南万宁 / 抱卵　③ 海南三亚 / 雌蟹　④ 海南陵水 / 第 3 颚足　⑤ 海南万宁 / 雄蟹稚蟹

毛足特氏蟹 *Tuerkayana hirtipes* (Dana, 1851)

体型：雄 CW：85.1 mm，CL：68.14 mm。

鉴别特征：头胸甲近圆方形，表面光滑；额缘平直；前侧缘前半部隆脊较明显，向后则不甚突出；后侧缘圆钝，具细斜行隆脊；颊区具短毛区；螯足粗壮，腕节内末角具 1 短小的锐刺，掌部腹部内侧具隆脊，并带有粗糙颗粒；步足具刚毛。

颜色：头胸甲黑褐色；螯足及步足橙黄色，螯足两指白色。

生活习性：在海岸林下或草丛中打洞，洞底有水。

垂直分布：潮上带。

地理分布：台湾、海南；印度－西太平洋。

易见度：★★★☆☆

语源：属名源于著名甲壳动物学者迈克尔 • 特凯（Michael Türkay）的姓氏，他在地蟹系统学方面有诸多贡献。种本名源于拉丁语 *hirtus+pes*，意为多毛的足。

①② 日本冲绳

方蟹总科 Grapsoidea

方蟹科 Grapsidae

头胸甲方形或近圆形，表面适度扁平，通常具横行隆脊；侧缘完整或在外眼窝齿后具1小齿，向头胸甲后缘收拢；额宽，显著向下弯曲，具2宽叶；眼柄长，眼窝发育正常，短于额宽；第3颚足并拢后中间具1斜方形空隙，座节及长节表面无斜行刚毛脊；螯足长节前缘通常具刺，指尖匙状；步足粗壮，通常具刺及刚毛；两性腹部7节；雄性G1直而粗壮，端部通常具浓毛，G2显著小于G1。

全世界已知7属41种，中国记录5属19种。

毛足陆方蟹 *Geograpsus crinipes* (Dana, 1851)

体型： 雄 CW：51.4 mm，CL：42.1 mm；雌 CW：49.29 mm，CL：41.55 mm。

鉴别特征： 头胸甲方形，扁平，光滑，具横斜行隆线；前侧缘近平行，外眼窝齿三角形，其后具 1 小齿；螯足粗壮，不对称，座节内缘具 3 ~ 4 齿，长节腹内缘突出，具锯齿，腕节表面具颗粒，内末角具 1 刺，掌部外侧面上半部具颗粒及细短隆脊，两指尖锐，内缘具细齿，可动指长于掌部；步足扁平，长节较宽，背面具隆线，腕节背面具 2 隆脊，前节前缘及后缘具小刺，指节前缘及后缘各具 2 列小刺。

颜色： 全身灰褐色至黄褐色；眼红褐色。

生活习性： 栖息于珊瑚礁或岩礁海岸高潮线至海岸灌木丛间，常常到岩石的缝隙处活动，性情凶猛，捕食方蟹等其他小型动物。

垂直分布： 潮上带至高潮带。

地理分布： 台湾、海南；印度 - 西太平洋。

易见度： ★★★★

语源： 属名源于希腊语 *gē*+*Grapsus*（方蟹属），直译为陆方蟹，形容本种栖息于较高的位置。种本名源于拉丁语 *crinis*+*pes*，意为多毛的足。

① ③ 海南陵水 / 雄蟹　② 海南陵水 / 步足

斯氏陆方蟹 *Geograpsus stormi* De Man, 1895

体型：雄 CW：36.09 mm，CL：29.81 mm；雌 CW：37.4 mm，CL：30.3 mm。

鉴别特征：头胸甲方形，扁平，光滑，具横斜行隆线；前侧缘近平行，向后略显分离；外眼窝齿三角形，其后具 1 小齿；螯足粗壮，不对称，座节内缘具 3 ~ 4 齿，长节腹内缘突出，具锯齿，腕节表面具颗粒，内末角具 1 刺，掌部外侧面上半部具颗粒及细短隆脊，两指尖锐，内缘具细齿，可动指长于掌部；步足扁平，长节较宽，背面具隆线，腕节背面具 2 隆脊，前节前缘及后缘具小刺，指节前缘及后缘各具 2 列小刺。

颜色：头胸甲暗紫色；螯足及步足橙红色。

生活习性：栖息于珊瑚礁或岩礁海岸高潮线附近，较前种对海水依赖程度高，常需要海水浸湿身体，不会远离海岸边。

垂直分布：潮上带至高潮带。

地理分布：台湾、海南；印度 - 西太平洋。

易见度：★☆☆☆☆

语源：种本名以挪威动物学家威廉 • 斯托姆（Vilhelm Storm）的姓氏命名。

① ② 海南万宁 / 雌蟹

白纹方蟹 *Grapsus albolineatus* Latreille in Milbert, 1812

体型： 雄 CW：49.2 mm，CL：46.3 mm；雌 CW：46.3 mm，CL：41.2 mm。

鉴别特征： 头胸甲圆方形，鳃区具斜行及横行的皱褶；额向下弯，边缘具微细锯齿；外眼窝齿尖锐，其后具 1 小锐齿，两齿间具“V”字形缺刻；螯足对称，短小，长节末半部突出，具 3 ~ 4 锐齿，腕节内末角呈锐刺状，掌部外侧具 2 条横行隆线，指尖匙状；步足扁平，长节后末角非锯齿状。

颜色： 全身灰褐色至深褐色；头胸甲具斜行白纹；螯足褐色至紫褐色，掌节及指节外侧面大部白色；步足浅黄色，具褐色环纹。稚蟹体色多变，花纹复杂。

生活习性： 喜欢在近水面处的岩礁、人工消波堤等石面上活动，行动迅速，遇危险会跳入水中。食物以藻类为主，亦会捕食其他小动物。

垂直分布： 高潮带至中潮带。

地理分布： 台湾、广东、香港、广西、海南；印度 – 西太平洋。

易见度： ★★★★★

语源： 属名源于希腊语 *grapsaios*，意为螃蟹，中文名形容本属头胸甲大多呈方形。种本名源于拉丁语 *albus+linea*，意为白色的条纹。

备注： 本种和细纹方蟹 *G. tenuicrustatus* 十分接近，常生活在一起，但本种头胸甲上的条纹多连成线状，步足上的花纹多为斑块状，后者头胸甲及步足上的花纹均为点状，较少连成线。

① ③ 海南文昌　② 海南文昌 / 捕食

① 海南文昌　② 海南三亚　③ 海南文昌 / 稚蟹

中型方蟹 *Grapsus intermedius* De Man, 1888

体型： 雄：CW：18.3 mm，CL：15.4 mm；雌：CW：16.8 mm，CL：14.1 mm。

鉴别特征： 头胸甲近方形，侧缘略呈弧状，前半部具短的横形隆脊，鳃区具斜行及横行的皱褶；额向下弯，边缘具微细锯齿；外眼窝齿尖锐，长三角形，其后具 1 小锐齿，两齿间具宽"V"字形缺刻；螯足对称，短小，长节末半部突出，具 3 ~ 4 锐齿，腕节内末角呈锐刺状，掌部外侧具 2 条横行隆线，指尖匙状；步足扁平，长节短宽。

颜色： 全身黄绿色；头胸甲背面具暗褐色斑纹；螯足掌节及指节白色，具褐色可紫褐色斑纹；步足同头胸甲颜色但略浅，具褐色环纹，指节棕红色。

生活习性： 喜欢在近水面处的岩礁上活动，行动迅速，遇危险会钻入岩礁缝隙中。本种生活位置较白纹方蟹更近水面处，体型小，易与白纹方蟹亚成体混淆。

垂直分布： 中潮带。

地理分布： 台湾、海南；印度 - 西太平洋。

易见度： ★★☆☆☆

语源： 种本名源于拉丁语 *intermediate*，意为中型的。

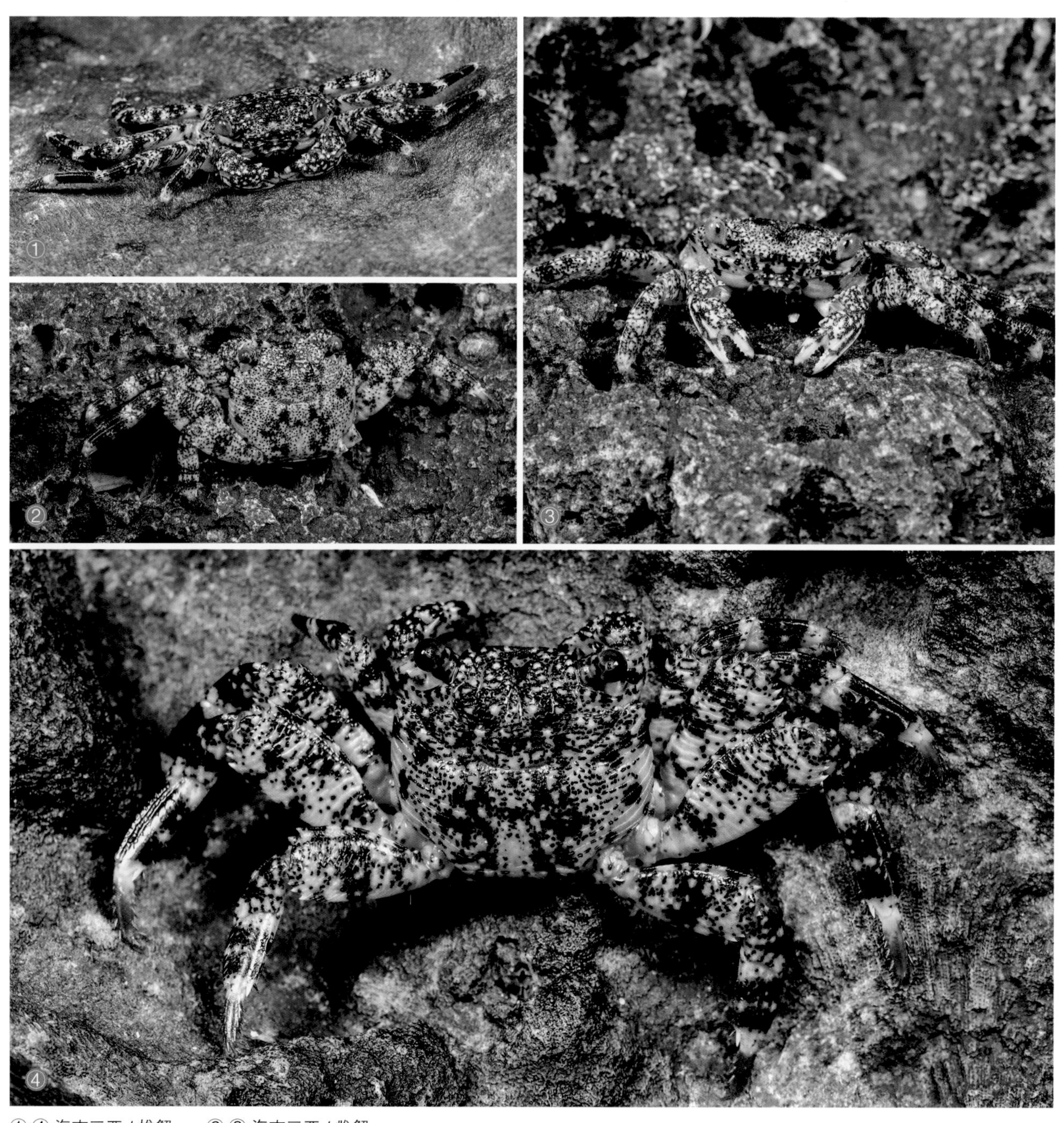

①④ 海南三亚 / 雄蟹　　②③ 海南三亚 / 雌蟹

细纹方蟹 *Grapsus tenuicrustatus* (Herbst, 1783)

体型： 雄 CW：55.47 mm，CL：54.09 mm；雌 CW：45.1 mm，CL：43.2 mm。

鉴别特征： 头胸甲圆方形，鳃区有斜行皱褶；额弯向下方，边缘具锯齿；外眼窝齿尖锐，后具 1 锐齿，两齿间具"V"字形缺刻；螯足对称，短小，长节背缘无明显齿突，掌部背面有颗粒状突起，外侧面有横行隆线，指尖匙形；步足扁平，长节后缘末角锯齿状。

颜色： 头胸甲紫褐色，密布斜行白点。

生活习性： 喜欢在近水面处的岩礁、人工消波堤等石面上活动，行动迅速，遇危险会跳入水中。食物以藻类为主，亦会捕食其他小动物。

垂直分布： 高潮带至中潮带。

地理分布： 台湾、广东、海南；印度－西太平洋。

易见度： ★★★★☆

语源： 种本名源于拉丁语 *tenuis*+*crusta*，形容本种身体上具很多细纹。

① 广东硇洲岛 / 稚蟹　② 海南永兴岛　③ 海南文昌

宽额大额蟹 *Metopograpsus frontalis* Miers, 1880

体型： 雌 CW：32.6 mm，CL：24.5 mm。

鉴别特征： 头胸甲近方形，前半部较后半部宽，表面平滑，两侧具斜行隆线；额前缘中部稍突，中部稍凹，额后隆脊分 4 叶，各叶表面具横行隆线；腹内眼窝齿较尖锐，内缘与额缘相隔，外眼窝齿锐；螯足不甚对称，长节末部呈叶状突出，具 4 锐齿，腕节具皱襞及细颗粒，内末角具 2 ~ 3 小刺，掌部背面具斜行短褶及颗粒，外侧面光滑；步足扁平，长节背面具横褶纹，第 1 至第 3 对步足前节前缘具小刺及刚毛，第 4 对步足前缘除小刺及刚毛外，还具 1 列绒毛。

颜色： 头胸甲青灰色或灰绿色，杂暗褐色斑纹；螯足紫色，散布浅色斑纹，掌部及可动指外侧面紫色，不动指白色；步足浅黄色，杂有暗色斑纹。

生活习性： 白天躲藏于石块下或石缝中，夜间出来活动，行动迅速，亦可向内分布到咸淡水交汇处。

垂直分布： 中潮带。

地理分布： 台湾、广东、海南；西太平洋、东印度洋。

易见度： ★★★☆☆

语源： 属名源于希腊语 *metōpon*+*Grapsus*（方蟹属），中文名形容本属前额很宽。种本名源于拉丁语 *frontatus*，意为前额。

备注： 本种常与方形大额蟹 *M. thukuhar* 同域分布，体色相近，易混淆。本种腹内眼窝齿较尖锐，后者钝；本种第 4 对步足前节前缘具 1 列绒毛，后者无。

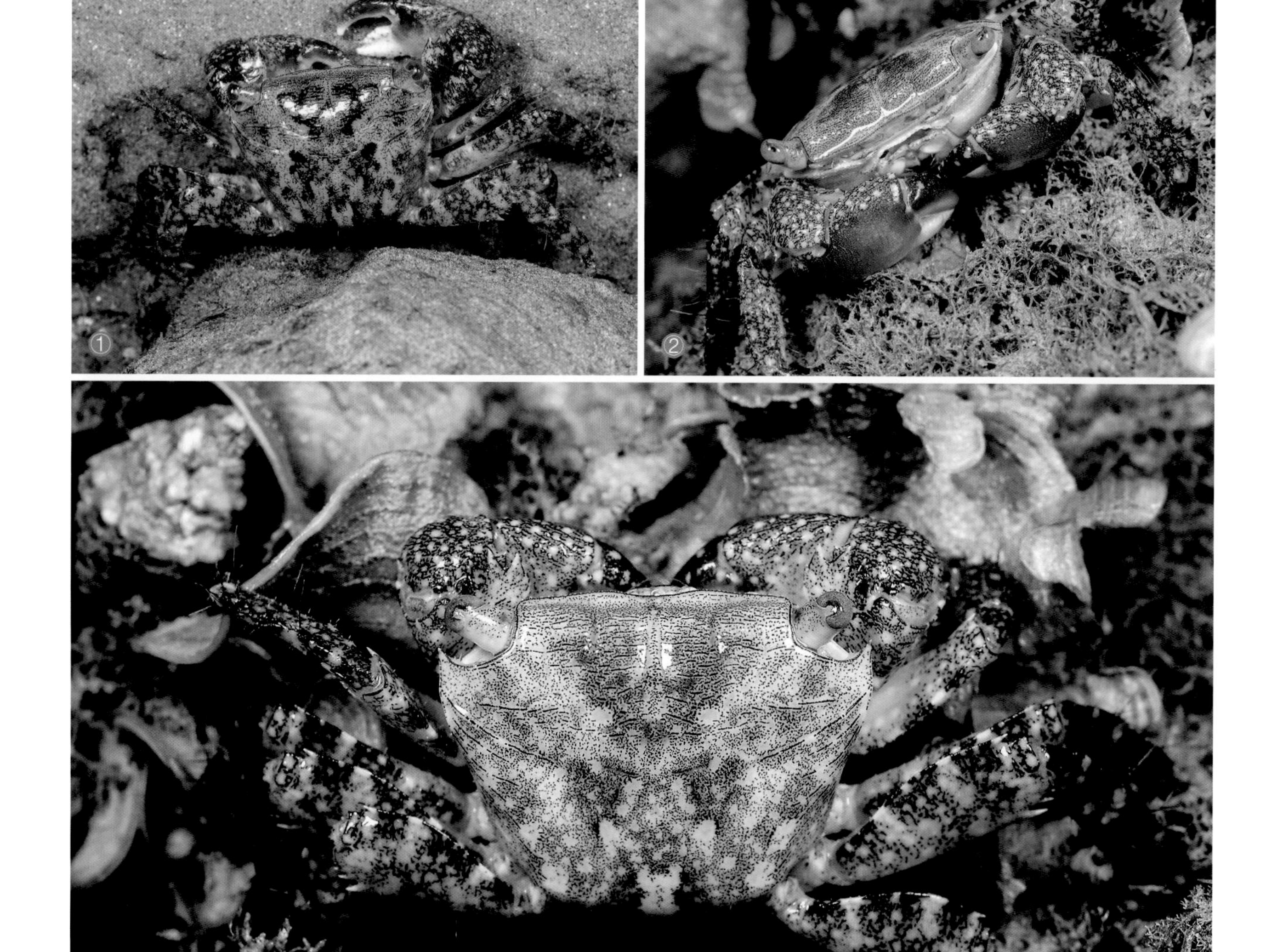

① 广东硇洲岛　② ③ 海南三亚

大额蟹 *Metopograpsus latifrons* (White, 1847)

阔额大额蟹（台）

体型： 雄 CW：33.1 mm，CL：29.1 mm；雌 CW：27.3 mm，CL：23.8 mm。

鉴别特征： 头胸甲近方形，表面平滑，胃里区及心区各具 1 凹痕，鳃区近侧缘处具斜行短隆线；额向前突出，边缘平直具微细锯齿；腹内眼窝齿圆钝；外眼窝齿呈锐三角形；螯足对称，长节背缘具锯齿，内腹缘基半部具 3 钝齿，末半部呈叶片状呈出，具 4 ~ 5 锐齿，腕节表面具颗粒状突起，内末角突出，掌部外侧面上半部具颗粒，下半部及内侧面具皱襞，两指内缘具大小不等的钝齿，指端匙形；步足扁平，长节前缘具细锯齿，近末端具 1 锐齿，后末缘具 4 锐齿，腕节背面具 2 隆脊，第 1 至第 3 对步足前节背面近前缘及末对步足前缘具 1 列绒毛。

颜色： 全身黄褐色，具黑色花纹；螯足紫色。

生活习性： 栖息于红树林等咸淡水交汇处，常攀附在红树的支柱根上。白天躲藏于石块下或石缝中，夜间出来活动，行动迅速。

垂直分布： 中潮带。

地理分布： 台湾、广西、海南；西太平洋。

易见度： ★★★★☆

语源： 种本名源于拉丁语 *latil+frons*，形容本种扁宽的前额，中文名直称为大额蟹。

① ③ ④ 海南三亚　② 海南三亚 / 额部

四齿大额蟹 *Metopograpsus quadridentatus* Stimpson, 1858

体型： 雄 CW：39 mm，CL：30 mm；雌 CW：26.5 mm，CL：22 mm。

鉴别特征： 头胸甲近方形，前半部较后半部宽，表面平滑；额前缘平直，具细颗粒；外眼窝齿锐，其后具 1 小锐齿；螯足不甚对称，长节前缘近端部，具 3 大锐齿及 1 ~ 2 小齿，掌部背面具斜行皱襞及颗粒，内外侧光滑；步足扁平，长节背面具横行皱纹，具刚毛。

颜色： 全身黄褐色至灰绿色；头胸甲具深浅不一的斑纹；螯足掌部外侧面紫色，指尖白色；步足具暗紫色碎纹。

生活习性： 多栖息于河口、内湾等水域。白天躲藏于石块下或石缝中，夜间出来活动，行动迅速。

垂直分布： 中潮带。

地理分布： 江苏、上海、浙江、福建、台湾、广东、香港、广西、海南；印度 - 西太平洋。

易见度： ★★★★★

语源： 种本名源于拉丁语 *quadr+dentatus*，意为 4 齿。

备注： 依据线粒体基因构建的系统发育树显示，广泛分布于印度 - 太平洋的四齿大额蟹及方形大额蟹（见下种）具显著的种内遗传变异及地理分布结构，未来有可能会将它们划分为多个不同的种类（Fratini et al., 2018）。

①②浙江象山

方形大额蟹 *Metopograpsus thukuhar* (Owen, 1839)
土夸大额蟹（台）

体型： 雄 CW：25.5 mm，CL：20.8 mm。

鉴别特征： 头胸甲方形，表面光滑，近侧鳃区具斜行隆线；外眼窝齿短而锐；螯足稍不对称，长节内腹缘末部突出，具 4 锐齿，腕节表面具颗粒及短皱褶，掌部背面具颗粒状突起，外侧面光滑；步足扁平，长节背面具皱襞。

颜色： 体色多变，全身黄褐色至深褐色；头胸甲背面具对称分布的浅蓝色斑纹；螯足腕节、掌节及指节紫色，掌部外侧面上部常散布白色圆斑；步足具褐色或黑色碎纹。

生活习性： 白天躲藏于石块下或石缝中，夜间出来活动，行动迅速。

垂直分布： 中潮带。

地理分布： 福建、台湾、广东、广西、海南；印度－西太平洋。

易见度： ★★★★★

语源： 种本名源于模式产地瓦胡（Oahu）岛，当地土著人称之为“thukuhar”，中文名形容本种头胸甲近方形。

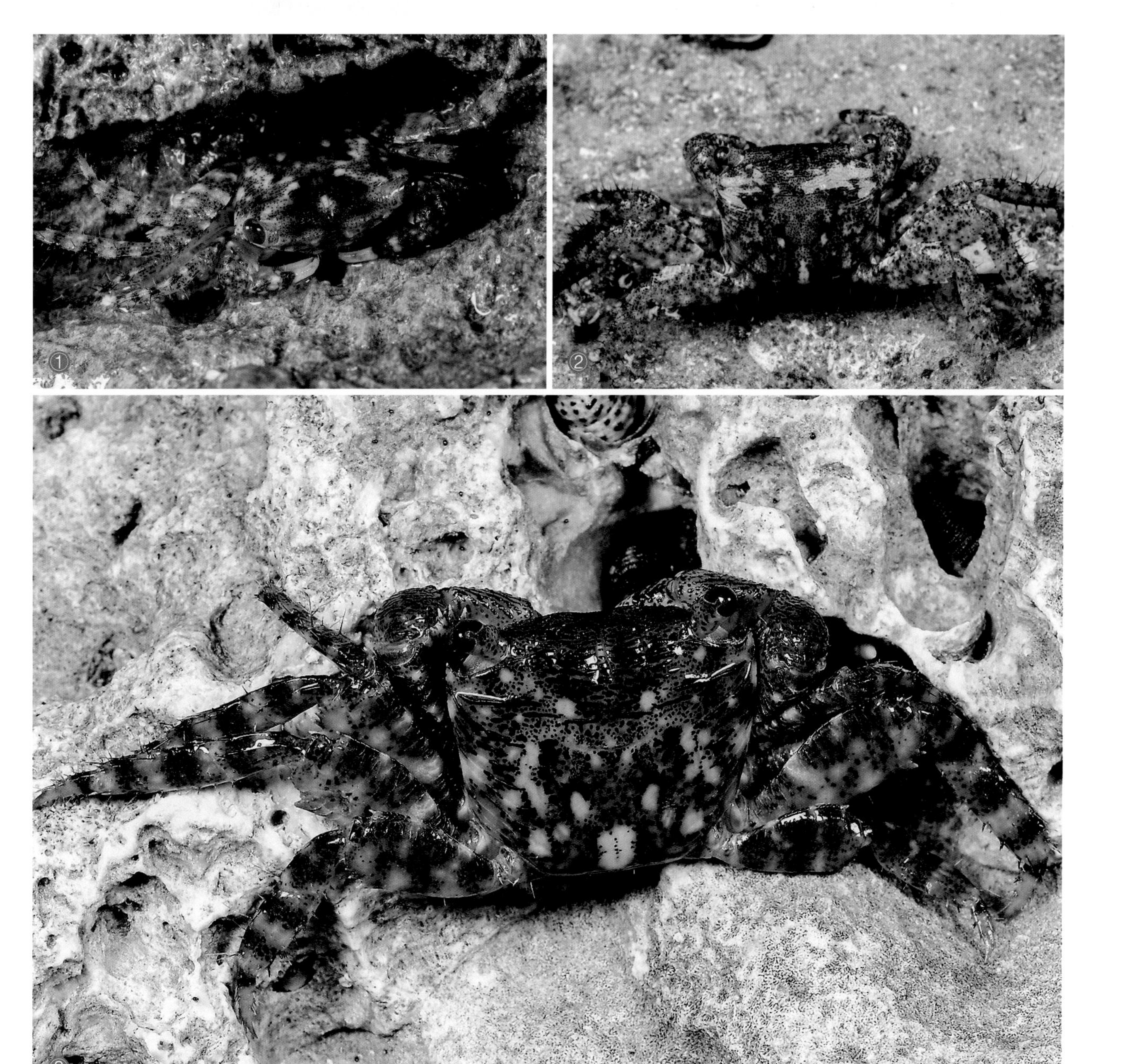

① 海南三亚 / 稚蟹　② ③ 海南三亚

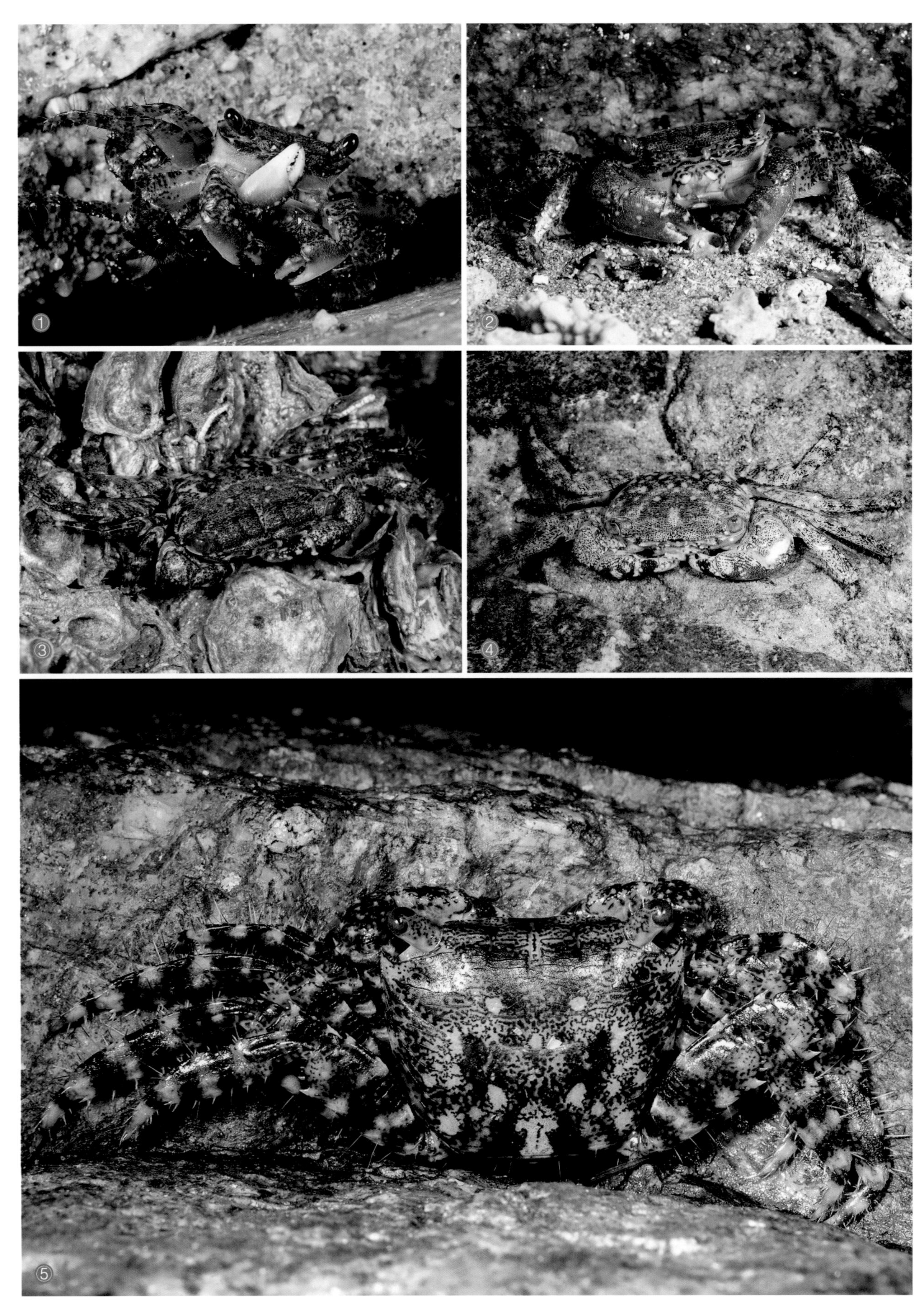

① 海南文昌 / 交配　② 海南文昌　③ ④ ⑤ 广东深圳

粗腿厚纹蟹 *Pachygrapsus crassipes* Randall, 1839

体型： 雄 CW：32.5 mm，CL：27.5 mm。

鉴别特征： 头胸甲方形，除心区及肠区较平滑外，表面具横皱襞及隆线；外眼窝齿尖锐，其后具 1 锐三角形齿；螯足对称，长节及腕节具细隆线，掌部平滑，背面具颗粒及皱襞；步足长节后末角具 2 ~ 3 不规则小齿。

颜色： 头胸甲黑褐色，杂有灰绿色斑纹；螯足及步足红褐色，螯足掌部外侧面及可动指基半部紫色，不动指白色。

生活习性： 喜欢在海浪大的大块岩礁上活动。

垂直分布： 中潮带。

地理分布： 浙江、福建、台湾、广东、海南；日本、朝鲜半岛、红海、马达加斯加、东非、美洲西海岸。

易见度： ★★★★★

语源： 属名源于希腊语 *pachys*+*Grapsus*（方蟹属），形容本属头胸甲具浓厚的条纹突起。种本名源于拉丁语 *crassus*+*pes*，意为粗腿。

备注： 厚纹蟹属在野外易与大额蟹属相混淆，区别在于：① 本属第 2 触角与眼窝相连，大额蟹属第 2 触角与眼窝相隔；② 本属头胸甲表面较粗糙，具皱襞，大额蟹属头胸甲表面除靠近前侧缘两侧具斜行隆线外，大部分光滑。

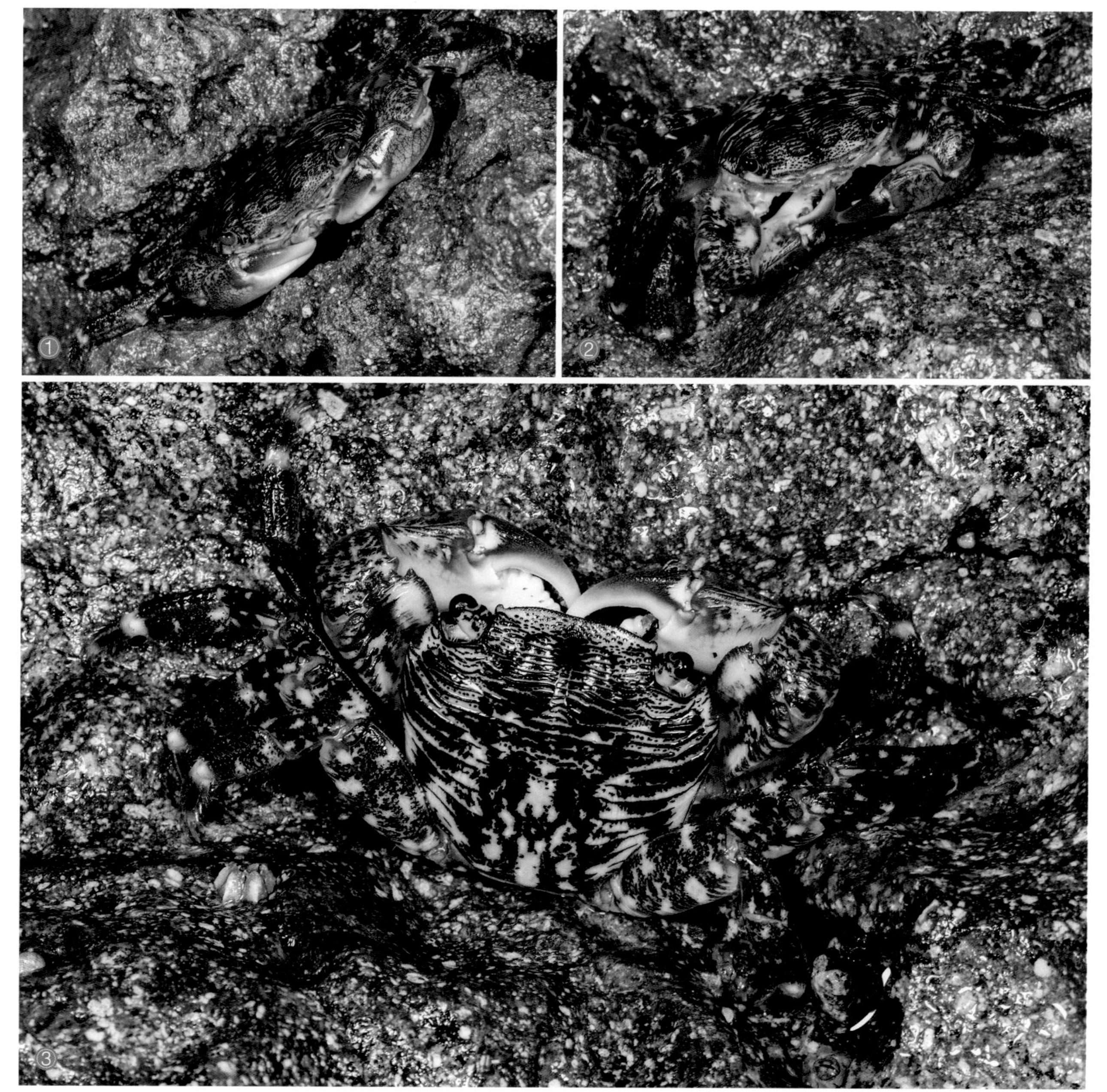

①②③ 浙江象山

小厚纹蟹 *Pachygrapsus minutus* A. Milne Edwards, 1873

体型： 雄 CW：9.1 mm，CL：6.6 mm；雌 CW：8.6 mm，CL：6.2 mm。

鉴别特征： 头胸甲近方形，宽大于长，背面隆起，除中部光滑外，具横斜行皱襞；额宽，前缘中部稍凹；后侧缘向后靠拢；外眼窝齿三角形；螯足稍不对称，长节表面具横行斜皱襞，掌部光滑，指尖匙形；步足扁平，长节后缘末端具 2 ~ 3 刺。

颜色： 体色多变，全身暗绿色、草绿色或暗褐色，杂有深浅不一的斑纹；螯足掌部背面具绿色斑点，指节淡紫色。

生活习性： 喜欢生活于藻类较多的岩礁或珊瑚礁缝隙中，取食表面藻类，受惊扰会快速躲回石缝中。

垂直分布： 中潮带至低潮带。

地理分布： 台湾、海南；印度 - 西太平洋。

易见度： ★★★★★

语源： 种本名源于拉丁语 *minutus*，意为微小的。

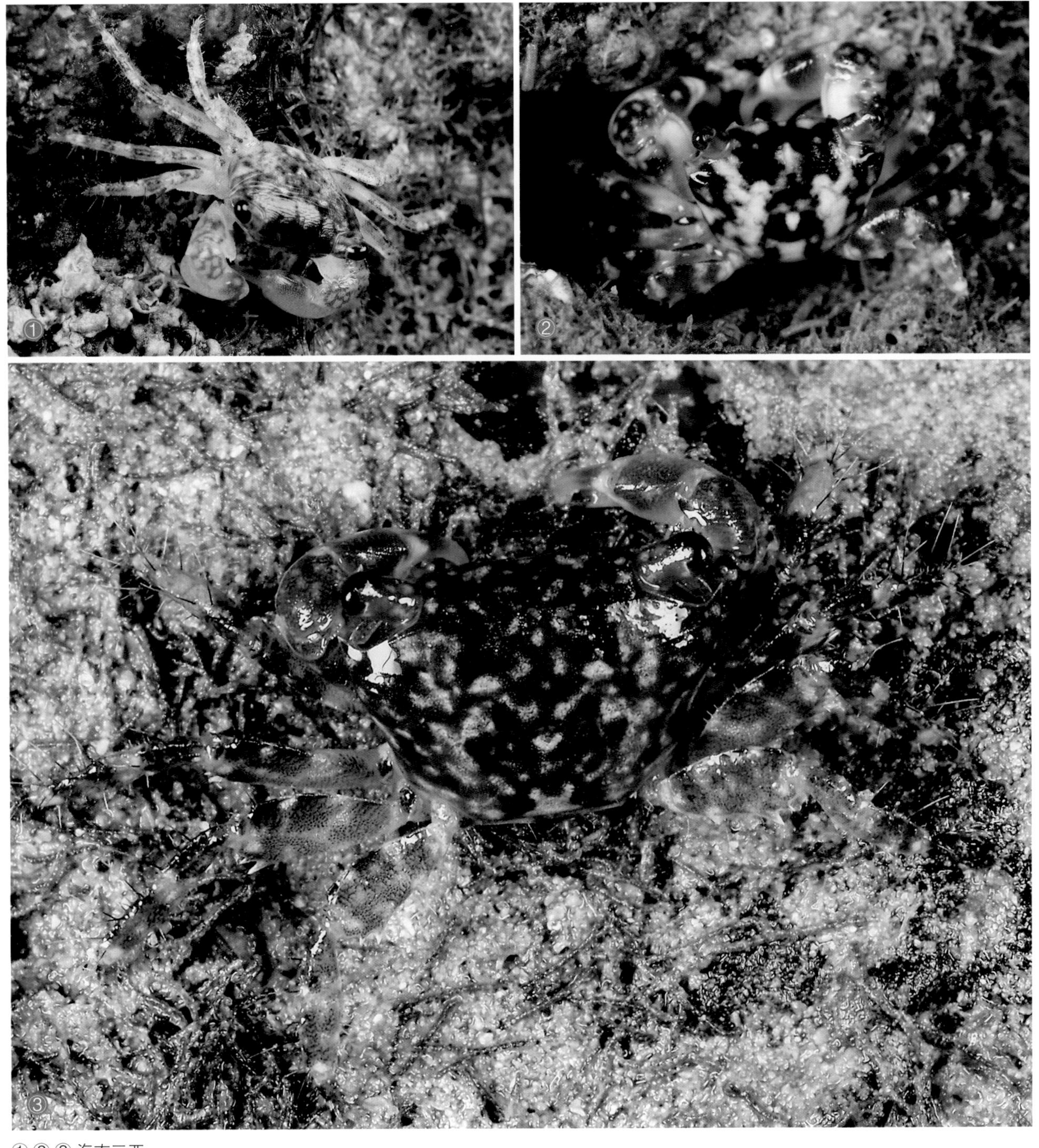

①②③ 海南三亚

①② 海南三亚

平额厚纹蟹 *Pachygrapsus planifrons* De Man, 1888

体 型： 雄 CW：9.3 mm，CL：7.6 mm； 雌 CW：9.7 mm，CL：7.7 mm。

鉴别特征： 头胸甲近方形，宽稍大于长，表面平坦，具棕色短刚毛，近侧缘具斜行隆线；额宽，前缘中部稍凹；外眼窝齿三角形，尖锐；侧缘近平行，中部稍内凹陷，后侧缘略向后靠拢；螯足稍对称，长节及腕节表面具横行斜隆线，掌部光滑，两指内缘具钝齿，指尖匙形，具 1 簇刚毛；步足细长，长节后缘末端具 1 齿，其后具 1 枚不显著小刺。

颜色： 全身绿色至暗绿色，杂有深浅不一的斑纹；螯足可动指基半部褐色，端半部及不动指白色，指尖亮褐色。

生活习性： 喜欢生活于藻类较多的岩礁或珊瑚礁碎石下。

垂直分布： 中潮带至低潮带。

地理分布： 台湾、海南；印度－西太平洋。

易见度： ★★★★★

语源： 种本名源于拉丁语 *planus+frons*，意为扁平的前额。

① 海南三亚 / 雌蟹　③ 海南三亚 / 指尖毛簇　②④ 海南三亚 / 雄蟹

褶痕厚纹蟹 *Pachygrapsus plicatus* (H. Milne Edwards, 1837)

体型： 雄 CW：12.84 mm，CL：10.33 mm；雌 CW：15.08 mm，CL：12.45 mm。

鉴别特征： 头胸甲方形，稍隆起，表面具横皱襞及隆线，每条隆线前均具短毛；外眼窝齿尖锐；螯足对称，长节及腕节表面具细隆线，掌部内侧面较平滑，背面具颗粒及皱襞，外侧面至腹缘具至少 3 条纵向长隆线；步足长节后末角具 2 ~ 3 不规则小齿。

颜色： 灰绿色至暗绿色，体表有深浅不一的斑点和条纹，步足具有环纹。

生活习性： 栖息于退潮后能够露出水面的大块珊瑚礁石的孔洞中。

垂直分布： 中潮带。

地理分布： 台湾、海南；印度－西太平洋。

易见度： ★★☆☆☆

语源： 种本名源于拉丁语 *plica*，意为皱襞。

① ② 海南三亚　③ 海南三亚 / 抱卵

方蟹总科 Grapsoidea

盾牌蟹科 Percnidae

头胸甲近圆形，极扁平，表面均匀覆盖短刚毛；前侧缘具刺；额缘刺状；眼窝发育完好，深，略短于额宽；第3颚足并拢后无斜方形空隙；螯足对称，长节长，掌节扁平，指尖匙状；步足长节前缘具数个大刺；两性腹部第3至第5节愈合；雄性G1长而粗壮，末端钩状，G2短于G1。

全世界已知1属7种，中国记录1属5种。

单刺盾牌蟹 *Percnon guinotae* Crosnier, 1965

基氏盾牌蟹（台）

体型： 雌 CW：28.63 mm，CL：32.45 mm。

鉴别特征： 头胸甲近圆形，扁平，长度稍大于宽度，表面密布短毛，具光滑的细沟；额窄，分 4 齿；口前板前缘具 1 刺；前侧缘（含外眼窝齿）共具 4 齿；螯足长节背缘具 1 列小齿，腕节背面具小刺，周围有短毛，指尖匙状；步足细长，指节腹缘具 2 列小刺，第 4 对步足底节具 4 小刺。

颜色： 头胸甲灰绿色、褐色或深褐色，具浅色斑纹；螯足掌部末端及两指粉红色；步足同头胸甲颜色，具暗色斑纹，长节与腕节连接处粉红色；眼红色。

生活习性： 喜欢栖息于海浪大、潮水涌动快的岩礁上。身体常常贴在近水面的光滑的岩礁上，爬行速度极快，遇干扰会迅速躲进深水处石缝中。

垂直分布： 潮下带浅水。

地理分布： 台湾、海南；印度－西太平洋

易见度： ★★☆☆☆

语源： 属名源于希腊语 *perknos*，意为暗色的，中文名形容本属头胸甲扁平，似盾牌。种本名以法国生物学家丹妮尔·吉诺（Danièle Guinot）的姓氏命名，中文名指代本种口前板前缘仅具 1 刺。

① 海南三亚 / –3 m / 徐一唐

裸掌盾牌蟹 *Percnon planissimum* (Herbst, 1804)

扁额盾牌蟹（台）

体型： 雄 CW：24.04 mm，CL：25.8 mm。

鉴别特征： 头胸甲近圆形，扁平，长稍大于宽，密布短毛；额窄，分 4 齿；口前板具 3 刺；前侧缘（含外眼窝齿）具 4 齿，依次渐小；螯足近对称，长节瘦长，腹内缘近基部具 2 锐刺，末端具 1 钝刺，腹外缘末端具 3 刺，掌部高而扁，表面光滑，内缘背面具 1 枚小刺，指尖匙状；步足细长，第 3 步足底节背面无刺。

颜色： 全身青灰色；头胸甲背面具蓝色"X"字形斑纹，从额部至头胸甲后缘具 1 蓝色细条带；眼角膜外缘淡蓝色；螯足及步足同色，掌部颜色稍浅，两指两褐色。

生活习性： 喜欢栖息于海浪大、潮水涌动快的岩礁上。身体贴在近水面的光滑的岩礁上，爬行速度极快，遇干扰会迅速躲进深水处石缝中。

垂直分布： 中潮带至潮下带浅水。

地理分布： 台湾、海南；印度 - 西太平洋。

易见度： ★★★★★

语源： 种本名源于拉丁语 *planissimum*，意为扁平的。

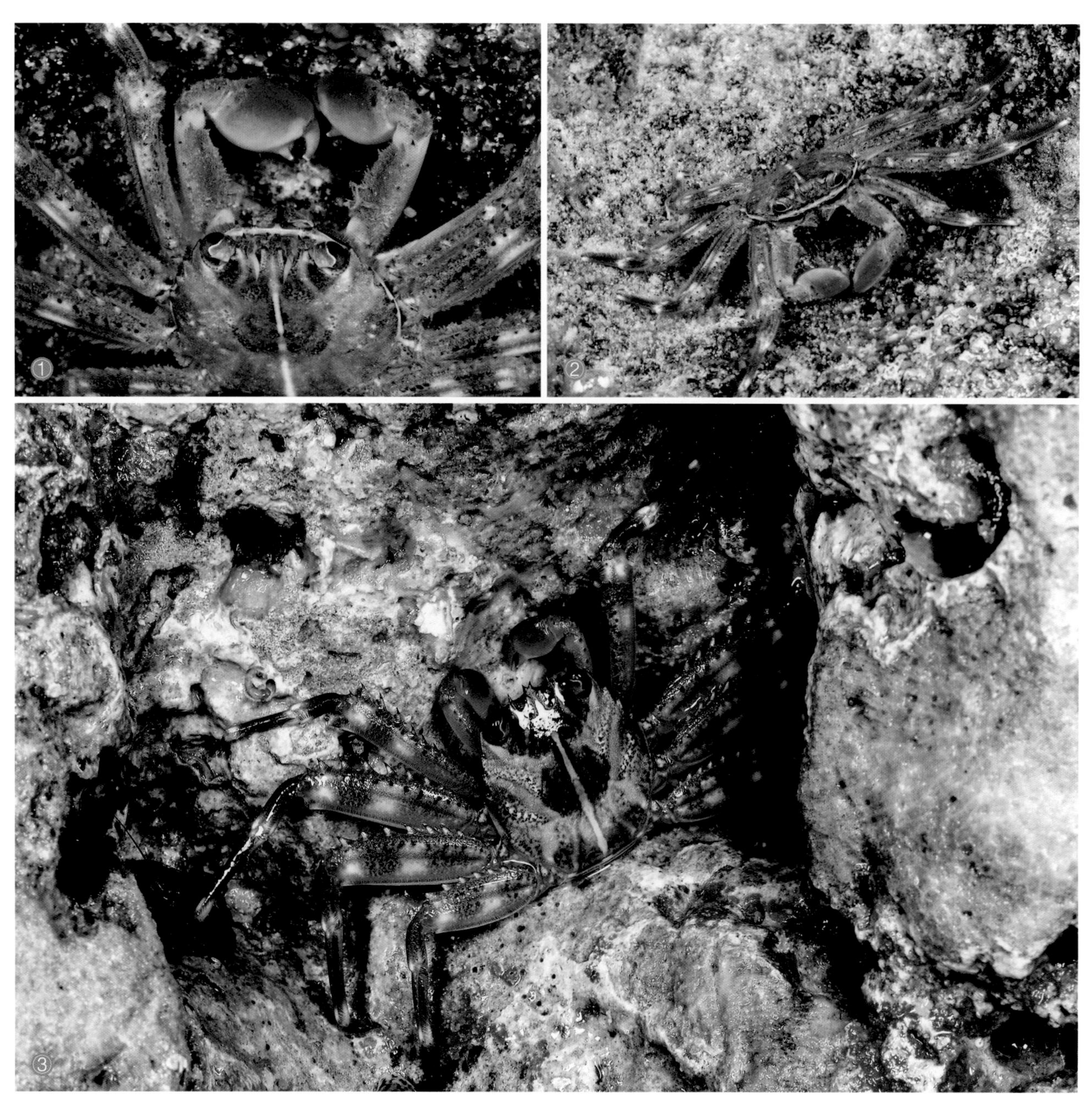

① 海南陵水 / 螯足掌部内侧面　② 海南陵水 / 雄蟹　③ 海南文昌 / 雌蟹

中华盾牌蟹 *Percnon sinense* Chen, 1977

体型： 雄 CW：33.4 mm，CL：38 mm；雌 CW：37.1 mm，CL：39.8 mm。

鉴别特征： 头胸甲近圆形，扁平，长稍大于宽，密布短毛；额窄，分 4 齿；口前板具 3 刺；前侧缘（含外眼窝齿）具 4 齿，第 1 齿最大，末 2 齿小；螯足近对称，长节瘦长，腹内缘末端具 1 短刺，腹外缘具 2 ~ 3 枚小刺，掌部高而扁，表面光滑，内缘背面具 6 ~ 7 枚小刺，小刺附近具短毛，指尖匙状；步足细长，第 4 步足底节背面具 3 枚小刺。

颜色： 全身红褐色；头胸甲背面具浅绿色"X"字形斑纹，从额部至头胸甲后缘具 1 黄色或青绿色细条带；眼角膜外缘黄褐色；螯足及步足同色，掌部颜色稍浅，两指粉红色。

生活习性： 喜欢栖息于海浪大、潮水涌动快的岩礁上。身体贴在近水面的光滑的岩礁上，爬行速度极快，遇干扰会迅速躲进深水处石缝中。

垂直分布： 中潮带至潮下带浅水。

地理分布： 福建、台湾、海南；印度 - 西太平洋。

易见度： ★★★★★

语源： 种本名源于模式产地中国。

备注： 许多图鉴将本种鉴定为裸掌盾牌蟹 *P. planissimum*，两者外部形态极为近似，区别在于：①本种成体体型大，超过 30 mm，而裸掌盾牌蟹成体体型略微超过 20 mm；②本种螯足内侧缘背缘具数枚小刺，而裸掌盾牌蟹仅具 1 枚明显的小刺。另据作者野外观察，中华盾牌蟹体色整体暗，眼角膜边缘呈黄色，而裸掌盾牌蟹体色整体明亮，眼角膜边缘呈蓝色。

① 海南三亚 / 螯足掌部内侧面　② 海南三亚 / 雌蟹　③ 海南三亚 / 雄蟹

①② 海南文昌 / 雄蟹

方蟹总科 Grapsoidea

斜纹蟹科 Plagusiidae

头胸甲近圆形，扁平，但较盾牌蟹科厚，多少隆起，表面通常具短刚毛，侧缘拱起；前侧缘具刺；额缘齿状；眼窝发育完好，深，略短于额宽；第3颚足并拢后无斜方形空隙；两性腹部第3至第6或第4至第6节愈合；雄性G1长而粗壮，端部具浓刚毛，G2短于G1。

全世界已知5属20种，中国已记录2属4种。

无斑斜纹蟹 *Plagusia immaculata* Lamarck, 1818

体 型： 雄 CW：50.2 mm，CL：40.9 mm；雌 CW：23 mm，CL：24 mm。

鉴别特征： 头胸甲近圆形，宽度稍大于长，背面具较扁平而稀疏的突起；额宽，中央被一纵沟分为 2 叶；前侧缘（含外眼窝齿）具 4 齿，依次渐小；雄性螯足粗壮，雌性短小，指尖匙状；雄性腹部第 4 至 6 节愈合，雌性腹部 7 节。

颜色： 头胸甲灰绿色至深褐色；螯足灰白色，两指颜色略浅；步足同头胸甲颜色，长节背面具暗色条纹。

生活习性： 喜欢栖息于海浪大、潮水涌动快的附满藻类的岩礁上。身体贴在近水面的光滑的岩礁或人工消波堤上取食藻类，爬行速度极快，遇干扰会迅速躲进深水处石缝中。

垂直分布： 中潮带至潮下带浅水。

地理分布： 浙江、台湾、海南；印度－西太平洋。

易见度： ★★★★★

语源： 属名源于希腊语 *plagios*，意为斜的。种本名源于拉丁语 *im+maculatus*，意为无斑纹的。

备注： 本种常与鳞突斜纹蟹 *P. squamosa* 同域分布，两者易混淆。区别在于本种头胸甲背面具扁平而稀疏突起，突起前缘具稀疏短毛或无毛，后者背部具鳞片状突起，突起前缘密具短毛；本种步足长节前缘不具或具不成列的短毛，后者具排成列的长毛。

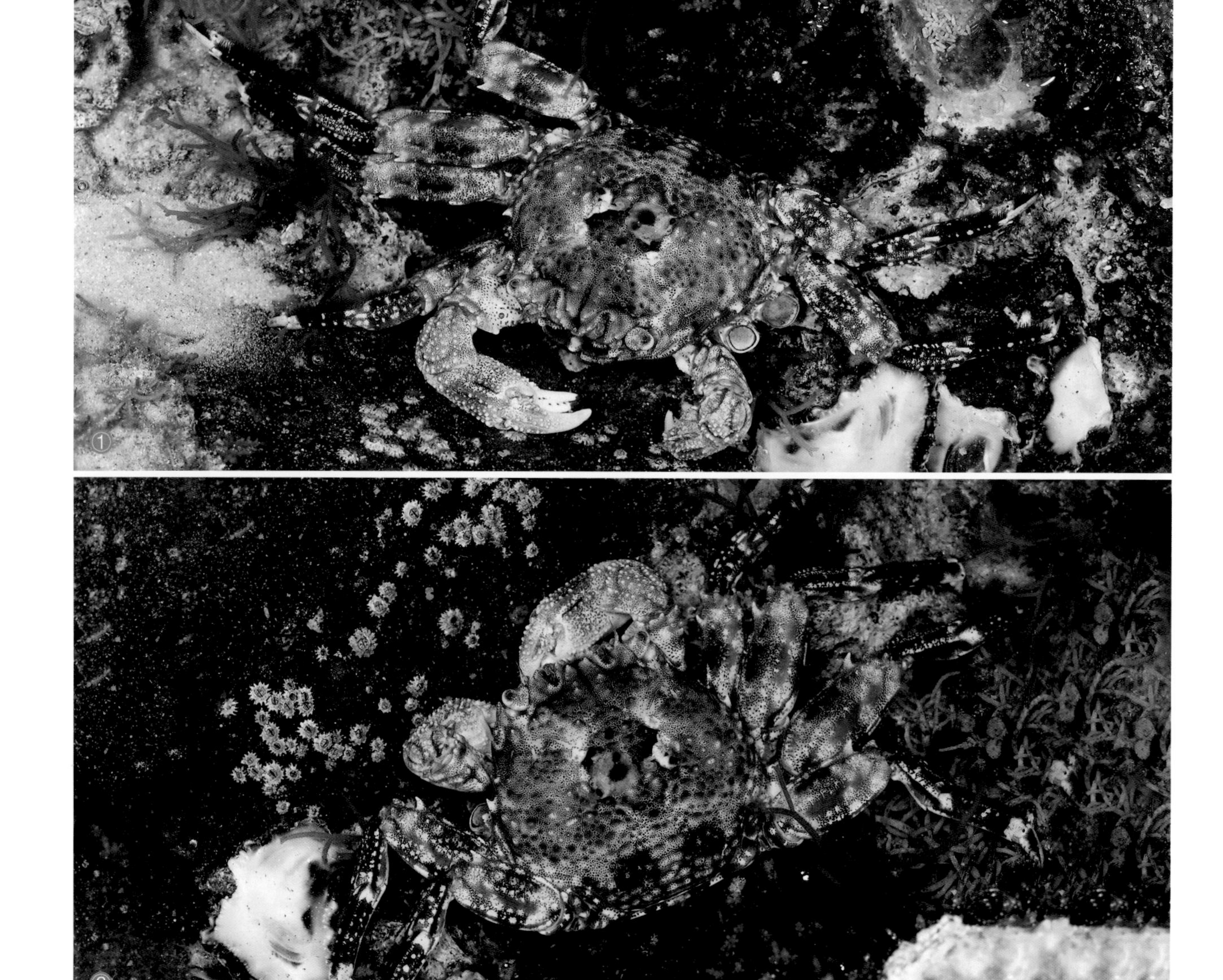

①② 海南陵水

鳞突斜纹蟹 *Plagusia squamosa* (Herbst, 1790)

鳞形斜纹蟹（台）

体型： 雌 CW：40.5 mm，CL：38.1 mm。

鉴别特征： 头胸甲近圆形，宽度稍大于长，背面具鳞片状及圆形颗粒突起，沿突起的前缘具短毛；额宽，中央被一纵沟分为2叶，额后具1对并列的突起；前侧缘（含外眼窝齿）具4齿，依次渐小；螯足对称，指尖匙状；雄性腹部第4至6节愈合，雌性腹部7节。

颜色： 头胸甲褐色，胃区及心区两侧各具1对黄斑；螯足及步足颜色与头胸甲近似。

生活习性： 喜欢栖息于海浪大、潮水涌动快的附满藻类的岩礁上。身体贴在近水面的光滑的岩礁或人工消波堤上取食藻类，爬行速度极快，遇干扰会迅速躲进深水处石缝中。

垂直分布： 中潮带至潮下带浅水。

地理分布： 山东半岛南部、浙江、福建、台湾、广东、香港、海南；印度 - 西太平洋。

易见度： ★★★★★

语源： 种本名源于拉丁语 *squamosus*，意为有鳞的。

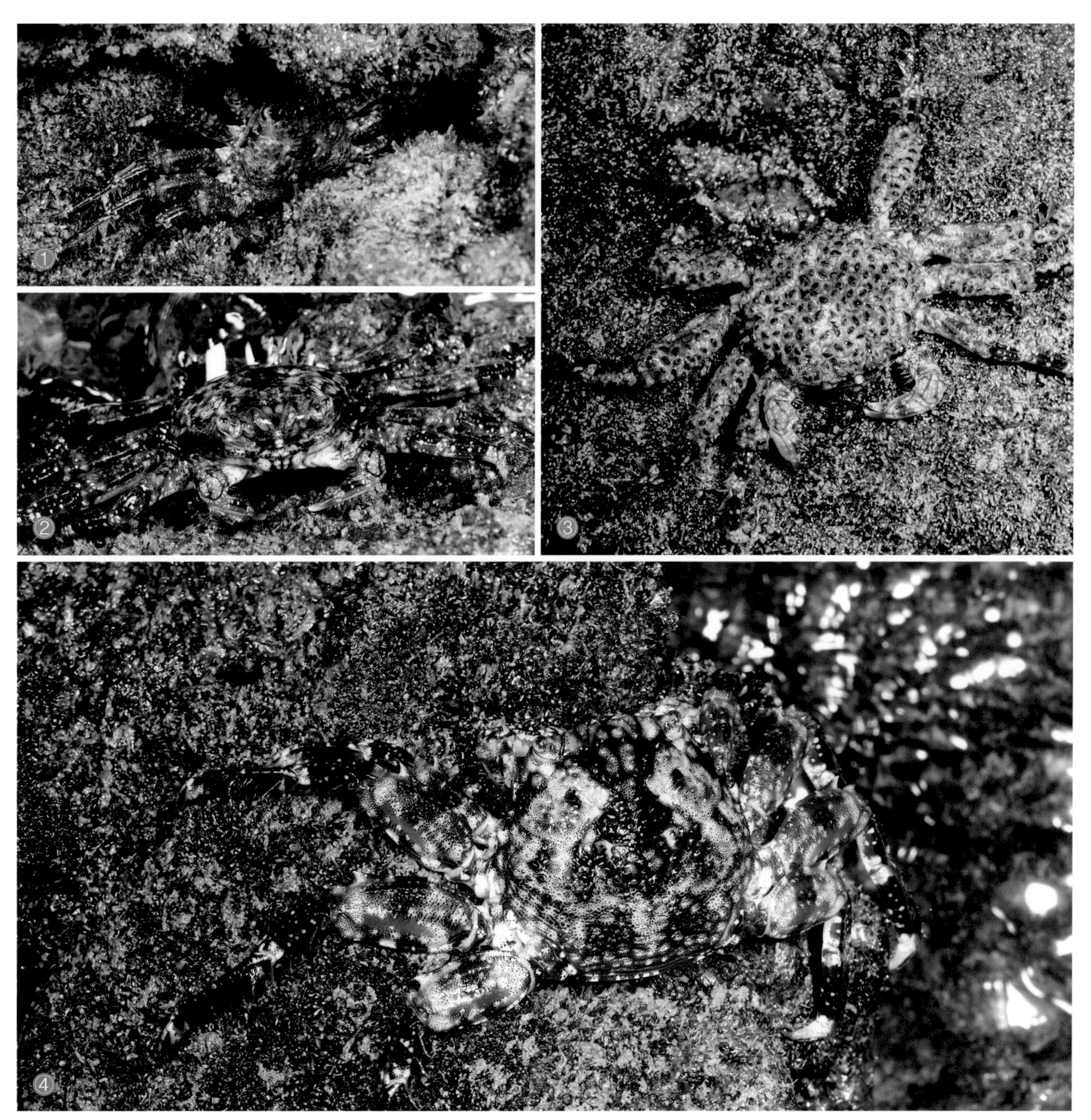

①②④ 广东硇洲岛　③ 广东硇洲岛 / 长满藤壶

方蟹总科 Grapsoidea

相手蟹科 Sesarmidae

头胸甲方形或近方形，表面适度扁平，分区多少可辨；前侧缘与后侧缘界限不明，侧缘在外眼窝齿后通常具 1 齿或完整；颊区具显著的排列成网格状的钩状毛；额宽，强烈下弯，略等于或宽于头胸甲后缘；眼柄长，眼窝发育完好；第 3 颚足并拢后中间具 1 斜方形空隙，座节及长节表面具斜行刚毛脊；螯足粗壮，近对称，长节前缘通常至少具 1 刺，指尖匙状；步足粗壮，显著侧扁，边缘通常具刺和刚毛；两性腹部 7 节；雄性 G1 直而粗壮，端部通常具浓毛，G2 显著小于 G1。

全世界已知 49 属 338 种，中国记录 25 属 70 种。

短足针肢蟹 *Bresedium brevipes* (De Man, 1889)

体型： 雄 CW：12 mm，CL：10.5 mm。

鉴别特征： 头胸甲方形，具分散的颗粒及短刚毛，中部较光滑，鳃区具斜行隆线；外眼窝齿锐三角形，与前侧缘之间以“V”字形缺刻相隔；雄性螯足较雌性粗壮，背面及外侧具分散颗粒，内侧面与腹面，以及可动指背面具颗，两指并拢后几乎无空隙，两指内缘具大小不等钝齿；步足扁平，末 3 节具刚毛，指节细长，末端爪状。

颜色： 全身黄褐色至暗褐色；两眼间沿前额具 1 淡色条纹；螯足掌节及指节暗红色，两指端部橙色。

生活习性： 生活于红树林外缘的落叶层下。

垂直分布： 高潮带。

地理分布： 台湾、海南；菲律宾、印度尼西亚、澳大利亚、印度。

易见度： ★☆☆☆☆

语源： 属名语源不详，中文名形容本属雄性 G1 端部很细长。种本名源于拉丁语 *brevis+pes*，意为短足。

① ② 海南文昌 / 雄蟹

红螯螳臂相手蟹 *Chiromantes haematocheir* (De Haan, 1833)

红螯螳臂蟹（台）

体型： 雄 CW：25.5 mm，CL：23.5 mm；雌 CW：22.5 mm，CL：18.5 mm。

鉴别特征： 头胸甲近方形，表面光滑，胃区及心区具“H”字形沟相隔，胃区两侧有圆凹点，肝区具 2 长形凹陷，鳃区前半部隆起，侧面具微细斜行颗粒隆线；额宽，前缘平直，后隆脊锋锐；外眼窝齿三角形；雄性螯足较雌性粗壮，掌部高，背缘具颗粒，外侧面光滑，可动指背面光滑，不动指基部宽厚，两指内缘具锯齿，近末端各具 1 较大齿；步足细长，末 3 节具刚毛。

颜色： 颜色多变，全身褐色、黄褐色或青绿色；头胸甲中部常具 1 弧形条纹，前侧缘与额缘黄色；螯足红色。

生活习性： 近河口的石块下，甚至可以分布至纯淡水的森林中。繁殖期降海释放幼体，非繁殖期几乎很少在海边活动。

垂直分布： 不受潮汐影响的溪流；潮上带。

地理分布： 山东半岛（青岛）、江苏、上海、浙江、福建、台湾、广东、香港；西太平洋。

易见度： ★★★★★

语源： 属名源于希腊语 *cheir+mantis*，形容本属螯足似螳螂的捕捉足。种本名源于拉丁语 *haemat+cheir*，意为红色的螯。

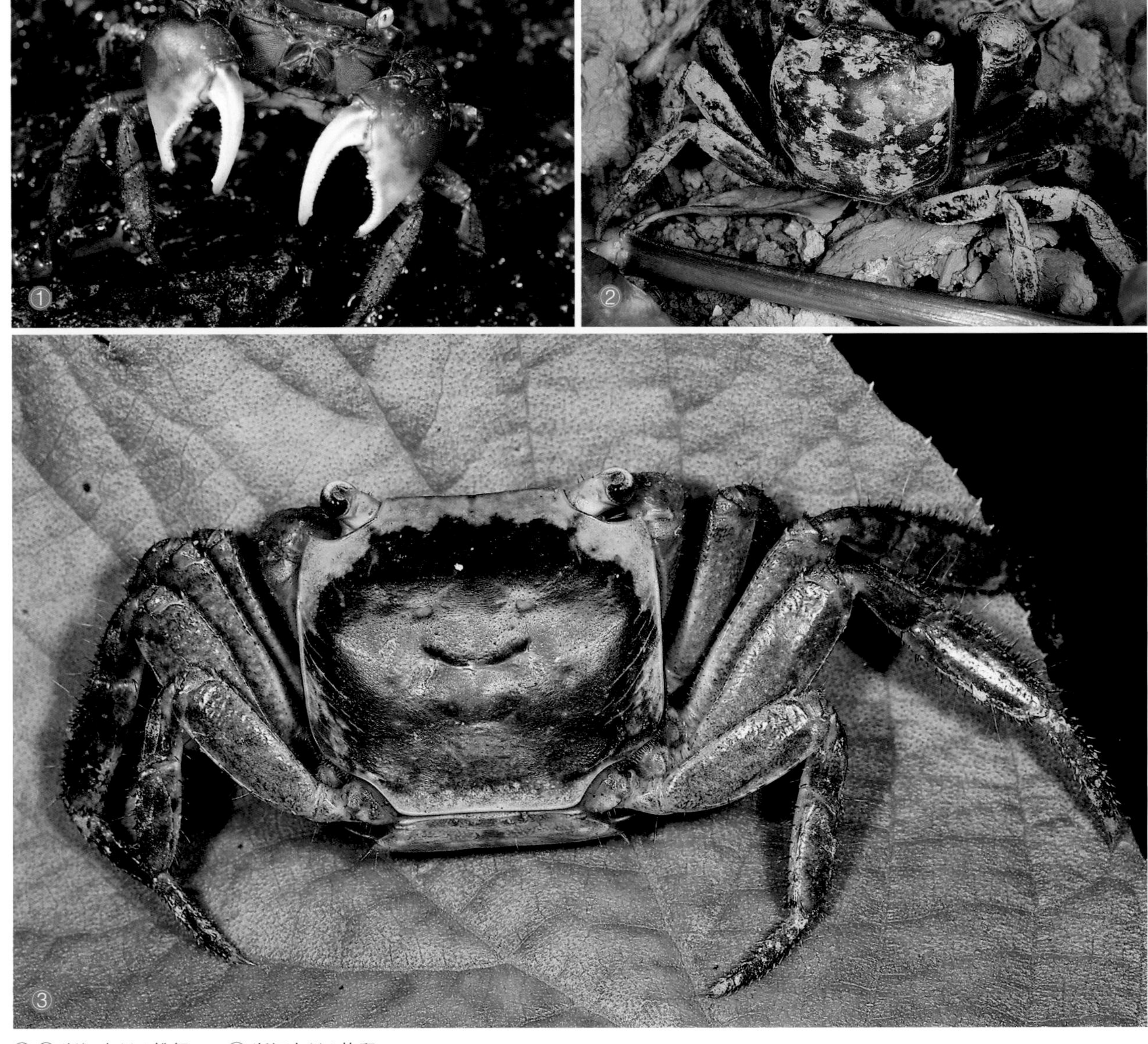

①② 浙江台州 / 雄蟹　③ 浙江台州 / 抱卵

① 广东深圳 / 抱卵　② 广东深圳 / 雌蟹　③ 浙江台州 / 右侧为再生螯 / 雄蟹　④ 浙江台州 / 捕食　⑤ 浙江台州 / 亚成体

中华泥毛蟹 *Clistocoeloma sinense* Shen, 1933

体 型： 雄 CW：15.1 mm，CL：12.8 mm； 雌 CW：16 mm，CL：13.3 mm。

鉴别特征： 头胸甲方形，宽大于长，各区均具隆起；除步足及螯足指节外，密覆灰黑色软毛，并在隆起与颗粒上，及头胸甲边缘散布许多成簇的短刚毛；前侧缘（含外眼窝齿）共分 3 叶，第 1 叶三角形，第 2 叶方形，第 3 叶钝；螯足对称，掌部肿胀，背面具 1 条梳状栉及 34 个齿，可动指背面具 11 ~ 12 个突起，两指并拢后有空隙；第 3 对步足最长。

颜色： 全身暗褐色，被灰棕色毛；螯足掌部及两指浅黄褐色。

生活习性： 栖息于高潮带具植被及碎石的泥滩，泥质通常黏度较高。

垂直分布： 高潮带至中潮带。

地理分布： 浙江、福建、台湾、广西、海南；日本。

易见度： ★★☆☆☆

语源： 属名源于希腊语 *kleistos+koilos*，意为封闭的腹腔，中文名形容本属身体表面具毛，常沾满泥污。种本名源于模式产地中国。

① ③ 海南儋州 / 亚成体正面 / 雄蟹　② ④ 广西防城港

密栉上相手蟹 *Episesarma mederi* (H. Milne Edwards, 1853)

体型： 雄 CW：44.1 mm，CL：42.1 mm。

鉴别特征： 头胸甲近方形，前半部密覆成簇刚毛，后半部具颗粒；额缘弯向下方，中部及两侧稍凹；外眼窝齿呈锐角形，其后具 1 锐齿，略小于外眼窝齿；螯足粗壮，雄性螯足掌部背面具 1 横行梳状脊，内侧面具 1 突出的纵行颗粒隆脊，可动指背缘具 40 ~ 60 枚栉状突起；步足粗壮。

颜色： 全身暗褐色至紫褐色；头胸甲后部具 1 倒“T”字形斑纹；螯足掌部及不动指暗红色，可动指紫色，表面突起淡黄色。

生活习性： 喜欢在红树林根部的软泥处打洞，也出没在河口内湾具碎石的泥地。夜间取食红树凋落物。

垂直分布： 中潮带。

地理分布： 海南；泰国、菲律宾、马来西亚、新加坡、印度尼西亚。

易见度： ★★★★★

语源： 属名源于 *epi*+*Sesarma*（相手蟹属），直译为上相手蟹。种本名以荷兰收藏家约翰 • 克里斯蒂安 • 梅德尔（Johann Christiaan Meder）的姓氏命名，中文名形容本种螯足掌部背缘密集的栉状齿。

备注： 本种易与多疣上相手蟹 *E. lafondii* 混淆，但多疣上相手蟹螯足掌部橙黄色，两指暗红色。

① 海南三亚　② ③ 海南文昌

泡粒上相手蟹 *Episesarma versicolor* (Tweedie, 1940)

体型： 雄 CW：30.6 mm，CL：29.6 mm；雌 CW：34 mm，CL：31.5 mm。

鉴别特征： 头胸甲近方形，表面具泡状颗粒，前部具成簇刚毛；外眼窝齿尖锐，其后具 1 小锐齿；螯足较小，掌部沿背面具 1 横行梳状脊，雌蟹和稚蟹无，内侧面具 1 纵行颗粒隆脊，可动指背面具 40 ~ 50 枚栉状突起，雌蟹及稚蟹不明显；步足粗壮。

颜色： 头胸甲黄绿色或暗紫色，密布暗色斑点；螯足紫色，掌部端半部、可动指端部 2/3 及不动指白色，可动指基部上缘紫色；步足暗紫色。稚蟹颜色略浅。

生活习性： 喜欢在红树林根部的软泥处打洞，夜间取食红树凋落物，常爬到红树枝条上取食。

垂直分布： 中潮带。

地理分布： 台湾、海南；泰国、马来西亚、新加坡。

易见度： ★★★★★

语源： 种本名源于拉丁语 *versicolor*，意为颜色可变的，中文名形容本种头胸甲上的泡状颗粒。

①②③ 海南三亚

①② 海南三亚 / 亚成体

带纹相手蟹 *Fasciarma fasciatum* (Lanchester, 1900)

体型： 雄 CW：12.1 mm，CL：10.5 mm。

鉴别特征： 头胸甲近方形，表面稍隆，光滑，具粗糙小点；额向下弯，额后分 4 叶；外眼窝齿三角形，其后具 1 小齿；螯足粗壮，掌部背面具 2 条微细的梳状栉，可动指背面具 6 ~ 7 枚刺突；步足细长，末 3 节具长短不等的刚毛。

颜色： 全身红褐色至棕褐色；两眼间具 1 浅色条带；螯足橙红色；步足同头胸甲颜色。

生活习性： 红树林内湾近岸处的石块下。

垂直分布： 高潮带。

地理分布： 福建、海南；泰国、马来西亚、新加坡。

易见度： ★★☆☆☆

语源： 属名源于拉丁语 *fasciat*+*rma*（相手蟹属后缀），意为带条纹的相手蟹。种本名源于拉丁语 *fasciat*，意为带纹。

①②③ 海南文昌

汀角攀树蟹 *Haberma tingkok* Cannicci *et* Ng, 2017

体型： 雄 CW：6.9 mm，CL：6.2 mm；雌 CW：8.3 mm，CL：7.5 mm。

鉴别特征： 头胸甲方形，分区明显，表面具突起；额分 2 叶，向前形成宽突起，两叶中部显著内凹；外眼窝齿较低平，端部指向前方，前侧缘近平行；眼角膜超过外眼窝齿；雄性螯足大于雌性，对称，掌部背面具数列低平不规则的刻纹，两指内缘具数个小齿及大齿，两指并拢后有小缝隙；步足瘦长，第 1、2 对步足指节与前节并拢后形成亚螯状，适应于攀握。

颜色： 全身暗褐色至黑色；雄性螯足掌部下半部、可动指下半部及不动指乳白色，指尖橙红色，雌性螯足掌部下半部、可动指下半部及不动指橙红色。

生活习性： 退潮后攀附于正红树 *Rhizophora apiculata* 的支柱根上活动，遇惊扰会躲入缝隙中。

垂直分布： 高潮带至中潮带。

地理分布： 香港、海南。

易见度： ★★☆☆☆

语源： 属名源于拉丁语 *habeo+rma*（相手蟹属后缀），形容本属第 1、第 2 步足指节与前节并拢后可形成亚螯状，能够适应攀爬。种本名源于模式产地香港汀角（Ting Kok）。

备注： 本种常与拟相手蟹混生，很多拟相手蟹亦有攀爬红树根的习性，尤其是稚蟹阶段，很容易与本种相混淆，但通过观察步足是否瘦长可以简单区分。

① 海南三亚 / 雌蟹　　②③ 海南三亚 / 雄蟹

肥胖后相手蟹 *Metasesarma obesum* (Dana, 1851)

肥胖后相蟹（台）

体型： 雄 CW：13.3 mm，CL：11.9 mm；雌 CW：15.3 mm，CL：13.2 mm。

鉴别特征： 头胸甲近方形，表面光滑，额后具 1 锋锐隆脊，胃区及心区间具 1 较深的“H”字形凹痕，鳃区具模糊的斜行隆线；外眼窝齿锐三角形；螯足对称，腕节背面具粗糙鳞状突起，掌部背面及外侧面上半部具凹点及颗粒，下半部光滑；步足长节前缘近末端具 1 齿，前节及指节具短刺。

颜色： 体色多变，全身灰白色、黄褐色至红褐色等；两眼间常具深色条带；螯足及步足散布暗色碎纹。

生活习性： 近高潮带较干燥的珊瑚碎石块下。

垂直分布： 潮上带至高潮带。

地理分布： 台湾、海南；西太平洋。

易见度： ★★☆☆☆

语源： 属名源自拉丁语 *Meta*+*Sesarma*（相手蟹属），直译为后相手蟹。种本名源于拉丁语 obesus，意为肥胖的。

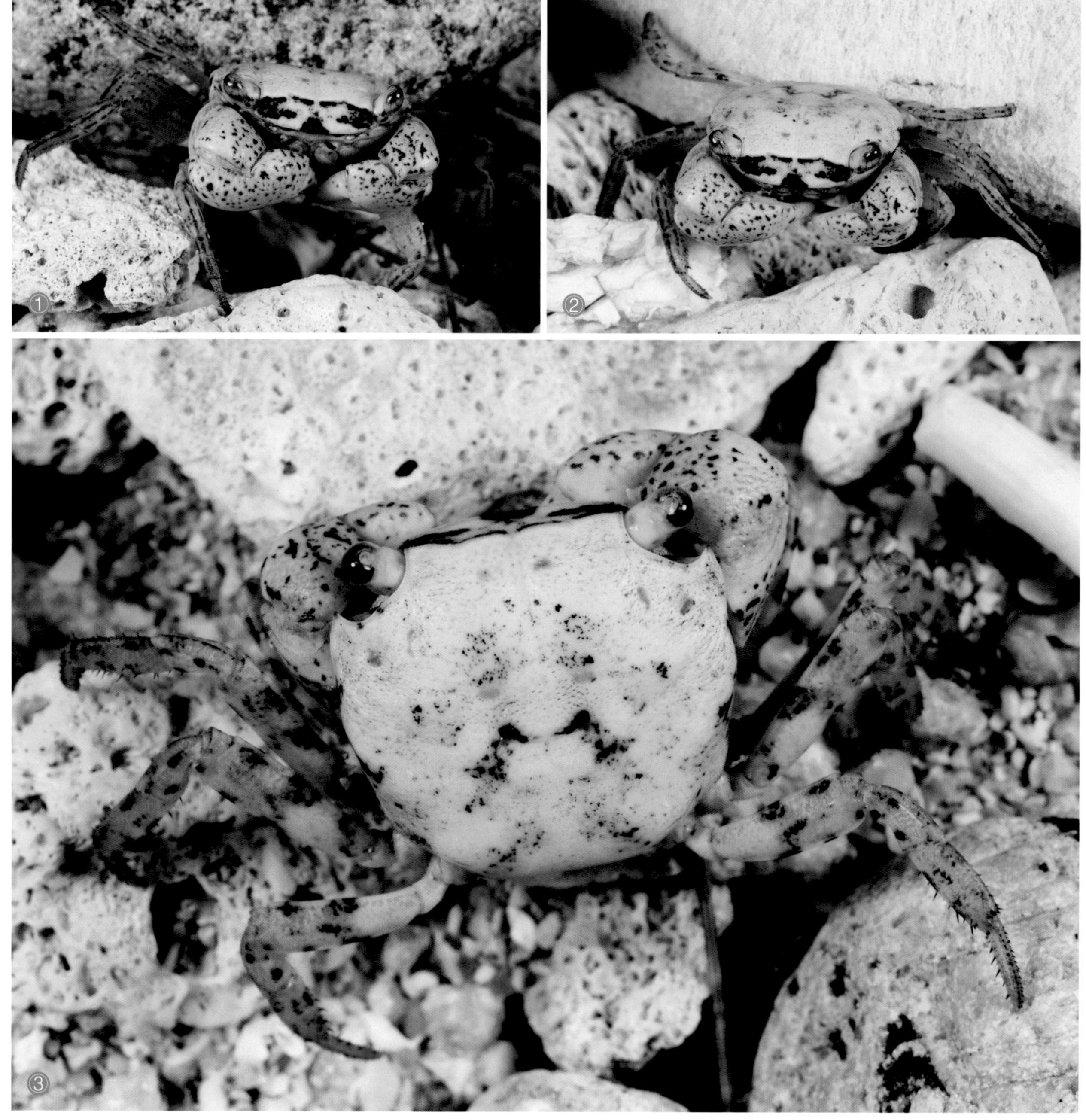

①②③ 海南文昌

印尼小相手蟹 *Nanosesarma batavicum* (Moreira, 1903)

体型：雄 CW：8.3 mm，CL：6.3 mm。

鉴别特征：头胸甲近方形，宽大于长，表面具成簇的短毛，胃区及心区具“H”字形沟；额宽，中部稍凹，弯向下方；外眼窝齿三角形；侧缘向后稍靠拢；螯足对称，掌部背面具 2 条斜行梳状齿，可动指背面具 9 ~ 10 个突起，两指基半部外侧面具绒毛；步足长节后末角具 3 锐齿，腕节及前节前缘密具短绒毛，间以长刚毛，第 1 对至第 3 对步足指节前缘及末对步足的背后缘具小刺。

颜色：头胸甲暗褐色；螯足黄褐色，掌部外侧面紫色；步足同头胸甲颜色，具黄褐色环纹。

生活习性：生活于红树林的枯木或气生根的缝隙中，常与光滑异装蟹 *Heteropanope glabra* Stimpson、三突巴隆蟹 *Baruna trigranulum* (Dai *et* Song) 混生。

垂直分布：中潮带。

地理分布：广西、海南；马来半岛、印度尼西亚、印度。

易见度：★★★★★

语源：属名源于 *nano+Sesarma*（相手蟹属），直译为小相手蟹。种本名源于模式产地印度尼西亚首府雅加达的旧称巴达维亚（Batavia）。

①②海南儋州

小型小相手蟹 *Nanosesarma minutum* (De Man, 1887)

体型： 雄 CW：5.4 mm，CL：4.7 mm；雌 CW：6.7 mm，CL：5.8 mm。

鉴别特征： 头胸甲近方形，宽大于长，全身密覆绒毛；额宽，中部内凹，额后具 1 对隆脊；外眼窝齿锐三角形，其后具 1 三角形齿；螯足粗壮，对称，长节短，内腹缘末部突出 1 三角形叶，腕节背面具皱襞，内末角呈圆叶状，掌部肿胀，背、外侧面密具绒毛；步足长节扁宽，后缘近末端具 1 锐齿。

颜色： 体色多变，全身青灰色至深褐色；螯足两指外侧面红色，端部橙色。

生活习性： 生活于潮间带具泥或泥沙底的碎石下。

垂直分布： 中潮带。

地理分布： 浙江、福建、台湾、广东、香港、广西、海南；印度 - 西太平洋。

易见度： ★★★★★

语源： 种本名源于拉丁语 *minutus*，意为微小的。

备注： 原中文名小相手蟹并未将种本名翻译出来。《中国海洋蟹类》记录本种亦分布于河北，作者在野外未实际观察或采集到。

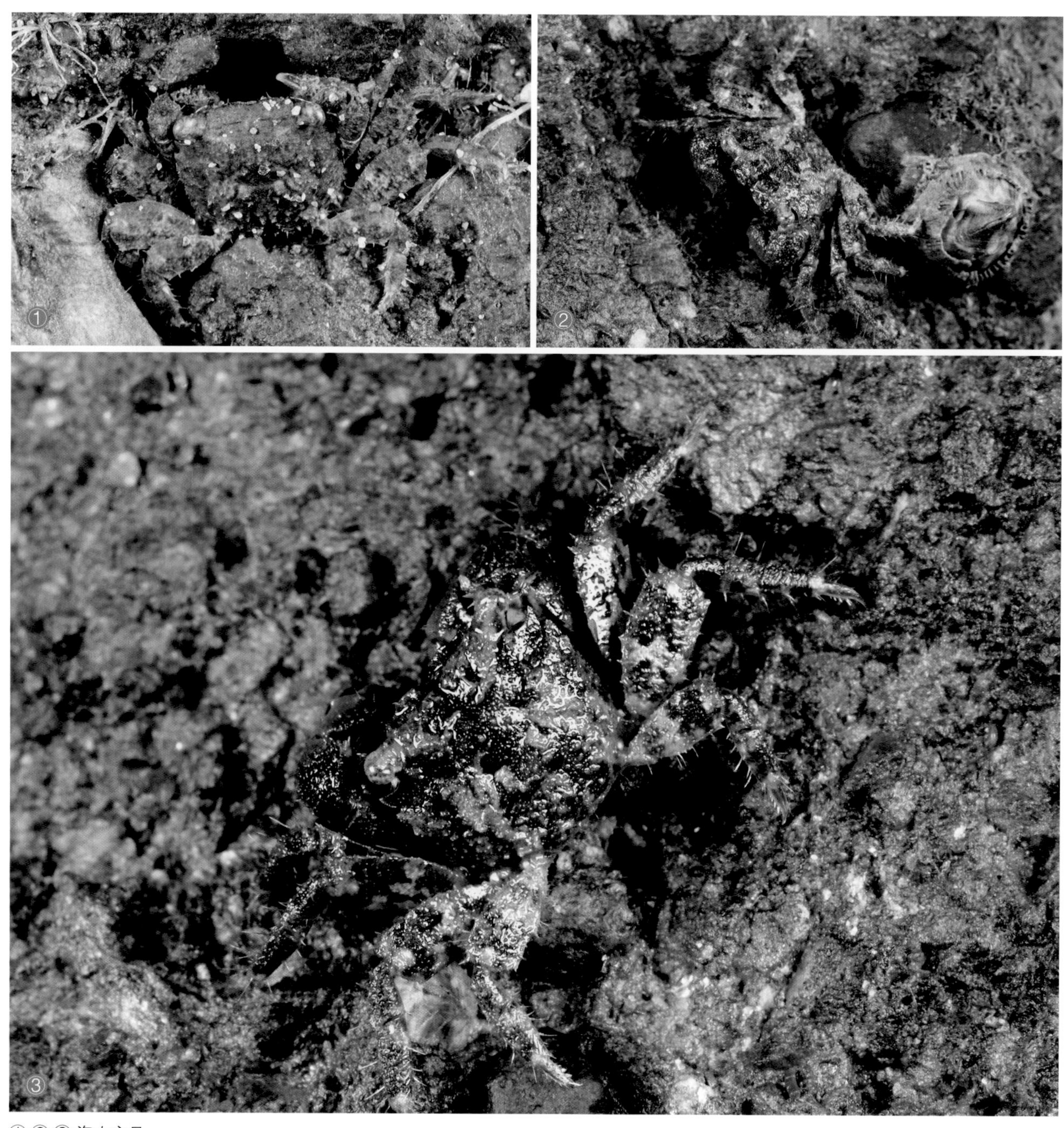

①②③ 海南文昌

刺指小相手蟹 *Nanosesarma pontianacense* (De Man, 1895)

体型： 雌 CW：5.4 mm，CL：5.3 mm。
鉴别特征： 头胸甲长方形，长大于宽，中部稍隆，密覆短毛及分散的长绒毛；额宽，中央具1浅“V”字形缺刻；眼大，眼柄短；外眼窝齿三角形，其后具1齿痕；前侧缘向后稍分离；螯足小，掌节可动指基部近外侧面具1小刺，表面具短刚毛，前后缘具长大头棒状刚毛；步足扁平，长节宽大，后末缘具小锯齿，指节后缘具小刺。
颜色： 全身青褐色或棕褐色。
生活习性： 红树林内湾泥地的碎石下。
垂直分布： 中潮带。
地理分布： 广西、海南；西太平洋。
易见度： ★★☆☆☆
语源： 种本名源于模式产地印度尼西亚坤甸（Pontianak），中文名指代螯足掌节外侧面具1小刺。

①② 海南文昌

苏拉维西新胀蟹 *Neosarmatium indicum* (A. Milne Edwards, 1868)

东印度新胀蟹（台）

体型： 雄 CW：20.8 mm，CL：17 mm；雌 CW：23.2 mm，CL：18.5 mm。

鉴别特征： 头胸甲近方形，表面光滑，显著隆起；前侧缘（含外眼窝齿）共 2 齿，第 1 齿大而尖锐，第 2 齿方形；螯足粗壮，等大，腕节背面具皱襞，雄性指节背面具 2 枚粗大突起；步足粗壮。

颜色： 头胸甲暗紫色，后缘具浅色斑纹；螯足红色；步足同头胸甲颜色，具浅色碎纹。

生活习性： 河口红树林根部或碎石堆附近打洞生活，警惕性高。

垂直分布： 高潮带至中潮带。

地理分布： 台湾、广东、海南；印度－西太平洋。

易见度： ★★★★★

语源： 属名源于 *neo*+*Sarmatium*（胀蟹属），直译为新胀蟹。种本名源于模式产地东印度，即现在的马来群岛，中文名取自模式产地苏拉维西（Sulawesi）。

备注： 种本名 *indicum* 并非指印度，称本种为印度新胀蟹容易产生歧义。本种易与光滑新胀蟹 *N. laeve*（A. Milne-Edwards）及斑点新胀蟹 *N. punctatum* 混淆，可通过螯足可动指背缘的突起进行区分。本种雄性螯足可动指背缘具 2 枚突起，光滑新胀蟹雄性螯足可动指背缘具 4 枚突起，而斑点新胀蟹雄性螯足可动指背缘具 3 枚极小的突起。

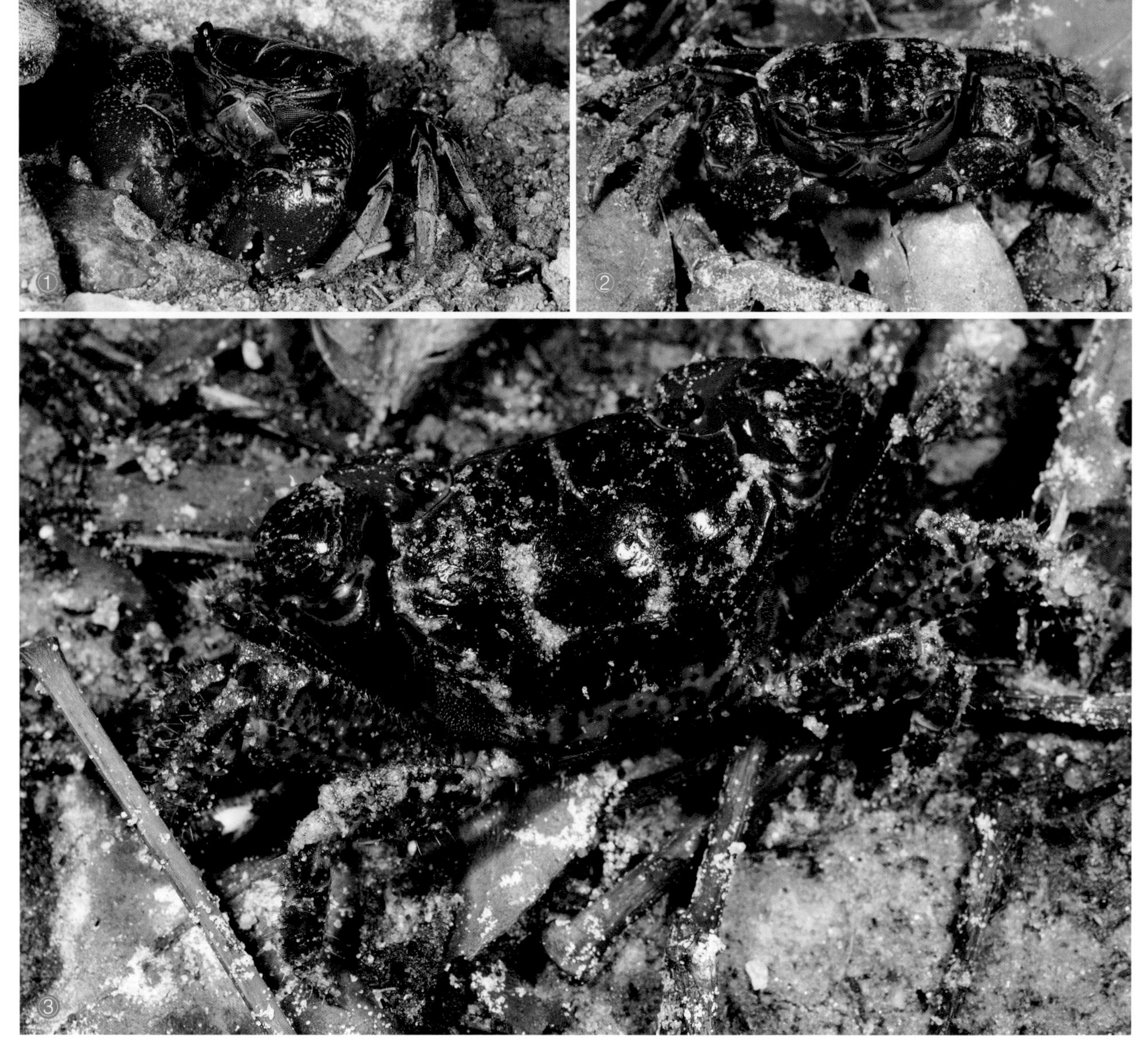

① 广东深圳　② ③ 海南三亚

粗壮新胀蟹 *Neosarmatium smithi* (H. Milne Edwards, 1853)

斯氏新胀蟹（台）

体型： 雄 CW：28.2 mm，CL：27.5 mm；雌 CW：27.6 mm，CL：26 mm。

鉴别特征： 头胸甲近方形，极为肿胀，前半部具分散的成簇刚毛；前侧缘（含外眼窝齿）共 3 齿，末齿小；螯足粗壮，不甚对称，掌部背外侧面具 1 隆脊，外侧面光滑，上部具有 1 隆脊，雄性指节背面具 2 枚突起；步足粗壮。

颜色： 头胸甲紫褐色，具浅色斑纹；螯足掌节及指节红色，长节与腕节连接处乳白色；步足同头胸甲颜色，长节末角具乳白色斑。

生活习性： 河口红树林泥地上打洞生活，警惕性极高，洞口呈“T”字形，左右均具出入口。

垂直分布： 高潮带至中潮带。

地理分布： 台湾、海南；印度 – 西太平洋。

易见度： ★★★★★

语源： 种本名以被誉为南非动物学之父的英国动物学家安德鲁 • 史密斯（Andrew Smith）的姓氏命名，中文名形容本种体型粗壮。

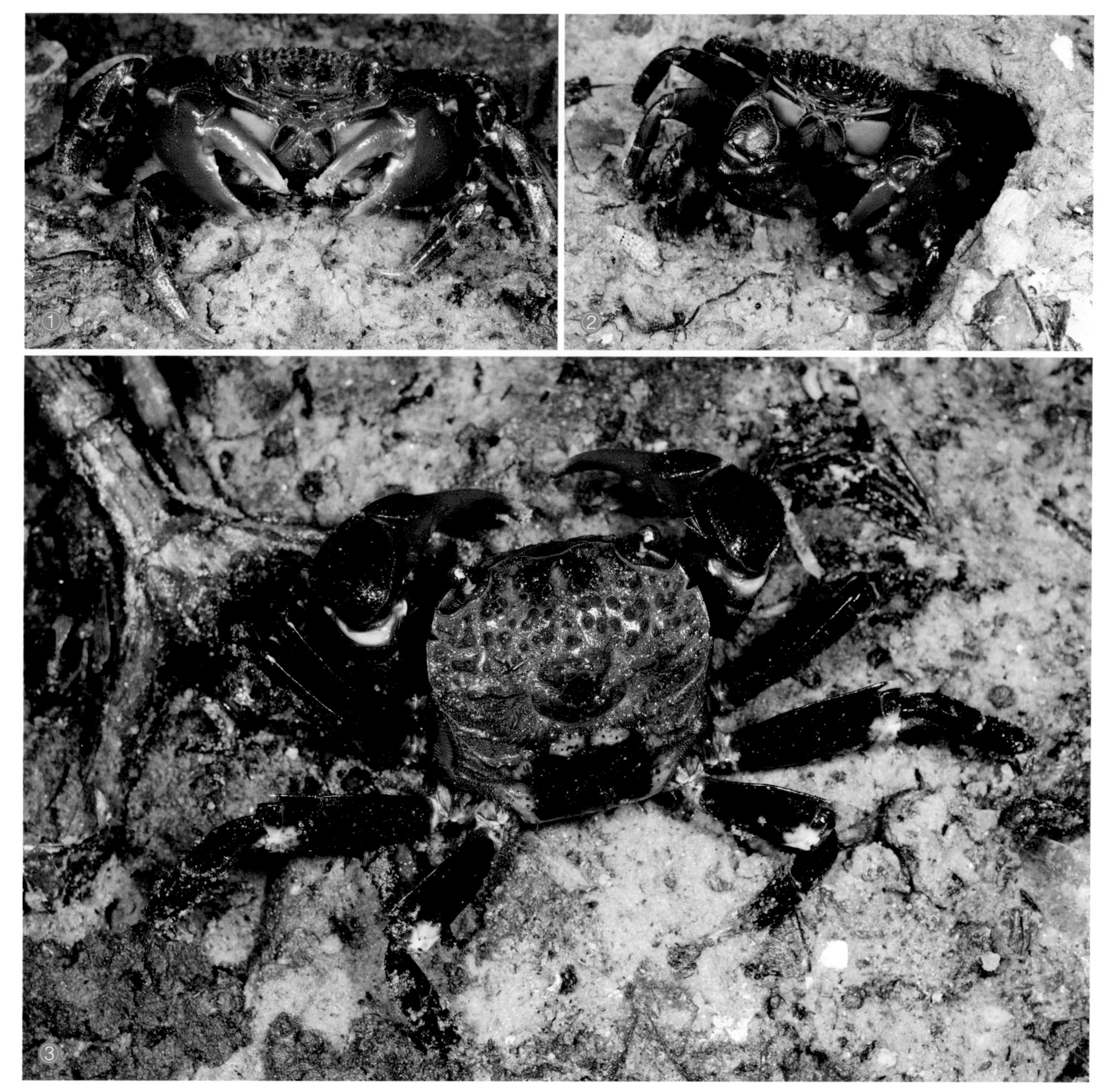

①②③ 海南三亚

无齿东方相手蟹 *Orisarma dehaani* (H. Milne Edwards, 1853)

汉氏东相蟹（台）

体型： 雄 CW：28.3 mm，CL：25.5 mm。

鉴别特征： 头胸甲近方形，表面较平，胃区轻微隆起，分区沟较深；额被一深凹陷分为 2 宽叶；外眼窝齿三角形；后侧缘平行或略微向后收拢；螯足近对称，掌部外侧面具鳞形颗粒，背缘具 1 条颗粒隆线；步足密具硬刚毛。

颜色： 头胸甲青褐色或黄褐色，前部 2/3 常具暗褐色斑纹，有时连成一片；螯足长节及腕节橙色或青绿色，掌部外侧面大部及两指外侧面白色，背缘青绿色或橙色；步足同头胸甲颜色。

生活习性： 植被较茂密的沼泽滩涂，尤其是米草或芦苇丛。会爬到芦苇上部取食嫩叶，夜间部分个体会趴在植物叶片上休息。

垂直分布： 不受潮汐影响的内陆河道、溪流；河口潮上带至高潮带。

地理分布： 福建、台湾、广东、广西、海南；日本、朝鲜半岛。

易见度： ★★★★★

语源： 属名源于拉丁语 *oriens+sarma*（相手蟹属后缀），意为东方的相手蟹。种本名以荷兰动物学家威廉 • 德 • 哈恩（Wilhem De Haan）的姓氏命名，中文名形容外眼窝齿后不具前侧缘齿。

① 广东广州 / 前额　② ③ 广东广州

① 广东珠海　② 海南儋州

中型东方相手蟹 *Orisarma intermedium* (De Haan, 1835)

中型东相蟹（台）

体型： 雄 CW：34.2 mm，CL：30.7 mm[137]；雌 CW：23.9 mm，CL：20.7 mm[137]。

鉴别特征： 头胸甲近方形，略微隆起；额被 1 深凹分为两叶；外眼窝齿大而尖锐，其后具 1 深缺刻；螯足近相等，掌部粗大，外侧面具粗颗粒，尤其在横行隆脊线下侧更为显著；步足长节较长。

颜色： 全身红色；螯足掌部端半部及两指外侧面白色。

生活习性： 不受潮汐影响的淡水溪流或海岸林内，雨季常跑到路面上活动。

垂直分布： 不受潮汐影响的内陆河道、山涧溪流；潮上带至高潮带。

地理分布： 台湾、香港；日本、朝鲜半岛。

易见度： ★★★☆☆

语源： 种本名源于拉丁语 *intermediate*，意为中型的。

备注： 本种极易与中华东方相手蟹 *O. sinense* 混淆，尤其是未成年个体难以区分。除特征描述中的差异外，本种螯足指节较长，长于掌部高，而中华东方相手蟹的螯足指节较短。

① 台湾屏东 / 严莹

①②③④ 日本冲绳

隐秘东方相手蟹 *Orisarma neglectum* (De Man, 1887)

体型： 雄 CW：35.1 mm，CL：33.5 mm。

鉴别特征： 头胸甲近方形，表面较平；胃区隆起，分区沟浅，不显著；额被一浅凹分为两叶；外眼窝齿三角形；后侧缘显著向后收拢；螯足近对称，掌部外侧面具鳞形颗粒，背缘具 1 条颗粒隆线；步足密具硬刚毛。

颜色： 全身黄褐色或青褐色；螯足掌部及两指外侧面白色。

生活习性： 植被较茂密的沼泽滩涂，尤其是芦苇丛；会爬到芦苇上部取食嫩叶，夜间部分个体会趴在植物叶片上休息，也可见于受盐度变化、有潮汐影响的城市内河中，作者在杭州观察到其为运河附近最繁盛的蟹类。

垂直分布： 不受潮汐影响的内陆河道、湖泊；潮上带至高潮带。

地理分布： 江苏、上海、浙江、福建北部。

易见度： ★★★★★

语源： 种本名源于拉丁语 *neglectus*，意为忽视的。

备注： 本种长期以来被作为无齿东方相手蟹 *O. dehaani* 的同物异名，具体区别可看两者特征描述及体色。

①②③ 上海南汇

① ② 浙江慈溪

帕氏东方相手蟹 *Orisarma patshuni* (Soh, 1978)

体型： 雄 CW：13.6 mm，CL：11.9 mm；雌 CW：11.2 mm，CL：9.7 mm。

鉴别特征： 头胸甲方形，均匀隆起，表面光滑；额被一凹陷分为 2 叶；外眼窝齿大而尖锐，其后具 1 深凹，深凹后具 1 不显著缺刻；后侧缘近平行；螯足近对称，掌部背面具小颗粒；步足长节细长。

颜色： 全身黄褐色至棕褐色，具稀疏暗色斑纹；螯足掌部及两外侧面紫色，指尖白色。

生活习性： 半陆生，在完全不受潮汐任何影响的淡水溪流边的泥地、碎石或树根下打洞，近红树林的淡水河岸处也可见。

垂直分布： 不受潮汐影响的溪流；潮上带至高潮带。

地理分布： 广东、香港、广西、海南。

易见度： ★★★☆☆

语源： 种本名以曾任香港渔农自然护理署高级渔业主任的王柏萱（Patsy Pat-shun Wong）博士的英文名命名。

①② 广东珠海 / 刘昭宇

①②③ 广东深圳

中华东方相手蟹 *Orisarma sinense* (H. Milne Edwards, 1853)

体型： 雄 CW：35.6 mm，CL：30.4 mm。

鉴别特征： 头胸甲近方形，表面多少稍隆，略光滑；额缘被一浅凹分为两叶；外眼窝齿浅，小个体常不显著，其后被一小缺刻将其与侧缘分开；螯足近对称，掌部粗大，外侧面具扁平颗粒；步足长节较短。

颜色： 头胸甲红色；螯足亮红色，两指白色；步足橙黄色。

生活习性： 栖息于受潮汐影响较小的高潮带至潮上带的红树林或沼泽泥地，会在泥地上打洞。白天喜停留于洞口，遇惊扰马上钻回洞中，夜间活动频繁，会爬到树上取食树叶。

垂直分布： 不受潮汐影响的内陆河道、湖泊；潮上带至高潮带。

地理分布： 江苏、上海、浙江、福建、广东、香港、广西。

易见度： ★★★★★

语源： 种本名源于模式产地中国。

①②③ 广东珠海

① 广东广州 / 亚成体　② 广东广州

近亲拟相手蟹 *Parasesarma affine* (De Haan, 1837)

近亲拟相蟹（台）

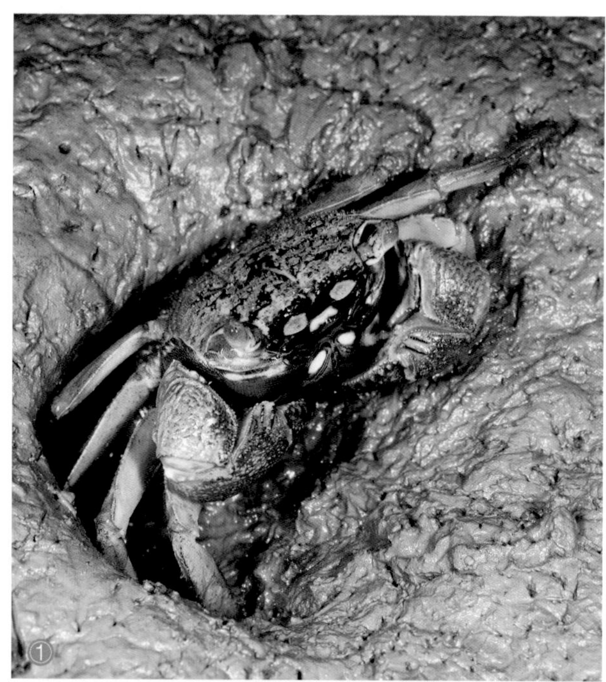

体型： 雄 CW：28 mm，CL：22 mm。

鉴别特征： 头胸甲近方形，宽大于长，表面稍隆，前半部及鳃区具粗糙颗粒及斜行颗粒隆线；外眼窝齿尖锐，指向前方，其后具 1 不明显的齿痕；螯足对称，雄性大于雌性，掌部厚而短，表面具颗粒，背面具 2 列梳状脊，可动指背面具 7 ~ 9 个较大突起。

颜色： 全身黄褐色至青褐色；头胸甲背面杂有黑色斑纹，两眼间具 1 黄色条带，额缘常具 1 对黄斑；螯足掌部及两指外侧面红色。稚蟹体色多变，颜色单调。

生活习性： 栖息于有植被覆盖或裸露的滩涂，水体通常盐度较低。

垂直分布： 高潮带至中潮带。

地理分布： 山东半岛（胶州湾、日照）、江苏、上海、浙江、福建、台湾、广东、香港、广西、海南；日本。

易见度： ★★★★★

语源： 属名源于 *para*+*Sesarma*（相手蟹属），直译为拟相手蟹。种本名源于拉丁语 *affinis*，意为相关的、邻近的。

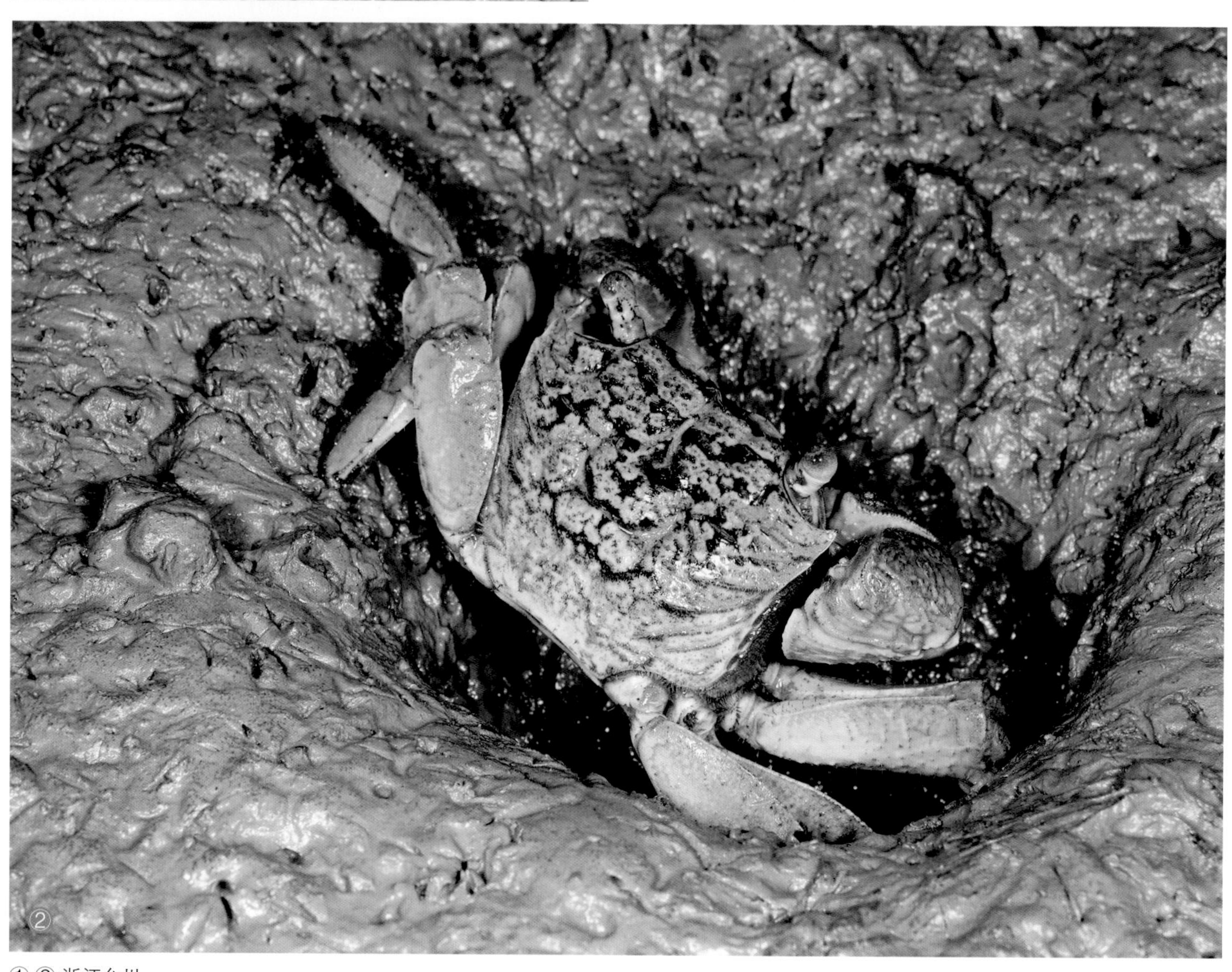

①②浙江台州

① 广西防城港　② 广东珠海　③ 浙江温州 / 稚蟹　④ 浙江台州　⑤ 上海南汇 / 取食植物叶片

大陆拟相手蟹 *Parasesarma continentale* Shih, Hsu *et* Li, 2023

大陆拟相蟹（台）

体型： 雄 CW：23.7 mm，CL：20.5 mm；雌 CW：17.3 mm，CL：13.9 mm。

鉴别特征： 头胸甲近方形，长稍大于宽，表面具隆线及短刚毛；外眼窝齿尖锐，其后具 1 小齿；螯足对称，长节内缘近末端具 1 大刺，腕节表面具皱襞，掌部外侧面具颗粒及皱襞，背面具 2 列梳状脊，可动指背面具 10 ~ 12 个突起；步足相对短而宽。

颜色： 头胸甲灰青色或绿色；螯足橙色，两指及暗红色；步足灰褐色。

生活习性： 河口附近的红树林泥滩、沼泽地等，经常攀爬于红树上寻找食物，洞穴通常位于红树根部或石块下。

垂直分布： 中潮带。

地理分布： 福建、台湾、广东、香港、广西、海南；印度－西太平洋。

易见度： ★★★★★

语源： 种本名源于拉丁语 continentalis，意为大陆的，代指本种主要分布于大陆区域。

① 广东惠州　② 海南文昌

① 海南文昌 / 取食红树凋落物　② 广东深圳　③ 海南文昌 / 亚成体　④ 海南文昌　⑤ 广西防城港

蓝额拟相手蟹 *Parasesarma eumolpe* (De Man, 1895)

体型： 雄 CW：22.1 mm，CL：18.9 mm。

鉴别特征： 头胸甲近方形，长稍大于宽，表面覆有短绒毛；外眼窝齿长而尖锐，其后具 1 小齿；螯足对称，掌部背面具 2 列梳状脊，可动指背面具 19 ~ 26 个突起；步足相对短而宽。

颜色： 头胸甲暗紫色，杂有蓝色斑点；额缘及颊区上部蓝色；螯足腕节淡红色或橙色，掌部暗红色，两指红色；步足暗紫色。

生活习性： 栖息于红树林内，食物以红树凋落物为主，洞穴通常位于红树林根部的积水下，稚蟹常攀爬于红树根上。

垂直分布： 中潮带。

地理分布： 广东、广西、海南；泰国、马来西亚、文莱、新加坡。

易见度： ★★★★★

语源： 种本名源于希腊神话中的人物 Eumolpe，意为优秀的歌手，中文名形容本种正面观额部有鲜艳的蓝色条纹。

①②③ 海南文昌

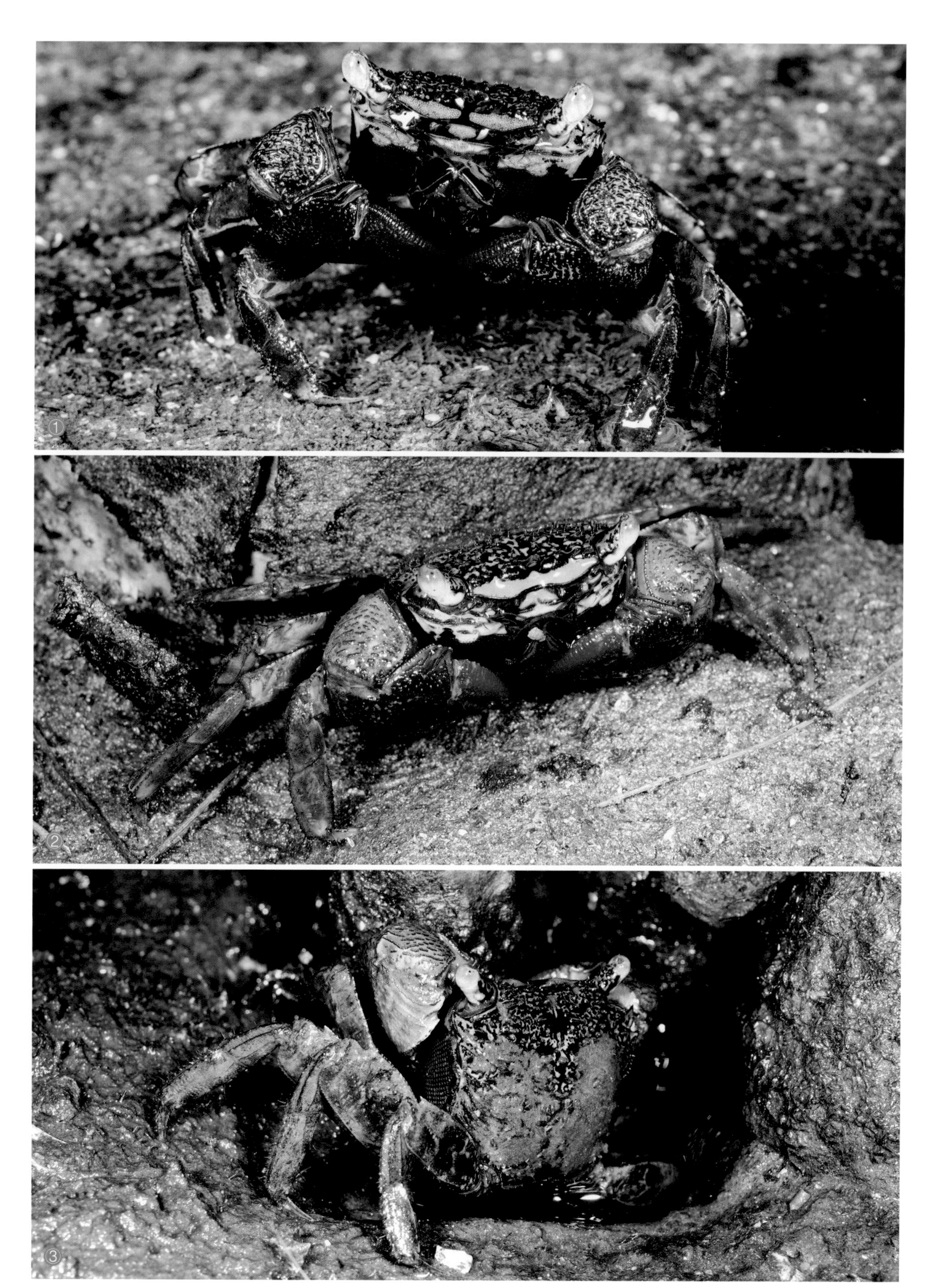

① 海南三亚　　②③ 海南文昌

精巧拟相手蟹 *Parasesarma exquisitum* (Dai *et* Song, 1986)

体型： 雄 CW：15.3 mm，CL：12.4 mm；雌 CW：12.1 mm，CL：10 mm。

鉴别特征： 头胸甲近方形，表面具成簇短刚毛；外眼窝齿锐三角形；螯足不对称，长节各边呈锋锐的隆脊状，腕节表面具皱襞，掌部外侧面具颗粒及皱襞，近可动指基部具 1 颗粒隆脊，背面具 2 列梳状脊，可动指背面具 16 枚纵行突起；步足长节宽扁，前缘近末端具 1 锐刺。

颜色： 全身黄褐色，具黑色不规则斑纹；颊部具黄色与黑色条纹；螯足掌部暗红色，两指端部红色。

生活习性： 栖息于红树林内，洞穴通常位于红树林根部，个体小。

垂直分布： 中潮带。

地理分布： 广东、广西、海南。

易见度： ★★★★★

语源： 种本名源于拉丁语 *exquisitus*，意为精美的。

备注： 本种易与近亲拟相手蟹 *P. affine* 的稚蟹或亚成体相混淆，区别在于本种前侧缘不具齿，后者在外眼窝齿后具 1 齿痕。

① 广西东兴 / 捕食太平大眼蟹　② ③ 海南东方

① ② 海南三亚

灰青拟相手蟹 *Parasesarma* cf. *lividum* (A. Milne-Edwards, 1869)

体型： 雄 CW：27.6 mm，CL：23.2 mm；雌 CW：22.6 mm，CL：18.5 mm。

鉴别特征： 头胸甲近方形，长稍大于宽，表面具隆线及短刚毛；外眼窝齿长而锐，其后具 1 小齿；螯足对称，长节内缘近末端具 1 大刺，腕节表面具皱襞，掌部外侧面具颗粒，背面具 2 列梳状脊，可动指背缘具 7 ~ 8 枚突起，末 2-3 枚不显著；步足长节宽扁扁，前缘近末端具 1 锐刺。

颜色： 头胸甲灰蓝紫色至青绿色；额缘及颊区上部黄色至粉红色；眼柄橙红色至橙黄色；螯足橙红色，掌部及两指外侧面暗红色；步足大部黄褐色，散布紫色斑纹，底节背面具有蓝斑。未成年个体颜色鲜艳。

生活习性： 栖息于红树林内，食物以红树凋落物为主，洞穴通常位于红树林根部的积水下。

垂直分布： 中潮带。

地理分布： 海南；日本，菲律宾、新加坡、马来西亚、新几内亚、印度尼西亚。

易见度： ★★★☆☆

语源： 种本名源于拉丁语 *lividus*，意为灰青色的。

备注： 形态上很容易将本种鉴定为森氏拟相手蟹 *P. semiperi*，Komai（2004）亦将日本西表岛的标本鉴定为森氏拟相手蟹，但森氏拟相手蟹螯足不动指比例及步足腕节、前节及指节相对较长。Shahdadi et al., 2014 结合分子序列发现 Komai 的标本在遗传上更接近灰青拟相手蟹。由于灰青拟相手蟹分布相当广泛，具有丰富的形态与遗传多样性，它实际上是由多个近缘种所构成的复合种。鉴于此，我们暂时将海南岛的个体定为本种。

① 海南三亚

① 海南三亚 / 亚成体　② 海南三亚 / 捕食 / 亚成体　③④⑤ 海南三亚

米埔拟相手蟹 *Parasesarma maipoense* (Soh, 1978)

体型： 雄 CW：26.5 mm，CL：21 mm；雌 CW：23.2 mm，CL：18 mm。

鉴别特征： 头胸甲近方形，表面具颗粒；外眼窝齿长而尖锐，其后具 1 小齿；螯足掌部背面具 2 列梳状脊，可动指背缘具 5 ~ 7 个突起；步足相对短而宽。

颜色： 头胸甲青灰色，密布暗褐色斑点；螯足长节、腕足前缘及掌部上缘橙红色，掌部外侧面大部及两指白色；步足灰白色。

生活习性： 栖息于受潮汐影响的内陆河道，在植被茂密的红树林边缘打洞，通常不会远离洞口。

垂直分布： 中潮带。

地理分布： 广东、香港、广西、海南。

易见度： ★★★★★

语源： 种本名源于模式产地香港米埔（Mai Po）。

① 海南三亚　② ③ 海南儋州

斑点拟相手蟹 *Parasesarma pictum* (De Haan, 1835)
斑点拟相蟹（台）

体型： 雄 CW：27.2 mm，CL：19.2 mm；雌 CW：18 mm，CL：15 mm。

鉴别特征： 头胸甲近方形，前半部具短的横行颗粒隆线；外眼窝齿锐三角形，指向前方；两侧缘近乎平行；螯足对称，掌部厚而短，内外侧均具颗粒，背面具 1 ~ 2 列梳状栉和数条斜行颗粒隆线，可动指背面具 13 ~ 20 枚圆形突起；步足细长。

颜色： 体色多变，全身黄褐色至深褐色，杂有浅色或深色花纹。

生活习性： 生活于不受潮汐影响的岩礁或碎石间，白天与夜间均活动。

垂直分布： 潮上带至高潮带。

地理分布： 山东半岛（青岛、日照）、江苏、上海、浙江、福建、台湾、广东、香港、广西、海南；日本、朝鲜半岛、印度尼西亚。

易见度： ★★★★★

语源： 种本名源于拉丁语 *pictus*，意为斑点的。

①②③ 广东珠海

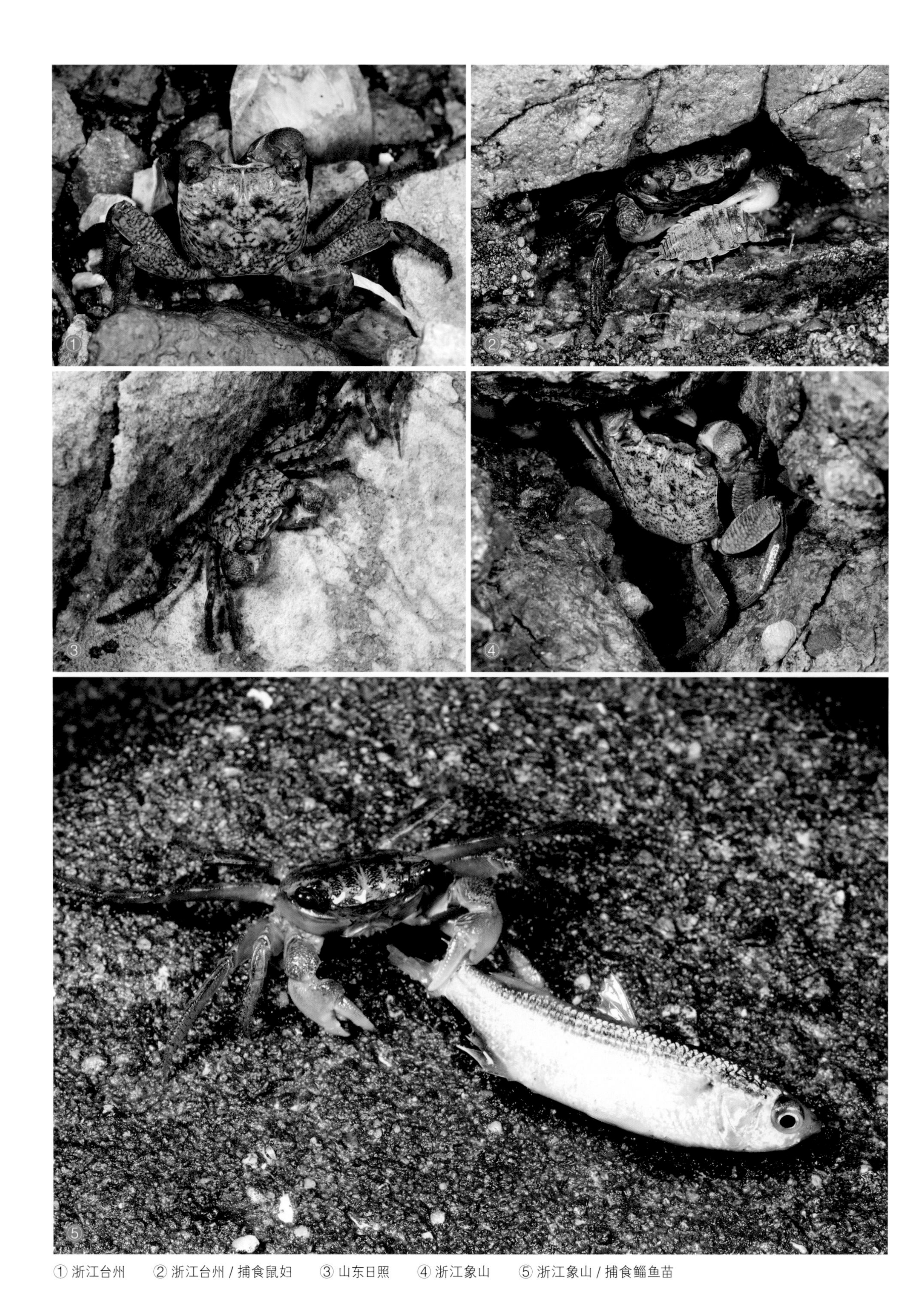

① 浙江台州　② 浙江台州 / 捕食鼠妇　③ 山东日照　④ 浙江象山　⑤ 浙江象山 / 捕食鲻鱼苗

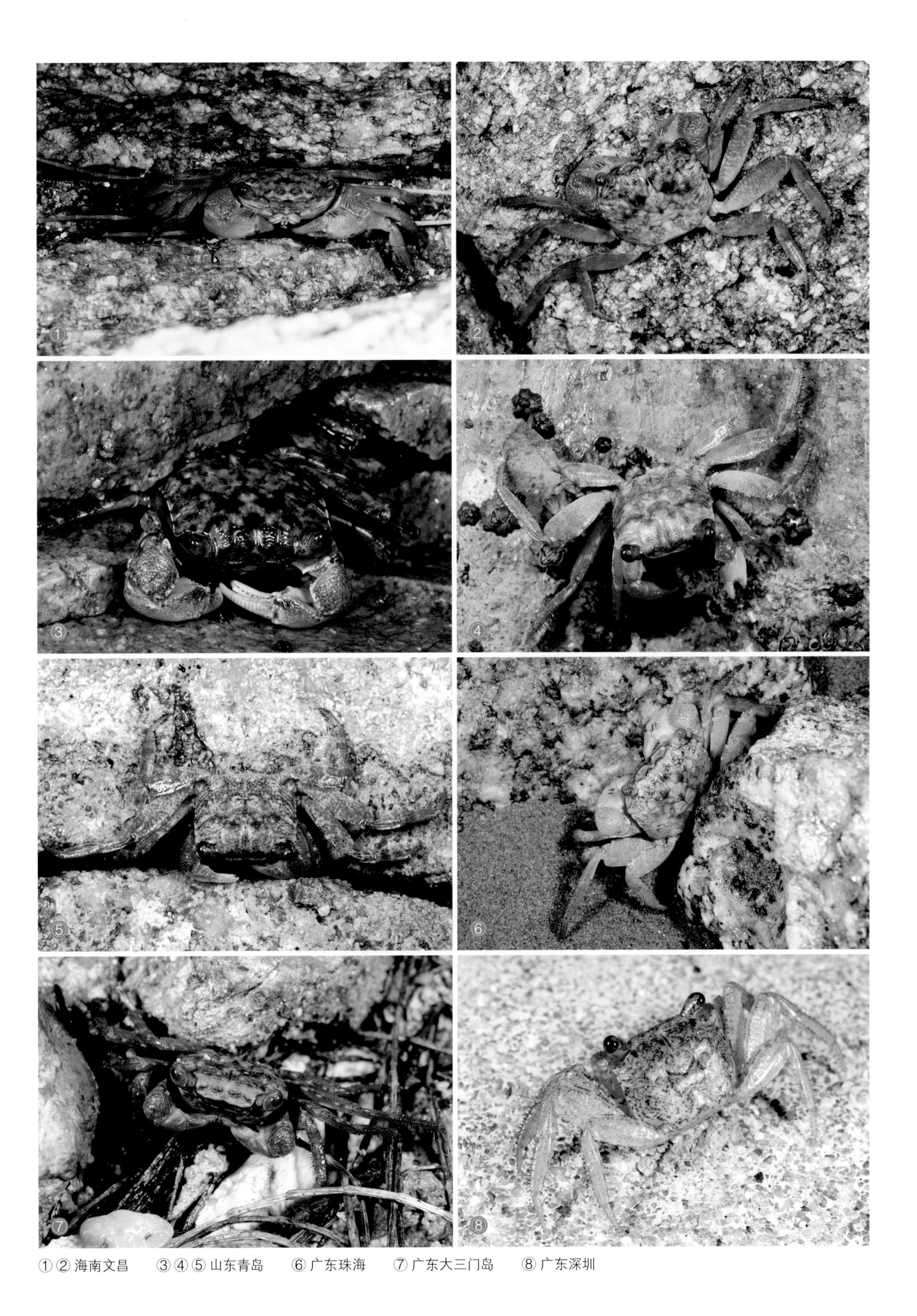

①② 海南文昌　③④⑤ 山东青岛　⑥ 广东珠海　⑦ 广东大三门岛　⑧ 广东深圳

三栉拟相手蟹 *Parasesarma tripectinis* (Shen, 1940)

三栉拟相蟹(台)

体型： 雄 CW：14 mm，CL：11.6 mm；雌 CW：11.2 mm，CL：7.8 mm。

鉴别特征： 头胸甲近方形，表面隆起，具分散颗粒，胃－心区具“H”字形浅沟，鳃区具斜行隆线；额宽，稍大于头胸甲宽的 1/2，向下弯，额后 4 叶突出；外眼窝齿尖锐，指向前方；螯足对称，雄性掌部背面具 3 列梳状脊，可动指背面具 18 ~ 20 个突起。

颜色： 全身黄褐色，杂有深色斑点；两眼间常具 1 亮色条带；螯足两指红色。

生活习性： 受潮汐影响的河口泥地。

垂直分布： 中潮带。

地理分布： 山东半岛（胶州湾）、江苏、浙江、福建、台湾、海南；日本。

易见度： ★☆☆☆☆

语源： 种本名源于拉丁语 *tri+pectinis*，形容螯足掌部背缘具 3 列梳状栉。

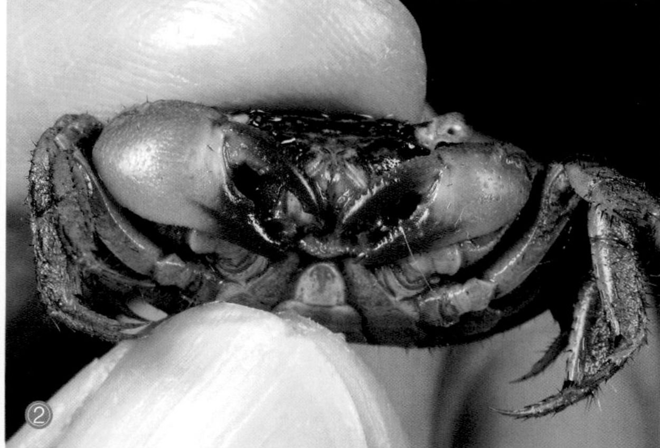

① 山东青岛 / 掌部背面　② 山东青岛 / 掌部外侧面　③ 山东青岛

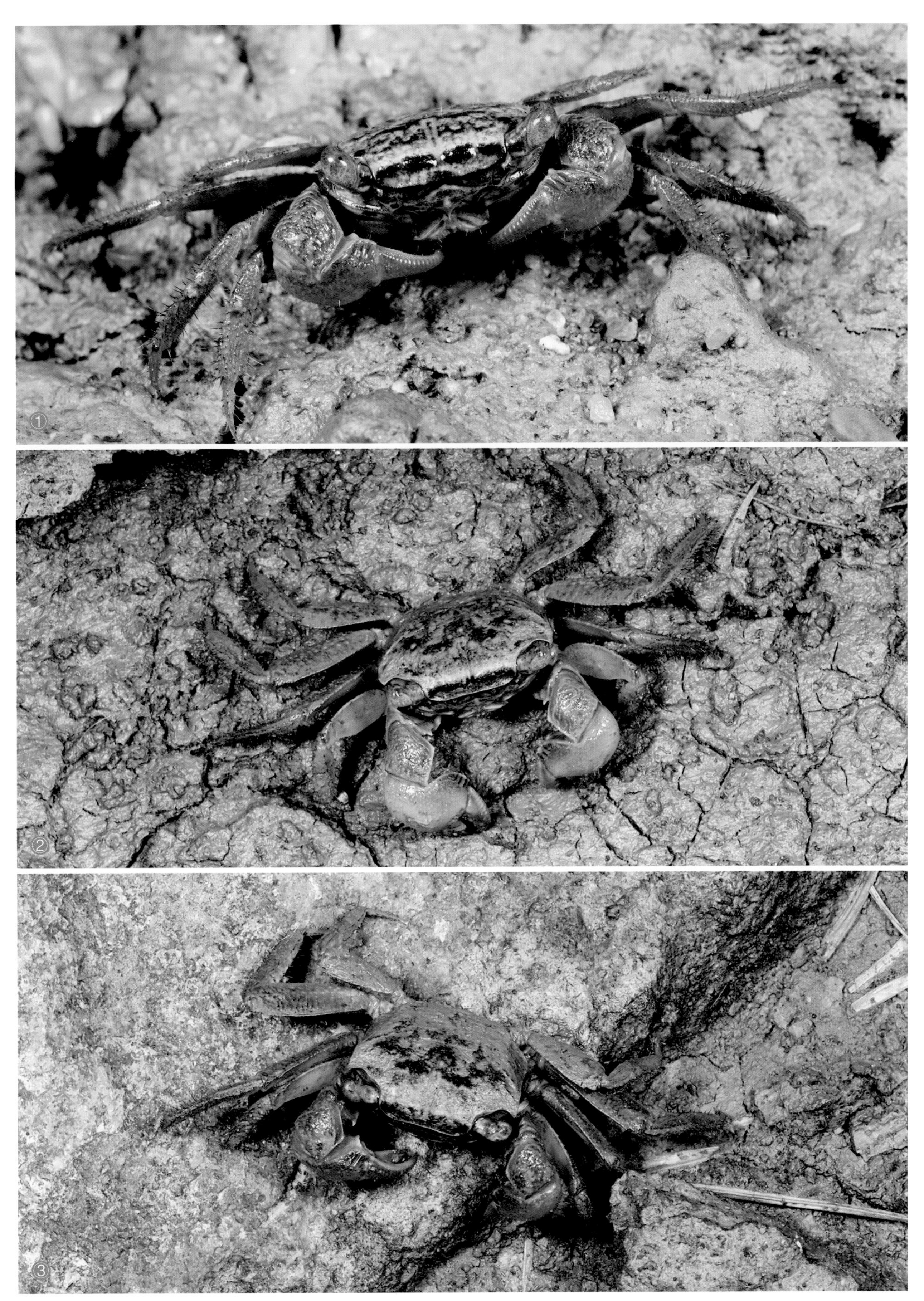

① 海南儋州　　② ③ 山东青岛

细爪拟相手蟹 *Parasesarma ungulata* (H. Milne Edwards, 1853)

细爪拟相蟹（台）

体型：雄 CW：22.2 mm，CL：17.9 mm；雌 CW：16.6 mm，CL：13.4 mm。

鉴别特征：头胸甲近方形，表面具稀疏的刚毛簇；外眼窝齿尖锐，三角形，指向前方；螯足粗壮，近对称，掌部背面具 2 列梳状脊，可动指背缘具 10 ~ 12 个突起；步足相对短而宽。

颜色：全身黄褐色或红褐色，杂有深浅不一的斑纹；两眼间具 1 宽亮色条带。

生活习性：喜欢在具草丛或红树根等植被处打洞穴居。

垂直分布：高潮带至中潮带。

地理分布：台湾、广东、海南；泰国、马来西亚、新加坡、印度尼西亚。

易见度：★★★★★

语源：种本名源于拉丁语 *ungula*，意为爪子。

①② 海南三亚

戈氏胀蟹 *Sarmatium germaini* (A. Milne-Edwards, 1869)

体型： 雄 CW：24.7 mm，CL：23.8 mm；雌 CW：23.9 mm，CL：21.4 mm。

鉴别特征： 头胸甲宽大于长，极肿胀，表面略光滑；前侧缘（含外眼窝齿）共分 3 叶，第 2 叶长于第 1 叶，末叶小，几乎不可见，仅具 1 微刻；眼小；螯足粗壮，对称，长节后缘具小颗粒，前缘具稀疏颗粒，靠近中部的略粗壮，腕节内末节具 1 壮齿，掌部背面具由横沟隔开的隆脊，每个隆脊上具 14 ~ 17 个钝状突起，外侧面光滑具刻点，可动指背面具 3 个大突起；步足细长，第 2 对最长。

颜色： 全身青灰色或暗紫色，后半部白色。螯足掌部及两指乳白色。

生活习性： 在红树林支柱根部发达的泥地上打洞，白天亦见活动，取食红树凋落物。

垂直分布： 中潮带。

地理分布： 福建、广东、广西、海南；西太平洋。

易见度： ★★★☆☆

语源： 属名语源不详，可能源于 *sarma*（相手蟹属后缀）+*ium*（拉丁语后缀），中文名形容本属头胸甲膨胀。种本名以 M. R. 戈尔曼（M. R. Germain）的姓氏命名；同一人姓氏建议统一翻译，建议本种中文名变更为戈氏胀蟹。

① ② 海南三亚 / 雄蟹

① 海南三亚 / 雌蟹　② 海南三亚 / 抱卵

布氏明相手蟹 *Selatium brockii* (De Man, 1887)

体型： 雄 CW：22.5 mm，CL：20.9 mm。

鉴别特征： 头胸甲方形，宽大于长；前侧缘（含外眼窝齿）共 3 齿，第 1 齿大而尖锐，指向前方，后两齿小，末齿最小；侧缘向后缘略微扩张；雄性螯足对称或近对称，掌部和指节长，掌部背面具 37 ～ 39 枚梳状齿，指节背面具 21 ～ 23 个结节；步足长，指节尖锐。

颜色： 全身暗褐色，杂有浅色斑纹；两眼间具 1 暗黄色条带；螯足掌部及两侧外侧面白色。

生活习性： 栖息于较粗壮的杯萼海桑（*Sonneratia alba*）枝干的树洞内，攀爬能力强。

垂直分布： 高潮带。

地理分布： 海南；泰国、菲律宾、新加坡、印度尼西亚、斐济、密克罗尼西亚、肯尼亚。

易见度： ★☆☆☆☆

语源： 属名源于希腊语 *selatos*，意为光明的。种本名以德国动物学家约翰内斯·乔治·布罗克（Johannes Georg Brock）的姓氏命名。

备注： 本属螯足掌部具 1 列梳状齿，易与其他属区分。

① ② 海南文昌

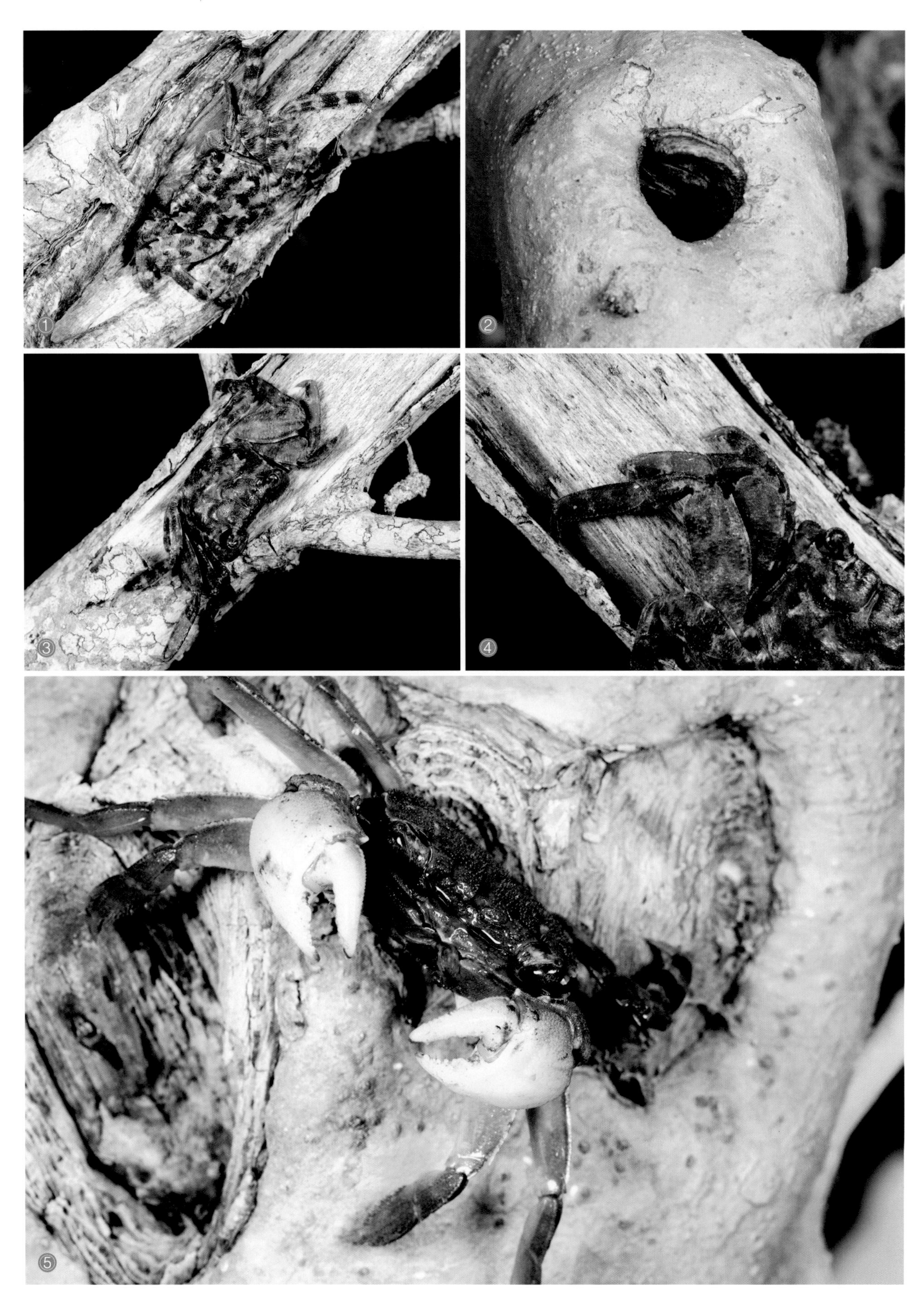

① ③ ④ ⑤ 海南文昌　　② 海南文昌 / 树洞

明显华相手蟹 *Sinosesarma tangi* (Rathbun, 1931)

体型： 雄 CW：13.18 mm，CL：10.21 mm。

鉴别特征： 头胸甲近方形，长大于宽，表面隆起，较光滑；外眼窝齿钝三角形，侧缘后半部稍凹；螯足粗壮，近对称，可动指背面基半部具 1 条微弱的颗粒隆线，中部具 4 枚突起，两指内缘具细齿；步足细弱，长节背缘近末端具 1 锐齿。

颜色： 全身棕褐色，头胸甲背面具花纹；螯足掌部侧面淡黄白色。

生活习性： 栖息于红树林、芦苇丛等植被茂密且泥土较干燥的区域。

垂直分布： 潮上带。

地理分布： 福建、广东、香港；越南。

易见度： ★☆☆☆☆

语源： 属名源于 *sino*+*Sesarma*（相手蟹属），直译为华相手蟹。种本名以标本采集者、我国著名生物学家唐仲璋（S. K. Tang）院士的姓氏命名，中文名形容本种与其他种类具显著区别。

① 广东珠海 / 刘成一　② ③ 香港 / Paul Ng

刁曼蟹 *Tiomanium indicum* (H. Milne Edwards, 1837)

东印度刁曼蟹（台）

体型： 雄 CW：40.5 mm，CL：33.8 mm；雌 CW：41.2 mm，CL：34.9 mm。

鉴别特征： 头胸甲近方形，密覆短毛；前侧缘（含外眼窝齿）共具 2 钝齿，末齿小；螯足粗壮，近对称，长节、掌部、指节上部及外侧面具颗粒，掌部内侧上缘近末端具 1 刺，可动指背面具 11 ~ 12 枚锐突；步足粗壮，长节背缘具 1 亚端部刺。

颜色： 全身青褐色，略带紫色；头胸甲肠区具 1 块三角形暗紫色斑块，斑块的边缘白色；螯足腕节、掌节及指节白色。

生活习性： 在红树林支村根发达的位置打洞栖居，夜间出来活动，偶尔会爬到红树的气生根上休息。

垂直分布： 中潮带。

地理分布： 台湾、海南；日本、马来西亚、新加坡。

易见度： ★★★☆☆

语源： 属名源于模式产地马来西亚刁曼岛（Tioman Island）。种本名源于模式产地东印度，即现在的马来群岛，由于本属为单型属，中文名直接以刁曼蟹称呼。

备注： 种本名 *indicum* 并非指印度，称本种为印度刁曼蟹容易产生歧义。由于本属为单型属，仅 1 种，中文名直接以刁曼蟹称呼。本属与新胀蟹属 *Neosarmatium* 易混淆，区别在于本属掌部上缘末端与腕节内末角具尖刺，雄性腹节宽三角形。

①②③ 海南三亚

方蟹总科 Grapsoidea

弓蟹科 Varunidae

头胸甲近方形或近圆形，扁平或轻微隆起，表面光滑，无横行隆脊；前侧缘拱起，外眼窝齿后通常具2叶或截形齿，与后侧缘界限多少清晰；额缘直，通常分为2叶，略微短于头胸甲后缘宽；眼窝宽，等宽或略短于额宽，眼柄正常；颊区不具排列成网格状的刚毛；第3颚足并拢后斜方形空隙不明显，座节及长节表面不具斜行刚毛脊；螯足粗壮，近对称或不对称，长节粗大；步足指节上不具刺；两性腹部7节；雄性G1粗壮，略微弯曲，端部具毛痕，G2小于G1。

全世界已知41属166种，中国已记录25属57种。

圆方蟹亚科 Cyclograpsinae

隆背张口蟹 *Chasmagnathus convexus* De Haan, 1833

体型： 雄 CW：41.38 mm，CL：30.16 mm。

鉴别特征： 头胸甲近方形，表面自前向后隆起，覆短绒毛；腹眼缘下隆脊中段具 3 ～ 4 枚光滑的疣状突起，外侧具 5 枚较小突起；前侧缘（含外眼窝齿）共具 3 个宽三角形齿；螯足对称，粗壮，长节前缘末部呈弧形突出，具 1 发声隆脊，掌部高，外侧面光滑；步足腕节、前节及指节基部密具短刚毛。

颜色： 全身青灰色或青紫色；头胸甲前侧缘橙色或红色；螯足腕节常具橙色，掌部及可动指基部 2/3 外侧面青灰色或蓝色，可动部端部及不动指白色。

生活习性： 近河口的滩涂、红树林及森林沼泽，洞较深。

垂直分布： 高潮带至中潮带。

地理分布： 江苏、上海、浙江、福建、台湾、广东、香港、广西、海南；日本、朝鲜半岛。

易见度： ★★★★★

语源： 属名源于希腊语 *chasma+gnathos*，意为张开的颚。种本名源于拉丁语 *convexus*，意为拱起。

①②③ 广东深圳

① ② 广东珠海

中型圆方蟹 *Cyclograpsus intermedius* Ortmann, 1894

体型： 雄 CW：28 mm，CL：23.8 mm[3]。

鉴别特征： 头胸甲圆方形，表面扁平光滑；腹眼缘下隆脊具 20 枚左右颗粒；外眼窝齿三角形；前侧缘拱起，被 2 个缺刻分为 3 叶；螯足对称，长节内侧面具 1 纵齿，腕节内末角圆钝，掌部肿胀，不动指内缘基半部具 4 钝齿，可动指内缘中部稍隆，无明显锯齿；步足细长，光滑，仅指节均具短刚毛。

颜色： 全身乳白色至淡黄色；头胸甲额缘及前侧缘紫色，并向后散布紫色斑纹；螯足掌部外侧面大部及两指白色。

生活习性： 躲藏于高潮线具碎石底的石块下。

垂直分布： 高潮带。

地理分布： 台湾、广东；日本、朝鲜半岛、印度洋。

易见度： ★★☆☆☆

语源： 属名源于希腊语 *kyklos+Grapsus*（方蟹属），直译为圆方蟹。种本名源于拉丁语 *intermediate*，意为中型的。

①②广东深圳 / 严莹

整洁圆方蟹 *Cyclograpsus integer* H. Milne Edwards, 1837

完整圆方蟹（台）

体型： 雄 CW：12.3 mm，CL：10.3 mm；雌 CW：14.3 mm，CL：11.1 mm。

鉴别特征： 头胸甲近圆方形，宽度稍大于长，表面大部分光滑；腹眼缘下隆脊具 3 枚叶状突起；外眼窝齿三角形；前侧缘中部稍拱后部近于平行，后缘平直；螯足对称，腕节内末角圆钝，两指内缘具小齿；步足粗壮，长节前后缘具细颗粒锯齿，前节及指节具短毛及长刚毛。

颜色： 体色多变，全身白色、灰白色，浅黄色至深黄褐色；头胸甲背面常杂有暗色斑纹。

生活习性： 躲藏于高潮线具沙底的大块碎石下，海南三亚 1 月至 2 月多见抱卵雌蟹。

垂直分布： 高潮带。

地理分布： 台湾、海南；印度 - 西太平洋、大西洋。

易见度：★★★★☆

语源： 种本名源于拉丁语 *integr*，意为完整的。

① ② 海南三亚 / 雄蟹

① 海南文昌 / 雄蟹　② 海南三亚 / 抱卵　③ 海南三亚 / 雄蟹　④ ⑤ 海南三亚 / 雌蟹

德氏仿厚蟹 *Helicana doerjesi* Sakai, Türkay *et* Yang, 2006

体型： 雄 CW：16.2 mm，CL：12.9 mm；雌 CW：14.6 mm，CL：11.1 mm。

鉴别特征： 头胸甲近方形，表面隆起，具细颗粒；雌性腹眼缘下隆脊具 15 ~ 22 枚同形突起，雌性为 24 ~ 29 枚同形突起；前侧缘（含外眼窝齿）共具 4 齿，末齿仅为齿痕；螯足粗壮，掌部光滑，较高；步足细长，第 1、第 2 步足腕节和前节前面具密绒毛，第 3 对步足的绒毛极稀少。

颜色： 全身青绿色，杂有暗色斑点；螯足掌部及两指外侧面白色。

生活习性： 栖居于红树林或沼泽泥地的洞中，栖地多含有一定沙质。据 Shih *et* Suzuki (2008)，本种警惕性较高，偶见在泥滩上自由活动。常与管招潮、侧足厚蟹等混生。会捕食锐刺管招潮 *Tabaca acuta* (Stimpson)、台湾旱招潮 *Xeruca. formosensis* (Rathbun) 在内的其他小型蟹类。

垂直分布： 中潮带。

地理分布： 浙江、福建、台湾、广东、广西、海南；日本。

易见度： ★★★★★

语源： 属名源于 *Helic*（厚蟹属）+*ana*，意为近似于厚蟹属；*Helicana* 在《新拉汉无脊椎动物名称》中的中文名即为仿厚蟹属，但在《中国海洋生物名录》中变为拟厚蟹属。近年来，台湾岛记录了多种 *Parahelice* 属物种。*Para* 一词在诸多属种中被翻译为拟，如拟绵蟹（*Parahelice*）、拟关公蟹（*Paradorippe*）、拟五角蟹属（*Paranursia*）、拟相手蟹（*Parasesarma*）等。因此，我们建议维持本属中文名为仿厚蟹属，并将 *Parahelice* 的中文名定为拟厚蟹属。种本名以德国生物学家尤尔根 • 德尔杰斯（Jürgen Dörjes）的姓氏命名；德氏更符合德语发音，建议使用德氏之称呼。

① 海南儋州 / 抱卵　② ③ 广东雷州 / 雄蟹

日本仿厚蟹 *Helicana japonica* (Sakai *et* Yatsuzuka, 1980)

体型： 雄 CW：20.9 mm，CL：18.7 mm；雌 CW：20.7 mm，CL：18.1 mm。

鉴别特征： 头胸甲近方形，表面隆起，密具短刚毛；雄性腹眼缘下隆脊具 10 ~ 12 枚突起，内侧 1 ~ 2 枚相连，雌性为 12 ~ 13 枚突起；前侧缘（含外眼窝齿）共具 4 齿，第 1 齿锐三角形，末齿仅为 1 齿痕；螯足粗壮，长节内腹缘末端具 1 发声隆脊，掌部高度大于长，外侧面光滑，内侧面具颗粒；第 1、第 2 对步足腕、前节前面密具绒毛，第 3 对仅具短刚毛。

颜色： 全身黄褐色至青褐色，杂有暗褐色斑点；螯足掌部外侧面乳白色，两指白色。

生活习性： 栖息于略具沙质的滩涂。

垂直分布： 中潮带。

地理分布： 山东半岛、江苏；日本、朝鲜半岛。

易见度： ★★☆☆☆

语源： 种本名源于模式产地日本。

备注：《中国海洋生物名录》记载本种亦分布于福建、广东及广西，而据 Shih *et* Suzuki (2008) 的研究，分布于福建、广东及广西的应为德氏仿厚蟹。

① 山东日照 / 雄蟹　② ③ 山东青岛 / 雄蟹

伍氏仿厚蟹 *Helicana wuana* (Rathbun, 1931)

体型： 雄 CW：22.47 mm，CL：18.27 mm；雌 CW：20.27 mm，CL：16.13 mm。

鉴别特征： 头胸甲近方形，表面隆起，密具短刚毛；雄性腹眼缘下隆脊具 10 ~ 12 枚突起，内侧相互连结并延长，雌性为 13 ~ 15 枚小形突起；前侧缘（含外眼窝齿）共具 4 齿，第 1 齿锐三角形，末齿仅为 1 齿痕；螯足粗壮，长节内腹缘末端具 1 发声隆脊，掌部高度大于长，外侧面光滑，内侧面具颗粒；第 1、第 2 对步足腕、前节前面密具绒毛，第 3 对仅具短刚毛。

颜色： 全身青灰色或紫灰色，杂有暗红色斑点；螯足掌部外侧面淡红色，两指白色。

生活习性： 较泥泞的裸滩洞中，亦发现于具积水的泥坑中。夜间活动频繁，白天亦见活动，但十分警惕，遇到惊扰迅速躲回洞中，再次出来会在洞口停留许久。

垂直分布： 中潮带。

地理分布： 辽宁、河北、天津、山东、江苏、上海、浙江；朝鲜半岛。

易见度： ★★★★☆

语源： 种本名以标本采集者、我国鱼类学和线虫学的主要奠基人伍献文（Hsien-wen Wu）的姓氏命名。

① 天津 / 雌蟹　② 天津 / 雄蟹

侧足厚蟹 *Helice latimera* Parisi, 1918

体型： 雄 CW：31.2 mm，CL：26.3 mm；雌 CW：30.5 mm，CL：24.6 mm。

鉴别特征： 头胸甲近方形，表面隆起，具细颗粒；雄性腹眼缘下隆脊具 64 ~ 67 枚不等形突起，中间部分较大，雌性具 37 ~ 45 枚同等突起；前侧缘（含外眼窝齿）共具 4 齿，末齿仅为齿痕；螯足粗壮，掌部光滑，较高；步足细长，第 1、第 2 步足腕节和前节前面具密绒毛，第 3 对步足极稀少。

颜色： 全身青绿色、灰褐色或黄褐色；螯足掌部外侧面下部、可动指端部 1/3 及不动指白色。

生活习性： 栖息于具芦苇丛、红树林泥滩或光滩泥洞中，取食植物叶片，也会捕食其他小型蟹类。海南文昌 1 月底可见抱卵雌蟹。

垂直分布： 潮上带至中潮带。

地理分布： 浙江、福建、台湾、广东、香港、广西、海南；越南。

易见度： ★★★★★

语源： 属名源于希腊语 *helos*，意为沼泽。种本名源于拉丁语 *latil+merus*，意为宽阔的大腿。

备注： 拟厚蟹属与厚蟹属外形近似，两属区别在于前者前 3 对步足掌节具刚毛簇，后者仅前 2 对步足掌节具刚毛簇。两属内的物种外形及体色极为接近，主要依据雄性腹眼缘上的突起进行区分。

① 海南文昌 / 抱卵　② 广东深圳 / 雌蟹　③ 海南文昌 / 雌蟹

① 海南儋州 / 雄蟹　　② 广东珠海 / 雄蟹

天津厚蟹 *Helice tientsinensis* Rathbun, 1931

体型： 雄 CW：26.2 mm，CL：24.6 mm；雌 CW：26.5 mm，CL：24.8 mm。

鉴别特征： 头胸甲近方形，表面隆起，具短刚毛；雄性腹眼缘下隆脊具 33 ~ 37 枚不等形突起，愈靠近外侧愈小，雌性具 26 ~ 37 枚同形突起；前侧缘（含外眼窝齿）共具 4 齿，末齿仅为齿痕；螯足粗壮，长节内腹缘末端具 1 较长的发声隆脊；第 1、第 2 步足腕节和前节前面具密绒毛，第 3 对步足极稀少。

颜色： 全身青绿色或灰白色；螯足掌部外侧面下部、可动指端部 1/3 及不动指白色。

生活习性： 栖息于具芦苇丛的泥滩或光滩、沼泽泥洞中，取食植物叶片，也会捕食其他小型蟹类。青岛胶州湾 5 月底观察到有抱对行为。

垂直分布： 高潮带至中潮带。

地理分布： 辽宁、河北、天津、山东、江苏、上海、浙江、福建；朝鲜半岛。

易见度： ★★★★★

语源： 种本名源于模式产地天津。

备注： 本种在东南沿海与侧足厚蟹 *H. latimera* 同域分布，两种可通过雄性腹眼缘脊进行区分。

① 浙江台州 / 雌蟹　②河北秦皇岛　③ 浙江台州 / 雄蟹

① 山东青岛 / 交配　② 浙江象山 / 捕食弧边管招潮　③ 河北秦皇岛 / 稚蟹

秀丽长方蟹 *Metaplax elegans* De Man, 1888

体型： 雄 CW：13.6 mm，CL：9.3 mm；雌 CW：11.8 mm，CL：8.1 mm。

鉴别特征： 头胸甲横方形；雄性腹眼缘下隆脊具 46 ~ 61 枚同形突起，靠近后侧面逐渐变高，雌性腹眼缘下隆脊具 32 ~ 42 枚同形突起；前侧缘（含外眼窝齿）共具 5 齿，第 1、第 2 齿间具深缺刻，末 2 齿仅具浅痕；螯足雄性大于雌性，掌部短，两指并拢时基部具空隙，可动指近基部具 1 斜行矮钝齿；步足瘦长。

颜色： 全身紫褐色；螯足橙褐色，两指端部橙色。

生活习性： 退潮后在光裸的泥滩上自由活动，洞口斜行，通常具水坑。会捕食泥蟹等小型蟹类。

垂直分布： 中潮带。

地理分布： 浙江、福建、台湾、香港、广西、海南；越南、泰国、马来西亚、文莱、新加坡、缅甸、印度。

易见度： ★★★★★

语源： 属名源于希腊语 *meta*（在……之后）+*plax*（多见于短尾蟹类属名后缀），中文名形容本属头胸甲呈长方形。种本名源于拉丁语 *elegans*，意为华丽的、秀丽的。

①

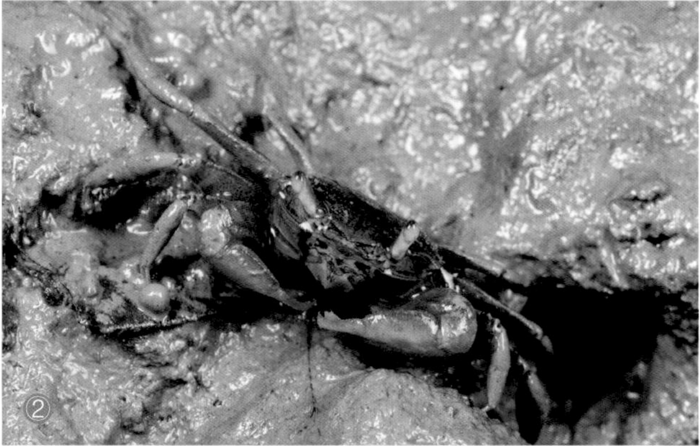
②

③

① 福建厦门 / 雌蟹　② ③ 福建厦门 / 雄蟹

① 福建厦门 / 捕食泥蟹　　② 广西防城港 / 稚蟹

长足长方蟹 *Metaplax longipes* Stimpson, 1858

体型： 雄 CW：18.2 mm，CL：13.4 mm；雌 CW：20 mm，CL：15 mm。

鉴别特征： 头胸甲横方形；雄性腹眼缘下隆脊具 7 ~ 13 枚突起，靠近体中侧 1 枚长，之后逐渐递减，雌性腹眼缘下隆脊具 14 ~ 22 枚同形突起；前侧缘（含外眼窝齿）共具 5 齿，第 1、第 2 齿间具深缺刻，末 2 齿仅具浅痕；螯足雄性大于雌性，掌部短，两指并拢时基部具空隙；步足瘦长。

颜色： 全身灰褐色或紫褐色，杂有暗色斑点；颊区及第 3 颚足白色或灰白色；螯足两指白色。

生活习性： 退潮后在裸滩或红树林泥地上自由活动，洞口斜行，通常具水坑。遇危险会将螯足及步足伸展开作假死状。

垂直分布： 中潮带。

地理分布： 山东半岛南部、江苏、上海、浙江、福建、台湾、广东、香港、广西；越南。

易见度： ★★★★★

语源： 种本名源于拉丁语 *longus*+*pes*，意为长足。

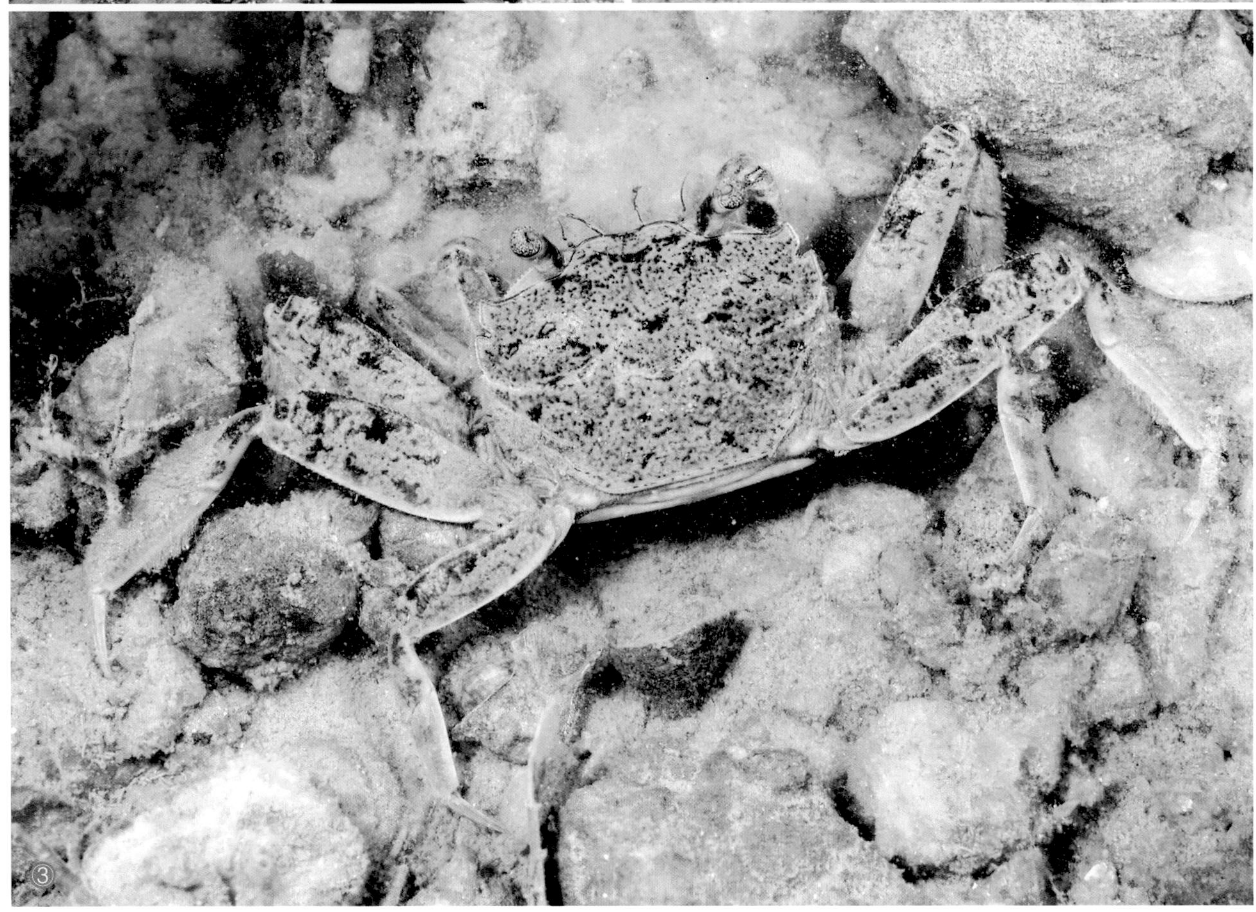

① 福建厦门 / 威胁　② 福建厦门 / 雄蟹　③ 福建厦门 / 雌蟹

① 山东日照 / 雄蟹　　② 浙江舟山 / 雄蟹

沈氏长方蟹 *Metaplax sheni* Gordon, 1930

体型： 雄 CW：9.8 mm，CL：6.8 mm；雌 CW：9.2，CL：6.4 mm。

鉴别特征： 头胸甲横方形；雄性腹眼缘下隆脊具 16 ~ 20 枚突起，靠近体中侧 1 枚长，之后逐渐递减；前侧缘（含外眼窝齿）共具 5 齿，第 1、第 2 齿间具深缺刻，末 2 齿仅具浅痕；螯足细长，雄性大于雌性，掌部较长，两指并拢时基部具空隙，可动指中部具 1 斜行钝齿；步足瘦长。

颜色： 全身土灰色，杂有暗色斑纹；螯足掌部及两指外侧面白色。

生活习性： 退潮后在泥滩上自由活动，洞口斜行，通常具水坑。

垂直分布： 中潮带。

地理分布： 浙江、福建、台湾、广西；越南、马来半岛。

易见度： ★★★☆☆

语源： 种本名以我国著名甲壳动物学家沈嘉瑞的姓氏命名。

① 福建厦门 / 捕食泥蟹　② ③ 福建厦门 / 雄蟹

十三疣长方蟹 *Metaplax tredecim* Tweedie, 1950

体 型： 雄 CW：23 mm，CL：16.7 mm；雌 CW：18.4 mm，CL：13.7 mm。

鉴别特征： 头胸甲横方形；雄性腹眼缘下隆脊具 13 ～ 20 枚突起，前 4 ～ 5 枚大小略相等，之后逐渐递减，雌性腹眼缘下隆脊具 21 ～ 27 枚同形突起；前侧缘（含外眼窝齿）共具 5 齿，第 1、第 2 齿间具深缺刻，末 2 齿仅具浅痕；螯足雄性大于雌性，掌部短，两指并拢时基部具窄空隙；步足瘦长。

颜色： 全身灰褐色或紫褐色，杂有暗色斑点；颊区及第 3 颚足紫色；螯足两指白色。

生活习性： 退潮后在红树林泥地上自由活动，洞口斜行，通常具水坑。遇危险会将螯足及步足伸展开作假死状。海南文昌 9 月底见抱对行为。

垂直分布： 中潮带。

地理分布： 广东、海南；越南、马来西亚（沙巴）。

易见度： ★★★★★

语源： 种本名源于拉丁语 *tredecim*，意为十三，形容雄性腹眼窝下缘具 13 个突起。

备注： 易与长足长方蟹 *M. longipes* 混淆，通过雄性腹眼缘下隆脊突起及第 3 颚足颜色、螯足两指并拢是否有空隙可较易区分。

① 广东茂名 / 雄蟹　② 海南文昌 / 交配　③ ④ 广东湛江 / 雄蟹

蜞亚科 Gaeticinae

平背蜞 *Gaetice depressus* (De Haan, 1833)

体型： 雄 CW：19 mm，CL：21 mm。

鉴别特征： 头胸甲扁平，近方形，前半部显著宽于后半部，表面光滑；额缘中部凹陷较宽，两侧凹陷浅；腹眼缘下隆脊通常具 12 枚以上小的同形颗粒；第 3 颚足发达；前侧缘（含外眼窝齿）共具 3 齿，第 1 齿宽大，与第 2 齿间具深缺刻，末齿小；螯足对称或不对称，掌部光滑，外侧面下半部具 1 光滑隆线。

颜色： 体色极为多变，从纯色至杂色斑个体。本种为潮间带碎石滩常见种类，但其体色极为多变，易当作不同种类。日本学者 Murakami *et* Wada（2015）基于对日本爱媛县中岛的平背蜞个体研究，统计发现平背蜞存在浅色型与深色型两种色型，且深色型个体颜色变化比例会大于浅色型。深色型更多出现于具深色卵石底的地方，显示出其头胸甲颜色会趋向环境颜色。但实验表明，两种色型个体在同样的环境中存活率不存在差异，表明个体颜色应该是由浮游阶段向底栖阶段定居时形成的。

生活习性： 潮间带碎石块下极为常见，泥底或泥沙、沙底均可见。

垂直分布： 潮间带。

地理分布： 中国海域广布；日本、朝鲜半岛。

易见度： ★★★★★

语源： 由于原属名 *Platynotus* Fabricius, 1801 先被一种甲虫所使用，Gistel 于 1848 年为 *depressus* 这个种建立了一个新属 *Goetice*，但未解释语源。随后 Stimpson 于 1858 年也为这个种建立了一个属名 *Platynotus*。Rathbun 在 Stimpson（1907）中备注了由 Stimpson 建立的 *Platygrapsus* 属晚于 Gistel 建立的 *Gaetice* 属。有意思的是，Rathbun 并未解释为什么给出了这个“错误拼写”。自此之后，*Gaetice* 这个拼写被后来几乎所有的文献延续下来。虽然 *Goetice* 才是本属的正确拼写，但根据《国际动物命名法规》第 33.2.3.1 解释，“当一项不正当的修正是一种现今盛行的用法，并且仍归属于原命名者和命名日期，则被视为一项正当的修正”，因此这个拼写被保留下来（Ng et al., 2008）。中文名为古时对一种小型蟹类的称呼。种本名源于拉丁语 *depressus*，意为扁平的。

备注： 本种易与细足蜞 *G. ungulatus* 混淆。本种腹眼缘下隆脊通常具 12 枚以上小的同形颗粒，而后者的腹眼缘下隆脊突起略大，一般少于 8 枚。另外，本属易与近方蟹属 *Hemigrapsus* 混淆，区别在于蜞属头胸甲额缘中部内凹更显著，前侧缘向两侧外凸，而近方蟹属额缘中部轻微内凹，前侧缘后部几乎与后侧缘平行连接，此外，蜞属第 3 颚足发达，而近方蟹属第 3 颚足正常。

① 山东青岛

① 广东徐闻　② 河北秦皇岛　③ 山东烟台　④ 山东青岛

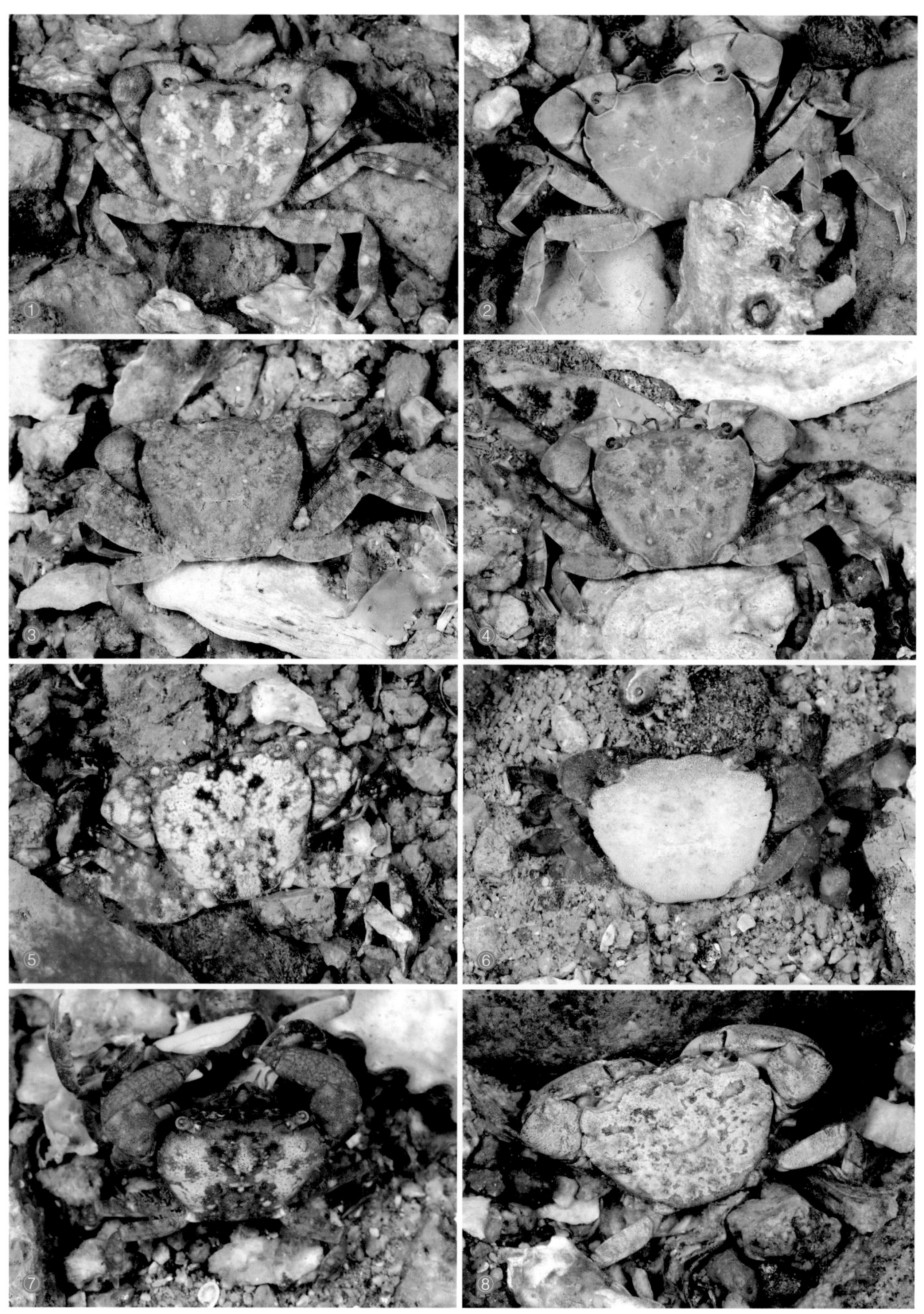

①②③④⑤⑥⑦⑧ 山东青岛

鸟海筛口蟹 *Sestrostoma toriumii* (Takeda, 1974)

体型： 雄 CW：4.7 mm，CL：4 mm。

鉴别特征： 头胸甲近圆形，宽大于长，表面隆起，具小刻点，分区不明；额前缘中部略凹；侧缘平滑，轻微凹陷，不具齿；背面观肢上板后侧面可见；第 3 颚足宽，闭合时能够完全遮盖口器；雄性腹眼缘下隆脊具 9 枚突起；螯足粗壮，指节基部外侧面具 1 簇毛；两指闭合相接或轻微交叉；步足细长。

颜色： 全身灰白色至黄褐色，杂有深浅不一的斑纹。

生活习性： 多与海蛄虾、蝼蛄虾、美人虾或螠虫类共栖。文献记载其附着于食用奥氏蝼蛄虾（*Austinogebia edulis*）腹部。

垂直分布： 中潮带。

地理分布： 河北；日本。

易见度： ★☆☆☆☆

语源： 属名源于希腊语 *sestron+stoma*，意为像筛子一样的嘴。种本名以标本采集者鸟海衷博士（Makoto Toriumi）的姓氏命名。

备注： 标本采自河北秦皇岛潮间带，采集时发现其自由生活。本种与巴氏筛口蟹 *S. balssi* 极为相近，但可通过腹眼缘下隆脊区别：本种雄性腹眼缘下隆脊具 9 枚突起，巴氏筛口蟹为 2 个长条状突起及 1 单独小突起。

① ② 河北秦皇岛

弓蟹亚科 Varuninae

合浦绒螯蟹 *Eriocheir hepuensis* Dai, 1991

体型： 雄 CW：61 mm，CL：56 mm[3]。

鉴别特征： 头胸甲近方形；额分 4 齿，中央凹陷深，中齿钝三角形，两侧较尖锐；前侧缘（含外眼窝齿）共具 4 齿，第 2、第 3 齿略指向外侧方，末齿小而显著；螯足粗壮，长节内腹缘具刚毛，腕节末端、掌部及两指基部具浓密的绒毛；步足扁平，长节前缘具刚毛。

颜色： 全身暗褐色；螯足两指白色。稚蟹背面具深浅不一的斑纹。

生活习性： 栖息于河口泥底或碎石底，或内陆淡水溪流中，繁殖季会集群降海。

垂直分布： 不受潮汐影响的溪流、河道。

地理分布： 浙江、福建、广东、香港、广西、海南；越南。

易见度： ★★★☆☆

语源： 属名源于希腊语 *erio+cheir*，意为带毛的手。种本名源于模式产地广西合浦。

备注： 绒螯蟹属内目前只包含 4 个有效种，但分类学上仍然存在诸多问题。Guo 等 1997 详细列出了中华绒螯蟹 *E. sinensis*、日本绒螯蟹 *E. japonica* 与合浦绒螯蟹的区别，其中合浦绒螯蟹额中部凹陷深，中齿突出，钝三角形，前侧缘（含外眼窝齿）共分 4 齿，末齿清晰可辨，而日本绒螯蟹额中部凹陷浅，中齿平钝，不甚突出，前侧缘（含外眼窝齿）共分 4 齿，末齿极小。因此，最初我们将广东深圳的标本鉴定为日本绒螯蟹。但分子遗传分析显示，华南与台湾西部的绒螯蟹处于同一个演化分枝，且又与日本本岛及琉球群岛的种群不在同一演化分枝上（Ng et al., 2017），很可能真正的日本绒螯蟹的分布范围只局限于日本本岛及日本海周边地区。即便如此，华南与台湾西部的“日本绒螯蟹”在形态上又与合浦绒螯蟹存在明显的形态差异，这个“日本绒螯蟹”在形态上更符合目前被作为日本绒螯蟹同物异名的直额绒螯蟹 *E. rectus*，这三者间的关系仍然需要进一步研究澄清。在此，我们暂时采用 Huang *et* Mao, 2021 的鉴定结果，将广东深圳的个体定为合浦绒螯蟹。

① 广东深圳 / 陆千乐

① ② 海南儋州 / 亚成体　③ 广东深圳 / 亚成体 / 王健　④ 广东深圳 / 黄超

中华绒螯蟹 *Eriocheir sinensis* H. Milne Edwards, 1853

体型： 雄 CW：67.5 mm，CL：61.2 mm。

鉴别特征： 头胸甲近方形，背面隆起，胃区前具 6 个对称突起；额分 2 叶，各具 2 锐齿；前侧缘（含外眼窝齿）共具 4 锐齿，末齿最小；螯足粗壮，掌部与两指基部内、外侧面密生绒生；步足扁平，前 3 对步足腕节与前节背缘均具刚毛，末对步足前节与指节基部背缘与腹缘密具刚毛。

颜色： 全身青灰色、灰绿色或暗褐色；螯足两指白色。稚蟹背面具深浅不一的斑纹。

生活习性： 穴居于河口或内陆河湖的泥洞中，具迁徙行为。成体降海繁殖，卵孵化后从大眼幼体阶段开始溯河而上到淡水生长。

垂直分布： 不受潮汐影响的溪流、河道、湖泊；潮间带。

地理分布： 渤海湾、山东、江苏、上海、安徽、江西、湖北、湖南、浙江、台湾（人为引入）；朝鲜半岛（西侧）、欧洲（入侵）、美洲北部（入侵）。

易见度： ★★★★★

语源： 种本名源于模式产地中国。

① 湖北武汉 / 徐一扬

长指近方蟹 *Hemigrapsus longitarsis* (Miers, 1879)

体型： 雄 CW：9 mm，CL：9 mm[3]。

鉴别特征： 头胸甲近方形，全面覆盖短毛及颗粒；额宽大于头胸甲宽的 1/2，前缘平直；雄性腹眼缘下隆脊具 4 ~ 9 枚光滑突起，雌性 16 枚；前侧缘（含外眼窝齿）共具 3 齿，大小近相等；侧缘几乎平行；螯足小，近对称，雄性掌节内、外侧面末部各具 1 簇短毛，其中内侧面的较大，雌性无毛；步足指节长。

颜色： 全身灰褐色至深褐色，头胸甲背面具暗色花纹；步足具与头胸甲同色的暗色环纹，并具白斑。

生活习性： 喜欢躲藏于具泥或泥沙的碎石块下。

垂直分布： 潮间带。

地理分布： 辽东半岛、山东半岛；日本、朝鲜半岛、俄罗斯远东海域。

易见度： ★☆☆☆☆

语源： 属名源于希腊语 *hēmi*+*Grapsus*（方蟹属），形容本属与方蟹相似。种本名源于拉丁语 *long*+*tars*，形容本种步足指节长。

① 山东青岛 / 雄蟹

绒螯近方蟹 *Hemigrapsus penicillatus* (De Haan, 1835)

绒毛近方蟹（台）

体型：雄 CW：26.4 mm，CL：19.5 mm；雌 CW：18.3 mm，CL：16.5 mm。

鉴别特征：头胸甲近方形，表面光滑，具小颗粒；额宽约为头胸甲宽的 1/2，中部内凹；腹眼缘下隆脊具 4 枚钝齿状突起，愈向外端愈小；前侧缘（含外眼窝齿）共具 3 齿，依次渐小；螯足粗壮，近对称，雄性大于雌性，长节内侧面近腹缘具 1 几丁质隆脊，掌部大部分光滑，内侧面近基半部具几个小突起，外侧面下半部具 1 行颗粒，延伸至不动指，两指基部具 1 丛小绒毛，雌性及稚蟹无。

颜色：全身黄褐色至深褐色；颊部、第 3 颚足、螯足掌部外侧面、腹甲及腹部具褐色圆点。

生活习性：偏湾外环境，自由活动，喜欢躲藏于具泥或泥沙的碎石块下。

垂直分布：潮间带。

地理分布：中国海域广布；日本、朝鲜半岛、欧洲（入侵）。

易见度：★★★★★

语源：种本名源于拉丁语 *penicillatus*，形容本种螯足上具 1 簇毛。

①②③ 山东青岛 / 雄蟹

① 山东青岛 / 雄蟹　　② ③ 浙江舟山 / 雄蟹

肉球近方蟹 *Hemigrapsus sanguineus* (De Haan, 1835)
红点近方蟹（台）

体型： 雄 CW：35 mm，CL：30 mm。

鉴别特征： 头胸甲近方形；额宽约为头胸甲宽的 1/2，前缘平直，中部稍凹；腹眼缘下隆脊细长，内侧具 5 ~ 6 枚粗颗粒，愈向外端愈细；前侧缘（含外眼窝齿）共具 3 锐齿，末齿最小；螯足粗壮，近对称，雄性比雌性大，长节内侧面近腹缘具 1 甲壳质隆脊，掌部内外面隆起，雄性两指基部间具 1 球形膜泡，雌性无，稚蟹不显著；步足指节侧扁。

颜色： 全身黄褐色至暗褐色，杂有深浅不一的斑点；螯足上具不规则暗红色斑点；步足具浅褐色或红褐色环纹。

生活习性： 常与绒螯近方蟹 *H.penicillatus* 或高野近方蟹 *H. takanoi* 同域分布，但本种更喜欢栖息于大块岩礁或人工礁石的缝隙中，喜集群生活。野外个体常被蟹奴寄生。

垂直分布： 高潮带至中潮带。

地理分布： 中国海域广布；日本、朝鲜半岛、俄罗斯（库页岛）、欧洲（入侵）、美洲东海岸（入侵）。

易见度： ★★★★★

语源： 种本名源于拉丁语 *sanguineus*，形容本种身上不规则的红斑，中文名形容本种螯足可动指与不动指间的球状膜泡。

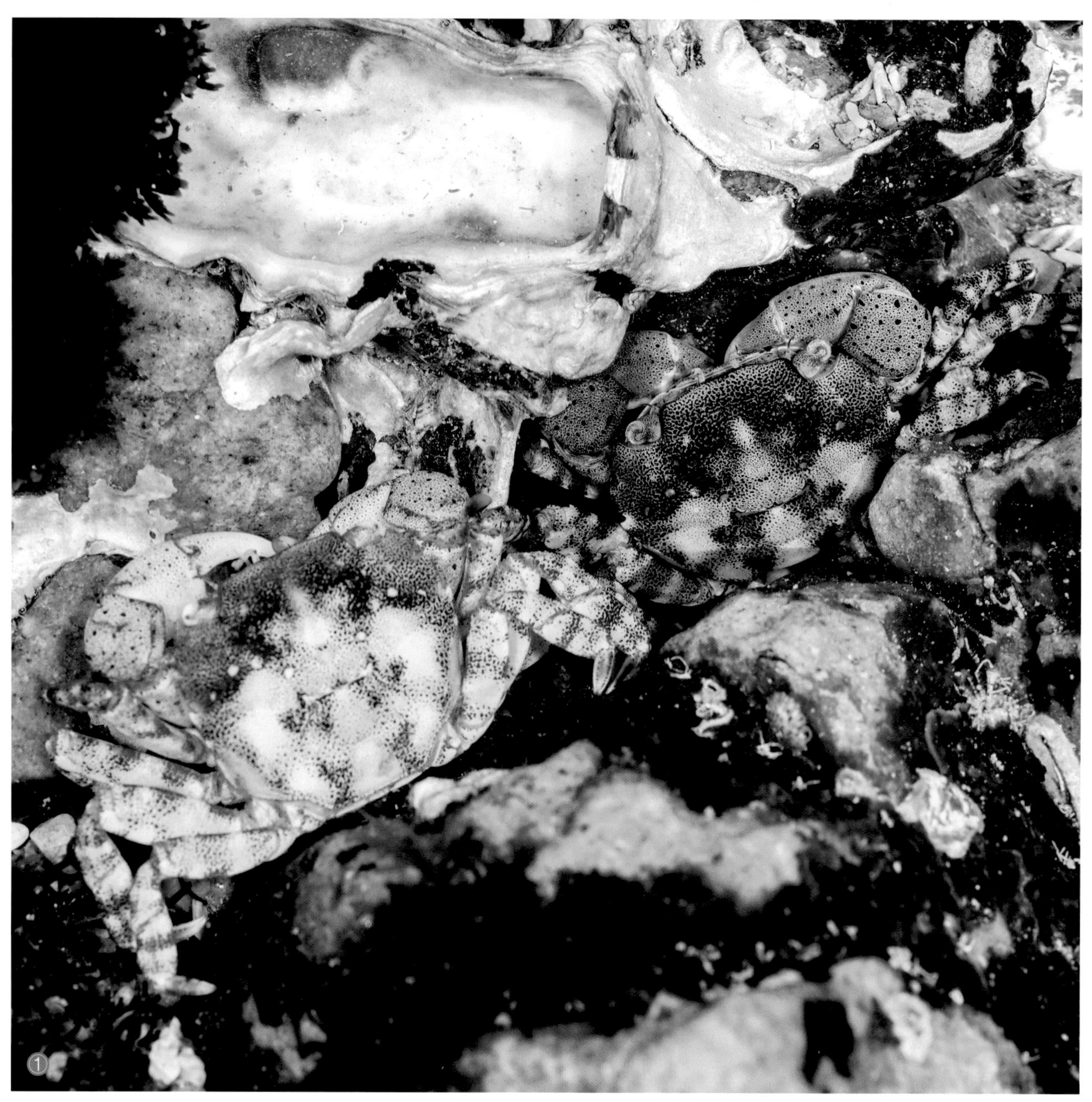

① 辽宁庄河 / 刚蜕完皮

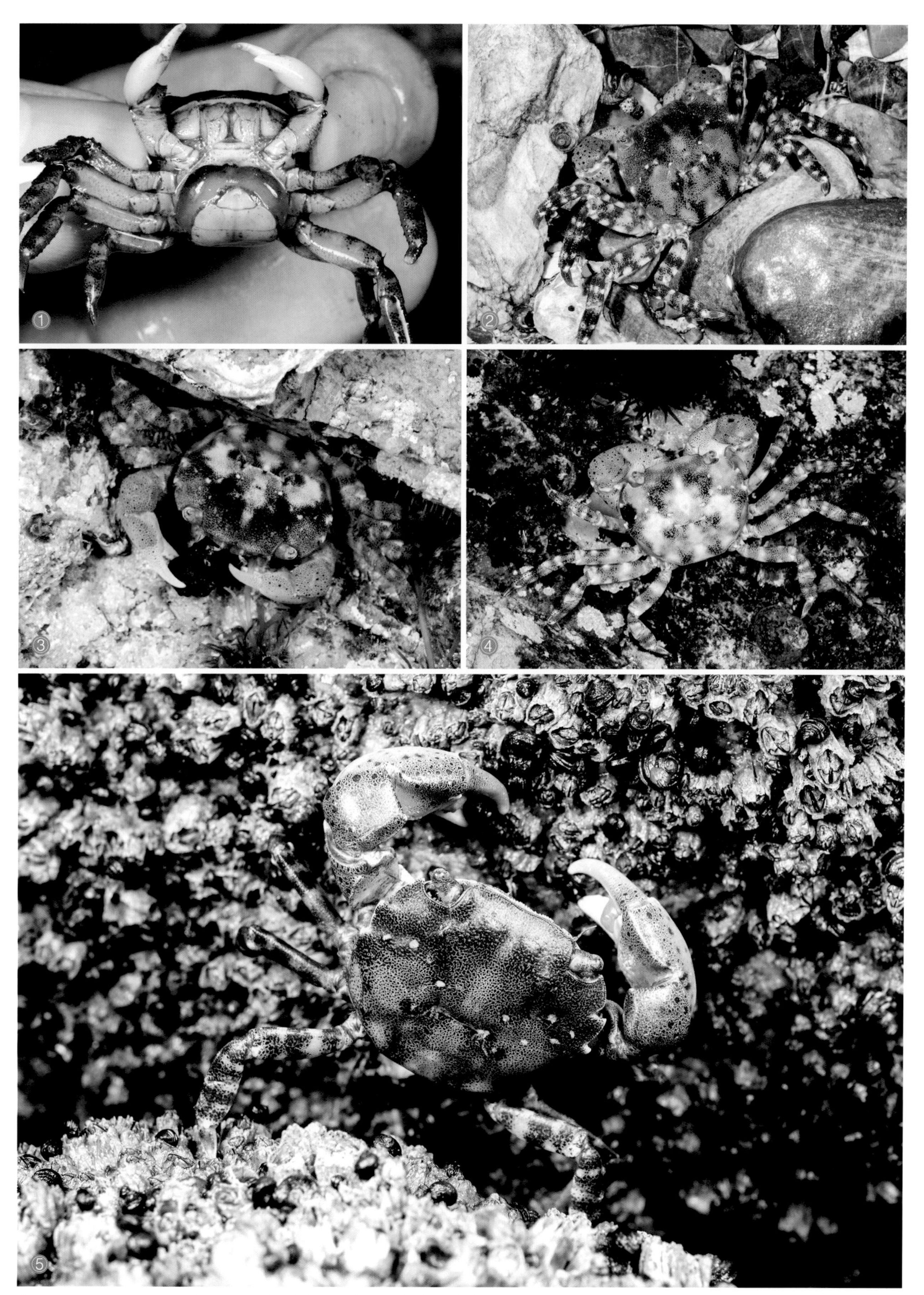

① 山东青岛 / 蟹奴寄生　② 辽宁大连 / 雄蟹　③ ④ 山东青岛 / 雄蟹　⑤ 河北秦皇岛

中华近方蟹 *Hemigrapsus sinensis* Rathbun, 1931

体型： 雄 CW：8.4 mm，CL：7.3 mm；雌 CW：8.2 mm，CL：7 mm。

鉴别特征： 头胸甲近方形，表面具颗粒及短刚毛；额宽约为头胸甲宽的 1/2，稍向下弯；腹眼缘下隆脊内侧具 6 ~ 7 枚颗粒，愈向外端愈细而光滑；前侧缘（含外眼窝齿）共具 3 齿，第 1 齿大，末齿最小；螯足对称，掌部背面及外侧面各具 3 纵列颗粒，外侧面末半部有 1 团绒毛；步足细长，前 3 对长节背缘近末端具 1 刺，第 1、第 2 对腕节背面具 2 条隆线，腹面具 1 条隆线。

颜色： 全身黄褐色至青绿色；螯足两指白色。

生活习性： 体小，栖息于具泥沙底的碎石块下。

垂直分布： 中潮带。

地理分布： 辽东湾、渤海湾、辽东半岛、山东半岛、浙江、福建、广东；日本、朝鲜半岛。

易见度： ★★★★☆

语源： 种本名源于模式产地中国。

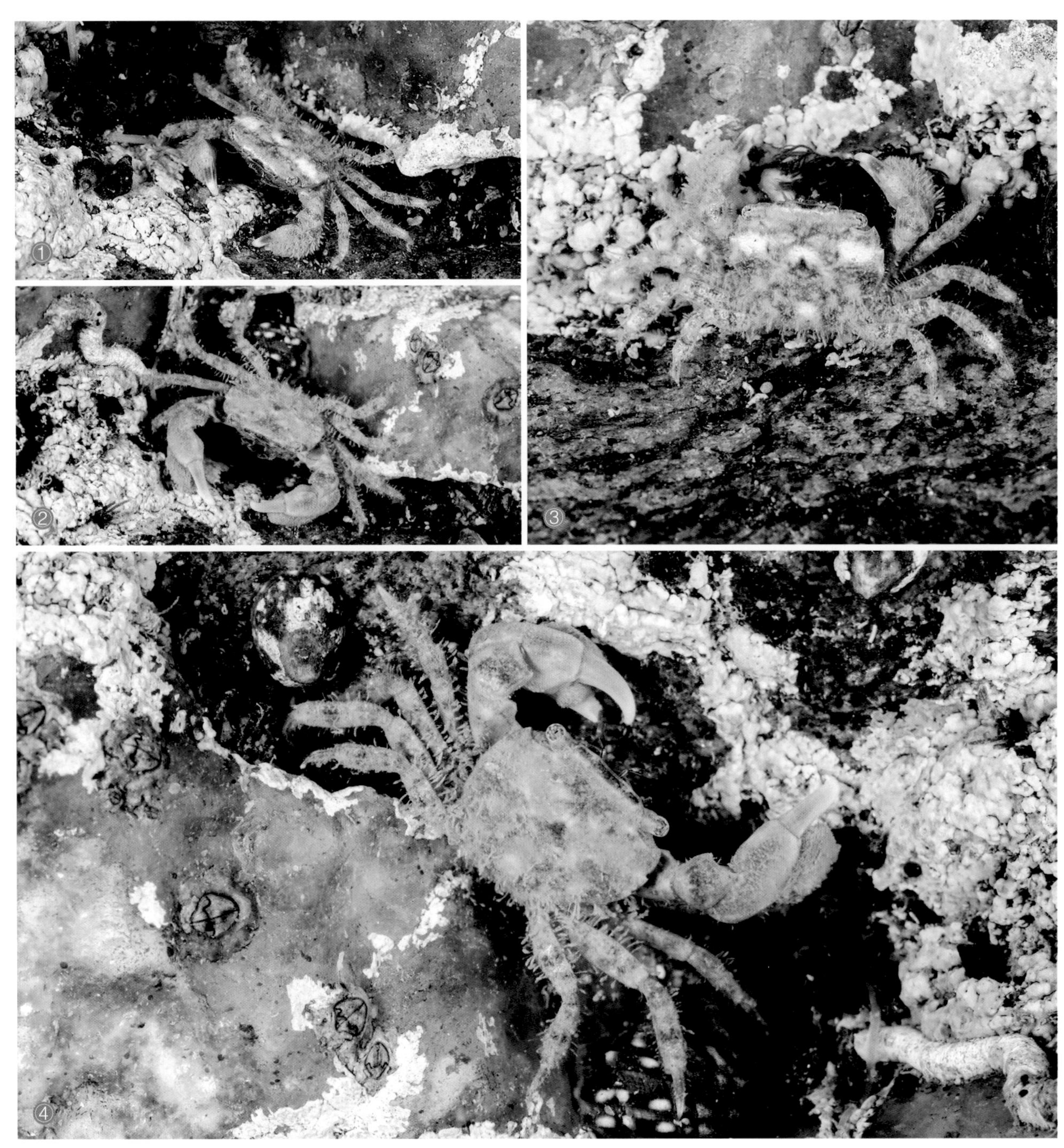

① ③ 山东烟台 / 雌蟹　　② ④ 山东烟台 / 雄蟹

高野近方蟹 *Hemigrapsus takanoi* Asakura *et* Watanabe, 2005

体型：雄 CW：26 mm，CL：27 mm；雌 CW：25 mm，CL：26 mm。

鉴别特征：头胸甲近方形，表面光滑，具小颗粒；额宽约为头胸甲宽的 1/2，中部稍凹；腹眼缘下隆脊具 3 枚突起，第 1 枚长，边缘具颗粒，第 2 枚略突出，第 3 枚最短；前侧缘（含外眼窝齿）共具 3 齿，依次渐小；螯足粗壮，近对称，雄性大于雌性，长节内侧面近腹缘具 1 甲壳质隆脊，掌部大部分光滑，内侧面近基半部具几个小突起，外侧面下半部具 1 行颗粒，延伸至不动指，两指基部具 1 丛大绒毛，雌性及稚蟹无。

颜色：全身黄褐色至深褐色；颊区、第 3 颚足及螯足掌部外侧面具小的褐色圆点。

生活习性：偏湾内环境，自由活动，喜欢躲藏于具泥或泥沙的碎石块下。

垂直分布：潮间带。

地理分布：中国海域广布；日本、朝鲜半岛、欧洲（入侵）。

易见度：★★★★★

语源：种本名以高野正嗣（Masatsugu Takano）的姓氏命名，以纪念他首次观察到绒螯近方蟹两种不同种群。

备注：Asakura *et* Watanobe 于 2005 年依据日本岐阜县的标本描述本种。除雄性 G1 端部的微小差异外，雄性高野近方蟹螯足上的绒毛面积比例大于绒螯近方蟹，且身体表面上的红斑小，不出现于腹部，绒螯近方蟹雄性螯足上的绒毛面积极小，红斑大，会出现于腹面。虽然两者在分子遗传上存在差异，但野外观察中有些类型间于两者间，模糊不清，如红斑暗淡、消失，或者螯足上的绒毛脱落等现象，因此两种间的区别相对困难。本种在《中国海洋生物名录》中的中文名为竹野近方蟹，我们建议本种中文名改称为高野近方蟹，以遵循原意。作者最南于海南文昌发现本种，或许与绒螯近方蟹一样为广布种。

① 山东青岛

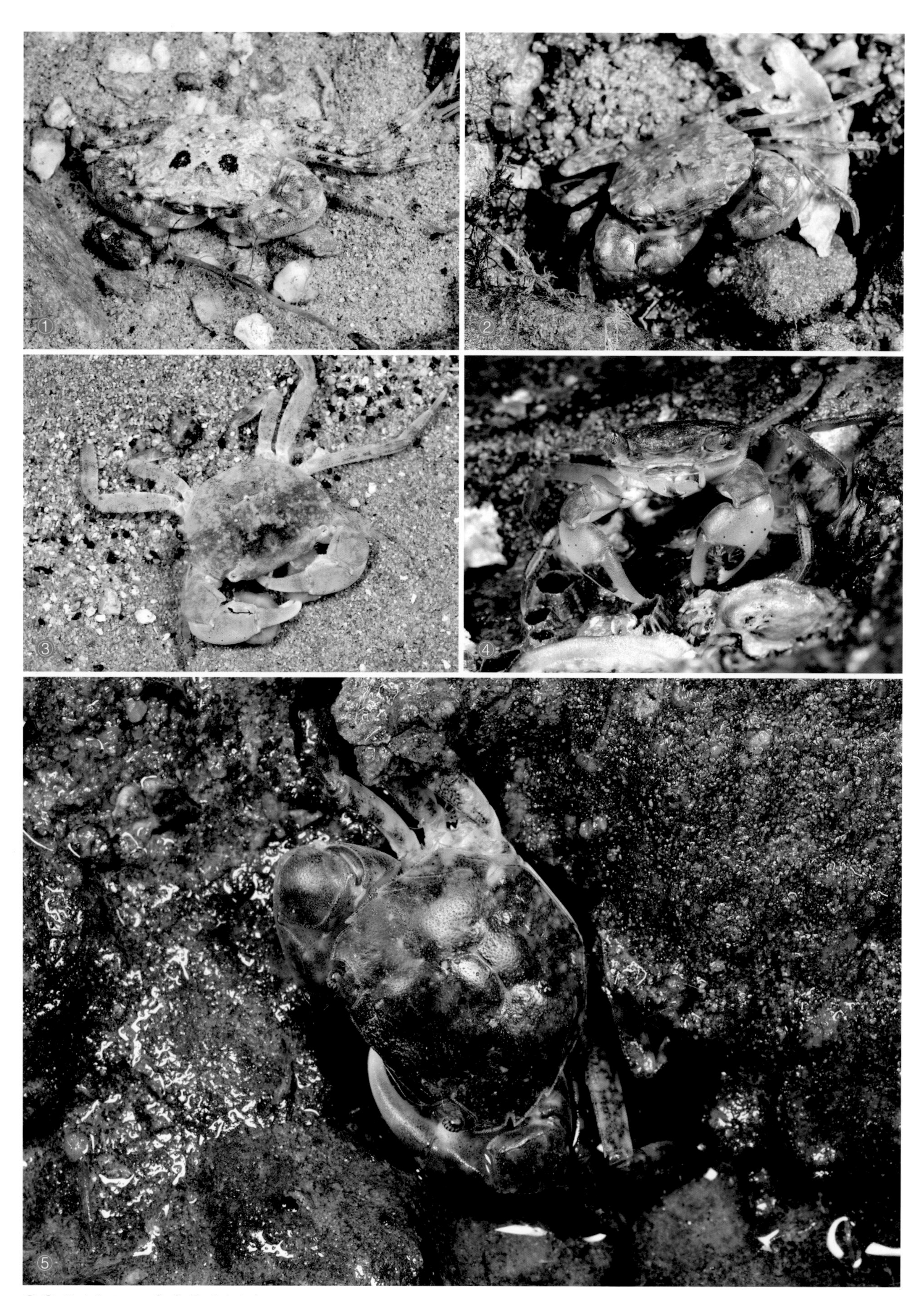

①② 海南文昌　　③④⑤ 山东青岛

① 山东烟台 / 螯足上的绒毛比例　② ③ ④ 山东烟台　⑤ 河北秦皇岛

狭颚新绒螯蟹 *Neoeriocheir leptognathus* (Rathbun, 1913)

体型：雄 CW：13 mm，CL：13 mm；雌 CW：16 mm，CL：15 mm。

鉴别特征：头胸甲近方形，表面平滑具小凹点；额窄，前缘近于平直，近两侧处稍凹；前侧缘（含外眼窝齿）共具 3 齿，第 1 齿最大，与第 2 齿间具"V"字形缺刻，第 2 齿尖锐，末齿最小；螯足对称，雄性比雌性大，长节内侧面末半部具软毛，掌部及两指内侧密具绒毛；步足细长，各节前、后缘均具长刚毛。

颜色：全身灰色或青灰色。

生活习性：具淡水汇入的泥滩积水坑中。

垂直分布：中潮带。

地理分布：渤海湾、山东半岛、江苏、上海、浙江、福建、广东、香港；日本、朝鲜半岛。

易见度：★★★★★

语源：属名源于 *neo*+*Eriocheir*（绒螯蟹属），直译为新绒螯蟹。种本名源于希腊语 *leptotēs*+*gnathos*，意为狭窄的颚足。

① 广东广州 / 雌蟹　② 广东广州 / 雄蟹　③ 上海 / 雄蟹 / 栗元翔

长方拟方颚蟹 *Parapyxidognathus deianira* (De Man, 1888)
海神拟方颚蟹（台）

体型： 雄 CW：15.4 mm，CL：11.7 mm。

鉴别特征： 头胸甲近横长方形，表面光滑；前侧缘（含外眼窝齿）共具 3 锐齿；螯足肿胀，对称，掌部光滑，外侧面由不动指末端引入 1 横行隆线，两指内缘具钝齿；步足腕节及前节的前后缘密具长绒毛，第 1 至第 3 对步足长节后缘末部具 3 锐刺，末对步足长节后缘具 2 ~ 3 刺。

颜色： 全身黄褐色至暗褐色；头胸甲背面具黄绿色大纹；螯足暗红色，两指端部白色。

生活习性： 躲藏于河口碎石块下。

垂直分布： 中潮带。

地理分布： 台湾、海南；日本、菲律宾、印度尼西亚、墨吉群岛。

易见度： ★★★★★

语源： 属名源于 *para+Pyxidognathus*（方颚蟹属），形容本属与方颚蟹属近似。种本名源于希腊神话人物 Deianira，中文名形容头胸甲长方形。

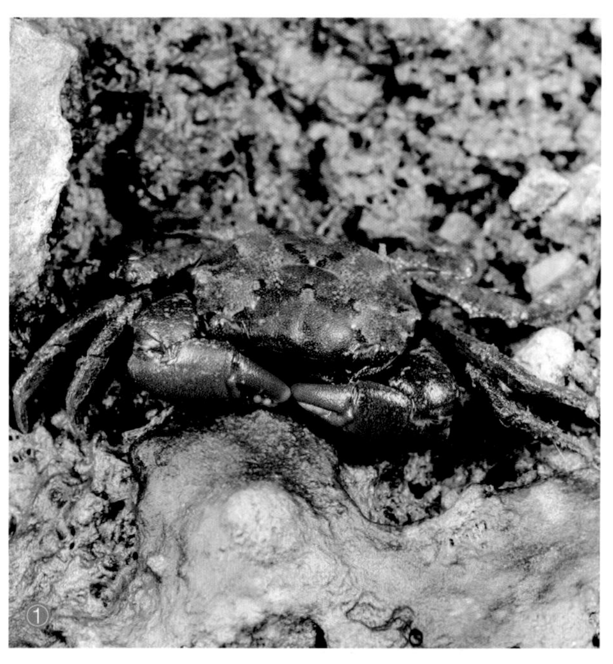

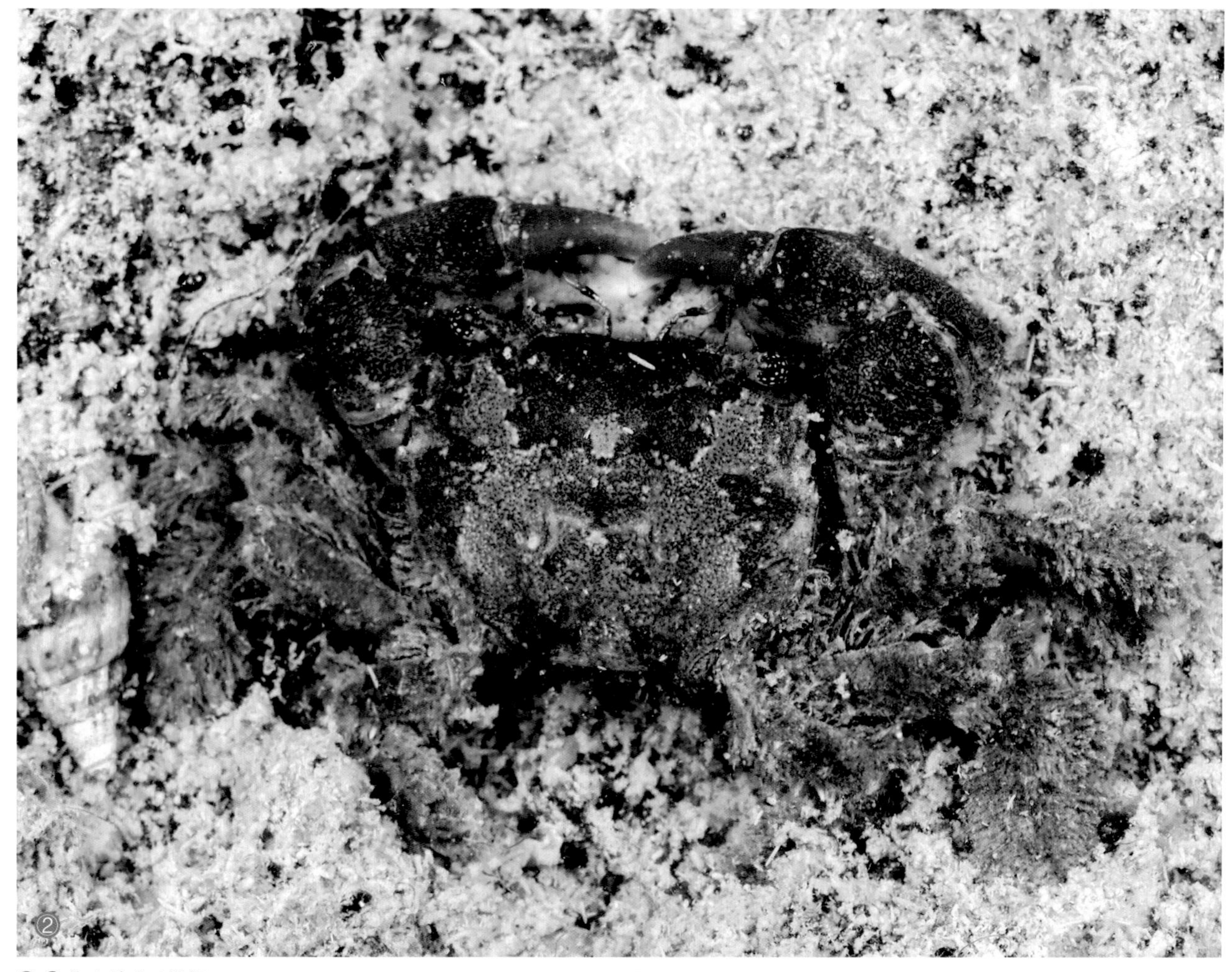

① ② 海南陵水 / 雄蟹

白假方蟹 *Pseudograpsus albus* Stimpson, 1858

体型： 雄 CW：12.7 mm，CL：11.3 mm；雌 CW：12.4 mm，CL：11.1 mm。

鉴别特征： 头胸甲近方形，表面光滑；外眼窝齿三角形，其后具 2 缺刻，将前侧缘分为 3 叶，侧缘近平行；后缘略内凹；螯足对称，光滑，雄性两指基部具浓毛；步足细长，指节后缘具绒毛。

颜色： 全身白色；头胸甲背部杂有暗色斑点；步足具橙褐色斑纹。

生活习性： 栖息于中潮至高潮带的石块下。

垂直分布： 中潮带。

地理分布： 台湾、海南；印度 - 西太平洋。

易见度： ★☆☆☆☆

语源： 属名源于希腊语 *pseudēs*+*Grapsus*（方蟹属），直译为假方蟹。种本名源于拉丁语 *albus*，意为白色的。

① 海南文昌 / 交配　③ 海南文昌 / 抱卵　② ④ 海南文昌 / 雄蟹

字纹弓蟹 *Varuna litterata* (Fabricius, 1798)

体型： 雄 CW：26 mm，CL：25 mm；雌 CW：32 mm，CL：31 mm。

鉴别特征： 头胸甲扁平，近圆方形；额前缘平直；前侧缘显著拱起，包括外眼窝齿在内共 3 齿，第 1 齿最大，呈宽三角形，端部突锐，第 2、第 3 齿呈锐三角形；后侧缘显著向后收拢；螯足对称，掌部外侧面下方具 1 横行隆线，内侧面中部有数个小疣；步足最末 2 节扁平，前后缘具毛。

颜色： 全身灰色、灰褐色、黄褐色至深褐色；螯足颜色略呈红褐色，指尖白色。

生活习性： 喜欢在近河口甚至纯淡水的流动水体、鱼塘中活动，底质通常为泥或碎石。会攀附于水中的石块或者植物上，遇到危险会快速游走。繁殖期会集群降海。退潮后常躲藏于石块下。

垂直分布： 不受潮汐影响的内陆溪流、河道；潮间带。

地理分布： 江苏、上海、浙江、福建、台湾、广东、香港、广西、海南；印度－西太平洋。

易见度： ★★★★★

语源： 属名源于印度教中的天海之神 Varuna，可能用来形容本属善于游泳，中文名不详，可能是将属名误认为弓神 Rama。种本名源于拉丁语 *litterat*，形容头胸甲背面显著的“H”字形沟。

① ② 广东珠海 / 刘昭宇

游氏弓蟹 *Varuna yui* Hwang *et* Takeda, 1986

体型： 雄 CW：22.6 mm，CL：21.5 mm。

鉴别特征： 头胸甲扁平，近圆方形；额前缘平直；前侧缘拱起，含外眼窝齿在内共 3 齿，第 1 齿最大，呈宽三角形，外缘较平直，第 2、第 3 齿呈锐三角形，末齿最小；后侧缘显著向后收拢；螯足对称，大个体螯足两指空隙较大，掌部外侧面下方具 1 横行隆线，内侧面中部有数个小疣；步足最末两节扁平，前后缘具毛。

颜色： 头胸甲黄褐色至青灰色，小个体表面有较多花斑；螯足颜色发红或发黄，两指稍带白色。

生活习性： 成体喜欢在近河口甚至纯淡水的流动水体、鱼塘中活动，底质通常为泥或碎石。会攀附于水中的石块或者植物上，遇到危险会快速游走，繁殖期会集群降海。退潮后常躲藏于石块下。

垂直分布： 不受潮汐影响的内陆溪流、河道；潮间带。

地理分布： 浙江、台湾、香港、海南；日本、韩国、菲律宾。

易见度： ★★★★★

语源： 种本名以台湾海洋大学游祥平教授（Hsiang-Ping Yu）的姓氏命名。

备注： 长期以来，本种都与字纹弓蟹 *V. litterata* 混淆。最近对香港产蟹类的研究（Wong, Tao *et* Leung, 2021）指出，香港绝大多数的标本为游氏弓蟹，而非字纹弓蟹。两种区别如下：①本种前侧缘齿端部平截，而字纹弓蟹前侧缘齿突锐；②本种螯足长节短小，表面较平滑，而字纹弓蟹螯足长节长，表面颗粒显著。不过，由于性别、个体发育程度导致的形态变化差异较大，尤其是雌性或未成年个体难以区分，比较可靠的仍为雄性 G1 顶端的分叶是否明显。

① 广东深圳 / 雄蟹　② 香港大屿山 / 雌蟹 / 陆千乐

沙蟹总科 Ocypodoidea

猴面蟹科 Camptandriidae

头胸甲宽大于长，近方形或近卵圆形，后部平滑，多少隆起，侧缘轻微至多少拱起；前侧缘与后缘侧界限不清；额宽而直，几乎完整；眼窝长，等宽于额宽，边缘锯齿状，具毛，眼柄细长，具羽状长毛；第3颚足并拢后空隙窄，长节等于或长于座节；螯足近对称，边缘锯齿状，具长毛，指部通常为掌部长的2倍，指尖尖锐；步足粗而长，具毛，有时雌性毛较稀疏，通常第3对最大；两性腹部7节，或部分腹节愈合；雄性G1长，端部向中部弯曲，具1亚端部粗刺，G2显著短于G1。

全世界已知24属42种，中国记录7属11种。

三突巴隆蟹 *Baruna trigranulum* (Dai *et* Song, 1986)

三突巴鲁蟹（台）

体型： 雄 CW：4.8 mm，CL：3.9 mm；雌 CW：9.4 mm，CL：7.6 mm。

鉴别特征： 头胸甲近六边形，表面具对称隆块，覆有颗粒及绒毛，肝区近后侧缘处具 3 颗不甚明显的颗粒突起；前侧缘（含外眼窝齿）共具 3 钝齿，第 1 齿呈三角形，第 2 齿低平，第 3 齿最宽；后侧缘稍凸；雄性螯足大，长节边缘具微细颗粒及短毛，掌部表面光滑，指节较掌部为短，末端匙形，可动指内缘基部具 1 三角形锐齿；步足密具颗粒及绒毛；雄性腹部第 2 至第 3 节愈合，第 5 节端半部内凹，雌性腹部 7 节。

颜色： 全身棕褐色，杂有深浅不一的斑纹；螯足两指浅黄色。

生活习性： 退潮后可裸露的泥滩底的碎石块下或红树气生根内。

垂直分布： 中潮带。

地理分布： 广西、海南。

易见度： ★★★☆☆

语源： 属名源于印度教中天海之神 Varuna 的另一种拼写 Baruna，中文名为音译。种本名源于拉丁语 *tri+granul*，形容本种头胸甲肝区近后侧缘处具 3 颗不甚明显的颗粒突起。

① ② 海南儋州 / 雄蟹

宽身闭口蟹 *Cleistostoma dilatatum* (De Haan, 1833)

体型： 雄 CW：15.4 mm，CL：10.4 mm。

鉴别特征： 头胸甲横方形，背面中部隆起，表面密具绒毛；额宽约为头胸甲宽的 1/3；外眼窝齿三角形，侧缘稍拱；雄性螯足小，略大于雌性，长节边缘具细锯齿，腕节背面光滑，掌部背、腹缘具细小颗粒，内外侧光滑，内侧面近背缘处具 1 列刚毛，指节较掌部长，可动指内缘基部具 1 横切形齿；步足长节宽大，除第 1 对步足长节外，其余长节背面均密具绒毛；第 3 对步足腕节及前节密具绒毛和刚毛，指节较前节稍长；雄性腹部第 5、第 6 节侧缘内凹。

颜色： 全身青灰；螯足两指端部及步足指节粉红色。

生活习性： 栖息于河口具一定黏性的泥洞中。退潮后在泥滩上活动，常与招潮、厚蟹类等混生。

垂直分布： 中潮带。

地理分布： 辽宁、山东、浙江、福建；日本、朝鲜半岛。

易见度： ★★★★★

语源： 属名源于希腊语 *kleidos+stoma*，意为闭合的嘴。种本名源于拉丁语 *dilatatus*，意为扩张的、膨胀的。

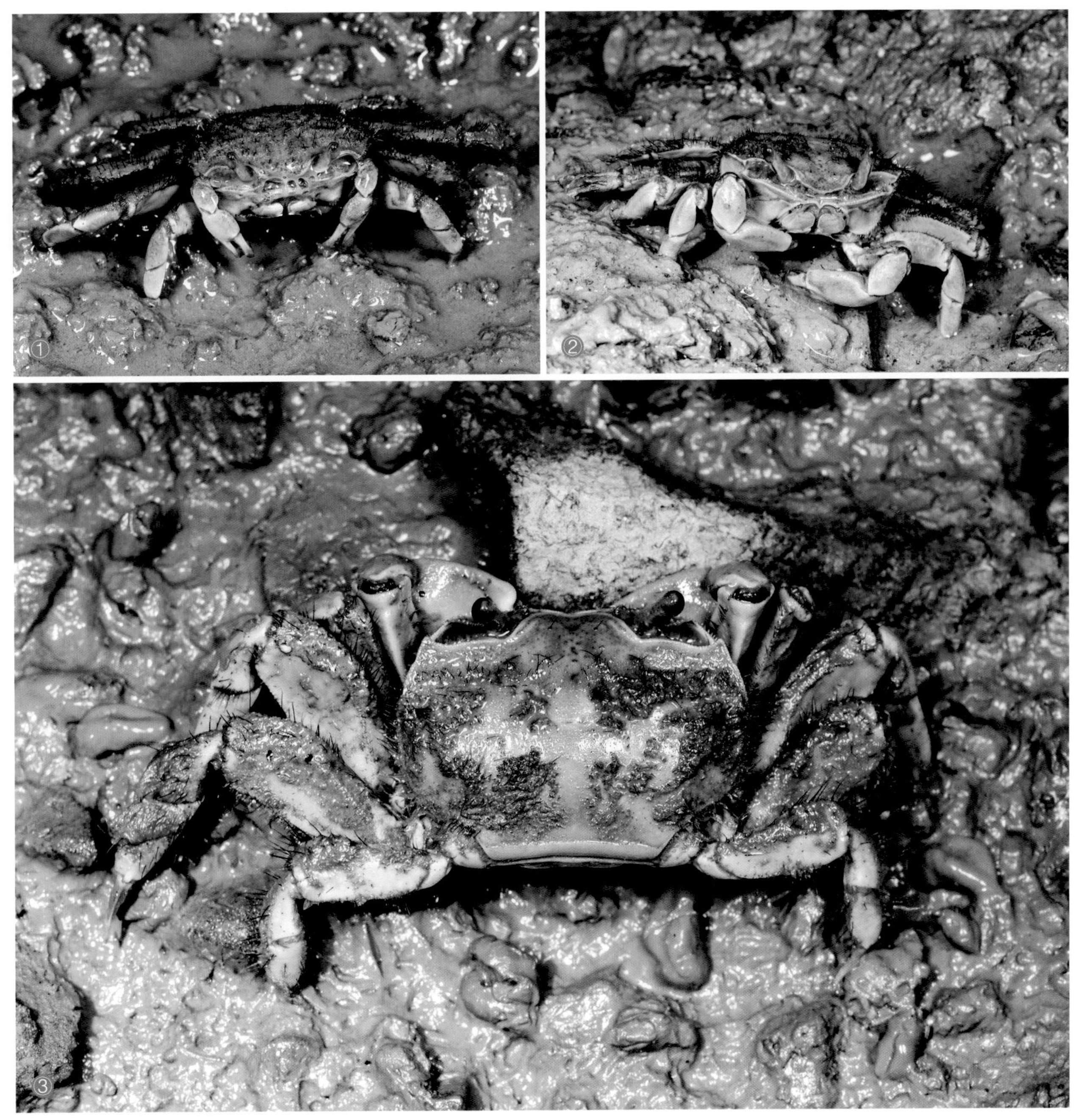

① 山东荣成 / 雌蟹　② ③ 山东青岛 / 雄蟹

隆线背脊蟹 *Deiratonotus cristatum* (De Man, 1895)

体型：雌 CW：13.8 mm，CL：9.8 mm。

鉴别特征：头胸甲横方形，表面具横行隆线，边缘具绒毛及小颗粒，中鳃区及心区各具 1 条横行隆脊；外眼窝齿钝三角形；侧缘中部向两侧稍拱，近后侧缘表面具 1 曲折隆线；雄性螯足大于雌性，掌部背、腹缘均具细小颗粒，可动指内缘中部具 1 横切形大齿，末部具细齿；步足长节腹面无毛，背面近前缘均具弧形隆线，指节细长；雄性腹部第 2 至第 5 节愈合，第 5 节基半部内凹。

颜色：全身黄褐色至褐色。

生活习性：近河口或临海内湾的泥滩洞穴中，泥质极为细软。

垂直分布：中潮带至低潮带。

地理分布：渤海湾、山东半岛、福建、广西；日本、朝鲜半岛。

易见度：★★☆☆☆

语源：属名源于希腊语 *deirados*+*nōtos*，形容本属头胸甲背面具隆脊。种本名源于拉丁语 *cristatus*，形容本种头胸甲的隆脊上具毛。

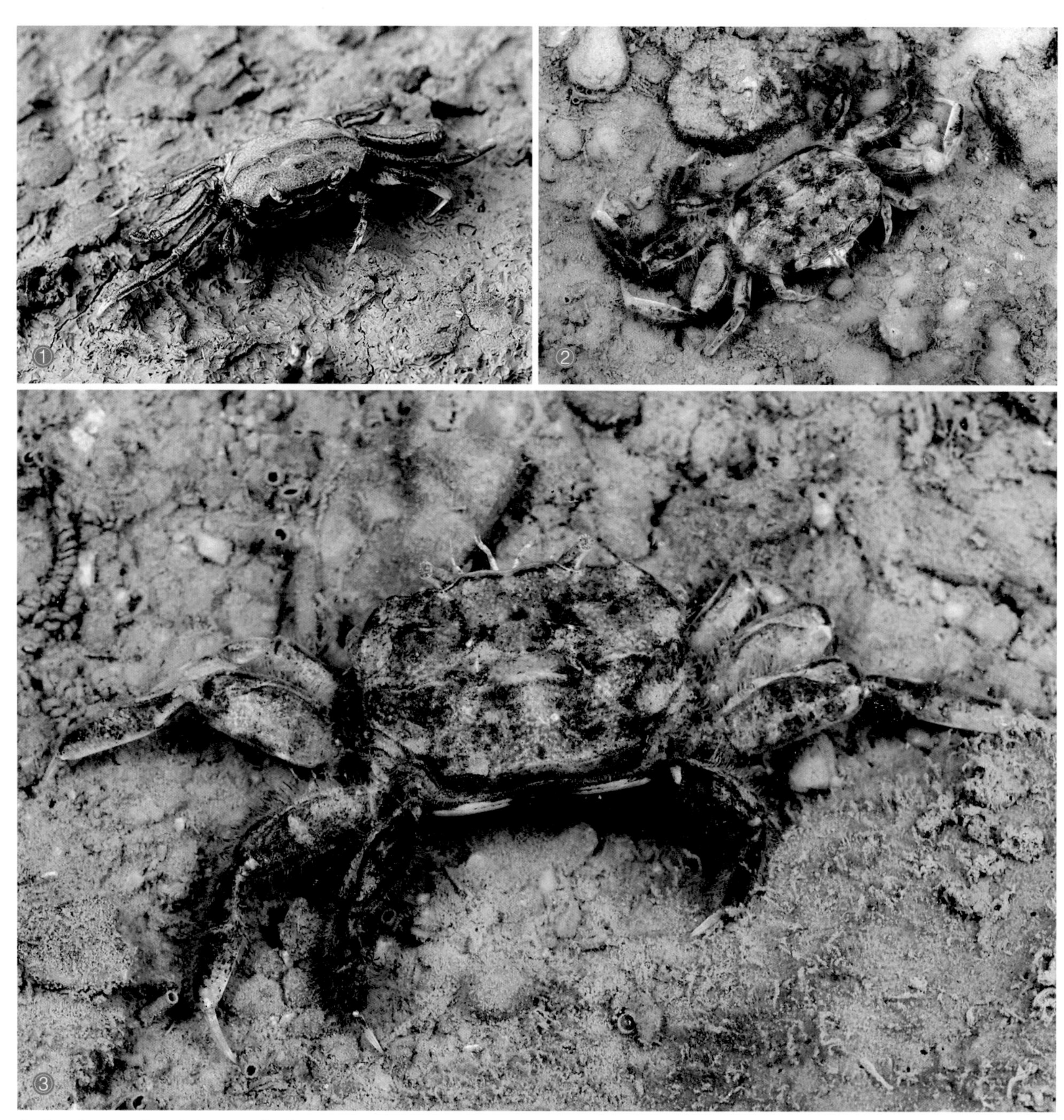

① 浙江宁波 / 雌蟹 / 陈奕宁　② ③ 山东青岛 / 雌蟹

长身魔鬼蟹 *Moguai elongatum* (Rathbun, 1931)

长形魔鬼蟹（台）

体型： 雌 CW：4.16 mm，CL：4.55 mm。

鉴别特征： 头胸甲长方形，长大于宽，表面具突起，被覆短刚毛；外眼窝齿三角形，末端指向外，其后具 1 小齿，稍突出，第 3 齿呈宽三角形；螯足纤细；步足细长，长节较宽；雄性腹部第 2 至第 5 节愈合，第 5 节端部内凹。

颜色： 全身白色或褐色。

生活习性： 生活于泥或泥沙底的滩涂。体型极小，混藏于泥沙之中难以发现。

垂直分布： 中潮带至低潮带。

地理分布： 福建、台湾、香港、海南。

易见度： ★☆☆☆☆

语源： 属名源于“魔鬼”一词的粤语发音（Mo Guai），形容本属诡异的外形。种本名源于拉丁语 *elongatus*，意为拉长的。

① ② 海南文昌

浓毛拟闭口蟹 *Paracleistostoma crassipilum* Dai, 1986

体型： 雄 CW：8.3 mm，CL：6.2 mm；雌 CW：10.3 mm，CL：7.8 mm。

鉴别特征： 头胸甲横方形，表面扁平，中、后鳃区具浓密的绒毛；外眼窝齿呈平钝三角形，不甚突出；雄性螯足比雌性粗壮，掌部光滑，可动指内缘近基部具 1 钝切齿，末半部具细锯齿；步足长节宽大，第 1 步足长节及第 2 ～ 4 步足长节、腕节及前节均密具绒毛；雄性腹部第 2 至第 5 节愈合，第 5 节端半部内凹。

颜色： 头胸甲红色；螯足及步足暗红色。

生活习性： 栖息于红树林近林缘处泥质细软的洞中，洞斜向开口，洞较浅。退潮后从洞中出来活动，受惊扰会快速躲回洞中。

垂直分布： 中潮带。

地理分布： 福建、台湾、广东、广西、海南。

易见度： ★★★☆☆

语源： 属名源于 *para*+*Cleistostoma*（闭口蟹属），形容本属近似于闭口蟹属。种本名源于拉丁语 *crassus*+*pilus*，意为浓毛。

备注： 本种常与扁平拟闭口蟹 *P. depressum* 同域分布，两种无论在外观还是颜色上都极为相似。较为简易区分的方法是本种头胸甲中后鳃区具浓密绒毛，后者较光滑。

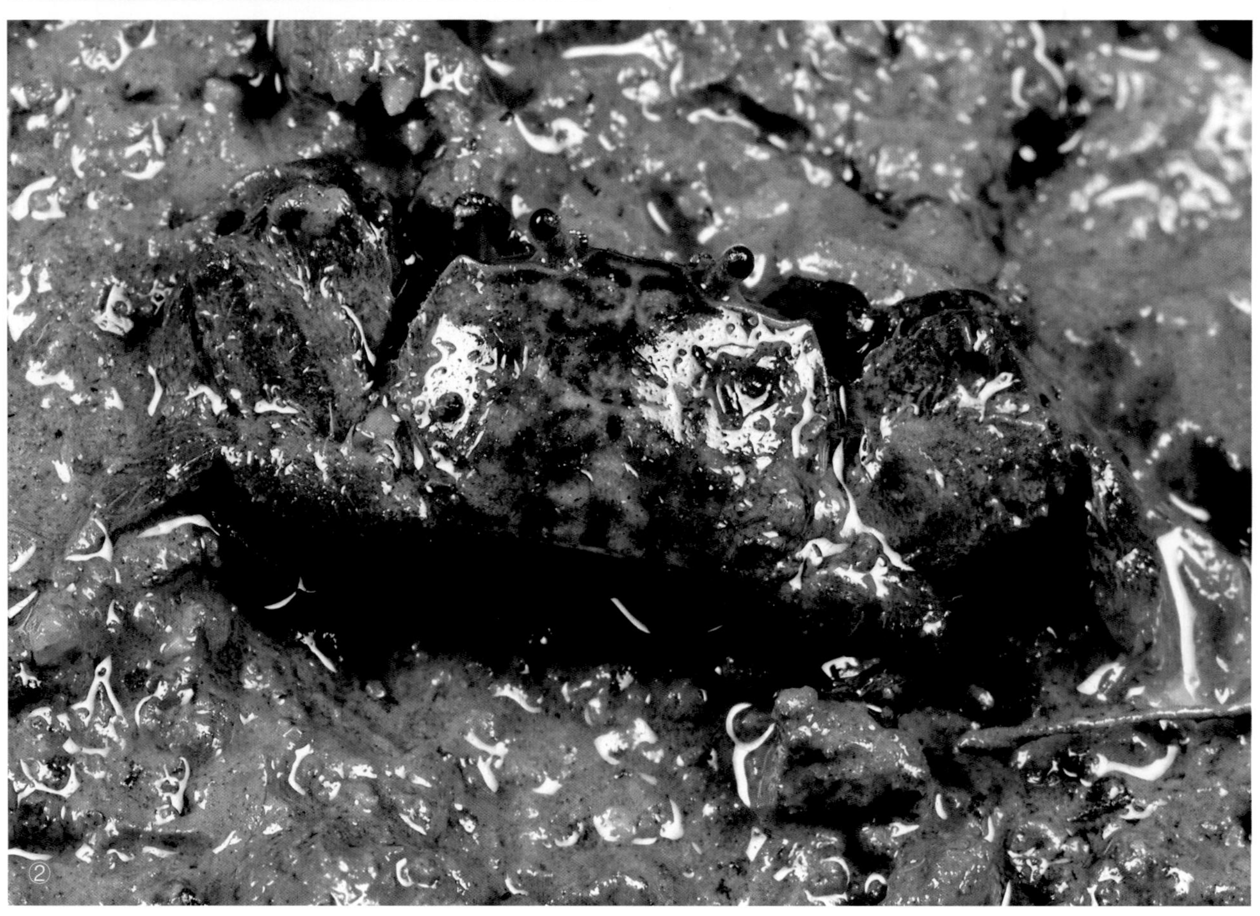

① ② 海南儋州 / 雄蟹

扁平拟闭口蟹 *Paracleistostoma depressum* De Man, 1895

体型： 雄 CW：11.9 mm，CL：8.8 mm；雌 CW：12.4 mm，CL：8.9 mm。

鉴别特征： 头胸甲横方形，表面扁平；外眼窝齿三角形，末端略向前突出；雄性螯足比雌性粗壮，掌部光滑，可动指内缘近基部具 1 方钝齿，末半部具 6 ~ 7 细齿；步足长节宽大，第 1 步足光滑，第 2、第 3 步足除指节外密具绒毛，末对步足长节具绒毛，其余光滑；雄性腹部第 2 至第 5 节愈合，第 5 节端半部内凹。

颜色： 头胸甲青褐色；螯足及步足暗红色。

生活习性： 栖息于红树林泥质细软的洞中，洞斜向开口，洞较浅。退潮后从洞中出来活动，受惊扰会快速躲回洞中，警惕性不高，通常很快再次出来活动。

垂直分布： 中潮带。

地理分布： 福建、台湾、广东、香港、广西、海南；西太平洋。

易见度： ★★★☆☆

语源： 种本名源于拉丁语 *depressus*，意为扁平的。

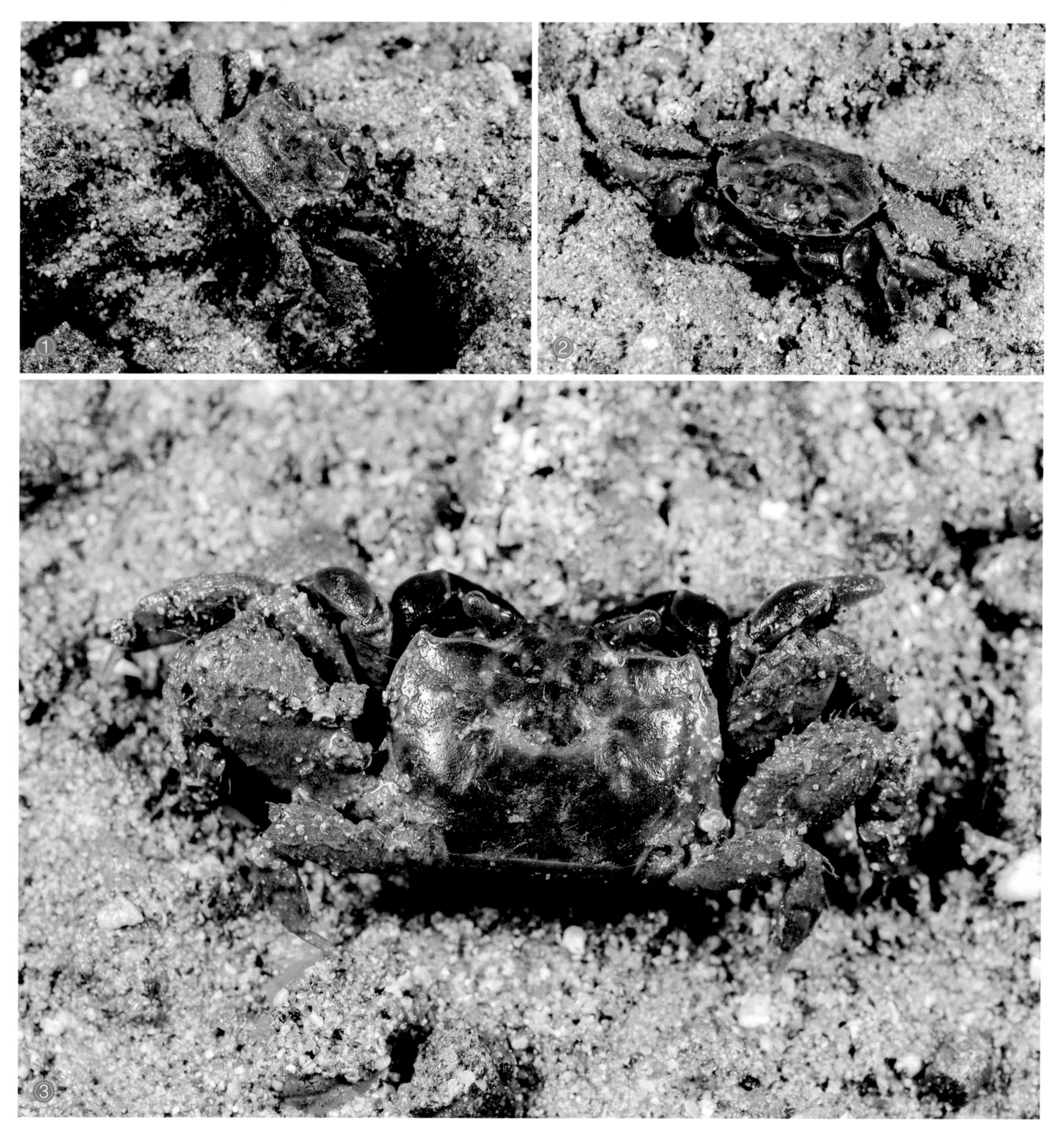

① 海南文昌 / 雌蟹　② ③ 海南文昌 / 雄蟹

沙蟹总科 Ocypodoidea

毛带蟹科 Dotillidae

头胸甲通常宽大于长，近球形、方形或横形，通常扁平，轻微隆起；侧缘完整，向后逐渐分开；额窄；眼窝长而浅，不能完全收入眼柄，眼柄长，裸露在外；第3颚足膨大，并拢后具1窄缝，长节等于或大于座节；螯足粗壮，对称或近对称，掌部及腕节显著扩大，指节长，指尖尖锐；步足长而扁平，第1、第2对步足间具刚毛簇；两性腹部7节，其中第4、第5节具束腰或锯齿，具毛；雄性G1端部长，中部弯曲，端部锯齿状且具长刺。

全世界已知10属69种，中国记录5属19种。

角眼切腹蟹 *Tmethypocoelis ceratophora* (Koelbel, 1897)

体型： 雄 CW：6.2 mm，CL：3.6 mm。

鉴别特征： 头胸甲横方形，背面稍隆，具细软毛；额窄，仅为头胸甲前缘宽度 1/5；外眼窝齿显著指向外侧，后具 1 深缺刻；眼柄长，眼睛末端具 1 角状细柄；雄性螯足粗壮，长节内侧面具 1 卵圆形鼓膜，掌部扁平；可动指内缘近中部具 1 小齿突，不动指末部亦具 1 三角形齿突；腹部第 5 节基部具 1 束腰。

颜色： 体色多变，全身黄褐色或深褐色，有时具绿色斑纹，螯足长节深褐色，腕节橙色，掌部外侧面基部暗紫色，端半部与两指白色；步足具环纹。

生活习性： 常与中型股窗蟹 *Scopimera intermedia* 同域分布于红树林或内湾的沙或泥沙质滩涂，雄性有显著的求偶行为。

垂直分布： 中潮带。

地理分布： 福建、台湾、广东、香港、广西、海南。

易见度： ★★★★★

语源： 属名源于希腊语 *tmethy+pocoelis*，意为切开的腹部，形容腹部第 5 至第 7 节急剧变窄，如被切了一刀一样。种本名源于希腊语 *keratos+phoros*，形容本种复眼上的角状突起。

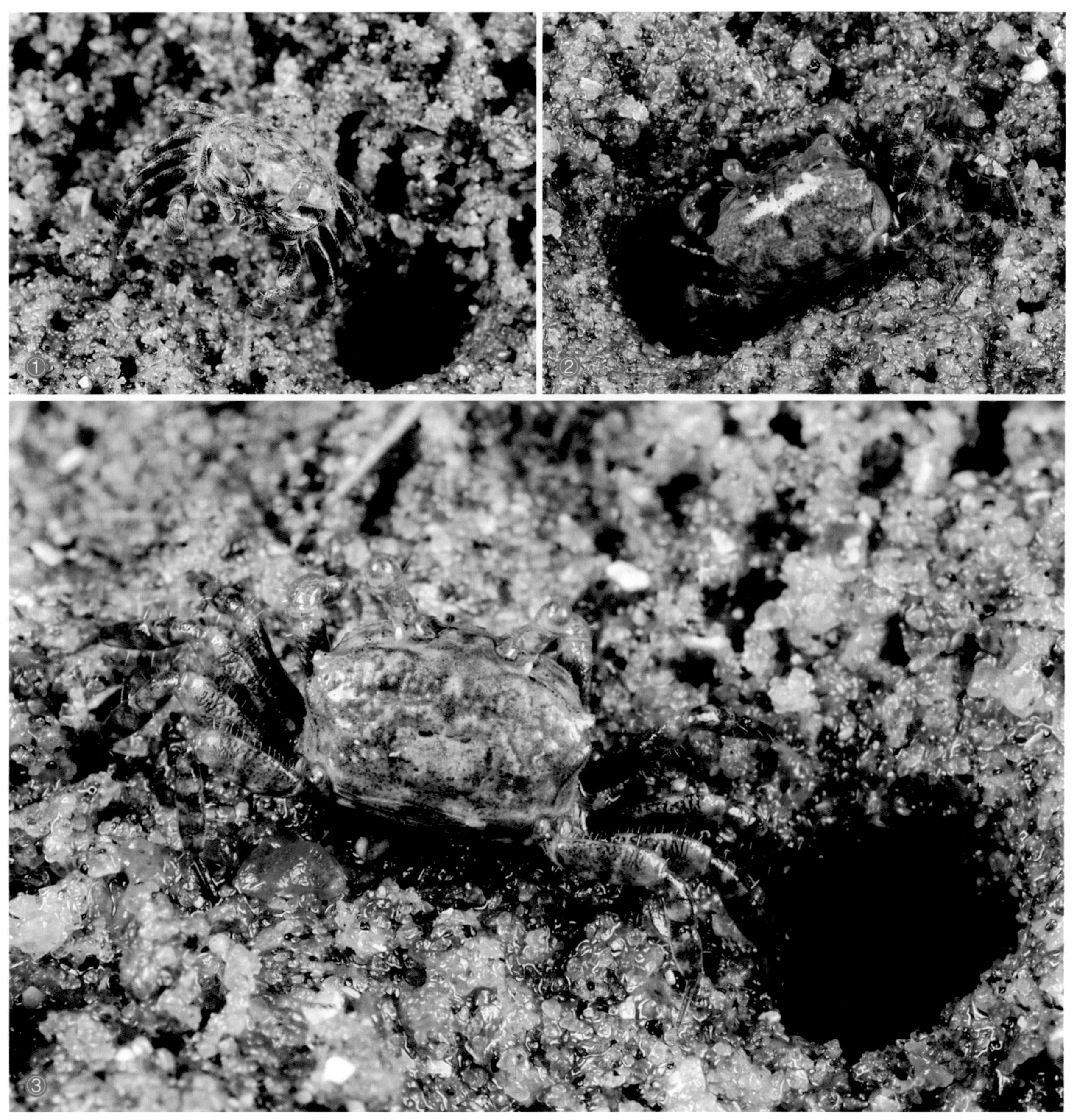

①②③ 广东硇洲岛 / 雌蟹

① 海南东方 / 雄蟹　② 广东湛江 / 雄蟹　③ 广东惠州 / 举螯　④ 广东惠州 / 雄蟹

毛带蟹亚科 Dotillinae

韦氏毛带蟹 *Dotilla wichmanni* De Man, 1892

体型： 雄 CW：6.9 mm，CL：5.7 mm；雌 CW：8.3 mm，CL：7.2 mm。

鉴别特征： 头胸甲圆球形，宽大于长，表面具沟及圆形疣突；螯足长节内外侧各具 1 卵形鼓膜；步足长节扁宽，各具 1 长卵形鼓膜；两性腹部均呈窄三角形，第 4 节末缘密具短刚毛。

颜色： 全身黄褐色或灰褐色，杂有深浅不一的斑纹。

生活习性： 栖息于向海的细沙滩涂。退潮后出来活动，数量众多。洞口圆，洞浅而直，洞口散布着呈同心排列的球状"拟粪"，为其过滤泥沙中有机物后吐出的沙球。

垂直分布： 潮间带。

地理分布： 浙江、福建、台湾、广东、香港、广西、海南；印度－西太平洋。

易见度： ★★★★★

语源： 属名源于希腊神话中海的女神 Dōtō，中文名形容本属腹节上具毛带。种本名以德国矿物与地质学家卡尔•恩斯特•阿瑟•韦奇曼（Carl Ernst Arthur Wichmann）的姓氏命名。

备注： 易与股窗蟹属 *Scopimera* 混淆，区别在于本属头胸甲表面具六角形细沟，腹部第 4 节末缘具 1 横行刚毛带，股窗蟹属头胸甲表面分区不明显，腹部第 4 节不具横行刚毛带。

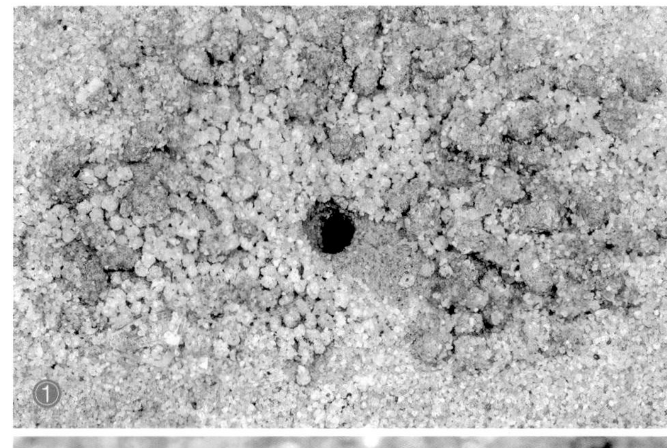

① 广东珠海 / 洞穴　② ③ 广东珠海

① 福建厦门 / 腹面　② 福建厦门　③ ④ 广西防城港　⑤ 广东硇洲岛

锯脚泥蟹 *Ilyoplax dentimerosa* Shen, 1932

体型： 雄 CW：7.2 mm，CL：4.9 mm。

鉴别特征： 头胸甲横方形，表面分布着具短刚毛的颗粒；外眼窝齿三角形，其后略向内凹；雄性螯足粗壮，可动指内缘基半部具 1 带锯齿的宽齿；步足长节后缘具明显的锯齿；雄性腹部第 5 节基部两侧稍内凹，第 6 节稍隆。

颜色： 全身黄褐色或灰褐色，杂有暗色斑纹；眼柄褐色。求偶中的雄性体深褐色，螯足腕节内侧及掌部紫色，两指白色。

生活习性： 栖息于河口泥滩。在胶州湾，本种与秉氏泥蟹 *I. pingi* 混生，但较后者更喜欢栖息于潮位较高、泥质偏硬、有一定黏性的区域。

垂直分布： 中潮带。

地理分布： 渤海湾、山东半岛（胶州湾、即墨）；朝鲜半岛。

易见度： ★★☆☆☆

语源： 属名源于希腊语 *ilys+plax*，形容本属栖息于泥地中。种本名源于拉丁语 *dentis+merus*，形容本种步足长节后缘带有锯齿。

①② 山东胶州湾 / 雄蟹

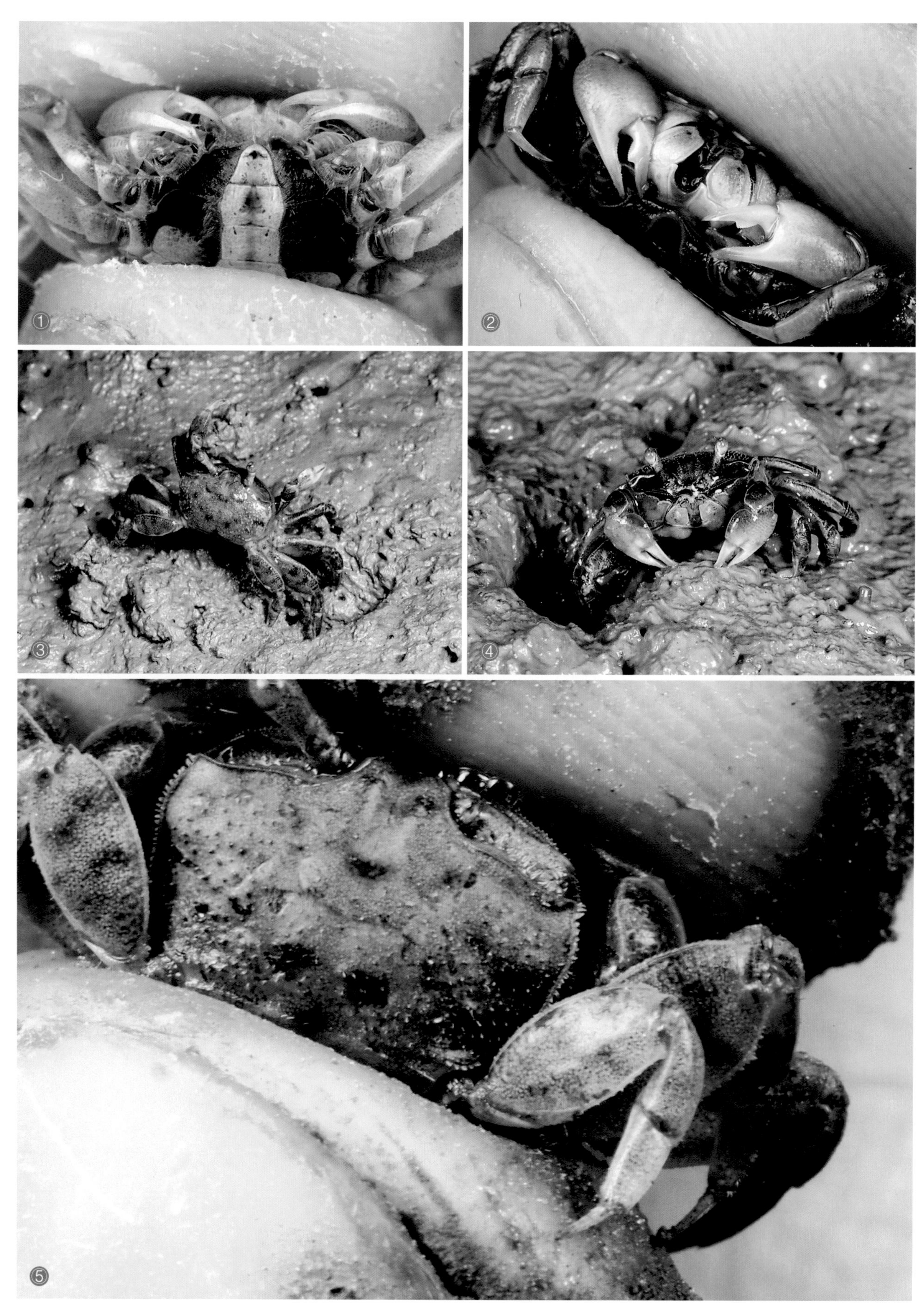

① 山东胶州湾 / 腹部　② 山东胶州湾 / 螯足　③ 山东胶州湾 / 举螯　④ 山东胶州湾 / 雄蟹　⑤ 山东胶州湾 / 腿部

谭氏泥蟹 *Ilyoplax deschampsi* (Rathbun, 1913)

体型：雄 CW：9.1 mm，CL：6.3 mm。

鉴别特征：头胸甲横方形，表面具横行隆线，覆有短刚毛；外眼窝齿三角形，由 1 缺刻与前侧缘相隔；雄性螯足粗壮，可动指内缘具细锯齿；雄性腹部第 5 节基半部具 1 束腰。

颜色：全身灰褐色，杂有暗色斑点，腹面前部暗黑色，后部白色；螯足掌部外侧面及两指白色。

生活习性：栖息于内湾、河口的滩涂沼泽泥地，是国内分布最广的泥蟹。洞口多分布于泥质黏性较高的开阔滩涂，也能适应在米草沼泽边缘环境。作者曾在杭州钱塘江下沙段泥沙滩采得本种，其对于淡水具一定适应力。

垂直分布：高潮带至中潮带。

地理分布：辽东半岛、渤海湾、山东半岛、江苏、上海、浙江；日本、朝鲜半岛。

易见度：★★★★★

语源：种本名以埃米尔•德尚（Emile Deschamps）的姓氏命名。

①

②

① ② 浙江温州 / 雄蟹

① 山东青岛 / 腹部　② 浙江温州 / 螯足　③ 山东胶州湾 / 雄蟹　④ 浙江温州 / 举螯

台湾泥蟹 *Ilyoplax formosensis* Rathbun, 1921

体型： 雄 CW：10.6 mm，CL：7.3 mm；雌 CW：10.6 mm，CL：7.4 mm。

鉴别特征： 头胸甲横方形，表面具对称分布的稀疏短刚毛；外眼窝齿近方形，其后具 1 浅凹；雄性螯足粗壮，可动指内缘基部具 1 钝齿；雄性第 5 腹节基部略收缩但不显著。

颜色： 全身灰褐色至深褐色；螯足掌部外侧面橙红色，两指白色。

生活习性： 生活于具淡水汇入的河口红树林或沼泽滩涂。

垂直分布： 中潮带。

地理分布： 浙江、台湾、广东、广西、海南；越南。

易见度： ★★☆☆☆

语源： 种本名源于模式产地台湾。

备注： 本种与模式产地为广东珠江的柔嫩泥蟹 *I. tenella* (=*tenellus*) 极为相似，自发表后，除 Serene *et* Lundoer，1974 中的检索表有提到此种外，再无相关记录。根据检索表，台湾泥蟹可动指上的齿位于亚基部，而柔嫩泥蟹的齿位于可动指中部；另外，台湾泥蟹仅第 3 步足的股窗结构几乎占据整个长节表面，而柔嫩泥蟹所有步足上的股窗结构均占据整个长节表面。作为泥蟹属的模式种，Serene *et* Lundoer 推测柔嫩泥蟹的模式标本很可能已经丢失，这个种到底长什么样子，目前无从查证。水族市场上的"辣椒蟹"即为本种，皆为野外捕捉个体，难以在人工环境长期存活，不推荐购买饲养。

① 广东广州 / 举螯　② ③ 广东广州 / 雄蟹

①② 广东广州 / 雌蟹

宁波泥蟹 *Ilyoplax ningpoensis* Shen, 1940

体型： 雄 CW：9.13 mm，CL：6.61 mm；雌 CW：7.74 mm，CL：5.48 mm。

鉴别特征： 头胸甲横方形，鳃区具粗糙颗粒；外眼窝齿三角形，其后具 1 浅凹；雄性螯足粗壮，可动指内缘基部具 1 钝齿；雄性腹部第 5 节基半部具 1 束腰，第 6 节基半部较中部窄。

颜色： 全身黄褐色或棕褐色；螯足掌部外侧面淡红色。

生活习性： 栖息于近河口的滩涂上，泥质通常黏性较高。退潮后出来活动，通常不会离洞口太远，遇惊扰会迅速躲回洞中。

垂直分布： 中潮带。

地理分布： 浙江、福建、广东、广西；越南。

易见度： ★★☆☆☆

语源： 种本名源于模式产地宁波。

① 广东珠海 / 洞口　② ③ 广东珠海 / 雌蟹

① 广东珠海 / 腹面　② 广东珠海 / 螯足

秉氏泥蟹 *Ilyoplax pingi* Shen, 1932

体型： 雄 CW：5.7 mm，CL：4.1 mm。

鉴别特征： 头胸甲横方形，除胃区外，具粗糙颗粒；外眼窝齿三角形，其后稍凹；雄性螯足粗壮，可动指内缘具一大一小不等钝齿，外侧小，内侧大；步足长节较本属其他种类长；雄性腹部第 5 节矩形，无束腰，第 6 节侧缘基部 1/3 稍隆。

颜色： 全身灰褐色至棕褐色；眼柄灰白色；螯足及两指外侧面白色。

生活习性： 栖居于河口泥质较软的滩涂。在胶州湾常与锯脚泥蟹 *I. dentimerosa*、日本大眼蟹 *Macrophthalmus (Mareotis) japonicus* 及伍氏仿厚蟹 *Helicana wuana* 同域分布。6 月中旬见抱卵雌蟹。

垂直分布： 中潮带。

地理分布： 辽东湾、渤海湾、山东半岛。

易见度： ★★☆☆☆

语源： 种本名以我国近代生物学的主要开拓者和奠基人秉志（原名翟秉志）命名。

① ② 山东青岛 / 雄蟹

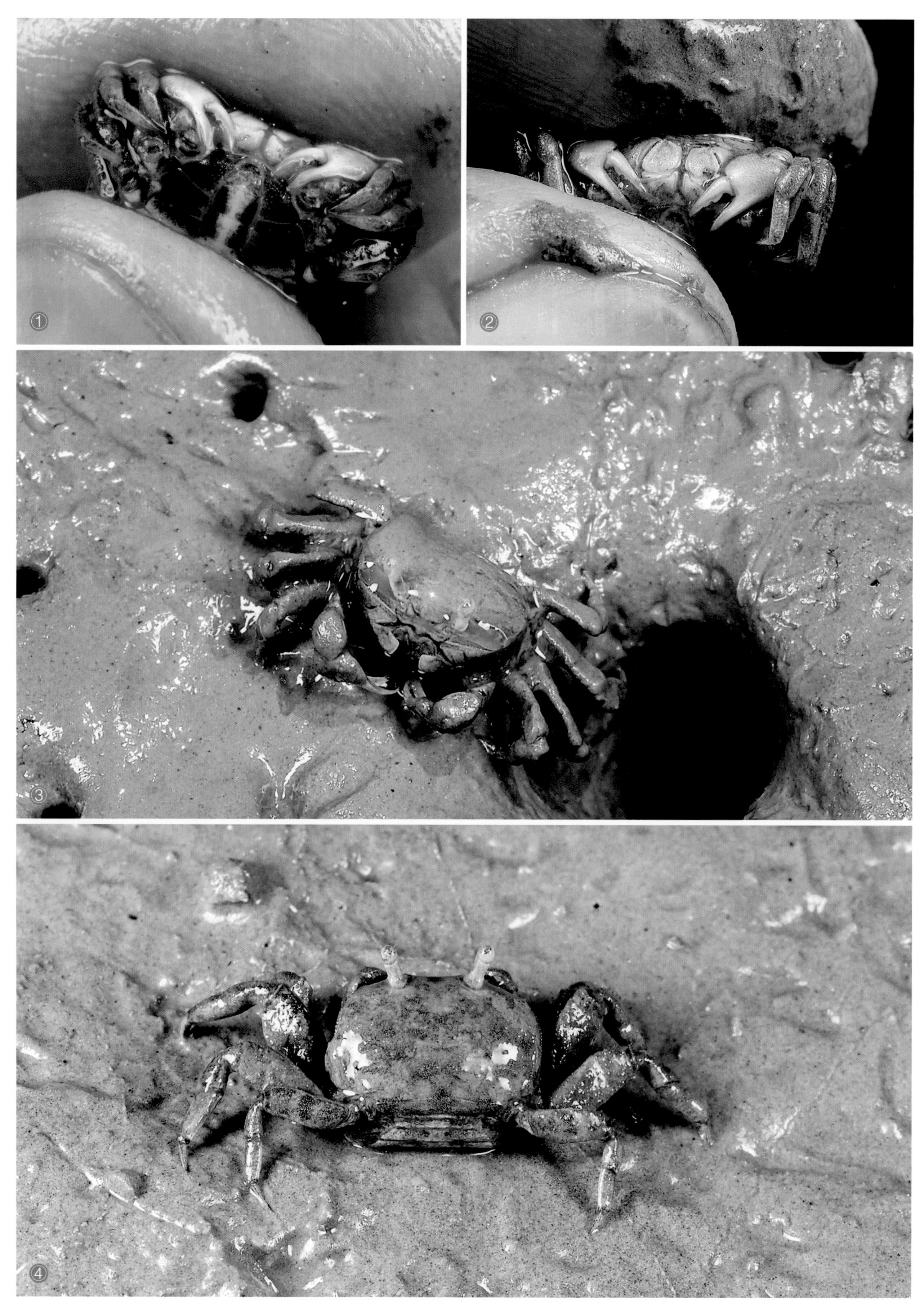

① 山东青岛 / 腹面　② 山东青岛 / 齿　③ 山东青岛 / 雄蟹　④ 山东胶州湾 / 抱卵

锯眼泥蟹 *Ilyoplax serrata* Shen, 1931

体型：雄 CW：6 mm，CL：4.5 mm。

鉴别特征：头胸甲横方形，表面覆具刚毛的颗粒；腹眼缘下隆脊中部具 4 锯齿；外眼窝齿三角形，以 1 深凹与前侧缘相隔；螯足腕节内侧面具 1 壮齿，可动指内缘中部具 1 宽齿；雄性腹部延续 5 节基部侧缘稍凹，第 6 节基部宽度较端部窄。

颜色：全身黄褐色至棕褐色，散布不规则的黑色斑纹；螯足掌部及两指外侧面暗紫色。求偶中的雄性白色。

生活习性：河口或内湾泥滩上打洞，泥质具一定黏性。

垂直分布：中潮带。

地理分布：浙江、福建、台湾、广东、广西、海南；越南、马来半岛。

易见度：★★★★★

语源：种本名源于拉丁语 *serratus*，意为似锯齿状，指代本种腹眼缘下的隆脊上具 4 个锯齿状突起。

① ② 福建厦门 / 雄蟹

① 福建厦门 / 举螯　　② 广东茂名 / 发色个体 / 雄蟹　　③ 福建厦门 / 发色个体 / 雄蟹

淡水泥蟹 *Ilyoplax tansuiensis* Sakai, 1939

体型： 雄 CW：7.6 mm，CL：4.8 mm。

鉴别特征： 头胸甲横方形，表面具稀疏颗粒；外眼窝齿三角形，与前侧缘间具 1 三角形缺刻；雄性螯足粗壮，腕节内末角具 1 大齿，可动指内缘近基部具 1 宽而低平的齿；雄性腹部第 5 节基部具 1 束腰。

颜色： 体色有变化，全身灰白色、黄褐色或紫褐色；螯足掌部外侧面及两指白色或淡紫色。

生活习性： 栖居于内湾、河口泥沙质滩涂，混有少量细沙质的泥滩也可见本种。本种雄性求偶行为比较特别，会先举起一侧大螯，接着移动一下，紧接着举起另一侧大螯，待 2 只大螯同时举高后，再同时放下。

垂直分布： 中潮带。

地理分布： 浙江、福建、台湾、广东、广西、海南；越南。

易见度： ★★★★★

语源： 种本名源于模式产地台湾淡水（Tamsui）。

① 福建厦门 / 举螯　② ③ 福建厦门 / 雄蟹

① ② ③ 福建厦门 / 举螯　④ 福建厦门　⑤ 浙江象山

双扇股窗蟹 *Scopimera bitympana* Shen, 1930

体型： 雄 CW：7.4 mm，CL：5.6 mm；雌 CW：10.8 mm，CL：8 mm。

鉴别特征： 头胸甲圆球形，宽大于长，表面较光滑；第 3 颚足坐节短于长节；外眼窝齿钝，其后具 1 浅缺刻，侧缘具颗粒及刚毛；雄性螯足粗壮，长节内侧面具 2 卵圆形鼓膜，可动指近基部 1/5 处具 1 方齿；第 2 对步足较第 1 对长。

颜色： 全身灰白色，散布黄褐色斑点；角膜淡蓝色。

生活习性： 穴居于向海的潮间带细沙滩上。

垂直分布： 潮间带。

地理分布： 渤海湾、山东半岛、江苏、浙江、福建、台湾、广东、香港、广西、海南；朝鲜半岛

易见度： ★★★★★

语源： 属名源于希腊语 *spcoa+merōs*，意为带小毛的腿，形容步足长节基部具毛簇，中文名形容本属步足长节上具股窗结构。种本名源于希腊语 *bi+tympanon*，意为 2 个小鼓膜。

备注： 本种是国内已记录的股窗蟹属 6 种中最易识别的，特点是第 3 颚足长节显著大于坐节，但这一特征又易与韦氏毛带蟹 *Dotilla wichmanni* 混淆，具体可看后者备注。

① ② 海南文昌 / 雄蟹

① ② 海南文昌 / 雌蟹

短尾股窗蟹 *Scopimera curtelsona* Shen, 1936

体型： 雄 CW：9.1 mm，CL：7.1 mm；雌 CW：9 mm，CL：6.5 mm。

鉴别特征： 头胸甲圆球形，宽大于长，表面除两侧具少数分散颗粒外较光滑；第 3 颚足坐节长于长节；外眼窝齿三角形；雄性螯足粗壮，可动指内缘具 1 宽钝齿；第 2 对步最长。

颜色： 全身黄褐色或灰褐色，有时具黑色斑点，小型个体颜色略呈淡黄色；角膜淡黄色；步足具暗色环纹。

生活习性： 穴居于向海的潮间带细沙滩上。

垂直分布： 潮间带。

地理分布： 香港、广西、海南。

易见度： ★★★★★

语源： 种本名源于拉丁语 *curt+telson*，意为短尾。

① 海南文昌 / 抱卵　② ③ 海南文昌 / 雄蟹

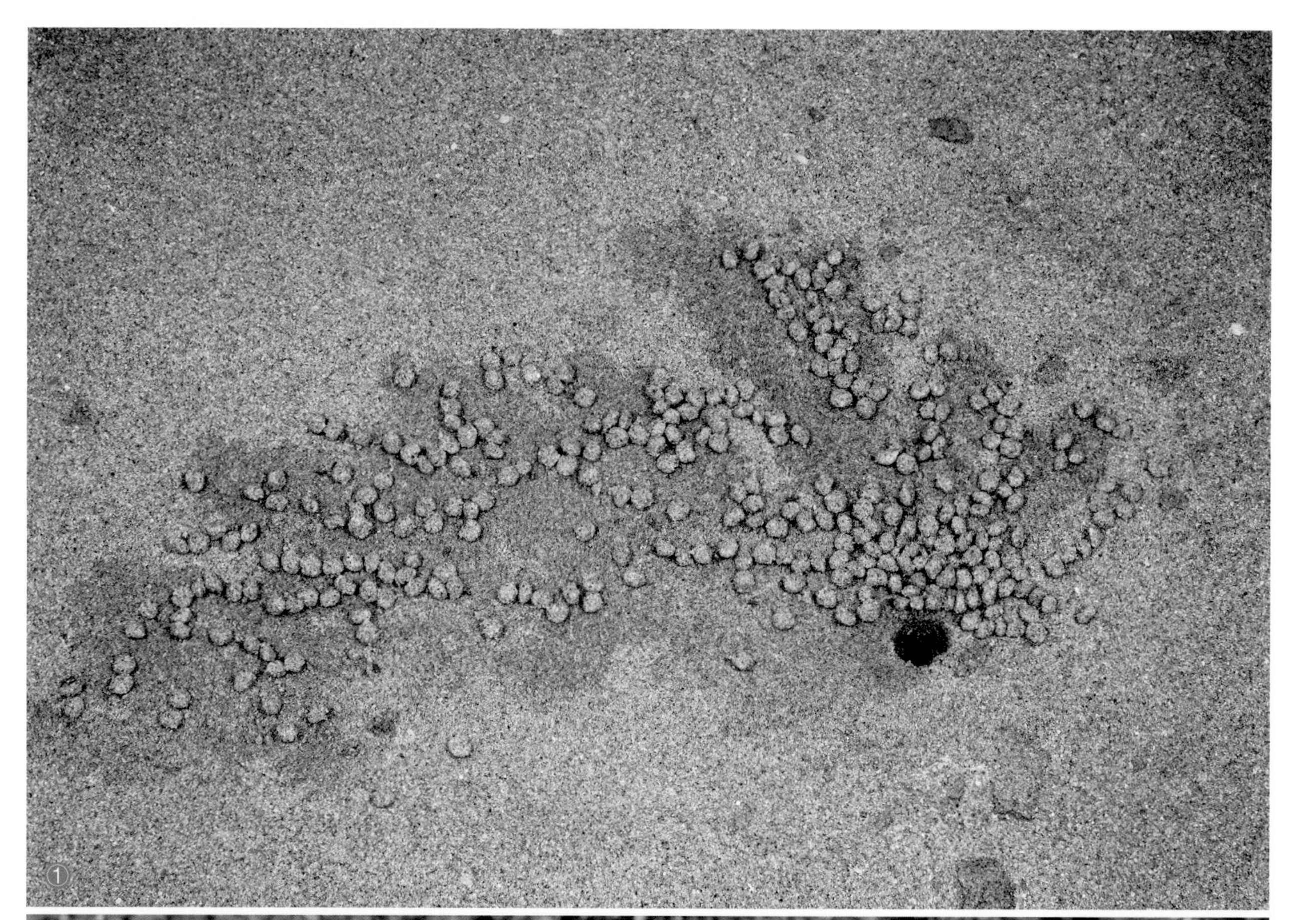

① 海南文昌 / 拟粪　② 海南文昌 / 螯足外侧面

圆球股窗蟹 *Scopimera globosa* (De Haan, 1835)

体型： 雄 CW：8.3 mm，CL：6.6 mm。

鉴别特征： 头胸甲圆球形，宽大于长，表面具颗粒，鳃区最为密集，心区与肠区较光滑；第 3 颚足坐节长于长节；外眼窝齿三角形，其后具 1 浅凹；雄性螯足粗壮，可动指内缘近中部具 1 宽齿；第 1、2 对步足长。

颜色： 全身黄褐色或灰褐色；步足具暗色环纹，部分个体步足长节红色。

生活习性： 穴居于向海的潮间带沙滩上，沙粒较粗。

垂直分布： 潮间带。

地理分布： 辽东湾、渤海湾、山东半岛、江苏；日本、朝鲜半岛。

易见度： ★★★★★

语源： 种本名源于拉丁语 *globosus*，意为圆球形的。

备注： 《中国海洋蟹类》中记载的颗粒股窗蟹 *S. tuberculate* 为本种的同物异名。本种曾记录于福建、台湾及广东，新的研究显示，南部海域的“圆球股窗蟹”应为中型股窗蟹。

Wong et al.（2011）以采自山东青岛大桥湾的标本描述 1 新种：沈氏股窗蟹 *S. sheni*，头胸甲相比圆球股窗蟹更加平滑，但从外部形态难以区分，需要详细检视雄性 G1 才能更准确地进行区分。虽然尚无其他地方关于沈氏股窗蟹的报道，但其是否在其他地方（尤其是山东青岛）亦有分布，尚有待更多标本的采集与鉴定。

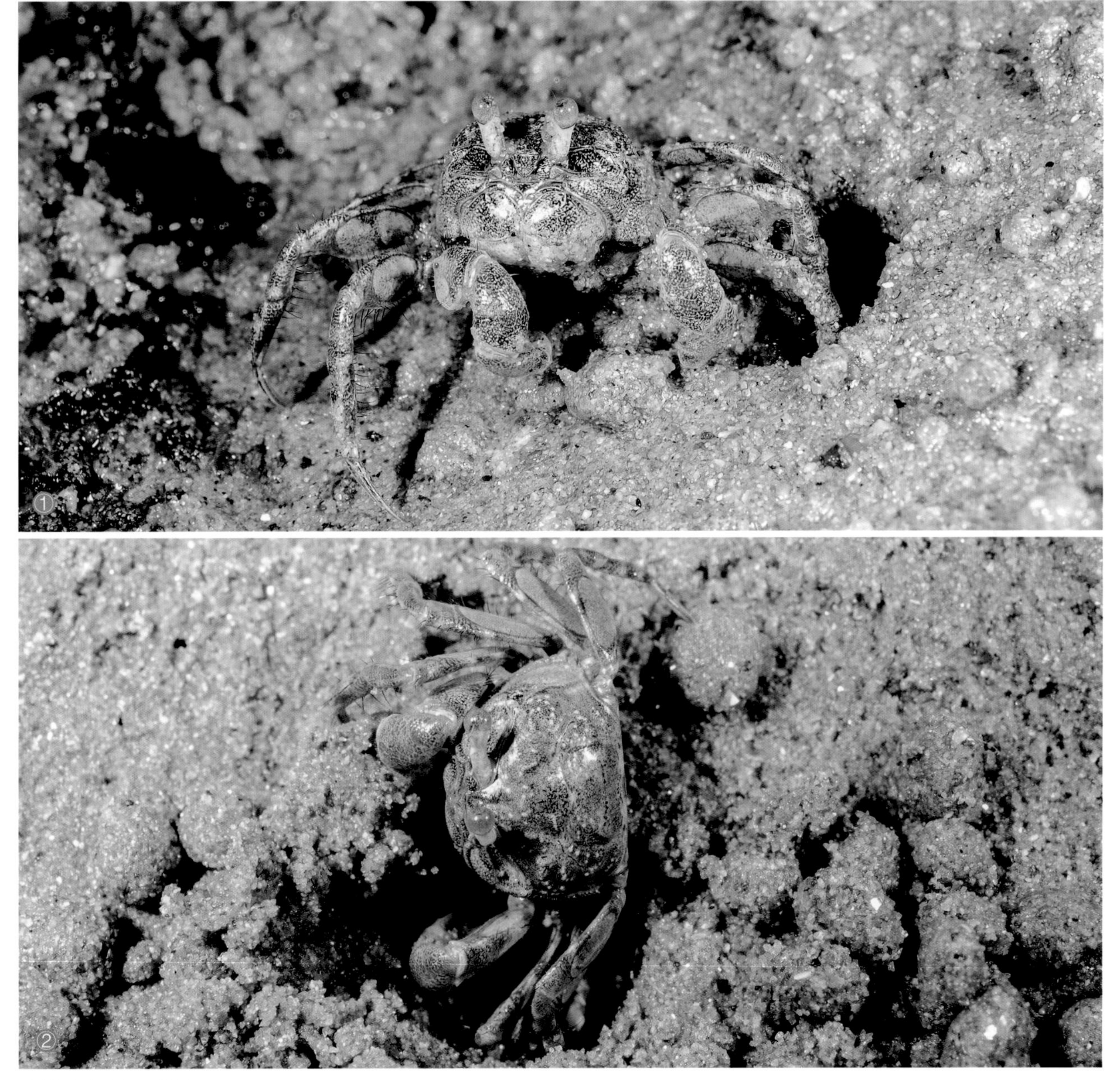

①② 山东青岛 / 雄蟹

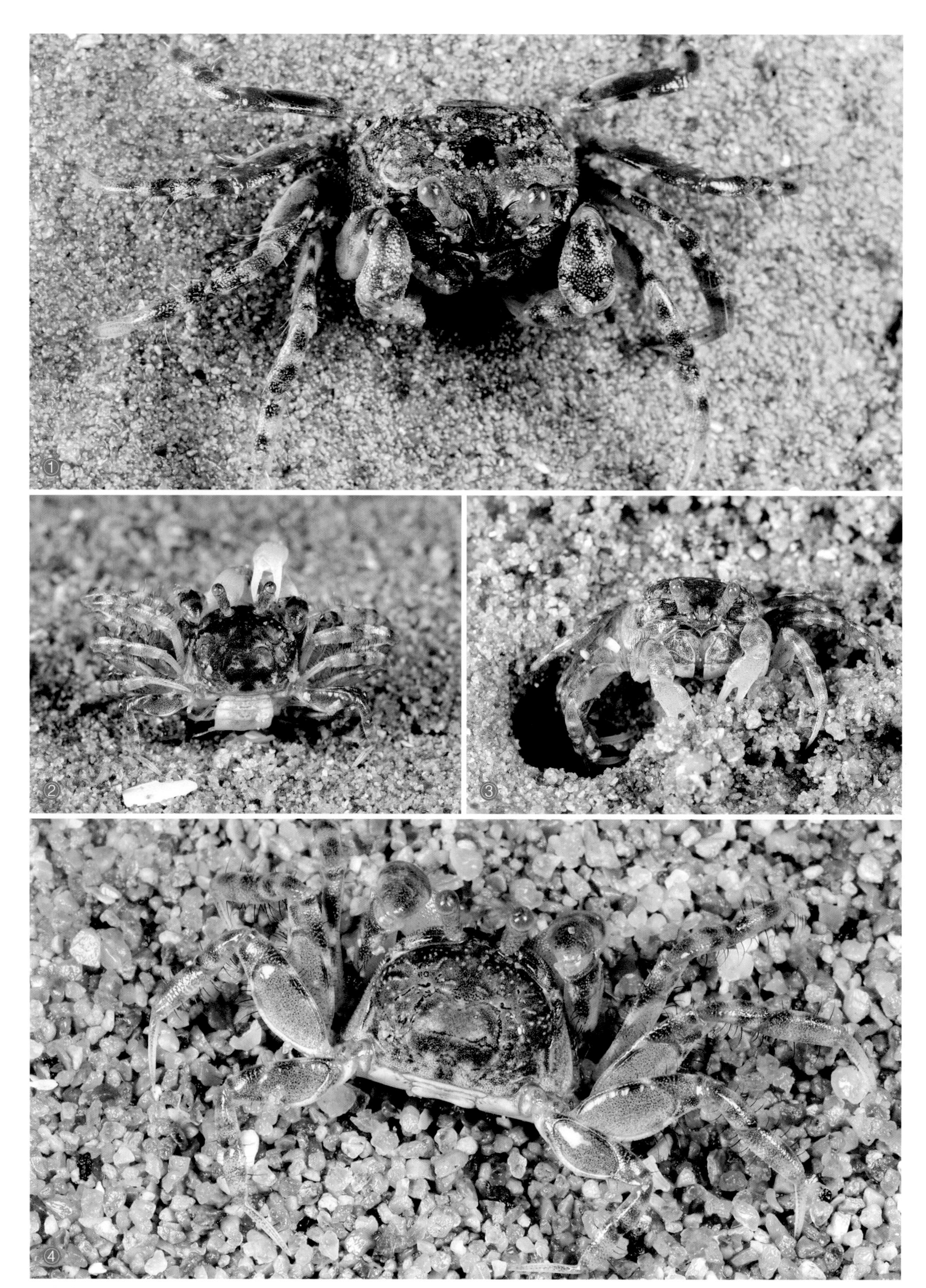

① ③ ④ 山东青岛 / 雄蟹　　② 山东青岛 / 交配

中型股窗蟹 *Scopimera intermedia* Balss, 1934

体型：雄 CW：7.8 mm，CL：7.4 mm。

鉴别特征：头胸甲圆球形，宽大于长，表面除心区及肠区较光滑外，其他部分具圆颗粒；第 3 颚足坐节长于长节；外眼窝齿三角形，其后具 1 浅凹与前侧缘分隔；雄性螯足粗壮，两指内缘具细齿。

颜色：全身灰色或深灰色；螯足腕节及掌部浅黄色，具网纹，两指白色；步足腹面鼓膜红色。稚蟹及亚成体体色多变，黄褐色、灰褐色或略呈绿色。

生活习性：偏爱河口、红树林或内湾等咸淡水交汇的泥沙地或沙地。

垂直分布：潮间带。

地理分布：福建、台湾、广东、香港、广西、海南；越南、印度尼西亚、马来半岛、婆罗洲。

易见度：★★★★★

语源：种本名源于拉丁语 *intermediate*，意为中型的。

备注：原华南地区记录的圆球股窗蟹 *S. globosa* 应为本种，圆球股窗蟹只分布于黄海及渤海。

① 广东惠州 / 举螯　② ③ 广东惠州 / 雄蟹

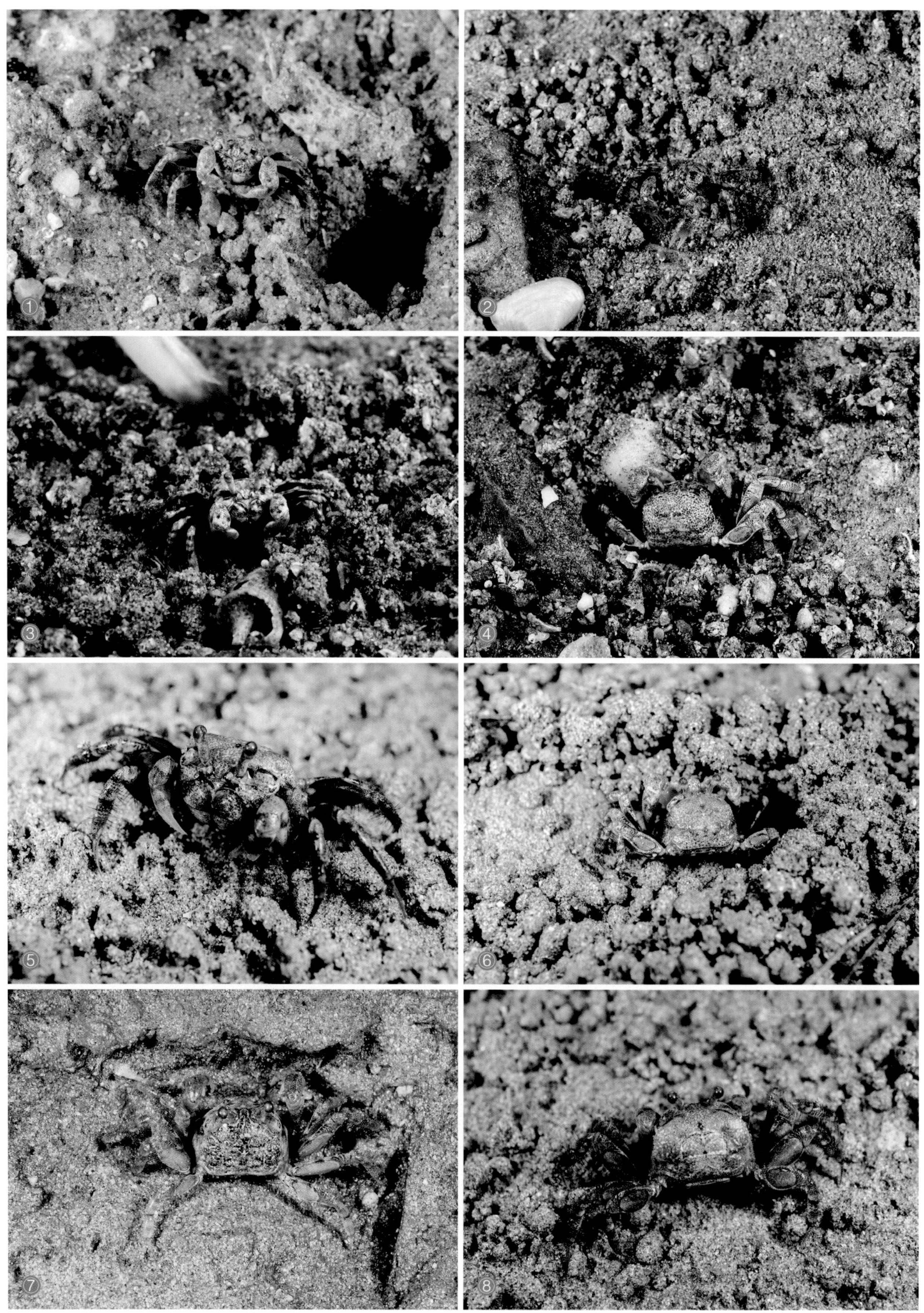

① 海南三亚 / 亚成体　② ③ ④ 海南文昌 / 亚成体　⑤ 海南文昌 / 雌蟹　⑥ 海南文昌 / 雄蟹　⑦ ⑧ 海南文昌

长趾股窗蟹 *Scopimera longidactyla* Shen, 1932

长指股窗蟹（台）

体型： 雄 CW：11.5 mm，CL：8.3 mm。

鉴别特征： 头胸甲圆球形，宽大于长，表面密具颗粒；第 3 颚足坐节长于长节；外眼窝齿三角形，其后以 1 内凹与前侧缘分开；第 3 颚足坐节长于长节；雄性螯足粗壮，可动指内缘中部具 1 弱三角形齿，不动指内缘具细齿；第 2 步足最长，显著长于第 1 对步足。

颜色： 全身黄褐色或灰褐色，部分个体腹面连同步足基部、螯足指尖红色。

生活习性： 穴居于向海的潮间带沙滩上，沙粒通常较细。

垂直分布： 潮间带。

地理分布： 渤海湾、山东半岛、江苏、福建、台湾；朝鲜半岛。

易见度： ★★★★★

语源： 种本名源于拉丁语 *longus+dactyl*，形容本种指节较长。

备注： 本种与圆球股窗蟹 *S. globosa* 在北部海域常同域分布，可通过第 1、第 2 对步足长度及心区是否光滑进行区分。

①②③ 河北秦皇岛 / 雄蟹

① 河北秦皇岛 / 挖洞　　② 河北秦皇岛 / 制造 “拟粪”

沙蟹总科 Ocypodoidea

大眼蟹科 Macrophthalmidae

头胸甲通常宽大于长，近方形，扁平，轻微隆起，分区轻微可辨；侧缘近平行，具 1 或多个齿；额宽从窄至宽不等；眼柄长，有时超过外眼窝齿，眼窝宽；第 3 颚足并拢后有空隙，但不呈斜方形；螯足近对称，性二型显著，掌节通常长于指节，多少具毛；步足粗壮，侧扁，其中第 2、第 3 对步足通常长于另外 2 对；两性腹部 7 节；雄性 G1 粗而长，远端逐渐变细，端部具浓毛，G2 短于 G1。

全世界已知 13 属 88 种，中国已记录 5 属 31 种。

大眼蟹亚科 Macrophthalminae

粗掌开口蟹 *Chaenostoma crassimanus* Stimpson, 1858

体型： 雄 CW：13.18 mm，CL：10.21 mm；雌 CW：5.2 mm，CL：4.1 mm。

鉴别特征： 头胸甲近横方形；外眼窝齿锐三角形，指向侧方，后具 1 深凹与前侧缘分开；前侧缘（除外眼窝齿外）具 2 齿，末齿小，不明显；螯足长节内侧具长毛，掌部外侧面光滑，内侧面具浓密刚毛，不延伸至指节，可动指近基部具矮宽齿。

颜色： 体色多变，全身棕褐色或淡绿色，具不规则红褐色或绿色斑纹或斑点；螯足两指白色。

生活习性： 栖息于中潮带及以下的岩礁或珊瑚礁洞中，礁石上堆积沙子，并覆海藻。退潮后出来活动，不甚敏捷。

垂直分布： 中潮带至低潮带。

地理分布： 台湾、海南；印度－西太平洋。

易见度： ★★★★★

语源： 属名源于希腊语 *chainō+stoma*，意为张开的嘴。种本名源于拉丁语 *crassus+manus*，意为粗掌。

① 海南三亚 / 螯足　② ③ 海南三亚 / 雄蟹

① ② 海南三亚 / 雌蟹

东方开口蟹 *Chaenostoma orientale* Stimpson, 1858

体型： 雄 CW：6.5 mm，CL：4.9 mm；雌 CW：6.4 mm，CL：5 mm。

鉴别特征： 头胸甲近横方形；外眼窝齿锐三角形，指向前方，后具 1 深凹与前侧缘分开；前侧缘（除外眼窝齿外）具 2 齿，末齿小，不明显；螯足长节内侧具长毛，掌部外侧面光滑，内侧面具浓密刚毛，延伸至指节，可动指近基部具 1 方形壮齿。

颜色： 全身米白色，散布褐色或灰色斑块；螯足两指白色。

生活习性： 栖息于中潮带以下的岩礁或珊瑚礁洞中，礁石上堆积沙子，并覆满海藻。退潮后出来活动，不甚敏捷。

垂直分布： 中潮带至低潮带。

地理分布： 福建、台湾、广东、海南；西太平洋。

易见度： ★★★★★

语源： 种本名源于拉丁语 *orientalis*，意为东方的。

备注： 本种常与粗掌开口蟹 *C. crassimanus* 同域分布，可通过雄性螯足可动指内缘的齿进行区分。

①② 海南三亚 / 雄蟹

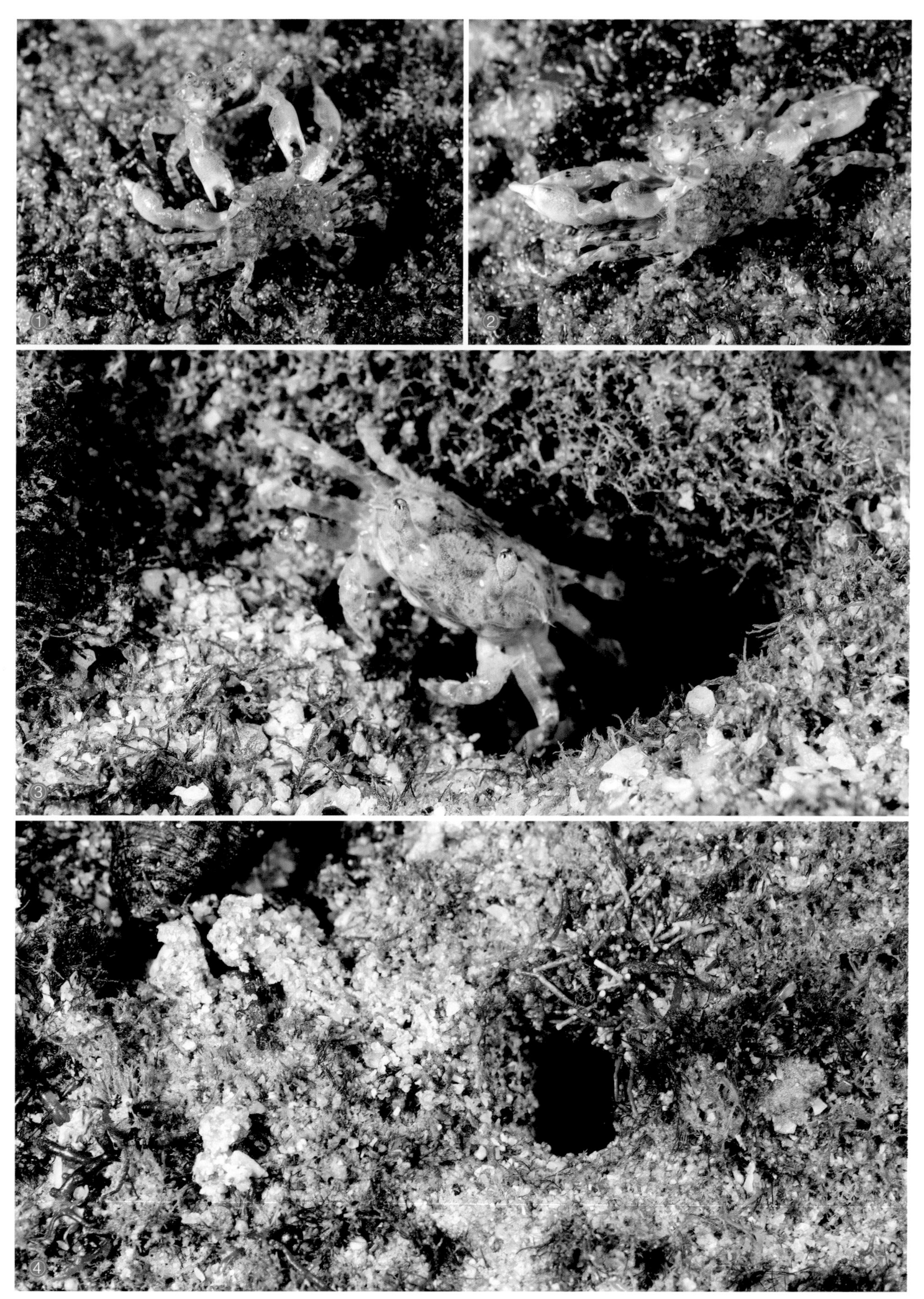

① ② 海南三亚 / 争斗 / 雄蟹　③ 海南三亚 / 雌蟹　④ 海南三亚 / 洞口

短身大眼蟹 *Macrophthalmus (Macrophthalmus) abbreviatus* Manning *et* Holthuis, 1981

体型： 雄 CW：25.4 mm，CL：11.3 mm。

鉴别特征： 头胸甲横方形，表面具颗粒；前侧缘（含外眼窝齿）共具 3 齿，第 1 齿锐三角形，与第 2 齿几乎相连合，第 3 齿小但明显；口前板中部突起；眼柄细长；雄性螯足粗壮，掌部外侧面具粗大颗粒状突起，亚成体不显著突起，指节弯曲，无法合拢，具大空隙，内缘无齿。

颜色： 体色多变，全身青灰色、青绿色或灰色，杂有暗色斑点；眼柄蓝色。

生活习性： 喜在河口或内湾有一定含沙量的滩涂打洞，洞口倾斜。

垂直分布： 中潮带至低潮带。

地理分布： 辽东湾、渤海湾、山东半岛、江苏、上海、浙江、福建、台湾、广东、香港、广西、海南；西太平洋。

易见度： ★★★★★

语源： 属名源于希腊语 *makros+ophthalmos*，意为大眼睛。种本名源于拉丁语 *abbreviatus*，意为缩短的。

备注： 宽身大眼蟹 *M. dilatatus* 为本种的同物异名。

① 河北秦皇岛 / 雌蟹　② 河北秦皇岛 / 雄蟹

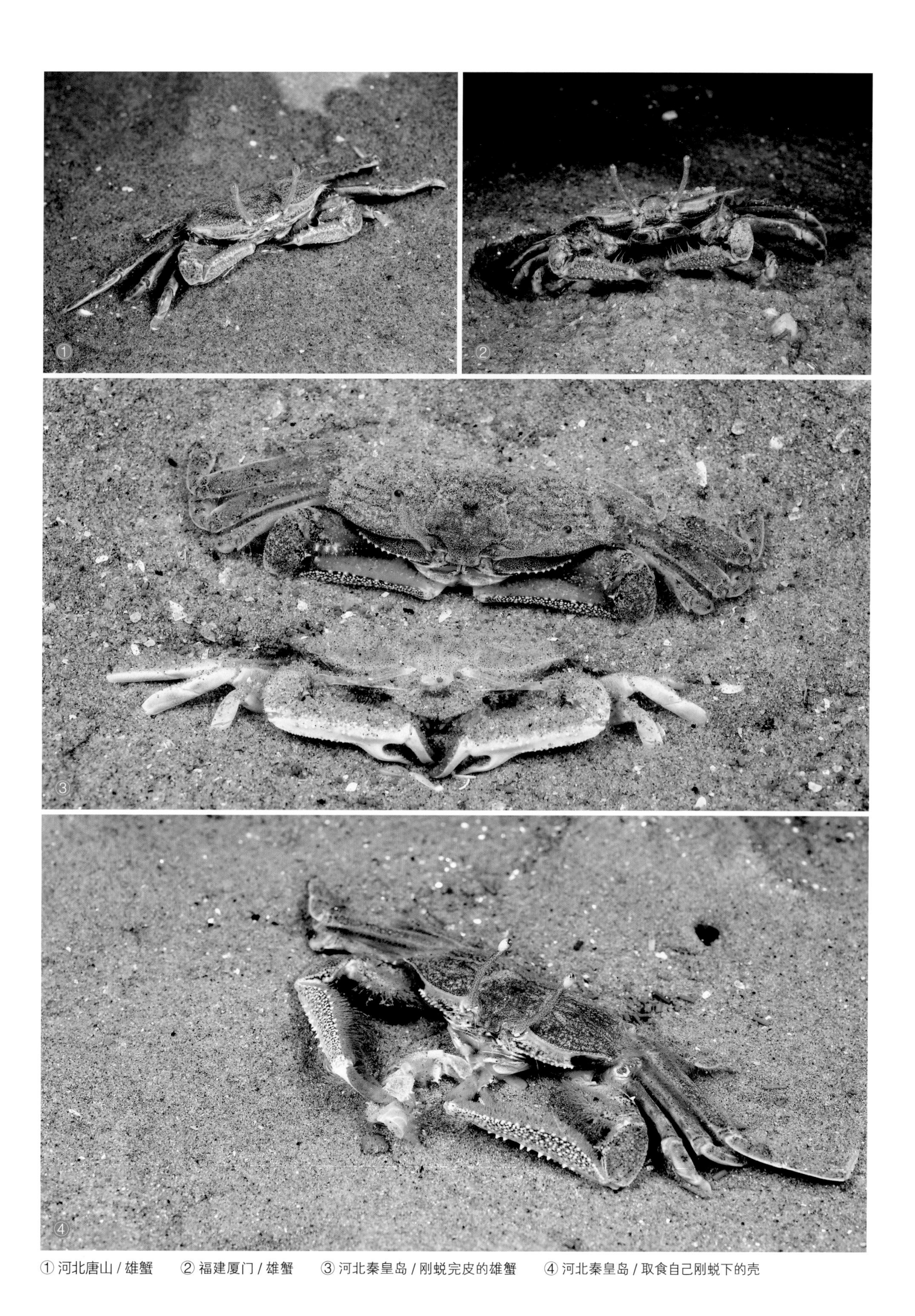

① 河北唐山 / 雄蟹　② 福建厦门 / 雄蟹　③ 河北秦皇岛 / 刚蜕完皮的雄蟹　④ 河北秦皇岛 / 取食自己刚蜕下的壳

短齿大眼蟹 *Macrophthalmus (Macrophthalmus) brevis* (Herbst, 1804)

体型： 雌 CW：22.5 mm，CL：10.6 mm；雌 CW：17.7 mm，CL：8.7 mm。

鉴别特征： 头胸甲横方形，表面较光滑；前侧缘（含外眼窝齿）共具 3 齿，第 1 齿长而尖锐，第 2 齿锐三角形，与第 1 齿等长，第 3 齿小，但显著，三角形；口前板中部突起；眼柄细长，到达外眼窝齿；雄性螯足壮大，长节、掌部及两指内侧面密具长绒毛，掌部外侧面具细颗粒，近掌节腹缘具 1 横行颗粒隆线，可动指近基部及不动指中部各具 1 齿；第 2、第 3 步足长节背缘近末端具 1 小齿。

颜色： 全身灰色，具暗褐色斑纹。角膜下方常具暗色斑点组成的条纹。

生活习性： 生活于泥沙底。洞口倾斜，具水坑。

垂直分布： 中潮带。

地理分布： 海南；印度－西太平洋。

易见度： ★☆☆☆☆

语源： 种本名源于拉丁语 *brevis*，意为短小的。

备注： 本种易与短身大眼蟹 *M. abbreviates*、隆背大眼蟹 *M. convexus* 或强壮大眼蟹 *M. crassipes* 混淆，但短身大眼蟹步足长节较细长，前侧缘第 2 齿宽三角形；隆背大眼蟹前侧缘第 3 齿极小，仅具 1 齿痕；强壮大眼蟹头胸甲相对窄，步足长节较细长，第 1 至第 3 步足长节具 1 枚近末端齿。

①② 海南文昌 / 雌蟹

隆背大眼蟹 *Macrophthalmus (Macrophthalmus) convexus* Stimpson, 1858

体型： 雄 CW：27.1 mm，CL：13.8 mm；雌 CW：14.9 mm，CL：7.9 mm。

鉴别特征： 头胸甲横方形，表面具微细颗粒；前侧缘（含外眼窝齿）共具 3 齿，第 1 齿尖锐突出，第 2 齿略小于第 1 齿，第 3 齿极小，仅具 1 齿痕；口前板中部突起；眼柄细长，到达外眼窝齿；雄性螯足壮大，长节内侧面具长绒毛，掌部长，外侧面具细颗粒，背缘及腹缘具粗颗粒，掌部及指节内侧面具长毛，可动指近基部具 1 近方形齿，不动指近端部具 1 楔形齿。

颜色： 全身灰色至棕红色，腹面暗红色；螯足指尖红色。

生活习性： 生活于低潮线的泥或泥沙底，泥质较软。洞口倾斜，具水坑。

垂直分布： 中潮带至低潮带。

地理分布： 福建、台湾、广东、香港、海南；印度－西太平洋。

易见度： ★★★★★

语源： 种本名源于拉丁语 *convexus*，意为拱起。

①②广东惠州 / 雄蟹

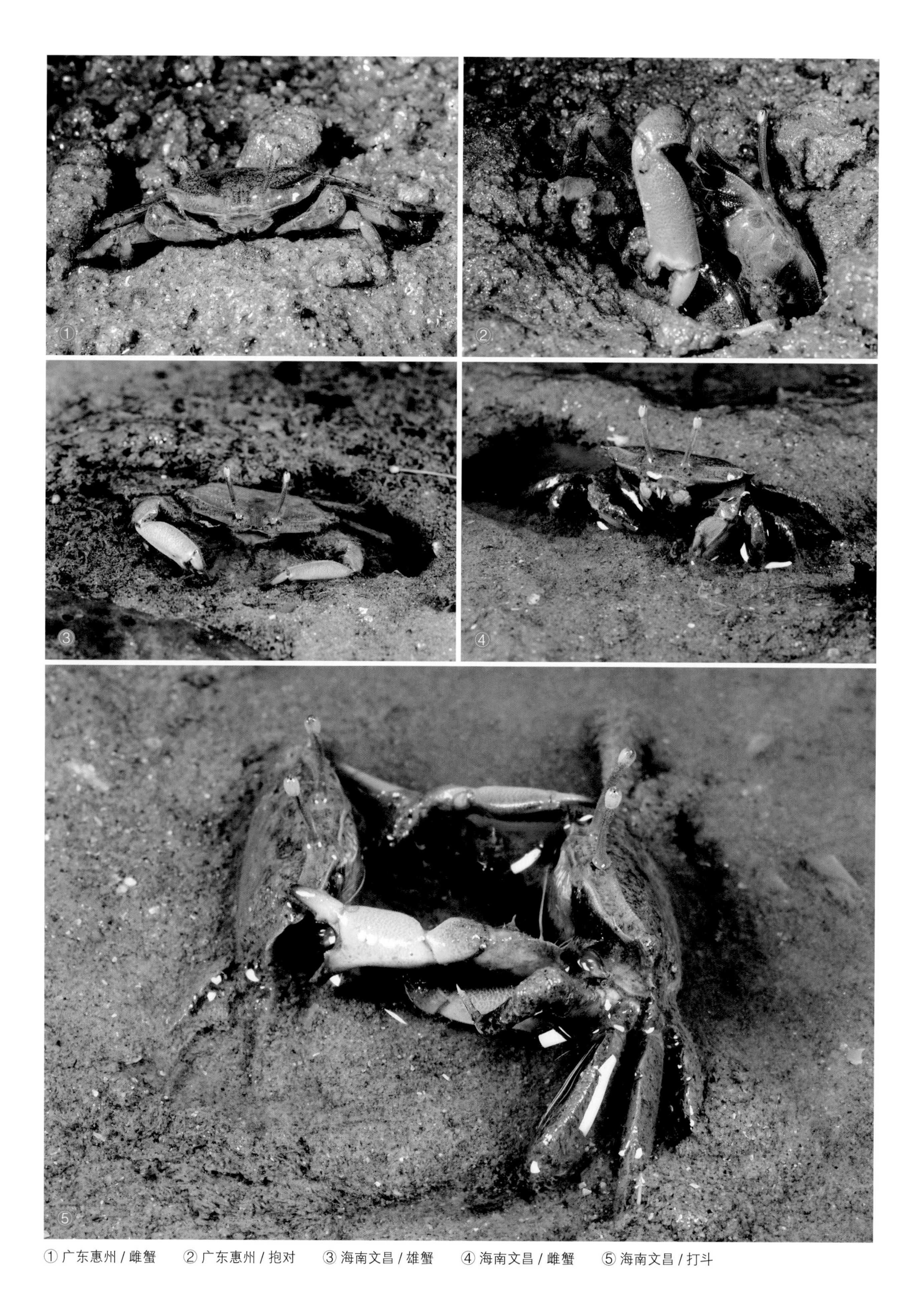

① 广东惠州 / 雌蟹　② 广东惠州 / 抱对　③ 海南文昌 / 雄蟹　④ 海南文昌 / 雌蟹　⑤ 海南文昌 / 打斗

米氏大眼蟹 *Macrophthalmus(Macrophthalmus) milloti* Crosnier, 1965

体型： 雄 CW：15.9 mm，CL：9.1 mm；雌 CW：15.6 mm，CL：9.3 mm。

鉴别特征： 头胸甲横方形，表面光滑；前侧缘（含外眼窝齿）共具 3 齿，第 1 齿锐三角形，两齿连线为头胸甲最宽处，第 2 齿宽、短于第 1 齿，末齿小但能清晰辨别；口前板中部内凹，但中部具 1 浅突；眼柄细长，超过头胸甲宽，雄性长于雌性；雄性螯足粗壮，长节内侧面具绒毛，掌部长，外侧面光滑，近腹缘处具 1 行细颗粒，可动指内缘近基部具 1 矩形钝齿，不动指短，不显著向腹面弯曲，内缘近基部具 1 指向内前方的尖齿。

颜色： 全身灰褐色至绿褐色；眼柄和角膜浅白色；螯足掌部及两指外侧面白色；步足带有横斑。

生活习性： 栖息于珊瑚礁附近的沙质或泥沙质滩涂活动，身体常浸泡在水中，抬起眼柄观察。

垂直分布： 中潮带至低潮带。

地理分布： 台湾、海南；印度 – 西太平洋。

易见度： ★★★☆☆

语源： 种本名以法国蛛形学、鱼类学和民族学家雅克 • 米洛（Jacques Millot）的姓氏命名。

①②③④⑤ 海南文昌

万岁大眼蟹 *Macrophthalmus (Mareotis) banzai* Wada *et* Sakai, 1989

体型： 雄 CW：33.5 mm，CL：19 mm。

鉴别特征： 头胸甲横方形；前侧缘（含外眼窝齿）共具 3 齿，第 1 齿三角形，后缘较锐，第 2 齿宽于前齿，末齿不明显；口前板中部内凹；眼柄细长，到达外眼窝齿基部；雄性螯足粗壮，长节内侧面具长毛，掌部内、外侧面光滑，背缘具细颗粒，指节向腹面弯曲近 90 度，可动指内缘基部具 1 大的方齿，不动指内缘近端部具 1 楔形齿。

颜色： 头胸甲灰褐色；眼柄灰褐色；螯足掌部及两指灰白色。

生活习性： 具积水的泥或泥沙滩，泥质通常极软。

垂直分布： 中潮带至低潮带。

地理分布： 山东半岛南部、江苏、上海、浙江、福建、台湾、广东、香港、广西；日本、朝鲜半岛。

易见度： ★★★★★

语源： 种本名源于拉丁化的日语 *banzai*，即万岁，形容雄性求偶时挥螯的行为。

备注： 本种常与日本大眼蟹 *M. japonicus* 同域分布，两种外观极相似。原始文献解释两种区别在于：①本种体型较后者略小；②本种可动指内缘上的齿更靠近基部，两指合拢后较紧密；③本种第 3 对步足腕节及前节边缘具浓毛。实际上，日本大眼蟹的步足边缘也具一定的绒毛，且螯足形态、头胸甲比例等在未成熟个体存在一定变化，而雌性更是难以区分。因此，在野外很难准确地区分两种。两者最大区别即雄性挥螯行为存在显著差异。日本大眼蟹的挥螯行为被称为“L”型，雄性日本大眼蟹螯足保持曲折状态抬起，抬至最高点时也不展开，之后身体随之抬高，有时第 3 对步足会离开地面。万岁大眼蟹的挥螯行为被称为“V”型，雄性万岁大眼蟹螯足先是屈折着抬至面前，之后两螯向斜上面伸展开。当螯足举至最高点时，身体同时抬起，第 4 步足常常离开地面。最后螯足轻微屈折降至面前，并逐渐放下螯足。

① 福建厦门 / 雄蟹

① 福建厦门 / 雄蟹　② 福建厦门 / 雌蟹　③ ④ 山东青岛 / 雄蟹

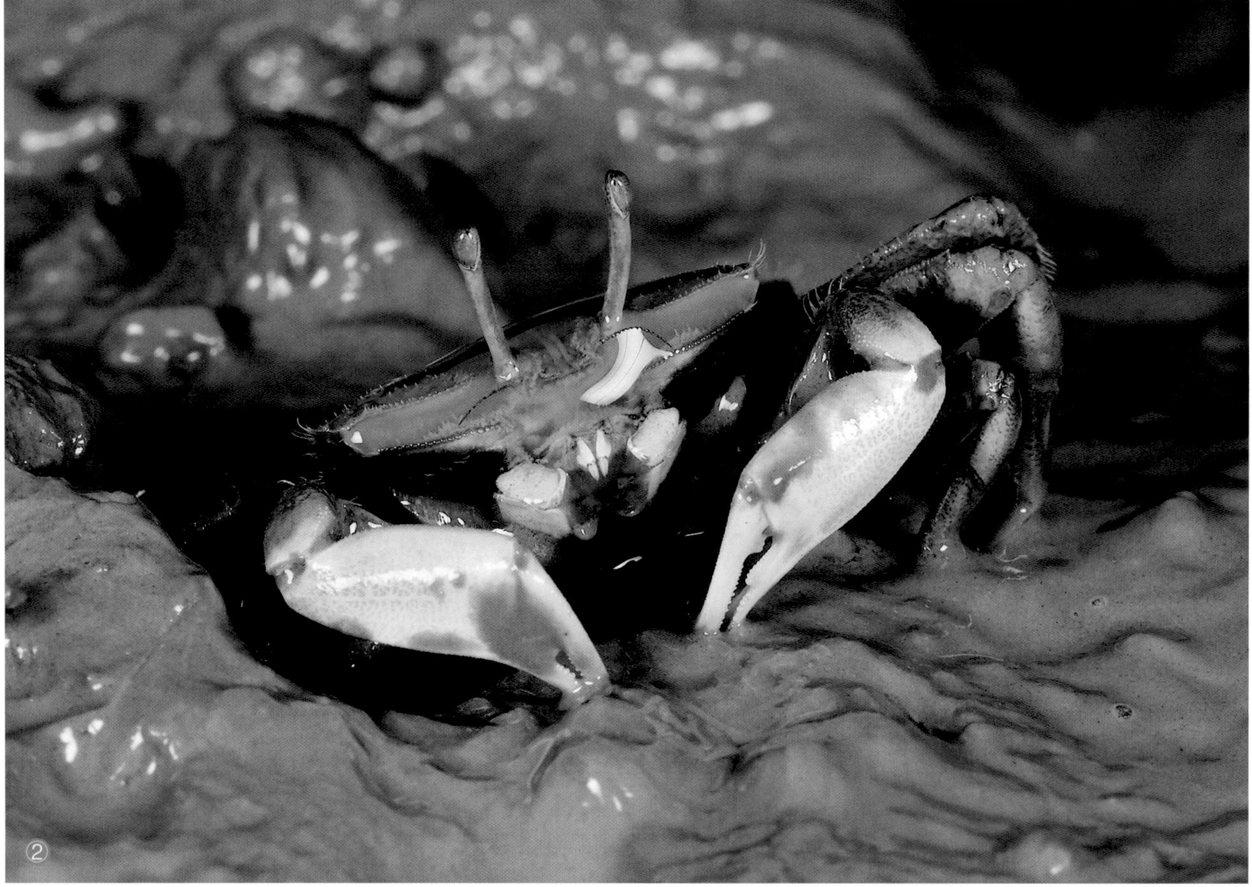

① 浙江宁波 / 雄蟹　　② 浙江瑞安 / 雄蟹

明秀大眼蟹 *Macrophthalmus (Mareotis) definitus* Adams *et* White, 1849

体型： 雄 CW：24.8 mm，CL：17 mm；雌 CW：18.7 mm，CL：13.5 mm。

鉴别特征： 头胸甲横方形；前侧缘（含外眼窝齿）共具 3 齿，第 1 齿方而钝，第 2 齿宽于前齿，末齿小；口前板中部内凹；眼柄较粗长，不达外眼窝齿；雄性螯足粗壮，掌部外侧面光滑，内侧面及指节具浓毛，可动指基部具 1 小钝齿，不动指具 1 大而长的齿。

颜色： 全身黄褐色至红褐色，杂有暗红色斑点；头胸甲边缘红褐色；眼柄多呈半透明蓝色。

生活习性： 退潮后在红树林泥滩中潮线至低潮线的软泥上活动，活动区域往往具水坑，泥极软。

垂直分布： 中潮带至低潮带。

地理分布： 福建、台湾、广东、香港、广西、海南；西太平洋。

易见度： ★★★★★

语源： 种本名源于拉丁语 *definitus*，意为清楚的、明显的。

① 海南三亚 / 雄蟹　② 广东深圳 / 雄蟹

① 广东茂名 / 雄蟹　② 广东惠州 / 雌蟹　③ 广东惠州 / 打斗　④ 海南文昌 / 雄蟹

日本大眼蟹 *Macrophthalmus (Mareotis) japonicus* (De Haan, 1835)

体型：雄 CW：36 mm，CL：25.5 mm。

鉴别特征：头胸甲横方形；前侧缘（含外眼窝齿）共具 3 齿，第 1 齿三角形，后缘较钝，第 2 齿宽于前齿，末齿不明显；口前板中部内凹；眼柄细长，到达外眼窝齿基部；雄性螯足粗壮，长节内侧面具长毛，掌部长，内、外侧面光滑，背缘具粗颗粒，不动指下弯，但不如万岁大眼蟹的弯曲角度大；可动指内缘基部具 1 大的方齿，不动指内缘近端部具 1 小楔形齿。

颜色：全身灰褐色或黄褐色；眼柄黄褐色或蓝色；螯足掌部外侧面及两指乳白色或白色。

生活习性：具积水的软泥滩中打洞生活。

垂直分布：中潮带至低潮带。

地理分布：辽东湾、渤海湾、山东半岛、江苏、上海、浙江（北部）；日本、朝鲜半岛。

易见度：★★★★★

语源：种本名源于模式产地日本。

备注：在山东半岛至浙江北部为本种与万岁大眼蟹 *M. banzai* 重叠分布区域，区别见万岁大眼蟹。

① ② 天津 / 雄蟹

太平大眼蟹 *Macrophthalmus (Mareotis) pacificus* Dana, 1851

体型： 雄 CW：22.3 mm，CL：15.5 mm；雌 CW：20.1 mm，CL：14.5 mm。

鉴别特征： 头胸甲横方形；前侧缘（含外眼窝齿）共具 3 齿，第 1 齿宽，近方形，第 2 齿宽于前齿，末端钝圆，第 3 齿小而明显；口前板中部内凹；眼柄粗长，到达外眼窝齿基部；雄性螯足粗壮，长节内腹缘具长毛，掌部外侧面光滑，内侧面具绒毛，延伸至不动指基部，可动指内缘中部具 1 方形齿。

颜色： 全身青灰色，密布褐色小点；螯足长节、腕节及掌部背缘红色，腕节、掌部及两指外侧面白色或蓝色。

生活习性： 栖息于红树林泥滩，洞口倾斜，积水深，受惊扰立即钻回洞中，之后会将眼柄立出水面观察情况。

垂直分布： 中潮带至低潮带。

地理分布： 广东、香港、广西、海南；西太平洋、印度。

易见度： ★★★★★

语源： 种本名源于拉丁语 *pacificus*，意为太平洋。

① 广东茂名 / 雄蟹　② 广东茂名 / 雌蟹　③ 海南文昌 / 雄蟹

① 广西防城港 / 打斗 / 雄蟹　　② 广西防城港 / 雄蟹

绒毛大眼蟹 *Macrophthalmus (Mareotis) tomentosus* Souleyet, 1841

体型： 雄 CW：40.9 mm，CL：25.6 mm；雌 CW：35.9 mm，CL：23.8 mm。

鉴别特征： 头胸甲横方形；前侧缘（含外眼窝齿）共具 3 齿，第 1 齿略成矩形，宽，末端指向前方，第 2 齿宽于第 1 齿，末齿极小但能清晰辨别；口前板中部内凹；眼柄细长；雄性螯足粗壮，长节内侧面具绒毛，掌部外侧面光滑，背缘及腹缘具细颗粒，指节向下倾斜，可动指内缘近基部具 1 钝齿，不动指内缘近中部具 1 方形齿。

颜色： 全身灰褐色至红褐色；眼柄常具 1 蓝色条纹；螯足腕节背缘红色或淡橙色，掌部及两指外侧面白色或淡蓝色。

生活习性： 在泥质很软，积水严重的滩涂活动，栖息地常与大弹涂鱼重叠。

垂直分布： 中潮带至低潮带。

地理分布： 浙江、福建、台湾、广东、广西、海南；印度－西太平洋。

易见度： ★★★★★

语源： 种本名源于拉丁语 *tomentosus*，意为多毛的。

备注： 本种在野外极易与万岁大眼蟹 *M. banzai* 混淆，区别在于本种眼柄通常淡蓝色至亮蓝色，不动指上的齿近方形，而后者眼柄黄褐色，不动指上的齿呈斜三角形。

①②③ 海南儋州 / 雄蟹

① 广东茂名 / 雄蟹　② 广东深圳 / 雄蟹 / 陈恺儒

悦目大眼蟹 *Macrophthalmus (Paramareotis) erato* De Man, 1887

体型： 雄 CW：17.5 mm，CL：14 mm。

鉴别特征： 头胸甲横方形，表面具分散的细颗粒及短刚毛；前侧缘（含外眼窝齿）共具 3 齿，第 1、第 2 齿三角形，末齿仅具齿痕；口前板中部直，轻微内凹；眼柄短粗，不达外眼窝齿；雄性腹眼缘具 2 ~ 3 个突叶，雌性均为锯齿状，不具突叶；雄性螯足粗壮，长节具长毛，腕节内侧面具 1 壮刺，掌部外侧面光滑，内侧面及两指基部密具长绒毛，指节略下弯，可动指内缘中部具 1 钝齿，不动指内缘具 1 大齿。

颜色： 全身灰褐色；角膜蓝色；螯足腕节、掌部及两指外侧面灰白色；第 3 颚足白色。

生活习性： 退潮后在中潮线至高潮线具碎石的泥沙质滩涂上活动，经常会爬到碎石块上，警惕性高，遇危险立即钻入洞中。

垂直分布： 中潮带至低潮带。

地理分布： 浙江、福建、台湾、广东、香港、广西、海南；印度 - 西太平洋。

易见度： ★★★★★

语源： 种本名源于希腊神话中的女神 Eratō，有对人产生吸引力的意思，中文名形容本种蓝色的眼睛。

①② 福建厦门 / 雄蟹

① 海南文昌 / 雌蟹　② ⑤ 福建厦门 / 雄蟹　③ ④ 福建厦门 / 雌蟹

拉氏韦大眼蟹 *Venitus latreillei* (Desmarest, 1822)

拉氏韦眼蟹（台）

体型： 雄 CW：35.4 mm，CL：25.8 mm。

鉴别特征： 头胸甲横方形；前侧缘（含外眼窝齿）共具 4 齿，第 1 齿宽大，三角形，末端指向前方，第 2 齿呈较窄的三角形，第 3 齿较小，呈锐三角形，末齿小，仅为 1 突出的齿痕；口前板中部稍凹；眼柄细长，角膜未达第 1 前侧齿末端；雄性螯足粗壮，掌部外侧面光滑，内侧面具颗粒，可动指内缘近基部具 1 方形齿，不动指内缘具圆钝的颗粒状齿。

颜色： 全身灰白色至红褐色；螯足掌部及两指外侧面白色。

生活习性： 在泥质很软，积水严重的滩涂活动。

垂直分布： 中潮带至潮下带浅水。

地理分布： 台湾、广东、香港、广西、海南；印度－西太平洋。

易见度： ★★★★★

语源： 属于源于命名者母亲的名字 Venita，亦是罗马神话中代表爱与美的女神的名字，中文名为音译。种本名以法国动物学家皮埃尔•安德烈•拉特雷耶（Pierre André Latreille）的姓氏命名。

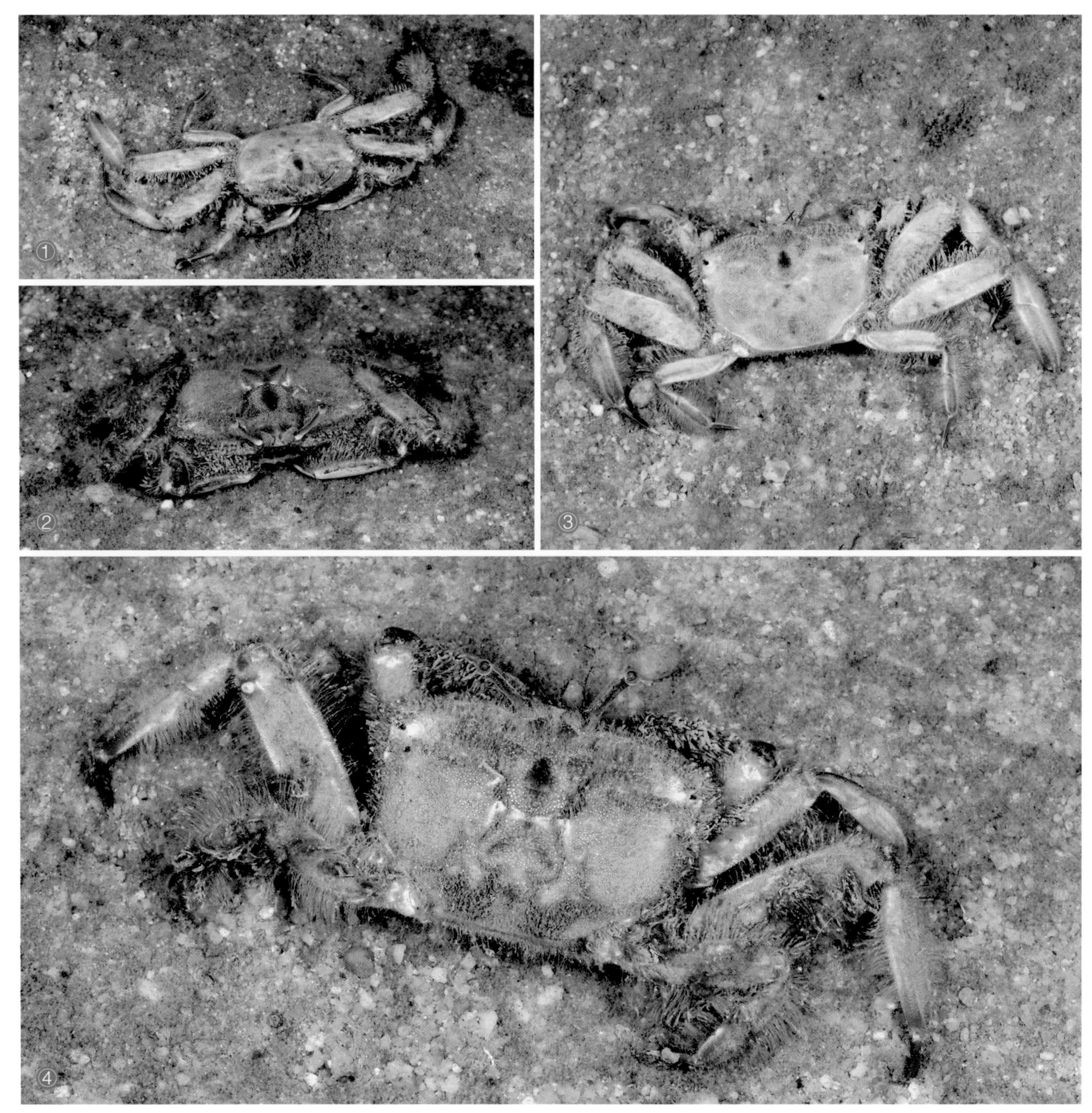

①③ 海南东方 / 雌蟹　　②④ 海南东方 / 雄蟹

三强蟹亚科 Tritodynamiinae

霍氏三强蟹 *Tritodynamia horvathi* Nobili, 1905

体型： 雄 CW：7.5 mm，CL：5 mm[3]；雌 CW：7.2 mm，CL：5.5 mm[3]。

鉴别特征： 头胸甲横方形，宽约为长的 1.5 倍，表面隆起，分区不明显；额稍向前突，宽度约为头胸甲宽的 1/4，边缘光滑；前侧缘具微细颗粒，后半部向内斜方引入 1 颗粒隆线，后侧缘与后缘界线不明；雄性螯足粗壮，具分散短毛，可动指内缘中部具 1 壮齿。

颜色： 全身黄褐色；头胸甲背面具深色斑纹；螯足及步足密布暗红色小点。

生活习性： 沙质海底，游泳能力强；《中国海洋蟹类》记述本种具成群洄游习性。

垂直分布： 中潮带至低潮带。

地理分布： 山东半岛；日本、朝鲜半岛。

易见度： ★★★★★

语源： 属名源于希腊语 *tritos*+*dynamis*，直译为三强蟹。种本名以匈牙利昆虫学家盖扎·霍瓦特（Géza Horváth）的姓氏命名。

① 山东青岛 / 孙智闲

沙蟹总科 Ocypodoidea

和尚蟹科 Mictyridae

头胸甲高，长大于宽，球形，心 - 鳃区沟显著；眼裸露于外，眼窝退化，具 1 小眶后刺；后缘具刷状短刚毛；第 3 颚足膨大，叶状，可完全盖住口腔；螯足近对称，细长，性二型不明显；步足细长，长节上不具股窗结构；两性腹部 7 节，雄性与雌性腹部同样宽阔，可完全盖住腹甲。

全世界已知 1 属 8 种，中国记录 1 属 1 种。

短指和尚蟹 *Mictyris brevidactylus* Stimpson, 1858

体型： 雄 CW：10.3 mm，CL：11.7 mm；雌 CW：7.3 mm，CL：8.3 mm。

鉴别特征： 头胸甲圆球形，长略大于宽，表面光滑；外眼窝齿突出，指向背前方；螯足细长，弯曲，指节细长；步足细长，末对步足指节内弯。

颜色： 成体头胸甲淡蓝色；螯足乳白色；步足乳白色，长节基部红色环纹，但也有个别地区种群不具红色环纹。稚蟹灰褐色。

生活习性： 喜欢栖息于泥沙混合底质滩涂。退潮后，成体雄性集群活动，一边行走一边用双螯捞取泥沙，滤食其中的有机物，遇威胁会快速旋转钻入泥沙之中。雌性及亚成体不参与集群活动，通常在较高潮线位置沿泥沙表面一边钻洞一边取食，表面沿其活动方向形成似蜿蜒曲折的“拟粪”。

垂直分布： 中潮带。

地理分布： 浙江、福建、台湾、广东、香港、广西、海南；越南。

易见度： ★★★★★

语源： 属名来源不详，中文名形容本种头胸甲似和尚。种本名源于拉丁语 *brevi+dactyl*，意为短指。

① 福建厦门　② ③ 广西防城港

① 广东徐闻 / 稚蟹　② 海南三亚 / 示威　③ 海南三亚 / 挖洞　④ 海南三亚　⑤ 广东雷州 / 黄科

沙蟹总科 Ocypodoidea

沙蟹科 Ocypodidae

头胸甲方形、横行或五角形，表面适度隆起，平滑，分区轻微或完全不可辨；侧缘完整；额窄，额缘直或具2叶，强烈下弯；眼窝宽，几乎占据头胸甲前缘，眼柄细长；第3颚足并拢后具空隙，但绝不成斜方形；螯足显著不对称，大螯通常长于头胸甲宽，性二型显著；步足细长，第2至第3或第3至第4步足间通常具毛簇，连接鳃腔辅助呼吸；两性腹部7节。

全世界已知12属134种，中国记录6属22种。

丑招潮亚科 Gelasiminae

环纹南方招潮 *Austruca annulipes* (H. Milne Edwards, 1837)

环足南方招潮（台）

体型： 雄 CW：20.3 mm，CL：12.8 mm；雌 CW：17.3 mm，CL：11.1 mm。

鉴别特征： 头胸甲近横方形；额略宽；外眼窝齿呈锐三角形，端部指向斜前方；前侧缘短，向后收拢，后侧缘边缘清晰；雄性大螯指节外侧不具沟，不动指整体较狭窄于可动指，近端部具 1 三角形齿，可动指整体拱起。

颜色： 头胸甲黑色，具白色或淡蓝色横纹；雄性大螯橙黄色或粉红色，掌部外侧面及两指白色，小螯暗红色；步足背面黑褐色、红色、暗红色或白色，有时具模糊的淡色环纹，腹面红色或暗红色；角膜灰褐色，眼柄黄褐色。雌性头胸甲常大面积白色或黑色；螯足暗褐色；步足暗褐色、红色或白色。稚蟹及亚成体头胸甲上的斑纹灰褐色。

生活习性： 喜欢生活于红树林或内湾具泥沙或沙质滩涂，常与丽彩拟瘦招潮混居一起。

垂直分布： 高潮带至中潮带。

地理分布： 广西（涠洲岛）、海南（海口、文昌、陵水、三亚、东方、儋州）；印度 – 西太平洋。

易见度： ★★★★★

语源： 属名源于拉丁语 *austri+Uca*（招潮属），意为南方的招潮。种本名源于拉丁语 *annulus+pes*，意为有环纹的足。

备 注： 野外易与同域分布的丽彩拟瘦招潮 *Paraleptuca splendida* 混淆，本种雄性大螯不动指外侧基部不具浅凹，眼柄通常黄褐色，后者雄性大螯不动指外侧基部具 1 浅凹，眼柄通常橙红色。

① 海南东方 / 雌蟹　② 海南三亚 / 雌蟹　③ 海南三亚 / 雄蟹

① 海南三亚 / 亚成体 / 雌蟹　② 海南三亚 / 亚成体 / 雄蟹　③ ④ 海南三亚 / 雄蟹

①② 海南三亚 / 雄蟹　　③④⑤ 海南三亚 / 雌蟹

清白南方招潮 *Austruca lactea* (De Haan, 1835)

乳白南方招潮（台）

体型： 雄 CW：18.4 mm，CL：11.5 mm；雌 CW：15.2 mm，CL：9.8 mm。

鉴别特征： 头胸甲近横方形；额略宽；外眼窝齿呈锐三角形，端部指向斜前方；前侧缘近平行，短而直，后侧缘边缘清晰；雄性大螯指节外侧不具沟，不动指整体较狭窄于可动指，近端部具或不具 1 三角形矮齿，可动指整体拱起。

颜色： 体色多变，头胸甲白色、乳白色或黄褐色，散布不规则黑色斑纹；雄性大螯白色或淡黄色，掌部外侧面及两指白色，小螯白色；步足背侧面白色或褐色，腹侧面黄色、褐色或红色，有时具花纹；角膜灰色或褐色，眼柄灰色或灰白色。

生活习性： 喜欢泥沙或沙质滩涂，雄性在求偶时常会在洞口边建一“弧塔”形构造。

垂直分布： 高潮带至中潮带。

地理分布： 浙江、福建、台湾、广东、香港、广西、海南；日本、韩国、越南。

易见度： ★★★★★

语源： 种本名源于拉丁语 *lactis*，形容本种雄性具乳白色的大螯。

① 广东茂名 / 雌蟹　② ③ 广东茂名 / 雄蟹

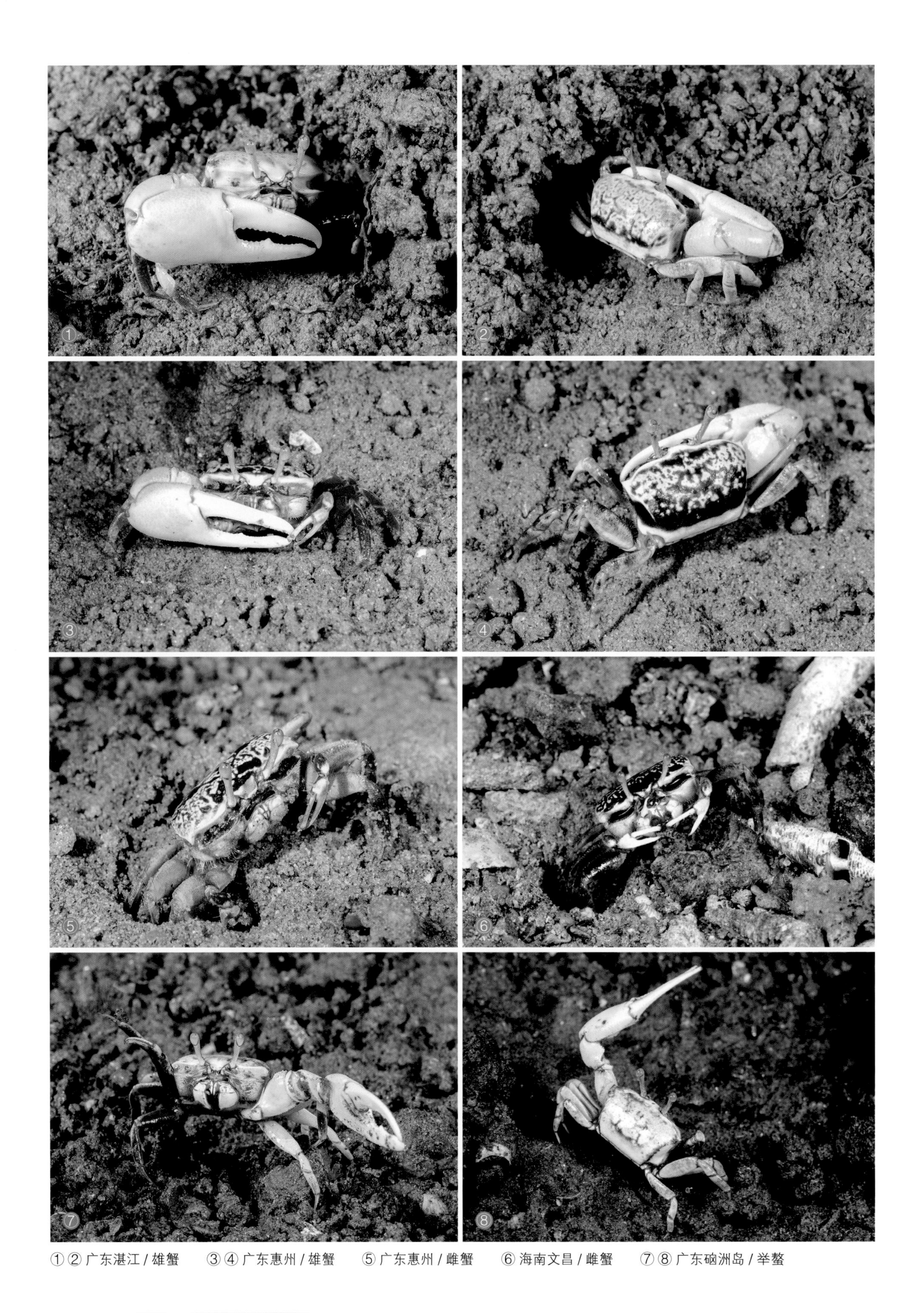

①② 广东湛江 / 雄蟹　③④ 广东惠州 / 雄蟹　⑤ 广东惠州 / 雌蟹　⑥ 海南文昌 / 雌蟹　⑦⑧ 广东硇洲岛 / 举螯

纠结南方招潮 *Austruca perplexa* (H. Milne Edwards, 1852)

体型： 雄 CW：17.5 mm，CL：10.7 mm。

鉴别特征： 头胸甲近横方形；额略宽；外眼窝齿略尖锐，端部指向斜前方；前侧缘短，略收拢，短而直，后侧缘边缘清晰；雄性大螯指节外侧不具沟，不动指整体较狭窄于可动指，近端部具 1 显著三角形大齿，可动指端部拱起。

颜色： 头胸甲黑褐色，表面具大理石状白纹；雄性大螯淡黄色，掌部外侧面淡黄色至白色，两指白色，小螯灰色；步足背面暗褐色，具白色碎纹，腹面白色；角膜基部 2/3 青绿色，眼柄灰白色。

生活习性： 偏热带性种类，与清白南方招潮一样，喜欢具沙质的滩涂。

垂直分布： 高潮带至中潮带。

地理分布： 台湾、海南；西太平洋、东印度洋

易见度： ★★★☆☆

语源： 种本名源于拉丁语 *perplexa*，意为混乱不清的。

备注： 外形与清白南方招潮 *A. lactea* 极相似，可通过雄性大螯形态进行区别。

① ② 海南文昌 / 雄蟹

北方丑招潮 *Gelasimus borealis* (Crane, 1975)

体型： 雄 CW：27.2 mm，CL：17.2 mm；雌 CW：26.2 mm，CL：17.6 mm。

鉴别特征： 头胸甲近横方形；额窄；外眼窝齿近三角形，端部指向斜前方；前侧缘短而直，后侧缘短或不显著；雄性大螯掌部外侧面具泡状颗粒，不动指外侧面具 1 沟，内缘基部具 1 深凹，靠近端部具浅凹或不凹，端齿较小，亚成体可动指显著厚于不动指；步足长节长。

颜色： 头胸甲白色、灰白色、青灰色至深褐色；雄性大螯掌部及不动指外侧面黄色或橙黄色，可动指白色，小螯白色；步足褐色。稚蟹灰白色，亚成体大螯偏橙红色；角膜及眼柄灰色或灰白色。

生活习性： 栖息于河口、内湾或红树林的泥或泥沙质滩涂。

垂直分布： 中潮带。

地理分布： 浙江、福建、台湾、广东、广西、海南；日本、越南。

易见度： ★★★★★

语源： 属名源于希腊语 *gelasimos*，意为小丑。种本名源于拉丁语 *borealis*，意为北方的。

备注： 本种易与贾瑟琳丑招潮 *G. jocelynae* 及凹指丑招潮 *G. vocans* 混淆，是三者中分布最广泛的，最大特点即雄性螯足不动指内缘仅具 1 浅凹。

① 广东深圳 / 亚成体 / 雄蟹　② 广东深圳 / 打斗　③ 海南文昌 / 雄蟹

①②广东惠州 / 雄蟹　③④广东惠州 / 雌蟹　⑤广东湛江 / 亚成体

凹指丑招潮 *Gelasimus vocans* (Linnaeus, 1758)

呼唤丑招潮（台）

体型： 雄 CW：24.8 mm，CL：16.7 mm；雌 CW：21.8 mm，CL：15.3 mm。

鉴别特征： 头胸甲近横方形；额窄；外眼窝齿锐三角形，端部指向斜前方；前侧缘短而直，后侧缘短或不显著；雄性大螯掌部外侧面具泡状颗粒，不动指外侧面具 1 沟，内缘基部具 1 浅凹，之后具 1 深凹，亦有个体两个凹陷相连成 1 宽深凹，或与端齿连在一起成一直线，端齿大，三角形，可动指厚于不动指；步足长节长。

颜色： 头胸甲白色、乳白色至褐色，心区常具亮蓝色斑纹；雄性大螯乳白色，掌部下半部及不动指橙色或黄色，可动指白色，小螯灰褐色，两指端部橙色；步足褐色或红褐色；角横灰褐色，眼柄灰白色。

生活习性： 通常栖息河口或红树林附近，喜沙质偏多的泥沙质滩涂。

垂直分布： 中潮带。

地理分布： 台湾、广东（雷州半岛）、香港、海南；印度 - 西太平洋。

易见度： ★★★★★

语源： 源于拉丁语 *vocans*，意为呼唤，中文名形容雄性大螯的凹陷。

备注： 本种易与贾瑟琳丑招潮 *G. jocelynae* 混淆，但本种雄性螯足不动指内缘基部具 1 深凹，近端部具 1 浅凹，少数个体 2 个凹陷程度相当，甚至连为一体（见 572 页图①、③），而贾瑟琳丑招潮相反。

①② 海南三亚 / 雌蟹　　③ 海南三亚 / 雄蟹

①②海南文昌 / 稚蟹 / 雄蟹　　③④海南三亚 / 稚蟹 / 雄蟹

① 海南陵水 / 再生螯 / 雄蟹　② ③ 海南陵水 / 雄蟹　④ ⑤ ⑥ 海南三亚 / 雄蟹　⑦ 海南三亚 / 交配　⑧ 海南文昌

丽彩拟瘦招潮 *Paraleptuca splendida* (Stimpson, 1858)

体型： 雄 CW：22.5 mm，CL：14.3 mm；雌 CW：19.4 mm，CL：13.4 mm。

鉴别特征： 头胸甲近横方形；额较宽；外眼窝齿较锐，端部指向前方；前侧缘长而明显，几乎直；雄性大螯掌部外侧面具细颗粒，不动指外侧基部具 1 浅凹，端部具 1 小齿；步足长节稍宽。

颜色： 头胸甲黑色，具蓝绿色或蓝色横纹；雄性大螯橙红色，两指外侧面白色，略呈粉色，小螯暗红色；步足暗褐色、或红色有时具模糊的浅色碎纹；角膜灰褐色，眼柄橙红色。雌性头胸甲前半部常呈纯红色；螯足红色。

生活习性： 栖息于红树林高、中潮带具沙质的滩涂，常散落碎石块。

垂直分布： 高潮带至中潮带。

地理分布： 福建、台湾、广东、香港、海南；日本（西表岛）、越南。

易见度： ★★★★★

语源： 属名源于 *para*+*Leptuca*（瘦招潮属），直译为拟瘦招潮。种本名源于拉丁语 *splendidus*，意为灿烂的、光明的。

备注： 本种长期作为粗腿拟瘦招潮 *P. crassipes* 的同物异名。分子及形态学显示两者均是有效种，可以通过头胸甲形态及颜色进行简易区分。粗腿拟瘦招潮广泛分布于东印度洋至西太平洋岛屿，而丽彩拟瘦招潮局限于东亚大陆沿岸及越南。本种即水族市场上的"西瓜蟹"，全部来自野外捕捉，人工环境难以饲养，不建议购买。

① 广东惠州 / 雌蟹　② ③ 海南东方 / 雄蟹

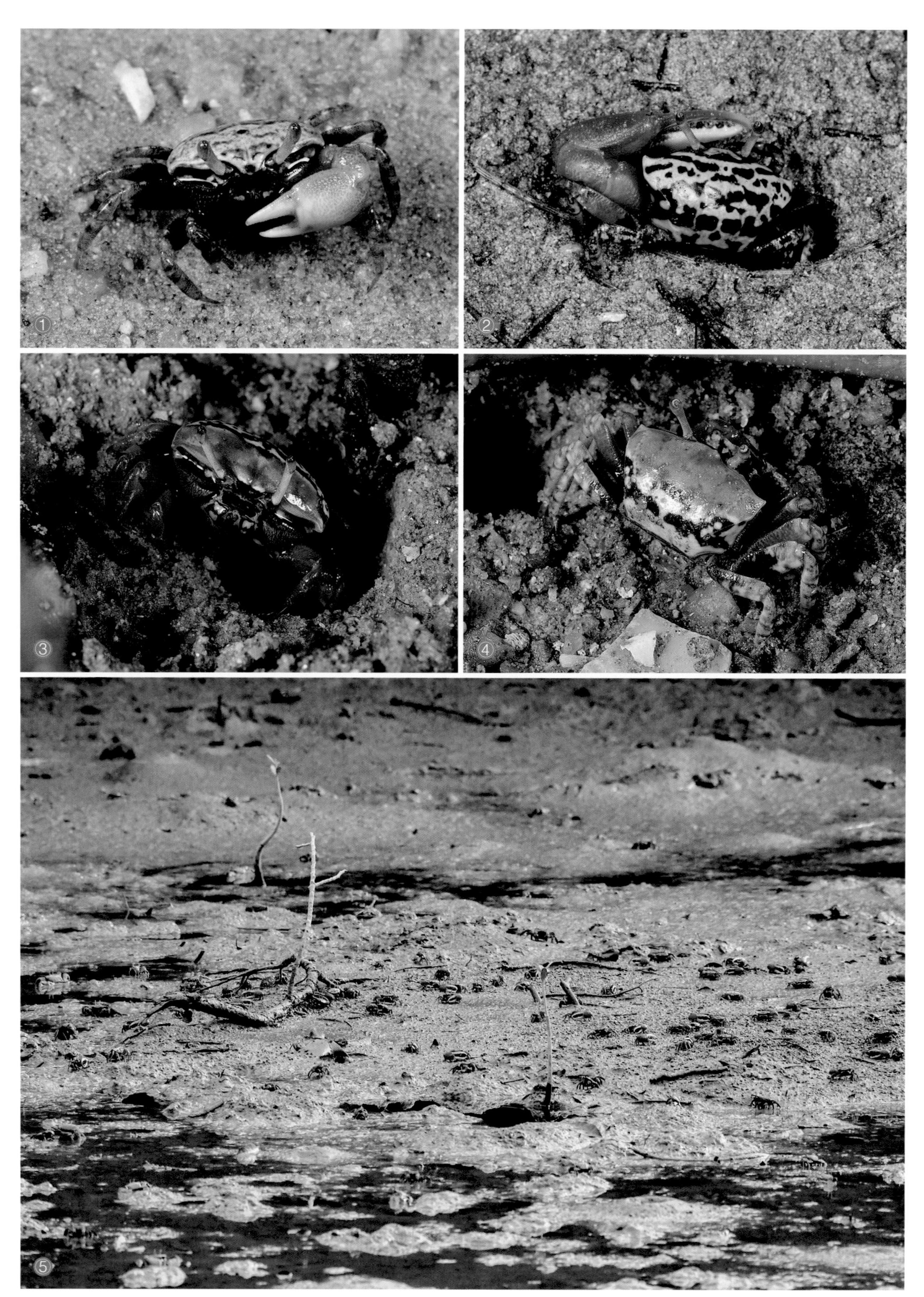

① 海南万宁 / 稚蟹 / 雄蟹　② 海南文昌 / 雄蟹　③ ④ 海南三亚 / 雌蟹　⑤ 广东深圳

锐刺管招潮 *Tubuca acuta* (Stimpson, 1858)
锐齿管招潮（台）

体型： 雄 CW：23 mm，CL：12.8 mm；雌 CW：19.9 mm，CL：11.5 mm。

鉴别特征： 头胸甲近横方形；额窄；外眼窝齿锐三角形；前侧缘短而可辨，后侧缘长，显著向内收拢；雄性大螯掌部长，外侧面具粗糙颗粒，两指薄而长，外侧面具 1 长沟；步足长节宽。

颜色： 头胸甲黑褐色，前部 2/3 常具乳白色花纹；雄性大螯红色或橙红色，两指白色，小螯暗红色或暗褐色，有时略带淡蓝色或绿色；步足背面黑褐色，腹面灰色或红色；角膜灰白色，眼柄灰绿色。稚蟹全身黑褐色，角膜及眼柄橙色。

生活习性： 河口或内湾泥质滩涂。

垂直分布： 中潮带。

地理分布： 福建、台湾、广东、广西、海南；越南。

易见度： ★★★★★

语源： 属名源于拉丁语 *tub*+*Uca*（招潮属），形容本属雄性 G1 末端具管状突起。种本名源于拉丁语 *acutus*，意为锐利的。

①③④ 广东湛江 / 雄蟹　②广东湛江 / 雌蟹

① 福建厦门 / 稚蟹　② 福建厦门 / 雄蟹　③ 福建厦门 / 打斗 / 雄蟹　④ ⑤ 福建厦门 / 双大螯雄蟹

① 海南文昌 / 雄蟹　② ③ ⑤ 福建厦门 / 雄蟹　④ 福建厦门 / 雌蟹

弧边管招潮 *Tubuca arcuata* (De Haan, 1835)

体型： 雄 CW：33 mm，CL：21 mm；雌 CW：30.2 mm，CL：19.4 mm。

鉴别特征： 头胸甲近横方形；额窄；外眼窝齿三角形；前侧缘长，近平行，后侧缘长，显著向内收拢；雄性大螯掌部短，外侧面具粗糙颗粒，两指薄而长（未成年个体短），外侧面具1长沟；步足长节宽。

颜色： 头胸甲黑褐色，具不规则的乳白色花纹，有时扩大至整个背面，有时散成小点，部分个体前半部红色，具1黑色横带，后半部黑褐色，不具斑纹；雄性大螯红色，两指白色或基半部略带红色，小螯红色；步足长节背面基半2/3黑褐色，端部1/3至其余各节红色，腹面红色；角膜灰褐色，多少具蓝色；眼柄青绿色。稚蟹头胸甲蓝色或黑褐色；螯足淡紫色；步足黑褐色或橙色；角膜橙黄色；随着个体生长，头胸甲颜色逐渐变为白色，再逐渐向黑褐色过渡。

生活习性： 栖息于红树林、河口、内湾或沿海具软泥滩涂，会在洞口上搭建高约30 mm的"烟囱"状结构。

垂直分布： 高潮带至中潮带。

地理分布： 山东半岛（荣成以南）至海南（东方—文昌以北）；日本、朝鲜半岛、越南。

易见度： ★★★★★

语源： 种本名源于拉丁语 *arcuatus*，意为弓形。

备注： 在福建以南，常与锐刺管招潮 *T. acuta* 同域分布，区别在于本种成体显著大于锐刺管招潮，通过头胸甲花纹分布、角膜颜色等亦可进行区分。

① 广西徐闻 / 雄蟹

① ② 浙江象山 / 稚蟹 / 雄蟹　③ 浙江象山 / 亚成体 / 雌蟹　④ 浙江象山 / 亚成体 / 雄蟹　⑤ 浙江象山 / 举螯

① 山东日照 / 稚蟹　② 浙江舟山 / 稚蟹　③ ④ 广东茂名 / 交配　⑤ ⑥ 广东茂名 / 雌蟹　⑦ 广东茂名 / 抱卵
⑧ 广东茂名 / 打斗 / 雄蟹

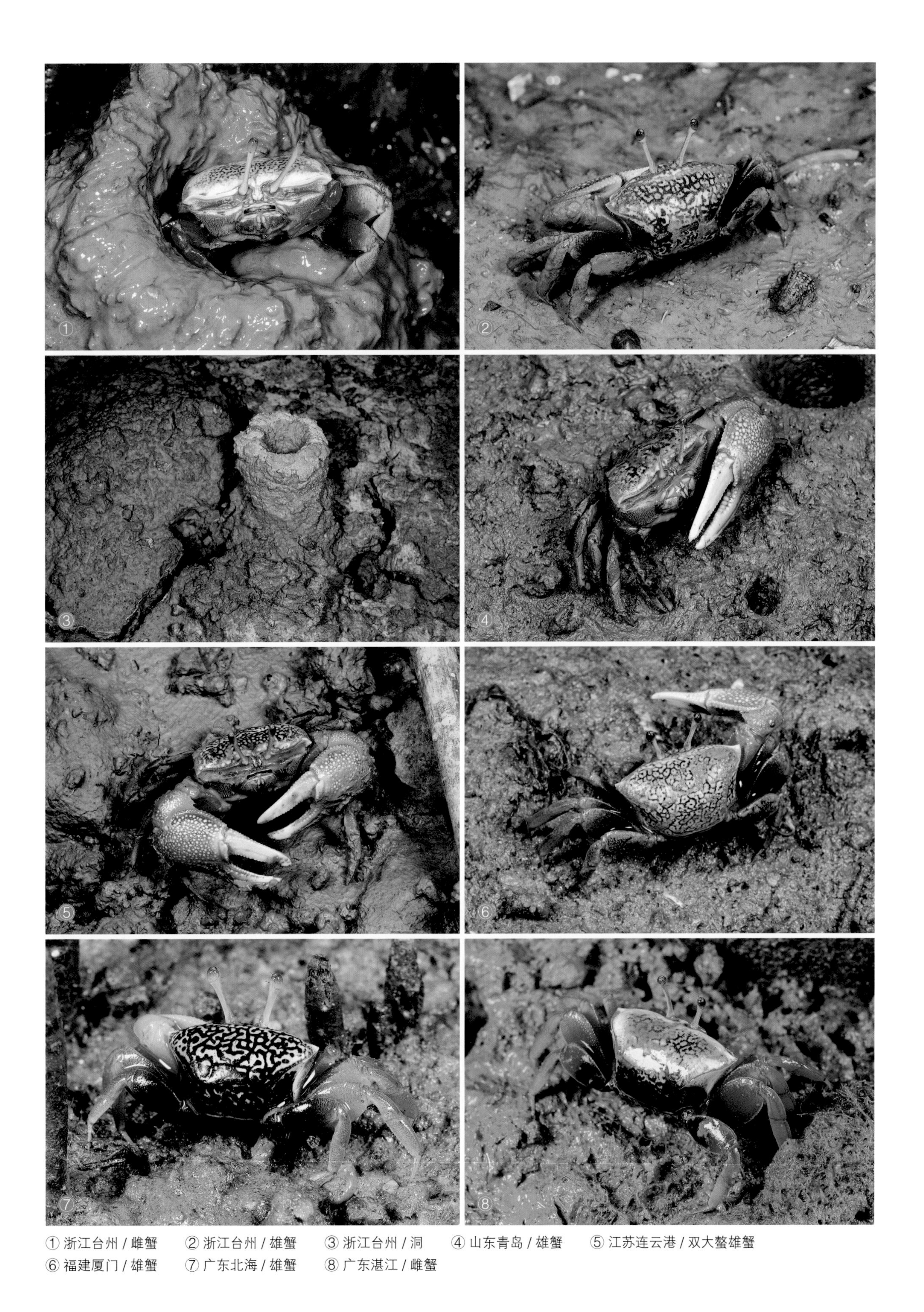

① 浙江台州 / 雌蟹　② 浙江台州 / 雄蟹　③ 浙江台州 / 洞　④ 山东青岛 / 雄蟹　⑤ 江苏连云港 / 双大螯雄蟹
⑥ 福建厦门 / 雄蟹　⑦ 广东北海 / 雄蟹　⑧ 广东湛江 / 雌蟹

拟屠氏管招潮 *Tubuca paradussumieri* (Bott, 1973)

体型： 雄 CW：33.1 mm，CL：19.8 mm； 雌 CW：36.3 mm，CL：23.2 mm。

鉴别特征： 头胸甲近横方形；额窄；外眼窝齿三角形，端部指向斜前方；前侧缘较长；雄性大螯指节甚长于掌部（稚蟹或亚成体不显著），不动指外侧面具 1 长沟，可动指外侧面具 1 中等长沟，有时基部还具 1 亚缘沟，不动指内缘基部具 1 浅凹，一些个体浅凹不存在，形成 1 直线；步足长节较窄。

颜色： 头胸甲橄绿色或青灰色；雄性大螯黄褐色，小螯青绿色；步足同头胸甲颜色；角膜黑色，眼柄青灰色。雌性头胸甲常具淡绿色花纹；螯足淡绿色；步足多少具蓝色。亚成体与稚蟹全身蓝色，唯角膜黄色。

生活习性： 栖息于内湾或河口滩涂，通常在红树林边缘，泥质细而软。

垂直分布： 中潮带。

地理分布： 浙江、福建、台湾、广东、广西、海南；西太平洋、东印度洋。

易见度： ★★★★★

语源： 种本名以拉丁语 *para*+ 屠氏管招潮的种本名 *dussumieri*［法国收藏家让•雅克•杜苏米尔（Jean-Jacques Dussumier）的姓氏］命名，指本种近似于屠氏管招潮 *T. dussumieri*。

① 海南海口 / 雄蟹　② 福建厦门 / 雄蟹

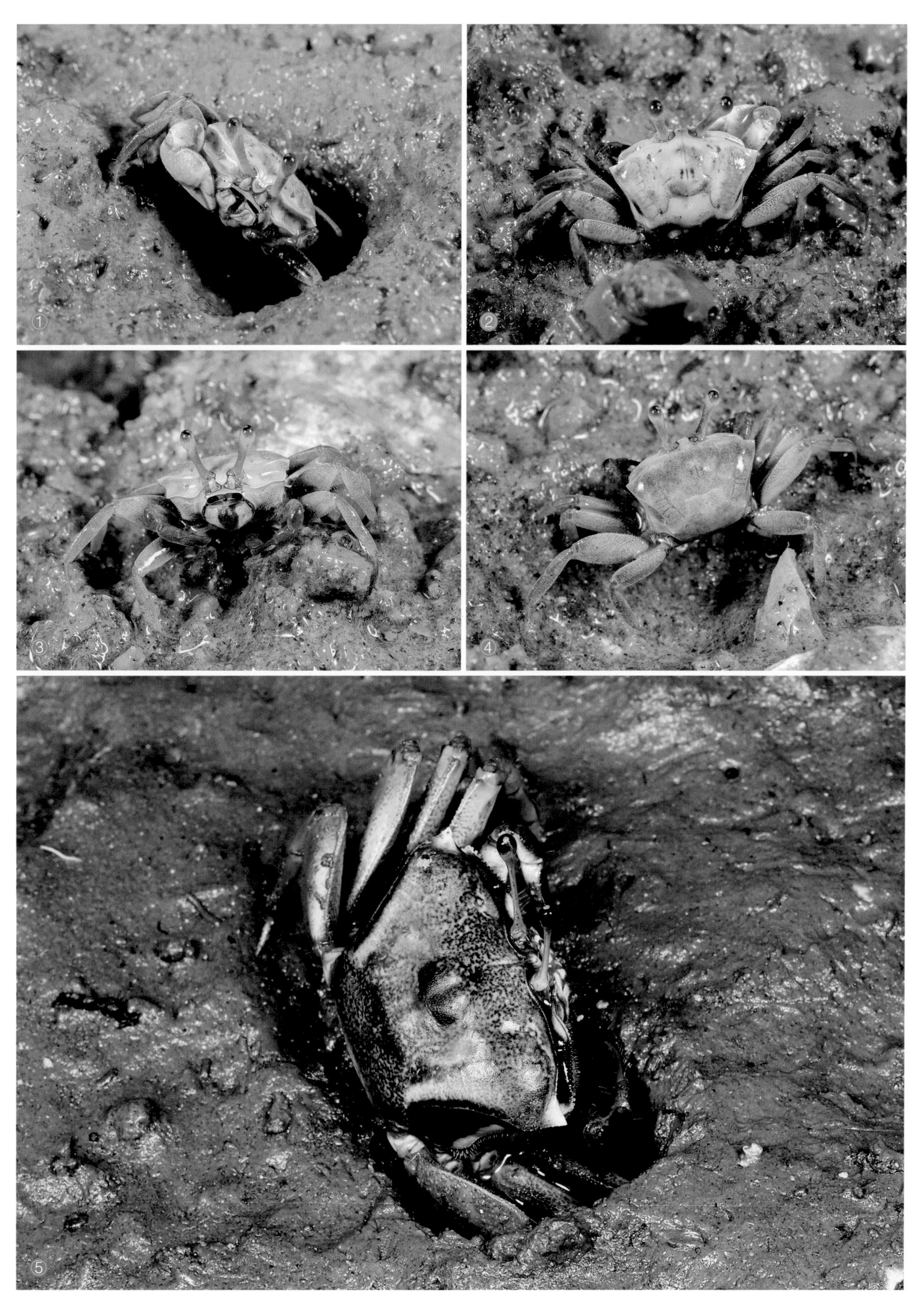

①② 广东茂名 / 稚蟹 / 雄蟹　③④ 广东茂名 / 稚蟹 / 雌蟹　⑤ 海南文昌 / 雌蟹

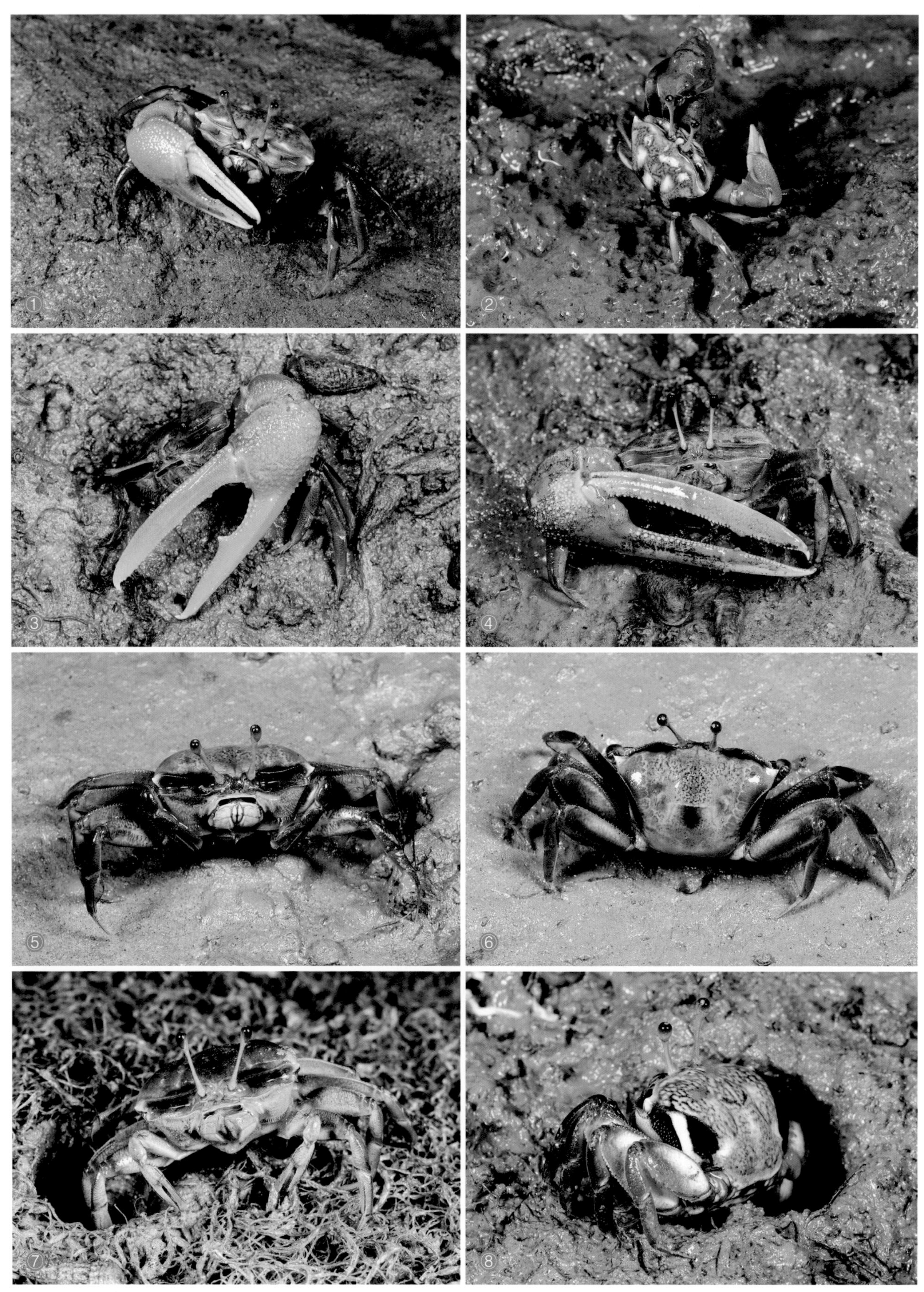

① ② 广东湛江 / 亚成体 / 雄蟹　③ 福建厦门 / 大螯 / 雄蟹　④ 福建厦门 / 雄蟹　⑤ ⑥ 海南海口 / 雌蟹
⑦ ⑧ 广东湛江 / 雌蟹

台风管招潮 *Tubuca typhoni* (Crane, 1975)

体型： 雄 CW：38.1 mm，CL：23.3 mm；雌 CW：33.5 mm，CL：22.6 mm。

鉴别特征： 头胸甲近横方形；额窄；外眼窝齿三角形，端部指向斜前方；前侧缘较短；雄性大螯掌部外侧面具粗糙颗粒，两指内缘具圆形稀疏钝齿突，近端部具 2 ～ 3 枚略显著的钝状齿，亚成体不动指内缘具 2 较宽的浅凹，以 1 齿突相隔，两指外侧面各具 1 长沟，成体不显著；步足长节较窄。

颜色： 头胸甲黑色，具蓝色斑纹，大个体蓝色斑纹面积逐渐变小；雄性大螯红色，两指端部白色，小螯略带紫色，步足背面红色，有时紫色或蓝色，腹面同背面颜色；角膜灰褐色，眼柄红色。雌性头胸甲橙红色或暗紫色；螯足青绿色；步足紫褐色；角膜青灰色，眼柄灰绿色。稚蟹全身乳白色，螯足及眼柄橙色；角膜黄绿色。

生活习性： 河口红树林外侧具植被的滩涂，泥质较硬。洞深，底部具水。常在洞口修建"烟囱"状结构。三亚 9 月底见抱卵雌蟹。

垂直分布： 高潮带至中潮带。

地理分布： 海南（文昌、三亚）；菲律宾。

易见度： ★★☆☆☆

语源： 种本名源于希腊语 *typhōn*，形容栖息地常年受台风侵害。

① 海南三亚 / 雌蟹　② ③ 海南三亚 / 雄蟹

① ② 海南三亚 / 稚蟹 / 雌蟹　③ ④ 海南三亚 / 雌蟹　⑤ 海南三亚 / 雄蟹　⑥ 海南三亚 / 打斗 / 雄蟹
⑦ 海南三亚 / 抱卵　⑧ 海南三亚 / 封住的洞

沙蟹亚科 Ocypodinae

角眼沙蟹 *Ocypode ceratophthalmus* (Pallas, 1772)

体型： 雄 CW：34.9 mm，CL：30.5 mm；雌 CW：31.6 mm，CL：26.5 mm。

鉴别特征： 头胸甲近横方形，表面隆起；额窄，前缘稍隆起；外眼窝齿尖锐，指向外侧；眼柄粗壮，成体角膜末端伸出 1 角状突起，雌性或亚成体短小或缺失；螯足不对称，大螯掌部内侧面具 1 纵行发声隆脊，基半部为细横纹脊，向上逐渐为稀疏颗粒，外侧具 1 丛短毛。

颜色： 全身灰色或灰褐色，心区两侧具 1 对暗红色马蹄形图案；螯足掌部及两指外侧面白色。稚蟹全身灰白色，具暗色斑纹。

生活习性： 喜欢在靠近海一侧的沙滩上挖洞，洞穴很深，常有分枝状结构。遇到惊吓会立即钻入洞中，有时会因找不到洞穴而逃到海浪冲刷的流沙中将自己掩埋起来。

垂直分布： 潮上带至高潮带。

地理分布： 浙江、福建、台湾、广东、香港、广西、海南；印度－西太平洋。

易见度： ★★★★★

语 源： 属名源于希腊语 *ōkys+podos*，意为行动迅速的，中文名形容本属的栖息环境为沙滩。种本名源于希腊语 *keratos+opthalmos*，形容本种复眼上的角状突起。

备注： 本种易与摩敦沙蟹 *O. mortoni* 混淆，但本种大螯内侧发声脊上半部为均匀隔开的短脊，基半部为间隔密集的细脊，莫顿沙蟹大螯内侧发声脊间隔都较均匀。

①② 福建平潭

① ② 海南永兴岛 / 亚成体　③ 海南三亚 / 亚成体　④ 广东惠州 / 稚蟹　⑤ 海南永兴岛　⑥ 广东硇洲岛 / 捕食短指和尚蟹
⑦ 广东徐闻 / 毛簇　⑧ 福建平潭 / 大螯内侧发声脊

平掌沙蟹 *Ocypode cordimana* Latreille, 1818

心掌沙蟹（台）

体型： 雄 CW：40 mm，CL：37.5 mm[3]。

鉴别特征： 头胸甲近横方形，表面隆起，密布微细颗粒；额窄，弯向下方，前缘稍凹；外眼窝齿尖锐，指向前方；眼柄较细，角膜不甚肿胀；腹眼缘脊具粗颗粒，近远端 1/3 处常具一缺刻；螯足不对称，长节前缘近末端具 3 ~ 4 枚三角形齿，掌部内侧面无发声隆脊，两指并拢后无空隙。

颜色： 全身白色、灰白色或灰褐色。

生活习性： 多栖息于不受潮汐影响的潮上带，甚至可以在靠近海岸的海岸林内打洞。

垂直分布： 潮上带。

地理分布： 台湾、海南；印度 - 西太平洋。

易见度： ★★★★★

语源： 种本名源于拉丁语 *cordis+manus*，形容本种膨大的掌部似心形，中文名形容本种大螯内侧无发声脊。

①

②

① ② 日本西表岛

中国沙蟹 *Ocypode sinensis* Dai *et* Yang, 1985

中华沙蟹（台）

体型：雄 CW：22.4 mm，CL：20 mm。

鉴别特征：头胸甲近横方形，表面隆起；额窄，钝圆；腹眼缘脊具连续的细颗粒；螯足不对称，长节前缘近末端锯齿状，大螯掌部扁平，背、腹缘具锯齿，外侧面具颗粒，内侧面无发声隆脊，两指并拢后具较大空隙。

颜色：全身灰白色、黄褐色或褐色；头胸甲背面具模糊的斑纹；螯足长节、腕节及大螯外侧面背缘 1/3 橙黄色，其余白色。稚蟹及亚成体头胸甲上的斑纹显著。

生活习性：多栖息于不受潮汐影响的潮上带，甚至可以在靠近海岸的海岸林内打洞。

垂直分布：潮上带。

地理分布：浙江、福建、台湾、广东、香港、广西、海南；西太平洋、东印度洋。

易见度：★★★★★

语源：种本名源于模式产地中国。

备注：沙蟹属仅本种与平掌沙蟹 *O. cordimana* 的大螯内侧无发声脊，两者区别在于本种腹眼缘脊具连续的细颗粒，螯足长节前缘近末端锯齿状，大螯两指闭合后具较大空隙，后者腹眼缘脊具粗颗粒，近远端 1/3 处常具一缺刻，螯足长节前缘近末端具 3 ~ 4 枚三角形齿，大螯两指闭合后几乎无空隙。

① 海南三亚　② 海南文昌

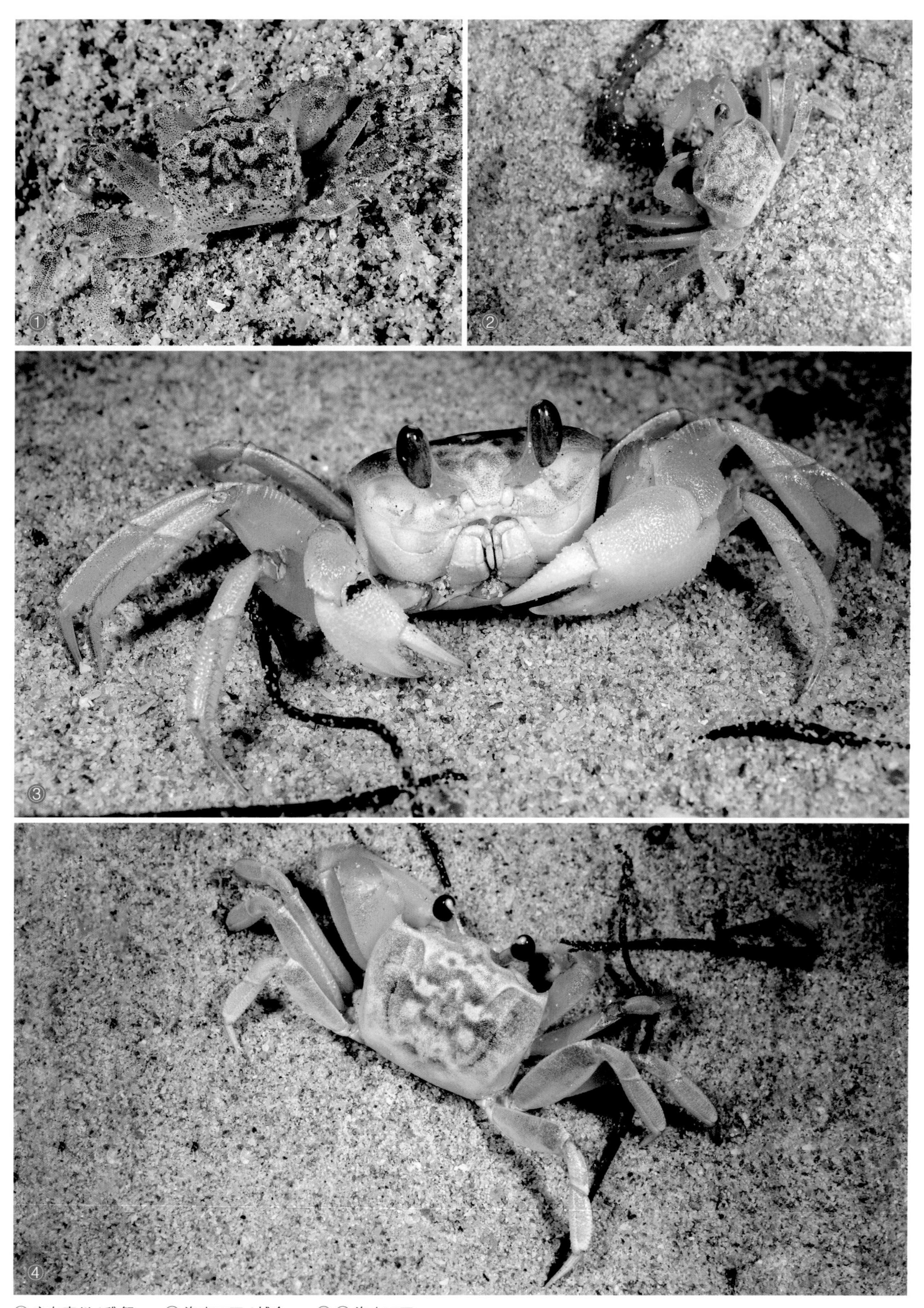

① 广东惠州 / 稚蟹　② 海南三亚 / 捕食　③ ④ 海南三亚

痕掌沙蟹 *Ocypode stimpsoni* Ortmann, 1897

斯氏沙蟹（台）

体型： 雄 CW：22.5 mm，CL：20.1 mm；雌 CW：21.1 mm，CL：18 mm。

鉴别特征： 头胸甲近横方形，表面隆起，密布细颗粒；额窄，向下弯曲；外眼窝齿尖锐，指向外侧；螯足不对称，大螯掌部背、腹缘具细锯齿，内侧面具 1 纵行发声隆脊，由均匀的细刻纹组成，延伸超过不动指一半，隆脊外侧具 1 窄列短毛。

颜色： 体色多变，全身灰白色、黄褐色至红褐色甚至红色；头胸甲背面具暗色斑纹。

生活习性： 习性与角眼沙蟹近似，系暖温带种类，福建平潭岛以北数量众多，广东及海南等地虽有记录，但数量较少。

垂直分布： 潮上带至高潮带。

地理分布： 中国海域广布；日本、朝鲜半岛。

易见度： ★★★★★

语源： 种本名以美国海洋生物学家威廉•斯廷普森（William Stimpson）的姓氏命名，中文名用来形容本种螯足内侧具发声隆脊。

① 福建平潭 / 大螯内侧发声脊　② ③ 福建平潭

①②③④ 福建平潭　　⑤ 福建福州 / 马锋

沙蟹总科 Ocypodoidea

短眼蟹科 Xenophthalmidae

头胸甲近梯形，厚重，背面略凸，表面光滑，分区不明显；额窄，向下弯曲；眼窝小，纵向，眼柄略长，位于眼窝内；前侧缘完整，无齿，前侧缘与后侧缘无显示分界点；第3颚足并拢后无空隙，可完全盖住口腔；螯足近对称，较小；步足侧扁，边缘锯齿状，具长毛，末对步足最小；两性腹部7节；雄性生殖孔位于步足底节；雌性雌孔位于胸部腹甲。

全世界已知3属5种，中国已记录3属3种。

短眼蟹亚科 Xenophthalminae

豆形短眼蟹 *Xenophthalmus pinnotheroides* White, 1846

体型： 雄 CW：11.7 mm，CL：9.4 mm。

鉴别特征： 头胸甲近梯形，宽略大于长，前半部及近侧缘处具绒毛，分区不明显，胃鳃沟深；额窄，向下弯曲；眼窝纵行，相互平行，眼柄位于眼窝内，不可活动；螯足对称，雄性较雌性粗壮，可动指近端部具 1 钝齿；第 1 对步足粗壮，第 2 步足腕节及前节具密绒毛，第 3 对步足最长，末对步足最短。

颜色： 全身白色至灰白色，毛黄褐色。

生活习性： 穴居于泥沙质海底。

垂直分布： 中潮带至潮下带浅水。

地理分布： 中国海域广布；印度 - 西太平洋。

易见度： ★★★★★

语源： 属名源于希腊语 *xenos+opthalmos*，意为怪异的眼睛，中文名形容眼柄短小。种本名源于 *pinnotheres+Oides*，意为像豆蟹的。

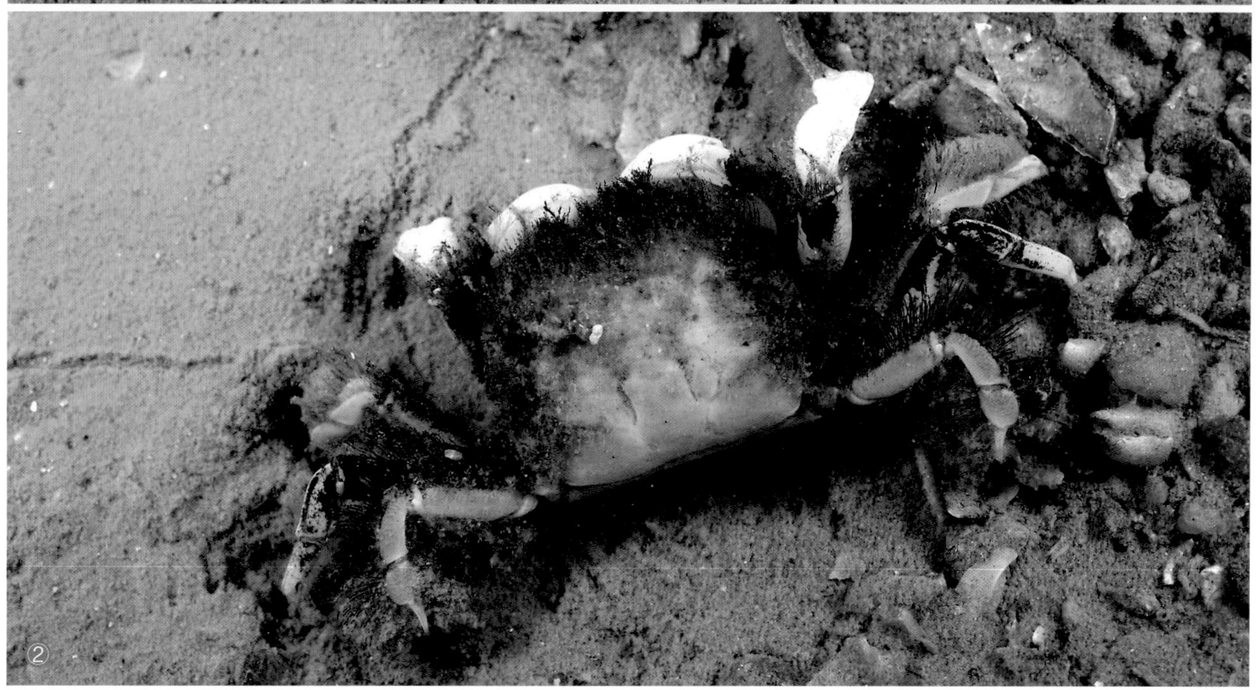

① ② 福建厦门

豆蟹总科 Pinnotheroidea

豆蟹科 Pinnotheridae

体微小，通常共生或寄生于双壳类外套膜内；性二型显著，雌性显著大于雄性；雌性通常只栖息于寄主体内，而雄性可自由活动；头胸甲圆形或近圆形，雌性甲壳不钙化，雄性甲壳钙化；额窄，通常完整；眼及眼窝极小；第3颚足鳃盖状，长节与座节完全愈合；螯足指节通常长，但短于长节，咬合处具小圆齿；步足略微扁平；两性腹部7节，雄性腹部窄，雌性显著扩大。

全世界已知59属290种，中国已记录13属35种。

豆蟹亚科 Pinnotherinae

钝齿日月贝豆蟹 *Amusiotheres obtusidentatus* (Dai, 1980)

体型： 雌 CW：12 mm，CL：9.8 mm。

鉴别特征： 头胸甲近圆方形，明显宽大于长，表面隆起，无毛，缺少凹痕；背面观额区不可见，额稍突出，前缘平直，中央微凹；眼小，背观几乎不可见，背眼窝缘向后延伸 1 道浅痕；第 3 颚足坐节 - 长节融合，长卵形，内末角钝圆，前节背侧突出，向前略超过指节或略短于指节；螯足显著比步足粗壮，细长，对称，掌部长度约为可动指长的 1.8 倍或更大，两指间和掌部腹缘具毛，不动指内缘近基部具 2 枚钝齿，可动指近基部具 1 尖齿；步足纤细，第 1 步足最短，末对步足次之，第 3 步足再次之，第 2 步足最长，右侧的第 2 步足不对称，各节均显著长于其他步足各节，指节细长，末端稍弯，除右侧第 2 步足外，其余各足指节均弯钩状。

颜色： 全身乳白色，微黄。

生活习性： 栖息于日月贝外套膜中。

垂直分布： 潮下带浅水。

地理分布： 广东（硇洲岛）、广西（钦州、北海）、海南（三亚）；日本、朝鲜半岛。

易见度： ★★★☆☆

语源： 属名以该属宿主 *Amusium*（日月贝属）+*Pinnotheres*（豆蟹属）组合。种本名源于拉丁语 *obtusus*+*dentatus*，意为钝齿。

备注： 本种与长肋日月贝共栖（*Amusium pleuronectes*），在广西沿海较为常见。

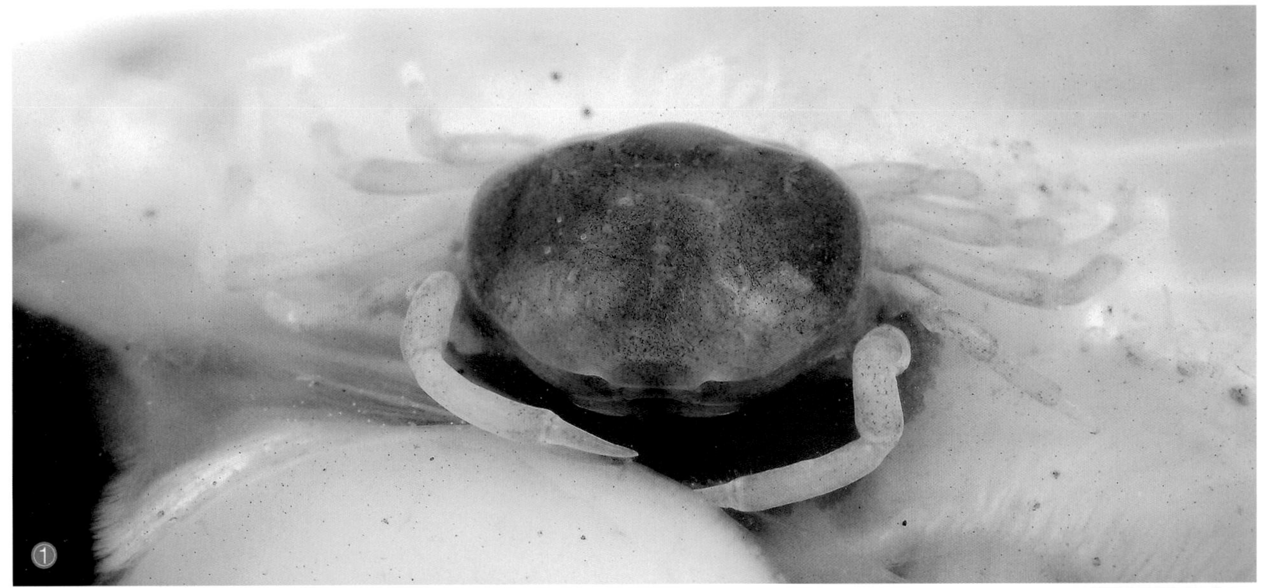

①② 广西北海 / 寄主长肋日月贝 *Amusium pleuronectes*

中华蚶豆蟹 *Arcotheres sinensis* (Shen, 1932)

体型：雄 CW：2.85 mm，CL：2.52 mm；雌 CW：7.27 mm，CL：5.53 mm。

鉴别特征：雌性头胸甲近圆形；螯足粗短，掌部宽大；指节细小，可动指内缘基部 1/3 处具 1 齿，不动指具 2 齿，齿间具小齿状突起；第 3 步足最长，不对称；步足指节棒长，末对指节最长。雄性体小，头胸甲较窄，步足宽扁具毛发。

颜色：全身浅黄色至黄褐色，雄性多为深色。

生活习性：与长牡蛎（*Magallana gigas*）、近江牡蛎（*M. rivularis*）、杂色蛤仔（*Venerupis aspera*）、菲律宾蛤仔（*Ruditapes philippinarum*）、日本肌蛤（*Arcuatula japonica*）、尖紫蛤（*Hiatula acuta*）、中国蛤蜊（*Mactra chinensis*）及紫贻贝（*Mytilus edulis*）等共栖。成熟后的雌性终生栖息于寄主外套膜内，雄性可以自由活动寻找雌性。

垂直分布：潮间带。

地理分布：中国海域广布。

易见度：★★★★★

语源：属名源于本属大多寄生于双壳类蚶目（Arcoidea）。种本名源于模式产地中国。

备注：本种分布极广，北起辽东半岛，南可到福建。食用双壳类时常会见到。

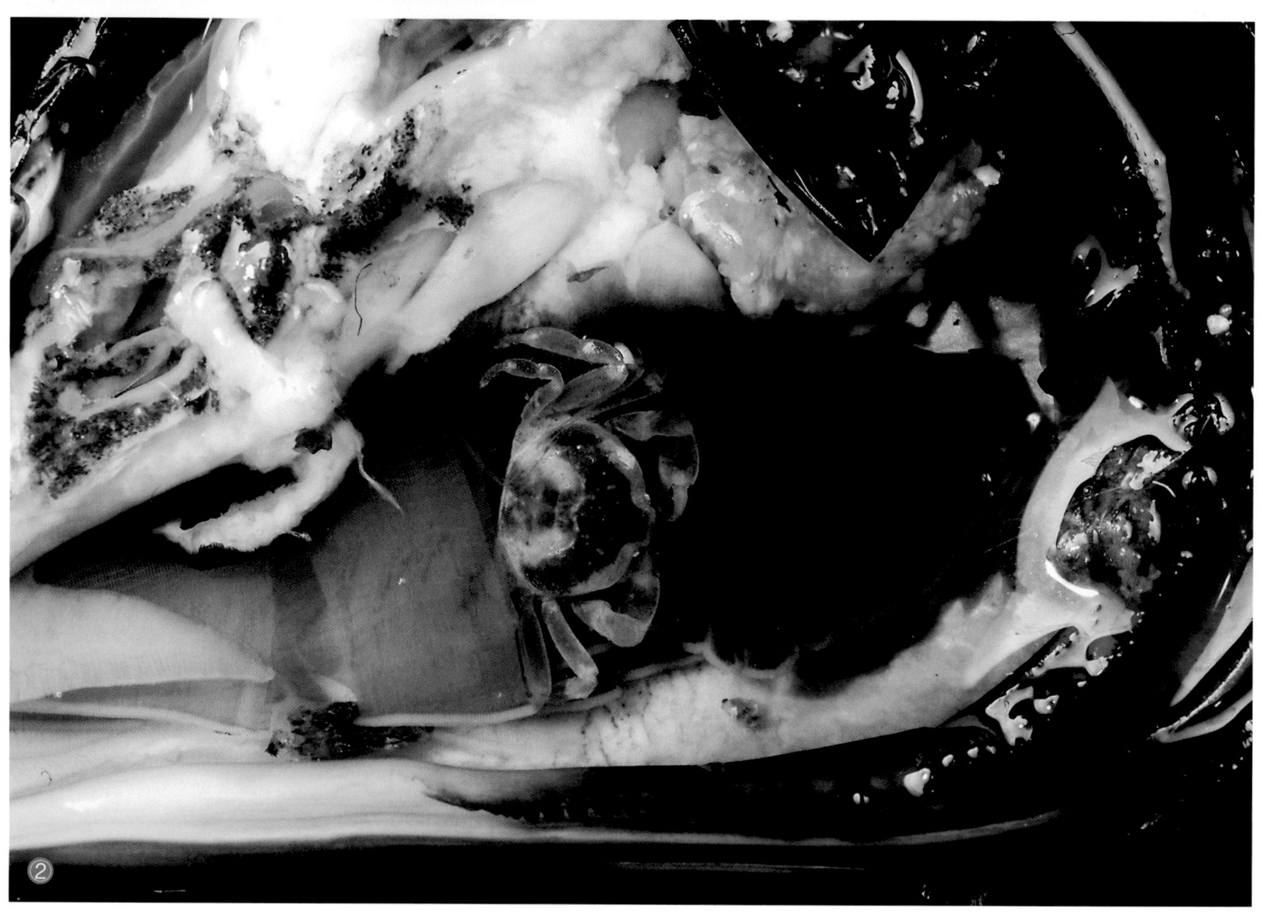

① 山东青岛 / 寄主紫贻贝 *Mytilus edulis* / 雌蟹　② 山东青岛 / 寄主紫贻贝 *Mytilus edulis* / 雄蟹

胀腹豆蟹 *Pinnotheres excussus* Dai in Dai, 1980

体型：雌 CW：7.2 mm，CL：5.8 mm。

鉴别特征：雌性头胸甲六边形，表面较扁平；额凸，边缘弧形；前缘较平，前侧角钝圆，后缘略凹中部略拱；第 3 颚足前节较宽，指节短于前节末缘；螯足可动指内缘近基部 1/3 处具 1 齿，不动指基半部具 2 齿；第 3 步足最长，不对称，左侧短，指节和前 2 对步足相似，爪状，右侧最长，指节长棒状，末端具 1 排长刚毛。

颜色：雌性全身白色半透明，肝胰腺棕褐色。

生活习性：文献记录栖居于加夫蛤（*Gafrarium* sp.）、裂纹格特蛤（*Marcia hiantina*）外套膜内，我们的标本采自翡翠股贻贝（*Perna viridis*）内。

垂直分布：中潮带至潮下带浅水。

地理分布：福建、海南、香港。

易见度：★★☆☆☆

语源：属名源于希腊语 *pinnē+thēreuō*，意为双壳猎人，形容本属种类寄居于双壳类软体动物中。种本名源于拉丁语 *excussus*，意为扩张的，形容本种雌性腹部膨大。

①②福建厦门 / 寄主翡翠贻贝 *Perna viridis* / 雌蟹

中文名索引
INDEX TO CHINESE NAMES

M

N

P

Q

R

S

学名索引

INDEX TO SCIENTIFIC NAMES

A

B

C

D

E

F

G

L

M

N

O

P

Q

R

S

V

W

X

Y

Z

参考文献
REFERENCES

[1] 陈惠莲，孙海宝. 中国动物志 无脊椎动物 第三十卷 节肢动物门 甲壳动物亚门 短尾次目 海洋低等蟹类[M]. 北京：科学出版社，2002.

[2] 陈奕蓉. 台湾产豆蟹科蟹类之分类及亲缘关系研究[D]. 基隆：台湾海洋大学，2008.

[3] 戴爱云，杨思谅，宋玉枝，等. 中国海洋蟹类[M]. 北京：海洋出版社，1986.

[4] 蒋维. 中国海豆蟹科 Family Pinnotheridae 分类学研究[D]. 北京：中国科学院研究生院(海洋研究所)，2006.

[5] 蒋维. 中国海长脚蟹总科(甲壳动物亚门：十足目)分类和地理分布特点[D]. 北京：中国科学院研究生院(海洋研究所)，2009.

[6] 中国科学院自然科学名词编订室. 拉汉无脊椎动物名称(试用本). 北京：科学出版社，1966.

[7] 李政璋. 台湾地蟹科蟹类及其幼苗分类研究[D]. 花莲：东华大学海洋生物多样性及演化研究所，2009.

[8] 刘瑞玉. 中国海洋生物名录[M]. 北京：科学出版社，2008.

[9] 齐钟彦. 新拉汉无脊椎动物名称[M]. 北京：科学出版社，1999.

[10] 沙忠利，蒋维，任先秋，等. 胶州湾及青岛邻近海域底栖甲壳动物(下册)[M]. 北京：科学出版社，2018.

[11] 施宜佳. 台湾产玉蟹总科蟹类之分类研究[D]. 基隆：台湾海洋大学环境生物与渔业科学学系，2016.

[12] 杨思谅，陈惠莲，戴爱云. 中国动物志 无脊椎动物 第四十九卷 甲壳动物亚门 十足目 梭子蟹科[M]. 北京：科学出版社，2012.

[13] Adams, A., & White, A. Crustacea. In Admas A: The zoology of voyage of H.M.S. Samarang: under the co mmand of Captain Sir Edward Belcher, during the years 1843-1846. Reeve and Benham, London, VIII+66 pp, plates 1–13, 1850.

[14] Apel, M., & Spiridonov, V. A. Taxonomy and zoogeography of the portunid crabs (Crustacea: Decapoda: Brachyura: Portunidae) of the Arabian Gulf and adjacent waters. Fauna of Arabia, 17, 159–331, 1998.

[15] Asakura, A., & Watanabe, S. *Hemigrapsus takanoi*, new species, a sibling species of the co mmon Japanese intertidal crab *H. penicillatus* (Decapoda: Brachyura: Grapsoidea). Journal of Crustacean Biology, 25(2), 279–292, 2005.

[16] Bähr, S., Johnson, M. L., Berumen, M. L., Hardenstine, R. S., Rich, W. A., & van der Meij, S. E. Morphology and reproduction in the *Hapalocarcinus marsupialis* Stimpson, 1859 species complex (Decapoda: Brachyura: Cryptochiridae).Journal of Crustacean Biology, 41(3), 1–15, 2021.

[17] Bouchard, J. M., Poupin, J., Cleva, R., Dumas, J., & Dinhut, V. Land, mangrove and freshwater decapod crustaceans of Mayotte region (Crustacea, Decapoda). Atoll Research Bulletin, 592, 1–69, 2013.

[18] Burggren, W. W., McMahon, B. R. Biology of the land crabs. Cambridge University Press, New York, 479 pp, 1988.

[19] Cannicci, S., & Ng, P. L. K. A new species of micro-mangrove crab of the genus *Haberma* Ng & Schubart, 2002 (Crustacea, Brachyura, Sesarmidae) from Hong Kong. ZooKeys, 662, 67–78, 2017.

[20] Castro, P. Trapeziid crabs (Brachyura: Xanthoidea: Trapeziidae) of New Caledonia, eastern Australia, and the Coral Sea. Les fonds meubles des lagons de Nouvelle-Calédonie (Sédimentologie, Benthos). Études et Thèses, 3, 59–107, 1997.

[21] Castro, P. Crabs of the subfamily Ethusinae Guinot, 1977 (Crustacea, Decapoda, Brachyura, Dorippidae) of the Indo-West Pacific region. Zoosystema, 27(3), 499–600, 2005.

[22] Castro, P. Shallow-water Trapeziidae and Tetraliidae (Crustacea: Brachyura) of the Philippines (Panglao 2004 Expedition), New Guinea, and Vanuatu (Santo 2006 Expedition). The Raffles Bulletin of Zoology, 20, 271–281, 2009.

[23] Castro, P., & Ng, P. K. Revision of the family Euryplacidae Stimpson, 1871 (Crustacea: Decapoda: Brachyura: Goneplacoidea). Zootaxa, 2375(1), 1–130, 2010.

[24] Castro, P., Ng, P. K., & Ahyong, S. T. Phylogeny and systematics of the Trapeziidae Miers, 1886 (Crustacea: Brachyura), with the description of a new family. Zootaxa, 643(1), 1–70, 2004.

[25] Chan, T. Y., Ng, P. K. L., Ahyong, S. T. & Tan, S. H. Crustacean fauna of Taiwan: Brachyuran crabs, Volume I – Carcinology in Taiwan and Dromiacea, Raninoida, Cyclodorippoida. Keelung, Taiwan: National Taiwan Ocean University, 198 pp, 2009.

[26] Chia, D. G. B., & Ng, P. K. L. A revision of *Ceratocarcinus* White, 1847, and *Harrovia* Adams & White, 1849 (Crustacea: Decapoda: Brachyura: Eumedonidae), two genera of crabs symbiotic with crinoids. The Raffles Bulletin of Zoology, 46, 493–563, 1998.

[27] Costlow Jr, J. D., & Bookhout, C. G. The larval development of *Callinectes sapidus* Rathbun reared in the laboratory. The Biological Bulletin, 116(3), 373–396, 1959.

[28] Crane, J. Fiddler Crabs of the World (Ocypodidae: Genus *Uca*). Princeton University Press, Princeton, New Jersey, 736 pp, 1975.

[29] Davie, P. J. Crustacea: Malacostraca: Eucarida (Part 2): Decapoda-Anomura, Brachyura. Zoological catalogue of Australia, 19, 1–641, 2002.

[30] Davie, P. J. A new species of *Perisesarma* (Brachyura, Sesarmidae) from Western Australia. In: Fransen, CHJM, S De Grave, PKL Ng (eds.). Studies on Malacostraca: Lipke Bijdeley Holthuis Memorial Volume. Crustaceana Monographs 14: 195–207, 2010.

[31] Davie, P. J., Guinot, D., & Ng, P. K. L. Anatomy and functional morphology of Brachyura. In: Castro P, Davie PJF, Guinot D, Schram F, Von Vaupel Klein C, eds. Treatise on Zoology - Anatomy, Taxonomy, Biology - The Crustacea, complementary to the volumes translated from the French of the Traité de Zoologie, 9(C) (I), Decapoda: Brachyura (Part 1), 11–163, 2015.

[32] Davie, P. J., & Ng, P. K. L. A new genus for cave-dwelling crabs previously assigned to *Sesarmoides* (Crustacea: Decapoda: Brachyura: Sesarmidae). Raffles Bulletin of Zoology Supplement, 16, 227–231, 2007.

[33] De Grave, S., Pentcheff, N. D., Ahyong, S. T., Chan, T. Y., Crandall, K. A., Dworschak, P. C., Felder, D. L., Feldmann, R. M., Fransen, Charles H. J. M., Goulding, L. Y. D., Lemaitre, R., Low, M. E. Y., Martin, J. W., Ng, P. K. L., Schweitzer, C. E., Tan, S. H., Tshudy, D., & Wetzer, R. A Classification of Living and Fossil Genera of Decapod Crustaceans. The Raffles Bulletin of Zoology Supplement, 21, 1–109, 2009.

[34] De Man, J. G. Ubersicht der indo-pacifischen Arten der Gattung *Sesarma* Say, nebst einer Kritik der von W. Hess und E. Nauck in den Jahren 1865 und 1880 beschriebenen Decapoden. Zoologische Jahrbucher, Abtheilung fur Systematik, Geographie und Biologie der Thiere, 2, 639–722, 1887.

[35] Epifanio, C. E. Invasion biology of the Asian shore crab *Hemigrapsus sanguineus*: a review. Journal of Experimental Marine Biology and Ecology, 441, 33–49, 2013.

[36] Evans, N. Molecular phylogenetics of swimming crabs (Portunoidea Rafinesque, 1815) supports a revised family-level classification and suggests a single derived origin of symbiotic taxa. PeerJ, 6, e4260, 2018.

[37] Fratini, S., Cannicci, S., & Schubart, C. D. Molecular phylogeny of the crab genus *Metopograpsus* H. Milne Edwards, 1853 (Decapoda: Brachyura: Grapsidae) reveals high intraspecific genetic variation and distinct evolutionarily significant units. Invertebrate Systematics, 32(1), 215–223, 2018.

[38] Fujita, Y., & Shokita, S. New record of a crinoid symbiotic crab, *Harrovia longipes* Lanchester, 1900 (Decapoda: Brachyura: Pilumnidae: Eumedoninae) from Japan. Crustacean Research, 32, 98–103, 2003.

[39] Galil, B., & Takeda, M. A revision of the genus *Glabropilumnus* (Crustacea, Decapoda, Brachyura). Bull. Nat. Sci. Mus., Tokyo, Ser. A, 14, 67–90, 1988.

[40] Galil, B. S. A revision of *Myra* Leach, 1817 (Crustacea: Decapoda: Leucosioidea). Zoologische Mededelingen, 75, 409–446, 2001.

[41] Galil, B. S. Contribution to the knowledge of Leucosiidae I. The identity of *Leucosia craniolaris* (Linnaeus, 1758), and redefinition of the genus *Leucosia* Weber, 1795 (Crustacea: Brachyura). Zoologische Mededelingen, 77, 181–191, 2003.

[42] Galil, B. S. Contribution to the knowledge of Leucosiida IV. *Seucolia* gen. nov. (Crustacea: Brachyura). Zoologische Mededelingen, 79(2), 41–59, 2005.

[43] Galil, B. S. Contributions to the knowledge of Leucosiidae III. *Urnalana* gen. nov.(Crustacea: Brachyura). Zoologische Mededelingen, 79, 9–40, 2005.

[44] Galil, B. S. An examination of the genus *Philyra* Leach, 1817 (Crustacea, Decapoda, Leucosiidae) with descriptions of seven new genera and six new species. Zoosystema, 31(2), 279–320, 2009.

[45] Galil, B. S., & Ng, P. K. L. Leucosiid crabs from Panglao, Philippines, with descriptions of three new species (Crustacea: Decapoda: Brachyura). Raffles Bulletin of Zoology, 16, 79–94, 2007.

[46] Garth, J. S., & Alcala, A. C. Poisonous Crabs of Indo-West Pacific coral reefs, with special reference to the genus *Demania* Laurie. In: Proceedings, Third International Coral Reef Symposium, Rosenstiel School of Marine and Atmospheric Science, University of Miami, Miami, Florida, 645–651, 1977.

[47] Gothland, M., Dauvin, J. C., Denis, L., Dufossé, F., Jobert, S., Ovaert, J., Pezy, J. P., Tous Rius, A. & Spilmont, N. Biological traits explain the distribution and colonisation ability of the invasive shore crab *Hemigrapsus takanoi*. Estuarine, Coastal and Shelf Science, 142, 41–49, 2014.

[48] Griffin, D. J. G. & Tranter, H. A. The Decapoda Brachyura of the Siboga Expedition. Part VIII. Majidae. Siboga Expeditie Monographie, 39C4, 1–335, 1986.

[49] Guinot, D. Constitution de quelques groupes naturels chez les Crustacés Décapodes Brachyoures. I. La superfamille des Bellioidea et trois sous-familles de Xanthidae (Polydectinae Dana, Trichiinae de Haan, Actaeinae Alcock). Memoires du Muséum National D'Histoire Naturelle, Nouvelle Série: Série A, Zoologie, 97, 1–308, Plates 1–19, 1976.

[50] Guinot, D. Propositions pour une nouvelle classification des Crustacés Décapodes Brachyoures. Comptes Rendus Hebdomadaires des Seances de l' Academie des Sciences, series 3, 285, 1049–1052, 1977.

[51] Guinot, D.; Low, M.E.Y. *Forestiana* nom. nov., a replacement name for *Forestia* Guinot, 1976 (Crustacea: Brachyura: Xanthidae), pre-occupied by *Forestia* Trinchese, 1881 (Mollusca: Calmidae: Nudibranchia). Zootaxa. 2489, 67–68, 2010.

[52] Guinot, D., Ng, N. K., & Moreno, P. A. R. Review of grapsoid families for the establishment of a new family for *Leptograpsodes* Montgomery, 1931, and a new genus of Gecarcinidae H. Milne Edwards, 1837 (Crustacea, Decapoda, Brachyura, Grapsoidea MacLeay, 1838). Zoosystema, 40, 547–604, 2018.

[53] Halstead, B. W. Poisonous and venomous marine animals of the world: invertebrates (Vol. 1). US. Government Printing Office, Washington, DC , 994 pp, 1965.

[54] Ho, P. H., Yu, H. P., & Ng, P. K. L. New records of Eriphiidae, Pilumnidae and Xanthidae (Crustacea: Decapoda: Brachyura) from Taiwan. Raffles Bulletin of Zoology, 48(1), 111–122, 2000.

[55] Holthuis, L. B. Are there poisonous crabs?. Crustaceana, 15(2), 215–222, 1968.

[56] Hsueh, P. W. A new species of *Neorhynchoplax* (Crustacea: Decapoda: Brachyura: Hymenosomatidae) from Taiwan. Zootaxa, 4461(3), 350-358, 2018.

[57] Hsueh, P. W. New species and record of xanthid crabs (Crustacean, Decapoda) from Taiwan. Zootaxa, 4809(3), 535–546, 2020.

[58] Hsueh, P. W., & Huang, J. F. Crabs of the family Goneplacidae (Decapoda, Brachyura) from Taiwan. Crustaceana, 75, 111–136, 2002.

[59] Hsueh, P. W., Huang, J. F., & Ng, P. K. L. On a new genus and new species of pilumnid crab from Taiwan, and the generic placements of *Heteropanope changensis* (Rathbun,) and *Pilumnopeus pereiodontus* Davie and Ghani, 1993 (Crustacea: Decapoda: Brachyura). Journal of Natural History, 43(5–6), 323–334, 2009.

[60] Huang, C., & Mao, S. The Hillstream Decapod Crustaceans of Shenzhen, China, with Description of a New Species of Freshwater Crab (Crustacea: Brachyura: Potamidae) in the Genus *Megapleonum* Huang, Shih & Ahyong, 2018. Zoological Studies, 60, 66, 2021.

[61] Haug,J.T., & Haug, C. *Eoprosopon klugi* (Brachyura)—the oldest unequivocal and most "primitive" crab reconsidered. Palaeodiversity, 7, 149-158, 2014.

[62] Hui, T. Y., & Wong, K. J. Tropical sand-bubblers heading north? First discovery of *Scopimera curtelsona* Shen, 1936 (Crustacea: Decapoda: Dotillidae) populations in Hong Kong: possible range expansion from Hainan, China. Zootaxa, 4652(3), 520–532, 2019.

[63] Hwang, J. J., & Takeda, M. A new freshwater crab of the family Graspidae from Taiwan. Proceedings of the Japanese Society of Systematic Zoology, 33, 11–18, 1986.

[64] Iwasa-Arai, T., McCallum, A. W., & Taylor, J. Oceanic Shoals Co mmonwealth Marine Reserve survey reveals new records of xanthid crabs (Crustacea: Brachyura: Xanthidae) from northern Australia. Memoirs of Museum Victoria, 73, 1–11, 2015.

[65] Karasawa, H., & Schweitzer, C. E. A new classification of the Xanthoidea *sensu lato* (Crustacea: Decapoda: Brachyura) based on phylogenetic analysis and traditional systematics and evaluation of all fossil Xanthoidea sensu lato. Contributions to Zoology, 75(01-02), 23–73, 2006.

[66] Knudsen, J. W. *Trapezia* and *Tetraha* (Decapoda, Brachyura, Xanthidae) as obligate ectoparasites of Pocilloporid and Acroporid corals. Pacific Science, 21, 51–57, 1967.

[67] Koch, M., Spiridonov, V. A., & Duris, z. Revision of the generic system for the swimming crab subfamily Portuninae (Decapoda: Brachyura: Portunidae) based on molecular and morphological analyses. Zoological Journal of the Linnean Society, 20, 1–49, 2022.

[68] Koh, S. K., & Ng, P. K. L. A revision of the shore crabs of the genus *Eriphia* (Crustacea: Brachyura: Eriphiidae). Raffles Bulletin of Zoology, 56(2), 327–355, 2008.

[69] Komai, T. New records of four grapsoid crabs (Crustacea: Decapoda: Brachyura) from Japan, with notes on four rare species. Natural History Research, 8, 33–63, 2004.

[70] Komatsu, H. Crabs dredged off the Ogasawara Islands (Crustacea, Decapoda, Brachyura). Memoirs of the National Museum of Nature and Science, Tokyo, 47, 219–277, 2011.

[71] Kropp, R. K. *Tanaocheles stenochilus*, a new genus and species of crab from Guam, Mariana Islands (Brachyura: Xanthidae). Proceedings of the Biological Society of Washington, 97(4), 744–747, 1984.

[72] Kropp, R. K. Feeding biology and mouthpart morphology of three species of coral gall crabs (Decapoda: Cryptochiridae). Journal of Crustacean Biology, 6(3), 377–384, 1986.

[73] Kropp, R. K. Revision of the genera of gall crabs (Crustacea: Cryptochiridae) occurring in the Pacific Ocean. Pacific Science, 44, 417–448, 1990.

[74] Lai, J. C., Ng, P. K. L., & Davie, P. J. A revision of the *Portunus pelagicus* (Linnaeus, 1758) species complex (Crustacea: Brachyura: Portunidae), with the recognition of four species. Raffles Bulletin of Zoology, 58(2), 199–237, 2010.

[75] Lasley Jr, R. M., Klaus, S., & Ng, P. K. L. Phylogenetic relationships of the ubiquitous coral reef crab subfamily Chlorodiellinae (Decapoda, Brachyura, Xanthidae). Zoologica Scripta, 44(2), 165–178, 2015.

[76] Lee., B. Y., De Forges, B. R., & Ng, P. K. L. The generic affinities of the Indo-West Pacific species assigned to *Rochinia* A. Milne-Edwards, 1875 (Crustacea: Brachyura: Majoidea: Epialtidae). Raffles Bulletin of Zoology, 69, 19–44, 2021.

[77] Lee, B. Y., Ng, N. K., & Ng, P. K. L. The taxonomy of five species of *Episesarma* De Man, 1895, in Singapore (Crustacea: Decapoda: Brachyura: Sesarmidae). Raffles Bulletin of Zoology Supplement, 31, 199–215, 2015.

[78] Lee, B. Y., & Ng, P. K. L. The identity of *Hyastenus pleione* (Herbst, 1803) and description of a new species from China (Decapoda, Brachyura, Majoidea, Epialtidae). Crustaceana, 93(11-12), 1343–1360, 2020.

[79] Lee, S., Lee, S. K., Rho, H. S., & Kim, W. New report of the varunid crabs, *Hemigrapsus takanoi* and *Sestrostoma toriumii* (Crustacea: Decapoda: Varunidae) from Korea. Animal Systematics, Evolution and Diversity, 29(2), 152–159, 2013.

[80] Lee, S. H., Jeong, J. H., Kim, J. Y., & Lee, S. H. A New Record of the Varunid Crab, *Varuna yui* (Decapoda: Varunidae), from Korea. Animal Systematics, Evolution and Diversity, 38(1), 42–45, 2022.

[81] Lee, S. H., & Ko, H. S. New Records of Three Xanthid Crabs (Decapoda: Brachyura: Xanthidae) from Jejudo Island in Korea. Animal Systematics, Evolution and Diversity, 27(2), 183–190, 2011.

[82] Lee, S. H., Park, J. H., & Ko, H. S. First record of two species of parthenopid crabs (Crustacea: Decapoda: Parthenopidae) from Korean waters. Journal of Species Research, 5(3), 359–363, 2016.

[83] Lee, S. K. Systematic study on the Korean pilumnoid and xanthoids (Crustacea: Decapoda: Brachyura) based on morphology and molecular data. Laboratory of Systemtics and Molecular evolution, School of Biological Sciences, The Graduate School, Seoul National Universit, Seoul, 343 pp, 2012.

[84] Lee, S. K., Kim, S. H., & Kim, W. New Record of Majoid Crab *Xenocarcinus conicus* (Crustacea: Decapoda: Epialtidae) from Korea. Animal Systematics, Evolution and Diversity, 24(2), 151–153, 2008.

[85] Lee, S. K., & Kim, W. Redescription of *Hopolophrys oatesii* (Decapoda: Majoidea: Pisidae) from Korea. Animal Systematics, Evolution and Diversity, 23(1), 103–105, 2007.

[86] Lee, S. K., Mendoza, J. C. E., Ng, P. K. L., & Kim, W. On the identity of the Indo-West Pacific littoral xanthid crab, *Leptodius exaratus* (H. Milne Edwards, 1834) (Crustacea: Decapoda: Brachyura: Xanthidae). Raffles Bulletin of Zoology, 61(1), 189–204, 2013.

[87] Li, J. J. Redescription of two poorly known sesarmid crabs from Taiwan. Platax, 2014, 83–93, 2014.

[88] Liu, H. L., & Huang, J. R. A new species of *Paracleistostoma* De Man, 1895 (Crustacea: Decapoda: Brachyura: Camptandriidae) from Haikou, Hainan Province, China. Zootaxa, 4121(3), 346–350, 2016.

[89] McLay, C. L., & Naruse, T. Revision of the shell-carrying crab genus *Conchoecetes* Stimpson, 1858 (Crustacea: Brachyura: Dromiidae). Zootaxa. 4706(1), 1–47, 2019.

[90] Maenosono, T. Notes on some species of the genera *Forestiana* Guinot and Low, 2010 and *Gaillardiellus* Guinot, 1976 (Decapoda: Brachyura: Xanthidae) from southern Japan, including two new records. Nature of Kagoshima, 48, 19–29, 2021.

[91] Man, J.G. de. Report on the podophthalmous Crustacea of the Mergui Archipelago, collected for the Trustees of the Indian Museum, Calcutta, by Dr. John Anderson, F.R.S., Superintendent of the Museum. Part I. Journal of the Linnean Society of London. Zoology 22, 1–64, 1887.

[92] Masatsune, T. New records of three xanthoid crabs (Decapoda, Brachyura) collected from Chejudo Island in Korea. Animal Systematics, Evolution and Diversity, 16(1), 31–37, 2000.

[93] McLay, C. L. Rediscovery of the sponge crab *Cryptodromia fallax* (Latreille in Milbert, 1812) (Decapoda: Brachyura: Dromiidae) at Mauritius, with the description of a new genus and the confirmation of an unusual seaweed-carrying camouflage mode. The Journal of Crustacean Biology, 40(1), 82–88, 2020.

[94] Mendoza, J. C. E., Lasley Jr, R. M., & Ng, P. K. New rock crab records (Crustacea: Brachyura: Xanthidae) from christmas and cocos (keeling) islands, eastern Indian Ocean. Raffles Bulletin of Zoology, 30, 274–300, 2014.

[95] Milne-Edwards, A. Recherches sur la faune carcinologique de la Nouvelle-Calédonie. Deuxième Partie. Nouvelles Archives du Muséum d'Histoire naturelle, Paris. 9, 155–332, Plates. 4–18, 1873.

[96] Mingkid, W. M., Akiwa, S., & Watanabe, S. Morphological characteristics, pigmentation, and distribution of the sibling penicillate crabs, *Hemigrapsus penicillatus* (De Haan, 1835) and *H. takanoi* Asakura & Watanabe, 2005 (Decapoda, Brachyura, Grapsidae) in Tokyo Bay. Crustaceana, 1107–1121, 2006.

[97] Mingliu, Y., Jingming, X., & Bin, W. A preliminary study on crabs diversity for Beibu Gulf mangrove. Sichuan Journal of Zoology, 33(3), 347–352, 2014.

[98] Murakami, Y., & Wada, K. Inter-populational variations in body color related to growth stage and sex in *Gaetice depressus* (De Haan, 1835)(Decapoda, Brachyura, Varunidae). Crustaceana, 88(1), 113–126, 2015.

[99] Naderloo, R. (2017). Atlas of crabs of the Persian Gulf. Springer, Switzerland, 444 pp.

[100] Ng, N. K., Huang, J. F., & Ho, P. H. Description of a new species of hydrothermal crab, *Xenograpsus testudinatus* (Crustacea: Decapoda: Brachyura: Grapsidae) from Taiwan. National Taiwan Museum Special Publication Series, 10, 191–199, 2000.

[101] Ng, N. K., Moreno, P. A. R., Naruse, T., Guinot, D., & Mollaret, N. Annotated type-catalogue of Brachyura (Crustacea, Decapoda) of the Muséum national d'Histoire naturelle, Paris. Part II. Gecarcinidae and Grapsidae (Thoracotremata, Grapsoidea), with an Appendix of pre-1900 collectors. Zoosystema, 41(1), 91–130, 2019.

[102] Ng, N. K., Naruse, T., & Shih, H. T. *Helice epicure*, a new species of varunid mud crab (Brachyura, Decapoda, Grapsoidea) from the Ryukyus, Japan. Zoological studies, 57, 15, 2018.

[103] Ng, P. K. L. The Indo-Pacific Pilumnidae V. Three new species of *Pilumnus* Leach, 1815 (Crustacea: Decapoda: Brachyura) from Singapore, Vietnam and Japan. Indo-Malayan Zoology, 5(2), 295–306, 1988.

[104] Ng, P. K. L. *Ovilyra*, a new genus of leucosiid crab (Crustacea: Decapoda: Brachyura) from the West Pacific. Zootaxa, 4952(2), 369–380, 2021.

[105] Ng, P. K. L., & Castro, P. On the genus *Scalopidia* Stimpson, 1858 (Crustacea: Brachyura: Goneplacoidea: Scalopidiidae),

with the description of one new genus and three new species. Zootaxa, 3731(1), 058–076, 2013.

[106] Ng, P.K.L., Chen, H. L., Fang, S. H. On some species of Hymenosomatidae (Crustacea: Decapoda: Brachyura) from China, with description of a new species of *Elamena* and a key to the Chinese species. Journal of Taiwan Museum. 52(1): 81–793, 1999.

[107] Ng, P. K. L., & Clark, P. F. The Indo-Pacific Pilumnidae XII. On the familial placement of *Chlorodiella bidentata* (Nobili, 1901) and Tanaocheles stenochilus Kropp, 1984 using adult and larval characters with the establishment of a new subfamily, Tanaochelinae (Crustacea: Decapoda: Brachyura). Journal of Natural History, 34(2), 207–245, 2000.

[108] Ng, P. K. L, & Guinot, D. *Parapanope* De Man, 1895 (Decapoda: Brachyura: Pilumnoidea: Galenidae): revisited and revised, with descriptions of two new species. The Journal of Crustacean Biology, 41(2), ruab020, 2021.

[109] Ng, P. K. L., Guinot, D., & Davie, P. J. Systema Brachyurorum: Part I. An annotated checklist of extant brachyuran crabs of the world. The Raffles Bulletin of Zoology, 17(1), 1–286, 2008.

[110] Ng, P. K. L., & Ho, P. H. A new genus for *Fabia obtusidentata* Dai, Feng, Song and Chen, 1980, a pea crab (Decapoda: Brachyura: Pinnotheridae) symbiotic with the Moon Scallop *Amusium pleuronectes* (Linnaeus, 1758) (Mollusca: Pectinidae). Journal of Crustacean Biology, 36(5), 740–751, 2016.

[111] Ng, P. K. L., & Jeng, M. S. Notes on two crabs (Crustacea, Brachyura, Dynomenidae and Iphiculidae) collected from red coral beds in northern Taiwan, including a new species of *Pariphiculus* Alcock, 1896. ZooKeys, (694), 135, 2017.

[112] Ng, P. K. L., Lee, B. Y., & Tan, H. H. Notes on the taxonomy and ecology of *Labuanium politum* (De Man, 1887) (Crustacea: Decapoda: Sesarmidae), an obligate arboreal crab on the nipah palm, *Nypa fruticans* (Arecales: Arecaceae). The Raffles Bulletin of Zoology Supplement 31, 216–225, 2015.

[113] Ng, P. K. L., & Liu, H. C. On a new species of tree-climbing crab of the genus *Labuanium* (Crustacea: Decapoda: Brachyura: Sesarmidae) from Taiwan. Proceedings of the Biological Society of Washington, 116(3), 601–616, 2003.

[114] Ng, P. K. L., & Rahayu, D. L. A synopsis of *Typhlocarcinops* Rathbun, 1909 (Crustacea: Decapoda: Brachyura: Pilumnidae), with descriptions of nine new species from the Indo-West Pacific. Zootaxa, 4788(1), 1–100, 2020.

[115] Ng, P. K. L., Shih, H. T., & Cannicci, S. A new genus for *Sesarma (Holometopus) tangi* Rathbun, 1931 (Decapoda: Brachyura: Sesarmidae) from mangrove forests, with notes on its ecology and conservation. Journal of Crustacean Biology, 40(1), 89–96, 2020.

[116] Ng, P. K. L., Shih, H. T., Ho, P. H. & Wang, C. H. An updated annotated checklist of brachyuran crabs from Taiwan (Crustacea: Decapoda). Journal of the National Taiwan Museum, 70, 1–185, 2017.

[117] Ng, P. K. L., & Tan, L. W. H. The identities of *Heteropilumnus subinteger* (Lanchester, 1900) and *Heteropilumnus hirsutior* (Lanchester, 1900) stat. nov., with description of a new species, *Heteropilumnus holthuisi* sp. nov.(Decapoda, Brachyura, Pilumnidae). Crustaceana, 54(1), 13–24, 1988.

[118] Ng, P. K. L., & Wang, C. H. Notes on the enigmatic genus *Pseudozius* Dana, 1851 (Crustacea, Decapoda, Brachyura). Journal of the Taiwan Museum, 47(1), 83–99, 1994.

[119] Ng, P. K. L., Wang, C. H., Ho, P. H. & Shih, H. T An annotated checklist of brachyuran crabs from Taiwan (Crustacea: Decapoda), National Taiwan Museum, Special Publication Series, 11, 1–86, 8 color plates, 2001.

[120] Ng, P. K. L., & Wong, K. J. H. The Hexapodidae (Decapoda, Brachyura) of Hong Kong, with description of a new species of *Mariaplax Rahayu* & Ng, 2014. Crustaceana, 92, 233–245, 2019.

[121] Ng, P. K. L., & Yang, C. M. On some species of *Demania* Laurie, 1906 (Crustacea: Decapoda: Brachyura: Xanthidae) from Malaysia, Singapore and the Philippines, with a key for the genus. Raffles Bulletin of Zoology, 37(1), 37–50, 1989.

[122] Nguyen, T. S., & Ng, P. K. L. A revision of the swimming crabs of the Indo–West Pacific *Xiphonectes hastatoides* (Fabricius, 1798) species complex (Crustacea: Brachyura: Portunidae). Arthropoda Selecta, 30(3), 386–404, 2021.

[123] Noél, P. Y., Tardy, E., & d'Acoz, C. D. U. Will the crab *Hemigrapsus penicillatus* invade the coasts of Europe?. Comptes Rendus de l'Académie des Sciences-Series III-Sciences de la Vie, 320(9), 741–745, 1997.

[124] Odhner, T. Monographierte Gattungen der Krabbenfamilie Xanthidae. I. Göteborgs Kungliga Vetenskaps-och Vitterhets-Samhälles Handlingar, ser. 4. 29(1): 1–92, pls. 1–5, 1925.

[125] Ohtsuchi, N., & Kawamura, T. Redescriptions of *Pugettia quadridens* (De Haan, 1837) and *P. intermedia* Sakai, 1938 (Crustacea: Brachyura: Epialtidae) with description of a new species. Zootaxa, 4672(1), 1–68, 2019.

[126] Ohtsuchi, N., Komatsu, H., & Li, X. A new kelp crab species of the genus *Pugettia* (Crustacea: Decapoda: Brachyura: Epialtidae) from Shandong Peninsula, Northeast China. Species Diversity, 25(2), 237–250, 2020.

[127] Paul' son, O. Studies on Crustacea of the Red Sea with notes regarding other seas. Part I. Podophthalmata and Edriophthalmata (Cumacea). S.V. Kul' zhenko, Kiev, 144 pp. [Original in Russian. English translation by the Israel Program for Scientific Translations, Jerusalem, 1961, 164 pp.], 1875.

[128] Poupin, J., Davie, P. J., & Cexus, J. C. A revision of the genus *Pachygrapsus* Randall, 1840 (Crustacea: Decapoda: Brachyura, Grapsidae), with special reference to the Southwest Pacific species. Zootaxa, 1015(1), 1–66, 2005.

[129] Poore, G. C. B. The names of the higher taxa of Crustacea Decapoda. Journal of Crustacean Biology, 36(2), 248–255, 2016.

[130] Poore, G. C. B. & Ahyong, S. T. Marine decapod Crustacea: a guide to the families and genera of the world. CSIRO Publishing, Collingwood. Xü+916 PP, 2023.

[131] Rahayu, D. L., & Ng, P. K. L. Revision of the *Parasesarma plicatum* (Latreille, 1803) species-group (Crustacea: Decapoda: Brachyura: Sesarmidae). Zootaxa, 2327(1), 1–22, 2010.

[132] Rathbun, M. J. The Brachyura collected by the U.S. Fish Co mmission steamer Albatross on the voyage from Norfolk, Virginia, to San Francisco, California, 1887–1888. Proceedings of the United States National Museum, 21, 567–616, Plates 41–44, 1898.

[133] Ribero, L., Lim, P. E., Ramli, R., & Polgar, G. Assemblage structure, distribution and habitat type of the grapsoid crabs (Brachyura: Grapsoidea) of the coastal forested swamps of northern Borneo. Regional Studies in Marine Science, 37, 101323, 2020.

[134] Scholtz, G. *Eocarcinus praecursor* Withers, 1932 (Malacostraca, Decapoda, Meiura) is a stem group brachyuran. Arthropod Structure & Development, 59, 1–16, 2020.

[135] Schubart, C. D., Liu, H. C., & Cuesta, J. A. A new genus and species of tree-climbing crab (Crustacea: Brachyura: Sesarmidae) from Taiwan with notes on its ecology and larval morphology. Raffles Bulletin of Zoology, 51(1), 49–60, 2003.

[136] Schubart, C. D., Liu, H. C., & Ng, P. K. L. Revision of *Selatium* Serène & Soh, 1970 (Crustacea: Brachyura: Sesarmidae), with description of a new genus and two new species. Zootaxa, 2154(1), 1–29, 2009.

[137] Schubart, C. D., & Ng, P. K. L. Revision of the intertidal and semiterrestrial crab genera *Chiromantes* Gistel, 1848, and *Pseudosesarma* Serène & Soh, 1970 (Crustacea: Brachyura: Sesarmidae), using morphology and molecular phylogenetics, with the establishment of nine new genera and two new species. Raffles Bulletin of Zoology, 68, 891–994, 2020.

[138] Serène, R., Crustacés Décapodes Brachyoures de l'Océan Indien occidental et de la Mer Rouge, Xanthoidea: Xanthidae et Trapeziidae. Avec un addendum par Crosnier, A: Carpiliidae et Menippidae. Faune Tropicale, XXIV, 1–349, Plates. I–XLVIII, 1984.

[139] Serène, R., & Lundoer, S. Observations on the male pleopod of the species of *Ilyoplax* Stimpson with a key to the identification of the species. Phuket Marine Biological Center Research Bulletin, 3, 1–10, 1974.

[140] Serène, R., Soh, C. L., & Soh, C. L. Brachyura collected during the Thai-Danish Expedition. Phuket Marine Biological Center Research Bulletin 12, 1–37, 1976.

[141] Shahdadi, A., Davie, P. J., & Schubart, C. D. Systematics and phylogeography of the Australasian mangrove crabs *Parasesarma semperi* and *P. longicristatum* (Decapoda: Brachyura: Sesarmidae) based on morphological and molecular data. Invertebrate Systematics, 32(1), 196–214, 2018.

[142] Shahdadi, A., Ng, P. K. L., & Schubart, C. D. Morphological and phylogenetic evidence for a new species of *Parasesarma* De Man, 1895 (Crustacea: Decapoda: Brachyura: Sesarmidae) from the Malay Peninsula, previously referred to as *Parasesarma indiarum* (Tweedie, 1940). Raffles Bulletin of Zoology, 66, 739–762, 2018.

[143] Shahdadi, A., & Schubart, C. D. Taxonomic review of *Perisesarma* (Decapoda: Brachyura: Sesarmidae) and closely related genera based on morphology and molecular phylogenetics: new classification, two new genera and the questionable phylogenetic value of the epibranchial tooth. Zoological Journal of the Linnean Society, 182(3), 517–548, 2018.

[144] Shen, C. J. The crabs of Hong Kong. Part I. Hong Kong Naturalist, 2, 92–110, 1931.

[145] Shen, C. J. The crabs of Hong Kong. Part II. Hong Kong Naturalist, 2, 185–197, Plates 12–14, 1931.

[146] Shen, C. J. The crabs of Hong Kong, Part III. Hong Kong Naturalist, 3, 32–45, 1932.

[147] Shen, C. J. The crabs of Hong Kong, Part IV. Hong Kong Naturalist, Supplement, 3, 37–56, 1934.

[148] Shih, H. T. Invertebrate Lab. Available from http://fiddlerkrab.url.tw/index.htm, 2023.

[149] Shih, H. T., Chan, B. K. K., Teng, S. J., & Wong, K. J. H. Crustacean Fauna of Taiwan: Brachyuran Crabs, Vol II – Ocypodoidea. National Chung Hsing University, Taichung, Taiwan, 320 pp, 2015.

[150] Shih, H. T., Hsu, J. W., & Li, J. J. Multigene Phylogenies of the Estuarine Sesarmid *Parasesarma bidens* Species Complex (Decapoda: Brachyura: Sesarmidae), with Description of Three New Species. Zoological Studies, 62, 34, 2023.

[151] Shih, H. T., Hsu, J. W., Wong, K. J. H., & Ng, N. K. Review of the mudflat varunid crab genus *Metaplax* (Crustacea, Brachyura, Varunidae) from East Asia and northern Vietnam. ZooKeys, 877, 1–29, 2019.

[152] Shih, H. T., & Suzuki, H. Taxonomy, phylogeny, and biogeography of the endemic mudflat crab *Helice /Chasmagnathus* complex (Crustacea: Brachyura: Varunidae) from East Asia. Zoological Studies, 47(1), 114–125, 2008.

[153] Spears, T., Abele, L. G., & Kim, W. The monophyly of brachyuran crabs: a phylogenetic study based on 18S rRNA. Systematic Biology, 41, 446–461, 1992.

[154] Spiridonov, V. A., Kamanli, S. A., Naruse, T., & Clark, P. F. *Libystes* A. Milne-Edwards, 1867 (Crustacea: Decapoda: Portunidae): re-establishment of *L. nitidus* A. Milne-Edwards, 1867, reinstatement of *L. alphonsi* Alcock, 1900 and a description of a new species from the Red Sea. Arthropoda Selecta, 30(3), 267–284, 2021.

[155] Števčić, Z. The reclassification of brachyuran crabs (Crustacea: Decapoda: Brachyura). Natura Croatica 14 Supplement, 1, 1–159, 2005.

[156] Takeda, M. Pilumnid Crabs of the Family Xanthidae from the West Pacific V. Definition of a New Genus, with Description of its Type-species. Bulletin of the National Science Museum. Tokyo, 17(3), 215–219, 1974.

[157] Takeda, M., & Miyake, S. A new xanthid crab of the genus *Etisus* from the Palau Islands. OHMU Occasional Papers of Zoological Laboratory, Faculty of Agriculture, Kyushu University, Fukuoka, Japan 1(11), 201–210, 1968.

[158] Takeda, M., & Miyake, S. Pilumnid crabs of the family Xanthidae from the West Pacific. II. Twenty-one species of four genera, with descriptions of four new species. Occasional Papers of Zoological Laboratory, Faculty of Agriculture, Kyushu University, 2, 93–156, 1969.

[159] Takeda, M., & Miyake, S. Pilumnid crabs of the family Xanthidae from the West Pacific. I. Twenty-three species of the genus *Pilumnus*, with description of four new species. Zoological Laboratory, Faculty of Agriculture, Kyushu University, 1, 1–60, 1968.

[160] Takeda, M., & Webber, R. Crabs from the Kermadec Islands in the South Pacific (Part Two Natural History Study). National Science Museum Monographs, 34, 191–237, 2006.

[161] Tan, C. G., & Ng, P. K. L. An annotated checklist of mangrove brachyuran crabs from Malaysia and Singapore. Hydrobiologia, 285(1), 75–84, 1994.

[162] Tan, C. G. S. & Ng, P. K. L. A revision of the Indo-Pacific genus *Oreophorus* Rüppel, 1830 (Crustacea: Decapoda Brachyura: Leucosiidae). In: Richer De Forges, B. (Coord.), Les fonds meubles des lagons de Nouvelle-Calédonie (Sédimentologie, benthos). Etudes & Thèses， ORSTOM, Paris, 2, 101–189, 1995.

[163] Tan, S. H., Huang, J. F., & Ng, P. K. L. Crabs of the family Parthenopidae (Crustacea: Decapoda: Brachyura) from Taiwan. Zoological Studies, 38, 196–206, 1999.

[164] Thanh, S. N., & Peter, K. L. A revision of the swimming crabs of the Indo-West Pacific *Xiphonectes hastatoides* (Fabricius, 1798) species complex (Crustacea: Brachyura: Portunidae). Arthropoda Selecta. Русский артроподологический журнал,30(3), 386-404, 2021.

[165] Tsang, L. M., Schubart, C. D., Ahyong, S. T., Lai, J. C., Au, E. Y., Chan, T. Y., Ng, P. K. L. & Chu, K. H. Evolutionary history of true crabs (Crustacea: Decapoda: Brachyura) and the origin of freshwater crabs. Molecular Biology and Evolution, 31(5), 1173–1187, 2014.

[166] Wada, K. A new species of *Macrophthalmus* closely related to *M. japonicus* (De Haan)(Crustacea: Decapoda: Ocypodidae).

Senck-enbergiana maritima, 20, 131–146, 1989.

[167] Wei, T. P., Chen, H. C., Lee, Y. C., Tsai, M. L., Hwang, J. S., Peng, S. H., & Chiu, Y. W. Gall polymorphism of coral-inhabiting crabs (Decapoda, Cryptochiridae): a new perspective. Journal of Marine Science and Technology, 21(7), 304–307, 2013.

[168] Windsor, A. M., Mendoza, J. C. E., & Deeds, J. R. Resolution of the *Portunus gladiator* species complex: taxonomic status and identity of *Monomia gladiator* (Fabricius, 1798) and *Monomia haanii* (Stimpson, 1858) (Brachyura, Decapoda, Portunidae). ZooKeys, 858, 11–43, 2019.

[169] Wong, K. J., Shih, H. T., & Chan, B. K. Two new species of sand-bubbler crabs, *Scopimera*, from North China and the Philippines (Crustacea: Decapoda: Dotillidae). Zootaxa, 2962(1), 21-35, 2011.

[170] Wong, K. J., Shih, H. T., & Chan, B. K. The ghost crab *Ocypode mortoni* George, 1982 (Crustacea: Decapoda: Ocypodidae): redescription, distribution at its type locality, and the phylogeny of East Asian Ocypode species. Zootaxa, 3550(1), 71–87, 2012.

[171] Wong, K. J., Tao, L. S., & Leung, K. M. Subtidal crabs of Hong Kong: Brachyura (Crustacea: Decapoda) from benthic trawl surveys conducted by the University of Hong Kong, 2012 to 2018. Regional Studies in Marine Science, 48, 102013, 2021.

[172] WoRMS Editorial Board. World Register of Marine Species. Accessed 2023-07-15. doi:10.14284/170, 2023.

[173] Yuan, Z., Sha, Z., & Jiang, W. Five new records of Xanthidae (Crustacea: Brachyura) from Hainan Island, China. Journal of Oceanology and Limnology, 1–13, 2021.

[174] Yuan, Z., Jiang, W., Sha, Z. A review of the co mmon crab genus *Macromedaeus* Ward, 1942 (Brachyura, Xanthidae) from China Seas with description of a new species using integrative taxonomy methods. PeerJ. 10, e12735, 2022.

[175] 前之園唯史. 琉球列島の宮古島および西表島より採集された日本初記録のシロツメアシハラガニモドキ (新称) (甲殻亜門: 十脚目: 短尾下目: ベンケイガニ科). Fauna Ryukyuana, 26, 17–22, 2015.

[176] 前之園唯史. 日本初記録の 2 種を含む琉球列島産ヒメサンゴガニ科 (十脚目: 短尾下目: サンゴガニ上科) 9 種の報告. Micronesica, 35(36), 440–455, 2017.

[177] 前之園唯史. 日本初記録の 3 種を含む南日本産ケブカガニ類 (甲殻亜門: 十脚目: 短尾下目) 9 稀種の報告. Fauna Ryukyuana, 48, 19–44, 2019.

[178] 前之園唯史. 日本初記録の2種を含む南日本産ヒラアワツブガニ属およびケブカアワツブガニ属 (十脚目: 短尾下目: オウギガニ科). Nature of Kagoshima 48, 19–29, 2021.

[179] 前之園唯史. 新産地記録を含む南日本産のカワリケブカガニ属 (ケブカガニ科). Niche Life, 9, 26–28, 2022.

[180] 前之園唯史, & 佐伯智史. 新産地記録を伴う石垣島のベンケイガニ類相 (甲殻亜門: 十脚目: 短尾下目). Fauna Ryukyuana, 33, 1–13, 2016.

[181] 和田恵次. ベトナムの沿岸域で 1995~2007 年に記録されたカニ類. Cancer, 28, e138–e143, 2019.

致谢／张小蜂

孤身一人到野外拍螃蟹并不是件潇洒的事情，幸好我的每一段行程中，都有好友在身边陪伴。他们有的是专业的研究人员，有的是出于个人兴趣爱好，还有的只是单纯地觉得好玩而陪我一起去野外，请允许我占用一点点篇幅来感谢他们。

我要特别感谢梁俊宏先生陪同我在深圳大鹏半岛、珠海及广州采集拍摄；感谢马娟娟老师在广东湛江及海南等地拍摄期间提供支持；感谢薛业灿先生在西沙永兴岛拍摄期间的支持；感谢邓女女士与柯伟国先生在广东茂名采集过程中的帮助；感谢刘昭宇先生在珠海淇澳岛采集期间的支持；感谢陈炯先生在福建平潭岛采集过程中的支持；感谢郭翔先生、黄倞朗先生、蒋冰冰先生、刘毅博士及钟丹丹女士在福建厦门采集过程中的陪伴与支持；感谢陈超博士陪同我在上海南汇采集；感谢邓剑媚女士、李汉用先生和梁安华先生在广东硇洲岛上给予的帮助；感谢吴颢林先生陪伴我在广州大吉沙拍摄；感谢金政辰先生、徐一唐先生、朱冠铭先生、郝有祺先生、吕瑞星先生、游德平先生在海南三亚期间的帮助；感谢李昂博士、陈奕铭先生、孟飞先生、尹子旭先生、岳洋申先生在山东青岛采集过程中的支持；感谢王育涛先生在海南环岛拍摄工作上的陪伴；感谢潘昀浩先生陪伴我一路从海南自驾到浙江沿海采集拍摄；感谢江苏第二师范学院的陈建琴老师、张振华老师和汪俊琦同学在江浙沿海及环北部湾采集上的支持；感谢浙江海洋大学龚理老师在舟山采集期间的支持；感谢郑曦女士在海南文昌协助采集股窗蟹；感谢我的好友金宸先生、范思琪女士、苏靓女士及徐强先生陪伴我在环渤海湾、山东青岛及广西防城港等地采集拍摄。正因有了你们的陪伴，我的野外工作不再那么孤单，虽然也让你们跟我受了许多苦累，但个中欢乐仍然历历在目。

还要感谢刘成一先生、姜骏先生、刘鼎元先生、龙彦初先生、潘虎君先生提供诸多蟹类的分布点信息；感谢于璐铭先生提供鸟海筛口蟹的样本；感谢高寒先生提供环状隐足蟹和刺足刺缘蟹的样本；感谢莫艳华老师提供蝇哲蟹标本；感谢吴润宏先生、蒋冰冰先生、黄倞朗先生、郭翔先生及石颖霖先生提供诸多福建厦门及海南陵水近海蟹类样本；感谢徐晨毓先生提供诸多罕见种类的活体样本供拍摄；感谢曲乐成先生提供海南三亚潮下带浅水样本；感谢林水友先生提供广西北海及涠洲岛的蟹类标本；感谢蒋维老师、施习德老师、刘勐伶老师、王展豪先生与李政璋先生惠赠文献资料。

感谢中国科学院海洋研究所刘会莲副研究员帮助鉴定苔藓虫；感谢广西中医药大学海洋药物研究院刘昕明副研究员帮助鉴定管须蟹与铠甲虾。感谢林美英老师对于我野外出差工作给予的最大限度的宽容。

早期的拍摄中，一些常见种类并没有采集标本，导致后期的一些数据无从测量。感谢袁梓铭、孙玉立、陈超、陈奕铭、郭星乐、郝有祺、梁俊宏、宋昱晨、黄倞朗、汪俊琦、梁伟诺和王子淳帮助测量标本头胸甲数据，让本书的内容更加翔实。感谢郭星乐及高寒帮助补充一些种类在浙江及广东的分布信息。

我还要感谢好友康宁、王继涛在拍摄设备上的支持。还有海南的杨川老师，在我闪光灯设备出故障时及时支援，野外拍摄才得以继续。当然还有金宸，在我相机不慎落水后大方并火速地把他的爱机快递于我，即便他深知我找螃蟹过于集中时对设备并不那么爱惜。

本书中的图片除未标注来源的为张小蜂拍摄外，亦采用了陈恺儒、陈骁、陈奕宁、郭星乐、黄超、黄科、栗元翔、林雨帆、刘成一、刘毅、刘昭宇、陆千乐、马锋、王健、汪阗、徐一唐、徐一扬、严莹、张辰亮、张帆及钟丹丹提供的珍贵照片，在此一并表示最真挚的感谢。另外，在网络收集照片过程中，感谢陈江海、陈江源、陈炯、房星州、冯磊、葛蕴丰、郭权锋、郭翔、何贯嘉、何鑫、黄宇、金政辰、兰馨、李灏元、林宏政、林然熙、绫焰、刘春宏、吕志学、马少博、聂良端、齐建华、孙浩然、孙智闲、万耀邦、王晨炜、王恩谆、王闽九、吴嘉杰、吴穹、谢跃、余嘉轩、张建、张林、张巍巍、张艺宝、周巧玲、竹八、邹奇等朋友的热情投稿，虽然你们的图片由于种种原因未能用于本书，但你们的热情给予了我很大动力。感谢何平合副教授及新加坡Paul Ng先生分别授权使用礁石假团扇蟹及明显华相手蟹的照片。感谢施习德教授提供细掌泽蟹的生态照片，感谢台湾陆蟹生态研究室刘烘昌博士友情提供保和灰岩相手蟹生态照片。

后期的标本、图片的整理与鉴定过程中，得到了诸多专家与朋友给予的帮助。感谢中国科学院海洋研究所蒋维副研究员、中兴大学施习德教授、集美大学施宜佳副教授、新加坡国立大学黄禩麟（Peter Kee Lin Ng）教授、澳大利亚昆士兰博物馆名誉研究员Peter Davie、日本奈良国立女子大学和田惠次 (Keiji Wada) 教授，日本宫崎大学三浦知之（Tomoyuki Miura）名誉教授、日本琉球大学热带生物圈研究中心成瀬贯（Tohru Naruse）副教授、伊朗霍尔木兹甘大学 Adnan Shahdadi 副教授、印度尼西亚科学院 Dwi Listyo Rahayu 教授、中国科学院海洋研究所博士袁梓铭、中国科学院海洋研究所硕士孙玉立、台湾大学在读博士生王展豪、台湾中山大学博士李政璋、日本冲绳かんきょう社的前之园唯史（Maenosono Tadafumi）以及好友陈奕铭、陈超、郭星乐和潘昀浩的支持。

本书概述部分由张小蜂与徐一扬共同编写；徐一扬承担各论中的绵蟹派、蛙蟹派及真短尾派中的异胸亚派的种类描述，张小蜂承担胸孔亚派的种类描述；全书（除扉页及目录外）手绘图均由徐一扬绘制。张小蜂负责全书的统稿与校对。承蒙蒋维副研究员、施习德教授及陈奕铭对本书初稿的审阅，袁梓铭、孙玉立、许智惟与黄郁轩分别对扇蟹总科、梯形蟹总科、弓蟹科及梭子蟹总科的内容进行了审阅，张帆先生还对书稿的部分文字或词句的表达措辞提出了修改建议，在此一并深表谢忱。由于本图鉴所涉种类繁多，加之作者学识能力有限，书中错误在所难免。

另外，我还要感谢中国科学院海洋研究所副研究员蒋维博士、国家动物博物馆副馆长张劲硕博士在百忙之中为本书倾情作序。感谢梁涛老师、周娟老师、刘玲老师、钟琛老师及张鹏城老师为本书的设计、排版及编辑出版工作付出了诸多努力，由于诸多种类的分类变动，他们不厌其烦地对书稿进行反复排版、修正，满足我个人对于“完美”这一不切实际的追求。

特别感谢曹禹（橡树先生），几乎每一次的野外工作都陪伴于我，给予我精神上及物质上很大的支持，并为本书扉页及目录绘制了漂亮的手绘插图。

最后，我还要感谢我的父母，是他们无限的支持才让我有机会完成自己的心愿。

张小蜂

2023 年 8 月 21 日于海南文昌